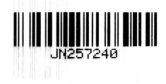

リスク
マネジメントの
本質

第2版

The Essentials of Risk Management
Second Edition

Michel Crouhy
Dan Galai　　著
Robert Mark

訳者代表　三浦良造

共立出版

The Essentials of Risk Management Second Edition
by Michel Crouhy, Dan Galai, Robert Mark

まえがき

2007–2009年のグローバル金融危機の後，世界は変化し，その変容は銀行にとって特に劇的であった．それゆえ本書の第2版は大変歓迎されるし，金融危機がリスクマネジメントに対して意味すること，そして今後数年のうちに完全実施されようとする規制変更の遠大なプロセスの双方について明確な理解を得るための助けとなる．

銀行はそのリスクマネジメントプロセスを刷新しつつあるが，課題はこれまでよりもずっと深いところにある．銀行はそのビジネスモデルを再考せねばならないし，その存在理由を問いかけることさえもしなければならない．銀行は，自己のリスク（バランスシートの内と外で）を取るために存在するのか，あるいは顧客とビジネスパートナーに向けて専心したサービスとスキルの集合を提供するためか．

ナティクシス証券会社 (Natixis) では，我々は後者のモデルを採用している．危機後の監督当局による規制への適応，自己投資活動の終結，リスクプロファイルの削減を行い，そしてホールセールバンキング・投資ソリューション・専門金融サービスという3つのコアビジネスへの再集中などを猛烈に推し進め，最近完了したところである．

バーゼルIIIのもとでの格段に高い資本コストのために，他の多くの銀行もリスクの低い，より手数料収入を基本とするビジネスに向けてシフトしそうに思われる．新しい規制はまた，銀行に資金調達戦略を変更する—例えば，証券化や伝統的調達手法を刷新する手段を採ることに加えて，新しい資金調達ツールの活用など—という義務をも負わせる．

この考え方の変更は，銀行がもはや自己のバランスシート上に置きたくないリスクを吸収できる保険会社やペンションファンドのような異なる種類の金融機関との信頼できるパートナーシップを発展させることを意味するのかもしれない．これはナティクシス証券会社がすでに歩み始めた過程である．

銀行が自らのアプローチを変更するときには，自行の企業統治を新しい目で見ることもまたせねばならない．危機が示したのは，銀行が成長と短期的利益という過度に単純化された考えに動かされていたことである．ゆくゆくは，企業はステークホルダーの利益という，より広くより長期的な視野を—例えば，長期的リスクアペタイトを明示的に定義しそれを戦略的で実行可能な意思決定に確実に結びつけることによって—作り上げねばならない．正しい形の成長を確保するには，本書で論じられている数多くの企業統治のベストプラクティスが必要となるだろう．

危機はまた，銀行が全社的リスクマネジメントの概念に対してリップサービス以上のことを行う必要があることも示した．銀行は，金融システムが緊張状態にあるとき，広範囲のリスク—信用，市場，流動性，オペレーショナル，レピュテーション，その他—が，銀行のポートフォリオとビジネスモデルの中でいかに相互に影響し合いそして悪化させうるかについて，理解を進歩させないといけない．

これはマクロ経済のストレステストを行う際などにおいて，新しいリスクマネジメント手法と銀行全体のインフラストラクチャーの展開を必要とすることになる．本書が達成したことの１つは，これらの新手法に着手することを助け，その強みを限界と併せて説明していることである．著者たちは，金融機関は新旧問わず，１つだけのリスク測度に依存してはいけないと信じている．リスクの測定とマネジメントの方法は，単純化された解答を提供するのではなく，意思決定を助けるために提示される．

金融機関（規制当局も）グローバル金融システムがもつ相互接続的な性質について，より良い理解を進展させることは非常に重要となる．本書が様々な章で説明するように，システミックリスク，カウンターパーティー相互接続性，流動性リスク，信用リスク，そして市場リスクのすべてが，危機においては相互を餌にし合うのである．好況時におけるリスクの集中がどのようにして起きるのか，そして，やがて不況時にシステムの相互接続性を通してどのようにして広がるのかを理解しておくことは銀行のリスクマネジメント哲学の一部となる必要がある．この理解なくしては，金融機関が短期的な成長と収益を煽って，しかし長期的には持続不可能なレベルのリスクを産み出すような行動に抵抗することは困難となる．

グローバル経済は，先進国において危機年期に銀行システムと経済に与えた先例のない支援を解除し始めたのと時を同じくして，持続可能な成長の道を探し求めている．これは機会と併せて多くの挑戦を呼び起こすだろう．ナティクシス証券会社は実経済へのファイナンスにおいて最前線の役割を果たしているが，しかし，これは頑丈にリスクマネージされた基盤のうえに打ち立てられねばならないことを我々は知っている．

この意味で，本書はナティクシス証券会社で発展させているビジネス哲学を支持している．長期的成功は，改善されたリスクマネジメントと基本的ビジネスモデルの注意深い選択の双方を通じて下向きのリスクをマネージするなかで成長をもたらすことができる機関と経済にやって来るものと信じている．

ローラント・ミニョン
ナティクシス証券会社チーフエグゼクティブオフィサー
2013 年 9 月 13 日

まえがき2

クルーイ，ガライ，マークの3氏による本書『リスクマネジメントの本質 第2版』にある観点は素晴らしいと私は考える．学者であり投資会社の経営者である私の職業経験の中で，リスクマネジメントのモデルとシステムを作る専門技術者たちとそれを使っているはずの人たちの間が大きく分離しすぎていることを見いだした．それに加えて，モデル作成者たちは，リスクマネジメントに何ができて何ができないか，そしてどのようにしてリスクマネジメントの問題を構造化するかという経済的な理解から遠く離れすぎていると，私には見える．クルーイ，ガライ，マークの3氏はこのギャップを埋めており，学術研究を応用と実装に結び合わせている．もし，リスクマネジメントのモデル作成者たちがモデルの経済的意味を十分に理解するようになれば，銀行と他の機関にとって真に価値あるリスクマネジメントツールを作る体制がもっと整うだろう．そして，著者たちが繰り返し取り上げるように，会社の役員会メンバーもまたモデルとモデルに潜在する経済について詳しくなり，的確に厳しく追及する質問が出せるようにならないといけない．

リスクマネジメントは，しばしば，企業の収益を生み出す活動とは違い，それとは独立な活動であると描写される．経済学におけるマクロあるいはミクロのほとんどのモデルは確実性の枠組みから始まり，それに誤差項を付け加えて不確実性を表すためのリスク項としている．これらのモデルからくる予測行為を表すときには，将来生じる結果に対する最適の予想は期待値をとることで得られるとモデル作成者が仮定するので，誤差項あるいは不確実性の項が消える．

しかしながら，どちらの場合もこれは正しくない．リスクマネジメントはリスクとリターンの間のトレードオフを探る最適化プログラムの一部である．本書で描かれているように，リスクマネジメントの3つのツールは，(a) 準備金，(b) 分散化，そして (c) 保険である．逆向きの結果に備える準備金が多いほど企業あるいは銀行のリスクは削減される．しかしながら，準備金を増やせばリターンを引き下げることになる．そして，準備金のダイナミクスについて知る必要がある．例えば，もし銀行がショックに備えて資本準備金あるいは流動性準備金を守る必要があるとする場合，準備金は変動しないのか，あるいはそれは使えるのか，そしてショックが来るときにはどのように使われることになるのか．もし，それがいつも変動しないレベルでないといけない準備金ならば，それは全く準備金とはいえない．これらは不確実性下における最適化と計画の重要な問題である．もっと分散化を行うことで，銀行は固有リスクを削減しシステマティックリスクを残すだけとなり，それはまた市場に移転できるリスクでもある．

分散化には利点がある．しかし，もし顧客が，例えばモーゲージのような特定のサービスを求め，そこで収益が得られるならば，銀行はそこに集中して固有リスクを追加的に取ることによる稼ぎを得ようとするかもしれない．というのは，すべてのリスクを分散化させたままで異常な高リターンを得ることは不可能だからである．銀行は顧客の需要に応えて，結局のところ，固有リスクを取らなければならない．保険についても同じことがいえる．自動車保険の場合ならば，保険期間中の車の価値を知りうるし，保険金額も確定しやすいが，銀行の場合には，そうはいかない．本書が記述するように，銀行は，保険がどれだけ必要か，そしていつ保険が必要になるのかを知らないかもしれない．市場価格が変動するために，保険計画のダイナミクスについても銀行は知りえないといえる．

これらの理由によりリスクマネジメントは，リスクとリターンの間のトレードオフが常にあるように作られた最適化システムの中で統合されるのである．リスクの考慮を無視するのは適切ではないが，リスクに集中するのも適切ではない．銀行そして会社の役員たちはこの最適化問題を理解し挑む責任がある．同じく，モデル作成者の方もまた経済のトレードオフを理解しなければならない．2008 年の金融危機以前に，多くの銀行は行内のリスクマネジメント活動を一列に組織しており，円周の形にはしていなかった．すなわち，リスク部署は分離していてプロダクト部署の下にあった．将来のリスクマネジメントシステムは最適化問題が焦点の中央にあるように設計されないといけない．これは，運転資金，実物投資資金，それに人的資本だけでなく，それぞれのビジネスラインの収益性を見定め，それらをどのように組み合わせるかを決定するリスク資本額も合わせて，投下資本の水準を決定することを含む．

リスクマネジメントは測定とモデル構築の両方を含むものである．本書は，モデル作成とモデルに対するインプットを行う際に生じる数多くの問題を描写して読者に提供している．しかし，ひとたび上級経営陣とモデル作成者が問題点を理解してしまえば，彼らは焦点を変えてモデリングと測定の論点に向き合うようになるだろう．例えば，モデル構築とデータ供給あるいはモデル枠組みのキャリブレーションにおける 3 つの主要問題がある．つまり，(1) モデルのキャリブレーションを行うためにヒストリカルなデータを使うこと，(2) どのようにして特定の資産が一緒になってグループ化されてクラスターに分けられるか，あるいはクラスターがどのように共に動くのかなどのような空間的な関係性は変化しないままだろうと想定すること，(3) ひとたびモデルが作られてキャリブレートされれば，他の人たちがそのモデルとキャリブレーションを逆行分析したり，そのモデルを使う人たちに対抗するようなゲームをしたりはしないと想定してしまうということである．本書には，これらのそれぞれについて無数の事例と適用事項，あるいはこれらを組み合わせたものがある．例えば，格付機関は，住宅所有者が抵当で借りたローンの返済に不履行を起こす要因となる住宅価格の下落についての尤度をキャリブレートするために，ヒストリカルデータを使った．不幸にも彼らは，短すぎる期間を用いてこの短い期間のデータをインプットすることにより将来に対する最良の予測が行えるという間違った想定をした．彼らはまた，起こりうる住宅ローン債務不履行のクラスター間に存在すると仮定した確率的独立性は2008年金融危機のような危機の時期には（相関が1に近くなり: 訳者注）1つのクラスターになってしまうという可能性を無視し，住宅所有者の住宅ローン債務不履行はランダムに生じると想定したのであった．さらにいえば，モーゲージを担保に組成された複雑な商品に対して，ひとたび格付を与えてしまうと，市場参加者たちはどのようにしてモーゲージ商品に格付が与えられたかの逆行分析を行い，達成したい格付レベルの審査をちょうど通過できる程度にまで組成の中に含めるモーゲージの質を下げることを繰り返して，格付機関に対抗するゲームを行ったのである．これら3つの教訓はリスクマネジメントの中では行き渡っており，本書の中であれこれと形を変えて繰り返し何度も鮮やかに例証されている．

積極的に意思決定すべき事柄は，ある程度事前にあるし，そしてある程度事後的にもある．リスクマネジメントは，機会集合における変化と変化に対する資産調節コストの変化に対応し，そしてそれに対応する行動への資金供給をどのように計画するかについて理解しておかないといけない．不確実性に対応する計画には価値がある．リスクの無視は短期的に大きな収益をもたらすかもしれないが，しかしそれはビジネスの存続性を犠牲にしていることになる．というのは，十分なリスク資本を割り当てておかないとビジネスの存続性を脅かすからである．そして，明示的なものであれ埋め込まれているものであれオプションのリスクとリターンの評価についても理解しておくべきである．

すべてのリスクマネジメント体系には，実務への応用を伴った学術的研究とモデリングの注意深い組合せが求められる．本書で強調している学術的研究はリスクマネジメント手法への主要な貢献を成してきた．実践においては，これらのモデルに置かれている仮定についてよく理解し，どの状況の際にそれを適用するかあるいはしないか，また事態に応じた調節について承知していなければならない．実践における応用では，リスクモデルに使うインプットデータ，および経済の実情に合致したキャリブレーションに使うデータに関する問題点の理解が必要である．2008年危機は，再度リスクマネジメントの重要性を際立たせた．役員会のすべてのメンバーは，リターン生成と同様にリスクマネジメントにおいて精通するようにならねばならないと私は信じる．これは経営陣に参加するための必須条件になるであろう．本書はこれらの論点を強調している．

マイロン・S・ショールズ

スタンフォード大学ビジネススクール．名誉教授．ファイナンスのフランク・E・バック教授．1997年ノーベル経済学賞受賞

2013年11月

第2版への序文

危機後のリスクマネジメント改革

2007–2009 年のグローバル金融危機[†1] が始まって以来，もう半ダース以上の年数が経過し，2010 年の欧州ソブリン債危機さえも歴史の中に消えつつある．どちらの場合においても，危機そのものが完全に解決されたとはいえず，その後遺症と関連する出来事が現在にまで影響を与えている．しかしながら，これらの危機年からの主要な教訓を吸収するには十分な時間が経過し，いまだに検討が続く世界の金融業の改革が意味するものは何かについてわかり始めている．

本書『リスクマネジメントの本質』の新版では，危機年期間のリスクマネジメントの失敗から学んだ事柄に光を当てて各章を改訂している．そこで，この序文では，2006 年の初版刊行以降のリスクマネジメントの鍵となるトレンドを取り上げる．

しかしながら同時に本書は全体として，2007–2009 年と直後の数年にわたる驚くべき出来事に過剰に支配されることがないように留意した．これらの年次に学んだ教訓の中にはそれ以前の危機においてリスクマネージャーがすでに教えられていた教訓がいくつかあり，それらが金融機関によっては実践につなげることが難しかったとしても，本書初版にはある程度詳しく書かれていた．この危機年はまた金融機関に対する一連の基本的規制改革を促したが，その中でリスクマネジメントにおいて 1 つ確かなことは，大きな構造的変化が新しいビジネス環境を創出するということであり，それはビジネス行動とリスクの変化につながっていくのである．

リスクマネジメントの弊害の 1 つは，直近過去の危機の再発防止のために強い干渉を永続させようとするあまりに，次の危機を未然に防ぐためのリスクマネジメントの高い優先度をもつ筆頭原理の適用を後回しにすることである．本書では，この罠に陥らないように心がけた．

理論的専門性，そして過去と直近の事象についての知識，さらに今日のリスクトレンドを動かす源は何であるかについて正しくミックスすることを試み，本書

[†1] 本書を通じて “2007–2009 年の金融危機” という語句を用いるが，それを納得がいく程度の正確さで定義すると，その期間における銀行業と金融システムの危機である．他の人たちは “グローバル金融危機 (global financial crisis)”，あるいは GFC を用語として選んでいるものである．

がリスクマネジメントの枠組みを全体的に強化する試みに貢献することを望む次第である.

＊＊＊

2007 年夏に始まった金融危機は, 前の 2001–2002 年の信用危機以降に積み上げられ, そしてそれに順応的な金融政策に刺激されてきた金融システムにおけるレバレッジ, そして信用増大の例外的なブームの極致であった. このブームは, めぐみ深い経済と金融の条件の期間が延長されたことを好餌とした. そこに含まれるのは, 低い実金利とあり余る流動性であり, それがもたらす借り手, 投資家, そして仲介者によるレバレッジとリスクへ向けたエクスポージャーの積極的増大であった. このブームがあった数年は, 証券化に関する金融革新の波が押し寄せた時期とも特徴づけられ, 信用資産を生成するために金融システムの許容量を膨張させたのだが, それに伴うリスクを管理する能力を超えてしまったのである[†2].

この危機は, ビジネスの実践と市場のダイナミズムの中にある主要な断層を露出させた. つまりそれらは, 金融機関におけるリスクマネジメントおよび不十分で不調和な報酬システムによる失敗, 透明性確保と情報開示の欠落による失敗などがその例である. 危機に続く数年には, 弱点をもつ多くの領域が規制対象として扱われ始め, 金融機関の最上層部（取締役会と運営委員会）からビジネスラインの実践レベルにまで影響を与えるのみならず, それはビジネスと株主, 債券保有者, 投資家の間にあるインセンティブのずれをも含むものである. 以下において, グローバル金融危機によって明らかにされた主要な問題領域のいくつかを要約しておく. この序文のあと, 本書ではこれらの論点についてさらに詳しく扱う.

ガバナンスとリスク文化

リスクマネジメントは多くの異なる構成部分があるのだが, 2007–2009 年の金融危機が起こった中で何がまずかったかの本質は, リスクマネジメントとストレステストの技術的な欠陥よりも, リスクマネジメントのための堅固なコーポレートガバナンスストラクチャーの欠如のほうにもっと関係があると考えられる. このブーム期には, 多くの金融機関でリスクマネジメントが重視されなかった. 取引の流れ, 取引量, 収益, そして報酬体系に集中するあまり, 企業がリスクマネジメントを統合されたビジネス意思決定体系の一部とみなさず単なる情報源として扱う方向に序々に向いていってしまったのである. リスクポジションについて行われるべき討論を抜きにして意思決定がなされていた. これはある程度はリスク文化の問題であるが, しかし組織内部の統治構造の問題でもある. つまり,

- **役員会の役割は強化されねばならない.** 役員会のリスク監視強化はリスクマ

[†2] 証券化とストラクチャード・クレジット・プロダクツについては第 12 章で論じる.

ネジメントプロセスに対する基本的経営責任を減少させるのではない．その代わりに，リスクマネジメントが役員会の監視と望むらくは長期的でより広範な視点を通して，必ずもっと強く注目されるようにすべきである．企業統治を扱う第 4 章では役員会の役割と義務について詳しく述べる．

- **リスク担当役員は権限を再強化されねばならない．** 企業によっては計量的測定に責任をもつ“リスクコントロール”機能ともっと戦略的側面を担う“リスクマネジメント”機能を分けている．どちらにしても，リスクマネジメントが“事後的に”モニターするだけの機能であってはもはや適切ではない．企業戦略とビジネスモデルの開発の中に含まれていることが必要である．チーフリスクオフィサー (CRO) は単なるリスクマネージャーであってはならず率先したリスクストラテジストでもなければならない．規制当局と怒れる公衆の威を借りて現在リスクマネージャーは影響力を振り回している．回復（あるいは，つまらないリターンと付き合っている企業の欲求不満の増大）期間中はこのトリックが持続するのは確かであろう．第 4 章ではベストプラクティス機関における CRO の役割について詳しく述べる．

売却を前提とするローン組成のビジネスモデルの不十分な執行

1 つの共通の見方として，質の低いローンを高い格付の証券に変換する証券化の売却を前提とするローン組成（オリジネート・トゥ・ディストリビュート (OTD)）モデルによって危機がもたらされたとされている．この特徴づけは不幸にもある程度真実である．

証券化の OTD モデルは融資のオリジネーターが借り手の信用力をモニターするインセンティブを下げた．それは，オリジネーターがそうすることで得るうま味を全くあるいは少ししかもっていなかったからである．米国モーゲージ証券化の食物連鎖において，連鎖の中にいる仲介者が，もっとも洗練された投資家でさえも中身が何なのかがわからないような不透明な構造をもつ投資製品にクレジットを変換することにより手数料を取ったのである．

危機前の証券化 OTD モデル，そしてそのチェック・アンド・バランスの欠如は明らかに重要な要因であったにもかかわらず，銀行，特に投資銀行に影響を与えた莫大な損失は，主に，**金融機関が証券化のビジネスモデルに従わなかった**がために生じたのである．これらの金融機関は，リスクをモーゲージの貸し手から資本市場の投資家へ移転するという仲介者の役割を果たすよりもむしろ，自らが投資家になる役割をつかんだのである．第 12 章でこの論点について詳しく述べる．

お粗末な引受審査基準

OTD モデルは証券化マシンに食わせる餌であるローンに対する莫大な需要を

産み出し，そのこと自体が引受審査基準を下げる原因になった．しかし，親切なミクロ経済条件と低いデフォルト率もまた，世界の金融業において健全な業務実践を腐食させ独善性を生じさせた．ガバナンスと証拠書類の作成といった業務インフラがそれを許す中で，取引量は信用セグメントの範囲にわたり，投資セグメントよりもはるかに素早く増大した．ハイイールド資産に対する需要は信用標準を弛ませる向きを助長し，特に米国サブプライムモーゲージ市場においては単に厳格ではなかっただけではなく，不正な行為が 2004 年後半から蔓延した．第 9 章ではさらに小口業務のリスクマネジメントの論点について詳しく述べる．

企業のリスクマネジメント実践における短所

危機は，リスク査定を行う際にモデルエラーのリスクを際立たせた．リスク統制／リスクマネジメント機能は，企業における重要な意思決定を行うために用いるリスク計量法とモデルの限界について，もっとはっきりわかっているようにしないといけない．モデルは強力なツールであるが，それらはどうしても仮定と単純化を伴うことが避けられない．したがって，専門家による詳しい吟味を伴って批判的な目で扱わなければならない．リスク計量法，モデル，そして格付はそれ自体が目的化するとき，それらは真のリスク同定の妨げとなる．このことは，危機以降に溢れるように現れた新しいモデルやリスク査定プロセスにも当てはまる．第 15 章ではモデルリスクに伴う問題を分析している．

- **ストレステストとシナリオ分析**　第 16 章で論じるが，ストレステストは今や，ドッド・フランク法とバーゼル III の公式な要求事項であり，リスクマネージャーのツールキットの中で抜きんでて重要な部分になっている．適切に用いることにより，ストレステストは診断とリスク同定の決定的なツールとなるのだが，しかしもし，それが機械的になり過ぎたり非生産的な使い方に陥ると逆効果を招くことになる．ストレステストは，多くの側面をもつリスク解析要綱の一側面として扱うことが重要である．ストレステストは，特に，個別企業それぞれのビジネス上の強みと弱みを測定するように注意深く設計されていなければならない．万人に 1 つのサイズの既成服を着せるような（“one size fits all” な）やり方に従うようではいけないのである．企業は，ストレステストの方法と政策が企業内全体を通して必ず一貫した形で適用されるようにする必要があり，多重なリスク要因を考慮に取り入れ，そしてリスク要因間の相関を十全な姿勢で取り扱うべきである．その結果はビジネスの意思決定に有意義なインパクトをもつはずである．
- **集中リスク**　企業は，個々の借り手の大きなリスクだけでなく，セクター，地域，経済要因，カウンターパーティー，そして金融保証への集中リスクも包含して，企業内全体にわたる集中リスクマネジメントを改良する必要がある．例えば，もし流動性が枯渇してタイムリーな形でのヘッジポジション修正が不可能になると，1 つの（エキゾチックな）金融商品に集中したエクスポージャーが市場ショックの中で重大な損失を与える事態が起こりうる．

- **カウンターパーティー信用リスク**　サブプライム危機によってクレジットデリバティブの相対取引 (OTC) における多くの短所が明るみに出た．最も目立つのはカウンターパーティー信用リスクの扱いについてである．基本的な論点は，OTC 取引では担保とマージンの要件が双方に設定されるが，これはこの外側にある金融システムの中でリスクを負わせることを考慮に入れていないところにある（例えば，リーマン・ブラザーズの破綻とベア・スターンズ，AIG，その他の破産に準ずる際に経験したことである）．カウンターパーティー信用リスクについては第 13 章で論じる．

格付機関による紛らわしい格付への過剰依存

格付機関は 2007–2009 年危機の中心にあった．それは，モーゲージ債券，証券化投資会社によって発行されたアセットバック・コマーシャルペーパー，そして地方債とストラクチャード・クレジット・プロダクトを保証したモノラインのリスク評価をした，格付機関による格付に多くの投資家が依存したからである．

マネー・マーケット・ファンドは，AAA 格付の資産に投資するように制約されており，他方で年金ファンドと地方自治体は投資が投資適格資産に制約されている[†3]．危機前の低金利環境では，これらの保守的な投資家の多くが，仕組みが複雑でサブプライム資産へのエクスポージャーを含む資産へ投資した．それは主に，これらの金融商品が投資適格あるいはより高い格付が与えられており，同等の格付をもつ社債や財務省証券などの伝統的資産よりも高い利回りを約束していたからである．第 10 章で，格付および論争の的である格付機関の役割について論じる．

投資家によるデュー・ディリジェンスのお粗末さ

多くの投資家が，格付機関の格付手法を質すこともなく，また格付けされた金融商品のリスク特性を十全に理解することもなく，信用格付に過剰に依存していた．また，多くの投資家は，保険会社が保証した資産については徹底的な調査が実施されていると信じて疑わない過ちを犯したといえる[†4]．

機関投資家は，ゆくゆくは，外部の格付機関とは独立にリスク査定を行うためにリスク・インフラストラクチャーの質を高めないといけないだろう．もし機関にその意思がない，あるいはその能力がないならば，おそらく，仕組みが複雑な

[†3] 伝統的に，マネー・マーケット・ファンドにある 25 億米ドルのほとんどが米国財務省証券，譲渡性預金，そして短期商業債務などに投資されている．

[†4] Floyd Norris, “Insurer’s Maneuver Wins a Pass in Court”, *New York Times*, Business Section, March 8, 2013.

金融商品への投資を控えるべきだろう．

金融商品について評価し意思決定を行うための知識とツールに欠ける米国の小口投資家のために，ドッド・フランク法が連邦準備制度の中に独立な部局として米消費者金融保護庁 (BCFP) を創立する．しかしながら，かねてから用心深い消費者保護があったならば金融危機に急騰した時期の住宅市場における投機の熱狂を防ぐことができただろう，というのは全くもって確かなことでもない．第 3 章では，ドッド・フランク法についてもっと詳しく論じる．

奨励報酬制度の歪み

奨励報酬制度は，報酬を長期的な持分保有者利益そしてリスク調整後資本収益率と連動させるべきである．2007–2009 年金融危機までの 20 年間にわたり，銀行員とトレーダーは短期的利益に連動したボーナスによる増え続ける報酬を得て来ており，そのため，限度を超えるリスクを取り，投資のレバレッジを上げ，そして時には驚くべき無謀な投資戦略で銀行全体を賭けにさらすようなインセンティブを与えてしまった．この話題については第 4 章と第 17 章でもっと詳しく扱うが，そこでは RAROC（リスク調整後資本収益率）アプローチを論じる．

情報開示の不十分さ

金融機関による情報公開の不十分さは，2007–2009 年金融危機の期間中，特にバランスシートの内と外にあるエクスポージャーに関係するリスクの種類と規模に関して，市場の自信にダメージを与えた．これは依然として，世界の金融業にとっての重要な課題として残っている．もっと多くの情報を公開する必要性はバーゼル II/III の要求事項である．これは第 3 章で論じる．

時価評価における評価問題

公正価格／時価の会計は一般的に，透明性と市場規律を推進することにおいて高い評価を受けており，流動性がある市場の証券に対しては効果的で信頼される会計手法である．しかしながらこの手法は，流動性が全くないあるいはひどく限定されている取引市場では，評価にかかわる深刻な問題を産み出しうるし，また何を評価するにしてもその周りの不確実性を増大させもする．第 3 章と第 1 章の付録で，この論点についてさらに詳しく述べる．

流動性リスクマネジメント

多くの銀行と他の金融機関はブーム年期において，資金調達市場における遅延された崩壊に対して自ら脆弱になるに任せてしまっていた．しかしながら，2007–

2009年金融危機は，銀行間資金調達市場が不確実性の時期にはどれほど尋常でなく機能不全に陥りうるかの実態を一気に明確に示した．

流動性リスクは新しい脅威ではない．それは，第15章で論じる1998年8月のLTCM（ロングターム・キャピタル・マネジメント）の失敗，そして歴史上に起きた数多くの銀行破綻の背後に横たわっていた．危機後の時期には，しかしながら，リスクマネージャーは，日々の流動性リスクマネジメント，ストレステスト，そして緊急時対応計画において，証券市場へのアクセスを含めて資金調達を1つだけの形に依存しすぎないように警戒する必要がある．第3章で議論するのだが，バーゼルIIIは流動性リスクを扱う新しい流動性枠組みを導入した．銀行は，2つの流動性比率—すなわち，流動性カバレッジ比率 (LCR) と安定調達比率 (NSFR)—を満たさないといけない．第8章ではもっと広い範囲で資金調達リスクを論じる．

システミックリスク

危機後の時期において問題となっている規制上の多くの論点の中で最も重要なものの1つがシステミックリスクである．どのようにすれば，単一の機関内あるいは小グループの機関内でなされる意思決定が世界経済を深刻な不況へ追いやるのを防ぐようなシステムを構築できるのか．なんとかして，1つの機関の失敗によって他の機関への連鎖反応またはドミノ効果が生じ金融市場の安定性を脅かすのを防ぐシステムが設計されねばならない．システミックリスクとそれを防ぐための規制当局の努力は，本書の各章，特に第3章と第13章で繰り返し取り上げるテーマである．

景気循環増幅効果

銀行は，その行動により内在的な景気サイクルの勢いを増幅させるとき，景気循環増幅的な行動をとるといわれる．例えば，経済がブームにあるとき貸付を強める，あるいは，景気下降時に融資に際してより厳しいリスク査定や制約を課する．景気循環増幅効果は，金融セクターで観察される価格間の相関関係を部分的に説明している．景気循環増幅効果に寄与する効力をもつのは，規制資本体制，バリューアットリスクなどのリスクマネジメント技法，貸倒引当金，価値評価とレバレッジの間の相互作用，そして業績連動のインセンティブなどである．バーゼルIIIでは，反循環的資本クッションやVaRに基づく循環的な要求資本（例えば，ストレステストの役割の拡大により）などのような，景気循環増幅効果を和らげるいくつかのメカニズムを含んでいる．景気循環増幅効果は第3章で論じられる．

第2版 日本語版へ寄せて

「リスクマネジメントの本質 初版」日本語版は，2008年8月に出版されたが，それはリーマン・ブラザーズが銀行破綻を宣言した2008年9月の劇的な出来事の直前であった．そこではゴールドマン・サックスとモルガン・スタンレーという最後の2つの米国大規模投資銀行が銀行持株会社 (BHCs) に転換され，ファニーメイとフレディマックが国有化され，さらにAIGは銀行破綻の瀬戸際から救済された．オランダの金融コングロマリットであるフォルティスは崩壊し売却されたし，アイスランド最大の商業銀行が崩壊した後には同国の銀行システムが崩壊した．そして，多くの国々ではそれぞれの銀行に対する大規模な支援に踏み切らざるをえなかった．

リーマン・ブラザーズの崩壊とその余波は，すべての市場参加者を驚かせ，そして銀行監督当局はそのような大規模な崩壊に対する体制が整っていないことを露呈した．すぐにはわからなかったが，問題の本質は倒れていく金融機関の規模（つまり，大きすぎてつぶせない "too big to fail"）というわけではなく，むしろ倒れていく金融機関と他の市場参加者との金融システム内の相互連関性（つまり，繋がりすぎていてつぶせない "too interconnected to fail"）であることがようやく理解された．

多くの日本企業は，リーマン・ブラザーズ崩壊後，コマーシャルペーパー（無担保約束手形）や社債の市場で資金調達することが著しく困難になった．2008年会計年度において三井住友，みずほ，そして三菱UFJは純損を被り，いくつかの地銀は資本増強を余儀なくされた．サブプライム金融商品への投資が邦銀のポートフォリオの中で比較的小規模であったにもかかわらず，日本の経済成長は決定的な落ち込みを経験したのである．

特に欧州においてだが，多くの国で銀行システムに大規模な金融支援を行う必要に迫られて政府予算が拡大した．これは2010年に露呈した欧州ソブリン債務危機の一因となった．救済パッケージがギリシャ，ポルトガルそしてアイルランドへと拡がったので，市場参加者が欧州ソブリン債は本当に債務不履行に陥ることがあるのだとわかったからである．アイスランドはデフォルトしたが，その一方でギリシャは，この前書きを書いている時点では，まだデフォルトの崖っぷちにあり，いまやユーロ (Euro) から離脱するかもしれない状況である．

危機を招くに至った欠陥は以下に挙げるように多々あり，それらはとりわけバンカー（銀行家），投資家，格付機関，そして規制当局に帰するものである．

- 不十分な資本量と不適当な質の資本
- 過剰なレバレッジ
- 証券化商品の格付を依頼する銀行から報酬（支払い）を受ける格付機関の利益相反
- トレーディング勘定における低流動性ポジションに対する過小な資本（賦課）
- お粗末な資金繰り流動性リスクマネジメントと不十分な流動性バッファー
- 貧弱なインセンティブとガバナンス
- システミックリスクについての不十分な理解

グローバル金融危機により，銀行業界および金融規制監督当局と政府はこれらの欠陥に対処し，より回復力がある金融システムを将来時点において作り出すような望ましい構造改革を行わざるをえなくなった．G20 のリーダーたちは 2010 年ソウルにおいて新バーゼル III を承認し，そして 2010 年 7 月には米国議会は大規模米国銀行だけでなく米国で営業する国際的大規模銀行にも適用されるドッド・フランク法を制定した．これらの規制は 2 つともに “大きすぎて潰せない” 銀行をなくし，システミックリスクを軽減することを目的としている．

この新しい「リスクマネジメントの本質 第 2 版」では，G20 の国々において現在実施されている新しい規制の枠組みを詳しく取り扱う．また，全く新しい章を立ててグローバル金融危機が始まった以後の新しいトピックを論じている．以前は部分的にしか扱われていなかった流動性リスクとカウンターパーティ信用リスクは，これらの問題に専念する CVA（信用評価調整）デスクなどの新機能を創設した銀行にとっては，いまや主要な関心事である．ストレステストとシナリオ分析は，新しい規制要求事項ではないものの，ドッド・フランク法とバーゼル III においては新しい形態をとってきている．そこでは，今や銀行が全く新しいトップダウンアプローチ，すなわち銀行の計画策定プロセスに完全に組み込まれ，多期間のマクロシナリオから始めて，銀行の “リスクアペタイト” が資本と流動性に関する規制条件に合致していることを確認するアプローチを実施するように要求している．

私たちは本書が，ビジネスリーダーとリスクマネージャーが金融システムの安定性を確かなものとするベストプラクティスのリスクマネジメント方針と手法を適用するガイドとなることと同様に，取締役会と上級経営陣が正当なリスクガバナンスを実践するための一助となることを望んでいる．本書は，ノンバンク企業の首脳陣，CFO そして役員会メンバーにとってもまた同等に役立つはずである．

2015 年 5 月 5 日

ミシェル・クルーイ (Michel Crouhy)
ダン・ガライ (Dan Galai)
ロバート・マーク (Robert Mark)

訳者まえがき

本書は，ミシェル・クルーイ，ダン・ガライ，ロバート・マークの3氏によって書かれた“The Essentials of Risk Management Second Edition”（マグロウヒル，2014年刊）の翻訳である．初版（2006年刊）に続き，私たちの友人であるクルーイ氏から第2版出版の連絡を受けて，それの訳業を行った．日本語版へのまえがきも快く頂いた．第2版の序文にあるとおり，初版刊行後に生じた2007–2009年グローバル金融危機の経験と金融規制の大きな変更を受けて，第2版は初版の各章に改訂を行っている．第3章“銀行と規制当局：危機後の規制枠組み”では内容量が2倍以上に増えており，CoCo債の記述も含まれる．さらに危機後，特に注視されている2つのトピック“カウンターパーティー信用リスク”と“ストレステストとシナリオ分析”については，それぞれに独立した章（第13章と第16章）を立てて，カウンターパーティー信用リスクを扱うCVAデスク，中央清算機構，およびそれとシステミックリスクとの関連などについて，また，ドッド・フランク法とバーゼルIIIの下でのストレステストとシナリオ分析の形などを詳述している．またエピローグでは，初版で述べたリスクマネジメントのトレンドの予測の正否について振り返る，プロフェッショナルなリスクマネジメントの標準(SOP：Standard of Practice)と資格の設定，アセットマネジメントの新分野としてアセットアロケーションとリスクコントロール手法の組合せを論じるべき，などと述べていてたいへん興味深い．本文の量でいえば初版が441ページ（1ページ41行）で，第2版が641ページ（1ページ36行）であり大雑把にいって35%程度の増加である．

これはやはり，リスクマネジメントが金融工学および金融規制と密接に関係するため，グローバル金融危機により追加記述すべき事柄が大幅に増えたのは自然なことである．例えば，第3章3節“危機後の規制枠組み”では，危機へと導いた失敗が，銀行家，投資家，格付機関，規制当局，その他に帰せられるとして詳しく論じている．システミックリスクについては，“too big to fail”ではなくて“too connected to fail”であったことが認識されたことが特徴的である．初版の訳者まえがきでも述べたが3人の著者は1970年代後半から現在までの金融工学のアカデミックな研究に通じていると同時に，実務上の経験も豊富である．その蓄積の下で自らも渦中に経験したグローバル金融危機に見られた失敗の構造と要因を余すところなく取り上げて冷静に見つめている．

同じ3氏による著書“Risk Management”（マグロウヒル，2000年刊，邦訳「リスクマネジメント」共立出版，2004年刊）はリスクマネジメントの技術的な面を詳しく解説しているが，本書では，初版と第2版を通じて日常の言葉使いで説明することにより，数学と統計学の専門的な用語を避けて，経営者から一般の社員，あるいは金融業に関心がある一般の学生にもわかる形で書かれている．特に今回の金融危機がなぜ生じたか，さらに危機後の新規制の下で金融機関の経営はどうあるべきかについて考える，あるいは自らのリスクアペタイトを明確に把握してそれに伴う最良のリスクマネジメントの実践について考える，いいかえれば，規制の大きな変更（ドッド・フランク法とバーゼルIII）の下で改めて選択する基本ビジネスモデルとそれに付随するリスクマネジメントの改善について考える，そのような方々には本書は大いに参考になるだろう．日本の金融機関に高いレベルで積極的にリスクマネジメントが行われ定着することを私たちは切に願っているが，この訳書がそれにいくらかでも貢献することができれば訳者としてはたいへん幸いである．

訳書を作るにあたって工夫したことは，次のとおりである．

初版の訳書と同様に読みやすくすることを旨として，原著にはない詳しい目次をつけ，さらに用語の普及の一助となるように索引は日本語対英語，英語対日本語の双方をつけた．また，各章の節・項に番号を付した．

訳書作りの終盤では，翻訳原稿の取りまとめは富安氏が行い，また索引作りに関しては富安，廣中の両氏の尽力が大きかった．ここに特記する．

訳者紹介

ここで訳者を紹介しよう．原書が大部なので初版の訳者チームに加え藤井氏にも参加していただき，以下の9人による分担・協力で翻訳作業を行った．

多良康彦氏は，英国ロンドン大学のLSE(London School of Economics and Political Science)で経済学修士号を取得し，三井住友信託銀行でリスク管理業務に従事している．また同時に上智大学経済学部経営学科にて非常勤講師として金融リスクマネジメントの講義を行っている．茶野努氏は，大阪大学博士（国際公共政策）の学位を有し，住友生命総合研究所，九州大学で金融・保険論の研究を行い，その後，住友生命保険相互会社リスク管理統括部で実務に携わり，2008年10月から武蔵大学経済学部教授である．藤井健司氏は，東京大学経済学部を卒業後，米国ペンシルヴェニア大学ウォートンスクールでファイナンスの修士号(MBA)を取得した．過去20年にわたって金融機関のリスクマネージャーを歴任しており，現在は，みずほ証券株式会社取締役執行役員グローバルリスクマネジメントヘッドとしてリスク管理実務に携わっている．また，著書に「金融リスク管理を変えた10大事件（金融財政事情研究会，2013年刊）」があり，東京リスクマネージャー懇談会共同代表でもある．

次の5氏はいずれも一橋大学大学院国際企業戦略研究科金融戦略コース（現在は金融戦略・経営財務コース）修士課程あるいは博士課程において，現役当時の私（三浦）のゼミで計量的方法によるリスク計測とデリバティブプライシング理論などの学習と研究を行った．小野覚氏は1998年より2010年までリスク管理業務に従事し現在は，大和証券株式会社内部監査部副部長である．公認内部監査人（CIA），金融リスク管理者（FRM），日本証券アナリスト協会検定会員の資格を持ち，著書に「金融リスクマネジメント（東洋経済新報社，2002年刊）」がある．鉄田義人氏は米国カーネギーメロン大学GSIAスクールにてもMBAを取得し，住友銀行および大和証券SMBCで債券業務に従事し，経営企画部長の後，現在はSMBC日興証券で総合法人部長として金融機関を含むミッドスモールの上場会社の投資銀行業務の統括をしている．富安弘毅氏は米国UCLAアンダーソンスクールでもMBAを取得し，邦銀勤務の後，モルガン・スタンレー証券株式会社でリスク管理業務に携わり，現在，モルガン・スタンレーMUFG証券株式会社で同上業務を継続している．著書に「カウンターパーティーリスクマネジメント（金融財政事情研究会2010年第1版，2014年第2版刊）」がある．廣中 純氏は，青山学院大学でもファイナンスの修士号を取得し，東京工業大学大学院にて信用リスク評価の研究を行う一方で，資産運用会社にて法務・コンプライアンス業務に携わっている．佐藤克宏氏は，米国スタンフォード大学の金融工学修士課程で修士号を取得し，日本政策投資銀行勤務を経て現在はマッキンゼー・アンド・カンパニーでパートナーの職にある．

私自身（三浦）は，学部と大学院では数学・数理統計学を学び，その後1982年から数理統計学の研究とともにオプション価格理論，金融データの分析，リスク計測の統計的方法などの教育と研究を，大阪市立大学および一橋大学商学部，さらに一橋大学大学院国際企業戦略研究科にて継続して行った．定年退職後の現在は東北大学大学院経済学研究科にて客員教授として金融工学を講義し，また欧州の大学にて講演と共同研究に携わっている．

上記8氏とともに今回，初版に続き大幅に書き加え改訂された第2版の翻訳作業を行い得たことは大きな喜びである．

最後に，本書の刊行に当たってお世話になった，共立出版株式会社の横田穂波氏にお礼申し上げる．

2015年6月

訳者代表　三浦良造

目　次

第1章

リスク管理の鳥瞰図[†1]

未来は予測できない．未来は不確実であり，株式市場や金利，為替レート，コモディティ価格，もしくは金融に大きな影響を及ぼす信用，オペレーショナル，システミックなイベントの予測に一貫して成功してきた人は誰もいない．だが，不確実性から生じる金融リスクを管理することはできる．実際，現代の経済と過去の経済を区別するものの多くは，リスクの識別，測定，その結果の評価，さらにそのリスクの移転もしくは軽減といったことができるようになったことである．現代のリスク管理の最も重要な側面の 1 つに，リスクを価格付けし，業務活動でとったリスクを適正な報酬で裏付けすることが多くの場合できるようになったことがある．

この単純な活動の流れ（図 1.1 により詳細に示している）は，正式な規律としてのリスク管理の定義に使われることが多い．しかし，この流れがスムースにいくことは実務ではめったにない．あるときには単純に，リスクの識別が大きな問題であったり，またあるときには，経済的に効率のよいリスク移転手段が，あるリスクマネージャーにしかない固有の技術であったりするからである（第 2 章では，企業の立場から見たリスク管理プロセスを取り上げる）．

図 1.1 で示したように，リスク管理は企業のリスクを削減する不断のプロセスである．しかし，リスクを防衛的な意味だけで理解してはいけない．実際のリスク管理は，企業が適切と想定するリスクの種類と大きさを，どのように能動的に選ぶかにかかわっている．業務上の意思決定の多くは，将来の不確実な収益のために，現在の資源を犠牲にすることに関するものである．

この意味で，リスク管理とリスクテイクは正反対のものではなく，同じコインの裏と表である．これらは一体となって，現代経済のすべてを動かしている．すなわち，収益に関連してリスクを前向きに選び，実績を評価できるということが，永続的に成功するすべての企業の経営管理プロセスの中心に位置するのである．

[†1] 本章は Rob Jameson と共同で執筆した．

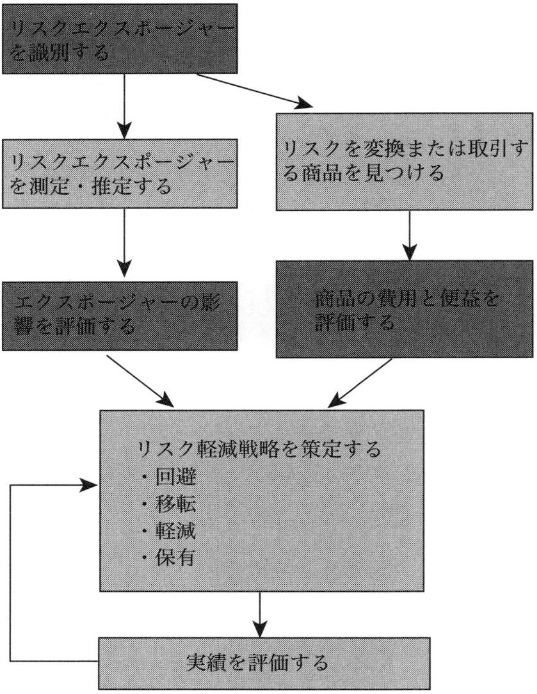

図 1.1　リスク管理プロセス

とはいえ，特にこの 15 年間において，金融リスク管理が正式な規律として受け入れられるまでの道のりは平坦ではなかった．一方で，リスク管理が極めてうまく機能した事例（例えば，2001〜2002 年にかけて信用状況が大幅に悪化したときでも金融機関の破綻が少なかった）があり，リスクテイクとリスク管理によって収益を上げる新しいタイプの機関（例えば，ヘッジファンド）の顕著な成長があった．他方で，2007–2009 年の金融危機に先駆けてリスクの管理ができていなかったことで，多くの銀行のリスク管理プロセスや銀行システム全般に根本的な欠陥があることが明らかになった．

結果として，いい意味でも悪い意味でも，リスク管理は今や世界の金融市場で最も影響力のある分野であるとの定評がある．最近の際立った例として，クレジットデリバティブ市場が巨大に発展したことが挙げられる．クレジットデリバティブにより，金融機関は信用デフォルトや信用スプレッドの拡大に備える保険を得ることができる（もしくは，投資として信用リスクを引き受ける対価を得ることができる）．クレジットデリバティブは，信用リスクエクスポージャーの一部またはすべてを銀行，ヘッジファンドや他の機関投資家に再配分するために使われている．しかしながら，クレジットデリバティブの乱用により，2007–2009 年の危機時に金融機関が不安的になり，システム崩壊の恐れが生じることにもなった．

かつて2002年に，米国連邦準備理事会議長アラン・グリーンスパンは，世の中を改善していくようなリスク管理の能力について楽観的な見通しを述べていたが，この見通しで述べた条件のほうがむしろ重要であった．

> リスクを封じ込める枠組みは発展して，リスクを取ることを厭わず，かつそれができる人にリスクを分散することを強調するまでになった．リスクが適切に分散されていれば，経済システム全体への衝撃はより吸収され，金融の安定を脅かすような倒産の連鎖が起こる可能性もより少なくなるだろう[†2]．

2007–2009年の金融危機において，リスクは分散していたというよりも集中していたことがわかった．過去数10年にかけて常軌を逸した目を覆うような失敗もあった．1998年の巨大ヘッジファンド・ロングタームキャピタルマネジメント (LTCM) の破綻から，株式市場・IT市場の2000年ブームに関連した一連の金融スキャンダル（米国のエンロン (Enron)，ワールドコム (WorldCom)，グローバルクロッシング (Global Crossing)，クエスト (Qwest) や欧州のパルマラット (Parmalat)，アジアのサティヤム (Satyam)）まで，様々である．

残念ながら，リスク管理は市場の崩壊を防いだり，コーポレートガバナンスの機能不全が原因の会計スキャンダルを防いだりすることはできなかった．前者の問題においては，デリバティブ市場が多額のリスクをより取りやすくしているという懸念や，危機進行後におけるリスクマネージャーの「群集行動」（例えば，リスク指標がある水準に達すると危険資産を売るという行為）が市場の変動を実際に増幅させているという懸念がある．

洗練された金融工学は，2007–2009年の危機に先駆けて金融機関の本来の経済状況やリスクテイク状況を見えにくくし，2000年の株式市場ブームとその崩壊の間には多くの非金融機関の企業の経済状況も覆い隠してきた．かなり単純な会計ミスや不正と同様に，この種の金融工学が原因で，単に弱体化したり，初期段階で買収されるのではなく，数年間の偽りの成功の後に破綻した企業がある．

リスク管理の実績として，良いものと悪いものが混在している理由は，一部には，リスク管理技術が両刃の剣の性格を帯びているからである．企業のリスク移転を可能にする金融商品は，他の企業が同じ市場でカウンターパーティーとして—賢明であろうとなかろうと—リスクを引き受けることを可能にする商品でもある．最も重要なことは，例えばマイナスの結果を将来に繰り延べるといったようにキャッシュフローの形を変換する金融の仕組みは，企業のステークホルダーの一部のグループ（例えば，経営者）に短期的な利益をもたらし，他のグループ（例えば，株主や年金基金）の長期的な価値を破壊することもあるということである．

[†2] 2002年11月19日，ワシントンD.C.での外交問題評議会に先立つグリースパン議長の発言．

リスク管理の概念や技術によってますます動かされるようになる世界では，移り変わり複雑となり続けるリスクそのものの性質，ならびに企業のリスクプロファイルの変化がステークホルダーの利益にかなうかどうかをいかに決定するかを，もっと注意深く見る必要がある．少なくも，報酬の言語と同程度にリスクの言語を確実に使いこなす必要がある．

リスクの性質が次節の主題である．それは本書を，株主，取締役，経営陣からラインマネージャー，法務スタッフ，バックオフィススタッフ，管理業務アシスタントまで，誰にでも使いやすいものにしようとした理由につながっている．我々は，リスク管理の本質的な原理を理解する際に障害になるような多くの複雑な数学をこの本から取り除いた．それは，戦争は重要すぎるので軍人に任せることができないのとまさに同じように，リスク管理は重要になってきているので金融デリバティブの世界の「ロケット科学者」に任せることができないとの信念に基づいている．本書は，金融機関や非金融機関の企業で発展しつつあるリスク管理の分野に興味をもつ大学生にも適している．

1.1　リスクとは何か

我々は皆，日常生活でリスクに直面している．また，リスクは抽象的な用語ではあるが，リスクと報酬の間のトレードオフに関する我々の生来の理解は，かなり洗練されてはいる．例えば，我々は個人の生活において，すでに予定している費用（リスク管理の用語で，予想または期待損失）と予期しない費用（最悪の事態における，通常の日常生活で見られる損失を大きく超える規模の壊滅的な損失）の違いを直感的に理解している．

特に，リスクは費用や損失の大きさと同義ではないことがわかっている．実際に，日常生活で予想する費用のうちいくつかは，食料，住宅ローンの支払い，大学の学費など，年間で考えるならば非常に大きい．これらの費用は大きいが，合理的に予想でき，すでに計画の中で認めているため，望んでいることに対する脅威にはならない．

現実のリスクとは，これらの費用がまったく予期せずに突然に生じること，もしくは他の費用がどこかから現れて，予想する支払いのためにとっておいた資金を使ってしまうことである．リスクは，費用と収益が実際にどのくらい変動するかに関係している．特に，計画を覆すくらいに大きな損失（固定金利住宅ローンの契約をする，雨の日に備え貯金をするといった個人的なリスク管理によっては除去できないような損失）に遭遇する可能性を我々は気にする．

このように日常の出来事になぞらえることで，リスク管理の概念である期待損失（または期待費用）と非期待損失（または非期待費用）の違いを理解しやすくなる．この違いを理解することは，経済資本の配分やリスクを調整したプライシングといった現代のリスク管理の概念を理解する鍵でもある（ただし，第5章で示すように，このことがリスクを定義する唯一の方法というわけではない．第5章では，リスクの定義と測定をより深く解明している様々な学術理論について説明する）．

リスクについての我々の直観的な概念と，より正式な取扱いとの主な違いの1つとして，エクスポージャーの大きさと潜在的な費用を定義するために統計を使うかどうかということがある．非期待損失の金額を明らかにするために，銀行のリスクマネージャーはまず，損益結果の変動を引き起こすと思われるリスクファクターを識別し (BOX1.1)，それから考察中のポジションやポートフォリオの様々な損益結果の確率を計算する統計分析を利用する．この確率分布は様々な方法で利用できる．例えば，リスクマネージャーは，損失発生の確率（例えば，10回のうち1回とか10,000回のうち1回）を所与として，会社が不安を感じる分布の位置（すなわち，損失の大きさ）を指し示すことができる．

BOX 1.1

リスクファクターとリスクのモデル化

リスクを計測するために，リスク分析を行う者はまず考察中のポジションやポートフォリオの収益の変動を引き起こす可能性のある重要なファクターを識別しようとする．例えば，株式投資の場合，リスクファクターは（本章付録で市場リスクと分類している）株価の変動であり，それは様々な方法で見積もられる．

この場合は，リスクファクターを1つだけ識別する．しかし，リスク分析で考慮に入れる—さらにリスクのモデル化に含める—リスクファクターの数は，問題の内容と手法の洗練度合いに応じて大きく異なる．例えば，かつては，銀行のリスク分析者は金利ポジションのリスクを単一のリスクファクター—すべての満期の利回りが完全に相関していることを仮定した国債の満期利回りなど—の影響に換算して分析していた．しかし，このような1ファクターモデルを使った方法は金利の期間構造がフォワードレートなどのもっと多くのファクターに動かされているというリスクを無視していた．第6章で示すように，最近では，主要な銀行は少なくとも2つか3つのファクターを使って金利エクスポージャーを分析している．

さらに，リスクマネージャーはリスクファクター間の相互の影響，統計指標としては「共分散」，も計測しなければならない．複数のリスクファクターの効果を探り，それぞれの影響度を計量することはかなり複雑な仕事であり，特に共分散が時間とともに変化する（すなわち，モデル化の用語でいう確率的である）場合はなおさらである．通常の業務状況下と金融危機のようなストレス状況下とでは，リスクファクターの動きや関連に明らかな違いが生じることが多いのである．

通常の市場状況下では，リスクファクターの動きは，短期や中期で大きく変化しない，つまり将来の動きを過去の実績からある程度外挿できるため，比較的予測もしやすい．しかしながら，ストレス状況下では，リスクファクターの動きはずっと予測しにくくなり，過去の動きは将来の動きの予測にほとんど役に立たない．統計的に測定できるリスクがBOX1.2で論じるようなある種の測定できない不確実性に変わる恐れがあるのはこの時点である．

その分布は，また当該金融機関が自らの様々な業務活動に対して述べてきた「リスクアペタイト」にも関連させることができる．例えば，第 4 章で論じるように，銀行の上級リスク委員会は，「我々は，トレーディングデスクでの 1 日の損失が 1 パーセントの確率で 5,000 万ドルとなることを容認している」といった具合に，所与の信頼水準の下で許容できる最大損失を定めることによって，自社が取る将来のリスクを制限することができる．（本書のいくつかの章では銀行のリスク管理を中心に議論しているが—例えば，第 3 章では銀行のリスク管理に対する規制について詳しく説明している—第 2 章で示すように，我々が扱うリスク管理の問題や概念に他の多くの業界や組織も何らかの形で直面するということを付け加えておく.）

2007–2009 年の金融危機以来，リスクマネージャーは過去データによって統計的にリスクを扱いすぎないようにしてきた．例えば，リスクマネージャーはシナリオ分析やストレステストをより重視するようになり，それにより企業（もしくはポートフォリオ）に所与のシナリオやストレスが与えるマイナスの影響や結果を分析する．シナリオは統計的な分析を基にして選ばれず，単に起こりうる中で適度に厳しいという理由で，基本的には審判の判定で選ばれるかもしれない．ただし，統計的な方法を完全に取り除くことは困難であり，賢明でもない．例えば，より洗練されたシナリオ分析では，所与のマクロファクター（例えば，失業率）の変化がリスクファクター（例えば，企業のデフォルト確率）の変化にいかにつながるかを企業は調べる必要がある．この場合には，主観も取り入れられるとしても，マクロ経済ファクターとリスクファクターの間の統計的関係の性質を調べるために，過去を振り返ることが避けられない．統計や経済，ストレステストの概念を使用していることにより，リスク管理はかなり専門的なものに思われている．だが，リスクマネージャーは，皆が日常生活で「この問題は，妥当な範囲では，どのくらい悪くなりえるのか」と自問したときにすることと同じことをしているにすぎない．

期待損失と非期待損失を区別することは，特定の銀行業務ラインのような金融業務を運営する際にどのような意味をもつのか．例えば，クレジットカードのポートフォリオに対する期待信用損失は，一定期間，仮に 1 年間のカード保有者の不正やデフォルトの結果，銀行が平均していくら損すると見込んでいるかを示している．大規模で十分に分散したポートフォリオ（すなわち，ほとんどの消費者信用のポートフォリオ）の場合，被りうるほとんどすべての損失が期待損失である．期待損失はその定義からして予想できるものであるため，業務を遂行する費用の一部とみなすのが一般的で，顧客に提供する商品やサービスの価格に含めるのが理想である．クレジットカードに関しては，一定の手数料 (2～4%) を賦課したり，銀行の資金調達コスト（すなわち，銀行が短期金融市場などで資金を取り入れる際に支払う金利）に上乗せして，借入金へのスプレッドを顧客に賦課したりすることにより，期待損失を賄っている．銀行は，出納担当者に支払う給料などの通常の営業費用をまったく同様にして賄っている．

大規模で標準的なクレジットカードのポートフォリオに関連した損失は，それがたくさんの小口エクスポージャーから構成され，また顧客の財産は互いに密接には結びついていない．通常は，隣人が先週失業したという理由であなたが今日失業するということはあまりない．もちろん，いくつかの例外はある．長く厳しい不況の間，あなたの財産は隣人の財産にずっと相関するようになるかもしれない．特に，同じ業界で働いていたり，影響を受けやすい地域に住んでいる場合にはなおさらである．第 9 章で論じるように，比較的経済が良好なときでさえ，小規模な地方の銀行のカードポートフォリオや財産は，社会経済の特性に動かされることが多少ある．

また一方，企業向け融資のポートフォリオは，非常に「不均一」である（例えば，大規模ローンが多い）．さらに，数 10 年の期間の商業用融資のデータを見ると，突如として同時に作用し始めるリスクファクターに動かされて，損失が非期待損失の水準まで突き出ていることが明らかである．例えば，IT 産業に過重に貸し込んでいる銀行にとってのデフォルト率は，単に個々の借り手の健全性ではなく，IT 産業全般の景気循環に動かされるだろう．IT 産業が好天のときは，融資は長期にわたって無リスクのように見え，雨になると，似たようなもしくは相互に関連した借り手に少々集中しすぎた融資を認めてきた銀行家はずぶ濡れになる．このように，相関リスク—物事が同時に悪いほうに向かう傾向—は，この種のポートフォリオのリスクを評価する際の主要な要因である．

物事が同時に悪いほうに向かう傾向は，商業融資の借り手のポートフォリオにおいてデフォルトの集中が見られるということだけではない．全種類のリスクファクターが同時に動き始めることもありえる．信用リスクの世界では，不動産に連動した融資が有名な例である．これら融資は不動産を担保にしていることが多く，その担保価値は不動産の開発業者や所有者のデフォルト率が上昇するのとまさに同時に失われる傾向がある．この場合，デフォルトした融資の「回収率リスク」はそれ自体が「デフォルト率リスク」に密接に関連している．同時に動く 2 つのリスクファクターは損失を急拡大させることがある．

実際に，不均一な（すなわち，大規模な融資のような大きなブロックの）リスク（信用リスクだけでない）があり，ある状況の下で互いに関連する（すなわち，相関のある）リスクファクターにより動かされている世界では，いつかは大きな「非期待損失」が現実化すると予想される．我々は，定義したリスクファクターに関連付けてこれら出来事の過去の大きさを見て，その後で調査対象の特定のポートフォリオにおけるこれらリスクファクター（例えば，不動産担保の形式や集中度）の影響を調べることによって，この問題がどれだけ悪いかを見積もることができる．

商業融資や融資ポートフォリオ全体に関連した信用リスクを評価し，測定する際の問題に関する詳しい議論は，本書の第 10 章と第 11 章の大部分を占めている．

しかし，一般的なポイントとしては，クレジットデリバティブのような新しい信用リスク移転技術に，銀行家が非常に興味をもった理由がここで説明され，詳細を第 12 章で解説している．これら銀行家は予想できる損失水準を減らそうとは思っていない．彼らは，大きな非期待損失と資本コストおよび，それらがもたらす不確実性の問題に上限をつける方法を探しているのである．

非期待損失というリスクの概念は，後に本書でより詳しく扱う 2 つの主要な概念であるバリューアットリスク (VaR) と経済資本の基礎になっている．VaR は，発生の可能性の観点から，特定の損失の水準（リスク管理の用語でいう，分析の「信頼水準」）を定義した統計指標であり，第 7 章で解説，分析する．例えば，オプションのポジションは 99 パーセントの信頼水準で 1 日 VaR が 100 万ドルである，といったりするが，そのリスク分析の意味は，ある取引日に 100 万ドルを超える損失が生じる確率は 1 パーセントしかないということである．

事実上，流動性の準備が 100 万ドルあれば，そのオプションポジションが基で支払不能になる可能性はほとんどない，といっていることになる．さらに，流動性準備保有の費用を見積もることができるので，このリスク分析を通じて，リスクを取る費用のかなりの良い見当をつけることができる．

これまで説明してきたリスクの枠組みにおいては，リスク管理は（基本的に予算立案，プライシング，業務効率化に関連する）期待損失を管理したり削減するプロセスではなく，業務の財務結果の非期待水準での変動を理解し，その費用を見積り，効率的に管理するプロセスになっている．この枠組みにおいては，保守的な業務でさえ，次のような事柄を考慮することで相当量のリスクをかなり合理的に取ることができる．

- 様々な活動に関連した非期待損失を評価，測定する方法の信頼度
- 潜在的な非期待損失に備えるための十分な資本の蓄積やその他のリスク管理テクニックの採用
- リスク資本やリスク管理の費用を勘案した場合における，リスクのある活動からの妥当な収益
- 会社が目標とするリスクのあり方（すなわち，リスクテイクやリスク削減を考慮した支払能力基準）についてのステークホルダーとの明確なコミュニケーション

これらは，リスク管理は単なる防衛的活動ではないという我々の主張に通じる．ある業務において，潜在的な報酬に対するリスク，業務目的，予想外だが起こりうるシナリオに耐える能力といったことを正確に理解すればするほど，また正確に計測できればできるほど，その業務は，破綻することなく市場でより多くのリスク調整後の報酬を得ることができる．

BOX1.2 で論じているように，結果の変動を作り出している要因の中には—非常に重要かもしれないが—簡単に計測できないものがあることを認識することが，

どのようなリスク管理においても重要である．この種の計測できないリスクファクターの存在が，不確実性をもたらす．この不確実性を明らかにする必要があり，また第 16 章で示すようなある種の最悪シナリオの分析を使って調べる必要がある．さらに，統計的なリスク分析を実施できるときでさえ，基になるモデル，データ，リスクパラメターの推定—第 15 章「モデルリスク」において詳細に扱うトピックである—の頑健性を明らかにすることは不可欠である．

BOX 1.2

リスク，不確実性，…，および両者の相違についての透明性

この章では，リスクは不確実性と同義であるかのように論じている．実際には，1920 年代，特にシカゴの経済学者フランク・ナイトの著名な博士論文†1 以来，リスクを考察する人は両者を重要なものとして区別してきた．すなわち，可能性を計量できる変動を「リスク」と考え，まったく計量できない変動を単なる「不確実性」と考えるのである．

イングランド銀行総裁マービン・キングは，数年前のスピーチ†2 で，年金・保険業界の例を使ってこの区別を指摘している．過去 100 年もの間，これらの業界は，我々が家庭の金銭的幸福に注意を払う際に重要となる商品（生命保険，年金など）を開発するために統計的な分析を利用してきた．これらの商品は，個々人の人生の出来事から生じる資金面での影響を一定の世代全般に「集団で担わせる」役割をもっている．

強固な統計ツールは，ある世代の中でこのようにリスクを集約するのに不可欠であるが，保険・投資業界は世代間に生じる主要なリスク—例えば将来世代がどのくらい長く生きるかとか，このことが生命保険や年金などに何を意味するか—に確固たる数値をつける方法を見いださなかった．将来のいくつかの側面はリスクをもつのではなく不確実のままである．統計学は医学の突然の進歩やエイズのような新種の疾病の始まりが，寿命をいかに上下させるかを理解する際に，限定的にしか役に立たない．

キングがスピーチで指摘したように，「複雑な人口学のモデルがどんなにあっても，これら未知のことに関しての良好な判断を代替できない」．実際に，過去 20 年の間，寿命の変化を予想する試みはすべてかけ離れた（通常は保守的すぎる）結果となっている†3．

この例が明らかにしているように，リスクマネージャーがリスク分析の結果を伝えるにあたって最も重要なことの 1 つは，結果が統計的に計測できるリスクに依存する程度と，分析時にはまったく不確実である要因に依存する程度—これは複雑なリスクレポートを読む人にとっては一見しただけでは明らかでない相違である—を明らかにすることである．

キングは，公共の政策立案者が行っているリスクコミュニケーションの中で，複雑なリスクの計算結果を見ている企業の上級リスク委員会にも等しく適用できるような 2 つの原則をスピーチにて発表した．

> 第 1 に，情報は客観的に提供され，リスクを評価かつ理解できるように文書化されなければならない．
> 第 2 に，専門家や政策立案者は自分の知っていることと，知らないことを公にしなければならない．知っていることと知らないことについて明らかにしておくこと

は，信頼と自信の構築に役立ち，決して信用を損なうことにはならないのである．

†1 Frank H. Knight, *Risk, Uncertainty and Profit*, Boston, MA: Hart, Schaffner & Marx, Houghton Mifflin Company, 1921.

†2 Mervyn King, "What Fates Impose: Facing Up to Uncertainty", Eighth British Academy Annual Lecture, Dec. 2004.

†3 我々は不確実性を測定できないが，最悪シナリオやリスク移転などを通じて不確実性を評価し，管理することはできる．実際に，金融機関による寿命増大に伴う金融リスク管理を手伝う市場が現れてきている．2003 年には，市場は未だ未成熟ではあるが，保険会社や銀行は，特定の集団の寿命集計値に連動する収益をもたらす金融商品の発行を始めた．

1.2　リスクと報酬の相反

多くの商業活動と同様に，金融市場で平均してより高い収益率を得たいのであれば，より多くのリスクを引き受けなければならない．しかし，リスクとリターンのトレードオフの透明性は大きく変わりうる．

時には，危険資産の比較的効率的な市場が，リスクを引き受ける際に投資家が求めるリターンを明らかにするのに役に立つ．例えば，第 6 章の図 6.1 は米国債券市場におけるリスクとリターンの関係を表している．この節では，2007 年以降における異なる格付と満期に対する国債と社債のスプレッドを示している．

債券市場でさえ，これら利回り数値に含意される特定発行体に対する信用リスクの「価格」が，すっかり透明であるというわけではない．債券価格は相対的にリスクを捉えるにはかなり良い手引きではあるものの，(第 11 章で論じるように) 流動性リスクや税効果などの様々な追加要因が価格シグナルを混乱させている．さらに，ある種のリスクを引き受ける投資家の欲求は，時間とともに変化する．時には，信用リスクの「非合理的な」価格と解説者がいうほどに，リスクのある債券と無リスクの債券の利回り差が縮まることもある．サブプライム危機が発生するまでの 2005 年始めから 2007 年中ごろがまさにそうであった．危機が発生すると信用スプレッドは劇的に上昇し，2008 年 9 月のリーマン・ブラザーズの破綻でピークに達した．

しかしながら，市場で取引される金融商品に関連しないリスクの場合には，リスクと報酬の関連を透明化する問題はずっと難しくなる．リスク管理の主な目的は，この問題に取り組み，短期的には明らかに魅力的な利益を生み出す活動から生じる，将来の大規模損失の可能性を明らかにすることにある．

理想としては，将来の利益と不透明なリスクの間のこの種のトレードオフについての議論は，企業全体にとっての合理的な基準の下で，企業内部で行われるものである．しかし，リスク管理とリスクガバナンスの文化が貧弱な組織では，強力な業務グループが，考えられるリスクの可能性をないがしろにして，リターンの可能性を誇張することがある．報酬が経済的リスクに対して適切に調整されていないときは，自己本位の担当者は，経済サイクルのどこかで突出する非期待損失の可能性を軽視し，深刻な相関リスクをもたらすほどにリスクファクターが同時に動くことがあることを，故意に誤解しようとする．経営者自身は，リスク計測上の相違を放置したくなる．修正すれば，報告済みの業務の収益性を混乱させるからである．（2007–2009 年の金融危機に先駆けては，このようなことが行われた事例が数多くある．）

この種のリスク管理の失敗は，会社の報酬体系によって，さらに悪化する可能性がある．多くの業種の多くの企業では，ボーナスは後に幻想だとわかるかもしれない利益に基づいて，今日支払われる．一方で，リスクに関連した費用は多くは認識されないまま将来に押しやられる．

このような経過は銀行業界では信用サイクルごとに見られる．銀行は景気の良い局面では信用供与の規則を緩め，焦げ付きが発生すると信用供与を急停止するのである．ある活動の現在の業績指標を，その活動が生み出す将来のリスクに合わせて調整する規律や手段を企業がもっていない場合には，同様のことが起こる．例えば，トレーディングを行っている金融機関が「時価評価」の手続きを通じて収益をかさ上げすることは簡単なことである．この手続きは，市場がある資産につけている価値の推定値を使い，実際に現金が生み出される前に損益計算書に利益を計上する．その一方で，リスクに内在する費用は，貧弱なもしくは意図的に歪められたリスク計測技術を適用することで人工的に削減できるのである．

利益相反とリスクの不透明性が衝突するのは，単に個々の企業レベルのリスク計測やリスク管理に限ったことではない．お粗末な業界慣行や規制がそれを認めてしまうと，リスクとリターンに関しての意思決定は，金融業界全体にわたって大きく歪められてしまうこともある―最も有名な例は 1980 年代と 90 年代初めの米国貯蓄貸付組合の危機（BOX8.2 参照）そしてより直近ではサブプライム危機である．歴史を見ると，業界を規制する側も偽装に関与しうることがわかる．世界中の規制当局は，十分な利害関係がある場合には，企業に真の状況を述べさせることが大規模な支払不能や金融危機を引き起こすことを懸念して，金融業界と結託し，企業が貸借対照表上の危険資産の記録や評価を誤ることを認めてきた．

おそらく，これらの場合，規制当局は自分たちが正しいことをしていると思っている，もしくは自分たち（または上司である政治家）の任期の後に，痛みを先送りしようと躍起になっているだけかもしれない．我々の目的にとっては，脆弱なリスク測定の基準が利益相反と結びつくと，会社の内部と外部両方の多くの局面で，異常な影響が出てくることを指摘するだけで十分である．

1.3　名づけることの危険性

ここまでは，リスクをその期待と非期待という性質の観点から議論してきた．また，リスクポートフォリオは，管理しているリスクの種類に応じて分けることもできる．本書では，世界の銀行業界における最新の規制手法に従い，統制可能かつ管理可能な3つの広義のリスクカテゴリーに焦点を当てる．

> 市場リスクとは，市場リスク要因の変化に起因する損失のリスクをいう．市場リスクは，金利や外国為替レート，株式・コモディティ価格要因の変化より生じる[†3]．
>
> 信用リスクとは，資産の信用力の質を決めている要因の変化に伴う損失のリスクをいう．これらには，デフォルトを含む信用等級の推移や回収率の動きに起因する負の影響が含まれる．
>
> オペレーショナルリスクは，人的リスク，プロセスリスク，ITリスク（例として，不正，不十分なコンピューターシステム，統制の失敗，業務上のミス，回りくどいガイドライン，自然災害）に関して考えうる多数の潜在的なオペレーション上の不具合から生じる財務上の損失を指している．

それぞれのリスクカテゴリーに対しては（関連してはいるが）異なるリスク管理技能が必要となるので，様々な種類のリスクを理解することが大切である．リスクの分類は，企業のリスク管理機能やリスク管理活動を定義・体系化するために使われることが多い．この章の付録に，流動性リスクや戦略リスクのような主だった付加的なリスクを含め，企業が直面する様々な種類のリスクの詳細な系統図を載せている．このリスクの分類法は，主要な金融取引，プロジェクトファイナンス，顧客向け与信に従事するどのような企業にも適用できる．

経営史と同様に科学史は，このような分類方法が危険であるのと同じくらい，価値もあることを教えてくれる．何かに名前をつけることで，我々はそれについて語り，それを管理し，それに対する責任の所在を明らかにするようになる．分類することは，そうしなければ明確にならないリスクを測定，管理，移転する試みの重要な部分である．しかしながら，リスクの分類はまた危険と背中合わせでもある．というのは，リスクを分類して定義するやいなや，任意に分割した業務ラインにまたがるリスクの流れに死角が生じ，リスクを見失う可能性や責任のすき間が生じるからである．

例えば，市場価格の急騰は金融機関にとって市場リスクを生み出す．しかし，本当に怖いのは，市場価格の急上昇の影響で銀行の取引先がデフォルトすること（信用リスク）や銀行のシステムにおける何らかの弱点が多額の取引量にさらされること（オペレーショナルリスク）である．市場リスク単独で価格ボラティリティのことを考えていると重要な要因を見逃すのである．

組織の観点からも同様のことが起こる．リスクの分類はリスク管理を体系化するのに役立つ一方，人材，リスク専門用語，リスク計測，指揮命令系統，システ

[†3] 市場リスクをこれら4種に分類して定義することは，IFRSの会計基準や米国GAAPとも整合している．

ム，データなどの面で互いに分離された専門家が「縦割り（周囲を見ない仕事のやり方）」を築くことにもつながる．このような縦割りの中でリスクを管理することは，信用リスクのような特定のリスクや特定の業務単位で運営されるリスクに関しては極めて効率的かもしれない．しかし，経営陣やリスクマネージャーが，リスクの縦割りをまたがってお互いにコミュニケーションをとれない場合には，その金融機関全体にとって最も重要なリスクを効率的に管理するために一致協力することができないだろう．

リスク管理の最近の進展で最も刺激的なもののいくつかに，組織が自然と縦割りのリスク管理に向かう傾向を破壊する試みがある．VaR や経済資本のようなリスク計測の手法は，（市場，信用，オペレーショナルといった）様々なリスクや事業分野を統合して計測・管理することを徐々に促進してきた．より最近の最悪シナリオの分析は，業務ラインや（市場，信用，オペレーショナルといった）リスクの種類を超えてマクロ経済のシナリオが企業に与える影響を調べるといった試みに向かっている．

また，コンサルタントが全社的リスク管理 (enterprisewide risk management) もしくは ERM と名づけてきたものに向けた大きな流れが多くの業界で見られる．ERM は多くの定義をもつ概念である．とはいえ，基本的に ERM システムは企業がリスク管理の縦割りで業務を行い，全社的なリスクを気にしなくなる傾向を打ち破るべく念入りに考えられた試みであり，過去行ったよりもずっと明示的に業務上の意思決定においてリスクを考慮する試みでもある．ERM の手法にはたくさんの候補がある．その中には，（経済資本や全社的ストレステストのような）全社的なリスク計測を促進する概念的な手法，（業務ラインがリスクの概略を定義・追跡する構造化された手法を取る際の自己評価スキームのような）全社的なリスクの識別を促進する監視用の手法，全社のリスクを見ることを委任された上級リスク委員会のような組織上の手法といったものがある．ERM システムを通じて，企業は，そのエクスポージャーを取締役会で合意されたリスクの水準に制限し，経営者や取締役会にその企業の目的の達成を合理的に確信させている．

傾向として，ERM が金融機関におけるリスク，資本，貸借対照表の管理を統一する動きに調和しているのは明らかである．過去 10 年以上，リスク管理の手法を資本管理の手法と区別することがますます困難になってきている．というのは，先に説明した非期待損失のリスクの枠組みによれば，リスクが，銀行業務や保険業務のようなリスク集約型業務における資本配賦を，ますます動かすようになっているからである．同様に，資本管理の手法と貸借対照表管理の手法を区別することも困難になっている．リスクと報酬の関係が，貸借対照表の構造をますます動かすようになっているためである．

経営コンサルタントのデロイトによる 2011 年のサーベイによれば，ERM の採用はここ数年で大きく増えている．「2008 年の 36% から増加し，52% の金融機関が ERM プログラム（もしくは同様のもの）をもつようになった．大規模な金融機関は複雑で相互に関連したリスクにますます直面しやすくなり，資産規模 1,000 億ドル以上の金融機関のうち 91% が ERM プログラムを導入済みか導入途上にある．」[†4] しかし，ここであまり調子に乗りすぎてはいけない．ERM は目標であるが，金融業界のサーベイによれば，ほとんどの金融機関はその目標の完全達成にはほど遠いところにいる．

1.4　数量化にも存在する危険性

名称を決め，分類することで，ひとたびリスクの周囲に境界を張り巡らすと，我々はそこに意味のある数値もつけようとする．本書の多くはこの問題に関するものである．我々の数値は，あるリスクの分野における単なる判断に基づく順位付け（リスク No.1，リスク格付 3 など）であっても，その分野で比較できる意思決定をより合理的に行うのには役立つ．もっと野心的にいえば，あるリスクファクターに絶対的な数値（0.02 パーセントのデフォルトの可能性対 0.002 パーセントのデフォルトの可能性）をつけることができれば，ある意思決定を別の決定と比較検討できる．そして，（理想的にはリスクが取引されている市場，もしくは経済資本に基づいた何らかの内部的な「リスク費用」からのデータを使って）リスクに絶対的な費用や価格をつけることができれば，リスクを引き受け，管理し，移転する際に，真に合理的な経済的意思決定を下すことができる．この点で，リスク管理における意思決定は，企業経営におけるその他多くの種類の経営上の意思決定と代替可能である．

しかし，リスクに数値をつけることは，リスク管理やリスク移転にとって非常に役に立つ一方，危険性もある．本当に比較可能な数値の種類は少ししかないにもかかわらず，我々はすべての種類の数値を比較しようとしてしまう．例えば，債券のリスクを示す際に額面や「想定元本または名目額」を使うことには不備がある．第 7 章で説明するように，10 年もの国債の額面 100 万ドルのポジションは 4 年もの国債の額面 100 万ドルのポジションと同額のリスクを示しているわけではない．

リスクを表す洗練されたモデルを導入することは，この問題を和らげる 1 つの方法であるが，この方法にもそれ独自の危険がある．金融市場の専門家は，たくさんの異なる市場をまたいでリスクを計測し，比較する方法として VaR の枠組みを考案した．しかし，第 7 章で論じるように，VaR は，通常の状況下で動く市場で，かつ 1 営業日のような短期間においてのみ，リスク尺度としてうまく機能する．VaR は，異常時の市場，長期間，非流動的なポートフォリオに対しては，非常に貧弱で誤解を招くリスク尺度となりうる．

あらゆるリスク指標と同じように，VaR の信頼性は強固な管理環境に依存して

[†4] Deloitte, 2004, *Global Risk Management Survey*, p.17.

いる．最近の不正取引の事例では，VaR で数 100 万ドル以下のポジションをもつトレーディングデスクが数億ドルもの損失を被っている．このような相違が生じる理由のほとんどは，トレーディングデスクがトレーディングへの管理を迂回し，リスク指標を小さく見せる方法を知っているということにある．例えば，トレーダーは，実際の取引のリスクを（意図的に）相殺するために架空の取引を使ったり，オプションポートフォリオの評価やリスク値を決めるボラティリティ推定値のような，リスクモデルへの入力数値を改ざんしたりすることによって，取引報告システムに取り込まれる取引明細を偽るかもしれない．

トレーダーの周囲の人（バックオフィススタッフ，ラインマネージャー，リスクマネージャーも）が，主要なリスク指標の信頼性を確保するためにボラティリティ推定値を独自にチェックするというような，日常業務の重要性を正しく理解していないときに，この種の問題が発生する可能性は急激に高まる．同時に，リスクレポートを読む人（経営者，取締役）も，管理が十分に機能しているかについて質問しないかぎり，そのことに気づかないことが多く，リスクレポートを破り捨てているかもしれない．

過去のデータや経験に基づいてリスクを評価するのであるから，あらゆる統計的な推定には推定誤差があることも思い起こすべきであり，経済環境が変化したときには推定誤差はかなり大きくなりうる．さらに，人間心理がリスク評価に影響することも覚えておく必要がある．人々は極端な確率（非常に大きな確率だけでなく非常に小さな確率も）を間違って評価する傾向があるとノーベル経済学賞受賞のダニエル・カーネマン教授は警告している．カーネマンはまた，人々は利益をもたらす領域ではリスク回避的で，損失をもたらす領域ではリスク愛好的になりがちであると指摘している[†5]．

リスクマネージャーの専門家の仕事がますます重要になる中で，リスク管理について広く理解することもより広がった企業文化の一部になるに違いない．

1.5 リスクマネージャーの仕事

リスクマネージャーの役割には，誤解されやすい多くの面がある．何よりもまず，リスクマネージャーは予言者ではない！リスクマネージャーの役割は水晶玉を読もうとすることではなく，リスクの源泉を明らかにし，それを主要な意思決定者や株主に確率の観点から見えるようにすることである．例えば，リスクマネージャーの役割は年末の米ドル対ユーロの為替レートの点推定値を求めることではなく，年末の為替レートの推定分布を求め，企業にとってのその意味を説明することである．これらの推定分布はリスク管理上の意思決定に役立ち，リスク調整後資本収益率 (RAROC) のようなリスク調整後手法を作り出すのにも使うことが

[†5] Daniel Kahneman, *Thinking, Fast and Slow*, Farrar, Straus and Giroux, 2011.

できる．

このことが示唆するように，リスクマネージャーの役割は単に防御的であるだけでない―長期的に効率よく競争するのであれば，企業はリスクと報酬の釣り合いをとるための情報を作り，それを適用する必要がある（第17章参照）．数値をリスクで調整し，前向きな経営判断を促すために，適切な方針，手法，インフラを導入することが，現代のリスクマネージャーの職務においてますます重要になりつつある．

しかし，この点に関してリスクマネージャーの役割はたやすくはない．これらのリスクと収益性の分析は，大きな企業では受け入れられるとは限らず，歓迎されるとも限らない．あるときは政策面での困難（首脳陣が警戒ではなく成長を望んでいる），あるときは技術的な困難（風評リスクやフランチャイズリスクなどといった種類のリスクを測定する最善の方法を誰も知らない），そしてまたあるときは組織的な困難がある（競争相手も皆同じことをしているとき，業務上のアイデアにおいて崖を飛び越えないことは難しい）．

このため，大きな組織であるほどリスクマネージャーの役割や指揮命令系統を明確にしておくことが非常に重要になる．リスクマネージャーがリスクを認識し，その潜在的な影響を測定することは当然のことであるが，主要ステークホルダーもしくは彼らに代わって監視の役目を担う人に，リスクが明確になっていなければ，リスクマネージャーの職務はうまく機能しないであろう．

おそらく，ここ数年の最も困難な綱渡りを通じて，金融機関内部の首脳陣とリスク管理機能を担う専門家の間の正しい関係が探られてきた．両者の関係は密接であるべきだが，密接すぎてはいけない．広範な交流は必要だが，支配関係は必要ない．また理解は必要だが，結託は必要ない．このような相互の緊張関係は，リスクを取る組織の活動の至るところで依然見ることができる．例えば，信用アナリストと商業用融資の推進者の間や，トレーダーと市場リスク管理チームの間などである．勢力の均衡がどこにあるかは，経営陣の考え方や取締役会の姿勢に大きく依存する．また，それは，均衡のとれた意思決定―リスクを調整加味した決定―を支えるような分析手法や組織的な手法に，金融機関が投資してきたかどうかにも依存する．

リスクマネージャーの役割が広がるにつれ，「実務上のリスク管理の基準は何か」「誰がリスクマネージャーを検査するのか」といった難しい問題に答えなければならない場面がますます増える．金融市場では，その答えは規制監督当局であることが望まれる．企業内では，その答えに内部監査機能が含まれる．この監査には，リスク管理の活動の点検，およびそれがあらかじめ決められた方針と手続きを遵守しているかの点検を行う役目がある（第4章）．しかしながら，もっと一般的な答えは，リスク管理の実務，概念，手法を含め，企業全体に健全なリスク文化が欠けている場合には，リスクマネージャーが正しい指摘をすることは困難であるということである．

1.6　過去と将来—本書の使命

リスク管理の規律が過去10年ほど多くの業界でこのように激しく揺れながら進んできた理由が，ここに至ってより深く理解できる（BOX1.3参照）．その理由の一部に，リスクは基本的に捉えどころがなく，不明瞭な性質をもっていることが挙げられる．非期待でもなく，不確実でもなければ，それはリスクではない．これまで見てきたように，我々が使う，見通し，市場環境，リスクアペタイト，さらに分類方法に応じて，「リスク」は形を変える．

BOX 1.3

リスク管理の浮き沈み

浮き

- リスク技術に関する技能の拡大と費用の低下により，洗練されたリスク管理プロセスの採用が劇的に増大
- 洗練されたリスク技術がリスクエクスポージャーの測定に使われるようになったことに伴う，リスク管理の人材の技能水準とそれに関連した報酬の増大
- 最も革新的でかつ利益にもなる金融市場となる可能性のある，信用，コモディティ，天候デリバティブなどの新たなリスク管理市場の誕生
- グローバルなリスク管理を担う人材数の劇的な増大とグローバルなリスク管理業界組織の誕生
- 市場リスクなどの従来から計測してきたリスクから信用リスクやオペレーショナルリスクに向けたリスク計測前線の拡張
- 銀行から保険，エネルギー，化学，航空宇宙に至る様々な業界を横断したリスク管理技術の融合
- 最高リスク責任者になる，最善の組織で経営トップのチーム（例：経営委員会の一部）の一員になるといった，企業ヒエラルキーにおけるリスクマネージャーの昇進

沈み

- 2007–2009年の金融危機で，システミックリスクや景気循環的なリスクの管理に重大な弱点があることがわかった．
- 企業は過去データに基づいた統計的なリスク指標を信頼しすぎてきた．これはストレステストの改善で対応してきた弱点である．
- リスクマネージャーは，自らの受託者責任と勢力のある業務部門長の機嫌を損ねる費用との釣り合いをとることが課題だと感じ続けている．
- リスクマネージャーは収益を稼ぐことはなく，そのためうまく収益を稼いだ業務部門長と同じ立場を得たことがない．
- 異なる種類のリスクを真に統合して計測することが困難だとわかってきている．
- 組織全体のリスクエクスポージャーを計量化することは極めて複雑で，「チェックマークをつける」作業に陥りかねない．
- リスク管理がリスクを避けることであると捉えられると，リスクマネージャーの権限増大は業務に対するマイナスの力となりうる．すなわち，過度に「リスク回避的」となる可能性がある．

また，別の理由として，金融リスク管理がどちらかというと未成熟であることもある．実務，人材，市場，商品はここ10年絶え間なく発達し，互いに影響し合い，次のリスク管理の大成功—および大惨事—のステージを作り出してきた．リスク管理は，特別な活動，コンピューターシステム，規則もしくは方針というよりも，独特かつ動的な方法でリスクを見て，管理する概念一般であるとみなせる．

おそらく，リスク管理の最大の課題は，もはやリスクに関する特別な数学的尺度を作ることではない（ただし，その努力は確実に続くだろう）．おそらくそれは，各組織にリスク管理をより深く根付かせることだろう．我々はより広範なリスク文化やリスク能力を築く必要がある．そこではリスクのある企業で働く主要なスタッフは皆—バックオフィスから取締役まで，また末端社員からトップまで—いかに自らが組織のリスク要因に影響を及ぼしうるかを理解しているのである．本書はまさにこのことについて書かれたものである．我々は，本書を通して，数学者でない人が，与えられた判断の強みを知り，またその判断の弱みについて質問できるほどに最近のリスク管理の概念を理解できるようになることを願っている．数学者でなくとも，リスク管理実務の持続的な発展に貢献できることを実感するにちがいない．

さらに，リスクアナリストや数学を専門とする読者には，自らの分析が全体のリスク計画にどのように当てはまるのかをより広く認識できるようになり，また，自らの役割がリスク分析の結果だけではなく，その意味（さらに全社的リスク管理の観点からのより広範な教訓）を伝えることにあるということをより強く認識できるようになることを我々は願っている．

第1章 付録1 リスクエクスポージャーの分類学

第1章では，リスクを「非期待損失」につながる収益率のボラティリティと定義した．すなわち，ボラティリティが高いほど，リスクも大きい．収益率のボラティリティは直接または間接に多くの変数（リスクファクターと呼ぶ），さらにこれらリスクファクター間の相互作用の影響を受ける．では，我々は，いかにしてリスクファクターの全体を系統立てて考察すればよいのだろうか．

リスクファクターは，大まかに次の種類に分類できる．市場リスク，信用リスク，流動性リスク，オペレーショナルリスク，法務・規制リスク，ビジネスリスク，戦略リスク，風評リスクである（図 1A.1）[†1]．これらはさらに個別の種類に分解できる．図 1A.2 では，市場リスクと信用リスクについてその詳細を示している．市場リスクと信用リスクは，金融リスクと呼ばれる．

この図では，本付録における詳細な議論に沿った方法で，市場リスクを株価リスク，金利リスク，外国為替リスク，コモディティ価格リスクに分けている．さらに金利リスクをトレーディングリスクとギャップリスクの特別事例に分けている．後者は，金利変化に対する資産と負債の感応度が異なる結果，金融機関の貸借対照表に生じるリスクに関連している（第 8 章参照）．

理論では，分類が網羅的で，分解が詳細であるほど，企業のリスクは密接に捉えられる．実務では，利用可能な技術で取り扱うことができるモデルの複雑さの程度や，内部データ・市場データの費用や入手可能性によって，この処理過程は制限を受けることになる．

図 1A.1 でリスクの分類をもっとよく見てみよう．

1A.1 市場リスク

市場リスクは，金融市場における価格やレートの変化が証券やポートフォリオの価値を減少させるリスクである．債券の価格リスクは，一般市場リスク部分（市場が全体的に下落するリスク）と個別市場リスク部分に分解できる．後者は，対象とする個別の金融取引に特有のものであり，その銘柄に隠された信用リスクも反映している．トレーディングにおいては，リスクは，オープン（ヘッジをしな

[†1] Board of Governors of the Federal Reserve System, Trading and Capital Markets Activities Manual, Washington D.C., April 2007.

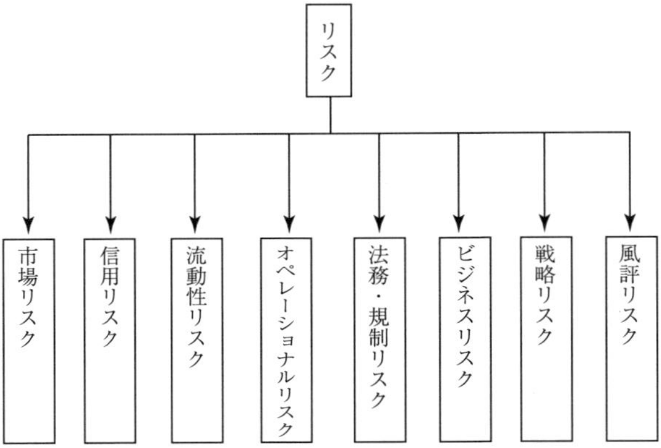

図 1A.1　リスクの分類

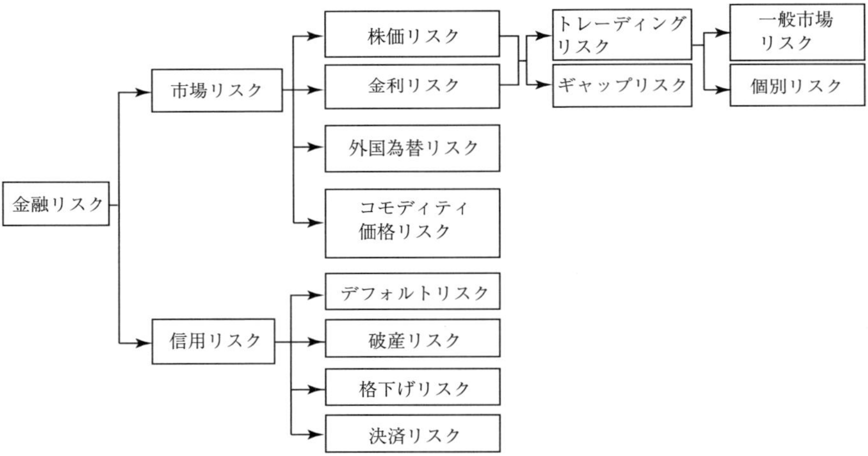

図 1A.2　金融リスクの種類別図解（注）

（訳者注：本文に合わせて訳者が図を改訂した）

い）ポジションから生じることもあれば，互いに相殺することを意図した市場ポジション間の相関が不完全であることから生じることもある．

市場リスクには，異なる状況に応じて多くの異なる名前がつけられている．例えば，ファンドは，特定のベンチマークの実績に連動するものとして販売される．この場合，市場リスクはトラッキングエラーのリスクをもたらすという意味で重要となる．ベーシスリスクは，リスク管理の分野で使われ，ある商品の価格とその価格エクスポージャーをヘッジするために使う商品の価格との関係が崩れてしまう可能性を示す用語である．繰り返すが，これは状況に応じた市場リスクの一形態にすぎない．

市場リスクには，主に4種類ある．金利リスク，株価リスク，外国為替リスク，コモディティ価格リスクである[†2]．

1A.1.1 金利リスク

金利リスクが最も単純に現れるのは，市場金利の上昇の結果，債券の価値が下落するときである．しかし，金利感応的な資産からなる複雑なポートフォリオにおいては，多くの異なる種類のエクスポージャーが，満期，額面金額，商品の更新日の違い，および資産タイプ（すなわち「ロング」）のキャッシュフローと負債タイプ（すなわち「ショート」）のキャッシュフローの違いから生じる．

特に，第6章でより詳しく説明するように，異なる満期のロングとショートのポジションをもつポートフォリオでは「カーブ」リスクが生じる可能性がある．すなわち，利回り曲線の平行移動に対しては有効にヘッジされるが，利回り曲線の形状変化に対しては有効にヘッジできないリスクである．一方で，相殺するポジションの満期が同一であっても，ポジションの金利の相関が不完全な場合にはベーシスリスクが生じる．例えば，3カ月ものユーロドル商品と3カ月もの政府短期証券 (TB) は，どちらも3カ月金利を支払うものである．しかしながら，これらの金利は完全には相関してなく，利回りスプレッドは時間によって変化する．その結果，3カ月ものユーロドル預金を調達して保有する3カ月もの政府短期証券は，不完全な相殺ポジションもしくはヘッジポジション（ベーシスリスクと呼ばれる）ということになる．

1A.1.2 株価リスク

これは株価のボラティリティに関連したリスクである．株式の一般市場リスクは，株価指数の水準の変化に対する銘柄やポートフォリオ価値の感応度のことを指す．株式の個別リスクは，業務ライン，経営の質，製造工程の要素などの，企業固有の特性によって決まる株価のボラティリティの一部を指す．ポートフォリオ理論によれば，一般市場リスクをポートフォリオの分散化によって削減することはできないが，個別リスクは分散により削減できる．第5章で，株式リスクを測定するモデルについて論じる．

1A.1.3 外国為替リスク

外国為替リスクは特定の通貨のオープンポジションもしくは不完全ヘッジのポジションから生じる．これらのポジションは，ある通貨のトレーディングポジションを意識的に取得しようということから生じるというよりも，業務の自然な結果

[†2] 市場リスクのこれら4種類への分類は，一般に，会計基準とも整合的である．

として生じうる．外国為替のボラティリティは，国境をまたいだコスト高な投資の収益を消し飛ばし，同時に企業を外国の競争相手よりも不利な立場に陥れる[†3]．また，それは巨額の営業損失をもたらし，不確実性を通じて投資を妨げるかもしれない．外国為替リスクの主な決定要因は，通貨価値が不完全に連動していることと，各国金利が変動していることである．為替レートを市場リスクの個別要素として認識することが重要ではあるが，外国為替取引を評価するには，スポット為替レートだけでなく国内金利と外国金利の動きを知ることも必要である[†4]．

1A.1.4　コモディティ価格リスク

コモディティ価格リスクは，金利リスクや外国為替リスクとは大きく異なる．というのは，ほとんどのコモディティは，供給者が少数に集中することで価格ボラティリティが増幅するような市場で取引されているからである．市場での取引の深み（すなわち，市場流動性）の変動は，価格ボラティリティを高水準にし，さらにそれを増幅させることも多い．また，コモディティ価格に影響するその他の基本要因として，貯蔵の容易さとその費用がある．これらは，コモディティ市場（例えば，金から電力，小麦まで）ごとに大きく異なる．これら要因の結果，一般に，コモディティ価格はボラティリティが高く，たいていの取引所取引の金融証券よりも価格の不連続性（すなわち，価格がある水準から別の水準に跳ぶ瞬間）が大きい．コモディティはその特性に応じて次のとおりに分類できる．ハードコモディティは保存できるコモディティであり，その市場はさらに数量あたりの価格が高い貴金属（例えば，金，銀，プラチナ）と卑金属（例えば，銅，亜鉛，錫）に分けられる．ソフトコモディティは保管期間が短い，貯蔵の困難なコモディティで，主に農産物（例えば，穀物，コーヒー豆，砂糖）である．エネルギーコモディティは，石油，ガス，電力，その他のエネルギー製品から成っている．

1A.2　信用リスク

信用リスクは，カウンターパーティーが契約上の債務を履行しない，もしくは取引期間中にデフォルトのリスクが高まることにより経済上の損失が生じるリスクである[†5]．例えば，銀行の融資ポートフォリオの信用リスクは，借り手による定

[†3] 有名な例が，1987年に20億ドルの資本投資を始めた米国重機企業のキャタピラー (Caterpillar) である．1993年には19パーセントの費用削減が期待されていた．同じ期間に，日本円は対米ドルで30パーセント下落し，キャタピラーは，生産性向上を調整した後でさえ，主要な競争相手である日本のコマツに対し競争不利な状況に陥った．

[†4] これは金利平価条件のためである．金利平価は，外貨の先物価格が直物価格を内外金利差で調整したものに等しくなるように表したものである．

[†5] 以下，債務者としての「借り手」と「カウンターパーティー」という用語を区別せずに使用する．実務では，信用リスクが債券や銀行融資のように資金拠出を伴う場合に発行体リスクとか借り手リスクといった用語を使う．デリバティブ市場では，カウンターパーティー信用リスクとはスワップやオプションのような資金拠出のないデリバティブのカウンターパーティーに対する信用リスクを意

期的な利払いや元本の償還が実行できなかったときに現れる．信用リスクは，さらに主要な 4 種類に区分できる．すなわち，デフォルトリスク，破産リスク，格下げリスク，決済リスクの 4 種である．BOX1A.1 にクレジットデリバティブ契約の支払い要因となる ISDA による信用事由の定義を示す[†6]．

BOX 1A.1

クレジットデリバティブと ISDA による信用事由の定義

2000 年以来，クレジットデフォルトスワップ (CDS) や似たような商品の市場が目覚しく成長したことにより，金融市場は何を信用事由—すなわち，CDS の支払いを引き起こす事象—とみなすかについてずっと厳密に考えるようになった．この事由，通常デフォルト，は契約を清算する際に訴訟にならないように明確に定義しておく必要がある．CDS には，信用状態の変化を第三者の証跡に基づいて検証することを求めるという「重要性条項」が通常含まれる．

CDS 市場は，クレジットデリバティブ契約の支払い要因となる信用事由の定義に取り組んできた．ISDA が形式を整え，CDS の契約書類に規定した主要な信用事由は次のとおりである．

- 破産，支払い不能，支払い不履行
- 債務デフォルト/クロスデフォルト：他の同様の債務における（支払い不履行を除いた）デフォルトの発生を意味する
- 期限の利益喪失：（別途定めのない限り，1,000 万ドルの重要性閾値に従い）満期より前に債務の支払期限をもってくるような状態のことをいう
- 契約で定めた水準への参照資産価格の下落
- 参照資産の発行体の格下げ
- リストラクチャリング（これはおそらく最も議論の的になる信用事由である）
- 履行拒絶/支払い猶予：これらが生じる場合は 2 つある．1 つ目は，参照組織（参照する債券や融資の債務者）が債務の履行を拒否する場合で，2 つ目は，政府による支払い猶予により企業による支払いが妨げられる場合である

最も議論を呼び起こす部分の 1 つに，融資のリストラクチャリング—合意のうえでの金利や元本の削減，支払いの延期，支払い通貨の変更といったことを含む—を信用事由とするかどうかがある．コンセコ社 (Conseco) の事例は，リストラクチャリングが引き起こす問題を浮き彫りにしたことで有名である．2000 年 10 月，バンク・オブ・アメリカとチェースが率いる銀行団はコンセコ社向けの約 28 億ドルの短期融資の満期を 3 カ月延長し，同時に金利を引き上げ，財務制限条項を強化した．満期の延長は破産を防ぐのには役立ったものの，重要な信用事由として 20 億ドルもの CDS の支払いを引き起こすことになった[†1]．

2001 年 5 月，この事例を受け，ISDA はクレジットデリバティブ契約上の用語に関する 1999 年定義集にリストラクチャリング附属資料を追加した．とりわけ，この文書は，信用事由として認めるために，リストラクチャリング事由は，少なくとも所有者が 3 者いる債務で生じ，2/3 以上の所有者がリストラクチャリングに同意することを求めている．ISDA の文書は，引渡可能債務に満期の制限も設けている—プロテクショ

味する．

[†6]ISDA は，国際スワップデリバティブズ協会 (International Swap and Derivatives Association) の略称である．

ンの買い手は，リストラクチャリング日より30日未満の満期の証券もしくは満期を延長した融資のみを引き渡すことができる—また，同文書は，引渡可能証券が完全に移転可能であることも求めている．市場の主要な参加者の中には，リストラクチャリングを自社の信用事由のリストから取り除いた者もいる．第12章の議論も参照．

†1 CDSの売り手は不満であり，CDSの買い手がリストラクチャリングされた融資の代わりに長期の債券を引き渡すことで，「最割安銘柄」ゲームの様相となっていることにも悩まされた．このとき，これらの債券はリストラクチャリングされた融資よりはるかに低い価格で取引されていたからである（リストラクチャリングされた融資は，新たな信用リスク削減項目のおかげで流通市場ではより高い価格で取引されていた）．

デフォルトリスクは，契約した融資の金利や元本といった債務の支払いをその期限から適当な猶予期間，銀行業界では通常60日を過ぎても債務者が実行できない，もしくは実行を拒否することに相当する．

破産リスクは，デフォルトした借り手やカウンターパーティーの担保資産もしくは第三者に預託した資産を実際に引き継ぐリスクである．破産した会社においては，会社の支配は株主から債権者に引き継がれる．

格下げリスクは，借り手やカウンターパーティーの信用力が悪化するリスクである．一般に，信用力の悪化は，米国のスタンダード・アンド・プアーズ (S&P)，ムーディーズ，フィッチのような格付機関による格下げや，借り手のリスクプレミアムまたは信用スプレッドの拡大に現れる．借り手の信用力が大幅に悪化するのはデフォルトの前触れかもしれない．

決済リスクは，取引を決済する際のキャッシュフローの交換により生じるリスクである．決済の不履行は，カウンターパーティーのデフォルトや流動性の制約，事務処理上の問題が原因で生じる．このリスクは，支払いが異なる時間帯で起こるとき，特に異なる通貨の想定元本を交換する通貨スワップのような外国為替関連取引の場合，最も大きくなる[†7]．

信用リスクはポジションが資産のときだけ，すなわち正の再構築価値をもつときだけ，の問題である．このような状況でカウンターパーティーがデフォルトすると，企業はポジションの市場価値すべてか，より一般には市場価値のうち信用イベントの後で回収できない部分のいずれかを失う．回収が見込まれる価値を回収価値，もしくは比率で表示して回収率，と呼ぶ．損失が期待される金額はデフォ

†7 事務処理問題による支払不履行であれば，支払いの遅延になるだけであり，経済上の影響は小さい．しかしながら，損失が多額で支払い予定の元本額に達する場合もありうる．決済リスクで有名な事例として，1974年のドイツの小規模地方銀行ヘルシュタット銀行による不履行がある．破綻した当日，ヘルシュタット銀行は多くのカウンターパーティーからドイツマルクを受け取っていたが，直物や先渡しの外国為替取引の反対側の米ドルを支払う前にデフォルトした．

2者間のネッティングは，決済リスクを減らす仕組みの1つである．ネッティング契約では，各通貨のグロスの金額を支払う代わりに，ネットの金額の受払いを行う．また，現在，外国為替取引の約55% がCLS銀行を通して決済されている．CLS銀行は，外国為替取引の決済に関連した元本リスクを実質的に削減する同時決済 (payment-versus-payment, PVP) サービスを提供する銀行である (Basel Committee on Payment and Settlement Systems, *Progress in Reducing Foreign Exchange Settlement Risk*, Bank for International Settlement, Basel, Switzerland, May 2008).

ルト時損失 (Loss Given Default, LGD) と呼ばれる．

債券やローンでのデフォルト時に発生しうる損失とは異なり，デリバティブポジションの LGD は取引の名目元本より通常ずっと小さく，多くの場合，元本のほんの一部である．デリバティブ商品の経済価値が名目上の元本価値というよりも再構築価値や市場価値に関連していることがその理由である．しかしながら，デリバティブ商品の再構築価値の変動に応じて，信用エクスポージャーは変動する．すなわち，エクスポージャーはある時点でマイナスとなりうるが，市況が変わった後ではプラスにもなりうる．したがって，企業は，現在の再構築価値で測ったカレントエクスポージャーだけでなく，取引終了時までのポテンシャルフューチャーエクスポージャーの動きも調べなければならない（第 13 章参照）．

1A.2.1 ポートフォリオレベルの信用リスク

ポートフォリオの信用リスク量に影響する第 1 の要因は，明らかに特定の債務者の信用状況である．そして，貸し手は引き受けたリスクに見合うように適切な金利やスプレッドを借り手に課し，適切なリスク資本を確保することが重要な問題となる．

第 2 の要因は「集中リスク」，もしくはエクスポージャーや地域，産業における借り手の分散の程度である．これは，ポートフォリオのリスクに影響する第 3 の主要な要因である経済状態に通じる．経済が良好で成長しているときは，景気後退期に比べてデフォルト率は大きく下落する．逆に，経済が下降するとデフォルト率は再び上昇する．信用サイクルの下降期には，顧客が同時にデフォルトするというそれまで隠れていた傾向が明らかになることが多く，銀行は，これまでに認めてきた様々な形態の集中度（例えば，顧客や地域，産業の集中）の影響を受けることになる．信用ポートフォリオモデルは，銀行のポートフォリオにおける相関リスクや集中リスクの程度を見つけ出そうとする試みである．

長期の融資は短期の融資よりリスクが大きいとみなされていることから，ポートフォリオの質は融資の満期の影響も受けている．特定の満期に集中していない―「時間分散」―ポートフォリオを構築する銀行は，この種のポートフォリオの満期リスクを減らすことができる．これは，流動性リスク，もしくは銀行が多額の借り換えを同時に行おうとする際に困難に陥るリスク，の削減にも役立つ．

1A.3 流動性リスク

流動性リスクは「資金調達リスク」と「市場流動性リスク」からなっている（図 1A.3 参照）．資金調達リスクは，債務の借り換えに必要な資金の調達，カウンターパーティーからの現金，証拠金，担保の請求への対応，資本の引き揚げへの対応をいかに行うことができるかに関連している．資金調達リスクは，現金もしくは現金等価物の保有，クレジットラインの設定，借入能力のモニタリングにより管理できる（借入能力は，ストレスのかかる市況において資産を担保に借り入れできる金額を示している）．第8章で資金調達リスクをより詳しく見て，第15章で，ロシアの債務デフォルトの後，1998年8月に起きたLTCM（ロングタームキャピタルマネジメント）危機の流動性の側面を論じる．

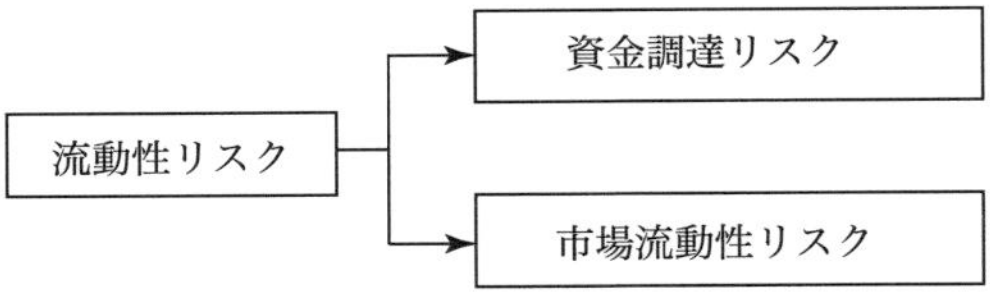

図1A.3　流動性リスクの次元

市場流動性リスクのことを単に流動性リスクと呼ぶことも多いが，それは市場に反対側の取引を行う需要が一時的にないため，金融機関が今ある市場価格で取引を実行できないリスクである．取引を延期できずに実行すれば，ポジションに相当の損失が生じるかもしれない．市場流動性リスクは，取引の規模や即時性にも関連している．より速い，より大規模な取引であるほど，損失の可能性は大きい．このリスクは一般に計量するのが非常に困難である（現在使われている市場バリューアットリスク，すなわちVaRの手法では，流動性リスクは，VaRモデルのパラメターの1つが関連するポジションを流動化するのに必要と考えられる期間，すなわち保有期間，であるという意味で考慮されているだけである）．市場流動性リスクがあることで，金融機関が資産を換金して資金調達の不足を満たすことができにくくなり，市場リスクの管理・ヘッジも行いにくくなる．BOX1A.2では，市場流動性が低いときの時価評価における問題を論じている．

BOX 1A.2

流動性が低いときの時価評価の問題

金融商品を保有する勘定に次のものがある．

- 「トレーディング勘定」：損益を通して公正価値を測定する．
- 「銀行勘定」：売却可能資産 (assets available for sale, AFS) として，償却原価会計（発生主義会計とも呼ぶ）に従う．

トレーディング勘定商品の公正価値の変化は，その変化が生じた期間の企業の損益計算書に直接に影響する．AFSに分類した金融資産の公正価値の変化は，その金融資産が売却されるまで損益に影響させずに，直接に企業の純資産に計上され，売却された時点で公正価値の累積変化分が損益計算書に計上される．

一方，売却目的での保有でない限り，融資は典型的には実効金利法を使った償却原価マイナス損失に対する「引当金」で計測される．売却目的の融資は，トレーディング勘定，AFSポートフォリオ，もしくは米国では売却目的ポートフォリオとして原価か公正価値いずれか低いほうで報告される．

公正価値会計に従う商品は，同一または同種の商品に対して活発な市場で得られた価格が入手可能な場合，それらを参照して評価される．流動性が枯渇したとき—例えば，市場危機の間—市場価格に基づいた価格発見はずっと困難になる．価値を推定するモデルを適用するなど，別の評価技術が必要になるかもしれない[†1]．流動的な市場価格が手に入らない場合，他の方法では様々な不確実性を伴うことは避けがたく，正確性について間違った印象を与えることがある．

公正価値会計／時価会計は透明性と市場規律を促すという意味で非常に価値があることがわかっており，流動的な市場の証券にとって有効で信頼できる会計方法である．しかしながら，流通市場の流動性がないもしくは極めて限られた流動性しかない場合には，評価が困難になり，評価の不確実性が増すといった課題が生じる．公正価値会計に対する主要な批判を以下に示す[†2]．

第 1 に，公正価値会計の下で認識した未実現損失は時間とともに反転するかもしれない．市場価格は，市場流動性がないことや価格がバブルによるものであるといった理由で，本来の価値から乖離するかもしれない．

第 2 に，市場の非流動性は公正価値の測定を困難にし，過大で信頼できない損失の報告値をもたらすかもしれない．

第 3 に，公正価値会計の下で未実現損失を報告する企業はマイナスの波及効果を引き起こすかもしれない．すなわち，投げ売り，評価減，リスクプレミアムや流動性プレミアムの上昇といった安定性を損なう負のスパイラルによってさらなる市場価値の悪化を引き起こす．

[†1] 公正価値会計基準 (FAS157) では，公正価値の測定に際してのインプットデータを信頼度に応じて順位付けしている．

- レベル 1 インプットは，同一商品に対して活発で流動的な市場で成立した，調整していない市場相場である．
- レベル 2 インプットは，その他の直接的または間接的に観察可能な市場データである．これらインプットは大まかに 2 グループに分かれる．第 1 の一般に望ましいグループは，同種の商品に対する活発な市場での市場相場である．第 2 のグループは，利回りカーブ，為替レート，経験的相関などのその他の観察可能な市場インプットである．これらのインプットにより，市場情報で規律づけられたモデル評価値が計算されるが，その評価値は採用したモデルやインプットデータと同程度にしか信頼できない．
- レベル 3 インプットは，住宅価格の減価の予想やそれによるモーゲージ関連ポジションの信用損失の大きさの予想など，観察不能で企業が提供する推定値である．

[†2] 公正価値会計は，メリットとデメリットを見ると，発生主義会計よりは依然ましなように思える．発生主義会計は損失の計上を抑え，自発的に開示するインセンティブを減らしてしまう．このことは危機を解決するのに必要な行動を妨げることを意味する．米国貯蓄貸付組合の危機が良い例である．1973～1975 年の第 1 次石油危機と景気後退における金利上昇時に危機が始まった．金利上昇により，貯蓄金融機関の固定モーゲージ資産に償却原価会計では認識されない多額の経済的損失が生じた．経済的損失を認識しなかったため，規制当局や政策当局が危機を認めるのに 15 年かかり，これら金融機関による危険資産への投資，預金保険の悪用，またあるときは不正の実行といった危機の最終的な費用をいっそう悪化させることになる行動を促すことになってしまった．

1A.4 オペレーショナルリスク

オペレーショナルリスクとは，不適切なシステム，管理の機能不全，不完全な統制，不正，人的ミスに起因する損失の可能性であり，（地震やテロなどの）自然災害や人的災害，その他の非金融リスクも含まれる．第14章と15章で論じるが，ここ10年ほどのデリバティブ取引による大規模損失の多くは，オペレーション上の失敗の直接の結果である．デリバティブ取引は，その性質からしてレバレッジの効いた取引であるため，現物取引よりもオペレーショナルリスクにさらされやすい．複雑なデリバティブの評価はまた，相当なオペレーショナルリスクを引き起こす．企業が大規模な損失を避けるつもりならば，非常に厳格な管理が絶対に必要である．

人的要因リスクはオペレーショナルリスクの特殊な形態である．それは人的ミスに起因する損失に関係しており，コンピューターのボタンを間違って押す，不注意でファイルを壊す，モデルへのパラメターに間違った値を入力するといったことがある．オペレーショナルリスクは不正を含む．例えば，トレーダーや他の従業員がある取引によって生じるリスクを故意に改ざんする，もしくは偽って伝える場合がある．ITリスク，主にコンピューターシステムリスクもオペレーショナルリスクの範疇に入る．

1A.5　法務・規制リスク

法務・規制リスクは様々な理由から生じ，風評リスク（後述）はもちろんオペレーショナルリスクにも密接に関係している．例えば，カウンターパーティーは，リスクのある取引を締結する法的または規制上の権限を欠いているかもしれない．法務・規制リスクはバーゼルIIの下ではオペレーショナルリスクに分類されている．

デリバティブ市場では，カウンターパーティーや投資家が取引で損をし，その債務を果たすのを避けるべく商品供給業者を訴えると決めたときに初めて，法務リスクが明らかになることが多い（第6章のBOX6.4の例を参照）．

規制リスクのもう1つの側面に，税法の変更がポジションの市場価値に及ぼしうる影響がある．例えば，英国政府が1997年夏に税法を変更し，租税特別措置を廃止したとき，ある大手投資銀行が巨額の損失を被っている．

1A.6　ビジネスリスク

ビジネスリスクは，製品需要，それら製品に課す価格，製品を製造・供給する費用などの不確実性であり，ビジネスの世界に昔からあるリスクである．BOX1A.3にビジネスリスクの最近の事例を示した．

BOX 1A.3

金融以外のビジネスリスクの例：パーム社はいかに先端技術のスターの地位から転落したのか

パーム社 (Palm) は，1990 年代初めに「携帯コンピューター」の草分けであった．2000 年 12 月，年間売上高は前年より 165 パーセント増大した．2001 年 3 月，売上減速の最初の徴候があった．経営陣は，適切な対応は携帯コンピューターの最新機種である m500 系を，即座に発売することであると決定した．

カール・ヤンコウスキー (Carl Yankowski)CEO は，m500 系を 2 週間で発売できるとの確証をマネージャーから得ていた．パーム社は m500 系を 3 月 19 日に公表した．顧客が新機種を待つことに決めたために，既存機器の売上げはさらに落ち込んだ．問題は，待ち時間が 2 週間で済まなかったことである．同社には，製造設計に入る前に m500 を試験する時間が十分になかった．m500 の製造ラインは障害続きであった．同社は，発表から 6 週間以上も過ぎた 5 月まで新機種を大量出荷できなかった．

旧機種の在庫が滞り始め，その結果，3 億ドルもの巨額の過剰在庫の償却と，1 年前の 1,240 万ドルの利益に対し，6 月 1 日締めの四半期決算では 3 億 9,200 万ドルの純損失が生じた．株価は急落し，その結果，パーム社の戦略の要であった買収案件が決裂した．その取引は，パーム社株式 2 億 6,400 万ドルに相当する案件であった．同社は 250 名を解雇し，主要な社員を失い，新本社の建設を取りやめた．

RIM 社（通称ブラックベリー (BlackBerry)）やマイクロソフト (Microsoft) といったパーム社のライバルは，同社の失敗に乗じて利益を増やした．

製造業界では，ビジネスリスクの管理は経営上の主要な任務である．例えば，販売経路・製品・仕入れ先の選択や，どのように製品を販売するかといったことである．もちろん，これらの問題を扱ったビジネス書の類は非常に多い．そのため，本書の大部分ではビジネスリスクの問題を回避している．

しかしながら，本書で説明し，また金融業界で一般的とされている正式なリスク管理の枠組みの中で，ビジネスリスクをいかに扱うかという疑問が残っている．ビジネスリスクは確実に評価・モニターされるべきであるが，銀行業界による伝統的な信用リスクや市場リスクの管理を補完する形で，どのようにこの評価・モニタリングを行うべきかは明らかではない．ビジネスリスクを通常のリスクと同様に資本で支える必要があるかどうかについても，議論の余地がある．規制当局が銀行の最低所要自己資本に含めたオペレーショナルリスク項目よりも，ビジネスリスクのほうが，銀行収益のボラティリティに与える影響が大きいと信じている研究者もいる．それにもかかわらず，バーゼル II においては，「ビジネスリスク」は規制当局によるオペレーショナルリスクの定義から除かれている．

ビジネスリスクは，他の要因と同様に，企業の戦略や評判の質のような要因の影響を受ける．したがって，戦略リスクや風評リスクをビジネスリスクの一部と見ることは実務で一般的であり，リスクに関する文献もビジネス・戦略・風評の各リスクを複合したものに言及することもある．ただし，ここでの分類においては，これら 3 つのリスクを区別して扱っている．第 2 章では，非金融機関の企業におけるビジネスリスク管理の問題をさらに議論する．

1A.7　戦略リスク

戦略リスクは，その成功と収益性の不確実性が高い重要な投資のリスクに関するものである．また，競争相手に対して戦略を変更することに関連している．ベンチャービジネスが成功しなければ，その企業は大きな評価減を強いられ，投資家の間での評判が損なわれる．BOX1A.4 に戦略リスクの例を挙げる．

例えば，銀行は様々なビジネスリスクや戦略リスクの影響を受ける（BOX1A.5 を参照）．これらのリスクの中には非金融機関に見られる種類のリスクに非常に似ているものがあり，一方で，従来の考え方では市場リスクや信用リスクとは捉えられていないが，市場変数や信用変数の影響を受けるものもある．

BOX 1A.4

非金融機関の戦略リスクの例： 市場の最先端を追求していたノキアがいかに 2 回にわたって打撃を受けたのか

パート 1：最初の戦略ミス

1999 年，ノキア (Nokia) は，インターネットと映画，ゲームを楽しめるような携帯電話の新市場を開拓するために，多大で，コストのかかる取組みを始めた．同社は一連の「スマートフォン」の売出しに数億ドルを使い，研究開発予算（年間 36 億ドル）の 80 パーセントをソフトウェアに配分した．ソフトウェアの多くは，携帯電話にコンピューターのような機能を与えるように設計された．同社はまた，マイクロソフトが（この新市場の標準を決めることになる）スマートフォン用の同様のソフトウェアをもって「市場に一番乗り」で登場する脅威を阻止しようと競争していた．

振り返ってみると，ノキアは間違った戦いに集中し，間違った競争相手を気にしていたようである．スマートフォンは，多くの消費者にとってかさばり，高価すぎることが明らかになり，（この時点では）市場での存在感もほとんどなかった．

さらに，スマートフォンに集中したために，ノキアは携帯電話で最も成長する分野の 1 つを見過ごしてしまった．それは鮮明なカラースクリーンとカメラのついたより安価な標準機種であり，サムスン電子 (Samsung Electronics) や最大ライバルのモトローラ (Motorola) などの競争相手に対して，市場シェアを奪うまたとない機会を与えることになってしまった．電話がコンピューターになるとの賭けは，時期尚早だったのである．

全世界でのノキアの市場シェアは，2003 年半ばまでに 35 パーセントから 29 パーセントに急落した．2003 年には，スマートフォンを 550 万台販売したが，目標の 1,000 万台には遠く及ばなかった．2004 年第 1 四半期，世界の携帯電話市場が前年比 40 パーセント伸びる中で，同社の販売台数は 2 パーセント落ち込むことになった．

パート 2：2 度目の戦略ミス

2013 年までの数年，ノキアは，スマートフォン革命を活かすような戦略の調整に失敗した．ノキアは，アップルやグーグルのアンドロイドを搭載した他の競争相手を含め，スマートフォン市場での激しい競争に直面している．あいにく，2013 年初めのノキアの戦略は，マイクロソフトがスマートフォン用のソフトウェアを一番乗りで導入するというノキアの当初の懸念を所与としたものであり，自らの製品の魅力を高めるために（独自のオペレーティングシステム Symbian に代えて）マイクロソフト・ウィンドウズを採用するというものであった．ノキアはその戦略で成功したかもしれないし，買収されたかもしれない．実際に，同社には，潤沢な現金や（例えば，マイクロソフトにとって）重要な戦略的価値，何 10 億ドルもの価値のある特許があった[†1]．だが，ノキアは多額の株主価値を失ってしまった．株価は 1/10 に下落して，1 株あたり現金保有額以下となり，信用格付は投機的水準に下がった．

[†1] 本書が印刷に出される 2013 年 9 月，マイクロソフトはノキアの携帯電話端末事業を買収し，その特許のライセンス供与を受けることを公表した．

BOX 1A.5

銀行におけるビジネスリスクと戦略リスクの例

リテール銀行業務

- インターネットバンキングのような新ビジネスモデルの出現が，既存のビジネス戦略へのプレッシャーとなる．大規模な買収が予想よりはるかに収益性が低いことが明らかになる．

住宅ローン

- 金利の急騰が住宅ローンの組成量の急落をもたらす．
- ある地域での新築住宅への需要の減退が住宅ローンの組成量の減少につながる．

ウェルスマネジメント

- 株式市場の下落もしくは不確実性がファンド販売額の下落につながる．

資本市場業務

- 銀行の相対的な規模が大規模なローン引受を獲得する制約になる．
- 資本市場へのエクスポージャーが大きいことが利益の変動を大きくする．

クレジットカード

- 競争が増すことで，新分野（例えば，支払い行動もよくわからないサブプライム顧客）へのクレジットカードを提供する銀行が出てくる．
- 洗練された信用リスク管理システムをもつ競合他社が，純粋に利益の上がる市場でのシェアを奪い始め，その結果，顧客の差別化をできない銀行は，意識せずに比較的リスクの高い顧客へのビジネスを提供するようになる．

1A.8 風評リスク

リスク管理の観点では，風評リスクは主に 2 種類に分けられる．すなわち，企業がカウンターパーティーや債権者との約束を果たすと信じられること，および企業が公正な取引を行い，倫理的に行動すると信じられることである．

第1の形態の風評リスクが重要であることは，銀行制度が始まって以来明らかなことであり，2007–2009年の危機がまさにそれを示すことになった．特に，銀行業界で非常に重要である信頼が2008年9月のリーマン・ブラザーズの破綻後に砕かれてしまった．危機の最中に，うわさが急速に広まったときは，銀行の健全性への信頼度がすべてになる．

第2の形態の公正な取引に対する風評リスクも極めて重要であり，1990年代末の活況な株式市場において，多くの主要企業の株主，債券保有者，従業員を欺いた会計不祥事が発生して以来，新たな様相を呈してきている．また，ニューヨーク州司法長官エリオット・スピッツァー (Elliot Spitzer) による投資信託と保険会社への調査により，対顧客と対当局の両者が抱く公正な取引についての評判が，いかに重要であるかが明らかになった．

2004年8月にプライスウォーターハウスクーパーズ (PwC) とエコノミスト・インテリジェンス・ユニット (EIU) が公表したサーベイでは，国際的に活動する銀行134行のうち34パーセントが，風評リスクは銀行の直面する市場価値・株主価値にとって最も大きなリスクであると答えている．一方，市場リスクと信用リスクについては，それぞれ25パーセントの数字に留まった．

エンロン (Enron)，ワールドコム (WorldCom)，その他の企業がかかわった不祥事が，銀行家の意識の中に依然鮮明に残っていることが，この理由の一部であることは明らかである．しかしながら，直近では，公的ネットワークやソーシャルネットワークの急速な成長とともに，風評リスクへの関心が再び高くなっている．誰でもインターネットでうわさを広めることができ，ウイルス拡散のニュースやデジタルニュースページへの応答の利用，ブログの成長といったことはみな，企業が評判を維持しようとする際の頭痛のたねとなりうる．

金融機関のビジネスの性格上，顧客，債権者，規制当局，市場の信頼が必要であるため，風評リスクは金融機関にとって特別な脅威となっている．市場リスクや信用リスクのデリバティブ，キャッシュフローをカスタマイズした資産担保証券，購入した資産のプールの管理に特化した金融導管体といった幅広い種類のストラクチャードファイナンス商品の開発は，会計規則や税制の解釈への圧力となり，逆に，ある取引の合法性や適切性について重大な懸念をもたらしてきた．このような取引にかかわることで金融機関の評判やフランチャイズ価値が損なわれるかもしれないのである．

金融機関にはまた，倫理面，社会面，環境面での責任を行動で示すいっそうの圧力がかかってきている．2003年6月には，7カ国の国際的に活動する銀行10行が防御策として「赤道原則」の採用を表明した．これは，新興国におけるプロジェクトの資金調達に関連した社会問題・環境問題を管理するための自主的なガイドラインである．赤道原則は世界銀行と国際金融公社 (IFC) の方針とガイドラインを基にしており，持続可能な開発，再生可能な天然資源の利用，健康保護，汚染防止と廃棄物最小化，社会経済的影響などの問題に対処するために，リスクの高いプロジェクトに対する環境評価の実行を借り手に求めている．

1A.9 システミックリスク

金融用語におけるシステミックリスクは，ある金融機関の破綻の可能性が他の金融機関への連鎖反応やドミノ効果を引き起こし，金融市場さらには世界経済の安定を脅かす結果をもたらすリスクである．

システミックリスクは金融機関の損失がきっかけで起こる．リスクが増大したと単に認識されたことが金融機関の健全性についてのパニックや，リスクのある資産からより低リスクと認められる資産への「質への逃避」につながるかもしれない．このことは，そうでなければ健全であった市場にも伝播するような深刻な市場の混乱を引き起こすかもしれない．今度は，このような混乱はパニック状態の「追加証拠金請求」を引き起こし，下落しつつある価値を埋め合わせるためのより多くの現金や担保の用意をカウンターパーティーに強いることになる．結果として，借り手は資産のいくらかを投げ売り価格で売却しなければならないかもしれず，さらなる価値の下落，さらなる証拠金請求や投げ売りを引き起こす．

この種のシステミックリスクへの対処の1案として，システミックな影響を引き起こす企業に，それを引き起こし，他の市場参加者に負担をかけたことに対する公正な費用を支払わせるというものがある[†8]．しかしながら，これはシステミックリスクを引き起こすことを測定し，価格付けし，課税することを意味し，複雑な仕事となる．

規制されている業態でも規制されていない業態でも金融機関の間での多くの相互連関や相互依存は，危機的状況においてシステミックリスクを激化させる．2007–2009年の金融危機の間に起こったベア・スターンズやリーマン・ブラザーズ，AIGの破綻もしくは破綻一歩手前の状況によって，デフォルトリスクを伝達する重要な相互連関の不確実性が増大し，システミックリスクが起こった．

問題のある金融機関の大きさはデフォルトの規模を気にするパニックにつながるが，それだけを気にするわけではない．市場参加者は，大規模な清算が市場の機能を破壊し，通常ある市場の相互連関を壊し，修復に何カ月もしくは何年もかかるほどに金融仲介機能を損なってしまうことを恐れているかもしれない．

ドッド・フランク法（第3章参照）はシステミックリスクを重視している．同法に基づき金融安定監視評議会 (Financial Stability Oversight Council, FSOC) が設立され，FSOCは，どこであろうとシステミックリスクの発生を確認し，規制当局に政策を提言する役割を担っている．ドッド・フランク法の非常に重要な

[†8] V. V. Acharya, T. F. Cooley, M. P. Richardson, and I. Walter, eds., *Regulating Wall Street: The Dodd-Frank Act and the New Architecture of Global Finance*, Wiley, 2010.

特徴として，広範囲の OTC デリバティブの市場を中央清算や取引所取引の基盤に移す決定をしたことがある．中央清算機関はリスクポジションが時価評価されるように証拠金を設定する．そうであっても，中央清算機関に残っているリスクそのものが金融システムへの脅威となりうるし，そのリスクを注意をもって規制し，モニタリングしなければならない．しかしながら，清算機関は監督された公的な機関なので，私的な OTC 市場を規制するよりは容易に違いない．

第2章

企業におけるリスク管理入門

企業は昔から多くのビジネスリスクにさらされている．すなわち，ビジネスの環境の変化や新たな競争相手，新たな生産技術，供給網の弱点による利益の変動である．企業は，（予期しない供給の中断や原料価格の上昇に備えて）原料の在庫を抱えるまたは（予期しない需要の増大に対応するために）最終製品を蓄える，固定価格での長期の供給契約に調印する，競争相手，供給者，販売者と水平合併や垂直合併を実施するといった様々な方法で対応する[†1]．これは古典的なビジネスの意思決定であるが，リスク管理の一形態でもある．この章では，企業のリスク管理のより具体的で比較的新しい側面を見ていく．それは，デリバティブのような金融取引によって企業がそのビジネスに影響する金融リスクをヘッジする理由と方法である．

この問題は，近年，企業経営管理の面から注目を集めてきた．というのは，金融リスク管理が重要な企業活動となり，また米国証券取引委員会 (SEC) のような規制当局が企業にリスク管理の方針や金融リスクへのエクスポージャーについての開示の充実を主張してきているからである[†2]．コーポレートガバナンスの基準の引き上げを求める新規の法律，規制，実務が世界中で提案されている．

この章では，企業が積極的なリスク管理にかかわろうとするときに必要となる，実務的な意思決定について見ていく．これには，企業のリスクアペタイト，個々のリスクエクスポージャーを分類する特有の手続き，リスク管理の手法の選択を取締役会がいかに決めるかという問題も含む．また，スワップやフォワードのような様々なリスク管理用商品を使って，それぞれのエクスポージャーにいかに対

[†1] 例えば，デルタ航空は燃料費をよりコントロールできるように石油精製会社のコノコフィリップスを買収した（ニューヨークタイムズ，2012 年 5 月 1 日）．

[†2] 2002 年夏に米国議会が制定したサーベンス・オクスレー法 (SOX) は，最高経営責任者 (CEO) と最高財務責任者 (CFO) による内部統制の保証を求めている．1990 年代の株式ブームの結果として，2001 年～2003 年に異常なコーポレートガバナンスの不祥事が多発したことが，新たな規則の制定につながったのはいうまでもない．リスク管理用商品を「帳簿をごまかす」ために過度に利用した企業があり，ビジネスの基本的なリスクを十分に分析，管理，開示しなかった企業もある．

処するのかを述べ，ある大手製薬会社がこの種の活動をいかに意義付けしているかを簡単に見てみる (BOX2.1)．ここでの事例には，製造業を使う．というのは，この章での議論は企業のリスク管理一般に当てはまるからである．

しかし，ヘッジ戦略の実用性に入る前に，理論的な問題にまずは直面せざるをえない．株主の利益を最も基本に立ち返って理論的に理解すると，経営陣が企業のリスクを積極的に管理する必要性はまったくないという問題である．

2.1　なぜ理論的にはリスクを管理すべきでないのか

経済学者や学術研究者の間において，議論の出発点となるのは，2人の学者フランコ・モジリアニとマートン・ミラー (M&M) が1958年に提示した有名な分析である．そこでは，単なる金融取引では企業の価値を変えられないことが示されている[†3]．M&M分析は，重要な仮定に基づいている．すなわち，競争が高水準で，参加者に取引費用，手数料，契約・情報費用，税金がかからないという意味において，資本市場が「完全」であるという仮定である．この仮定の下で，M&Mは，企業が金融市場で何を行っても，その企業に投資している個々の投資家も同じ条件のことを行ったり，解除したりできるということを結論づけた．

この種の論法は，ウィリアム・シャープの独創的な業績の背景にもある．彼は1964年に，現代金融理論と実務の多くの基礎を成している資産を価格付けする方法を作り上げた[†4]．資本資産評価モデル (CAPM) である．シャープが示したのは，完全な資本市場のある世界では，企業は個別リスクと呼ばれる自らに特有のリスクについて気にする必要はなく，（システマティックリスクまたはベータリスクと呼ばれる）他の企業と共通に抱えるリスクにだけ投資決定の基礎を置けばよいということである．その理由は，あらゆる個別リスクは投資家のポートフォリオの中で分散して消え，完全な資本市場の仮定の下ではこの分散効果に費用がかからないと想定されるからである（このモデルの詳細については第5章を参照)．したがって，企業は，個々の投資家が（例えば，規模の経済によって生じる）不利益なしに自ら実行できるリスク削減行為を行うべきではない．

積極的な企業リスク管理に反対する人たちは，ヘッジは利益やキャッシュフローを増やすことのできないゼロサムゲームであると論じることが多い．例えば，数年前，英国小売業のある上級マネージャーは次のように指摘していた．「ヘッジによるボラティリティの削減は，利益とキャッシュフローをある年から別の年に移し変えるだけである.」[†5] この種の議論は，デリバティブ価格はそのリスク特性を完全に反映しており，したがってこのような商品を使うことでは企業の価値を持

[†3] F. Modigliani and M.H. Miller, "The Cost of Capital, Corporation Finance, and the Theory of Investment", *American Economic Review* 48, 1958, pp. 261–297.

[†4] W. Sharpe, "Capital Asset Prices: A Theory of Market Equilibrium under Conditions of Risk", *Journal of Finance* 19, 1964, pp. 425–442.

[†5] J. Ralfe, "Reasons to Be Hedging-1, 2, 3", *Risk* 9(7), 1996, pp. 20–21.

続的に増やすことはできないという，完全な資本市場の仮定が暗黙の前提として成り立っている．それは，特にデリバティブの取引には取引費用がかかるという理由から，自己保険がより効率的な戦略であることを意味している．

我々は，リスク管理へのデリバティブの利用に反対する理論的な議論もいくつか取り上げた．また，重要な実務面での反対意見もいくつかある．特に，活発なヘッジ行動が，経営管理を中核ビジネスからそらしてしまう可能性がある．リスク管理には確かな技術と知識が必要であり，インフラやデータ取得・データ処理も必要である．特に中小企業の場合，経営者にはこのような取組みに携わるのに必要な技能や時間がたいてい不足している[†6]．さらに，注意深い構築やモニターが行われないリスク管理戦略は，企業を元々のリスクよりもずっと早く弱体化させることもある（本章後段の BOX2.2 参照）．

最後に，十分に進んだリスク管理戦略においても，開示や会計，管理上の要件を含めた規則を遵守するための費用がかかる．企業は，これら費用の削減，もしくは先渡契約によって露呈するかもしれない機密情報（例えば，特定の通貨で想定される売上げ水準）保護のために，デリバティブの取引を避けるかもしれない．ある場合には，企業の真の経済価値の変動を減らすことになるヘッジが，会計上の収益と実質経済上のキャッシュフローのずれにより，会計情報の開示を通じて株式市場に伝えられる利益の変動を増加させることがある．

2.2 実務でリスクを管理する理由

ヘッジに反対する理論的な議論は強力に見えるが，反対意見や反論も根強い．資本市場が完全に効率的に動いているという仮定は現実の市場を反映していない．また，金融リスクを管理する企業は，デフォルトの可能性を減らすためにヘッジするという主張もよくある．というのは，これまでの理論はどれも重大で否定できない市場の不完全性，すなわち財政難や破産に関連して多額の固定費が発生すること，を考慮していないからである．

関連した議論に，経営者は株主の利益というよりも自分自身の利益に従って行動するというものがある（「代理人リスク」と呼ぶ）．経営者は，企業で（直接および間接に）蓄積した個人の財産を分散できないかもしれないという理由から，ボラティリティを減らす誘因をもつことになる．この議論の変形として，経営者は企業に大きな個人的利害をもっていてもいなくても，リスクを削減することに関心をもつと論じることもできる．これは企業の業績の結果が，経営技能に関してのシグナルを取締役や株式市場に提供することになるからである．株主が健全な

[†6] 50 カ国の企業 7,139 社のデータを使った実証研究において，株価純資産倍率の低い大規模で収益性の高い企業は，成長機会のより多い小規模で収益性の低い企業よりも金融リスクをよりヘッジする傾向があるとの実証的証拠が示されている (S. Bartram, G. Brown, and F. Fehle, “International Evidence on Fierivatives Usage”, unpublished working paper, University of North Carolina, 2004).

ボラティリティと無能な経営によって生じたボラティリティを区別するのは容易ではない．経営者は，十分に分散投資している株主の長期的経済利益により正確に対応するように企業を管理することで混乱するリスクを取るよりも，個人的な実績指標（企業の株価）を直接管理することを好むかもしれない．

ヘッジを支持するもう1つの議論に，税金の担保効果に基づくものがある．まず，累進税率の効果がある．すなわち，変動の大きな利益は安定した利益よりも税金が高くなるのである[†7]．一般的な議論としては，このことの実証的証拠はそれほど強くはない．ヘッジが企業の借入能力を増大させ，利払いによる税額控除を増やすという主張もある[†8]．確かに，多くの企業はリスク管理のためというよりも，税金を回避するためにデリバティブを利用しているが，これは別の問題である．

おそらく，より重要な理由は，リスク管理活動に携わることで，経営陣は企業本来の経済実績をより良くコントロールできるようになることにある．企業は取締役会の承認を受けた異なる「リスクアペタイト」を合法的に投資家に伝えるかもしれない．リスク管理の手法を使うことで，経営者は取締役会の目標をより良く達成できるようになる．

さらにいえば，理論面での議論は，企業の業務との相乗効果をもたらすリスク削減活動を非難しているわけではない．例えば，製造過程で投入されるコモディティの価格をヘッジすることにより，企業は費用や価格付け政策を安定させることができる．この価格の安定化は，それ自身が外部の投資家が真似できないような市場での競争優位をもたらす．

追加の議論として，個人や企業は財産やその他の資産を守るために，リスクが顕在化した場合に生じる（保険数理で評価する）損害金額の期待値よりも高い価格で，昔ながらの保険に入るということを指摘しておきたい．しかし，スワップやオプションのような新しいリスク管理商品の購入を疑問視するのと同じ勢いで，保険購入の合理性を疑問視する研究者はほとんどいない．

しかしながら，ヘッジを正当化する最も重要な論拠は，おそらく，企業は資本コストを削減し，成長のための資金調達力を高めようとしているということである．企業の債務負担能力と債務費用は，キャッシュフローの変動が高いことによりマイナスの影響を受ける．流動性危機の影響を受けそうな企業に進んで貸し付ける人はいないのである．もし企業が比較優位や私的情報に関連する収益性のある投資機会の断念を強いられるのであれば，特に代償は大きい．

[†7] Rene Stulz, "Rethinking Risk Management", *Journal of Applied Corporate Finace* 9(3), Fall 1996, pp. 8–24 を参照．この議論は，累進税率や繰延税額の制限，最低税率といった税制の凸性に関連している．課税所得を高すぎも低すぎもしない範囲に保つことが税務上有利になりうる．

[†8] J. Graham and D. Rogers, "Do Firms Hedge in Response to Tax Incentives?", *Journal of Finance* 57, 2002, pp. 815–839 を参照．SSRN: http//ssrn.com/absract=279959 より入手可能．彼らは，企業442社で実証性テストを行い，借入能力増大による便益が統計的に企業価値の1.1% であることを見いだした．また，企業は財政難の期待費用を削減するためにヘッジすることも見いだした．

キャンペロ他 (2011) は，1,000 社を超える企業をサンプルとして使って，ヘッジが外部借入費用を削減し，企業の投資プロセスを緩めることを見いだした．彼らは，1996 年から 2002 年における金利通貨デリバティブの利用を集中して調べ，ヘッジが融資契約の投資制限条項への抵触を減らしていることを見いだした．また，ヘッジをする企業はヘッジをしない企業よりも，他の多くの要因をコントロールしつつ，より多くの投資ができたことも示した[†9]．

企業が通貨デリバティブを利用する理由を調査した 1990 年代末の実証研究がある[†10]．そこでは，1990 年に（海外業務または外貨建て債務による）外国為替リスクにさらされていると思われるフォーチュン (Fortune)500 社の非金融企業について，アンケートを分析するというよりもその特徴を見ている．結果は，（372 社の）サンプル企業のうちおよそ 41 パーセントが通貨スワップ，先渡，先物，オプション，もしくはこれらの組合せ商品を利用していた．この研究の主な結論は，「成長機会が大きく，財務上の制約が厳しい企業ほど，通貨デリバティブを利用しようとする」というものである．このことは，成長のための資本を調達できるように，企業がキャッシュフローの変動を削減しようとする試みであると説明されている．

しかしながら，マッキンゼーの指摘によれば，非金融企業の取締役会は，リスクをいかに管理すべきかの洞察力を調べても何とも思わないことが多い．非金融企業の多くは自社の抱える主要なリスクについて明確とはいえない情報しかもってなく，今度はそれがリスクをヘッジする最良の方法についての意思決定を複雑にしている[†11]．

なぜ企業はヘッジしようとするのかについての理論的な議論が，1 つの答えに達することはないかもしれない．資本市場には多くの不完全性があり，企業経営者には企業収益をいくらかコントロールしたい多くの理由がある．しかし，ヘッジに反対する理論的な議論に，実際に重要な意味合いが 1 つある．リスク管理戦略は当然の「良いこと」であると捉えるべきではなく，企業（およびそのステークホルダー）の特定の状況や目的に関連させたうえで，論理を精査すべきであるということである．一方で，企業はリスクを理解し，管理し，その裁定取引を行うことが専門知識のある主要分野の 1 つであることを証明できない限り，リスクに対するエクスポージャーを増加させるようなデリバティブ市場を利用すべきではないというかなりの確信がある．

---

†9 M. Campello, C. Lin, Y. Ma, and H. Zou, “The Real and Financial Implications of Corporate Hedging”, *Journal of Finance* 66(5), October 2011, pp. 1615–1647.

†10 C. Geczy, B. A. Minton and C. Schrand, “Why Firms Use Currency Derivatives”, *Journal of Finance* 82(4), 1997, pp. 1323–1354.

†11 “Top-down ERM: A Pragmatic Approach to Managing Risk from the C-Suite”, McKinsey working paper on Risk 22, August 2010.

2.3 業務のヘッジ対金融ポジションのヘッジ

ある特定の企業がリスクをヘッジすべきかどうかを議論する際に，そのリスクがいかに生じているかを見ることが大切である．ここで，企業の業務に関連したヘッジ活動と貸借対照表に関連したヘッジとを明確に区別すべきである．

もし企業が原料（例，宝石業界にとっての金）の費用をヘッジするように，業務に関連したヘッジ活動を行うのであれば，ここに市場競争力にとっての意味があるのは明らかである．このヘッジには数量と価格の両方に対する効果がある．すなわち，ヘッジは，企業の製品価格と販売数量の両方に影響する．また，米国の製造会社はフランスの企業から部品を買うとき，ユーロまたは米ドルのいずれで価格を決めるのかを選択できる．もしフランス企業がユーロで価格を決めることを主張するのであれば，米国企業はそのエクスポージャーをヘッジすることで外国為替リスクを避けようとする．このことは基本的に業務を考慮したものであり，先に述べたCAPMモデルや完全な資本市場の仮定は当てはまらない．

同様に，もし企業が製品を外国に輸出するならば，各市場での価格政策は業務に関連した問題である．例えば，インフラ関連のイスラエルの先端技術企業が，ユーロ建ての固定価格で3年間ドイツに装置を供給しようとしていると仮定しよう．もしこの企業の費用の大部分がドルであれば，将来のユーロの収益をヘッジするのは当然である．この企業が通貨市場でリスクのあるポジションを抱えなければならない理由はない．不確実性があると，経営に注意が必要となり，また計画や業務・手続きを最適化するのがより複雑になる．企業が比較優位にある業務分野に集中し，付加価値を生まない分野を避けることは一般に受け入れられている．よって，製造過程や販売活動のリスクを削減することは通常は望ましい．

企業の貸借対照表の問題に向き合うとき，話はまったく異なってくる．なぜ企業は銀行融資の金利リスクをヘッジしようとするのか．例えば，なぜ固定金利を変動金利とスワップするのか．この場合，先に述べた資本市場が完全であるとの仮定に基づく理論的な議論によれば，企業はヘッジすべきでないということになる．

しかしながら，もし金融市場がある意味で完全であると信じるならば，適切なデリバティブの取引により，投資家の利益が大きく損なわれることは起こりにくいとの議論も成り立つ．取引は「公正なゲーム」である．企業の方針が完全に透明で，すべての投資家に開示されていれば，誰もデリバティブ取引で失敗しない．

もし金融市場は完全ではないと想定すれば，企業は貸借対照表をヘッジすることにより，何らかの便益を得るかもしれない．企業には規模の経済が働き，投資家よりも市場についてのより良い情報が集まるかもしれない．

これより我々の議論の結論が2つ示唆される．

- 企業は業務のリスクを管理すべきである．
- 企業はヘッジ方針を開示する場合には，資産と負債をヘッジしてもよいかもしれない．

デリバティブを利用するかどうかにかかわらず，どんな場合でも，企業はリスク管理の意思決定をしなければならない．ヘッジしないとの決定も，リスクエクスポージャーが損失に変われば結果的に企業に損害が及ぶことを許容するという，リスク管理上の決定となる．

たいていの場合，適切な質問は，企業がリスク管理にかかわるべきかどうかということではなく，企業が合理的な方法でその企業独自のリスクをいかに管理し，伝えることができるかということである．BOX2.1 で，大手製薬会社メルク (Merck) がある年度のヘッジ方針の一部を，いかにして投資家に示そうとしたかの例を見てみる．メルクはヘッジ活動を正当化する独自の論法を取り入れ，ヘッジ活動の特定の目的のうちいくつかを，特定の事業に関する報告に関連付けることを試みている．この例が示すように，それぞれの企業はリスク管理のために支払ってもよい代価だけでなく，どのリスクを受け入れ，どのリスクをヘッジするかを検討しなければならない．企業は投資家やその他のステークホルダーに自らの目的をいかに効率的に説明できるかを考慮すべきである．

BOX 2.1

メルクは外国為替と金利のエスクポージャーをいかに管理しているか[†1]

当社（メルク）は複数の国・地域で業務を行い，実際にすべての売上げは現地通貨建てになっている．さらに，当社は，通貨や金利のエクスポージャーをもたらすような買収やライセンス供与，借入，その他財務上の取引を行っている．

外国為替レートや金利の変動を確実に予測したり，その影響を確実に軽減することはできないため，これらの変動による当社の経営成績や財務状況，キャッシュフローへのマイナスの影響が起こりうる．

このような市場の変動に伴うマイナスの影響を軽減するために，当社はヘッジ契約を締結することがある．通貨オプションや金利スワップといったヘッジ契約は外国為替や金利の変動に対するエクスポージャーを幾分かは抑えるかもしれないが，これらのリスクを削減する試みには費用がかかり，常に成功するとも限らない．

外国為替リスク管理

当社は，将来の外貨キャッシュフローの変動や外国為替レートの変動によって生じる公正価値の変化に対処するため，収益ヘッジや貸借対照表リスク管理，純投資ヘッジ計画を定めている．

収益ヘッジ計画の目的は，外国為替レートの長期間の望ましくない変化によって，主にユーロと日本円から成る外貨建て売上げから生じる将来キャシュフローのドル価値が減少する可能性を減らすことである．この目的を達成するために，当社は，通常 3 年以内の計画期間を超えて生じると見込まれる第三者および連結販売会社への外貨建て予想売上げを部分的にヘッジする．また，外貨建て売上げの予想計上日が近づくに従いヘッジする部分を増やすことで，時間の経過に伴うヘッジを繰り返している．ヘッジする売上げの比率は，自然に相殺されるエクスポージャー，収益と為替レートの変動・相関，ヘッジに使う商品の費用といったことを考慮した費用対便益の評価に基づいている．……当社は主に現地通貨のプットオプションの購入に伴い生じると予想されるエクスポージャーを管理する．……当社の収益ヘッジ計画との関連では，カラーオプション購入を戦略として使うかもしれない．……また，当社は収益ヘッジ計画において先渡契約を使うかもしれない．

貸借対照表リスク管理計画の主な目的は，外国為替レートの変動の影響から，米ドルを機能通貨としている現地法人の外貨建て純貨幣的資産のエクスポージャーを軽減することである．当社は，先渡外国為替取引を主に利用し，それにより外貨を将来の固定為替レートで売り買いし，貨幣的資産に与える外国為替レートの変化の影響を経済的に相殺している．当社は，主にユーロと日本円からなる先進国の通貨建てのエクスポージャーへの為替レートの影響を完全に相殺する契約を日常的に締結している．途上国の通貨のエクスポージャーに関しては，エクスポージャーの大きさや為替レートの変動，ヘッジに使う商品の費用を考慮した費用便益分析に基づいて経済的であると思われる場合に，エクスポージャーに対する為替レートの影響を部分的に相殺する先渡契約を締結する．……感応度分析により外貨建てのデリバティブや投資，貨幣的資産・負債に与える米ドル換算値の変化を調べたところ，米ドルが他のすべての通貨に対して一律に 10% 下落したとすると，2012 年 12 月期の当社の税引き前利益はおよそ 2,000 万ドル下落していたことになる．

外国為替リスクは，外貨建て債務を使うことでも管理することができる．当社は，ユーロ建て無担保優先債券を海外事業への純投資に対する経済上のヘッジとして発行し，実際にその機能が果たされている．

金利リスク管理

当社は，金利の変化に対するネットエクスポージャーを管理し，全体の借入費用を減らすため，投資や借入に対しての金利スワップ契約を利用することがある．当社はレバレッジのかかったスワップは利用せず，また，元本をリスクにさらすような投資にレバレッジをかけるような活動も通常行わない．

†1 2013 年 2 月 28 日付けの証券取引委員会への提出書類 Form 10-K より抜粋．

2.4　リスク管理の実行

2.4.1　目標の決定

企業はリスクとリターンについての目標を明確に決めずにリスク管理を行うべきではない．取締役会で認められた明らかな目標がなければ，経営陣は任意の組合せのリスクをヘッジする際に，首尾一貫性のない，費用のかかるリスク管理を行いがちである．これら目標のうちいくつかはその企業に特有のものであるが，その他の目標は重要で一般的な問題に相当するものである．

第1ステップは，取締役会といった場で企業の「リスクアペタイト」を決めることである．リスクアペタイトを表現するには，定量的な声明文や定性的な声明文を含め，多くの方法がある[†12]．例えば，リスクアペタイトは，企業が進んで許容

†12「定量的指標には財務目標値が含まれる．例えば，自己資本規制数値や目標債務格付，収益の変動性，信用格付・他の外部格付である．定性的指標では風評の影響や経営陣の努力，規制遵守に言及するかもしれない．」KPMG, Understanding and Articulating Risk Appetite, 2008, p.4.

するリスクの種類，したがってどのリスクをヘッジし，どのリスクを企業のビジネス戦略の一部として引き受けるのかを明確にする．リスクアペタイトは，所与の時間間隔の所与の信頼水準でその組織に生じる最大損失を示すこともある．その際は，統計的な計算を実践的で頑健な方法で行う．最近，多くの企業がストレステストを利用しており，リスクアペタイトを明確にするのに役立てている．すなわち，企業はもっともらしいがひどく逆方向になるシナリオの範囲で起こりうる損失の水準を分析する．そうして，取締役会は，自社のリスクアペタイトに反する極端な損失を削減したり，それに保険をかけることを経営陣に指示し，企業はその活動に予算をつけられるようになる．第 4 章では，リスクアペタイトを企業の戦略に合わせる際の問題を論じる．1 点明らかなのは，リスク調整後の現在価値 (net present value, NPV) がプラスのプロジェクトを採用することで，すべてのステークホルダーの厚生を高めることができるということである．

企業のリスクアペタイトを設定するにあたって，取締役会はジレンマに直面する．すなわち，企業がリスクアペタイトステートメントに表そうとしているのは誰の利害なのかということである．例えば，債権者は，企業が取ろうとしているリスクに関して比較的保守的であり，リスクがもっともらしいかどうかが不明確な場合でさえ，企業の健全性を脅かすような下方リスクについて心配するかもしれない．他方で，大規模な投資ポートフォリオをもつ株主は，リスクを引き受けることに対するリターンが十分に大きい限り，大きいが起こりそうにないリスクに企業がさらされることをより受け入れ可能とみなすかもしれない．

取締役会が設定する目標は，「最小のリスクで最大の利益を」といったスローガンの形態をとるべきではない．取締役会は，多くのリスクのうちどれをヘッジするのか，ビジネス戦略の一部としてどのリスクを受け入れるのかについてもよく考えるべきである．目標は，明白で実行可能な指示として伝えられなければならない．さらに，目標が達成されたかどうかを調べる基準を事前に決めるべきである．ある宝石会社は金の在庫の完全ヘッジを決めるかもしれず，もしくは金の価格が一定水準以下になるように保険をかけるかもしれない．このような方針に従うことで，その企業は原料価格から生じるリスクのすべてまたは一部を，一定期間取り除くことができる．取締役会は，目的が会計上の利益と経済上の利益のいずれ，短期利益と長期利益のいずれをヘッジすることなのかを宣言すべきである．前者の問題に関しては，この 2 つの利益の尺度は必ずしも一致せず，時にはそのリスクエクスポージャーは大きく異なる．英国の顧客向けに英国で工場を 100 万ポンドで購入する米国企業を想像してみよう．その投資は英国の銀行からの 100 万ポンドの融資によって資金調達される．経済的な観点からは，英国の工場の裏付けのあるポンドの融資は完全にヘッジされている．しかしながら，その工場を米国企業が所有し，管理するならば (すなわち，子会社を独立した単位とみなすかどうかを決める「ロングアームテスト」に抵触するのであれば)，工場の価値は直ちに米ドルに変換され，一方で融資はポンドのままとなる．したがって，企業の会計上の利益は外国為替リスクにさらされる．ポンドが年末に対ドルで上昇していれば，会計数値はこれら金融費用により調整され，利益が縮小することになる．

米国企業はこの種の会計上のリスクをヘッジすべきだろうか．もし同社がポンドの先物契約を購入すれば，会計上のエクスポージャーはヘッジされるが，経済上のリスクが発生する．この場合，会計上のリスクと経済上のリスクの両方に同時に対処できるような戦略はない（先にほのめかしておいたように，たいていの経営者は経済上のリスクにのみ関心があるが，実際の多くの企業，特に上場企業は，会計報告の利益の変動を避けるために会計上のリスクをヘッジしている）．

現地の規制を前提に，相当の経済費用をかけてでも，会計上の利益の増減をならすかどうかを決めることは，取締役会の権限である．しかし，このような決定は経営行動の指導指針として経営陣に伝えられるべきである．逆に，もし取締役会が経済上のリスクに関心があるのであれば，その方針を明らかにし，その目的のために予算を配分すべきである．

取締役会が明らかにすべきもう1つの重要な要因は，経営陣に対して設定したリスク管理の目標に対する対象期間である．ヘッジを四半期末に向けて計画すべきだろうか，会計年度末に向けて計画すべきだろうか．将来として3年を設定すべきだろうか．長期のオプションや先物契約で将来期待される取引をヘッジすることには，流動性，会計，税務面への影響が伴う．例えば，米国の企業は，今から2年先の受渡しとなるフランスの顧客からの売上げ注文をヘッジすべきだろうか．収入は受渡しのときにのみ企業の帳簿に載せることが認められており，一方で先物契約は各四半期末に時価評価されることを思い起こしてほしい（BOX2.2も参照）．デリバティブ契約が税務年度末に利益となっていれば，繰延税金負債も発生する．

取締役会が一定の「リスクリミット」を認めることも理にかなっている．すなわち，経営者が価格とレートの所与の範囲で業務を行い，その範囲内でリスクにさらされることを認めるが，リスクエクスポージャーがリミットを超えることを認めないというものである．このような場合，リミットは明白に設定されるべきである．例えば，ある英国企業は500万ドルを超えるドルのエクスポージャーを避けることを決めるかもしれない．同社はまた，1ポンド1.45～1.60ドルの為替レートの範囲でのドルの変動には耐えるが，これらの限度を超えた為替リスクについてはヘッジすることを決めるかもしれない．

明確な実務上の指示にただちに変換できるような単純な数式によって目標を定義することがうまくいくことはめったにない．目標は，（時間軸，およびヘッジ目的が債券保有者のためか株主のためかといった）主要な方針・原則に沿って設定できるような明確なルールに分解されるべきである．

2.4.2 リスクのマッピング

目標を設定し，管理すべきリスクの一般的な性質を決めた後は，関連するリスクをマッピングし，現在と将来におけるその大きさを見積もることが不可欠である．

例えば，取締役会が，現在のポジションと翌年に見込まれる取引から生じる為替リスクのヘッジを決めたと想定しよう．今，この企業の最高財務責任者 (CFO) は，為替レートの変動から生じると思われる特定のリスクをマッピングしなければならない．彼は，為替レートの変化に感応するすべての資産と負債を記録し，これらすべてのポジションを適切な通貨に分類すべきである．さらに，今期中に満たす必要のある外国顧客からの予想注文だけでなく，来年以降に期限の来る外国顧客からの各通貨での確定注文についての情報を，販売もしくはマーケティング部門から収集すべきである（未確定の売上げをヘッジするかどうかについても決定しなければならない．例えば，期待収益へのヘッジを基本にすることを決定する）．それから，来年以降の外貨建てのすべての予想費用を（製造部門の助けの下に）調べるべきである．また，企業は確定した購入契約と不確実な購入注文とをいかに区別するかを決定しなければならない．各外国通貨のキャッシュの流入と流出の時期は，その後で一致させることができる．

同様のマッピングは，他のリスクファクターやリスクのあるポジションにも適用できる．それらは，企業のビジネスリスクに始まり，市場リスクや信用リスクに及ぶ．また，オペレーショナルリスクの要因も特定すべきである．

企業は，自社のリスクエクスポージャーの上位 10 位までのリスト（「ヒットパレード」）を準備すべきである．このようなリストを作る過程で，自社の直面する最大のリスクを理解するようになるため，自社にとっての見返りが非常に大きい．リスト上のそれぞれのリスクは，例えば今後 12 カ月間の起こりうる損害やその発生の可能性の観点から特徴づけられる．

1998 年以来，米国の SEC は，上場企業に金利，為替レート，コモディティ価格，株価の変化に連動した金融商品のエクスポージャーを評価し，計量化するように求めている．しかし，SEC は，同じリスクファクターの変化に対する原資産や，内在するエクスポージャー，すなわち「実物実額の」エクスポージャーの評価を企業に求めてはいない．言うまでもなく，経営陣は，デリバティブのポジションに適合しているかどうかに関係なく，これら実物実額ポジションを無視できない．

企業のリスクをマッピングする場合に，保険をかけることができるリスクとヘッジできるリスクと，保険もヘッジもできないリスクを区別することが大切である．次の段階は，企業のリスクエクスポージャー最小化に役立つ商品を探すことになるので，この分類は重要である．

2.4.3　リスク管理のための商品

リスクをマッピングした後の次の段階は，リスク管理のための適切な商品を見つけることである．企業内部で考案できる商品もある．例えば，英ポンド建ての資産を多くもつ米国企業は，資産と同じ満期の取引でポンド建ての資金を借り，それにより自然なヘッジ（少なくとも経済的なヘッジ，必ずしも会計上のヘッジではない）を行うことができる．同様に，ユーロの債務をもつ部門はユーロ建ての資産をもつ別の部門と内部でヘッジするかもしれない．このような内部または「自然な」ヘッジ機会は，取引費用やリスク管理の契約の購入に関連したオペレーショナルリスクの多くを回避している．よって，これらは最初に検討すべきことになる．

次に，リスクをマッピングするプロセスの中で移転可能，または保険可能と特定されたリスクの管理方法に関して，企業は競合する提案を比較するべきである．企業は，あるリスクに完全な保険をかけるかそれを相殺する，他のリスクに部分的な保険をかける，また保険可能なあるリスクへの保険を控えるといった決定をする．昔ながらの保険商品に関していえば，様々な地域で活動している大規模で業務分散の効いた企業の多くは，今や（自動車，工場，設備を含む）自らの財産に自らで保険をかける傾向にある．同様の論理は，金融リスクにも当てはまる．

図2.1にあるように（また，第6章でもっと詳しく示すように），リスクをヘッジするための多くの金融商品が過去数10年にわたって開発されてきた．最も基本的な区別として，公的な取引所で取引される商品と二者（企業と銀行の場合が多い）間の私的契約を表すOTC商品の区別がある．取引所取引の商品は，限られた種類の原資産を基にしており，OTC契約よりもずっと標準化されている．例えば，取引所オプションの行使価格と満期は，事前に取引所により定義，設定されている．これにより，リスク管理商品を「規格商品化」し，流動的で繁栄した市場の促進を図っている．

逆に，OTC商品は商業銀行や投資銀行によって作られ，そのため顧客の要望に合わせることができる．例えば，英ポンドのOTCオプションは，顧客の要望に合う金額・満期および顧客の戦略に沿う行使価格にあつらえて作られる．OTC商品は顧客のリスクエクスポージャーに密接に「合う」ように作ることができるが，取引所商品には備わっている価格の透明性や流動性の利点が不足しがちである．OTC市場でもう1点心配なのは，それぞれの契約の取引相手に関連した信用リスクである．2007–2009年の金融危機の際は，多くのOTC契約は崩壊するか，カウンターパーティーによる契約の履行能力が不確定なままで期間の延長を認めてきた．一方で，取引所取引はすべて履行された[†13]．

[†13] 2007–2009年の金融危機以前は，カウンターパーティー信用リスクは特に主要な分野とは考えられておらず，第13章で論じる信用評価調整 (Credit Valuation Adjustment, CVA) は実務では無視されることがほとんどであった．

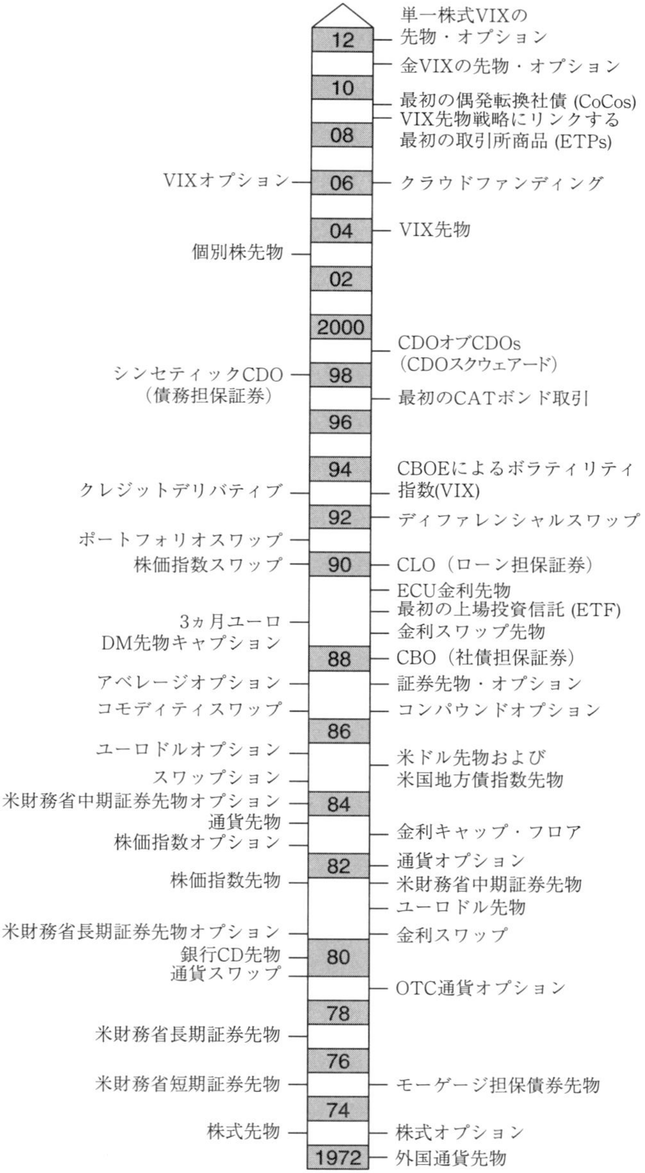

（出典：The Economist（1993 年 4 月 10 日）著者により更新）

図 2.1 リスクヘッジ用の金融商品の発展

米国において取引所商品の取引が活発な市場として次の取引所がある．株式オプション，指数オプションが活発な市場を提供するシカゴ・オプション取引所

(CBOE)，外国為替オプションのリーダーであるフィラデルフィアオプション取引所，デリバティブの電子取引のリーダーである国際証券取引所 (ISE)，株価指数，債券，主要コモディティの先物の巨大な市場を運営するシカゴ商品取引所 (CBOT)，通貨先物の主要市場のあるシカゴ・マーカンタイル取引所 (CME)，外国通貨や債券・金利の先物オプションの市場をもつ国際通貨市場 (IMM)．また，ロンドン (LIFFE)，パリ・ブラッセル・アムステルダム (Euronext)，フランクフルト・チューリッヒ (Eurex) や多くの主要国・金融センターにもオプションや先物の活発な市場がある．

取引所商品や特に OTC 商品の種類は莫大である．実際，投資銀行は，既知の取引されている金融商品を原資産とするほとんどどのようなデリバティブに対しても，その価格付けを厭わないであろう．ヘッジを行う企業には，費用と流動性を考慮したうえで，自らの特定のリスクポジションをヘッジするのに最も適した商品を見つけるという重要な問題が残されている．

2.4.4　戦略の構築と実行

CFO は，ヘッジ戦略を立てる前に，関連するあらゆる企業情報，市場データ，統計ツール・モデルを利用しなければならない．企業は，戦略構築の助けになるプライシングモデル・ヘッジモデルを選ぶ必要がある．また，外部の業者から統計推定値データやモデルを購入することもできる．ただし，リスク管理の責任者には意思決定に使おうとするツールの深い理解が求められる．

主として戦術上で決める必要があるのは，「静的な」戦略によってリスクをヘッジするのか，もっと「動的な」戦略を計画するのかということである．静的戦略においては，リスクのあるポジションにできるだけ正確に合うようなヘッジ商品を購入し，このポジションがある限りヘッジを維持する．この種の戦略を導入し，モニターするのは比較的容易である．動的戦略の場合は，エクスポージャーとデリバティブポジションを調整するために，一連の継続的な取引が必要である．この戦略においては，ポジションを構築し，モニターするのにずっと多くの管理労力が必要であり，取引費用も多くかかかる．

例えば，英国に輸出している米国企業が今日から 3 カ月後に 500 万ポンド受け取る予定があり，下方リスク，すなわちポンドの価値が対ドルで下がるリスクをヘッジしようとしていると仮定しよう．同社は，エクスポージャーの全金額に対するプットオプションを購入するという静的戦略を採用することができる．あるいは，動的にヘッジするために，企業は 3 カ月満期のエクスポージャーより長期のプットオプションを購入し（長期のオプションは低いインプライド・ボラティリティで取引され，費用も低いことが多い)，静的戦略での 3 カ月プットオプションを真似るようにこの長期プットの数量を調整してもよい．動的戦略では，ヘッジする人は毎日もしくは毎週プットポジションを調整し，オプションの量を増減させ，（適切なヘッジ比率を維持したまま）可能であればリスクプレミアムのずっと低い他のオプションに乗り換えることが求められる．動的戦略を採るにあたっては，企業は，市場での取引実行とポジションのモニタリングに使う洗練されて信頼できるモデルをもち，これら手法を利用できるスタッフと技能も備えていなければならない．しかし，これらがあっても，リスク管理戦略を伝達し，導入する際に重大な誤りを犯すことから企業を救えるとは限らない．BOX2.2 で，米国の大手エネルギー商社メタルゲセルシャフト・リファイニング&マーケティング社 (MGRM) の採った動的リスク管理戦略—この戦略は極めて悪い結果となった—を見てみる．この事例には不正とかミスはなかったことに留意する必要がある．問題は，単純に企業のリスク管理戦略の性質，実行，伝達に伴い生じたのである．

BOX 2.2

動的リスク管理戦略は悪い結果になりうる—MGRM の事例

1993 年に，メタルゲセルシャフト社 (MG) の米国子会社 MGRM（MG リファイニング&マーケティング社）は，最終顧客に 1 億 5,000 万バレルの石油製品（ガソリンとヒーティングオイル）を 10 年にわたって固定価格で供給する契約を結んだ．

固定価格での先渡契約により，MGRM はエネルギー価格上昇のリスクを抱えた．流動性のある長期先物の市場がなかったため，MGRM はニューヨークマーカンタイル取引所 (NYMEX) の短期エネルギー先物と OTC スワップでこのリスクをヘッジした．デリバティブのポジションは短期の先物とスワップに集中したため，毎月の期日を迎えるたびにさらに先の限月に乗り換えなければならなかった．1 対 1 のヘッジを維持するという意向の下に，デリバティブポジションの額はその月に受け渡した製品の量だけ毎月減少した．カルプとミラー (1995) によれば，「経営者がこの計画とそれが機能するには長期の資金手当てが必要になることを理解しているのであれば，このような戦略は利益をもたらさないことが決まっているわけでも致命的な欠陥を起こすわけでもない．」[†1]

このヘッジを乗り換える戦略は，市場が「逆カーブ（バックワーデーション）」（直近受渡しの石油のほうが将来受渡しの石油より高い価格となる）の状態にあるとき利益をもたらすが，市場が「順カーブ（コンタンゴ）」のときは損失になりうる．企業が逆カーブの市場でヘッジポジションを乗り換えるとき，期日を迎える契約は受渡しがより先になる乗り換え先の契約より高い価格で売却され，その結果，乗り換え利益が生じることになる．市場が順カーブのときは，反対のことが起こる．

このことは MGRM がカーブリスク（逆カーブ対順カーブ）とベーシスリスク（短期の石油価格が長期の石油価格から一時的に乖離するリスク）を抱えていたということである．1993 年の間，現物価格は 6 月の 1 バレル 20 ドル近辺から 12 月の 1 バレル 15 ドル以下まで下落し，MGRM が現金で用意しなければならない追加証拠金が 13 億ドルに達した．問題は価格カーブが逆カーブから順カーブに変化したことでさらに増幅した．MGRM のドイツの親会社は 1993 年 12 月にヘッジの解消を決め，帳簿上の損失を実現損にした．

先物ポジションのマイナスの時価評価から生じる現金流出が維持できるかどうかにかかわらず，ヘッジの解消という監査委員会の決定は最善のものではなかったかもしれない．カルプとミラーによれば，市場でヘッジを閉じることによる価格変動の影響を避けるために，少なくも次の 3 つの代替案を熟考すべきであった．すなわち，追加の資金を確保して計画を継続する，計画を他の企業に売却する，元の顧客との契約を解除するの 3 つである．

†1 C. Culp and M. Miller, "Blame Mismanagement, Not Speculation, for Metall's Woes", *European Wall Street Journal*, Apr. 25, 1995.

ヘッジ戦略においてもう 1 点基本的に検討すべきことは計画期間である．期間は四半期末や税務年度末に設定でき，あるいは常に一定期日先の期間に設定することもできる．投資期間は業績評価とも整合性をとるべきである．

ほかに検討すべき重要な点として，会計上の問題と税効果がある．デリバティブの会計規則は非常に複雑で，常に改訂されている．現行の規則では，ヘッジのために使うデリバティブは，原ポジションと（例えば，数量と期日に関する）条件が完全に一致していなければならない．これらは，リスクのある原ポジションとともに報告され，会計利益や損失を計上する必要がない．もし両ポジションが完全に一致していなければ，原ポジションの価値の変化は会計帳簿に計上しなくても，ヘッジの時価評価の損益は会計帳簿に計上しなければならない．会計規則は，デリバティブの四半期または年度末の財務報告への表示方法や損益計算書への反映方法に影響している．MGRM の事例では，経済上のヘッジと会計上のヘッジの差異が浮き彫りになった．MGRM は経済上はほぼ完全にヘッジしていたものの，会計上は完全にリスクにさらされ，流動性リスクにも備えていなかった．

税金を考慮することも，それが企業のキャシュフローに影響するため，非常に重要である．満期が異なる異種のデリバティブ商品は税務債務も非常に異なるものになる．税務上の扱いは国によっても違っている．このことは，多国籍企業にとって，ある国での業務に関連したポジションをヘッジするために別の国でデリバティブを利用することが有利になるかもしれないことを意味する．ヘッジ戦略を工夫する際には，税金問題についての専門家の助言が主要な関心事になるのである．

戦略は実行することに価値があるが，どんなにうまく実行できても，計画からの何らかの乖離が生じる．市場で価格が逆に動き，ヘッジのいくつかの魅力がなくなることもある．リスクのあるポジションを取る責任者とポジションをヘッジする責任者が異なることもよくあるので，ポジションをモニターする際にも特別の注意が必要である．例えば，先の例の英国の顧客が 3 カ月後ではなく 2 カ月後にポンドを支払うのであれば，3 カ月ものプットは期限前に解消されなければならない．

2.4.5　実績評価

企業のリスク管理の方法は定期的に評価されなければならない．評価は—特定の取引が利益となったか，損失となったかではなく—全体の目標達成度を基にすべきである．リスクをヘッジするときはいつも，ヘッジ取引の一方の側が利益となり，反対側が損失となるのは避けられない．企業には，どちら側の価値が増え，どちら側の価値が減るかは事前には決してわからない．結局，そのことが最初にリスクを管理しようとした理由である．そこで，もし目標がリスクを削減することであり，実際に削減したのであれば，（当初のヘッジ前のポジションに比べ）ヘッジ後のポジションが経済上の損失や会計上の損失をもたらしたとしても，リスクマネージャーは正しい仕事をしたことになる．

しかしながら，収益の変動を減らすことが唯一の基準でなくてもよい．リスクマネージャーは，デリバティブ利用時に生じる税金を含めて，ヘッジの取引費用をいかにうまく管理しているかという点で正当に評価される．リスクマネージャーも決められた経費の範囲で活動すべきであり，経費予算からの大きな乖離については調査し，説明する必要がある．

リスク管理の実績を評価するにあたって，取締役会は自社の方針を変えるかどうかも決定すべきである．企業が目標を変えることは，それが徹底的な分析に基づき，その企業の他の活動や目的と整合的である限り，何ら悪いことではない．リスクの開示に関する現地の規制基準によっては，市場リスク管理方針の重要な変更は公表を求められることもある．

第3章

銀行と規制当局：危機後の規制枠組み

本章では，前章の企業におけるリスク管理の議論にかわって，特殊ケースである銀行におけるリスク管理と規制を概観する．1つには，それ自体が大変重要であり，とりわけ2007–2009年の金融危機とそれに続くソブリン債務危機に伴い世界金融システムが崩壊寸前となったことで重要度を増したからであり，他方には，銀行のリスク管理手法は，経済の全業種におけるより一般的な金融リスク管理の在り方に多大な影響を及ぼしているからである．

銀行が特殊な経済主体であり，厳しいリスク管理基準と規制を要求されるという事実に関して，異論はほとんどない．その理由はBOX3.1に詳述した．ただしこの要求がどのように達成されるべきなのかは，別の話である．銀行規制の近年の動向は複雑である．本章では，グローバルな観点から，バーゼル委員会により考案された国際的な銀行規制基準の連続的な波（バーゼルI，II，III），同様に米国における重要な新しい法令（ドッド・フランク法）に焦点を当てる．ただし，読者は現実世界における問題として次の3点について留意しておかなければならない．

第1に，各国が国際的な規制基準を，現地の法令や規制に適用して導入するには長期間を要する．通常3〜4年はかかる．

第2に，国によっては，基準を銀行業界全体には適用しない決定をすることもありうる．例えば，大手行にはバーゼル基準に従うことを義務付ける一方で，中小行には義務付けないこともありうる．

第3に，ひとたび基準が適用された場合も，国際基準は現地当局（実際には個別行ごと）による相当程度の解釈がなされた形で導入される．例えば，欧州銀行はしばしば保険会社を保有していることを受け，バーセルIIIを欧州の法令に移し替えた欧州CRD4(Capital Requirement Directive 4)では，保険会社への出資について普通株Tier1資本からの控除が免除されている．

BOX 3.1

銀行規制とリスク管理

規制当局は，銀行の業務活動を注意深く観察し，リスク管理の水準を緊密にモニターし，独自の最低所要規制資本のルールを課そうとする．なぜか．主な理由としては 2 つである．銀行が一般の預金者から預金を集めること，そして銀行が決済および信用創造のシステムにおいて中心的な役割を果たしていること，である．

銀行預金は，多くは，専門機関（米国の連邦預金保険公社 [Federal Deposit Insurance Corporation; FDIC]，カナダのカナダ預金保険公社 [Canadian Deposit Insurance Corporation; CDIC]，日本の預金保険機構のような機関）によって保証されているが，実質は政府が最終保証人として行動する．国によっては政府が最後の貸し手として振る舞う．例えば 2007–2009 年の金融危機における米国の連邦準備制度理事会や，2012 年のスペイン銀行システムの欧州中央銀行による救済などである．それゆえに，中央政府は，銀行が債務返済できる能力を保っていることの確認に直接的な利害関係を有している．政府は銀行破綻時の政府による「セフティネット」の負担を抑えたいと願っている．規制資本は，政府の想定外の損失に対するバッファーとなるように，政府が背負わされたかもしれない負担を民間に負担させる役割を果たしている．

さらに，固定比率の預金保険そのものが資本規制の必要性を生み出す．ある一定の限度まで預金が保証されると，預金額が保証限度内にとどまる預金者には，銀行を慎重に選ぶという誘因が存在しない．逆に，預金者は銀行の信用度に十分な関心を払うことなく，もっとも高い預金金利を探し求めるという誘惑を断ちきれない可能性もある．

規制当局は，システミックな「ドミノ効果」を避けるために，銀行が十分な資本を保有していることを確かめようとする．ここで「ドミノ効果」とは個別行の破綻，あるいはその懸念が，金融システム全体に広がって預金取り付け騒ぎにつながることである．そのような「ドミノ効果」は，他の銀行や金融会社破綻の原因となり，世界経済を混乱させ重大な社会的コストを負わせることになりうる．2007–2009 年の金融危機における混乱だけが唯一の例ではない．米国当局がコンチネンタル・イリノイ救済の介入に踏み切ったのも，そのような混乱の連鎖に対する恐怖のためであった．1984 年のコンチネンタル・イリノイの破綻は，最終的にはこの数倍の規模となった 2008 年のワシントンミューチャルの破綻が起こるまでは，FDIC によって救済された最大規模の銀行破綻であった．その他の事例としては，最終的には回避されたものの，2004 年夏のロシアにおける銀行預金取り付け騒ぎが，ロシアの銀行システムにおけるドミノ効果発現への重大な恐怖となった．

潜在的な恐怖は，金融部門での機能不全が銀行を通じて経済全体へと拡散していくことである．2007–2009 年の金融危機に続いた先進国での数年間の景気後退や成長減速は，グローバル規模で起こったこの潜在的な恐怖が発現した最新の事例である．

規制が整備される期間において，世界はそのままの状態で静止していたわけではない．バーゼル II の適用と導入の複雑なプロセスが世界中で進行中であったまさにそのときに，2007–2009 年の危機とそれに続くソブリン債務危機が拡大を始めた．結果的に，バーゼル II は，のちにバーゼル III として知られるようになる多様な追加項目と補足によって（置換えではなく）改正されなければならなかった．バーゼル III は，それ自体が世界中で数年かけて段階的に準備され，各国・各地域レベルで付加的な各国法令や規制ルールによって増強されていく予定である.

これらすべての理由から，銀行規制導入の世界地図は，注意深く設計され，つややかに仕上げられたジェットエンジンの設計図というよりも，複雑で継続的に進展してきた地形図の様相を呈している.

本章では，まず，読者が規制進展の歴史的な全体像を把握する一助となるように，バーゼル I, II, そして III を紹介し，その定義付けを行う．次に，バーゼル II の下支えとなっている原則（すなわち，銀行業界用語でいわれる 3 本の「柱」）についてより詳細にみる．これら原則は，依然として今日における世界中の多くの銀行規制導入を推進する力であり，またバーゼル III を支えるものとなっているからである．次に，バーゼル III がどのように危機以前の銀行規制を改善しようとしているのか，そして最後に各国の危機後の法令制定のうちもっとも重要なものの 1 つである米国のドッド・フランク法について概観する[†1].

3.1　バーゼル I, II, そして III：簡単な紹介

図 3.1 は，バーゼル委員会により考案された銀行資本とリスク管理規制の過去 30 年間の歩みの要約である．その道のりは 1980 年代にさかのぼる．その時期は，グローバル金融市場における構造的変化が，各国規制当局に銀行の健全性と規制におけるより「公平な競争条件 (level playing field)」を作り出す方法を考えることを促した時期である．これらの構造変化には，1980 年代のデリバティブ市場の劇的な成長と同様に，銀行の国際化と日本の銀行の台頭が含まれる.

組織的な観点からの各国規制当局の意図の明確化は，バーゼル銀行監督委員会 (BCBS)，すなわち「バーゼル委員会」である．当初は G10 とスイスおよびルクセンブルクの官吏から構成された[†2]．各国代表は，中央銀行と銀行の健全性監督に中央銀行が正式な責任をもたない国についてはその責任をもつ当局者からなっている．バーゼル委員会は，正式に超国家的な監督権限をもってはいない．しかしながら，共通の手法，共通の基準へ向けての収束を勧奨する機関となっている.

数年にわたる委員会の仕事は，様々な付則も含め，大きくバーゼル I, II, III の 3 つの段階に分類される.

[†1] Dodd-Frank Wall Street Reform and Consumer Protection Act, 111th Congress of the United States, Public law 11-203, July 21, 2010.

[†2] 1974 年創設時，バーゼル委員会は当初 G10（ベルギー，カナダ，フランス，ドイツ，イタリア，日本，オランダ，スウェーデン，英国，米国）にスイスとルクセンブルクを加えた国々の管理から構成された．2009 年にバーゼル委員会は G20 諸国を含める形で拡大した．加わったのは，アルゼンチン，オーストラリア，ブラジル，中国，香港，インド，インドネシア，メキシコ，ロシア，サウジアラビア，シンガポール，南アフリカ，韓国，スペイン，そして欧州連合 (EU) である．現在 27 カ国（EU の 9 カ国を含む）がバーゼル委員会の構成員となっている.

バーゼル委員会は，構成員各国の中央銀行総裁と監督当局の長に報告を行っている．会議は年に 4 回，国際決済銀行 (BIS) の後援により，通常はスイスのバーゼルにおいて開かれる.

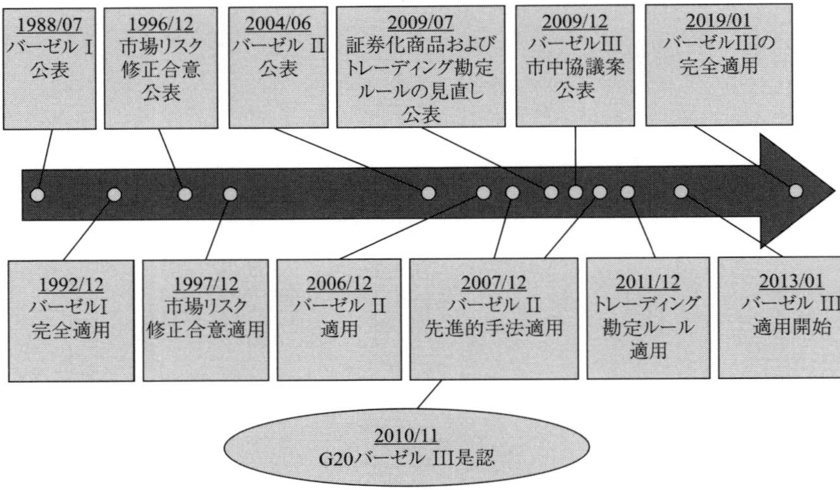

図 3.1　自己資本規制の 25 年

3.1.1　バーゼル I

現在バーゼル I と呼ばれる 1988 年バーゼル合意[†3] は，国際的に合意された最初の銀行自己資本規制基準を示したものである．本合意は，全般的に低すぎると認識されていた銀行の自己資本比率の上昇と，世界中の主要法域における銀行の最低所要自己資本比率水準を調和させることを意図したものである．

最初に，本合意は，銀行業における主要なリスクである信用リスクのみを取り上げた．資産の棄損を保護する資本量は，当該資産のリスクに応じて変わるべきであるという原則を本合意が打ちたてたことは重要である．当時の合意では，全リスクアセット (RWA) 合計に対する最低所要自己資本の保有比率として 8% が設定された．また，異なるタイプの資産を，特定の所要自己資本に紐づいた大括りのアセットクラス（例として，OECD 諸国銀行向け貸出，それに対する事業法人向け貸出）にどのように分割するのかを設定した（詳細は付録 3.B）．一部の銀行における市場リスクの重要性の高まりは，1996 年の市場リスク修正合意へとつながった[†4]．

基準として，1988 年合意はめざましい成功を収め，現在では 100 を超える国々で何らかの形で適用されている．銀行業界は，1988 年合意にとって代わるバーゼル II や現在のバーゼル III の新しい規制枠組みを設計したが，それでも 1988 年合意は陳腐化とはほど遠い状態にある．世界を見渡すと，未だにバーゼル II 規制が

[†3] Basel Committee on Banking Supervision, *International Convergence of Capital Measurement and Capital Standards.* Basel, Switzerland: Basel Committee on Banking Supervision, 1988.
[†4] Basel Committee on Banking Supervision, *Amendment to the Capital Accord to Incorporate Market Risk Capital Requirements.* Basel, Switzerland: Basel Committee on Banking Supervision, 1996.

1988 年合意にとって代わっていない事例も多い．欧州はバーゼル II を 2008 年に適用したが，米国はバーゼル II 適用の大部分をすりぬけて，大手行には直接バーゼル III を今後数年で適用する見込みである．世界中の多くの銀行では，少なくとも今後数年間は，そしておそらくは無期限に 1988 年合意の遵守継続が認められる見込みである．

3.1.2 バーゼル II

バーゼル II 規制見直しは，長い時間を要した．バーゼル委員会は少なくとも 1998 年から新基準作成に取り組みはじめ，一連のワーキングペーパー，コンサルテーションペーパー，集中的に実施した定量的影響度調査 (QIS) を発表し，2004 年 6 月にバーゼル II 合意の主要部分を[†5]，2006 年 6 月に改正版を公表した．大規模で国際的に活動する銀行および銀行システムの安定性に焦点を合わせること，そして競争の公平性（例えば，同様のポートフォリオをもつ 2 つの銀行は，所在がどこであろうとも同額の資本を保有すべきである）を高めることが，本合意の主要目的である[†6]．見直しは，少なくとも銀行がバーゼル I の下で維持してきた金融システム内の全資本と同等の水準を維持することで，金融システムの安全性と健全性を促進させることを目的としていた[†7]．

この見直しには 3 つの構成上の原則，すなわち 3 本の「柱」があった．資本十分性，監督当局によるレビュー，市場による規律，である．バーゼル I と比較した場合の主要な変革には，以下の点が含まれる．

- 信用リスク計測における相対的によりリスク感応的な標準的手法（バーゼル I におけるリスクウェイト付けを変更）
- 内部格付方式（Internal-Rating-Based，略して IRB）に基づく，より高度化された内部格付に銀行がシフトする機会（場合によっては義務）．ここで

[†5] Basel Committee on Banking Supervision, *International Convergence of Capital Measurement and Capital Standards.* Basel, Switzerland: Basel Committee on Banking Supervision, June 2004.

一般的にバーゼル II は 2004 年 6 月の合意，2006 年 6 月に公表された見直し合意，バーゼル II のプロセスでは見直されなかった 1988 年合意の項目，1996 年市場リスク修正合意，ダブルデフォルト効果を扱った 2005 年の以下の論文を含めたものとされている．*The Application of Basel II to Trading Activities and the Treatment of Double Default Effects*, Basel, Switzerland: Basel Committee on Banking Supervision, June 2005.

[†6] またバーゼル II 合意の適用範囲は，完全連結ベースで，（全銀行グループのリスクを把握している）銀行グループ内の親企業としての持株会社を含むように拡張された．銀行グループは主として銀行業務を行うグループである．国によっては，銀行グループ全体が銀行として登録されることも許される．過半数所有で支配下にある銀行子会社，（大部分が銀行同様の規制がかかる，あるいは証券業務が銀行業務とみなされる）証券子会社，他の金融子会社は，総じて完全に連結されることになる．

[†7] バーゼル III と違い，バーゼル II では，バーゼル委員会は銀行システム全体への所要自己資本を変えるつもりはなかった．新しい自己資本十分性の制度は，業界全体としての自己資本水準が不変のままであることを担保する形で算定方法が調整されている．しかしながら，個別行においては，各行のリスクプロファイルやビジネス動向によって資本が再配分されることを委員会は企図した．

IRB とは，銀行が最低所要信用リスク資本の算定に内部管理における格付手法の適用を認める方式である

- リスクに対する，より包括的なアプローチ．特に銀行の自己資本算定にオペレーショナルリスクを含めることを要求した．そこではコンピューター障害や従業員の不正などのイベントリスク全般が対象範囲となっている

本章の次節においてバーゼル II の 3 本の柱について述べ，本合意のより詳細情報を提供する．信用リスクの基礎的および先進的内部格付手法については付録 3.C で述べる．

バーゼル II は他の金融業態における規制見直しにも影響を与えたが (BOX3.2)，2007–2009 年の危機発生と多くの銀行破綻から，バーゼル II は銀行規制の失敗例であると思われることも多い．しかしながら，この見方は全く公正ではない．バーゼル II は，欧州ではちょうど危機の時期に導入され始めていたが，一方で，米国では危機が始まった段階では未だ導入が始まっていなかった†8．さらに，バーゼル II 規制は商業銀行には課されたが，最悪の問題の多くが最初に出現した投資銀行は規制対象外であった†9．とはいえ，今次危機はバーゼル II の潜在的な不適切性をあらわにしたことも確かである．バーゼル III による見直しは，これらの弱点を洗い出し，改善する明示的な試みである．

BOX 3.2

バーゼル II：ノンバンク金融機関のモデル

一連のバーゼル規制見直しの流れは，ノンバンク金融機関の監督当局に対する刺激となっている．

例えば，米国の証券取引委員会 (Securities and Exchange Commission，略称:SEC) は，証券会社に新しい自己資本規制制度の選択を認める形で，バーゼル II を採用した．保険業界もまた，より洗練された規制資本の基準の適用を現在模索している．その最たるものは欧州のソルベンシー II 導入の動きを通じたものである．

ソルベンシー II は，バーゼル II と同様の規制枠組みであり，欧州の保険会社に適用を企図した欧州での計画である．ソルベンシー II は，バーゼル II とまったく同様に 3 本の柱を有する．しかしながら，ソルベンシー II の適用は延期されたままであり，現状最新の導入予定は 2016 年 1 月（年限確認）と見込まれている．これは，世界のその他の地域に対する相対的な競争で不利になることを懸念する欧州の保険会社からの反対によるものである．

ソルベンシー II においては，資産と負債の両者の評価が市場時価，あるいは市場に価格形成に必要な十分な流動性がない場合には，推計された「公正価値」となる．所要自己資本は，（会計ベースではなく: 訳者）リスクベースとなる．

†8 米銀はバーゼル I 基準に従ってリスクアセット (RWA) を報告している．バーゼル委員会によれば，これにより米銀の所要自己資本は，バーゼル II ベースでの所要額に比べて 20% 減額されている．

†9 リーマン・ブラザーズの破綻に続き，残り 2 つの米国投資銀行であるゴールドマン・サックスとモルガン・スタンレーは連邦準備銀行 (Fed) による規制を受ける銀行持株会社になることを強いられた．それによって，両社はバーゼル規制，とりわけ所要自己資本規制に従わなければならなくなる．

業界の定量的影響度調査 (QIS5) によれば，新しい自己資本規制は，株式資本（支払能力資本基準，solvency capital requirement [SCR]）や責任準備金 (technical reserve) の大幅な積み増しにつながるだけではなく，株式，RMBS のような証券化商品，長期社債への投資から保険会社が撤退もしくは大幅な投資削減を強いるものになるとしている．ソブリン債，短期社債，不動産資産に比べて，これらの投資に対する資本賦課が懲罰的に高くなっているからである．

3.1.3 バーゼル III

2007 年 7 月に噴出し，2008 年のリーマン・ブラザーズの破綻以後に，米国とその他各国の金融システムを完全崩壊に近い状況へ導くこととなったサブプライム危機は，銀行規制に大幅な見直しを促した．

緊急的な対策の一環として，最初にバーゼル II の市場リスク管理の枠組みが，2009 年 7 月に見直された．一連の見直しはバーゼル 2.5 として知られるものであり，詳細は付録 3.D に示す[†10]．バーゼル 2.5 の基本的な目的は，マーケットリスク資本の算定における現存のバリューアットリスク (VaR) の手法による欠陥を，ストレス VaR 算定の導入，信用力低下と流動性枯渇による価値損失をカバーする追加的資本賦課，そして証券化のトランシェへのより厳しい資本比率賦課と併せることによって埋め合わせることである[†11]．バーゼル 2.5 は暫定的な対策とみなされており，銀行トレーディング勘定のより抜本的な見直しは現在進行中である（例として，「トレーディング勘定の抜本的見直し」についての市中協議文書が 2012 年 5 月に発行されている[†12]）．

続いて，一連のバーゼル II の抜本的な見直しが導入され，これらはまとめてバーゼル III と称されている[†13]．もっとも顕著な項目として，以下のものが含まれている．

- エクイティ性の資本に強く重点をおいた，新しくより厳格な資本の定義
- 所要自己資本の増加と新しい流動性規制

[†10] バーゼル 2.5 合意は 3 つの文書に述べられている．
Basel Committee on Banking Supervision, *Revision to the Basel II Market Risk Framework.* Basel, Switzerland: Basel Committee on Banking Supervision, June 2009.
Basel Committee on Banking Supervision, *Enhancement to the Basel II Framework.* Basel, Switzerland: Basel Committee on Banking Supervision, June 2009.
Basel Committee on Banking Supervision, *Guidelines for Computing Capital for Incremental Risk in the Trading Book.* Basel, Switzerland: Basel Committee on Banking Supervision, June 2009.

[†11] Basel Committee on Banking Supervision, *Revision to the Basel II Securitization Framework.* Consultative Document, December 2012.

[†12] Basel Committee on Banking Supervision, *Fundamental Review of the Trading Book,* Consultative document. Basel, Switzerland: Basel Committee on Banking Supervision, May 2012.

[†13] Basel Committee on Banking Supervision, *Basel III: A Global Regulatory Framework for More Resilient Banks and Banking Systems.* Basel, Switzerland: Basel Committee on Banking Supervision, December 2010 (revised June 2011).

- 最低所要自己資本算定に付加的なリスクを対象範囲に追加（例として，OTC デリバティブとレポ取引における信用カウンターパーティーリスク）
- リスクウェイト算定が銀行リスクを捉えられない場合の補完としてのレバレッジ比率の導入
- システム上重要と考えられる金融機関への追加的な規制要求
- 銀行への自己資本規制が景気変動を増幅に作用しないための一連の方策．新しいカウンターシクリカル資本バッファーを含む

これら見直しの詳細分析は，本章の残り部分で取り上げる．しかしながら，読者にはバーゼル II で導入された「3 本の柱」による銀行規制のアプローチについての紹介を最初に行わなければならない．これら 3 本の柱は，バーゼル III においても依然として重要な規制の構成原理だからである．

3.2　危機以前の規制の枠組み：引き続き有効なバーゼル II の 3 本の柱

バーゼル委員会は，規制当局者が 3 本の柱と呼ぶ，最低所要自己資本，監督当局によるレビュー，市場規律，を中心にバーゼル II による自己資本規制の包括的な枠組みを開発した．本節では，バーゼル II の下で 3 本の柱が成し遂げようとしたことを見ることとする．その後，バーゼル III の見直しにおいて，これらがどのように修正されたかを次節で検証する．

3.2.1　第 1 の柱：資本十分性

第 1 の柱の目的は，最低所要自己資本を各銀行の実際のリスクプロファイルに近づけるように調整することによって，1988 年のバーゼル I 合意の自己資本比率を見直すことにあった．新しい最低所要自己資本の枠組みは，(1) 信用リスク（1988 年合意に含まれている），(2) トレーディング業務における市場リスク（1996 年市場リスク修正合意），(3) オペレーショナルリスク（新設），の 3 つのリスクカテゴリーを内包している．

特に，第 1 の柱は，低リスクの借り手への貸出に比べて高リスクの借り手への貸出により多くの資本保有を銀行に要求することで，1988 年合意より規制がうまく機能するように設計された．また，規制の強度が銀行間のリスク管理の洗練度の違いに感応的となるように，規制当局は信用リスクの最低所要自己資本の算定手法に 3 つのオプションを準備した．

標準的手法においては，リスクウェイトは，スタンダード・アンド・プアーズ，ムーディーズ，フィッチなどの格付機関による利用可能な外部信用格付に基づくものとなる．この手法オプションは，実際に複雑ではない形で貸出や信用供与を実行している銀行向けに設計されたものである．

より洗練度の高い銀行については，信用リスクに対して 2 つの内部格付手法 (internal rating based approach; IRB) のうち 1 つの利用が認められる．内部格付手法の下では，利用可能な信用関連の内部データの質，規制資本の算定に使うパラメターの設定と検証のプロセス，その他の様々なコントロールのプロセスなどの一連の項目について，規制当局を満足させる水準にあれば，銀行は最低所要自己資本の決定について，部分的に債務者の信用リスクに対する自らの評価を用いることが認められる．結果として，グローバルにおけるバーゼル II 導入は，銀行のシステム，管理プロセス，データ収集について重要な変化をもたらすこととなった．（標準的手法および基礎的内部格付手法と先進的内部格付手法の詳細については付録 3.C で述べる．）

信用リスク・エクスポージャーの評価に利用できるオプションの範囲と同様に，バーゼル II はオペレーショナルリスクの計測にも 3 つの手法のうちから 1 つを選択することを認めている．(1) 基礎的手法 (Basic Indicator Approach)，(2) 粗利益配分手法 (Standardized Approach)，(3) 先進的計測手法 (Advanced Measurement Approach; AMA) の 3 つである．最初の 2 つの手法は，実際のところオペレーショナルリスクを正確に測定しようとするものではない．代わりに粗利益配分手法では，銀行を構成するビジネスラインの種類ごとに概ね適合する規制当局設定の代理的な測定手法を適用する．

先進的計測手法の AMA は，この問題に対してより根本的な解決手法を提供するものである．AMA では，十分に包括的で系統的な手法であることを条件に，銀行がオペレーショナルリスクの評価に独自の方法を選択することが認められる．規制当局は AMA を使用するための標準や基準についての詳細を意図的に定めず，銀行業界によるオペレーショナルリスク測定の革新的な手法開発への努力を促している．規制当局は，いかなるオペレーショナルリスク計測システムも一定の「重要な特徴」を有していなければならないとしている．重要な特徴には，「内部データ，関連する外部データ，シナリオ分析，ビジネス環境と内部統制システムを反映する要因」が含まれる．また当局は，どのようなオペレーショナルリスク算定においても「信頼性があり，透明で，適切に文書化され，検証可能である，という基本的な項目に重きを置いた手法」を銀行が開発することを強く主張している．（オペレーショナルリスク計測手法のより詳細については第 14 章で論じる．）

バーゼル II の所要自己資本にオペレーショナルリスクを含めることは，銀行のトレーディング勘定で発生する市場リスクに対するリスクベースの資本要求を拡張した 1988 年合意に対する 1996 年市場リスク修正合意と合わせ，バーゼル II がバーゼル I に比して，より広範なリスク範囲をカバーしていることを意味している．1996 年修正合意は，トレーディング勘定におけるデッドとエクイティのポジション，およびトレーディング勘定とバンキング勘定の両者における外国為替とコモディティのポジションを包含し，また，債券や株式のような一般的な商品であれ，オプション，スワップ，あるいはクレジットデリバティブのような複雑なデリバティブ商品であれ，時価評価される金融商品すべてを含むものである．当局は市場リスクのエクスポージャー，特にデリバティブ商品のエクスポージャーを正しく評価することの複雑性を認識している．それゆえ，バーゼル委員会は，一定のリスク管理水準に達している金融機関については，「内部モデル方式」として知られる内部管理上のバリューアットリスク (VaR) モデル[†14] を利用する方法と，「標準的手法」として知られるバーゼル委員会から提案した標準モデルを利用する方法のいずれかを選択することを認めている．（バリューアットリスクモデルの背景にある考え方については第 7 章で，1996 年修正合意のより詳細については付録 3.B で解説する．）

バーゼル II の下で，銀行はより洗練された統制と検証手法を開発し，より包括的なデータベースを構築するにしたがって，信用リスクおよびオペレーショナルリスクの両者において利用可能な手法の段階を上がっていくことを，自国当局から促されている．ただし，バーゼル II の適用率や手法の採用は，世界中の規制当局間でかなり異なった形となっている[†15]．

バーゼル II を策定する途上で，バーゼル委員会は自己資本算定に，より先進的な手法を採用させるためには，銀行に目に見えるインセンティブを与える必要性があることを認識した．リスク管理の向上に投資し，それゆえに最低所要自己資本の算定にもっとも先進的な手法を適用できる銀行は，最低所要自己資本について何らかの削減効果を得られることが約束されると考えたのである．いずれにしろ，リスク感応的な最低所要自己資本は，リスクに対する防御手段として銀行資本がより効率的に利用されるように認めるべきである．

クレジットカード債権のようなリテールエクスポージャーは，コーポレートエクスポージャーほどの資本を必要としない．なぜなら，バーゼル II の前提では，多数の小規模取引から構成される大規模で安定的で分散したポートフォリオの一部と考えられているからである．

ちなみに，バーゼル II においてリテールエクスポージャーとみなされる中小企業 (SME) は，同じデフォルト率をもつ大企業エクスポージャーと比較して，最大 20% まで所要自己資本の削減が可能となる規模の調整による便益を得られる．この有利な取扱いは，数多くの影響力あるコメンテーターからの声，すなわち，新しい規制資本の制度が SME への信用供与を減らし，貸出へのコストをより高いものにするのではという懸念に応えたものである．SME は経済における重要な構成要素の 1 つであるので，このようにしなければ，規制は経済成長，イノベーション，雇用に悪影響を与えるであろう．

[†14] 英国の銀行規制当局が，アムステルダム合意の下で数年早くモデルによる市場リスク資本賦課を導入したことは銘記しておいてもよい．

[†15] 今現在において正式にバーゼル II を遵守している米銀はない．

3.2.2 第 2 の柱：監督上の検証プロセス

資本十分性についての監督上の検証プロセスは，銀行の資本保有状況と戦略が，銀行全体のリスクプロファイルと整合的であることの確認を意図している．早期の監督当局介入は，資本量がリスクに対して十分なバッファーを提供していないと考えられる場合に，奨励されるものである．

ここでの目的は，銀行が厳格なプロセスにしたがい，リスクエクスポージャーを正確に計測し，リスクをカバーする十分な資本を有していることを確かめることである．この柱は，規制アービトラージを企てるような銀行の実務運営を，規制当局が綿密に検査することを認めるものである．第 2 の柱はまた，第 1 の柱で明示的にカバーされていないリスクを考慮していることを，監督当局が確認するための道でもある．例えば，バーゼル II の下では，銀行リスクにおいて重要な要素であるバンキング勘定の金利リスクは，第 1 の柱の最低所要自己資本の一部としてではなく，第 2 の柱で取り扱われる．金利リスク資本賦課は，個別金融機関のバンキング勘定が平均を大きく上回る場合にのみ，対象行に適用される．

第 2 の柱において，監督当局は以下のような多様な要因を勘案したうえで，最低所要自己資本を超える資本の保有を銀行に求めることができる．すなわち，経営管理や統制プロセスの経験や質，リスク管理のトラッキングレコード，銀行が取引を行っている市場の性質，そして収益の変動等である．資本十分性を検証するにあたって，規制当局は，個別銀行破綻が銀行システム全体に伝播するシステミックな影響と同様に，景気サイクルとマクロ経済環境全般の影響も考慮しなければならない．

バーゼル II の監督手法の危うさは，各行ごとに行う資本十分性の決定が，恣意的で不整合であると判定される可能性があることである．著者たちの考えでは，健全性は向こう 1 年間の時間軸での債務不履行の確率によって定められるべきである．その場合，守るべき最低限の健全性は，銀行格付における投資適格水準，すなわち BBB 格以上に整合する債務不履行確率となる．現在，大多数の銀行が，4〜5 ベーシスポイント（0.04〜0.05%），すなわち AA 格に匹敵する債務不履行確率を目標として掲げている．

バーゼル II の下では，国際的に活動する銀行は，客観的で定量的なリスク尺度に関連付けた資本十分性の自己評価が可能となる内部管理プロセスおよび技術を開発することが期待されている．銀行は，自行にとって深刻な影響を与える可能性があり，発生の蓋然性のあるイベントや市場環境の変化を特定する目的で，包括的で厳格なストレステストの実施を求められている．

3.2.3 第 3 の柱：市場規律

バーゼル II の第 3 の柱は，銀行に株式およびクレジット市場へのリスク情報を公開させるという抜本的で新しい要求を導入したことである．これにより投資家が銀行の行動に対してより規律を働かせる（すなわち，銀行が不適切なリスクを取ることを思いとどまらせる）ことができることを期待した．

バーゼル委員会の狙いは，市場の透明性を高めることを通じて，市場参加者がより良く銀行の資本十分性を評価できるようにすることである[†16]．ディスクロージャーの要求は，銀行による自己資本に関する定性的および定量的な情報の公表を後押しした．それには，資本構造と信用リスクおよびその他潜在的な損失に対するバッファー，リスクエクスポージャー，そして資本十分性について，その詳細が含まれている．ここでは，銀行が自行の資本十分性を算定する方法のみではなく，リスク評価にあたって利用した技術的な手法についても含めることが求められている．

バーゼル II の第 3 の柱の要求は，金融システムの中で進行中の長期的な変化の背景に備えるものとみなされるべきである．銀行業務は，ますます複雑で精巧なものとなってきている．銀行は金融市場に相当のエクスポージャーをもち，デリバティブのような複雑な金融商品市場での活動をますます活発にしている．これらの商品は，銀行のバランスシート上のリスクをヘッジするためにも使用できるし，新しいリスクを取るためにも使用できる．例として 2007–2009 年危機においては，クレジットデリバティブ市場の成長と証券化商品の利用増加が，銀行リスクプロファイルの構造に重大な影響を与えていた．加えて，大手行は国際的に業務活動を行う傾向にあり，時には業務活動の大半を母国以外で行っている場合もある．

3.3　危機後の規制枠組み：バーゼル III とドッド・フランク法

後講釈でいえば，2007–2009 年の金融危機への過程の中で，世界の金融システムの中に積み上げられていった種類のリスクに対して，自己資本基準はあまりにも脆弱なものであった[†17]．特に資金繰りおよび市場流動性リスクの規模と性質は，金融機関において適正に予想あるいは管理がなされていなかった．そして，多くの金融機関と規制当局の両者とも，2008 年に破綻する以前の投資銀行リーマン・ブ

[†16] ディスクロージャーへの要求は，バーゼル委員会から 1998 年 9 月に公表されたガイドライン「銀行透明性の向上」(“Enhancing Bank Transparency”) によって構築された．委員会は，銀行が 6 つの大項目において適時に情報提供を行うことを推奨している．すなわち，①財務収益，②財務状況（資本，債務支払能力，流動性を含む），③リスク管理戦略と実務，④リスクエクスポージャー（信用リスク，市場リスク，流動性リスク，オペレーショナルリスクとリーガル等他のリスクを含む），⑤会計方針，⑥基本的なビジネス，経営，コーポレートガバナンスに関する情報である．これらのディスクロージャーは少なくとも年 1 回，必要に応じてそれ以上の頻度でなされるべきである．これらの推奨は G10 諸国に適用される．

[†17] しかしながら，破綻の 5 日前のリーマン・ブラザーズの Tier1 資本比率は，規制上の最低比率のほぼ 3 倍である 11% にまで膨らんでいた．同行の即時の破綻は流動性の欠如によるものであった（財務相と連邦準備委員会が救済措置の提供を阻んだことも含む）．

ラザーズによって示されたようなシステミックリスクの集積を無視したのである.

これから，2007–2009 年危機を導いた銀行規制と金融機関におけるリスク管理の欠陥，およびこの失敗を繰り返さないために考案されている規制の枠組みを見ていくことにする.

2008 年 9 月のイベントとそれに続く余波は非常に劇的なものであった．リーマン・ブラザーズが破綻を表明し，残る 2 つの米大手投資銀行であるゴールドマン・サックスとモルガン・スタンレーが銀行持株会社 (BHC) へと転換し，ファニーメイとフレディーマックが国有化され，AIG は一時的な実質破綻から救済され，ベルギー・オランダ系の金融コングロマリットであるフォルティス (Fortis) が解体のうえ売却され，アイルランド最大の商業銀行の破綻に続いてアイスランドの銀行システムが崩壊し，そして多くの国で自国の銀行に対する多額の救済実施へと踏み切らねばならなかった.

これらは「サブプライム」危機の深刻さを示すものである．しかも，短期的にも中期的にも莫大な公共コスト増加の引き金となった．自国の銀行システムに対する膨大な額の公的支援を提供する必要性から，多くの国，とりわけ欧州における政府予算が拡張された．この財政拡張が欧州ソブリン危機の一因となった．ソブリン危機は，救済措置がギリシャ，ポルトガル，アイルランドにまで広がり，欧州ソブリン債が実際にデフォルトしうると市場参加者が認識する中で，2010 年を通して拡大していった．危機が拡大する中で，その他の南欧主要国経済は厳しい下押しの圧力を受け，あたかも外部からの財政サポートを要求している状態にあるかのようにみなされた．金融危機から実体経済への間接的な影響として，大部分の欧州諸国と米国において多額の富の喪失と深刻な失業の増加を導く結果となった.

危機へと導いた失敗の事例数は多く，それらの失敗は，銀行家，投資家，格付機関，規制当局，その他に帰せられるものである．ここで，バーゼル III やその他の規制動向の議論の背景として主要な失敗を簡単にまとめておく.

- 自己資本：銀行によって保有されていた自己資本の水準と質が不適切であったことが知られている．特に，Tier1 におけるハイブリッド資本が，意図されていた損失吸収の役割を果たさなかった[†18].
- レバレッジ：特に信用供与が弱くなる局面で，銀行システム全体でレバレッジが過大になっていた．損失は，変動を増幅させるデレバレッジの過程でより悪化した.
- 利益相反：証券化商品の格付について，債券発行者が格付機関に手数料を支払う形態が特に問題となった．これにより，格付機関が付与する格付が過大評価となる傾向が生じた．格付けされた証券化商品は，同じ格付カテ

[†18]ハイブリッド資本は，通常，長期債に劣後する商業銀行により発行される劣後債務である．優先劣後構造からいえば，元本と利息の支払いは債務より劣後し，エクイティ資本より優先する.

ゴリーにある通常の債券よりも高い利回りとなっていた．それは，格付が示す以上にこれら証券化商品のリスクが高いと債券市場が理解していたことを示している．

- トレーディング勘定の自己資本ルール：銀行は自行の保有するポートフォリオの中に，流動性の低い信用関連エクスポージャーを大量に構築した．ポジション解消までの保有期間を 10 日間とする VaR ベースでの自己資本計測の制度は，この種のリスクを測定するようには設計されていない[†19]．銀行はこの制度を逆手にとって，トレーディング勘定に，ほとんど流動性がない信用リスク資産の証券化商品を積み上げる一方で，資産に対してあまりにも過小な資本を保有するのみであった．これらの資産は流動性が消滅すると価格付ができなくなることも明らかになった．
- 杜撰な資金繰り流動性リスク管理と不十分な流動性バッファー：多くの銀行が，長期の流動性の低い資産と証券化商品の資金調達のために，短期の市場性資金調達手段に過度に依存していた．特に，会計上の資本収益率 (ROE) を増大させる目的で，銀行は資産担保コマーシャルペーパー (ABCP) による導管 (conduit) を利用した．銀行はこれを実行するために，貸付，不動産担保貸出，証券化商品を導管あるいはストラクチャード・インベストメント・ビークル (SIV) に移してオフバランス化した．SIV には流動性バックアップラインに対する資本賦課が課されるのみであった．一方で，これら資産を銀行が自身のポートフォリオで保有した場合には，高い資本賦課が要求された．実際に，銀行は資産のエクスポージャーをオフバランスのビークルに保持した．2007 年の後半短期資金調達の借換えが難しくなった時点で，銀行は導管と SIV で保有していた資産を自身のバランスシートに戻すことを強いられた[†20]．
- 杜撰なインセンティブ設計とガバナンス態勢：報酬支払いの体系，リスク管理，取締役会や経営陣による監督の質に多くの欠点があり，銀行のエクスポージャーやエクスポージャーをカバーする資本の質に関する理解をほとんど不能とする透明性の欠如もそこに加わった．
- システミックリスクに対する理解不足：システミックリスクは，企業や市場がショックや信用イベントを伝播させ，金融システムや経済全般に深刻な損害を与える潜在力を有している場合に生じる．今回の危機では，大部分の損失は，大きくて潰せない (too big to fail) とみなされた金融システム上重要で互いに連関していた金融機関によって引き起こされた．

今回の危機は，銀行業界とその規制当局に，これらの欠点に本気で対処し，将来

[†19] バリューアットリスク (VaR) は第 7 章で論じる．
[†20] 第 12 章では，ストラクチャード・クレジット商品とオフバランスシート・ビークル，およびその活用について述べる．

時点でのストレス期においても自律回復力をもった金融システムを作るための中長期的な改革の実行を余儀なくさせた．バーゼル委員会は再び，G20 首脳による 2009 年のピッツバーグサミットで明確にされた改革に向けた協議事項を実行する中核となっている[†21]．2010 年 11 月 12 日に韓国において，バーゼル III の枠組みが G20 の首脳によって是認された．

バーゼル III は，企業固有リスクベースの枠組みであるとともに，金融システム全体のシステミックリスクベースの枠組みでもある[†22]．すなわち，この枠組みは，個社がそのリスクプロファイルを前提に，十分な資本を保有し，適切にリスク管理されていることを確かなものとする一方で，システム全体が十分な資本を保ち，システミックリスクを最小化する形で管理されていることを確実にしようとするものである．図 3.2 はバーゼル II と比較したバーゼル III の新しい特徴をまとめたものである．

システミックリスクベースの枠組みに移る前に，まず重要な個別金融機関固有リスクベースでの枠組みの改革を見ることにする．

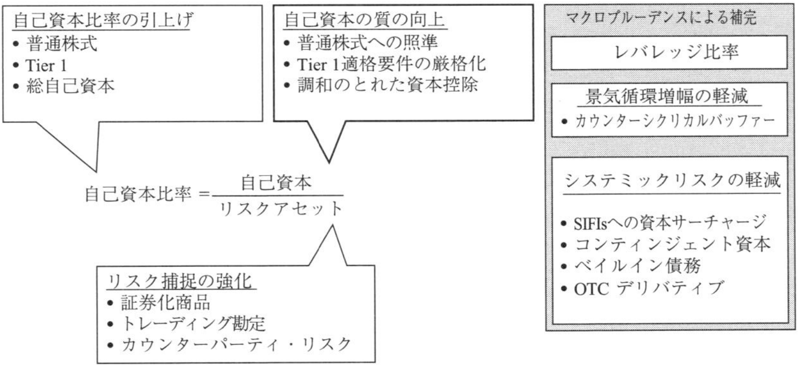

（出所）国際決済銀行

図 3.2　バーゼル III による銀行自己資本規制の改革

3.3.1　バーゼル III：重要な個別金融機関固有リスクベースでの枠組みの改革

バーゼル III における個別機関固有リスクベースでの枠組み改革の主要な点は，個別機関の利用可能資本の量と質を高めようと試みることと，各機関の資金調達

[†21] G20 はまた，2 つの国際会計協会，すなわち全世界レベルの IASB と米国レベルの FASB に会計基準の収斂を求めた．「公正価値」に則った米国会計システム (US. GAAP) は，公正価値と発生主義会計の混在する IASB の手法（IFRS と IAS）と異なっている．後者は 2005 年 1 月より欧州連合 (EU) 圏内で適用されている．

[†22] H. Hannoun, *The Basel III Capital Framework: A Decisive Breakthrough*, Bank for International Settlements, 2010.

および流動性の戦略を改善することである．

バーゼル III の自己資本改革を考察する 1 つの方法は，自己資本比率算定式の 3 つの要素をどのように変更したかを見ることである．

- 分子—すなわち資本
- 分母—すなわちリスクアセット
- 自己資本比率そのもの

分子：資本の厳格な定義

何よりもまず，バーゼル III の枠組みは資本の質を上げることである．危機以前には，多くの銀行の実体ある普通株の額は，リスクアセットに対して控除後ベースで 1～3 パーセントと低位であった．これは，リスクベースのレバレッジがそれぞれ 100 対 1～33 対 1 であったことを示している．

このような低位への落ち込みが許されるのは，ひとえに許容される資本の定義が実体ある普通株より幅広くなされていたからである．旧い定義では，資本は様々な項目から成っており，それぞれの項目の最大値から最小値を複雑に組み合わせることで構成されていた．銀行は，Tier1 資本，負債のような特徴をもつトラスト型優先証券 (TruPSs) に代表される革新的なハイブリッド Tier1 商品，アッパーならびにロウアー Tier2 そして Tier3 資本の動静を注視しなければならなかった．資本のそれぞれのタイプごとに，規制資本として算入できるそれぞれの最高限度があり，その最高限度は時に他の資本項目の関数となっていた．資本の定義の複雑さが，損失発生時にどれだけの資本が利用可能であるかを決定することを困難にしていた．

今回の危機から，留保利益を含む普通株式だけが損失吸収力を提供することを，金融業界は学んだ．すなわち，銀行の株主は銀行株価の下落による損失に苦しむ一方で，ハイブリッド商品の投資家は，たとえ銀行が厳しい困難に巻き込まれてもほとんど損失に苦しむことはなかった．なぜならば，銀行は将来に市場から締め出されることを避けるために，ハイブリッド負債の利子を支払い続けたからである．

結果として，ハイブリッド Tier1 商品は，新しいバーゼル III の資本の定義には含まれないことになり，2013 年初から 10 年間をかけて段階的に認められなくなる過程にある．代わって Tier1 資本には，銀行資本の最高の質をもつ要素である，実体ある普通株と留保利益，そして「ゴーイング・コンサーン」ベースで損失吸収力を有している一定の他の商品，例えばある一定のタイプの偶発転換社債 (CoCo 債)，のみが含まれる．CoCo 債は重要な新しいタイプの商品である．詳細は付録 3.E で論じるが，その性質によって Teir1 資本にも Tier2 資本にも適用できるものである．

重要な点は，すべての Tier1 資本は，金融機関が債務超過に陥らず企業として存続可能な状況において，損失を吸収できるものでなければならないということである，

さらに，Tier1 資本として適格であることを認定するために，普通株からいくつかの控除項目が控除される．のれんや無形資産，繰越税金資産，期待損失に対する引当金不足額，確定給付型年金資産，（持分 10% を超える）銀行，金融・保険会社へのコアエクイティ Tier1 商品による出資，一定の証券化商品エクスポージャー，事業法人への重大な投資などが控除項目に含まれる[†23]．

Tier2 資本は，債務超過となり企業が解体される「ゴーン・コンサーン」ベースでの損失吸収を引き続き提供することになる．Tier2 資本は典型的に，劣後債務と CoCo 債のような偶発転換社債によって構成される．

銀行の市場リスク資本賦課の一部をカバーしていた Tier3 資本は廃止される．

透明性の観点から，銀行はすべての資本項目の完全なディスクロージャーと調整表を提供することを求められる．

分母：リスク対象範囲の拡張

2007–2009 年の危機につながる期間において，銀行は総資産の大幅な増加を公表していた．しかし，バーゼル II のルールの下では，リスクアセットが緩やかな増加を示すだけであった．この理由は，リスクの高いいくつかの資産と業務が，リスクアセット算定において正しく捕捉されていなかったか，あるいは過小評価されていたことにある．

バーゼル III は大幅にリスク対象範囲を拡張した．特に資本市場での活動に関する領域，すなわち，トレーディング勘定，証券化商品，そして OTC デリバティブやレポ取引のカウンターパーティー信用リスクの範囲である．このリスク対象範囲の拡張は，リスクアセットの大幅な増加となることを企図したものである．

3.3.2　リスクウェイト改善への課題

銀行の資本十分性の規則を改善する 1 つの方法は，相対的にリスクの高い資産に高いリスクウェイトが確実に付与されるようにすることである．このリスクウェイト付けとその前提となる方法論は，バーゼル I からバーゼル II への移行の中で大きく進展し，さらにバーゼル III の下で，特に証券化のトランシェやカウンターパーティー信用リスクなどの，一定のアセットクラスにおいて，精緻化が現在も進められている．

[†23] この点は，保険会社を所有することの多いドイツとフランスの銀行にとってはとりわけ問題となる．両国はすでに適用除外を申し入れている．

それにもかかわらず，リスクウェイトを定めるにあたって 1 つの基本的な問題が明らかになってきている．平常時にはさほどリスクが高くない資産が，システミックな危機時には突如として非常にリスクの高い資産となる可能性があるということである．例を挙げると，高格付のソブリン債，証券化商品の AAA 格のトランシェ，そして有担保レポのような一見明らかにリスクフリーである資産が，かなり大きなテイルリスクを示す形に転じるのである．すなわち，これらの資産が大きな価値の下落を示すことは稀ではあるが，その下落の際には非常に厳しいものになる可能性があるということである．

リスクウェイトを設定するに際して，もっとも難しい課題を示す．これはバーゼル III で十分に取り上げられなかったものを含む．

- ソブリン：2010 年のソブリン債危機は，バーゼル II における標準的手法において AAA 格や AA 格のソブリン債のリスクウェイトがゼロとなることが，非現実的であることを示した．そこには，欧州のいくつかの国が経験した国の財政や債務の状況が劇的に悪化するという可能性が反映されていない．
- OTC デリバティブ（ISDA の CSA クレジット・サポート・アネックスを締結していないもの）およびレポ取引：リーマンとベア・スターンズの破綻は，OTC デリバティブとレポ取引への非常に低い資本賦課が，主要なカウンターパーティー同士の取引連関に結びつけられたシステミックリスク，ならびに主要なカウンターパーティーの破綻が他の市場参加者（仮に破綻した金融機関に直接のエクスポージャーを有していなくても）に重大な損失を与えうるという事実を捕捉していないことを示した．
- 証券化商品のシニアトランシェへのエクスポージャー：ABS CDO のスーパーシニア・トランシェのようなストラクチャード商品の AAA 格のトランシェは，提示されている高格付よりもリスクが高いことが明らかになった．スーパーシニア・トランシェへの 7% というリスクウェイトは低すぎ，現在は 20% に引き上げられている．

逆に，今回の危機は，高いリスクウェイトをもった一部の資産，例えばヘッジファンドのエクイティ持分，社債，そしてリテールエクスポージャーの一部が，危機の間に少しの損失しか被らなかったことを示した．

これらの例は，システム全体の危機時においては，リスクウェイトと損失の間の相関がかなり弱いものとなる可能性を示している．さらに，低いリスクウェイトそれ自体が，システム全体のリスク蓄積に拍車をかけている可能性がある．

この全般的な問題を認識したことで，バーゼル委員会は銀行のリスクテイクの歯止めとして単純なレバレッジ比率の導入に動いている．この規制は，リスクウェイトを考慮しない全資産に対する銀行自己資本の最低比率を要求するものである（付録 3.C 参照）．

3.3.3　トレーディング勘定と証券化商品

バーゼル II は主に銀行勘定に焦点を当てたものであった．しかし 2007–2009 年の金融危機の間における大規模損失の大半は，トレーディング勘定，特に CDO トランシェのような複雑なストラクチャード商品から生じたものであった．改定された枠組みでは，現在次のような規制要求がある．

- 「ストレス VaR」による資本賦課の導入．これは 12 カ月間にわたる金融ストレス時のリスクの捕捉を企図したものである（付録 3.C 参照）
- 追加的リスクにかかる自己資本賦課 (IRC: Incremental Risk Charge). VaR 利用時のクレジットに感応するポジションの個別リスクを計測するもの（付録 3.C 参照）
- トレーディング，バンキングの両勘定における証券化商品に対する同様の取扱い
- 再証券化商品へのより高いリスクウェイト賦課（AAA 格のトランシェで 7% に代えて 20% へ変更）
- オフバランス導管と SIV（シャドー・バンキング・システム）のような短期流動性ファシリティに対する，より高い与信相当掛目 (CCF: Credit Conversion Factor) の賦課
- 証券化エクスポージャーに対する評価において，外部格付より内部格付を重視

このリスク対象範囲の拡大により，銀行が保有するトレーディング勘定資産に対する所要資本額は，旧規制による所要資本額に比べて 4 倍の規模となる[†24]．

3.3.4　デリバティブとレポ取引のカウンターパーティー信用リスク

バーゼル委員会は，OTC デリバティブやレポ取引のカウンターパーティー信用リスクに対して，ストレスのかかったインプットを使ったエクスポージャー測定を要求することで，規制資本賦課を強化している．

バーゼル II は，カウンターパーティー信用リスクを，デフォルトと信用リスク削減手法の観点からのみで規定している．しかし，今回危機においては，信用評価調整 (CVA：Credit valuation adjustment) による時価の低下が，カウンターパーティー信用リスクからの損失の 2/3 を占めた．銀行は現在，カウンターパーティーの信用状況の悪化に応じた時価損失に対して資本保有を求められている（本リスクの詳細な議論は第 13 章を参照）．

[†24] バーゼル委員会は，市場リスク管理枠組みの抜本的見直しを実施している．そこでは，銀行勘定とトレーディング勘定間の規制アービトラージをなくす目的で，銀行勘定とトレーディング勘定の合理的な区分を行うことが含まれている．

自己資本比率：新しい要求水準の設定

新しいバーゼル III での自己資本比率は，平時のみならず経済環境のストレス時における損失を吸収できるように割り出されたものである．最終的には，銀行はリスクアセットに対して最低所要水準として 4.5%（バーゼル II 基準では 2%），さらに資本保全バッファーとして 2.5% の有形の普通株式資本を保有することを求められる予定である．合計すると，銀行は普通株式自己資本比率として 7% を維持しなければならなくなる[†25]．しかしながら，状況悪化時にはバッファー部分は減少されることもありえるので，結果的に最低水準は 4.5% 以上ということになろう．

銀行の自己資本水準が最低所要水準に近づくにつれ，銀行の裁量的な利益処分，すなわち配当支払い，自社株買い，そしてボーナス支払いなどに対して，保全バッファーが制約条件を課すことになる．財務状況が悪化する局面で，より大きな未処分利益を確保することは，ストレス時における銀行の業務と貸出の継続を支える利用可能資本の維持を確かなものとする一助となろう．図 3.3 はバーゼル II とバーゼル III における所要自己資本を比較したものである．

新しい自己資本基準は，当初，すべての G20 諸国において 2013 年 1 月 1 日より，相当の長い移行措置期間を伴って適用開始される予定であった．しかしながら，この最終期限に間に合ったのは 11 カ国のみであった[†26]．米国および欧州連合 (EU) を含むその他の法域では，バーゼル III 適用が少なくとも 1 年間は延期された．バーゼル III の残りの規制の導入については，より遅延されることが予想される．当初 2018 年までに段階的に完全適用される予定であった，資本保全バッファー導入もその 1 つである[†27]．

国際的な大規模銀行は，2008 年以来，着実に自己資本比率を高めてきている．資本保全バッファーを含む最低所要自己資本比率の 7% に対する普通株資本の不足額は，2009 年末の 5,770 億ユーロから 2012 年には 3,740 億ユーロへと低下してきたとバーゼル委員会が推定している．

[†25] 資本のより厳しい定義とリスク計測対象範囲の拡大を前提とすると，国際基準行に対する普通株資本の所要額に置き換えるとおよそ 7 倍程度となる．

[†26] オーストラリア，カナダ，中国，インド，日本，香港，メキシコ，サウジアラビア，シンガポール，南アフリカ，スイスの 11 カ国．

[†27] バーゼル委員会の 2010 年 9 月の調査資料によると，新しいバーゼル III 制度への参加銀行の推計された普通株式等 Tier1 資本の不足額は，2015 年に要求される最低水準 4.5% で 1,650 億ユーロ，2019 年に要求される資本保全バッファー込の最低水準 7% で 5,770 億ユーロとなる．分析は 2009 年 12 月末のデータによるものである．

欧州銀行監督局 (European Banking Authority: EBA) は 2012 年 1 月に，31 の欧州銀行に対して Tier1 比率を 2012 年 7 月までに 9% に達するように 1,150 億ユーロの Tier1 資本調達を要求する報告書をまとめた．ここでの Tier1 資本はバーゼル II の定義によるもので，ハイブリッド証券や転換社債も認められるものである．より厳格なコア Tier1 資本の定義を前提とすると，Tier1 資本の不足額は 2013 年のバーゼル III 導入に伴って増加することになろう．

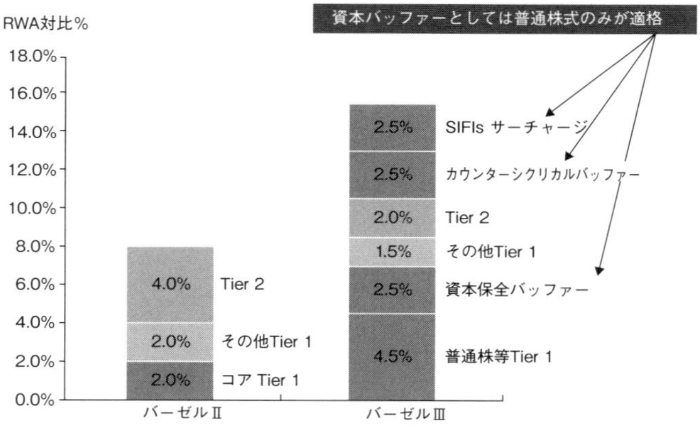

（出所）国際決済銀行

図 3.3　所要自己資本—バーゼル II 対バーゼル III

流動性比率規制：流動性カバレッジ比率 (Liquidity Coverage Ratio: LCR) と安定調達比率 (Net Stable Funding Ratio: NSFR)

バーゼル III は流動性リスクを管理するために，全く新しい枠組みを導入する．今回危機時，特にリーマン・ブラザーズが 2008 年 9 月に破綻した後の期間においては，調達市場において資金供給が不足する事態がかなりの期間にわたって継続した．最終的には，金融機関同士の相互不信による悪影響を遮断する目的で，中央銀行が資金市場における流動性供給の役割を果たした．このような事態への対応として，バーゼル委員会は，銀行が短期的に調達手段を失った場合の耐久力を高め，そしてバランスシート上の長期の流動性ミスマッチに取り組むために，グローバルな流動性に関する最低基準を提言している[†28]．

流動性カバレッジ比率 (LCR) は，監督当局指定の 30 日間の資金繰りストレスシナリオを耐えるに十分な高品質の流動資産の保有を，銀行に要求するものである．

$$\mathrm{LCR} = \frac{\text{適格流動資産}}{\text{30 日間のストレス期間におけるネット資金流出額}} \geq 100\%$$

ここで，30 日間のネット資金流出額＝流出額－ Min[流入額，流出額の 75%]

LCR のストレスシナリオは，下記のイディオシンクラティック（個別機関固有）と市場全体のショックの組合せである．

- 一定割合のリテール預金の取付け

---

†28 ベン・バーナンキ FRB 議長（当時）は次のように述べた．「連邦準備委員会 (Fed) は，金融会社に，より良い流動性リスク管理を強制し，ホールセール資金調達への依存を減じることにより，銀行システムにおける緊張を避けることを計画している．規制当局は，危機時においてはあてにならないホールセール資金調達への依存をさらに減少させるように銀行に圧力をかけ続けていくつもりである．」2013 年 4 月 8 日，ジョージア州，ストーン・マウンテンでの講演．

- 一定の担保つき短期調達の非保全部分とカウンターパーティーからの部分的な損失
- 契約に基づく資金流出．銀行に対する外部格付の 3 ノッチ以上の格下げから生じる追加担保差し入れを含む
- 市場ボラティリティ（価格変動）の増大が，デリバティブポジションに対する担保の質およびポテンシャル・フューチャー・エクスポージャーへ与える影響
- 無担保の信用および流動性供与のコミットメント枠からの臨時引き出し
- レピュテーショナル・リスクを軽減する目的での負債の買い戻し，あるいは契約によらない債務の潜在的ニーズ

高品質流動性資産の残高は，定量的かつ定性的な適格要件を満たすものからなる[†29]．ネットの流出キャッシュフローは，当局によって厳格に決められたパラメターに従って算出されたものである．

この流動性規制は，安定調達比率 (NSFR) によって補完される．NSFR はより長期（1 年間）の構造的な比率であり，流動性ミスマッチを示し，危機時には当てにできないホールセール市場調達への依存度を下げるように設計されている．

$$\mathrm{NSFR} = \frac{\text{利用可能な安定調達額（資本} + \text{預金・市場性調達の一部）}}{\text{所要安定調達額（資産} \times \text{流動性等に応じたヘアカット）}} \geq 100\%$$

新しい流動性規制の枠組みを導入するにあたって，バーゼル委員会は，慎重なアプローチを採用することを決定した．当初は，見直された流動性比率規制を最終確定し導入する前に，銀行のビジネスモデルや資金調達構造への意図せざる影響がないかを，監督当局が見極めるための観察期間を経て，LCR は 2015 年までに，NSFR は 2018 年までに導入される予定である[†30]．（訳注：LCR は従来通り 2015 年より適用開始）

[†29] 高品質流動資産の残高は，レベル 1 資産とレベル 2 資産により構成される．
レベル 1 資産：現金，中央銀行準備預金，ソブリンおよび国際機関の債券でバーゼル II の標準的手法においてリスクウェイトが 0% とされているもの．
レベル 2 資産：ソブリンおよび国際機関の債券でバーゼル II の標準的手法においてリスクウェイトが 20% とされているもの．外部格付機関により AA^- 格以上（内部格付で同等の PD に対応する格付）が付与されている社債およびカバードボンドでヘアカット率が最低 15% となるもの（すべての試算に関して，流動性ストレス下において，30 日間価格の最大下落率が 10% を超過しないこと）．
2013 年 1 月には，株式指数構成銘柄である非金融法人の上場株式，信用格付 A+〜BBB− の非金融社債，信用格付 AA 以上の RMBS などの商品が適格資産として追加された．

[†30] これらの新しい流動性の制約に適合するために，銀行と保険会社は「流動性スワップ」への取組みを開始している．保険会社は，規制当局によって唯一流動性があると認められる有価証券である国債を，大量に自らのポートフォリオで保有している．それゆえ，保険会社は，流動性比率上の算定にカウントされない銀行保有の他の有価証券と保有国債との交換を提案することが可能である．流動性スワップは，銀行が短期負債の借り換えに大きな困難に直面した年である 2008 年以来，発展してきたものである．しかしながら，英国 FSA や他の欧州規制当局は，この流動性スワップ市場の発展を制限するための新しい勧告を作成中である．英国では，このタイプの取引のいくつかは，すでに禁止となっている．

1 つの問題は，新しい流動性基準が銀行の収益性に影響して，経済全体への金融の最大容量を減じることである．この影響を緩和するために，バーゼル委員会は，高品質流動資産に分類される資産の幅を，株式，社債，そして不動産担保証券 (MBS) などへ拡大することによって，LCR の見直しを 2013 年 1 月に決定した[†31]．委員会はまた，ネットキャッシュフローの算定および新基準導入の予定表を修正した．とりわけ，LCR は当初計画どおりに 2015 年 1 月 1 日より導入されるが，導入時の最低所要基準は 60% から始まり，以後毎年 10% ずつ段階的に引き上げて 2019 年 1 月 1 日に 100% となる予定である[†32]．

バーゼル委員会の次の優先事項は，2018 年の適用の前に NSFR を再検証することである．NSFR は米銀と比較して，相対的に欧州銀行に不利となる．米国では大半の企業が長期の資金調達ニーズのために資本市場を利用している．銀行は，長い間金融仲介を行っていない（ディスインターミディエーション）．欧州では事情が違う．企業は依然として銀行融資に調達を頼っている．結果的に，2012 年の時点で欧州銀行は 90 億ユーロの長期資金調達をベースに 200 億ユーロ近くの長期融資を供給している．欧州銀は，米銀に比べて明らかに満期仲介業務（訳注：短期調達による長期貸出）に多く携わっている．NSFR 規制に適合するために，欧州銀の資金調達コストは上昇し，企業に提示する貸出の期間は短期化され，サイズは縮小されなければならない．予想される悪影響は欧州における長期投資の減少である．

3.3.5 バーゼル III：金融システム全体へのシステミックリスクに応じた枠組み

バーゼル III 規制を推進する当局はまた，システミックリスクを減少させプロシクリカリティ（銀行融資が好況期に拡大し，不況期に縮小することで，結果として景気循環の振れ幅を大きくしてしまう傾向のこと）を減ずるための「マクロプルーデンス政策」を考案した．マクロプルーデンス政策は，これから論じる 5 つの要素から構成されている．

レバレッジ比率

レバレッジ比率は自己資本計測のための単純な指標である．それはバーゼル III のリスク量ベースの比率を補完し，金融システム内のレバレッジ積み上げの制約となるものである．金融危機以前には，多くの銀行が健全なリスク量ベースの Tier1 自己資本比率を報告する一方で，同時に持続不可能な高い水準のレバレッジをオンバランスとオフバランスの両方で積み上げていた．

[†31] これらの適格となる資産は，信用格付に応じて異なるヘアカット率が適用される．
[†32] 2010 年末において，LCR 規制に適合するには米銀行業界全体で，流動性資産が 1.5 兆ドル不足することが確認されている．

レバレッジ比率は，銀行の資産にオフバランスシートのエクスポージャーとデリバティブエクスポージャーを加えた額に対する銀行 Tier1 資本のパーセント比率（四半期の平残で算定）での指標である．

銀行はレバレッジ比率を 3% 以下にすることは認められない．

$$\text{レバレッジ比率} = \frac{\text{Tier1 資本}}{\begin{array}{c}\text{エクスポージャー}\\\text{（オンバランス項目＋オフバランス項目）}\end{array}} \geq 3\%$$

デリバティブについては，規制上認められているネットエクスポージャーに将来の潜在的エクスポージャーを加えたものを使用する．すべてのデリバティブについてネッティングが認められる．レバレッジ比率には，全資産を測定するにあたってオフバランスシートの項目が含まれ，原則として 100% の掛け目による換算が行われる（無条件で取消し可能なコミットメントや信用状は 10% の掛け目）．

監督当局による銀行レバレッジ比率のモニタリングは，2013 年 1 月 1 日に開始され，2017 年 1 月 1 日までを試行期間としている．2017 年前半には定義と水準について最終的な調整が行わる予定である．銀行は 2015 年 1 月からレバレッジ比率の開示が求められ，2018 年 1 月から「第 1 の柱」（各国が遵守すべき最低水準の規則）として導入される予定である．

カウンターシクリカル資本バッファー

資本保全バッファーに加えて，バーゼル委員会は，景気変動増幅をさらに弱める目的でカウンターシクリカル資本バッファーの導入を進めている[†33]．

カウンターシクリカル資本バッファーは，行き過ぎた信用拡大の時期に続くストレス期に発生する損失から銀行セクターを守り，またこのようなストレス時期においても信用供与が可能である状況を確保する目的で設計されている．加えて，カウンターシクリカル資本バッファーは，信用拡大の期間に，銀行貸出のブレーキの役割を果たすことで与信のコストを増加させる原因となりうる．

カウンターシクリカル資本バッファーは 0〜2.5% の範囲で，普通株保有の形で賦課される．その水準は，金融システム全体のリスク拡大を観察している各国当局の裁量に委ねられ，法域ごとに異なるものとなる．景気サイクル終盤の悪化時に，金融安定にリスクを生じさせる銀行システムの損失を吸収する目的で，各国当局は銀行にバッファーから資本を開放することを許容する．

複数の法域で活動する銀行については，カウンターシクリカル資本バッファーは，当該行が信用エクスポージャーを有する法域で適用されるそれぞれのバッファー比率を，エクスポージャーで加重平均することで算定される．

[†33] 次節では景気増幅効果（プロシクリカリティ），とりわけリスク感応的な自己資本規制に寄与する要因を詳述する．

システム上重要な金融機関 (SIFIs：Systemically Important Financial Institutions) に対する追加的な損失吸収力のある資本賦課

2007–2009 年危機からの 1 つの帰結として，SIFIs は基礎的な規制資本を上回る損失吸収力を保有するべきであったことが，現在広く認識されるようになっている．バーゼル III の下では，普通株ベースでの 1〜2.5% の資本サーチャージ（追加的資本）が，2016 年から 2019 年にかけて段階的に賦課されることになる[†34]．

2011 年 11 月 4 日，バーゼル委員会と金融安定理事会（FSB：Financial Stability Board）は，規模，複雑性，相互連関性，国境を超えた活動，代替可能性の 5 つの指標を基準に SIFIs として指定された，29 の金融機関のリストを公表した．現時点では欧州銀 17 行が含まれているこのリストは毎年見直され，銀行セクターの構造的変化やシステミックリスク測定の新たな方法が反映されるように，3〜5 年ごとに選定手法が見直される予定である[†35]．

面白いことに，この SIFIs のリストは，ニューヨーク大学のスターンスクール（ビジネススクール）の「V-Lab」[†36] によるシステミックリスクのランキングと非常に近い結果となっている．「V-Lab」のシステミックリスクの指標である SRISK は，危機時の個社の平均的な資本棄損額によって定義されている．この単一の指標は，規模，レバレッジ，相互連関性，およびリスクなどの FSB が使用した多くの特徴を捉えている．本指標は，危機時における破綻を避けるために必要な会社の投資額を金額で表していることから，本然的に費用便益の算定を提供するものである．これは，銀行にストレスシナリオ下における潜在的な資本棄損額の査定を，定期的なストレステストで実施することを求めるドッド・フランク法と整合的である[†37]．

金融安定理事会は G20 の要請によって 2010 年に設立され，グローバルな金融改革の勧告を作成し，その G20 勧告の進展と導入の過程をモニターすることを目的としている．FSB は国際決済銀行（BIS：Bank for International Settlements）内に本拠を置く独立組織である．FSB の現在の優先取組事項は，バーゼル II，2.5，III の枠組み導入，OTC デリバティブ市場改革，報酬慣行，SIFIs 対策の方針，破綻処理の枠組み，そしてシャドーバンキングシステムである．FSB には，G20 各国からの中央銀行，監督当局，および財務省の職員が含まれている．

[†34] このサーチャージは，通常のバーゼル III で求められる増加分に加えて，米銀全体で 2,000 億ドルの普通株追加増資を要求するものとなろう．

[†35] 2014 年 11 月現在，このリストには 30 行の国際的な銀行が含まれている．

[†36] http://vlab.stern.nyu.edu/welcome/risk/

[†37] C.T. Brownless and R. Engle, "Volatility, Correlation and Tails for Systemic Risk Measurement", working paper, June 2011.

システム上重要な市場およびインフラストラクチャー：OTC デリバティブの事例

システム上重要な金融機関が存在するのと同様に，システム上重要な市場およびインフラストラクチャーが存在する．デリバティブに関連する相互連関性の問題に対処するために，バーゼル委員会と金融安定理事会は，できるだけ多くの取引を集中された形で決済と取引の報告をするように，市場に促しているところである．中央清算機関 (CCP：Central Counterparty Clearing House) 取引のデリバティブのカウンターパーティー信用エクスポージャーは，単一のカウンターパーティーとの OTC 取引と比べてリスクが低いと認識されていることから，規制資本上の有利な取扱いが続く予定である．しかしながら，CCP を通じた取引は，現状の所要資本ゼロではない低めのリスクウェイト（2〜4% の範囲）が賦課されることになった．相対の OTC 取引への資本賦課はより高くなり，CCP や取引所を利用するインセンティブを高めることになる．その一方で，CCP が新たなシステミックリスクの集中先とならないように，適切に管理され資本組み入れがなされることを，規制当局は目指している．

ストレステストとリスクモデルによるシステミックリスクおよびテール事象の捕捉

ここしばらくの間，銀行は，複雑で多面的なリスクポジションを単一のリスク量の数値へ転換するバリューアットリスク (VaR) モデルによって，市場リスクの捕捉を試みてきた．しかし危機の際には，これらのモデルは，テール事象（確率は低いが大きな損失を与える事象）とシステミックなストレス下における高い相関によって起こる損失を，極端に過小評価していた．

VaR は平常な市場状況においては信頼できる指標である．VaR モデルはパラメターの設定において過去のヒストリカルデータに依存しており，そのため多かれ少なかれバックワードルッキングである．すなわち，将来の市況が過去の市況と同様であることを期待している．したがって，市場が予想外に，極端に，あるいはこれまでにない形で動くと，VaR がうまく機能しないことは驚くに値しない．しかしながら，VaR モデルの失敗の頻度と影響度は驚くほどである．過去数 10 年にわたって，システミックなイベントは予想をはるかに上回る頻度で発生し，そしてそのイベントにおいて生じた損失額は，VaR の推計が示していたよりもはるかに重大なものであった[†38]（第 7 章では，どのように VaR が定義され，推計され，実務で利用されるかについて解説する．付録 3.D ではどのように VaR が規制資本算定で利用されているかを論じる）．

[†38]損失額分布に正規分布を仮定すると，99% 信頼区間における最大損失額は，2.33 標準偏差（シグマ）である．「4 シグマ」イベントの確率は，125 年に 1 回ということになる．ここ最近，我々は 10 シグマの損失を超える一連のイベントを経験したことになる．

したがって，伝統的な VaR 指標を補完するために強力なフォワードルッキングのストレステストのプログラムが必要となる．それにより，銀行のリスク管理において，テール・イベントを捕捉し，システミックリスクの特質を組み入れることが，より可能となる．（ストレステスト方法論についての論点は第 16 章を参照）[†39]．

バーゼル III の枠組みは，第 2 の柱における資本バッファーの決定において，より大きな役割をストレステストに与えている．

3.3.6 プロシクリカリティ（景気変動増幅効果）

銀行は底流にある経済循環の推進力を強める傾向にある．銀行は，経済が過熱するときに貸出を増加し，経済が下降に向かうときに貸出を抑制する．2007–2009 年の金融危機に至るまでの期間とそれに続く期間は，この種の「プロシクリカリティ」が破壊的な影響をもち，どのように金融不安が激化していくのかを，まざまざと見せつけた．本節では銀行のもつプロシクリカリティの根本原因を検証し，それらが前述した主要なバーゼル III 改革とどのように関連するかを解説する．

景気好況期には，銀行は経済と顧客の財務状況を過度に楽観視する傾向がある．貸出，信用格付方針，リスク測定，そして引当の見積りは，短期的な景気循環と連動して動き始める．具体的には，銀行は，より少ない担保で貸付けを行い，ローンのコベナンツ（契約の特約事項）を減らし，リスクプレミアム（信用力に応じた上乗せ金利）を縮小し，そして期待損失をカバーする貸倒引当金を過少に見積もるようになる．同時に，景気上昇局面は急速な信用拡大，担保価値の増大，そして不自然に低い貸出スプレッドを生み出し，通常は銀行の収益をかさ上げする．これがまさに，2007–2009 年の金融危機の前数年間に起こったことであった．

逆のことが，景気後退期に起こる．2008 年以後，広範な損失を被った金融機関は，資本の再調達が難しい状況となった．この事態が今度は，金融機関に貸出の減少および流動性のなくなった市場でのファイヤーセールス（投げ売り）価格での資産処分を促した．銀行の活動縮小は，経済活動を弱め，それによって金融機関の体力がさらに悪化するリスクを高めた．

リスクベースの自己資本賦課による金融規制もまた，下記に述べる理由でプロシクリカリティを増幅させる傾向がある．しかしながら，リスク感応的な規制それ自体は，銀行の過剰なリスクテイクを抑制するという有意義な特性を有している．つまり，プロシクリカリティが伴うものであるにもかかわらず，リスク感応的な枠組みは維持する必要がある．これは，プロシクリカリティを克服する一方で，銀行にリスクベースでの意思決定プロセス高度化を継続して促すことが，政

[†39] Basel Committee for Banking Supervision, *Principles for Sound Stress Testing Practices and Supervision*. Basel, Switzerland: Basel Committee on Banking Supervision, 2009 も参照のこと．

策立案者にとっての重要な課題であることを意味している．後述のように，バーゼル III 規制当局はいくつかの主要領域において，適切なバランスを実現しようと試みていることがわかるであろう[†40]．

リスク計測の限界

VaR モデルには広く認識されている欠陥がいくつかある．銀行は多くの異なる VaR モデルを開発してきたが，そのすべては，いまだに比較的に短期間のヒストリカルデータに依存して，市場要因のボラティリティと相関および将来損益の確率分布を推計している．したがって，VaR のリスク感応度は，市場ボラティリティに応じて上がったり下がったりする循環的なものとなる．例えば，2008 年後半に銀行が採用していた VaR は，前期と比べて急激な上昇を見せたであろう．それは他の条件を一定の下で，単にリスクモデルのボラティリティと相関のパラメターが上方に改定されたからである．これは，銀行にトレーディングポジション縮小のシグナルを送ることになったであろう．

個別行の観点からは，高ボラティリティ期間におけるこのトレーディングポジションの縮小は，リスクを削減するという道理にかなった行動である．しかしながら，多くの市場参加者がボラティリティの増加に対して同様の反応を示したとしたら，その群集行動が尋常ならぬ結果を導く可能性がある．資産価格の下落が VaR 値上昇の原因となり，VaR ベースのリミット超過につながる．その結果，流動性がますます低下する市場で，銀行にリスクのあるポジションの閉鎖を余儀なくさせてしまう．この行動がさらなる急激な価格下落とボラティリティの増大を生む．リスク感応的な指標を使用することが，金融システム全体のリスクをより多く作り出す可能性がある．

トレーディング勘定の枠組み見直しであるバーゼル 2.5 は，VaR ベースの所要自己資本のプロシクリカリティを減じるいくつかの変更を提言している．第 1 に，景気循環的な VaR ベースでの自己資本推計への依存度を減じるために，ストレステストの役割が拡張された．「ストレス VaR」は，市場ボラティリティが低い時期にリスク計測すなわちリスク資本が過少となることを避けるためのものである．第 2 に，新しい追加的リスクにかかる自己資本賦課 (IRC: Incremental Risk Charge) は，トレーディング勘定で保有するクレジット商品のデフォルトおよび格付遷移リスクをカバーし，所要自己資本の削減を目的とした特定のデリバティブ組成のインセンティブを減ずるものである．（バーゼル 2.5 の詳細説明は付録 3.D を参照.）

バーゼル III は，Tier1 資本に対する 2.5% のカウンターシクリカル資本バッファーを導入した．平時の市場環境の間は資本バッファーを積み，市場混乱時に

[†40] Financial Stability Forum, *Report of the Financial Stability Forum on Addressing Procyclicality in the Financial System*, April 2009.

はその取り崩しを認めるというものである．このカウンターシクリカル資本バッファーは，景気循環におけるリスク緩衝剤の役割を果たすべきものである．

規制上のリスク感応的な資本賦課

どのような規制上のリスク感応的な資本賦課でも，いくぶんかは景気循環増幅効果をもつ．最近の事例としては，バーゼル III によって規定された信用評価調整 (CVA：Credit Value Adjustment) への賦課である．（第 13 章を参照．）これはデリバティブ取引のカウンターパーティーのエクスポージャー算定に CDS スプレッドを利用し，その数字に対して自己資本の保有を銀行に課すものである．それはまた CDS プロテクションの買いによる所要自己資本の減額を銀行に許可するものである．その結果は景気循環増幅である．CVA への資本賦課が大きくなる局面では，銀行はプロテクションの購入するインセンティブが働く．もし銀行がプロテクションを買えば，スプレッドは広がり資本賦課はさらに上昇する．

ある銀行がより多くのプロテクション買いが必要な局面では，全員がそのように行動する．このプロテクション需要の拡大が，スプレッドの拡大を作り出す．これは市場における流動性（あるいは流動性の欠如）を要因とするものであって，デフォルト確率の上昇によるものではない．

引当金の計上

プロシクリカリティに対する引当金計上の寄与は，景気循環に関連した引当金計上のタイミングと引当金計上による資本へのインパクトにかかっている．

国際会計基準審議会 (IASB：International Accounting Standards Board) は，貸出時点での貸付金に内在する 1 年後のフォワードでの期待損失の認識をもとにした「ダイナミックプロビジョニング」を推奨している．当然ながら期待損失は，デフォルト確率 (PD) とデフォルト時損失 (LGD) の関数であり，景気循環の変化の予想による定期的な見直しがなされるべきものである．貸付金の信用力に「重大な」格下げ要因がある場合には，引当金計上額は，貸付金の残余期間におけるデフォルト確率の関数でなければならない．

銀行勘定の満期保有部分のフォワードルッキングな引当金計上を認めるためには，貸付金の引当金はスルー・ザ・サイクル（景気循環に平均的）な期待損失を反映すべきである．

トレーディング勘定については，認識される原資産価値から市場価格が乖離するような環境を容認できる時価会計を維持するために，銀行は「価格変動準備金 (valuation reserves)」を割り当てるべきである．このバッファーは上昇局面で積み立てられ，結果として下降局面のイベント時に取り崩すことが可能になる．

証拠金所要額

特定の信用エクスポージャーのカウンターパーティー信用リスクに対するプロテクションとして，銀行は顧客に担保差し入れを請求する（第13章）．当初証拠金請求は，ポジションを開始するために請求する担保額である．その後は，日次ベースの頻度で「追加証拠金（マージンコール）」がエクスポージャーに対する担保額を調整する．信用エクスポージャーが増加するとより多くの担保が徴求される（エクスポージャーが減少すると徴求は減る）．当初証拠金請求は，マージンコールの間での追加証拠金によるカウンターパーティー信用リスクの増加を緩和するバッファーの役目を演じる．好況時（市場流動性がありボラティリティが低い時期）にはより低い証拠金請求をし，不況期（市場流動性が低くボラティリティが高い時期）にはより高い証拠金請求を促す証拠金規則は，景気循環増幅的な行動を余儀なくするものである．

証拠金規則のプロシクリカリティを鎮静化する1つの方法は，直近の市場環境にあまり依存しないルールにすることである．これには，価格ボラティリティと証拠金比率の決定に長期のヒストリカルデータを利用して，過去の極端な事象がそのデータで捕捉されているようにする方法が含まれる．仮に極端な事象がデータにない場合には，ストレステストでそのようなデータをシミュレーションすることも可能である．この手法は最低所要証拠金比率の変動を小さくするはずである．とはいえ，この手法により平均的な証拠金水準は高くなるであろう．

レバレッジと流動性

高いレバレッジと運用調達の満期ミスマッチの組合せが，2007–2009年危機時の金融機関の脆弱性の根本にある．いくつかの大規模金融機関が流動性のない長期資産の増加額分を，ホールセール市場での短期負債によって資金調達していた．

この事態を退治するためのバーゼルIIIにおける主要な仕掛けについては上述した．銀行は，一種のシステミックリスク悪化の指標であるレバレッジ比率の報告を義務づけられた．バーゼルIIIはまた，新しい短期と長期の流動性比率であるLCRとNSFRを義務づけた．特にNSFRは，銀行がホールセールでの短期調達への依存を減らすことになるので，プロシクリカリティ対策として役立つはずである．（信用危機時において，この短期調達手段が消滅した場合には，資金流動性の必要性を満たすために銀行は下落した価格での資産売却を余儀なくされる．）

報酬

短期の利益にのみ着目して適切にリスク調整を施していない報酬体系は，資産価格バブルの進展を激化させ，会社に過大なリスクを取らせることになるであろう．

金融安定化フォーラム（FSF：Financial Stability Forum. 金融安定理事会(FSB)の前身）は慎重なリスクテイクと報酬をより実効性のある形で調整するための一

連の勧告を作成した．特に，報酬はすべてのタイプのリスクに対して調整されなければならない，報酬支払のスケジュールはリスクの生じる期間に対応しなければならない，そして現金，株式，その他の形態による報酬の組合せがリスク調整と整合的でなければならない，としている[†41]．

3.3.7 仕掛り案件

バーゼル III は，いまだにかなりの程度が仕掛り中のプロジェクトである．特に，新しい市場リスクの規則，システム上重要な銀行の保護[†42]，外部格付依存の低減，そして多大なカウンターパーティーのエクスポージャーについて，その草案作りのためになすべき多くの仕事がある．バーゼル委員会はトレーディング勘定の抜本的見直しを実施中である．見直しにおいては，次のような基本的な質問が投げかけられている．トレーディング勘定とバンキング勘定の区別は維持されるべきであろうか，VaR は所要自己資本の計測にあたっての最善の手法なのであろうか，トレーディング活動はどのように定義されるべきなのであろうか—等々である．

より一般的には，規制当局は銀行がどのようにエクスポージャーを測定しているのか，どのように資産のリスクウェイト付けを行っているのか，そしてどのようにリスク削減活動を行っているのかを，精査しようとしている．

図 3.4 は 2013 年 1 月時点での規制導入カレンダーである．ただし，上述のようにこのカレンダーはすべての国々から絶対視されているわけではなく，特に米国や欧州連合 (EU) がそうであり，近々見直しがされることになろう．しかしながら，バーゼル III で合意された原則の多くは，先進国の銀行システムの中に正式導入のかなり前の時点から実効性のある形で適用されている．例えば米国では連邦準備理事会が大手米国銀行にバーゼル III と整合的なマクロ経済ストレステストの実施を要請し，これを銀行の資本計画やそのプロセスと結びつけることによって，規制圧力をかけ続けている．

3.4 ドッド・フランク・ウォール街改革・消費者保護法（ドッド・フランク法）

2010 年 7 月 21 日，米国議会とオバマ政権は米国の金融システムの安定性に対して懐疑的な国民を納得させる目的でドッド・フランク法を発効した．大手金融機関は米国政府，より適切にいえば納税者によって破綻から実質的に守られてきたが，同法は，その大手金融機関の一部経営者による悪しき意思決定によって，米

[†41] Financial Stability Forum (FSF), *Principles for Sound Compensation Practices*, 2009.
[†42] ここには，定量的，定性的な指標によるグローバルレベルでのシステム上重要な銀行を特定するための手法の開発も含まれる．

段階的適用
（移行期間はすべて1月1日施行）

	2013	2014	2015	2016	2017	2018	2019
レバレッジ比率	2013年1月1日－2017年1月1日　平行稼働 2015年1月1日よりディスクロージャー開始					第１の柱へ移行	
最低普通株等資本比率	3.5%	4.0%	4.5%				4.5%
資本保全バッファー				0.625%	1.25%	1.875%	2.5%
最低普通株等＋資本保全バッファー比率	3.5%	4.0%	4.5%	5.125%	5.75%	6.375%	7.0%
CET1 控除の段階的適用		20%	40%	60%	80%	100%	100%
最低Tier1 資本比率	4.5%	5.5%	6.0%				6.0%
最低総自己資本比率	8.0%						8.0%
最低総自己資本＋資本保全バッファー比率	8.0%			8.625%	9.25%	9.875%	10.5%
非中核的Tier 1およびTier2資本に非適格となる資本性商品	2013 年開始で10年間で段階的に廃止						
流動性比率 (LCR)－最低比率			60%	70%	80%	90%	100%
安定調達比率 (NSFR)						最低比率基準導入	

（出所）国際決済銀行

図 3.4　バーゼル III 導入の段階的適用（2013 年）

国の金融システムの安定性が悪影響を受けるような状況ではもはやなくなったことを，国民に納得させようとしたものである．

同法はそれ自体が 848 ページと，グラス・スティーガル法の 20 倍のサイズである．しかもこれは単なる出発点にすぎない．ドッド・フランク法は，様々な米国の規制官庁が制定した 400 近くの追加的な細則を要求している．これは込み入った複雑な仕事である．同法は，大恐慌後の 1930 年代以来もっとも野心的で遠大な金融規制の見直しであると，広く評されている．したがって，ドッド・フランク法の導入にはかなりの時間がかかることは明らかである．

ドッド・フランク法は，米国に固有のものであり，世界中でこれに匹敵するものはない．欧州では，新しい銀行規制がドッド・フランクの提案と同じ目的の規則を適用するかもしれない．ただし，それらは詳細部や構造において異なるものとなるであろう．例として，預金保護のために，リスクの高い銀行業務をリングフェンス (ring-fence) するための英国の提案がある．

ドッド・フランク法は，幅広い様々な問題を処理しようと試みている．規制当局の権限，大きすぎて潰せない問題 (Too big to fail)，デリバティブの決済と透明性，消費者保護，自己勘定取引，格付機関，経営者報酬，コーポレートガバナンス，などである．ここでは，6 つの主要テーマに絞って論じる．

3.4.1 連銀の権限強化と介入制限

ドッド・フランク法は，システミックリスクを扱う 3 つの領域で連銀の監督権限と責任を強化している．

- 連銀の監督下におかれる会社の数を，すべての「システム上重要な金融機関」(SIFIs) にまで拡大した．すなわち，全世界における連結総資産 500 億ドル以上の銀行持株会社 (BHC)，貯蓄貸付持株会社，ノンバンク金融会社（シャドーバンク），そして財務省管轄の新しい組織である金融安定監視評議会 (FSOC: Financial Stability Oversight Council) により指定された金融市場ユーティリティが対象となる[†43]．
- 連銀の任務をマクロプルーデンスの監督にまで拡張した．同法は特定の健全性の要求を設定していないが，FSOC がより高次の健全性基準を勧告することができる領域，連銀がその実行を課さねばならない領域を定めている．この高次の基準には，高い所要自己資本，厳格なレバレッジと流動性の規制要求，リスク管理の要求，集中リミット，処理計画（いわゆる「リビングウィル（生前遺書）」），そしてストレステストが含まれる[†44]．
- 連銀には，銀行持株会社 (BHCs) から情報を取得し，健全性基準を課することが認められている[†45]．

しかしながら，同法はまた個別金融機関に対する緊急時の連銀による救済を禁止あるいは制限している．秩序だった SIFIs の破綻処理が実行される期間に，最後の貸し手を演じる連銀の能力を制限することは，新しい破綻処理メカニズムが

---

†43 金融安定監視評議会の役割は，「米国の金融安定性に対するリスクを特定することである．そのリスクは，相互連関性のある大規模銀行持株会社やノンバンク金融会社の重大な財政的困難や破綻，あるいは継続的な業務から生じる可能性があるもの，または金融サービス市場の外部から発生する可能性があるものである．」財務省内の FSOC に付属する補助的な組織である金融調査局 (OFS：Office of Financial Research) はデータと調査によって FSOC の業務を支える．この構成は，米国内における次の議論に対する回答である．すなわち主要な市場ショックの事態における安全な自己資本水準について，そしてバーゼル III のリスクウェイトによるアプローチに対する不満の高まり，そしてこれらとともに，金融機関のシステミックリスクを評価するにあたって市場データを使用する測度あるいは当局ストレステスト利用に対する選好の増大についての議論などである．

†44 ドッド・フランク法は独自の自己資本所有のガイドラインを提供する一方で，全般としては，同法の導入においては可能な限りバーゼル III と一致することを前提としている．しかしながら，同法がたとえどのような自己資本とレバレッジの基準に到達しようとも，最終的にはその独自基準を将来のバーゼル合意により提案される基準に照らしたフロアーとして要求することになる．

†45 1999 年に採択されたグラム・リーチ・ブライリー法 (GLB, GLBA：Gramm-Leach-Bliley Act) は，1933 年のグラス・スティーガル法に盛り込まれていた制限を大部分廃止にした．それは銀行持株会社が，金融サービス持株会社 (FSHCs：Financial Service Holding Companies) に転換することを可能にした．FSHC は，商業銀行，証券ブローカー・ディーリング業務，投資銀行，そして保険業務を 1 つの持株会社の傘下で結びつけることを可能とし，それによって米国でのユニバーサルバンキングを促進させるものであった．この規制緩和が 2007–2009 年の金融危機につながる信用リスクの積み上げに，意味のある形で影響していたかは明らかではない．なぜなら，証券化とローンのシンジケーションは，グラススティーガル法の下で既に米銀に許されていたからである．しかしながら，グラム・リーチ・ブライリー法は，いわゆる「連銀の軽量化 (Fed-lite)」を含んでいた．すなわち，連銀の検査，情報収集，そして銀行持株会社の子銀行とその他機能として規制を受ける子会社への健全性基準の義務付けの権限を限定する制限である．

実効的ではないのではないかという風評，ひどい場合にはメカニズムの崩壊をもたらす可能性もあろう．

結局ドッド・フランク法は，システミックリスクの制限により，危機回避をよりうまくできる形に連銀を配備する一方で，ひとたび危機が発生した場合には，ややもするとうまく対応ができない装備立てに連銀を放置している[†46]．

3.4.2　大きすぎて潰せない (Too Big to Fail) 問題の終焉

同法は，次の2点を通じた「大きすぎて潰せない」問題の終結を提案している．(1) 一定の環境下で金融会社や子会社を清算するための破産法や，その他の倒産関連法案を改定する「秩序だった清算権限 (OLA：Orderly Liquidation. Authority)」の創設，(2) 一定の金融機関へのストレステスト実施の要求，の2点である．

破綻処理計画 (Resolution Plan)

ドッド・フランク法の下では，倒産は，大規模金融機関が破綻した場合により優先される処理のプロセスとされる．新しい清算権限 (OLA) を使って，財務省長官は，一定の条件に適合した金融会社の管財人にFDICを任命する権限を有している．

SIFIsによる年払い保険金により積立される「清算保険ファンド」の設立要求は，最終的には法令から除外された．代わりに，破綻金融機関の直接的な損失を上回る是正費用は，存続した金融機関，すなわちより良く経営管理され，リスクの少ない機関の負担となる．この負担が生じるのは，負担する金融機関に破綻した金融機関の影響が伝播するリスクに直面する蓋然性が高い時期となろう．その結果この枠組みは，システミックリスクを取って最下位競争を促すという，歪んだ効果を与える可能性がある．

SIFIsは，連銀とFDICに，破綻処理計画のためのコーポレートガバナンスの構造を特定した「リビングウィル（遺言書）」の提出を求められる．この「リビングウィル」は，当該機関が破綻した場合に，米国破産法制の下で，どのように早期に秩序だって解体されるかを論証するものである．SIFIsは，年次で，あるいは破綻処理計画に重大な影響を与える大きなイベントが発生した場合はそれ以上の頻度で，「リビングウィル」を見直して提出することが予定されている．

[†46] 例を挙げると，クリアリングハウスが危機に瀕したときの連銀による緊急流動性補完を制限することは，悲惨な結果となるかもしれない．秩序だった清算には，数カ月ではなくとも数週間はかかるからである．このような事態における自然な対応は，一時的な連邦補助の提供が実施され，クリアリングハウスの参加者に損失を被ることを要求し，参加者からの資本拠出を通じた民間での資本増強を促すことになろう．

ストレステスト

ドッド・フランク法は，連結総資産100億ドル以上の銀行に，年次のストレステスト実施を要求している．銀行はテスト結果をFDICと連銀に報告し，そのサマリーを公表しなければならない．

ここでのストレステストの目的は，銀行持株会社(BHCs)に，頑健でフォワードルッキングな資本計画および資金繰り計画を立案し維持することを要求するものである．2007–2009年金融危機以後において，規制当局と市場参加者は，経済および金融市場のストレス期間に，大規模金融機関が業務を継続するに十分な資本と流動資産を保有していることを確かめることが必要となっている（詳細は第16章）．

3.4.3 デリバティブ市場

ドッド・フランク法はまた，市場参加者がカウンターパーティーリスクをうまく取り扱えることを目的として，デリバティブ市場の規制と透明性の徹底的な見直しを提案している[†47，†48]．特に，同法は以下の項目の提案を行っている．すなわち，金利スワップやクレジットデフォルトスワップのような標準的なデリバティブの中央清算；依然として店頭（すなわち中央清算のプラットフォームの外側）において取引されている複雑なデリバティブについての規制；価格，取引量，およびエクスポージャー（これら情報は規制当局と，集計された形で公衆にも供される）についてのデリバティブ取引の透明性の増加[†49]；そして「ノンバニラ（より複雑な取引）」ポジションの資本の厚い子会社への分別，である．なお，すべての項目について商用のヘッジに使うデリバティブについては対象外である．

これらの新しい規制要求に関しては，連銀，SEC，CFTCなどの関連する当規制当局が導入の詳細を固めるまでは多くの不確実性が残っている．

3.4.4 ボルカールール

ドッド・フランク法は，銀行の複雑性を減らし，破綻した銀行の解体を容易ならしめることを意図している．同法は，ボルカールールを通じて，グラス・スティー

[†47] 欧州委員会は現在同様の方向性で動いている．欧州市場インフラ規則(EMIR：European Market Infrastructure Regulation)がそれである．

[†48] 十分に標準化されて流動性があるデリバティブ取引に対する中央清算機関(CCP)の利用義務付けは，OTCデリバティブにおけるカウンターパーティーの消滅や取引の再構築リスクから生じるシステミックリスクを，消滅させることはないが実質的に引き下げることを可能にした．デリバティブ取引の清算を中央清算機関で行う銀行は，2つのタイプのリスクにさらされることになる．すなわち，取引自体に関連するリスク（CCPへの証拠金と担保預入）および「デフォルトファンド」，すなわちデフォルトから生じる損失の相互補完として機能するファンド，に関連するリスクである．バーゼル委員会はCCPのエクスポージャーの2%に資本賦課を行うことを決定した．

[†49] 欧州では，欧州委員会(European Commission)が，金融商品市場指令(MiFID：The Market in Financial Instrument Directive)による改革の中で，公共的透明性の要求を扱う予定である．

ガル法を限定的な形で復権させている．このルールは，銀行持株会社 (BHC) が，自己勘定取引，ならびにヘッジファンドやプライベート・エクイティへの大規模な投資（あるいはこれらのチャネルを通じた規制回避の投資）を禁止している[†50]．

ボルカールールは当初 2012 年 7 月 21 日に発効される予定であった．規制当局が最終ルールを固めるのに予想以上に時間がかかっていることで，数回にわたって延期された．最終的には 2014 年 4 月 1 日から施行されている．（訳注：ただし，（銀行等による）遵守の期限は，2015 年 7 月 21 日となっている）[†51]．ボルカールールは市場流動性への潜在的な影響があることで非難されている．発行者は年々の借り入れコストが増加し，投資家は取引コストの増加と社債のイールド上昇から保有ポートフォリオの価値下落を経験することになる可能性がある[†52]．

3.4.5　消費者保護

ドッド・フランク法は，銀行やノンバンクによって提供される消費者向け金融サービスや商品を統制するルールを起案する金融消費者保護局 (BCFP：Bureau of Consumer Financial Protection) を創設した．BCFP は一般には CFPB(Consumer Financial Protection Bureau) とも称される．BCFP の任務は，消費者が不動産担保貸付，クレジットカードやその他金融商品を利用する際にそれぞれについて必要な明快で正確な情報が得られることを確実にし，そして隠れた手数料，権利濫用的な条件，詐欺的な慣習などから消費者を保護することである．

3.4.6　その他の主な問題

加えて，ドッド・フランク法は，以下を導入している．不動産担保貸付の慣習に関する見直し，ヘッジファンドの情報公開，格付機関の利益相反の解決，証券化を実施する金融機関に裏付け資産の 5% の利益を保持する要求，マネーマーケッ

[†50] 英国のヴィッカーズレポート (Vickers Report：Independent Commission on Banking, Final Report, Recommendations, http://bankingcommission.independent.gov.uk, September 2011) とは反対に，2019 年に導入されるボルカールールを含むドッド・フランク法は，リテール業務と投資銀行業務の分離を推奨していない．同法は，BHCs によるヘッジファンドやプライベート・エクイティへの自己勘定トレーディング投資を僅少な投資のみに制限し，これらへの救済投資（ベイルアウト）を禁止している．

[†51] ボルカールールの適用除外となる金融商品は，貸付金，スポットのコモディティ，スポット為替，米政府および政府機関の債務，レポとリバースレポ，真正の流動性管理取引である．ボルカールールの下で許容される取引は，証券および引受業務，「真正の」マーケットメイキング業務，そして米国債でのヘッジやトレーディングである．外国債の取引は許容されていない．日本，カナダ，そして英国などの外国政府は，米国債以外の取引禁止が政府債市場間の不公平な競争条件を作り出し，米国以外の政府の借り入れコストを上昇させ，市場の流動性に劇的な影響を与え市場変動を大きくするとの反対意見を提出済みである．（訳注：これを受けて，共通規則では，外国銀行等の米国子会社等 (Affiliates of foreign banking entities in the United States) と，米国銀行等の外国子会社等 (Foreign affiliates of a U.S. banking entity) を対象に，一定の要件の下に，外国政府機関債等の自己勘定取引を認める適用除外規定を設けることとしている．）

[†52] オリバー・ワイマン（Oliver Wyman：米国の経営コンサルティング会社）は，流動性の 5% の減少が，社債イールドの平均 16bp の上昇になるとのレポートを作成している．

トファンド (MMF) のリスクコントロール，株主による「報酬への意思表明 (say on pay)」[†53]，そしてガバナンスについてである．また，ドッド・フランク法は，金融機関に，所要自己資本を算定する際にオフバランスシート取引を含めることを求めている[†54]．ドッド・フランク法は米国での外国銀行の営業活動に影響を与える可能性がある．当該金融機関が米国での活動を米国中間持株会社 (IHC) の範囲に行わなければならない可能性があるからである．この構造における自己資本と流動性への規制要求は銀行持株会社 (BHC) に対するものと同様であり，外国銀行本体の財務健全性は考慮されない．

3.4.7　ドッド・フランク法まとめ

ドッド・フランク法は，金融規制ルール上で外部信用格付の使用を禁じているために，バーゼル 2.5 の米国内への適用に 1 つの問題が生じている．ここでの最大の問題は，大部分が外部格付ベースとなっている，負債，証券化，再証券化のリスクウェイト算定における標準的手法である．

米国版のバーゼル 2.5 は負債，証券化，再証券化ポジションに対する高いリスクウェイト賦課を含んでいないので，欧米間での潜在的な規制アービトラージについての懸念が広がりつつある．この食い違いの結果から，米銀は，欧州銀から証券化されたクレジット商品のポートフォリオを容易に手に入れ始めていることは明らかである．

より根本的な問題は，ドッド・フランク法は解決すると設定した主要な問題を完全には処理していないことである．これは「大きくて潰せない」そして「システム上重要で潰せない」金融機関が，当該機関が危機に瀕したときに第三者に押しつけたコストを，現状では支払っていないということである．おそらく，ドッド・フランク法の最大の欠点は，シャドーバンキングの取扱いと，システマティックな方法でそれを規制の傘の下に取り込むための明確で一貫性のある方針がないことである．シャドーバンキングシステムの不安定性の多くは，長期の投資を支えるのに短期の調達（例えばレポ市場）を利用していることから派生している[†55]．

[†53] 提案された変革の 1 つは，報酬の遅配や回収，すなわちボーナスと対となる報酬の返還を併用することで，経営者をダウンサイドリスクにさらす必要があるというものである．

[†54] 「オフバランスシート取引」という用語は，バランスシート上にはないが，将来の何らかの事象が発生した場合にバランスシート上に移動する可能性のある現存の債務という意味であるとドッド・フランク法で定義されている．定義では明示的に，スタンドバイ信用状，レポ，金利スワップ，クレジットスワップ等を含めている．

[†55] シャドーバンキングシステムは以下によって構成されている：マネー・マーケット・ファンド (MMF) が無担保短期預金を集め金融機関に資金供給する．これは 1933 年の銀行法が禁止しようとした伝統的な銀行の脆弱な満期ミスマッチ構造を実質的に再び導入するものである．投資銀行が商業銀行の多くの機能を果たし，またその逆もある．そしてデリバティブや証券化の市場の範囲では，通常は流動性のない貸付に対して大量の流動性が供給され，規制された銀行の影として規制なし（あってもほとんどなし）で業務が行われる．結果として，不透明で高いレバレッジをもつ並列する「影の」銀行セクターが存在している．これらの機関は，銀行のように見え，銀行のように行動し，銀行のように借入や貸付を行うが，しかし決して銀行のようには規制されない．

しかしながら，ドッド・フランク法の中では，規制目的のためにどのように銀行を定義するのか（すなわち，なにが銀行でなにが銀行でないのか），あるいはシャドーバンキングシステムをそのように脆弱にする満期ミスマッチをどのように扱うのかについての，真剣な考察がなされていない．

3.5　欧州銀行法

欧州諸国は，ユニバーサルバンクを解体するかどうかを依然として議論している．英国ではヴィッカーズレポート (Vickers Report) が，リテール業務と投資銀行業務との明確な分離を求めており，2019 年に導入されることになっている．大陸欧州では，リーカネン (Erkki Liikanen) を議長とする 2012 年の欧州連合の銀行セクターの構造改革のための上級専門家グループ (High-Level Expert Group) が，自己勘定取引と他の重要なトレーディング業務の分離，および付保預金を集める業務から切り離した別法人で自己勘定取引業務を行うことを提言している．新設の独立法人は，自己資本と資金調達手段を保有し，独立して規制基準の制約を受けることになろう．

リーカネンの分離に関する提言は，その目指すところにおいて英国や米国のリングフェンス提言と同様のものである．英国のヴィッカーズの提言は，リスクのあるホールセール業務から預金およびその他の業務を分離させるリテールリングフェンスの創設である．米国のボルカールールは，自己勘定取引の制限を課している．しかしながら，次のように問うことは合理的であろう．この分離の提言によって何の問題が解決されるのだろうか．今回の危機の初期にデフォルトしたりあるいは救済が必要であったりした銀行は，業務特化型の銀行であり，ユニバーサルバンクではなかった．ノーザンロックは不動産担保金融の銀行であり，リーマン・ブラザーズ，ベア・スターンズ，そしてメリルリンチは投資銀行であった．一方で，ユニバーサルバンクが困難におそわれたときには，自己勘定取引への傾倒と同様に，貸出やその他の「伝統的な」銀行業務での問題が多くみられた．もし分離やリングフェンスが解決法のすべてであるとしたならば，それは単に部分

FSB によれば，シャドーバンキングシステムのサイズは 2002 年の 260 億米ドルから 2011 年には 670 億米ドルの規模となっている．その間，英国と欧州地域のシェアは 40～46 パーセントへ増加し，米国のシェアは 44～35 パーセントへと減少した．シャドーバンキングシステムは，規制銀行システムの資産額のほぼ半分の規模を有している．

ドッド・フランク法は，リーマン・ブラザーズ破綻時に見られたような，すべてのマネー・マーケット・ファンドの運営の取扱いについての問題を完全に解決したわけではない．ベア・スターンズにより運営されたレポは前回危機のもっとも顕著な失敗のメカニズムの 1 つであるが，レポ市場も同法におけるもう 1 つの手ぬかりである．(Viral V. Acharya, Thomas F. Cooley, Matthew P. Richardson, and Ingo Walter, *Regulating Wall Street*, Wiley, 2011, ch. 10, 11.)

また，同法は最悪の行動をしたシャドーバンクに対して何の対処もしていない．ファニーメイとフレディーマックである．ファニーメイとフレディーマックは住宅市場膨張の中心にいて，2008 年の初秋には政府のコンサーベーターシップ（経営正常化に向けて管理下に置く枠組）に入らねばならなかった．両社は財務省からの資本注入ですでに 1,500 億ドルを米国の納税者に負担させ，あと少なくとも 500 億ドル，場合によっては 2,500 億ドルにまで至る可能性がある．

的な解決策にしかならないであろう．

欧州は，リングフェンスやそれがないこと以上に大きな問題をかかえている．大陸全体が国別の金融システムに分裂していることにより，銀行システムリスクがソブリンリスクと一体になっていることを投資家に意識させてしまった．結果として，各国の国債利回りは危機後数年間の信用低下局面で，大きなばらつきを見せた．2010 年の初めに，すべての欧州国債利回りは，ドイツ国債市場に接近するように調整されたが，2013 年の初めまでには，ドイツ 10 年国債の利回りは 1.2% 前後，一方でギリシャ国債は 6% 近くであった．

この点は重要である．なぜなら高リスク国の健全な銀行が高いスプレッドによって罰せられるからである．高スプレッドは，カントリースプレッドによって動かされ，銀行が顧客（たとえば事業会社）により高い金利を要求することを余儀なくし，投資がぜひとも必要な国への投資を減少させる．

ソブリンリスクと銀行システムリスクのつながりを断ち切るために，欧州連合は次の 3 本の柱からなるバンキング・ユニオンを提案することを 2012 年に決定した．

- 欧州地域の全銀行（約 6,000 機関）に対する単一の監督当局
- 単一の預金保険機構
- 銀行破綻を，専用基金を使って秩序立った方法で行う破綻処理メカニズム

また，このようなバンキング・ユニオンは，設置された時点において，本質的には銀行システムを通じて流れる金融政策の実体経済への伝達機能を促進することも期待されている．

3.6　結論：バーゼル III が良いものならば，それは十分に良いものなのだろうか

バーゼル III は，金融システムが十分に強靭ではないことを示した米国サブプライム危機と欧州ソブリン債務危機に対する答えである．金融機関の資本の量と質はあまりに低位で，複雑な証券化商品に付随するリスクは十分には計測されず，流動性リスクは正しく考慮されず，そしてリスクのコントロールは多くの金融機関で脆弱であった．

これらの脆弱性は，危機の結末に至る速度を早めるとともにより悪化するのを助長し，世界経済とりわけ欧州における短期，長期の資金調達に強烈な負の影響をもたらした．多くの銀行が政府の多額の負担による救済によって生きながらえているが．しかし，ポルトガル，アイルランド，ギリシャ，スペイン (PIGS) に代表される多くの国では，これ以上の政府による救済 (bail out) を行う余裕がなくなっている．

バーゼル III の目的は，下記の項目を課すことにより，将来においてこのような事態が再発することを防ぐことである．

- 量的，質的により高い損失吸収のための自己資本
- 市場リスク全般，証券化商品，カウンターパーティー信用リスク，そして流動性リスクのような一定のリスクに対するより良い防御
- 経済および金融市場における景気循環のより良い取扱い
- 金融機関におけるより良いリスクガバナンス

新しい規制の枠組みはコストがかかりすぎるとの批判がある．バーゼル III を G20 諸国に導入するコストは 1.3 兆ドルと IIF により推計されている．前回危機の損失と比較すると，IMF による 2009 年の推計では前回危機の損失は 4 兆ドルとなっている．同様に，バーゼル III はあまりに複雑であり，普通株をリスクウェイトなしの資産で除した単純なレバレッジ比率で置き換えられるべきであるとの議論もある†56．

しかし，バーゼル III が銀行の自己資本十分性に関連する規制をどれほど強化したかについては，過小評価をすべきではない．新しい規制枠組みの基本的な特徴は，所要自己資本の水準を大きく引き上げたことである．すべての銀行は，従前はリスクアセットのわずか 2% であった普通株式資本の保有を，今後は少なくとも 7% としなければならない．信用拡張の時期において，銀行は潜在的に 2.5% の追加的な普通株の保有，すなわち総額で 9.5% の保有が必要となる可能性がある．最後に，システム上重要な銀行の最上位ランクになると，さらに普通株を最大 2.5% まで追加的に保有しなければならない．合計で 12% であり，当該金融機関の保有額は危機前の水準に比べると 6 倍に増加することになる．

もう 1 つの重要な進展は，リスクベースでの要求を補完するものとしてノンリスクベースのレバレッジ比率の導入が進められていることである．リスクベースではないレバレッジ比率それ自体が，安全資産を投げ出すことにより資産ポートフォリオのリスクを増大させる，所要自己資本を増加させる．リスク減少目的のヘッジ戦略を見送らせる，そして銀行を偶発的なリスクにさらすことになるオフバランスシート取引やその他の洗練されたストラクチャーものに取り組む，などのインセンティブを作り出す．しかしながら，リスクベースの所要自己資本と併用することで，レバレッジ比率は，リスクベースでの制度のバックアップを提供し，リスクベースの規制要求の裏をかく試みをある程度防御することで，銀行システムにおける過度なレバレッジを防止する一助となろう．

---

†56 Andrew G. Haldane, “The Dog and the Frisbee”, Bank of England. Speech given at the Federal Reserve Bank of Kansas City’s 36th economic symposium, “The Changing Policy Landscape”, Jackson Hole, Wyoming, August 2012. Haldane は，規制システムの複雑さが 2007–2009 年の金融危機において，その役割を果たさなかったと論じている．Haldane は洗練されたモデルよりもより役に立つかもしれない経験的な単純な方法の利用を提唱している．

規制の複雑さは，規制当局と銀行の間に生じた，リスク感応度に対する欲求をめぐる副産物である．いまだに，複雑な規制の効率性についての疑問の声が上がる．ある者は，銀行システムにおける，より多くの資本とより少ない負債を要求する．そして，その議論は強力である．さらなる資本要求，例えば 50% 以上の追加資本は，高レバレッジでありかつ政策援助を受けた大きくて潰せない銀行に過大なリスクを取らせないためにある何千ページものドッド・フランク規制や規制当局の集団よりも，はるかに実効的であろう．

仮にこの議論が優勢になれば，1 つの神話が葬られなければならない．すなわち，資本の追加的要求は貸出に利用可能なファンドを減らさないのである．資本は，資金留保と同じではない．むしろ，資本を資金の利用ではなく，資金の源泉として考えるべきである．より多くの資本を調達することは，銀行にローンを実行するための追加的な資金調達を要求しない．なぜなら，銀行が株式を 1 ドル発行するごとに，資金借入を 1 ドル減らすことができるからである．また，資本は負債に比べて本源的に高価なものではない．銀行は株主に高いリターンを約束する．それは銀行株が現状においてリスクが高いからである．仮に銀行がより多くの株式を発行すれば，銀行株はより低リスクになり，資本コストも低下するであろう．債券並みのリスクの株式には，債券並みのリターンを支払えば十分である[†57]．

「追加的な資本賦課」対「より複雑な規制」の議論は来る数年の間に過熱しそうである．

[†57] Anat Adamati and Martin Hellwig, *The Bankers' New Clothes*, Princeton University Press, 2013.（訳注：邦訳：アナト アドマティ，マルティン ヘルビッヒ，土方 奈美（訳）「銀行は裸の王様である」，東洋経済新報社 2014 年）．著者たちはまた，銀行負債は高い政策補助を受けているので，レバレッジは経営者と株主への政策補助の価値を増大させると主張している．株式が銀行にとって高価なのは，単に政府から受けている政策補助が希薄化されるためである．これが，銀行株式の増加が，偶発的な危機に対するコストを取り除くことはもちろんのこと，納税者と経済にとって安価になる理由である．

第3章　付録3A
バーゼルI

バーゼル I とも呼ばれる 1988 年バーゼル合意は，世界の銀行システムに対して最低所要自己資本の国際的なガイドラインを定めたものである．その主要な改革は，各行の所要自己資本を銀行の特定の信用エクスポージャーと紐づける単純な仕組みを使ったものである．そのために，規制当局は銀行のエクスポージャーを OECD 国の金融機関，非 OECD 国の金融機関，一般事業会社のように同種の債務者タイプ別にグルーピングすることで，大括りの階層に区分した．そして，それぞれの債務者タイプごとに特定の所要自己資本額が紐づけられた．

3A.1　1988 年合意が銀行に要求したものは何か

1988 年合意は，1988 年 7 月に公布された「自己資本の測定と基準に関する国際的統一化 (International Convergence of Capital Measurement and Capital Standards)」と呼ばれる文書に規定されている．許容される資本十分性の要件として 2 つの最低基準が定められている．すなわち，資産／資本倍率とリスクを基にした自己資本比率である．

資産／資本倍率は，銀行の資本十分性の包括的な測度である．2 つ目のそしてより重要な測度は，特定のオン，オフのバランスシートのカテゴリーに付随する信用リスクに焦点を当てたものである．クック・レシオ (Cooke ratio) として知られるその測度は，リスク加重されたオンバランス資産およびオフバランスエクスポージャーに対する資本の比率として定義される支払能力比率 (solvency ratio) の形をとっている（リスクウェイトは前述したような大括りのカウンターパーティーの信用リスクごとの区分に割り当てられている）．

以下では，いくつかの修正を経て現在適用されている，1988 年合意の主な特徴について概観する．

3A.1.1　資産／資本倍率

資産／資本倍率は，特定のオフバランス項目を含む銀行の資産合計を資本合計で割ったものである．本検証におけるオフバランス項目には，直接の信用補完（信用状，保証），取引関連の偶発債権，トレーディング関連の偶発債権，買戻し条件付売却が含まれる．これら項目のすべては，名目元本の額で合算される．

バーゼルIにおいて許容される最大倍率は20となっている．巨額のオフバランスシート事業を営む銀行にとっては，この倍率が最低所要自己資本のトリガーとなるかもしれないが，一般的には資産／資本倍率が銀行の営業活動の制約条件となることはないであろう．

3A.1.2　クック・レシオ算定のためのリスクアセット額

2つ目のより重要な測度は，クック・レシオとして知られる[†1]．この比率はリスク加重されたオンバランス資産およびオフバランスエクスポージャーに対する自己資本の比率として定義される，支払能力比率 (solvency ratio) の形をとっている．ここで，リスクウェイトは信用リスクを基準に割り当てられている．

クック・レシオは，様々な種類の資産をリスク加重された形で（例えば，事業法人向け貸出は100%，無担保住宅モーゲージは50%）算定し，合計額の一定比率（バーゼルIでは8%以上）を乗じた額を，デフォルト発生に備えた資本として確保しておくことを銀行に要求する．

リスクアセットを決定するにあたっては，オンバランスおよび特定のオフバランス項目の両者を考慮する必要がある．オンバランス項目のリスクウェイトは，現金，1年未満のリボルビング信用枠供与，OECD政府の国債に対する0%から，事業法人の社債などに対する100%までの幅がある．オフバランス項目は，まず信用相当額を確定して，それにカウンターパーティーに応じたリスク加重をかける．リスクアセット額は，2つの構成要素，すなわちオンバランス項目の資産をリスク加重したものと，オフバランス項目の信用相当額をリスク加重したものとの合計額となる．

表3A.1は資産区分ごとのリスクウェイト (WA) の全リストを，表3A.2はカウンターパーティータイプ別の信用相当額に適用するリスクウェイト (WCE) を示している．

表3A.1と表3A.2には明らかな不整合がある．事業法人向け貸出資産のオフバランスシートのリスクウェイトが，オンバランスのリスクウェイトの半分になっている．1988年合意では，この不整合が許容される理由として，事業法人の中でも高い信用力をもった企業のみがオフバランス商品市場に参加できることを挙げている．しかし，現在においてはその前提は急速に時代遅れなものとなっている．

オフバランスエクスポージャーの信用相当額の算定

デリバティブ以外のオフバランスエクスポージャーについては，変換ファクター

[†1] バンク・オブ・イングランドのW. P. Cookeの名を冠している．彼が議長を務めたクーク委員会は，現在のバーゼル委員会の前身である．

表 3A.1　オンバランス資産カテゴリーごとのリスクウェイト

リスクウェイト（%）	資産カテゴリー
0	現金および金，財務省証券のような OECD 政府発行の債券，保証された住宅モーゲージ．
20	OECD の中央銀行および OECD の公的機関に対する請求権．例えば，合衆国政府機関発行の証券，地方自治体が発行する証券．
50	保証された住宅モーゲージ．
100	その他のあらゆる請求権．例えば，社債，発展途上国の国債，非 OECD 銀行に対する請求権，株式，不動産，建物，工場，設備

表 3A.2　オフバランス項目に適用されるカウンターパーティーのタイプごとのリスクウェイト

リスクウェイト（%）	カウンターパーティーのタイプ
0	OECD 加盟の政府
20	OECD 加盟国の銀行および公的機関
50	企業およびその他のカウンターパーティー

が適用される．名目あるいは額面価格が，想定される正しい信用リスクエクスポージャーを表していることはまれだからである．変換ファクターの値は，対象となる商品の特性に応じて，監督当局により 0〜100% の間で設定されている（表 3A.3）．変換された信用相当額は，オンバランスシート商品とまったく同様に取り扱われる．

また 1988 年合意では，長期にわたる金融デリバティブの信用リスクエクスポージャー額が変動することも認識されている．本合意におけるエクスポージャーの計測方法は，現在の市場価値を，将来のリスクエクスポージャーの単純な見込み額により補完する形を取っている．

本合意の下でのデリバティブのリスクアセット額の計算は，図 3A.1 のように 2 つのステップからなる．第 1 のステップは，信用相当額の算定である．現在の再構築コスト（負の場合はゼロ）の合計額に，将来の再構築コストの見込み相当額を付加することで信用相当額が算定される．デリバティブの現在の再構築コストは，現在の市場価格すなわち解約価格である．（当該価値が負である場合には，契約の再構築コストはゼロであり，金融機関はデフォルトリスクにさらされていないことになる．）

将来コストの付加額は，取引の名目価額を合意により定められたアドオンファクターで乗数倍することで算定される．

表 3A.3　デリバディブ以外のオフバランスシートエクスポージャーに関するクレジット変換ファクター

変換ファクター(%)	オフバランスシートエクスポージャー・ファクター
100	直接的な信用供与代替取引,銀行引受手形,スタンドバイ信用状,現先取引の売り,資産の先渡し購入.
50	パフォーマンスボンド(保証証券),NIF (Note Issuance Facilities) および RUF (Revolving Underwriting Facilities).
20	短期かつ流動性の高い貿易関連偶発債務,例えば信用状.
0	原契約期間が 1 年もしくは 1 年未満のコミットメント.

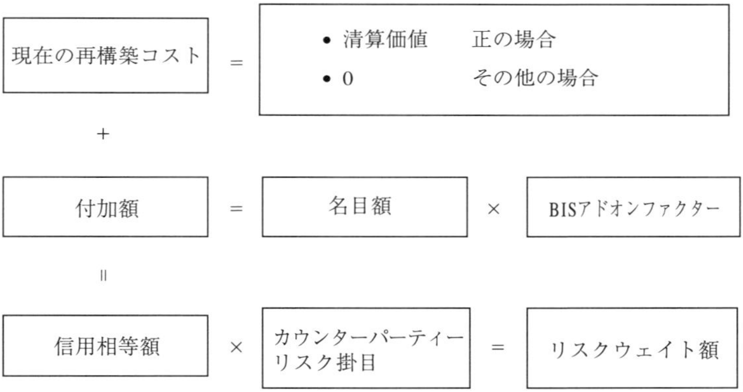

図 3A.1　デリバディブの BIS リスクウェイト額算定

自己資本とクック・レシオ

銀行は，前節のような方法で算定されたリスクアセット総額に対し，最低 8% に相当する自己資本を維持するよう求められる．クック・レシオによる自己資本の定義は，株主資本 (equity capital) よりも広い範囲であり，2 つの構成要素から成っている．

Tier1 すなわち基本的項目は，普通株式，非累積配当型優先株式，連結子会社の少数株主持分から，のれん代およびその他の控除項目を差し引いたものである．

Tier2 すなわち補完的項目は，累積配当型優先株式や永久（99 年）劣後債券などのハイブリッド資本を含んでいる．これらの金融商品は本質的にその性質が永久であり，エクイティとデットの両方の性質を併せ持っている．一方で Tier2 資本には，当初平均マチュリティが 5 年以下の劣後債券のような，より期限の限られた金融商品も含まれる．

合意では，信用リスクに対する銀行の備えとして，Tier1 と Tier2 合計からなる資本を，リスクアセットの少なくとも 8% 以上準備することが要求された．また資本額のうち，少なくとも 50% は Tier1 により構成されていなければならない．

実際には，銀行の資本水準は規制対象となる最低要求水準を上回る傾向にある．銀行が当局により要求される最低水準以上の資本を確保する理由は様々であるが，調査によると最大の理由は，銀行が図らずも規制ルールを逸脱してしまう事態を避けるためのバッファー確保であるとされている．その他の有力な理由としては，業界の横並び意識，市場からの資金調達コスト低減を目的とした，銀行自身の信用格付ならびに信用状態の維持が挙げられる．ただし，格付機関は銀行の資本十分性の評価に関して独自の視点をもっており，規制上の最低所要自己資本水準が必ずしも評価と直結するわけではない．もっとも，これは最低所要自己資本が重要でないことを意味するものではない．最低所要自己資本は，銀行の自己資本水準を決定づけるものではないが，非常に重要な決定要素の 1 つであることに変わりはない．

当初のバーゼル合意に対して 1996 年修正合意（現在はバーゼル 2.5 にとって代わられている；付録 3.D 参照）の下では，トレーディング勘定の市場リスクをカバーするために Tier3 の資本を使用することが認められた（ただし，銀行勘定の信用リスクに対しては認められない）．準補完的項目である Tier 3 は，当初満期が 2 年以下の短期の劣後債務であり，無担保で全額払込済みでなければならない．また，発行者が期限前償還を受けつけない，そして満期時でも発行者の自己資本比率が 8% を下回る場合には償還されないというロックイン条項が条件となっている．

3A.2　バーゼル I の重大な弱点は何か

最初の 1988 年合意に基づくルールは，主に 5 つの理由から欠陥があると一般に認識されている．

第 1 に，本合意のルールでは，リスクウェイトが銀行アセット間のリスクに対して適切な差異をつけておらず，ある種無意味なものとなっている．例えば，事業法人に対する貸出は，その信用力にかかわらず一律 OECD 諸国の銀行向けの 5 倍の信用リスクがあると仮定されている．この意味するところは，信用力の高い事業会社（例えば AA+ 格）向け貸出には，メキシコ (BBB) やトルコ (BBB−) の銀行向け貸出の 5 倍の規制資本準備が必要だということであり，同様にトルコやメキシコの政府向け貸出よりもかなりのリスクがある貸出であるとみなされることになる．これは明らかに適切ではない．

第 2 に，本合意のルールは，すべての事業法人に等しい信用リスク量を課している．例えば，AA 格の事業法人向け貸出は，B 格向け貸出と同等の資本量を要求される．これも明らかに不適切である．

第 3 に，1988 年合意では，マチュリティの効果が適切に取り込まれていない．例えば，1 年未満のリボルバーによる信用供与には，全く規制資本を要求しないのに対し，満期まで 366 日の短期のファシリティには，どのような長期のファシリティとも同じ資本を要求する（リボルバーは一定の期間内において，企業がいつでも貸出と返済ができるファシリティである）．銀行は短期のリボルバーを提供することで明らかにリスクをもつが，期間1年未満である限り，規制資本が一切かからない．この結果，多くの銀行は364日間の貸出をコミットするファシリティ契約を行い，その後このファシリティを次年度に向けて継続的にロールオーバーすることになった．これは規制逃れのために，銀行がどのように行動を変えるかについてのわかりやすい事例である．（このようなファシリティは，コミットメントがいったん終了しても，引出しの権利を債務者が数年にわたって所有しているが，バーゼルIのもとでは資本は一切要求されない．）

第4に，本合意はクレジットデリバティブの利用など，信用リスク削減手法活用に対するインセンティブを与えない．

第5に，本合意ではポートフォリオ効果のような複雑な効果は扱っていない．債務者，業種，地理的な位置による分散によって，大規模ポートフォリオの信用リスクは部分的には必ず削減されているのにもかかわらず，である．例えば，1億ドルを1社に融資しても，100万ドルずつ関連のない（独立の）100社に融資するポートフォリオを構築しても，銀行は同額の規制資本を賦課される．1社への1億ドルのローンが不良化することはあっても，完全に分散化された100社へのローンが全部同時に不良化することは，ほとんどありえない．

バーゼルIのもとでは，これらの欠点は実際のリスクに対する歪んだ評価を生み，誤った資本の配分をもたらすことになる．ここでの問題は，規制資本のルールが，銀行が考える一定のポジションを支えるのに必要なリスク資本の額（経済資本）から大きく乖離する場合には，銀行には「規制アービトラージ」を行おうとする強いインセンティブが働くということである．

規制アービトラージとは，実際に抱えるリスクに対して，より少ない規制資本賦課となるように，銀行が行動を修正しようとすることである．規制資本に関する脱税にも似た行為といえよう．銀行はしばしば金融工学を駆使した商品を使って，このアービトラージを行う．例えば，様々なタイプのCDOによる証券化やクレジットデリバティブの利用などである．

アービトラージのプロセスで，銀行は高格付部分のエクスポージャーを銀行勘定からトレーディング勘定へ，あるいは銀行システムの外部へと最終的に移転する．結果として高格付部分のエクスポージャーに対する規制上の資本は賦課されなくなるが，銀行のバランスシートに残った資産の質が低下することにより，実際のリスクは減少しないことを意味している．これは規制当局の狙いとは全く逆の結果である．

規制アービトラージの解消は，規制資本と経済資本を近づける調整によって，達成可能である．すなわち，規制資本が，銀行の取っている経済資本の量を真に反映しているとの信頼を得ることである．そうすることで，自分の都合の良いようにルールを歪曲しようとするインセンティブを，銀行はもたなくなるであろう．

しかしながら，真の経済リスクを捉えるルール作りは非常に難しい課題である．

たとえ1988年合意がリスクをより正確に測定していたと仮定しても，銀行業界の変化と技術革新により，それは現代の銀行にとっては，すでに不適切なものとなっているであろう．内部リスク管理プロセスの改善，より先進的なリスク計量手法の適用，証券化やクレジットデリバティブなどの信用リスク削減手法利用の増加は，過去20年の間に，銀行におけるエクスポージャーや活動のモニタリングおよび管理を大きく変化させてきた．

1988年合意におけるこれらの問題点は，大手銀行を中心とする議論を引き起こした．極端に単純化された1988年合意の基準に代わる，信用VaRを測定する信用ポートフォリオ内部モデルの開発を認めるべきであるとの議論である．これらの信用VaRモデルは，規制当局により承認され，銀行による銀行勘定の伝統的な貸出金に関する信用リスクをカバーする最低所要自己資本の算定に利用される可能性があった（第11章参照）．

しかしながら，バーゼルIIにおける新しい規制を検討する中で，近い将来における信用リスク内部モデルの利用を，規制当局は認めなかった．その代わりに当局は，ポートフォリオ信用モデルの洗練さを取り込んだ形で信用リスクを算定できる，より先進的な方法を考案した（付録3.B参照）．

第3章　付録3B
銀行の市場リスクの拡大と1996年市場リスク修正合意

3B.1　背景：銀行の市場リスクの急増

1988年合意が考案された当時，規制当局は主として銀行の直面する信用リスクに焦点を当て，市場リスクとその他のリスクについては考慮しなかった．結果的に，この規制によっては，たとえ80年代においてでさえ，銀行のリスクエクスポージャーに関する実際の姿を反映したとはいえなかった．

現代の銀行は，貸出およびそれに伴う信用リスクテイクといった範囲を大きく超えて業務を行っている．自己勘定あるいは顧客取引のために，あらゆるタイプの現物金融商品ならびに，スワップ，先物契約，オプションのようなデリバティブ商品のトレーディングを行っている．

この種の銀行のトレーディング業務は1980年代，1990年代を通じて指数的に拡大した．10年前には1兆ドルであった米銀のオフバランスシート資産と負債は，1996年合意が発布されるまでには37兆ドルとなったと，米国連邦準備銀行は推定している．最近のBIS公表数字によると，2011年11月時点で，全世界の銀行が所有するデリバティブのエクスポージャーは，想定元本ベースで708兆ドルにのぼっている．

ここ数10年にわたり，リスク管理商品の重要性が増大しているのは，多くの主要な金融市場においてボラティリティが増大していることに起因している．この状況が，銀行をリスク管理商品の利用者であると同時に供給者とならしめている．

この変化の一番の例は，外国為替市場である．ブレトンウッズ協定が調印された1944年以来，国際的な外国為替市場は人為的に固定されてきた．各国中央銀行は，為替維持のためにいつでも外国為替市場に介入した．為替レートはごく稀に，世界銀行と国際通貨基金(IMF)の認可があったときにのみ変更された．両機関は，通貨が減価している国に対して，将来の通貨安定のために，厳しい経済政策の適用を求めるのが常であった．

固定為替相場制度は，経済のグローバル化の結果として，1960年代後半には崩壊した．グローバル経済の影響には，国際貿易の急激な拡大および主要国経済における物価上昇圧力が含まれている．変動為替相場への移行は，日次（そして日中）の為替レート変動をもたらすことになった．これまでは目立たなかった価格変動が，外国通貨取引において表面化するにつれて，金融市場はこの「新しい」リスクを保証する特別なツールを，為替トレーダーに提供し始めた．

図 3B.1 は，ドイツマルクの米ドルに対する 1990 年代初頭までの変化率を示したものである[†1]．変動レベルの変化は，通貨市場が変動相場制に移行した 1970 年代初めに顕著となっている．図に示すように，この変化によって主要通貨の為替レートに基づく新しい金融契約手段の開発が促進された．当初は，様々な先物 (futures) および先渡し (forwards) 契約が中心であったが，まもなく外国為替オプションも導入された．1972 年には，シカゴ・マーカンタイル取引所 (CME) は，外国通貨の先物や先物オプションを専門に取引する国際通貨市場 (IMM) を創設した．1982 年には，シカゴ・オプション取引所とフィラデルフィア証券取引所が現物の為替オプションを導入した．銀行もこの流れに乗り，店頭取引による為替レートの先渡し契約やオプションを顧客向けに提供した．金利変動とそのデリバティブの進展は，1970 年代初頭に為替と同様の経路をたどった．金利については第 6 章で議論する．エクイティとコモディティ市場においても，銀行により積極的に開発されたデリバティブによる市場の支持が重要なものとなっている．これら新しいデリバティブ市場での活動の結果として，当然に銀行は変動の大きいデリバティブ商品のリスクにさらされることになり，これらのエクスポージャーに対して細心のリスク管理が求められることになった．

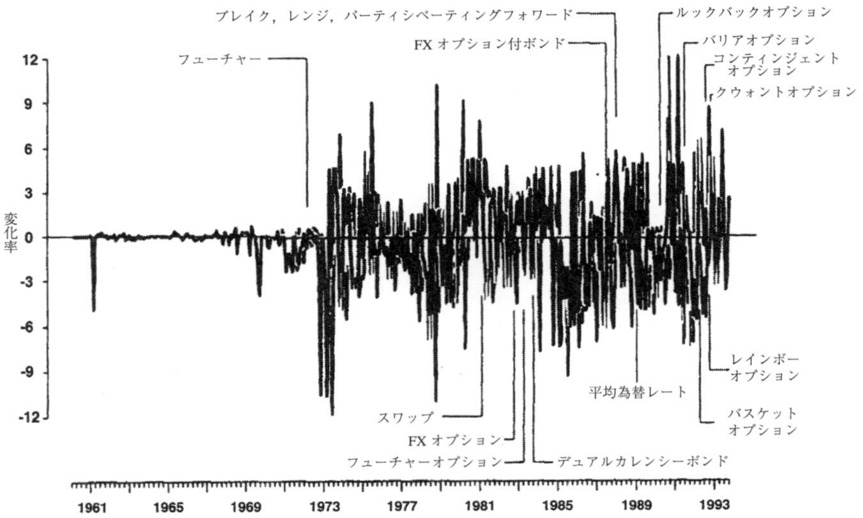

図 3B.1　ドイツマルク/米ドル為替レート月末値

[†1] 1999 年 1 月 1 日に通貨ユーロが発行され，欧州連合加盟の 27 カ国中 17 カ国からなる，ユーロゾーンの公式通貨となった．ユーロがドイツマルクやフランスフランのような以前の国家通貨に置き換えられた．

3B.2　グループオブサーティ (G-30) からの政策提言

バーゼル合意の 1996 年修正には，重要な先駆者がいた．グループオブサーティ (G-30) は，1993 年にデリバティブディーラーとエンドユーザー（同様に法律制定者，規制当局，監督当局）のための価格変動リスク管理のベストプラクティスを著したレポートを発表した．このレポートの一部は，世界中のディーラーとエンドユーザーにおける業界でのプラクティスの詳細なサーベイを基にしている．

G-30 は，デリバティブ業務管理のための実践的なガイドラインを提供することにより，当事者自身が価格変動リスク管理を評価するための重要なベンチマークを提供することに焦点を当てた．推奨手法がカバーする範囲は，健全な市場リスク管理方針（例えば，トレーディングの意思決定から独立した市場リスク管理機能の確立），信用リスク管理方針，実施方針，インフラストラクチャー方針，会計とディスクロージャー方針などである．これらの推奨手法は，近年における銀行リスク管理の枠組みの基礎としての役割を依然として果たしている．

3B.3　1996 年市場リスク修正合意

G30 のレポートによる推奨案は，銀行におけるデリバティブの市場リスク管理の定性的な基準を確立するのに役立った．一方で，銀行によるデリバティブや証券のトレーディング拡大は，当該リスクをカバーするために銀行に保有させる規制資本を，規制当局がどのように算定するべきかという問題と，明らかに密接な関係をもっていた．

1988 年合意に対する 1996 年修正合意（導入は 1998 年）は，銀行がトレーディング勘定で被る市場リスクに対するリスク換算の必要資本額を含む形へと当初合意を拡張したものである．1996 年修正合意の根本的な革新は，先進的な銀行については，トレーディング勘定の市場リスクにかかる規制資本の算定に自行の内部 VaR モデルを使用することを認めたことである．

デリバティブのような商品から発生するリスクは市場リスクだけではない．それらの商品は，信用リスクも有している．1996 年修正合意では，スワップやオプションなどのオフバランスのデリバティブには，市場リスクと元来の 1988 年合意で要求されている信用リスク両者への資本賦課が必要となる．

対照的に，トレーディング勘定のオンバランス資産には，市場リスクに対する資本賦課しかされない．すなわち，銀行が準備しなければならない資本額について，新ルールによる合算効果を減殺する特徴を有している．

また，内部モデルを適用する銀行は，かなりの必要資本の削減を実現できる可能性が高い．トレーディングの規模やその対象商品にもよるが，20〜50% の規模での削減が見込まれる．これは，内部モデルがポジション間の相関を現実的な形でモデリングすることにより，分散効果を取り入れた設計にできるからである．

市場リスクに対する資本十分性の要求に加えて，バーゼル委員会は集中リスクに対するリミットも設定した．資本の 10% を超えるリスクについての報告を義務づけ，25% を超えるポジションを取ることが禁止された．仮にこのルールが 1994 年に適用されていれば，ベアリングス銀行は，あのような莫大な先物ポジションを積み上げることを禁じられ，世界で最も有名なこの不正取引事件は回避されたであろう（倒産した 1995 年時点で，ベアリングス銀行の SIMEX（シンガポール国際金融取引所）と OSE（大阪証券取引所）でのエクスポージャーは同行の資本のそれぞれ 40% と 73% であった）．

3B.3.1　1996 年修正における定性的な要求項目

金融機関が，市場リスクに関する規制資本を評価するために，内部 VaR モデルの利用を可能とするには，健全なリスク管理のプラクティスを備えることが必須である．その大部分は，前述した G-30 による推奨案に沿ったものである．

特に，金融機関は強力なリスク管理部門を有していなければならない．リスク管理部門は，ビジネスユニットから独立してモニターを行い，その結果を直接経営に報告する必要がある．

第 7 章で詳細を述べるが，VaR モデルの導入は重要な試みである．規制目的からみて VaR モデル構築の重要な部分は，モデルにインプットするリスク要因の信頼性と正確性である．

- モデルの承認のためには，規定化された検証システムが必要である．そこにはモデルの修正，前提条件，キャリブレーションに対する検証を含む．
- モデルのパラメターは，トレーディングデスクから独立に推計されなければならない．ボラティリティやその他の主要パラメターをトレーダーが改ざんしようとする誘惑を断ち切るためである．

第3章　付録3C
バーゼルIIと信用リスクに対する最低所要自己資本

バーゼル II の枠組みは，バーゼル I で採用された広義の自己資本とリスクアセットの 8% の最低所要自己資本の両者を維持していた（ただし，これらの決定は 2007–2009 年の金融危機において損なわれ，バーゼル III において取り換えられた）．しかしながら，バーゼル II は最低所要自己資本に関して 2 つの大きな変更を加えた．

第 1 に，規制当局は，市場リスク（すなわち，1996 年修正合意の市場リスクとの結合）およびオペレーショナルリスクを含めるようにリスク計測を拡張した．

$$\frac{\text{自己資本}}{\text{信用リスク} + \text{市場リスク} + \text{オペレーションリスク}} = \text{自己資本比率（最低 8\%）} \tag{1}$$

ここでリスクアセットは市場，信用，オペレーショナルリスクにより規定されるリスクアセットの総額である．Tier2 資本は，Tier1 および Tier2 資本の合計額である規制資本総額の 50% を超えることはできない．

第 2 の主要変更点は，信用リスクの計算方法についての考慮である．バーゼル II は，信用リスク計算のための改良された標準的な手法（標準的手法と呼ばれる）を設定し，それと並んで，銀行自身の内部格付により信用リスクの最低所要自己資本を計算する 2 つのより進んだ内部格付手法 (IRB; Internal-Ratings-Based) を設定した．すなわち，基礎的内部格付手法と先進的内部格付手法である．

この 3 つの手法における期待損失および非期待損失の取扱いには重要な新機軸がある．標準的手法においては，バーゼル II は期待損失と非期待損失（定義は第 1 章を参照）の両者を信用リスク所要自己資本の算定に含めている（対照的に 1996 年市場リスク修正合意では，トレーディング勘定の市場リスクとして非期待損失のみを考慮している）[†1]．2 つの内部格付手法においては，一般貸倒引当金を Tier2 資本に含めるという上述の 1988 年合意の取扱いが取り下げられた．代わって，銀行は期待損失を適格引当金総額と比較する必要がある．期待損失が適格引当金よりも大きい場合，銀行は差額を資本より控除しなければならない．控除額の 50% は Tier1 資本から，残りの 50% は Tier2 資本から控除される．逆に，期待

[†1] 所要自己資本に期待損失を含めることの正当性は，貸倒引当金がすでに Tier2 資本として勘定され，信用損失に対して銀行を保護する建てつけになっていることにある．しかしながら，貸倒引当金はリスクアセットの 1.25% を上限として Tier2 資本として適格となるにすぎない．

損失が適格引当金よりも少ない場合，銀行は差額を信用リスクアセットの 0.6% を上限として Tier2 資本に換算することができる．

次に，標準的手法，基礎的内部格付手法，先進的内部格付手法による信用リスクに対する最低所要自己資本の算定の詳細を見よう．

3C.1　標準的手法

標準的手法は，概念的には 1988 年合意と同じである．ただし，よりリスク感応的な設計となっている．銀行はそれぞれの資産およびオフバランスシートポジションにリスクウェイトを割り当て，リスクアセットの合計額を算定する．

例えばリスクウェイト 50% の意味は，エクスポージャー価値総額のうち 50% をリスクアセットとして計上することである．そして，そのリスクアセットの 8% 相当が規制資本として賦課される．すなわち賦課資本額はエクスポージャーの 4%(= 8% × 50%) となる．

個別のリスクウェイトは，債務者のカテゴリー（ソブリン，銀行，事業法人）および外部格付機関による格付の両者によって定められる（表 3 C.1）．ソブリンに対する銀行のエクスポージャーについては，バーゼル委員会は外部信用機関の公表する信用スコアを適用している．

事業法人については，高格付企業（すなわち AAA から A^-）および格付 BB^- 未満の投資不適格企業を除いて，リスクウェイトが 100% となる点は，新規制においても変わりはない．高格付企業については 20〜50% の低いリスクウェイトが付与され，投資不適格企業には 150% のリスクウェイトが付与される．期間 1 年未満の短期のリボルバーについては，1988 年合意下の 0% に代わって 20% のリスクウェイトが賦課された．バーゼル II は，高格付企業への資本賦課を銀行や政府関連企業と同程度としている．

3C.1.1　標準的手法の弱点

1988 年合意における欠陥修正という観点からみて，標準的手法はどの程度の成功を収めたのか．我々の評価では，標準的手法において一定の改善はあったが，それでも 1988 年合意とほとんど同じ欠陥を有している．以下の理由で，銀行には依然として規制アービトラージを行う誘因が残っている．

- 信用リスクカテゴリー間で十分な差別化がなされていない．（無格付も含め）6 つのカテゴリー分けでは十分ではない．例えば，BBB 格が付与されている事業法人の投資適格債と BB 格が付与されている非投資適格債のリスクウェイトは同じ (100%) である．
- 無格付先のリスクウェイトが 100% である．これは BB^- 格未満の非投資適格債よりも低いリスクウェイトである．これは理にかなっているとはいえない．なぜなら，リスクの高い金融機関が，格付取得のために費用をかける誘因をなくしてしまうからである．無格付にしておく限り，高リスクの債権があたかも投資適格のように扱われてしまう．明らかに，無格付の企業には最も高いリスクウェイトが適用されるべきである．

- 標準的手法は，投資適格債に対して経済的な観点から必要とされる以上の資本を賦課している（例えばAA格に1.6%）．逆に，非適格債については不十分である（例えばB格で12%）．

例えば1981年から1999年における期間をみると，標準的手法の最初のカテゴリーであるAAAからAA^-格までの社債については，その格付が付与されている時点から1年以内にデフォルトが発生した事例は1件もない（後年には，少数の例外が発生）．それにもかかわらず，標準的手法は銀行が保有する当該資産に対して1.6%の資本を賦課している．

3C.2 内部格付手法

内部格付手法 (IRB) による所要自己資本の算定では，銀行は信用リスク特性の違いに応じて，銀行勘定のエクスポージャーを，少なくとも5つのアセットクラ

表 3C.1 標準的手法のリスクウェイト

請求権		信用格付 AAA～AA^-	A+～A^-	BBB+～BBB^-	BB+～BB^- (B^-)[a]	以下 BB^- (B^-)[a]	格付なし
ソブリン		0%	20%	50%	100%	150%	100%
銀行	オプション1[b]	20%	50%	100%	100%	150%	100%
	オプション2[c]	20%	50%	50%	100%	150%	50%
	短期請求権[d]	20%	20%	20%	50%	150%	20%
事業法人		20%	50%	100%	100%	150%	100%
証券化トランシュ[e]		20%	50%	100%	350%	資本控除	

[a] ソブリンと銀行の境界はB^-．事業法人および証券化エクスポージャーの境界はBB^-．
[b] リスクウェイトは銀行が所在するソブリンのリスクウェイト．特定の国に所在する銀行は，当該ソブリンの請求権に対するリスクウェイトより一段階下のカテゴリーのリスクウェイトが割り当てられる．ただしBB+からB^-格のソブリンに所在する銀行には100%のキャップがかかる．
[c] 銀行単体の格付によるリスクウェイト．
[d] オプション2の短期請求権は当初満期が3カ月以下の債権と定義される．
[e] 短期格付のリスクウェイトは，A^-1/P^-1で20%，A^-2/P^-2で50%，A^-3/P^-3で100%，その他の格付および格付なし先は資本控除．

スに分類しなければならない．5つのクラスとは，事業法人，銀行，ソブリン，リテール，エクイティである．この分類は，大まかには銀行実務と平仄が合っている．事業法人およびリテールのアセットクラスについては，別々に下位分類が定められている．証券化に関して，内部格付手法は特殊な取扱いを提示している．

例えば事業法人やリテール貸出のように，異なるタイプの貸出金エクスポージャーに対しては，そのタイプの違いに応じた特別の分析フレームワークを内部格付手法は提示している．ここでは事業法人への貸出金と債券に焦点を当ててみよう．

内部格付手法を適用する銀行については，自行の内部格付制度を使った信用リスク評価が認められる．ただし，内部格付制度および信用リスク算定のための主要なリスクパラメター推計のプロセスについての正当性に関して，当局から承認を得ることが条件である．

主要リスクパラメターには格付ごとのデフォルト率 (PD)，デフォルト時損失 (LGD)，ローンコミットメントに関するデフォルト時エクスポージャー (EAD) が含まれる．

内部格付手法では，最低所要自己資本算定のベースとなる潜在的な将来損失額には，非期待損失を用いる．非期待損失は，PD，LGD，EAD とマチュリティ (M) を主要入力パラメターとする算定式によって導出される．

基礎的内部格付手法 (FIRB) では，銀行はそれぞれの債務者の PD を推計する．その他のインプットは下記のように当局から提供される．

- LGD = シニアの無担保債権は 45%，劣後債権は 75%，ただし担保が存在する場合には，推計 LGD は低下する．
- EAD = 取消不能な未引出のコミットメント額の 75%[†2]．
- M = 2.5 年．ただし，レポ取引の有効マチュリティは 6 カ月．

先進的内部格付手法 (AIRB) では，内部格付システムおよび資本配賦プロセスにおいて厳格な基準に合致すると認められた銀行に関しては，すべての必要なインプットパラメターを自行設定することが認められる．すなわち，当該行においては PD のみならず，LGD，EAD，M のリスクパラメターを推計することができる．

依然としてバーゼル委員会では，各行が所要自己資本を内部管理用の信用リスク計量モデルにより計測することを認めるまでには至っていない．内部管理モデルの利用を認めれば，トータルリスク量の減殺をもたらすポートフォリオ効果を，各行が独自に見積もることになっただろう．その代わりに，内部格付手法では，資本を商品ごとの算定式で賦課することとしている（ポートフォリオの効果は，平

[†2] 無条件で即座にキャンセルできるコミットメントについては，オフバランス相当額の掛け目 (CCF；Credit Conversion Factor) は 0% である．

均アセット相関としてリスクウェイト算定式の中で間接的に捉えられている）．その一方で，バーゼル委員会は，新規制の第 2 の柱のもとで，信用リスクの評価に，より洗練された手法とモデルを使用することを強く推奨している．

第3章　付録3D
バーゼル2.5：バーゼルIIの枠組み強化

2007–2009 年危機の期間において，多くの銀行が，VaR モデルではそのリスクが感知されなかったトレーディング勘定で大きな損失を経験した．この経験は，VaR に基づくリスク資本の計測法，すなわち典型的には 99% の 1 日 VaR を，10 日にスケールアップする手法における，多くの欠陥を示すこととなった．これを受け，次に挙げる追加的な資本賦課が課されることとなった[†1]．

- ストレス VaR．トレーディング勘定において内部モデルを使用している銀行は，重大な金融ストレス期間を含む 12 カ月間を前提にストレス VaR を算定しなければならない．算定は銀行固有のポートフォリオでなされるべきである．この追加的資本賦課は，従来の VaR 算定が平常時の市場におけるリスクを捕捉し，ストレス時期に基づく計測が行われていないとの認識によるものである．
- 追加的リスクにかかわる資本賦課 (IRC: Incremental Risk Charge)．信用危機の期間における損失の多くは，デフォルトではなく，流動性の喪失や信用格付遷移とクレジットスプレッド拡大による価値の下落によるものであった．IRC は証券化商品以外のクレジット商品のデフォルトおよび格付遷移リスクを，個別ポジションあるいは複合ポジションの解消期間を考慮した保有期間 1 年，信頼区間 99.9% で推計したものを表している[†2]．

IRC は，内部モデル手法に従って資本賦課がなされる特定の金利リスクに対するポジションをすべて包含している．証券化商品については後述するように別の取扱いがなされる．

また IRC モデルは，1 年の期間にわたるリスクを一定の水準とするために，ポジションを解消する保有期間の終わりに，ポジションをリバランスする際の影響を捕捉する必要がある．すなわち，VaR あるいは信用格付や集中度によるエクスポージャーのプロファイルのような，リスク指標が示す当初のリスク水準を維持

[†1] 銀行は，元来は 2010 年 12 月 31 日までに修正された要求を順守することが期待されていた．しかしながら 2012 年までにバーゼル 2.5 を導入したのは，オーストラリア，欧州，およびアジアのいくつかの銀行だけである．

[†2] 流動性ホライズンは，ストレス時において，ポジションを売却するか，IRC モデルに含まれる重要なリスクをすべてヘッジするのに要する時間を表したものである．流動性ホライズンは最低でも 3 カ月間はなくてはならない．

するために，現存のエクスポージャーがポジション解消される保有期間の終わりにリバランスされる，あるいは満期時にロールオーバーされるということである．

IRC の賦課には，ストレス時の市場におけるデフォルトと格付遷移の事象が組み合わされた影響が含まれている．

デフォルトと格付遷移の事象やその他の市場要因との間における分散効果については考慮されていない．したがって IRC による資本賦課は，VaR ベースでの市場リスク資本賦課に単純合算される．

トレーディング勘定における証券化商品については，いわゆる「コリレーション・トレーディングポートフォリオ」を除き，銀行勘定における資本賦課が適用される．いわゆる「再証券化商品」，例えば資産担保証券をもとにした債務担保証券 (ABS-CDO)，についても今次信用危機での際立った影響を反映して特別な格付ベースでの資本賦課を受ける．

コリレーション・トレーディング勘定[†3] は証券化商品ポジションにおける正式な取扱いとは別に，修正された標準的手法による賦課，あるいは追加的なデフォルトや格付遷移リスクのみならずベーシスリスクを含むすべての価格リスクを含んだ包括的リスク (comprehensive risk measure；CRM) に基づく資本賦課がなされる．しかし，これらのポートフォリオについては，標準的手法による資本賦課の 8% がフロアー条件として残ることになる．

加えて，市場リスクに内部モデル手法を採用している銀行は，堅固で包括的なストレステストのプログラムを有していなければならない．銀行のストレスシナリオは，トレーディングポートフォリオに異常な損失や収益をもたらす可能性がある要因を範囲に含めるべきである．これらの要因には，すべての主要なリスクカテゴリー（市場，信用，オペレーショナル，流動性の各リスク）における蓋然性の低いイベントが含まれる．

シナリオは以下のような過去における重大な混乱を含めなければならない．例えば，1987 年の株式市場大暴落，1992 年および 1993 年の為替相場メカニズム危機，1994 年第 1 四半期の債券市場の下落，1998 年のロシア財政危機とそれに続く LTCM 破綻，ミレニアム直後の IT バブルの崩壊，そして 2007–2009 年金融危機である．シナリオは，イベントと関連づいた大きな価格変動と流動性の急激な減少の両者を含んでいなければならない．そのうえで，銀行はボラティリティ

[†3] コリレーション・トレーディングポートフォリオは，以下の条件を満たす単純な証券化商品のエクスポージャーや Nth・ツー・デフォルトのクレジットデリバティブを含めることができる．

- ポジションが，再証券化，証券化トランシェに対するオプション，あるいはシンセティックにレバレッジが掛けられたスーパーシニアトランシェではない．
- すべての参照エンティティが，単一名クレジットデリバティブ，CDS インデックス，そして双方向市場が存在するビスポークトランシェを含む，単一名の商品である．

そうであっても，これらの取引デスクは，例えばビスポークとインデックスのトランシェの間にあるような「ベーシスリスク」にさらされている．先進的な会社では，これらのリスクは VaR によって計測されている．典型的にはベース相関 VaR と特定 VaR を含むような VaR 計測である．

や相関のようなリスク要因にショックを与える市場リスクエクスポージャーの感応度を評価するための，第 2 のタイプのシナリオも準備すべきである．規制当局は，銀行は各行のポートフォリオ特性に応じたもっとも影響のあるシナリオを選択して，自行特有のシナリオを開発しなければならないと述べている．

全体として，バーゼル 2.5 による見直しの結果においては，各銀行が日次ベースで次式に示される自己資本要求を満たさなければならない．

$$\begin{aligned}\text{資本} = &\max\{\text{VaR},\ k\times(60\text{ 日間の平均 VaR})\} + \\ &\max\{\text{ストレス VaR},\ k\times(60\text{ 日間の平均ストレス VaR})\} + \text{IRC}\end{aligned}$$

ここで

- $k \geqq 3$
- VaR は，信頼区間 99%，保有期間 10 日で，「一般のマーケットリスク」と「固有リスク」の両者の組合せで測定．
- ストレス VaR は，2007–2009 年のようなストレス期間のデータを用いて計測．
- IRC（追加的リスク）は，保有期間 1 年の信頼区間 99.9% で算定される信用 VaR であり，デフォルトリスクと格付遷移リスクの両方を捕捉するとともに，銀行自身の「スルー・ザ・サイクル」の過去の損失実績より推定されなければならない．潜在的に信用リスクを発現するすべてのポジションが IRC に含まれなければならない．すべてのソブリン債が IRC の適用を受けることは銘記する必要がある．これは，例えば米国のような国のデフォルト確率はいくらかという厄介な問題を持ち出すことになる[†4]．

3D.1　バーゼル 2.5 をめぐる議論

トレーディング勘定の所要自己資本は 1 つのリスク指標，VaR によって主として決定されてきた．バーゼル 2.5 の下では，それは VaR，ストレス VaR，IRC，CRM，そして標準化された証券化商品への賦課，加えて標準化された CRM のフロアーによって決定される．

この付加された複合的な方法の主な問題点は，内部的にある多くの不整合である．バーゼル 2.5 は，過度に保守的で，重複したルールのパッチワークであり，それらを合わせると，トレーディング勘定に懲罰的な自己資本水準を生み出してしまう．あるトレードでは，所要自己資本の額が，ポジションの額面価値を超過してしまうことさえありうる．すなわち，銀行が被りうる損失額以上の所要自己資本ということである[†5]．バーゼル委員会自身の試算によると，バーゼル 2.5 の見

[†4] 標準的手法の下で，あるソブリン債のリスクウェイトがゼロになったとしても，当該ソブリン債は IRC における資本賦課を受けることになる．

[†5] 説明のために次を仮定する．

直しの結果，市場リスクへの所要資本は国際的に活動する大手行において，平均的に 3〜4 倍に増加すると推定されている．そのため銀行業界は，導入検討中のトレーディング勘定の抜本的見直し（下記参照）において，より整合的な市場リスクの資本賦課がなされることを期待している．

しかしながら，ルール自体が唯一の問題ではない．銀行やアナリストから，各行間のリスクウェイト比率に説明のつかないくらいの違いがあるとの不満の声が高まってきたため，バーゼル委員会はトレーディング勘定のリスクウェイトの算定を見直す検証を 2012 年に実施した．バーゼル委員会は，同じ仮想のトレーディングポートフォリオを 9 カ国の大手 15 行にわたし，必要な資本総額の算定を求めた．2013 年 1 月に公表された結果は 1,300 万から 3,500 万ユーロの幅であった．この結果は，信用リスクや預貸ポートフォリオのような個別の資産内における変動幅が（銀行ごとに）8 倍に至るという懸念を抱かせるに十分であった．

バーゼル委員会は，結果のばらつきが，銀行のモデリングの意思決定によると同様に異なる監督当局の意思決定によって大きく左右されることを発見した．いくつかの国では，監督当局が個別行あるいは一定クラスの銀行に，特定の資産に対して追加的な資本を積むことを定期的に指導している．同様に，ある監督当局は銀行が使用可能なリスク計測モデルに制限を加える一方で，他の監督当局は銀行により自由を認める．原因が何であれ，結果は，トレーディング勘定のリスクウェイト算定について，明らかに何らかの警鐘を鳴らしており，業界実務の全面的な見直しが必要であることを示している．

- ストレス時の市場環境におけるボラティリティは平常時のボラティリティの 3 倍である
- リターンは正規分布する

したがってストレス VaR は通常 VaR の 3 倍となる．試算上は IRC を無視する．

ここで，保有ポートフォリオの平常時の市場環境で年率ボラティリティが 10% であると仮定する．その場合，10 日間の標準偏差が 2% となる．（訳注：$10\% \times \sqrt{10/250} = 2\%$．$\sqrt{t}$ 倍法による）

したがって，ストレス時の 10 日間の標準偏差は，上述の仮定により 6% となる．

両者の合計 8% に，標準正規分布の 99% 点の掛け目 2.33，そして規制上の最低掛け目 3 を掛けなければならない．

規制上の掛け目が 3 となる「グリーンゾーン」モデルを仮定すると，新しいルール（ただし IRC は考慮しない）での規制資本は $2.33 \times 3 \times 8\% = 56\%$ をポートフォリオのエクスポージャーに乗じた額となる．

ここで，十分に分散され部分的にヘッジがされたポートフォリオの年率ボラティリティは 5% で，「旧来の」規制資本がエクスポージャーの 7% であると仮定すると，新しい資本賦課は 28% となる．（訳注：10 日間の標準偏差 $5\% \times \sqrt{10/250} = 1\%$，ストレス時の標準偏差 $1\% \times 3 = 3\%$，旧来の規制資本は $2.33 \times 3 \times 1\% = 7\%$，新ルールでは $2.33 \times 3 \times (1\% + 3\%) = 28\%$，ストレス時の 3 倍のボラティリティが付加されることで，新ルールでは旧ルールの 4 倍の資本賦課となる．）

しかし，分散が部分的でヘッジが軽いポートフォリオで，平時のボラティリティが 15% でストレス時のボラティリティが 60% の場合，新しいルールではポートフォリオ残高の 105% の資本賦課となる（訳注：同様に $15\% \times \sqrt{10/250} = 3\%$，ストレス時の標準偏差 $3\% \times 3 = 9\%$，新ルールの資本賦課 $2.33 \times 3 \times (3\% + 9\%) = 105\%$）．これはロングポジションであれば，このポートフォリオの全損額よりも大きな資本賦課額となる．

ここでの単純な説明用の仮定の下では，新しい規制資本賦課は，いつでもストレス時の要因を除いた資本賦課の 4 倍となることに留意．

3D.2　トレーディング勘定の抜本的見直し

バーゼル2.5は，サブプライム危機の間に発現した銀行のトレーディング勘定の資本不足に対する緊急対応のようなものであった．しかし，そこでは認識された一連の欠点が黙認されていた．規制当局は次に挙げる領域に対処できるようなより抜本的な見直しを準備し始めている．

一貫性の欠如：現状の枠組みは，上述したように重複した資本賦課の重層構造となっており，実際の最大損失額よりも高い資本賦課となる可能性がある．

トレーディング勘定とバンキング勘定の境界：トレーディング勘定とバンキング勘定における同様のリスクに対する所要自己資本の大きな違い（例として金利リスクの取扱い）は，規制アービトラージをもたらす恐れがある．

市場流動性リスク：業界はストレス時における市場流動性枯渇のリスクを把握する包括的な枠組みを開発する必要がある．

内部モデル方式とリスク計測：規制資本を決定するためにバリューアットリスク (VaR) を使うことに関して，いくつかの弱点が特定されてきている．「テイルリスク」を把握できないこともその中に含まれる．バーゼル委員会は代替的な手法，すなわち期待ショートフォール (ES) の適用を検討している．これは，所与の信頼水準を超える損失の期待値を測定するものである．詳細は第7章で述べる．加えて，リスク計量モデルは，相応の金融ストレス期間に対してキャリブレートされることになろう．

標準的手法：現状の市場リスクに対する標準的手法は，内部モデル手法のリスク感応度とのギャップを埋めるために，リスク感応度を高めるように改定されるであろう．見直された標準的手法は，銀行の内部モデルが不適切であると考えられる状況において，より信頼のおける代替手段ともなるであろう．

信用評価調整 (CVA)：カウンターパーティー信用リスクとトレーディング勘定体制との間の関係を明確にする必要がある．

第3章　付録3E
偶発転換社債

「CoCos」あるいは「CoCo 債」として知られる偶発転換社債 (Contingent convertible bonds) は，銀行あるいは保険会社により発行される社債であり，あらかじめ定めたトリガー水準において当該銀行が存続危機の状況に入り次第，普通株式に転換される，あるいは減額されるものである．転換や減額は，あらかじめ定めたトリガーの仕組み—例えばコア Tier1 自己資本比率が 5% を下回ったとき—に従って生じる．

偶発資本は大災害保険の一形式とみなすことができる．デフォルトリスクが高まることで銀行がストレス状態になった場合に，債務が部分的に免除となるか，あるいは普通株式に転換されることによって，投資家が自動的に損失吸収のための資本を提供するものである．

普通株式への転換は既存株主に対し希薄化を生み出すことになる一方で，転換のイベントが生じた場合の負担の大きい公的資金注入による救済（ベイルアウト）から納税者を保護する一助となる．銀行側からみると，これらの証券は，転換が起こらない限り，普通株式保有者の希薄化をすることなしで，危機発生時の自己資本要求を満たす一助とできる．

3E.1　CoCo 債と規制

資本の主要な機能は，損失が発生した場合にそれを吸収すること，そして銀行の事業継続保持を助けることである．しかしながら，優先株式のような銀行のハイブリッド Tier1 資本は，2007–2009 年の金融危機の間には実務上の実効性がないことが明らかになった．銀行は，将来において市場から締め出されることを避けるためにハイブリッド負債の利子を支払い続けたのである．Tier2 資本商品も，金融機関は多くの場合倒産が許されないことから，一時的なクーポン支払いの繰り延べや自発的な交換を超える損失吸収機能を発揮することができなかった．

バーゼル III は，所要自己資本を満たす CoCo 債の潜在的な役割を具体的に述べている[†1]．バーゼル III によれば，新しい所要自己資本は，それぞれ普通株 Tier1(CT1) で 4.5%，Tier1 で 6%，総自己資本で 8% の最低自己資本比率が要求

[†1] しかし，バーゼル委員会は SIFIs の資本サーチャージに CoCo 債の使用を認めないルールを設定している．この目的に利用できるのは普通株のみである．

される．これら最低比率に加え，2010 年 9 月以降，バーゼル III は，2016–2019 年の期間の間に，銀行に 2.5% の資本保全バッファー (Capital Conservation Buffer; CCB) の積み上げを要求している．銀行はバーゼル III の下では，リスクアセットの 1.5% を非中核的な Tier1 資本で (6%Tier1−4.5%CT1)，2% を Tier2 資本で保有することを認められている．この非中核的 Tier1 と Tier2 の 3.5% 分は，CoCo 債を使って条件を満たすことも可能である．

さらに，各国の規制当局によって課せられるバーゼル III の最低基準を超える自己資本の要求を満たすために，銀行は CoCo 債を使うことが許される．2010 年 9 月にスイス政府は，スイスの銀行にリスクウェイトアセットの 19% を Tier1 資本として保有することを要請した．そのうち 9% は CoCo 債の形態で保有することも可能であるとしている．この 9% のうち 3% は CT1 が 7% 以下に低下した場合をトリガーとせねばならず，残る 6% は CT1 が 5% 以下に低下した場合をトリガーとせねばならない．スウェーデンおよびデンマークの規制当局は，銀行は追加的な所要自己資本に適合するために CoCo 債を使うことが可能であってもよいだろうと述べている．

欧州委員会の新しいバーゼル III 指令 (CRD 4) は，CT1 が 5.125%（あるいは金融機関が定めた場合はそれ以上の水準）を下回るトリガー事象が発生した場合に，CoCo 債を追加的な Tier1 資本としてよいことを明示的に述べている[†2]．

欧州の税法は，エクイティ転換であるか元本削減であるかにかかわらず，CoCo 債のクーポン支払を課税収入から控除することを認めている．しかしながら，米国内国歳入庁は CoCo 債をエクイティとみなし，利息支払いを税控除としておらず，米銀の CoCo 債発行の魅力を下げている．この溝がおそらく，なぜバーゼル委員会がシステム上重要な位置にある金融機関への追加資本サーチャージとして CoCo 債の適用を認めないのかの説明となろう．

3E.2　CoCo 債の特徴

現金注入のタイミング，トリガーのタイプ，そして転換の額の違いによって CoCo 債には様々な種類がある．

3E.2.1　ファンディッド対アンファンディッド CoCo 債

ここまでは，主にファンディッド CoCo 債 (funded CoCos) について議論してきた．それは金融機関に好況期に資本調達を認めることで，潜在的に規制資本要求を満たすものである．

対照的にアンファンディッド CoCo 債 (unfunded CoCos) は，危機時における

[†2] European Directive CRD, European Commission 2011, pp. 74–77. 欧州指令 CRD4 はバーゼル III のルールを欧州銀行法に読み替えたものである．

損失吸収の資本と流動性を提供するために，転換のトリガー抵触時にキャッシュのみを提供する．金融機関はこのオプションへのプレミアムである，コミットメント・フィーを支払う．典型的には，コミットメントは期限の定めのあるものである[†3]．アンファンディッド CoCo 債はカウンターパーティーリスクを生み出す．なぜならば，銀行はトリガー抵触時にキャッシュのみを手にするが，その場合はカウンターパーティーにも影響が及ぶシステミックなストレス時が通常だからである．

3E.2.2 トリガー事象

これまでは会計ベースのトリガーのみが提案されてきたが，トリガー事象は会計ベースでも市場ベースでもどちらでも可能である．

会計ベースのトリガー

会計トリガーは Tier1 資本すなわち株式資本の閾値，例えば Tier1 資本比率が 5% を下回ったときなどの形で表される．ここで 1 つの問題は，Tier1 比率は市場参加者によっては直接観察ができないことである．同比率はほとんどの銀行が四半期ごと，あるいは銀行の裁量によって開示されている．もちろん規制当局や監督当局はこの情報にアクセスできるし，銀行にその公表を要求することもできる．

2 つ目の問題は，2007–2009 年の金融危機の前段階において，「危機に陥った銀行」，すなわち最終的に破綻あるいは政府から救済を受けた銀行と，生き残った銀行の Tier1 比率にほとんど差がなかったことである[†4]．関連する留意事項として，規制当局は，同様な資産に対するリスクウェイト付けが銀行によって異なることに懸念をもつようになってきている．それは，リスクを低く見積もろうとするいくつかの銀行の意図の反映かもしれない[†5]．この種の差異は，自己資本比率の比較が容易に行えない可能性を意味している．

資本のトリガーが，透明性を欠き，操作することが可能であり，そしてトリガー発動が遅すぎる可能性への懸念は，銀行が破綻に近づいていると規制当局が判断する場合に，転換を強制するオプションをなぜ当局が保持しているかの理由を説明するものである．

[†3] アンファンディッド CoCo 債は，トリガー抵触時に新しい株式がキャッシュと交換されることを除けば，CDS にいくぶん似ている．

[†4] 実際に 2008 年に破綻した多くの銀行が，破綻しなかった銀行に比べて危機前においてより多くの資本蓄積があった．2008 年に破綻ないしは政府救済による合併をした 5 つの米国金融機関（ベア・スターンズ，ワシントン・ミューチュアル，リーマン・ブラザーズ，ワコビア，そしてメリルリンチ）は規制最低要件の 8% を 50～100% 上回る規制自己資本比率を有していた．シティバンクは今次金融危機の期間を通じて Tier1 比率が 7% を下回ったことは一度もなく，同行の市場時価総額が最低水準となった 2008 年 12 月の Tier1 比率は 11.8% であった．(A. Kuritzkes and H. Scott, “Markets Are the Best Judge of Bank Capital”, *Financial Times*, September 23, 2009)

[†5] “A Weight on Their Mind”, *Risk Magazine*, July 2011, pp. 36–39.

市場ベースのトリガー

潜在的には，市場ベースのトリガーは会計ベースのトリガーの限界を回避するために使用できる可能性がある．それらは様々な形態をとりうる．例としては以下のとおりである．

- 事前に合意した銀行株価の最低水準
- 資産簿価に対する市場時価総額の割合
- 銀行発行の負債に対するクレジットデフォルトスワップのスプレッド

市場ベースのトリガーは相対的に客観性と透明性があり，規制当局や市場参加者がリアルタイムで認証できる．それはまた，規制当局の裁量と市場規律の強化に資することができるかもしれない．

そこには克服すべきいくつかの潜在的な課題がある．例えば，2010 年 5 月 6 日の「フラッシュ・クラッシュ」の発生時には，ほとんどすべての米国上場株式が，大きな株価の下方修正と，たった数分後における回復という経験をした．この場合，株価トリガーは好ましくない理由で CoCo 債転換を強いることになったかもしれない．しかしながら，空売り筋による株価操作も含めたこのような実務上の懸念は，比較的容易に解決できる．例えば，トリガーを直近 20～30 日の株価のローリングの平均値として設定するなどである．

3E.2.3　転換額

ほとんどの CoCo 債発行は，既存株主に与える希薄化の影響度を考慮して事前に決定した株式数（同じことだが事前に決定した株価），あるいは転換時に実現される株価を参照して定められる株価によって，普通株式持分に転換される．

発行時点のスポット価格で転換ストライクが設定された CoCo 債は，発行者にとって経済的ではない可能性がある水準にまでリスクプレミアムが増加する可能性のために，CoCo 債保有者にとっての重大なリスクを内包しているといえよう．対照的に，転換時における株価によって新規持分が発行される場合は，CoCo 債保有者には価値の希薄化や損失はない．規制当局は CoCo 債保有者に損失の負担を求めることが予想される．したがって，トリガーはおそらく発行時株価の 50% 内外で設定されるであろう．

普通株式持分の転換への代替策として，CoCo 債の名目額の部分的あるいは全額償却がある．非上場企業の場合には，新しい株式への転換よりもこちらのほうが自然である．

3E.3　CoCo 債の長所と短所

CoCo 債は，好況期にはレバレッジを，不況期には損失吸収バッファーと負債返済義務からの解放を提供する．同債券は，暗黙の「大きくて潰せない (too-big-to-fail)」という政府保証からくる納税者にとってのリスクを減じることが可能である．ファンディッドとアンファンディッドの両者とも金融機関に保守的で慎重なリスク管理に従事する誘因を与える．なぜならば，既存株主と（自社株保有を通じた）経営陣にとって希薄化コストが相当に重要だからである．

しかしながら，CoCo 債のトリガー抵触は，それが投資家に対して他の銀行も同様の状況にあるかもしれないというシグナルとなる場合には，それ自体が広範なストレスシナリオのトリガーになる可能性がある．銀行の CoCo 債が，大きな損失吸収を強いられることになる他の金融機関によって主に投資されている場合には，影響を伝播するリスクがある．また，トリガーポイントが近づいてくると，ある投資家はプロテクションのために CoCo 債のロングポジションに対して当該行の株式をショートするかもしれない．銀行にとって潜在的な「死へのスパイラル」ということになる．さらに，トリガーが接近した場合には，既存の CoCo 債を一掃する目的で転換を強いるという，銀行が追加的な超過リスクをとる誘惑にかられるかもしれない．最後に，偶発資本が市場に非効率性をもたらす可能性がある．なぜならば，非効率なビジネスが再構築されて能力のない経営者が交代する機会であるデフォルト事象が，この転換によって除去あるいは延期されることになるからである[†6]．

3E.4 CoCo 債の発行者

2013 年初の時点において，5 つの銀行（2009 年 11 月にロイズ [Lloyds]，2010 年 3 月にラボバンク [Rabobank]，2011 年にクレディ・スイス [Credit Suisse]，2011 年 4 月にキプロス銀行 [Bank of Cyprus]，そして 2013 年 1 月に KBC），1 つの保険会社（2011 年 7 月にドイツの保険会社であるアリアンツ [Alianz]），そして 1 つの再保険会社（2013 年 3 月のスイス・リー [Swiss Re]）が CoCo 債を発行している[†7]．

保険会社による CoCo 債発行は，相対的に開始が遅くなった一方で，他の国際的機関では CoCo 債を現在検討中である．例えば，スペインとポルトガル政府は，自国の銀行を支援するための CoCo 債利用を計画している．

3E.5 その他の CoCo 債と CoCo 関連債の発行

アンファンディッド CoCo 債の一例は，2009 年に英国政府からロイヤル・バン

[†6] O. Hart and L. Zingales, "A New Capital Regulation for Large Financial Institutions", working paper, April 2009.

[†7] CoCo 債の詳細分析は次の論文を参照．J. De Spiegeleer and W. Schoutens, *Contingent Convertible (CoCo) Note Structure and Pricing*, Euromoney Books, 2011.

ク・オブ・スコットランド (RBS) に提供された偶発資本による解決策である．英国政府は，RBS の CT1 が 5% を下回った場合に，同行に 80 億ポンドの資本を提供することを約束した．

CoCo 債に類似したアンファンディッド保証の他の例は，2001 年にロイヤル・バンク・オブ・カナダ (RBC) のスイス・リーとの取引である．高額損失・低確率の事象が発生して RBC の剰余金の大部分が低減した場合に，優先株と交換にスイス・リーが 2 億カナダドルを注入する．

同様に保険の関係では，2001 年にパリに本拠を置く保険および再保険会社である SCOR が，3 年間の偶発資本取引を UBS と契約した．SCOR が異常災害に見舞われた場合の損失額が一定のトリガーに到達した場合，UBS は事前に取り決めた普通株式持分と交換に SCOR に 1 億 5,000 万ユーロを注入することを約束している．

3E.6　CoCo 債ボーナス

投資銀行におけるボーナス文化は，転じて金融危機を助長した不釣合いなリスクを取る行動を奨励するものとして非難されてきた．長期的な株主利益[†8]，そしておそらくは銀行の他のステークホルダーの利益と報酬がより良く調整された，新しい報酬制度が必要とされている．

これまでは，提言された制度は大部分が株式をベースにするものであった．しかしながら，株式によるインセンティブの問題は，株式は銀行の資産に対するコールオプションと同等であることである．すなわち，保有者は株価上昇の利益部分をすべて享受し，損失の引き受けは限定的である．この責任限定を所与とすると，株式で支払を受けた執行役員は超過リスクをとる強力なインセンティブをもつ．そして，銀行が困難な状況となったとき，執行役員たちは，ほとんど価値がなくなった残りの株式を失うだけであると知っているので，銀行を賭けに出す誘惑にかられるかもしれない．その一方で債券保有者や債権者は，銀行が破綻した場合にはもっと多大なステークを賭けにさらしていることになる．

2009 年 9 月の G20 会合は，繰り延べ報酬やボーナスを回収できるような仕組みを通じて，銀行員が損失リスクにさらされることを推奨した．

CoCo 債は，これを達成する興味深い手法を提供する．CoCo 債の形で支払われたボーナスは，銀行の健全性と実際の業績に厳密に結びついた価値を有している．それはダウンサイドリスクへのエクスポージャーを高め，（株式支給の場合にはありうる）短期的に株価を上昇させようとする戦略へのインセンティブを与え

[†8] しかしながら，リーマン・ブラザーズとベア・スターンズの両社の株式の大部分は，おそらく外部のステークホルダーと利害の一致する CEO とトップの執行役員により保有されていた．この事実は，株主との提携はこの問題の部分的な解決にしかならない可能性を示している．

ない[†9]. CoCo 債ボーナスを使う場合には，銀行と規制当局は，従業員の空売りによる CoCo 債エクスポージャーのヘッジを禁止するルールを実施することで，「死のスパイラル」のリスクをなくせるはずである[†10].

2010 年に欧州議会は，以下のように銀行が報酬制度の一部として CoCo 債を利用することにゴーサインを出した.

- アップフロントでの現金ボーナスはボーナス全体の 30% のキャップがかかり，特に高額ボーナスの場合は 20% のキャップがかかる.
- どのようなボーナスにおいてもその 40〜60% は少なくとも 3 年間は繰り延べられなければならない.
- 全ボーナスの少なくとも 50% は偶発資本と株式として支払われる.

バークレイズ・キャピタルは，CoCo 債を発行し，それを従業員のボーナス支払い（繰り延べボーナスの一部）に利用すると，2011 年 1 月に銀行として初めて公表した. これらの CoCo 債はバークレイズの CT1 が 7% 以下に低下すると無価値となるものである. バークレイズの優先版の CoCo 債は損失吸収債券の形態をとる. 例えば，債券が株式に転換するよりも，可能であればクーポンを減額したり元本価値のヘアカットをしたりするものである.

[†9] 銀行が監督当局に厳しく監視されるようになる場合には，「制限のない」利益獲得は転換が行われた後にのみ存在する.

[†10] ここには依然として「認識」の問題が存在するかもしれない. CoCo 債は転換リスクに見合うように，通常は高いクーポンを支払う. 世論はこれを高いクーポン満期時の現金を支払う「二重のボーナス」とみなす可能性がある. したがって，CoCo 債ボーナスはクーポンを支払わないか低金利支払いとなる構成とされなければならない.

第4章

コーポレートガバナンスとリスク管理

今千年紀最初の 10 年間は，企業不祥事の 2 つの大きな波をみることになった．最初の波は非金融セクターにおけるもの (2001–2003)，そして次の波は金融セクターにおけるもの (2007–2009) であった．両者ともその一部はコーポレートガバナンスの失敗に帰するものである．結果的に，コーポレートガバナンス[†1]とリスクの監視との関係は，世界中，特に欧米における継続的な関心事となっている．

不祥事の第 1 の波の中には，悪名高いエネルギー業界の巨大企業エンロンの破綻，ワールドコムやグローバルクロッシングに代表される「ニューテクノロジー」や通信業界における会計スキャンダル，問題が米国内に限られたものではないことを示した 2003 年後半のイタリア生鮮食品業大手のパルマラットの破綻の事件などが含まれている．ほとんどの事例において，経営陣は誤った情報を与えられていたか，あるいは経営陣や株主に情報が伝達されるプロセスが機能していなかった．多くの場合に，金融工学ならびに経済上のリスクの情報非開示が，明確な不正と並ぶ倒産の原因となっている．

このスキャンダルの第 1 の波は，改革の波を引き起こした．その中には米国における法律制定や欧州での企業規約の改定が含まれ，認識されたコーポレートガバナンス実務の失敗を是正し，特に財務コントロールと財務報告の失敗を改善するような設計がされた．この改正における大きな特徴は，意図的な不正行為のみならず，不注意や無能力によっても罰せられるということである．米国においては，この改革の主要な仕組みが，BOX4.1 および 4.2 に述べる 2002 年のサーベンス・オックスリー法 (SOX)，ならびにそれに付随した証券取引所ルールの変更であった．

---

†1「コーポレートガバナンスは，企業の経営者，取締役会，株主およびその他のステークホルダーの間の一連の関係を含んでいる．コーポレートガバナンスはまた，会社の目的が設定され，そして目的の達成と活動のモニタリングに関する手段が決定される構造を提供するものである．」OECD Principles of Corporate Governance, 2004, p.11.

BOX 4.1

サーベンス・オックスリー法（SOX法）

21世紀に入った直後の一連の会計および経営管理上のスキャンダルに対応して，米国議会はサーベンス・オックスリー法（SOX法）を制定した．同法により，取締役会，管理委員会，内部・外部監査，CRO（最高リスク管理責任者）は，より厳格な法環境の下に置かれることとなる．

SOX法は，米国証券取引委員会に届け出られる財務諸表の正確さに関して，上場企業の最高経営責任者 (CEO) および最高財務責任者 (CFO) が一義的な責任をもつことを求めている．また，財務諸表に含まれる情報の網羅性と正確性とともに，その管理の有効性に対する報告も経営責任者に求めている．

具体的にSOX法は，証券取引委員会に届け出る四半期あるいは年次の財務諸表に，虚偽の記述や重要情報の削除などがないことをCEOとCFOに求める．経営責任者は，財務諸表が（すべての重要事項に関して）企業の業務活動とキャッシュフローを公正に示していることを立証しなければならない．同時に経営責任者は，ディスクロージャーの統制と手続きの設計，確立，維持についても責任を負わねばならない．

CEOとCFOは，監査委員会および外部監査人に対して，内部統制上の欠陥や重要な弱点，および内部統制上で重要な役割を果たす役職員による不正行為を（重大であろうとなかろうと）開示しなければならない．SOX法は，企業の内部統制の態勢および財務報告のプロセスについて経営者が年次で検証することを求めている．

同法はまた，取締役会に財務諸表に精通した専門家を，メンバーとして必ず含めることを求めている．現在では，取締役会が「財務の専門家」であると認定したうえで，監査委員会に従事しているメンバーの数と名前を公表することが義務づけられている．財務の専門家とは，一般会計原則 (GAAP) と財務諸表を理解し，内部会計統制の経験をもち，監査委員会の機能を理解している者のことである．

BOX 4.2

米国証券取引所のルール厳格化

2003年1月米国証券取引委員会 (US. SEC) は，サーベンス・オックスリー法に促される形でルールを発効した．それは，米国内の証券取引所や証券業協会（ニューヨーク証券取引所 NYSE，アメリカン証券取引所 Amex，ナスダック証券取引所 Nasdaq）に対して，証券の上場基準が，現行のあるいは制定中のSECルールに沿ったものであるかを確認させるものであった．

上場基準は，コーポレートガバナンスおよびリスク管理にとって重要な，以下の範囲にわたっている．

- 取締役会の構成．例えば，取締役会は，過半数の独立した取締役を擁していなければならない．
- コーポレートガバナンス委員会の設立．同委員会は，取締役会の広範なコーポレートガバナンス原則を制定し，取締役会による評価を監督する義務をもつ．
- 報酬委員会の任務．例えば，CEOの報酬が会社の目的に見合ったものか確認しなければならない．

● 監査委員会の活動．例えば，内部統制の手順の質についての外部監査からの報告に基づいた検証をしたり，コーポレートガバナンスにおけるガイドラインやビジネス行動規範を開示したりすることである．

しかしながら，この改革は，米国のサブプライム危機およびそれに続いたグローバル金融危機を避けるには不十分であったことが証明された†2．2007年から2009年の間に起こった一連の大規模金融機関の破綻懸念や破綻の後で，取締役会は収益を追求する場合の前提となるリスクを無視していたことを告白した．時には上級経営者も同様な言い訳をした．とりわけ，多くの会社におけるリスク管理機能が，証券化商品に蓄積していたリスクについて上級経営者や取締役会の関心を惹くことに失敗した．1つの理由として，危機へと駆け上がる景気拡大ブーム期において，金融機関のリスク管理の役割が軽視されていく過程があったからだといえるかもしれない．

失望という基調が，2007–2009年危機後のコーポレートガバナンスについての議論を特徴づけている．サーベンス・オックスリー法における膨大な努力が，危機の第2の波を回避するには不適切なものであったと証明された今，詳細な法令や新しい規則で今一度コーポレートガバナンスを改革することに意味があるのであろうか†3．これとは別に，銀行規制当局がバーゼルIIの第2の柱においてリスクガバナンスを改善するための主要な原則を設定していることを前提とすれば，プリンシプルベースの手法がうまくいくかもしれないとの議論もある．表4.1は今次危機後の金融機関のコーポレートガバナンスの議論における主要な領域を示したものである．これらのテーマの多くについて，本章を通じて立ち返ることにする．

第3章で述べたバーゼルIII改革とともに，様々な法域におけるこれらの関心事と対処法は，より広範なコーポレートガバナンスとリスク管理環境を形作っている．より一般的には，スキャンダルの2つの波による企業および金融界に対する公共の信頼の劇的な崩壊は，コーポレートガバナンスとリスク監視の責任をより実効的に果たす圧力を，取締役会と関連委員会に与え続けている．

本章では，典型的な銀行の例を使って，下記の3つの重要な問題に答える．

ベストプラクティスのリスク管理とベストプラクティスのコーポレートガバナンスとは，どのように関連しているのか．

†2 これはおそらく改革の第1の波が，根本的に欠陥のあるビジネスモデルに傾倒するリスクを含めて行うリスク管理よりも，むしろ内部統制と財務報告に焦点を合わせたことによる．2007–2009年危機への対処として，ストレステスト・プログラムと「再建・処理 (recovery and resolution)」型の規制手法を強調することが，欠陥のあるビジネスモデルへと企業が傾倒する危険に対する護りを促進することになろう．

†3 主要な法令改革のいくつかは，銀行の取締役会が当初より実施すべきであったことを強制的に実施させる方法である，とみることも可能である．例えば，ドッド・フランク法は，大規模銀行に最悪期のマクロ経済シナリオ分析を実施させ，その結果を考慮して資本計画や配当支払いを決定することを課している．

表 4.1　金融危機後の銀行業界におけるコーポレートガバナンスの主要関心事

株主優先	2007–2009年の金融危機の調査から，ある一定の会社において，テイルリスクのコントロールと実際の最悪ケースにおける結果を考慮することについて，ほとんど注意が向けられていなかったことがわかっている．この結果は，銀行業界に固有な複雑なステークホルダー（利害関係者）の集団について，およびその集団がコーポレートガバナンス態勢にどのように影響を及ぼすべきなのかについて議論を引き起こしている．株式に加えて，銀行は非常に多額の預金，負債，そして政府からの暗黙的な保証を有している．銀行破綻のリスクを最小化することに関して，預金者，債権者，そして納税者は，しばしば短期的な利益を要求する株主よりも強い利害を有している．したがって，コーポレートガバナンス問題の通常の解決策である株主重視は，銀行業においては完全な解決策とはならない可能性がある[†4]．
取締役会の構成	今次危機は，銀行の取締役会が，独立性，責務，金融業の専門知識に関して適正なバランスで構成されていることをどのように確認するかという，昔から続く議論を再燃させた．しかしながら，破綻した銀行を分析した結果は，「専門知識のある内部の人間」あるいは「独立性の高い社外の人間」の支配権と，銀行の失敗あるいは成功の間には明白な相関関係はないことを示している．2007年今次危機の最初の大規模破綻となった英国のノーザンロックでは，取締役会に複数の金融専門家を有していた．
取締役会によるリスク監視	危機後の1つの重要な傾向は，取締役会がより積極的にリスク監視に参画しなければならないことが，現実のものとなってきたことである．これの意味するところは，リスクに関して取締役会を啓発することであり，リスク管理のインフラストラクチャーとの直接的な結びつき（例えば，CROに取締役会へ直接報告する責任を与えることや，より一般的にはリスクマネージャーの権限を強化すること）を確実に維持することである．
リスクアペタイト	監督当局は，リスクテイクおよび債務超過の危機への耐久度に対する会社としての意向を定めた正式な取締役会承認のリスクアペタイトの設定を，銀行に求めている．さらに，リスクアペタイトは，リスクリミットの会社全体における設定に置き換えることが可能である．取締役会がリスクリミット設定のプロセスに従事することは，取締役会が会社のリスクテイクと，リミット設定が日々のリスクに対する意思決定にどのような意味をもつのかについて明確に考えることを確かにする助けとなる．しかしながら，リスクアペタイト設定とそのリミット体系へのうまい落とし込みについては，まだ道半ばの状況である．
報酬	取締役会が，銀行のリスクに対する行動を決定するために使う重要なレバーの1つは，報酬体系のコントロールである．いくつかの銀行では，ボーナスが報酬全体に占める割合を縮小，より長期のリスクを反映するためのボーナス払い戻しや繰り延べ支給の導入，そして同等の対策を制度見直しとして開始している．取締役会は，どのように報酬支払体系がリスクテイクを増長させるか，リスク調整のメカニズムが主要な長期のリスクを捉えているかを検証する義務を負う．

[†4] この議論については次を参照，Hamid Mehran et al., “Corporate Governance and Banks: What Have We Learned from the Financial Crisis?” Federal Reserve Bank of New York, Staff Report no. 502, June 2011.

取締役会と執行役員は，重要な委員会およびリスク統轄役員を通じて，どのようにリスク管理権限の委任を編成しているのか．

ビジネスマネージャーのレベルでリスクリミットをモニターし，日々の業務上の意思決定に活用するためには，どのような形でトップの承認を受けたリスクリミットを下部へ伝達すればよいのか．

著者の目的は，リスク管理が組織の頂点から底辺まで，どのように連関されるべきかに関しての考え方を提供することである．このトピックは銀行業に特に重要なので銀行に焦点を当てるが，概念的には通常，他の金融機関そして銀行以外の企業にも同等に当てはまる．

4.1 背景説明―コーポレートガバナンスとリスク管理

コーポレートガバナンスの観点からは，取締役会の一義的な責務は，株主利益を保護することである．例えば，業務活動による一定の利益計画を前提とした場合に，特定のリスクについてどこまで想定するのが有意義なのかを検討することである．取締役会は，他のステークホルダーへも配慮すべきである．例えば債権保有者である．債権保有者は，極端なダウンサイドリスクに最も関心がある．すなわち，リスクが企業に最悪のダメージを与えて債務超過に陥る可能性がどの程度あるかについてである．

特に取締役会は，リスクを前提とした場合の経営陣の利益とステークホルダーの利益に摩擦が生じる可能性について留意する必要がある（このような利益相反のことを，学術用語では「エージェンシーリスク」と呼ぶ）．

利益相反は容易に起こりうる．例えば，経営者への報酬が，短期間に当該企業の株価が一定レベル以上に上昇した場合に利得を得るオプション（いわゆるストックオプション）で支払われる場合である．このような報酬体系は経営者に株価を上昇させるインセンティブを与えるが，それは必ずしも持続可能な方法であるとは限らない．例えば，経営者はビジネスラインに長期的なリスクと引き換えに，短期的な収益を上げることを求めるかもしれない．そして実際にリスクが顕在化したときには，経営者はボーナスを得て，転職しているかもしれない．

CEO の利害と長期のステークホルダーの利害との緊張関係は，なぜ取締役会が業務執行部隊から独立を保つ必要があるのか，そしてなぜ CEO と取締役会議長の役割を分離する圧力がグローバルに生じているかを説明する助けとなる．2011 年 10 月に起きたブローカレッジ会社である MF グローバル社の破綻（米国における 10 大破綻事例の 1 つ）が，劣悪なガバナンスの事例を提供している．多数の論者が，企業の取締役会がカリスマ性をもつ CEO の影響下にあることの危険性を指摘している[†5]．

[†5] MF グローバル社の CEO である Jon Corzine は欧州ソブリン債に大きなポジションを張り，最終的に所要資本の増加，傷んだポジションの追加証拠金の増額，格下げ，会社の信用失墜を招いた．

この事例は，なぜコーポレートガバナンスとリスク管理との線引きが難しいのかを示している．また，この点が組織全体のレベルにおいても明らかな影響を及ぼしていることが認められる．例えば，ここ数年の間に，多くの企業が最高リスク管理責任者 (CRO) の役職を新設した．新任 CRO の重要な任務は，経営管理委員会のメンバーとして活動し，定期的に取締役会に出席することである．取締役会および経営管理委員会は，ますます CRO にコーポレートガバナンスと，市場，信用，オペレーショナルおよびビジネスリスクへの責任を一括して負うことを求めている．2007–2009 年の金融危機を経て，多くの CRO は，事業執行部隊と CEO への報告に加えて，取締役会あるいはリスク管理委員会への直接のレポーティングラインを与えられた[†6]．

4.2　本来のリスクガバナンス

取締役会の第 1 の責務は，銀行のビジネス戦略を策定し，基本的なリスクと期待される報酬を明確に理解することである．取締役会はまた，適切な内部および外部へのディスクロージャーを通じて，管理職やステークホルダーに対してリスクを明らかにするように努める必要がある．

取締役会は個別ビジネスを管理するために存在するものではないが，ビジネスを全体として管理し，説明責任を果たす責務を負っている．また，いかなる変化がどの程度ビジネス機会や会社戦略に影響を与えるかを考慮して，会社全体の戦略立案に貢献しなければならない．立案においては，その会社にとって受容できるリスクの範囲と種別の特定を必ず含まなければならない．すなわち，第 2 章で論じたとおり，取締役会は会社にとっての適切な「リスクアペタイト (risk appetite)」を決定しなければならない[†7]．

リスクガバナンスの責任を満たすために，取締役会は，基本的な戦略およびリスクアペタイトの選択に対して，整合的で有効なリスク管理プログラムを銀行が有していることを確認しなければならない．そして，ビジネスリスク，オペレーショナルリスク，市場リスク，流動性リスク，および信用リスクなどのすべてのタイプに関するリスクの特定，評価そして管理のための実効的な手続きが存在することを確かめなければならない．会社が故意に過剰なリスクを取った場合のビジネス上の損害の裏側には，例えば潜在的な流動性リスクの特定に失敗したり，あ

MF グローバル社は業務を支えるキャッシュのない状況におかれ，古典的な銀行取付に直面し，その後破綻した．

[†6] バーゼル委員会は，銀行 CRO は，「妨害なしに取締役会およびリスク管理委員会へ報告および直接の面会をすべきである．・・・CRO と取締役会の意見交換は定期的に行われるべきである．・・・社外取締役は上級経営陣が同席しない中で，CRO と面会する権利をもつべきである」と述べている．Basel Committee, *Principles for Enhancing Corporate Governance*, October 2010.

[†7] リスクアペタイトに関する以下の議論も参照．Senior Supervisors Group, *Risk Management Lessons from the Global Banking Crisis of 2008*, October 2009, pp. 23–24; KPMG, *Understanding and Articulating Risk Appetite*, 2008.

るいは蓋然性がないので積極的なリスク管理をする価値がないと考えたためにリスクを無視したりする事態がある．

取締役会にとって，リスク管理プロセスの複雑さが課題といえるかもしれない．しかし，戦略レベルでの原則は至って単純である．リスク管理には，4 つの基本的な選択肢しか存在しない．

- ある行動を取らないことを選択することで，リスクを回避する．
- 保険，ヘッジ，アウトソースによって第三者に，リスクを移転する．
- オペレーショナルリスクなどの場合，予防的かつ発見的な制御方法で，リスクを軽減する．
- リスクのある行動を取ることが株主価値を生み出すことを認識したうえで，リスクを許容する．

特に，取締役会は，ビジネスおよびリスク管理戦略を財務パフォーマンスではなく，経済パフォーマンスによって策定することを肝に銘ずるべきである．新しい千年紀に入った頃のエンロンや，その他の広く知られるコーポレートガバナンス上のスキャンダルを引き起こした企業の事例を，他山の石としなければならない．

ここには，適切な方針，手法およびインフラが存在することの確認が含まれる[†8]．インフラには，業務上の各要素（例えば，洗練されたソフトウェア，ハードウェア，データ，業務プロセス）および人材の両方が含まれる．

これは手間のかかる課題のように思われる．しかし，取締役会が課題遂行のために利用できるレバーには様々なものがある．例えば，会社がどれだけリスク管理プロセスを真剣に捉えているかの指標の 1 つは，そこに投入している人材をみることである．

- リスク管理職に対して，どのようなキャリアパスが与えられているのか．
- リスクマネージャーが報告を上げるのは誰か．
- トレーダーのような成果主義の人材と比べて，リスクマネージャーの報酬はどの程度か．
- 確固とした強力な倫理規範が存在しているか．

有効に機能する取締役会はまた，強力な倫理基準を確立し，それに経営陣が従うことの重要性を理解するように努める．銀行の中には，倫理委員会をビジネス部門の中に立ち上げ，倫理に反する業務執行のような「主観的な」リスクが，「客観的な」リスク報告の枠組みからこぼれ落ちてしまわないように努めている先もある．

[†8] OECD の論文 *Corporate Governance and the Financial Crisis: Conclusions and Emerging Good Practices to Enhance Implementation of the Principles*, February 2010, p.4 は，「重要な結論の 1 つは，戦略とリスクアペタイトを定める取締役会の責任は，全社的なリスク管理システムを確立し，監督することにまで拡張される必要があるということである」と述べている．

取締役会が利用できるもう 1 つの重要なレバーは，企業のパフォーマンス指標と報酬戦略である．取締役会には，役職員にリスク調整後収益（第 17 章を参照）での報酬を与え，ひいては株主利益増大に寄与する体系を確立するという重要な責務がある．21 世紀に入った直後の株式市場の過熱後の誤った財務報告の増加は，CEO への株式形態による報酬支払の増加と並行している．この報酬体系は，株価を短期的につりあげるために財務諸表を操作するという，歪んだインセンティブを経営陣に与える可能性がある．

関連する取締役会の責務として，銀行が行う主要な取引が与えられたリスク権限の範囲内であり，銀行の戦略と整合していることへの確認がある．

取締役会は，リスク管理のための情報が正確で信頼に足るものであることを確認すべきである．取締役は健全な懐疑をもって，CEO や上級管理職，内外の監査人など，情報に精通し信頼できる情報源からの情報を得るべきである．取締役は，厳しい質問を用意しておくべきであり，またその質問に対する答えを理解できるようにしておくべきである．

ただし，取締役会の職務は，リスク管理に対して日次ベースで責任を負うことではない．リスク管理上の判断を委任するためのメカニズムが，正しく機能しているかを確認することである．上記で論じたように，2007–2009 年の金融危機が，取締役会の役割強化の必要性に脚光を浴びせた[†9]．

- 取締役会の構成員は，リスク関連の問題について訓練を受け，組織のリスクアペタイトを探求し，決定する手段を与えられる必要がある．構成員は，会社のビジネス構成と戦略，収益目標，そして競争上のポジションを考慮したうえで，一定の時間軸の中で会社が望んで受け入れることが可能な損失リスクについて評価する能力が必要である．ここには，会社の現状におけるリスク特性と企業文化と，それに相対する会社のリスクアペタイトへの理解，そしてリスクアペタイトに対する会社の業績推移のモニタリングが含まれる．
- リスク管理委員会に属する取締役会の構成員には，主要なリスク原則について技術的に精通するとともに，確固としたビジネス経験が必要である．結果としてリスクの諸問題に対して明確な見通しをもつことが可能になる．
- 取締役会におけるリスク管理委員会は，監査委員会とは分離されているべきである．それぞれが負託した責任に対して求められるスキルが異なるからである．

[†9] 2010 年 10 月に，バーゼル委員会はコーポレートガバナンス強化のための原則を公表している．その中で，取締役会の役割，取締役会の構成員の資質，そして独立したリスク管理機能の重要性について言及している．(Basel Committee, *Principles for Enhancing Corporate Governance*, October 2010.) 米国では，ドッド・フランク法が，総資産 100 億ドル以上の上場の銀行持株会社，同様にシステム上重要な上場のノンバンク金融会社について取締役会における専任のリスク管理委員会の設置を要求している．

4.3 委員会とリスクリミット—概観

上記で，ベストプラクティスとしてのリスクガバナンスの目標設定について，おおよその背景説明をした．ここで，金融機関やその他非金融機関でリスクを取る企業が，これらの目標をどのように実務に落とし込むかについて，そのメカニズムを概観してみよう．

下記では，銀行業界のコーポレートガバナンスに焦点を絞る．おそらく業務管理および利益相反の分野を除けば，もっとも実務上の適用が進んだ業界だからである．しかしながら，同じ原理と構造は，他の産業においても応用可能であろう．

大多数の銀行において，取締役会は，例えば監査委員会やリスク管理委員会などの主要な委員会に，主要な政策とそれに伴うリスク管理活動の手続きの承認を委任している．委員会はまた，これら主要な政策の導入の実効性を確認する．

委員会は，取締役会の承認を受けた銀行全体としてのリスクアペタイトを，銀行の執行役員および業務部門レベルでのリミット設定にまで落とし込むことを推進する．例えば，すべての銀行が，信用リスクの報告および信用リスクリミット体系の両者に目を光らせる体制となるように，信用リスク管理委員会を設置するべきである．

同じ特定の任務を負う委員会でも，業界を通じて，それぞれの委員会の名前は多種多様である．ここでは議論のために，上級リスク管理委員会が，リスク管理の実務と詳細の報告を監督する銀行モデルを想定する．ここでは下位のリスク管理委員会，例えば信用リスク管理委員会などが，ある特定のタイプのリスクを管理し，上級リスク管理委員会に報告する態勢を想定する．

リスク管理委員会が，どのようにリスク指標とリミットの枠組みを使ってリスク管理の権限を銀行内部の組織に委任していくかを検証していくが，その前にリスクガバナンスに関する2つの特定のメカニズムを見てみることにしよう．

4.3.1 鍵となる伝統的メカニズム—取締役会における監査委員会の特別な役割

取締役会における監査委員会の役割は，取締役会による銀行の監視にとって重要なものとなる．監査委員会は，財務上や規制上の報告の正確性のみならず，規制，法令，コンプライアンス，リスク管理のような主要な活動においても，最低限あるいはベストプラクティスの基準を遵守しているかを確認する責任を有している．現在では監査委員会のメンバーには，その任務を果たすために財務に関する理解力が要求される．

監査とは，銀行が実施を言明したことを実際に実施しているかについて独立に検証し，結果を取締役会に報告することと考えることができる．監査委員会の機能のいくらかは，リスク管理とかなり近いが，ここでの検証業務は，監査委員会の業務とリスク管理委員会の業務とを隔てるものといえよう.

監査委員会の任務は，違反のチェックのみならず，財務報告，規制遵守，内部統制，およびリスク管理を実証するプロセスの質の監視も含んでいる.

監査委員会と直接的な報告関係をもつ監査機能が，銀行のリスク管理プロセスへの独立したチェックとしてどのように機能するかについては，後の節で具体的に検討する.

監査委員会が適切に機能するためには，知識，判断，独立性，誠実性，探求心，責任感などがバランスよく組み合わさったメンバーを必要とする．ほとんどの銀行において，社外取締役が監査委員会を統率する立場であり，かつメンバーのほとんどが社外取締役である．監査委員会はまた，経営陣と適切な接点を維持しておく必要がある．その接点は，独立であるが，生産的であり，かつ必要なコミュニケーション手段が常時保たれているものでなくてはならない.

監査委員会は，主要な任務の一つひとつに関して，いくつかの重要な質問を自らに問う必要がある．例えば，財務諸表に関して監査委員会は，財務諸表の正確性のみならず，財務諸表にあるかもしれない（意図的な，あるいは意図しないで起きる）重大な誤記のリスクについて会社が適切に言及しているかをも確認しておく必要がある.

監査委員会はまた，取締役会のために監視しているガバナンスのための報告およびリスク管理の内容について理解しておく必要がある．例えば，そこには法令や規制遵守と同様に，財務報告，業務の有効性や効率性に関する内容が含まれるかもしれない．繰り返しになるが，今次の金融危機は多くの銀行および金融機関における監査委員会の弱点を明らかにした．例えば，トレーダーがとった過剰なリスク，あるいはクレジット証券化商品による大規模なポートフォリオ構築のリスクを見抜けなかったことなどである.

4.3.2　鍵となる新しいメカニズム—リスク顧問取締役の役割進展

すべての取締役会メンバーが，銀行（あるいは保険会社やエネルギー会社）のような複雑なリスクを取る企業の財務状態を判定できるスキルを有しているわけではない.

特に社外取締役が，当該企業とは別の業界で，かつ真に独立した企業から選定されている場合には，そのような可能性が高くなる．社外取締役が，検証に必要な質問をする能力，あるいはこれら質問に対する回答を厳密に理解する能力に欠けている場合には，社内取締役は社外取締役を容易に欺くことができる．最近のコーポレートガバナンス上のスキャンダルの多くは，この点に由来する問題である.

このような欺きの企てを無効にする方法は様々であるが，いずれにしても，社内取締役から独立した形でリスクとリスク管理プロセスの情報を解釈できる仕組を，取締役会が確立することへと帰着する．

取締役会が取りうる1つの方法としては，リスク管理特別顧問取締役をリスク管理全般の専門家として，（必ずしも議決権をもつ必要はない）取締役会メンバーに加えることである．特別顧問取締役の任務は，上級リスク管理委員会および監査委員会の効率性と有効性全般の改善，ならびに取締役会自身によるリスク管理の独立性および質の改善である．顧問取締役が考慮する点については，BOX4.3に列挙している．これらの項目は，リスク管理に関する取締役会の重要な任務についての，有効なチェックリストにもなっている．

特定の活動の条件において，顧問取締役は，

- 委員のサポートを目的に監査委員会に出席する
- 定期的に主要なリスク管理委員会の会合に出席し，経営向けリスク管理レポートに対して独立の立場から意見を述べる
- 経営陣の主要メンバーと定期的に会見する
- 業務の執行状況を監視する
- ベストプラクティスのコーポレートガバナンスとリスク管理事例から，自社に応用可能な優れた方針，手法，インフラストラクチャーに関しての洞察を引き出す
- 主要業務範囲におけるリスクプロファイルおよびビジネスモデルに付随するリスクに関して，高所から啓蒙的な見通しを提供する

顧問取締役の目指すゴールの1つは，リスク管理方針，管理手法，インフラストラクチャーに関して，コーポレートガバナンスとリスク管理の間をつなぐ継続的な検討・調査を行うことである．

BOX 4.3

リスク顧問取締役は何をすればよいのか

本文において，コーポレートガバナンスの新しいメカニズムとして，リスク顧問取締役の役割を概説した．そのような取締役は，以下の点に関して，検証，分析を行うと同時に，諸点につき精通していなければならない．

- リスク管理方針，方法論，インフラストラクチャー
- 日次および週次のリスク管理報告
- 事業ポートフォリオ全般とそのリスク要因
- ビジネス戦略とリスク形態の変化
- 市場，信用，オペレーショナル，ビジネスリスクを削減する内部統制
- 財務諸表，重要な会計方針，重大な会計上の判断，重要な会計上の推定，オフバランスシート財務
- 有価証券報告書作成による財務情報と開示
- 内部監査および外部監査報告，ならびに付随する管理通信
- 会社とその提携先の相互関係．会社間取引価格の問題，関連会社との取引，各企業が選出した外部監査人の相互関係を含む

- 関連する監督当局，会計監査人，業界，格付機関，証券取引所などからの要請とベストプラクティス
- リスク管理における外部競争相手の実践と業界トレンド
- 業界のコーポレートガバナンスとリスク関連フォーラム

4.3.3　取締役会におけるリスク管理委員会の特別な役割

銀行における取締役会レベルのリスク管理委員会は，信用，市場，および流動性に関するリスクの特定，測定，モニタリングおよびコントロールについての独立性をもった検証を，これらの方針およびガイドライン体系の十全性を含めて検証する責任を負っている．リスク管理委員会がオペレーショナルリスクに関して問題を特定したならば，通常は査閲を求めてその問題を監査委員会に報告することになる．

また，典型的には取締役会は，一定量を上回る個別の信用供与（例えば貸付金）の認可，ならびに会長あるいは CEO が定めたリミットの範囲内にはあるが，報告対象となる一定の限度額を超えている個別の信用供与見直しについて，リスク管理委員会に権限を委譲する．これらの機能については，取締役会の承認を得て，例えば「投融資の権限委譲に関する決議」のような正式な文書により規程化されるのが通常である．

リスク管理委員会は，取締役会に様々な事項を報告する．例えば，特例限度額あるいは関連部署（例えば審査部）によって定められた限度額を超えているすべての貸出金や信用供与の状況についてなどである．リスク管理委員会はまた，信用ポートフォリオおよび証券ポートフォリオのモニタリングを行う．モニターには，信用，市場および流動性に関するリスク水準の推移，ポートフォリオ構成，業種別の分析などが含まれる．

リスク管理委員会はまた，内部監査人，外部監査人，経営管理委員会と個別に面談しコミュニケーションできる機会を作り出すことが通常である．

4.3.4　取締役会における報酬委員会の特別な役割

2007–2009 年の金融危機における重要な教訓の 1 つは，金融機関の報酬体系が長期のリスクを不十分にしか考慮せず，不適切なリスクテイクを助長するものであったことである．直近の 20 年間にわたって，銀行家とトレーダーは，短期の収益と業務量に結びつけられたボーナスによる報酬割合が増大してきた．それにより，先に手数料と収益を積んで，後にリスクを残すような動機付けがなされてきた．また，報酬体系はまるでコールオプション（コールの定義については第 5 章を参照）のように構築されていた．収益の増大に対しては報酬が増え，損失が発生した場合には実際の罰則が与えられたことはなかった．過度なレバレッジにも

助長されて，この体系は時に，驚くほど向こう見ずな投資戦略に銀行全体が賭ける方向に，全役職員を導くことになる．

多くの国において，証券規制当局は，上場会社に経営上層部の報酬を決定するための，特別な取締役会における報酬委員会の設置を求めている．これはコーポレートガバナンスにかかる懸念に対する動きである．特に，現実にそのような意思決定への発言ができない株主の負担の下で，CEO やその他経営陣に報酬を与えることを取締役会に納得させる能力が CEO にあるかという懸念である．

インセンティブ報酬は，株主とその他のステークホルダーの長期的な利益，および資本対比のリスク調整後利益をもって調整されるべきであることが，現在では広く認識されている．ここまではできない場合でも，銀行にとって潜在的な歪みについて対処することは重要である．リスク管理上の考慮を収益目標と報酬の決定とに一体化することは，先進的な取組みであり，報酬体系は全社的なリスク管理の重要な手段であるとみなされている．

しかしながら，収益をあげる人材に対して魅力的な報酬体系を提示することは，企業にとっては常に魅惑的なものである．国際的な協調は，金融機関が活動する地域を選択することを通じた人材市場での裁定取引を防ぐことを可能にするかもしれない．2009 年 9 月，G20 は金融業界における過大な報酬が，行き過ぎたリスクテイクを促し，金融危機の要因になったとの考えを是認した．G20 の推奨は，受取りを保証されたボーナスを排除し，長期間でみて事業戦略から損失が生じる事態が発生した場合には，繰り延べたボーナスを回収するという報酬制度により，経営陣をダウンサイドのリスクにさらすことである[†10]．さらに，EU の規制当局は，銀行員のボーナスを年間固定給の同額まで，あるいは株主の 2/3 の大多数が明示的に賛成をした場合には年間固定給の 2 倍までを上限とする制度を，2014 年施行で採択している．また，欧州議会は 2013 年に資産管理業界のボーナス上限を採決した．欧州連合に規制されているミューチアルファンドのマネージャーのボーナスは基本給の額を超えてはならない．

株式ベースの報酬は，株主の利害と経営者の利害を調整するものであるが，万能薬ではない．リーマンの破綻前には，同社のおよそ 1/3 の持分が従業員によって保有されており，多くの従業員が生涯貯蓄の大きな部分を失った．一方，株主収益はアップサイドが青天井である一方，損失のダウンサイドは限定的であるため，株式の保有はリスクテイクを助長することにもなりかねない．

1 つの解決法は，従業員の報酬体系の一部に制限つきの債券を含めることで，従業員を会社の債権者にすることかもしれない．このような解決法が UBS で採用されている．もっとも高い報酬を得る従業員のボーナスの一部が「ボーナス債」で

[†10] 金融安定理事会 (FSB) の導入基準は，例えば報酬の 40〜60% を 3 年間支払凍結するというような，繰り延べについての特定の条件と期間をリスト化している．同理事会はまた，従業員が意図されたリスクインセンティブの調整をないがしろにするようなヘッジの実行を，会社が禁止することを推奨している．同理事会はまた，保証されたボーナスの利用に反対し，株式保有方針にしたがい，少なくとも支払いの 50% が株式に基づくものとなることを提案している．

支払われることになる．この債券は，銀行の規制自己資本比率が 7.5% 以下になると没収される．

さらに，UBS における CoCo 債（付録 3.E 参照）の利用は，この報酬戦略を補完するように構築されている．CoCo 債は自己資本比率が 5% 以下になると株式に転換される．この 5% のトリガーは，繰り延べされた報酬の没収のトリガーよりも低くなるように考えて設定されている．その理由は，負債から株式へと転換する閾値に達するより前に，経営陣が財政的に困窮した会社の資本増強を行うことが期待されるならば，債券投資家が CoCo 債へ，より多くの投資をすることが期待されるからである．

このような報酬制度は将来の政府救済の蓋然性と想定されるコストを引き下げることで，社会的な厚生全般をより改善することになろう[†11, †12]．

4.4 実務上の役割と責任

ここまでは，取締役会レベルでのリスクガバナンスについての基本的な仕組みとメカニズムを述べてきた．しかし，このような仕組みとメカニズムはどのように機能し，銀行の日々の業務と，取締役会が認めた全体のリスクアペタイトや取締役会の管理委員会が定めたリミットとの調和を実現させるのであろうか．

銀行における上級リスク管理委員会は，取締役会が承認できる保守的なリスク量を推奨する．とりわけ，銀行のリスク管理委員会は，銀行全体としての金融リスク（すなわち，市場リスクと信用リスク）および非金融リスク（すなわちオペレーショナルリスクとビジネスリスク）の量を，経営戦略に沿った形で決定する．組織の最高位にある取締役会は，明確に定義された広範なリスク尺度（例えば金利全般のリスク量）を基に，リスクアペタイトを毎年承認する．取締役会は，CRO を委員長とする上級リスク管理委員会に権限を委譲する．リスク管理委員会のメンバーはリスク統轄役員 (CRO)，コンプライアンス統轄役員，ビジネスユニット長，CFO，主計によって構成される．

上級リスク管理委員会はまた，リスクに関するすべての方針の確立，規程化，実行に対して，そして特定のビジネスレベルでのリスクリミット設定の CRO への権限委任に対して責を負う．通常，CRO は経営管理委員会のメンバーであり，任務

---

†11 これと同様の報酬体系が *The Squam Lake Report* (French et al., 2010) で提唱されている．同レポートの推奨は以下のとおりである．「システム上重要な金融機関は，会社の生き残りに重要な影響を有する可能性のある従業員の報酬のかなりの部分（20% 程度）を留保すべきである．この留保分は，会社の自己資本比率が特定の閾値を下回った場合に没収されるべきである．繰り延べ期間（5 年程度）は，債券の満期以前で，マネージャーの活動についての大部分の不確実性が解明されるに十分な長さであるべきである．没収の場合を除いて，債券の支払いは会社業績には依存せず，マネージャーは没収のリスクをヘッジすることを許されない．没収の閾値は，規制上の自己資本比率の基準抵触より十分に前で，かつコンティンジェント転換債の株式転換点よりも十分に前に，線引きされるべきである．」

†12 2008 年にクレディ・スイスは，上級管理者のボーナスの一部を，不良資産のプールと結びつけた債券で支払い，会社におけるリスク資産の処分と資本の開放を助長した．

の1つとして，銀行のリスク管理戦略を策定する責任を負う．具体的には，CROはリスク管理方針，リスク管理手法，およびリスク管理インフラストラクチャーに対する責任，ならびにコーポレートガバナンスに対する責任を負う．

上級リスク管理委員会は，CROに日々の業務運営上の権限を委譲する．そこには銀行の様々な業務においてリミットの超過を承認する権限を含んでいる．ただし，取締役会によって承認されたリスクリミットの総額を越えない範囲においての権限委譲である．

多くの銀行において，CROは上級リスク管理委員会と並んで，銀行全体のリスクアペタイトを，取締役会に認識させる重要な役割を果たしている．またCROは，取締役会や経営陣の意図を組織全体に伝達する役割も担っている．例として，各ビジネスユニットに特定のリスクリミットまでリスクを引き受ける権限が付与されているとしよう．上級リスク管理委員会は，銀行のインフラストラクチャーが，銀行のリスク管理の目的を達成できることを自ら確認しなければならない．上級リスク管理委員会はまた，各ビジネスユニットに権限として与えたリスクリミットを詳細に検証し，承認を（例えば年次で）行ったうえで，これらリミットのモニタリングをCROに委任することになる．

大手銀行では，この権限付与と更新のプロセスは明確になっている．例えば，各ビジネスユニットのリスク権限は，一般的にはリスク管理委員会の承認後1年で消滅する．リスク管理委員会のスケジュールにあわせて，1年を超える権限延長の承認がCROに許可されている場合もある．

ビジネスにおける目標達成とリスク管理基準の維持（リミットが適正にモニターされているかの確認を含む）を両立させるバランスが求められる．ビジネスユニットへの権限委譲を立案する場合には，通常，主要なインフラストラクチャーおよびコーポレートガバナンス関連部門の助言が求められる．

CROは1年を通して，独立したリミットモニタリングに責任をもつ．CROは，市場，信用，オペレーショナルリスクの観点から，ビジネスユニットにそのポジションの削減あるいは完全な手仕舞いを命じることができる．例として，投資銀行では，グローバル・トレーディングの長は，すべてのトレーディングにおけるリスク管理とパフォーマンスについて責任をもつ代わりに，配下のビジネスマネージャーに対するリミット管理の権限をもつ．ビジネスマネージャーは管轄のビジネスにおけるリスク管理とパフォーマンスについて責任をもつ代わりに，配下のトレーダーに対するリミット管理の権限をもつ．

この権限委譲のプロセスは図4.1に，市場リスクの例としてまとめられている．

それぞれの主要なビジネスのレベルにおいて，ビジネスリスク管理委員会が設置されるかもしれない．ビジネスリスク管理委員会は，一般的にビジネス部門とリスク管理部門の両者で構成される．ビジネスリスク管理委員会の主眼は，ビジネス上の意思決定が全社の望むリスクリターンのトレードオフと整合しているか，リスクがビジネスラインレベルで適切に管理されているかを確認することにある

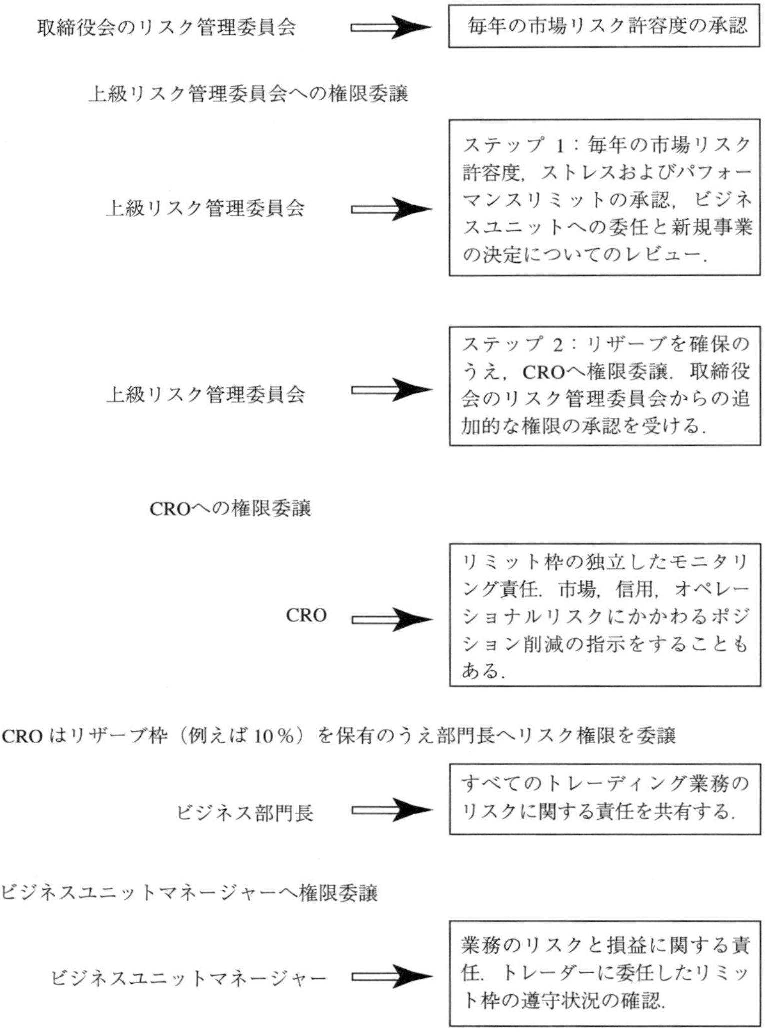

図 4.1　市場リスク管理権限の委譲プロセス

（BOX4.4 参照）．

BOX 4.4

ビジネスユニットへの権限委任承認申請のフォーマット

ビジネスユニットが権限委任の承認を申請するための標準的なフォーマットは，下記のようになる．

> 第 1 に，承認を求めるビジネスユニットは，権限委任の概要を提供し，そのために必要な意思決定事項を示す．
> 第 2 に，当該ビジネスユニットは，ビジネスの現状について説明する．例：主な業績，リスクプロファイル，リスクプロファイルに影響を与える新商品（あるいは活動）の目論見書．
> 第 3 に，当該ビジネスユニットは，将来の業務展開の概略を示す．
> 第 4 に，当該ビジネスユニットは，ビジネス戦略に見合った金融リスク（市場リスク，信用リスク）に関するリミット，ならびに本文中で議論したリミットの基準について提案する．
> 第 5 に，ビジネスユニットは，金融リスク以外のリスクについて網羅的に特定する．ここには，財務，法務，コンプライアンス，ビジネス運営，あるいは税務上の問題が含まれる．

ビジネスリスク管理委員会は，ビジネスとリスク管理機能の一定の関係を反映して，特定のリスクについてビジネスレベルでどのように管理を行うかを決定する責任を負う．ビジネスリスク管理委員会はまた，リスクの適切な計測と管理方法を定めた方針を承認し，リスクリミットおよびビジネスユニット内のリスクに関する権限の詳細な検証を実施する．

取締役会レベルより下位の委員会では，執行役員とビジネスマネージャーは，リスクについての管理および報告をする場合において，必ずしも従属関係にある必要はない（図 4.2）．ビジネスマネージャーは，適時，適正，網羅的に取引を把握し，かつ公式の損益計算書への承認を行う．

銀行におけるオペレーション機能は，とりわけリスクの監視を行う場合に重要である．例として，投資銀行のケースをみると，独立した取引の記帳，取引の決済，フロントとバックオフィスでのポジションの照合がこの機能である．この機能により，すべての銀行取引のうちの主要な記録が把握されなければならない．オペレーション業務担当者は，損益計算書報告書および独立した時価評価（例えば，銀行ポジションの市場価格評価）を準備し，また様々な業務に関してオペレーション上の要求をサポートする．

一方で，銀行の財務機能は，バリュエーションと財務政策を推進し，また独立した時価評価プロセスの検証を含む損益の正確さを確認する．財務機能はまた，ビジネス計画のプロセスを管理し，様々なビジネスの財務上の要求をサポートする．

金融危機は，金融機関内のリスク管理責任者，とりわけシニアレベルの責任者の権限を再強化する必要性を浮き彫りにした．主要な教訓は以下のとおりである．

CRO は単に事後的にリスクを管理する者ではなく，リスクの戦略家でなければならない．すなわち，CRO はリスクを管理することを助長するのと同様に，銀行が前提とするリスクを決定するにあたり重要な役割を果たすべきである．組織のハイレベルでのリスク管理の戦略的な狙いを確立するために，銀行あるいはその他金融機関における CRO は最高執行責任者 (CEO) にレポートをすべきであり，

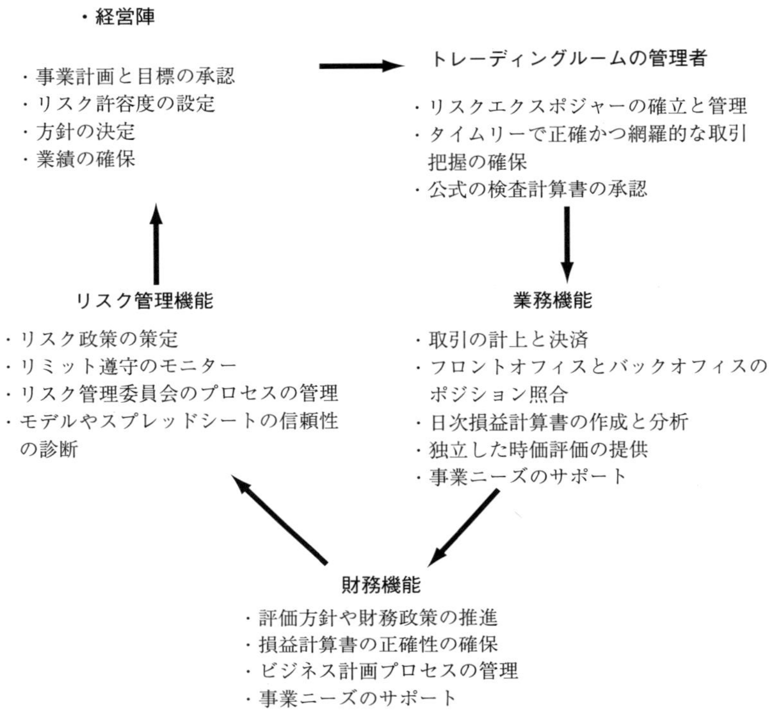

図 4.2　リスク管理の相互依存関係

取締役会のリスク管理委員会に議席を有するべきである．

CRO は，取締役会のリスク管理委員会へ，定期的に直接参加するべきである．CRO はまた，リスクに関する問題とエクスポージャーを定期的に取締役会へ報告すべきである．強力な独立した声をもつことは，リスクアペタイトのガイドラインを脅かす可能性のある重要な事態に対して，CRO が組織上のラインおよび上級経営陣の両者，あるいは取締役会へ注意喚起を行う権限を有していることを意味している．

CRO はビジネス部門のマネージャーの権限ラインから独立であり，マネージャーの意思決定に有意義な影響を与えるに足る十分に大きな声を出すべきである．

CRO はすべての新規取組の金融商品について以下の検証，評価を行わなければならない．すなわち，期待収益が潜在的なリスクに見合っているか，そのリスクは会社のビジネス戦略と整合的なものか，についての検証，評価である．

4.5　リミットとリミット設定の基準

コーポレートガバナンスのベストプラクティスを達成するためには，特定のビジネス戦略に対して取締役会の承認を受けたリスクアペタイトが設定できなければならない．言い換えれば，リミットと権限の適切な設定を，ポートフォリオ全体はもちろん，それぞれのビジネスポートフォリオごと，あるいは（ビジネスポートフォリオ内の）リスクタイプごとに行える必要がある．

市場リスクに対するリミットは，資産価額の変化（あるいは変化率）から生ずるリスクに対するコントロール手段を提供する．信用リスクに対するリミットは，デフォルト件数ならびに格付の下方遷移による信用ポートフォリオ（例えばローンポートフォリオ）の質的低下をコントロールし，制限する手段を提供する．銀行はまた，ALM 管理上のリスク，および特に流動性の低い商品における市場流動性リスクに対して，厳格なエクスポージャー管理の実施を必要とするであろう．

各リミットの厳密な性質は，銀行の活動内容，規模，および洗練度合いに応じて，かなり大きな違いがある．リスクリミットの設定，リスク・エクスポージャーの検証，リミットの特例承認のプロセスを文書化すること，ならびにリスク・エクスポージャーの算定に用いる分析手法を開発することが，金融機関におけるベストプラクティスへとつながる．

多くの銀行において，リスクガバナンスのベストプラクティスとして要求されるものは，市場リスクおよび信用リスクのバリューアットリスク (VaR) のような洗練されたリスク指標，あるいは信用リスクの格付に応じたポテンシャルエクスポージャーへのリミット設定を導入することであろう．

詳細は第 7 章で議論するが，VaR のようなリスク感応的な計測は，平常時の市場環境下での一般的なポートフォリオに対するリスクを表現することには向いているが，極端な環境下，あるいは特別なポートフォリオ（例えばオプション・ポートフォリオの一部）に関するリスク表現には向いていない．したがって，リミット設定は，シナリオ分析やストレステスト計測と関連づけることが必要である．これによって市場に極端な変動が発生した場合でも，銀行が生き残れることが確認できるのである．

多くの金融機関において，2 つのタイプのリミットが設定されている．これらをリミットタイプ A，リミットタイプ B と呼ぶことにする．タイプ A（しばしば tier 1 と呼ばれる）リミットは，各アセットクラスに対する単一のリミット（例えば金利関連商品に対する単一リミット）を，ストレステストに対する単一のリミット，そしてリミット到達時からの累積損失額とともに含めて設定することも可能である．タイプ B（しばしば tier 2 と呼ばれる）リミットは，より広範であり，ビジネスおよびカテゴリー集中（例えば，信用力，業種，マチュリティ，地域等）に対するリミット設定を対象とする．

特定の指標によるリスクリミット水準の設定は，リスク管理部署から提案され，上級リスク管理委員会で承認されたリスクリミット基準に合致していなければならない．

平常時に起こりうるイベントに対してリミット額をすべて費消する，すなわちリミット超過となってしまうようなリミット設定は，実務においては現実的ではない．リミットの設定においては，ビジネスユニットにおける過去のリミット使用額を考慮に入れる必要がある．例えば，市場リスクに関するタイプAリミットの水準は，平常時のビジネス活動および市場環境の下でのエクスポージャーが，リミット額の40〜60%となるように設定される．平常時の市場環境でのリミット使用額のピークが，リミットの85%程度となるようにリミット水準を設定するべきであろう．

整合的なリミット体系の構築は，銀行における様々なビジネスおよび業務活動にまたがるリスクに対する統合的なアプローチを構築する一助となる．また，仮にリミットを経済資本のようなリスクに関する共通言語とする場合には，タイプBリミットを，ビジネスラインをまたがる共通言語の代用として使用することもできよう．ただし，このような転換には，ビジネス部門長とCROによる共同の承認が求められる．

もし銀行が上記の原則と手順に従っていたとすれば，2007–2009年の金融危機に生じた多くの問題は避けることができたかもしれない．

4.6　リスクモニタリング基準

銀行が，有効な方法で各ビジネスラインへのリスクリミット設定を行ったとして，ビジネスラインがそのリミットに従っていることを確かめるモニタリングはどのようにすべきであろうか．単位時間あたりのリミット額変化がもっとも大きい，市場リスクを例題として取り上げる．

まず，すべての市場リスクのポジションは日次で評価される必要がある．トレーダーと独立のユニットで日次の損益計算書を作成し，（トレーディングをしていない）経営陣に報告すべきである．取引価格およびポジション評価を行うモデルで使用されているすべての仮定について，独立に検証がなされなければならない．

トレーディング部隊が，リスク管理方針とリスクリミットを遵守していることを評価できるタイムリーで有意義な報告があってしかるべきである．また，いかなるリミットの特例設定や超過に対しても，タイムリーに報告が上げられるプロセスがあってしかるべきである．すなわち，部下のトレーダーがリミットを超過した場合に，マネージャーがどのように行動すべきかが明確になっていなければならない．

ポートフォリオの実際の価値変動と，銀行のリスク計測手法により推定される価値変動との乖離についても検証が必要である．ストレステストを実施することで，主要な市場および信用リスクにおける変化が損益に与える影響を把握する必要がある．

銀行は，タイプAリミットに使用されるデータ（実際にリスクを取っている部署とは独立した部署によるデータ）とその他の経営管理情報のために使用されるデータを峻別しなければならない．リミット管理とは別のタイプのリスク分析については，タイムリーさが重要な要件となる場合もある．リスク管理マネージャーは，適切なデータソースとしてフロントオフィスシステムのデータを使用する場合もありうる．例えば，日中のトレーディングにおけるエクスポージャーモニタリングのような，リアルタイムのリスク計測においては，単純にフロントオフィスのシステムからのデータで計測する以外に方法がないかもしれない．

一方で，リミットモニタリングに使用されるデータは，下記の要件を満たす必要がある．

- フロントオフィスから独立であること
- 規準を確保するために銀行の公式な会計と一致すること
- 統合されたデータベースからの出所であること
- リスクを適正に計測できるデータ形式であること．例えば，市場リスク VaR あるいは信用リスク VaR の手法を採用したものであること

実際にリミット超過が起こる前にリスクリミット超過懸念をリスク管理部署に報告するように，ビジネスユニットを厳格な命令系統の下に置くべきである．例えば，エクスポージャーが，タイプ A あるいはタイプ B リミットの 85 パーセントに達した場合に，警告が発せられるという仕組みが考えられる．その際，ビジネスライン長と CRO は共同で，リミット枠の一時的な拡張を上級リスク管理委員会へ要請することも考えられる．また，経営レベルでの上級リスク管理委員会への要求に先立ち，ビジネスユニットレベルでのリスク管理委員会において，リミット拡枠の必要性についての承認がなされるべきである．

リスク管理部署が，計画的なリミット超過の通知を受けた場合，その超過について承認する場合がほとんどであろう．これはビジネスユニット自身が，早期にリミット超過の警告を発するための十分なインセンティブとなる．

リミット超過時には何が起こるのだろうか．図 4.3 に示されるように，リスク管理部署は即座に超過の事態を「タイプ A リミットあるいはタイプ B リミット特例報告」に記載し，同時に超過に関する適切な説明と，超過に対するアクションプランを報告しなければならない．リスク管理責任者は，リザーブ枠の使用を認可することもできる．

タイプ A リミットの超過は，即座に解消あるいは修正されなければならない．タイプ B リミットの超過は，比較的短期間の例えば 1 週間のうちに，解消あるいは超過の承認を受けなければならない．リスク管理マネージャーは，銀行内におけるすべてのリミット超過をリミット超過報告書で報告しなければならない．その報告書にしたがって，日次のリスク管理ミーティングで議論され，リミット超過がタイプ A のものかあるいはタイプ B のものかの区別を行う．マネージャーには，いかなる超過の事態をも日次報告書から除外する権限は与えられない．

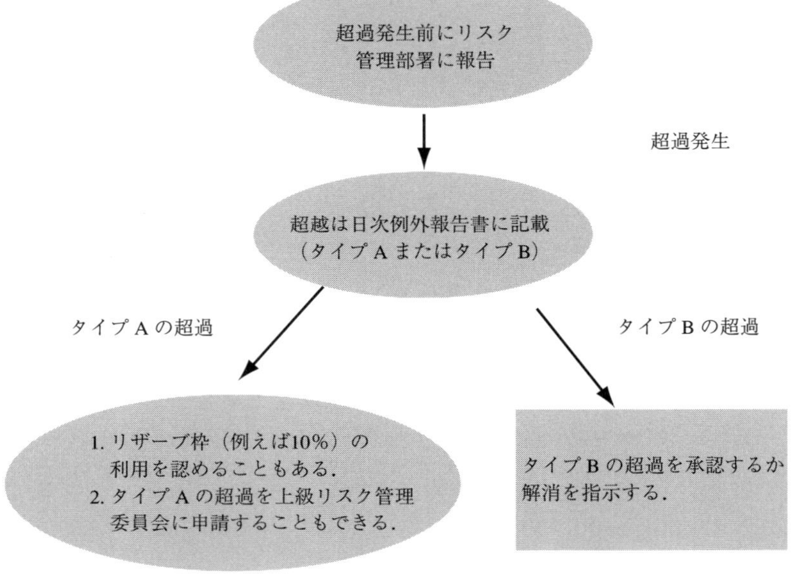

図 4.3　リミット超過時の段階的手順

他方，リミットが有効に機能するためには，隠れたコストが発生することは認識しておくべきである．すなわち，追加的なリスクを銀行として取ることができないのであれば，収益機会も同時に失うということである．リミットが迫ってきた場合に，リミット遵守の機会費用を評価し，銀行としてリミットを緩和するかどうかの判断が必要になる．

4.7　監査機能の役割とは何か

ここまで，リスクガバナンスにおけるベストプラクティスの要件を満たす，リスク管理プロセスの一例を概説してきた．しかし，執行役員あるいはビジネスマネージャーが，取締役会が表明した目的（そして法令上，規制上の最低要件）に沿った活動をしているかどうかを，取締役会はどのように知るのであろうか．

答えは，銀行の監査機能と銀行全体にわたる定期的な検査にある．監査機能の重要な役割は，銀行リスク管理の設計と実施に対して独立した立場で評価を行うことである．

例えば，規制上のガイドラインは，内部監査部署によるリスク管理プロセス全体の検証を要求している．具体的には，文書化の適切性，プロセスの有効性，リスク管理システムの統合性，リスクコントロール部署の組織体制，日次のリスク管理におけるリスク計測の統一性，などである．

再び市場リスク管理を例に取ろう．規制上のガイドラインは通常，監査人に次の事項を明らかにすることを求める．すなわち，フロントおよびバックオフィス担当者が使用するデリバティブのプライシングモデルと評価システムの検査についての承認プロセス，リスク計測プロセスの重要な変更に対する検証，リスク計測モデルにより捕捉されるリスクの対象範囲などについてである．

規制当局はまた，管理情報システムの統合性，ならびにポジションデータの独立性，正確性，完全性の検証を内部監査人に求める．各国当局の規制要件に止まらず，主要な監査の目的として，（ストレステストと連関した方法を含む）リスク計測の設計と概念の健全さを評価することがある．内部監査人は，バックテスティングのプロセスを通じてモデルの正確性を検証すべきである．

監査はまた，リスク経営管理情報システム（いわゆる「リスク MIS；Management Information System」）の構成要素に対する健全性を評価すべきである．例えば内部モデルにおけるコード付与や実行プロセスなどの評価である．ここには，市場ポジションデータの取込みの制御，あるいはパラメター推計プロセス（例えば，ボラティリティや相関の仮定）の制御などについての検証が含まれる．

監査の責務には，市場 VaR や信用 VaR の分析エンジンに投入するパラメターの推計に用いられる財務データベースの設計や概念の健全性についての検証が含まれることも多い．監査はまた，リスクモニタリングの手続きの適切性および有効性，リスク管理システムのアップグレード計画の進捗状況，リスク MIS 内のアプリケーション制御の適切性および有効性，そして検証プロセスの信頼性についても検証を行う．

監査はまた，定性的，定量的な基準が規制ガイドラインの概略に沿った形で規程化されているかを検証しなければならない．監査はバリューアットリスクの報告枠組みの信頼性についてもコメントをすべきである．

BOX4.5 は，リスク管理機能について監査指摘事項報告書の一般的な条項を示したものである．これは，リスク管理の役割と監査の役割を混同する危険性の解決にも役立つ内容となっている．BOX4.6 は対照的に，格付機関など第三者機関が，多くの異なる機関の間におけるリスク管理態勢の比較を行う場合に用いるリスク管理のスコアリング手法について概説したものである．

BOX 4.5

事例：監査指摘事項報告書

リスク管理の観点からすべてが良好な場合には，信頼できるリスクコントロールの供給と，規制基準（例えば 1998 年 BIS 資本規制）遵守のための，十全なプロセスが存在することを，監査は報告するべきである．

例えば，銀行のトレーディング業務におけるリスクコントロールに関する，監査部署の結論を箇条書きにすると，以下のようになる．

- リスクコントロールユニットはビジネスユニットと独立である．

- 内部リスク管理モデルは，業務管理に利用されている．
- 銀行のリスク計量モデルは，重要なリスクをすべて捕捉している．

さらに，すべてが良好な場合，監査部署は，下記項目について適切で有効なプロセスが存在していると報告することになる．

- フロントおよびバックオフィス担当者が使用する，リスクプライシングモデルならびに価格評価システム
- リスク管理システムとプロセスの文書化
- リスク計量プロセスの重要な変更についての検証
- リスク管理情報システムの統合性の確認
- ポジションデータの捕捉（捕捉されていないポジションが，リスク報告上は重要でないこと）
- 内部モデルの実行に使用されるデータソースの一貫性，タイムリーさ，信頼性の立証，およびデータソースの独立性
- ボラティリティおよび相関の仮定についての正確性および適切性の確認
- バリュエーションおよびリスク移転の計算についての正確さの確認
- 頻繁なバックテスティングによるモデルの正確性の立証

BOX 4.6

特定機関のリスク管理の質をスコアリングすることは可能か

本章の大部分において，ベストプラクティスのリスクガバナンスのための正しい態勢を確立することについて議論をしてきた．しかし，ある機関の全般にわたるリスク管理の実践についてスコアリングする方法は存在するのであろうか．その結果，その機関自身および外部の観察者が，当該機関のリスク管理の文化や基準についての客観的な理解を深めることができるのであろうか．

著書の中の一人は，信用格付機関でこのようなスコアの作成に従事した経験がある．

この手法では，機関内部の統合的リスク管理機能の各側面に内在するリスクを，次の 3 つの重要な要素に沿った形で作成された質問票によって査定する．

- 方針 例：リスクアペタイトはビジネス戦略と整合的か．リスクに関して内部，外部と適切なコミュニケーションが取れているか．
- 手法 例：リスク管理手法は，パフォーマンス評価と結びづけられているか．数学モデルは適切に検証されているか．経営陣はモデルリスクについて理解しているか．
- インフラストラクチャー 例：適正な人員とオペレーショナルプロセス（データ，ソフトウェア，システム，および人材の質など）が，リスクコントロールおよび報告態勢に見合った形で配置されているか．

基本的な PMI（方針 [policies]，手法 [methodologies]，インフラストラクチャー [infrastructure]）の枠組みは，ほとんどの機関で利用可能である．ただし，特定業種にかかわる側面を取り扱う場合には，この 3 つの重要な要素に沿ったより詳細な質問を準備することが必要である．

例えば，トレーディングを行う金融機関の場合には，（トレーディング勘定に付随している）市場リスクおよび信用リスクのリミットと権限についてのプロセスに関する回答記入を求める．

これらの情報収集には，質問票の配付に加えて，検査期間に上級管理職との面談を行うことも含まれる．完了した査定結果は，格付機関内での内部コミッティーで検討される．主席信用格付アナリストは，当該対象機関全般にわたる評価を格付機関として決定する際に，この調査結果を考慮に入れる．

ネガティブな査定結果は，当該機関に付与される信用格付に影響を与える可能性がある．このことは，リスク管理，コーポレートガバナンス，およびリスクに関するディスクロージャーの連関が，いかに重要なものとなってきているかを明白に示している．

内部監査は，統制，ガバナンス，そしてリスク管理についての客観的な保証を提供する国際的な基準を作り出してきた．内部監査人協会 (Institute of Internal Auditors；IIA) は，専門職実務の国際的フレームワーク (International Professional Practices Framework；IPPF) としてまとめられた指針を提示した．そこでは監査人に対する強制のものと強く推奨されるもの両方のガイダンスが提言されている．IPPF は，多岐にわたる活動を包括した実務指針を有している[†13]．

銀行界において，監査機能がオペレーショナルリスク管理機能をコントロールすべきかどうかについては議論があるところである．もっとも，監査は内部統制の質に関しては当然に関心をもっている．

残念ながら，監査機能に銀行のオペレーショナル管理機能の開発を認めることは，誤りである．監査がリスク管理機能から独立していることは，監査が取締役会に提供するすべての検証に対する前提条件となるものである．仮にこの独立性が守られないとすれば，監査は，自らが設計あるいは管理運営するリスク管理活動の質について，意見を提供するという危険がある．これは，銀行のリスクガバナンスの本質にかかわる，古典的な利益相反にあたる．

4.8 結論：成功へのステップ

複雑なリスクを取る機関においては，リスク管理のベストプラクティスと，コーポレートガバナンスのベストプラクティスを分離して考えることは，現実的に不可能である．

取締役会は，卓越したリスク管理とリスク指標なしに，リスクを取る機関の財政状態のモニタリングとコントロールを行うことはできない．一方で，リスク管理機能がその要求に見合った投資成果を得るかは，役員や取締役会レベルが後援することにより，強力なビジネスリーダーと均衡勢力を保てるほどの影響力をも

[†13] IIA のウェブサイトの Professional Guidance のセクションを参照のこと．この IIA の基準には，内部監査活動の管理，作業の性質，業務の計画，業務の実行，結果の伝達，進捗のモニタリング，上級管理職のリスク承認の決議の，それぞれの基準が含まれている．ガバナンスとリスク管理基準は，作業の性質における基準の一部である．リスク管理の基準は，組織のリスク・エクスポージャーの評価，不正リスクの評価，監査期間中のリスクレビュー，監査期間中に獲得されるリスクの知識などのトピックを扱っている．

てるかにかかっている．

ここで，ビジネス史上の重要な教訓を強調しておこう．すなわち，企業における多くの致命的なリスクは，一見して成功が決定的と見えるビジネス戦略と関連している．後になってやっとわかるのだが，見落としていた，あるいは過小評価していたリスクが，自身に跳ね返ってくるのである．

最近の歴史が十分な証拠を提供している．サブプライムローンやそのローンを裏付資産とした証券化商品は，見掛け上の高い利回りのために非常に魅力的にみえた．しかし，投資家と金融機関は，景気後退で全米中の住宅価格の下落が与える潜在的な影響を含めた正確なリスク査定をしていなかった．

ベストプラクティスを実施する機関においては，承認を得た明確なリスク管理方針を頂点として，すべてのプロセスが構築されている．例えば，上級管理職は，機関全体のリスクアペタイトがリミットやリスク指標とどのように結びつけられているのかについて，明確に理解していることを立証する必要がある．

このようなプラットフォームなしには，どのようにリスクへアプローチし，リスクを測定するのかという重要な意思決定へとつながる管理をリスクマネージャーが実施することは難しい．例えば，当該機関のリスクアペタイトの明確な伝達なしに，リスクマネージャーは，どのようにして極端なシナリオ分析による「最悪のリスク」を定義できるのであろうか．また，当該機関が確率の小さい最悪のケースと折り合いをつけて業務継続するか，あるいは逆に，（魅力的な収益機会に直面しながらも）ビジネスの規模を厳しく制限するか，もしくは 1 つのビジネスラインを閉鎖してまでも，債務超過のリスクを避けるのかを，どのようにしてリスクマネージャーは意思決定するのであろうか．

リスク管理委員会はまた，当該機関として採用した基本的なリスク計測手法の設定について，ある程度まで関与しておく必要がある．多くの銀行が，自らのリスクを市場リスクと信用リスクとして定義できなければならないことを理解している．一方，今や銀行はリスク計測の枠組みをオペレーショナルリスクまで含めた形へと拡張している段階にある．有効なリスク報告を行うには，リスク管理委員会が，新しいオペレーショナルリスクの計測数値の強みと弱みについて理解することが重要となる．

同時に，取締役会および経営陣が，当該機関のリスク管理戦略決定に密接に関与しなければならない戦略的，政策的，投資的な理由がある．経営陣の関与なしに，当該機関のマネージャーたちは，リスク管理上の欠落あるいは重複のない信頼できる組織をどのように決定すればよいのであろうか．効果的な組織の設計において重要なことは，それぞれのリスクのメカニズムと部署の役割と責任を入念に設定したうえで，なおかつ互いに補完し合う形となっていることである．一方で，全社ベースでのマクロ経済ストレステストを含むリスク分析のためのデータが，多くのビジネスラインや銀行の各種機能から収集されなければならない．全社的という観点がますます重要になってきている．

取締役会および経営陣がリスク管理に時間を割くことは，ビジネスにおける純粋に防御的な「リスクコントロール」に時間を割くことではない．ベストプラクティスのリスク管理システムは，攻撃面での優位性を増大することに適用されうるのである．主要な既存あるいは新規ビジネスに関するリスクプロファイルについて，確実な理解をもつ取締役会は，より自信をもって積極的な戦略的意思決定ができる．VaR や経済資本のような洗練されたリスク計測は，リスクリミット設定方法を提供する一方で，（リスクを考慮に入れた場合に）どのビジネスラインの収益性が高いかについて機関決定する際においても不可欠である．

理想的には，ビジネス部門が，リスクのインフラストラクチャーを取引分析やプライシングにおける戦術的な管理ツールとして利用し，またその結果をインセンティブ報酬体系において勘案することで，リスク管理とビジネス上の意思決定の調整に役立てることである．

コーポレートガバナンスとリスク管理が一体となったアプローチは，取締役会レベルからビジネスラインまで，グローバルに統合されたベストプラクティスを実施する機関にとっての重要な要素である．

第5章

リスクとリターンの理論に対するユーザー向けガイド

リスクマネジメントは実務上の活動であるが，リスクとリターンについての学術的研究の迅速な発展と無関係であると考えるわけにはいかない．リスク評価の理論を参照することなくして，リスクを取ることとリスクの回避の間のトレードオフを達成することは困難である．それは，つまるところ，リスクマネジメントはリスクを完全に除去することを意味しないからである．

この章では，鍵となる5つの理論モデルを概観し，そしてそれらがどのように相互に関連するか，そしてリスク管理の実践にどのように関連するかを具体的に説明する．現代ポートフォリオ理論 (MPT)，資本資産評価モデル (CAPM)，裁定価格理論 (APT)，オプション価格付けのためのブラック・ショールズ (Black-Scholes) の古典的アプローチ，そしてモジリアニ＝ミラー (Modigliani-Miller) の企業財務理論を見ていく．加えて，行動ファイナンス分野の迅速な発展についても，簡単に触れることとする．

リスク管理の理論がすべてそうであるように，キーとなる理論モデルは単純化された仮定に基づいている．現実は複雑であり，モデルでは表現できない，おそらく表現すべきでない多くの詳細な現象を含んでいる．モデルの役割は最も重要な要因とこれら要因間の関連を浮き彫りにすることである．“良い” 金融モデルとは解析の際に麦をもみがらから分離する，つまり，主要な説明変数を雑音が多い状況から分離する助けとなるモデルのことである．

ミルトン・フリードマン (Milton Friedman) が 1953 年の画期的な論文 “ポジティブ経済学の方法論 (The Methodology of Positive Economics)” の中で明らかにしたように，モデルというものは予測力の面でのみ評価されるべきである[†1]．モデルは単純でありうるし，そうであっても，もし将来を予測する助けとなり，意思決定過程の効率性を改善するならばモデルは成功していると判断される．2007–2009 年の金融危機に続くリスクマネジメントにおけるモデルの使用に対する批判—主

[†1] M. Friedman, “The Methodology of Positive Economics”, in *Essays in Positive Economics.* (Chicago:University of Chicago Press,1953).

な論点はモデルの選択，実装，そして過剰解釈であった—については承知しているが，それでも我々は現代のリスクマネジメントには理論とモデルが本質的であると強く信じている．

5.1 ハリー・マーコヴィッツ (Harry Markowitz) とポートフォリオ選択

現代リスク解析の基礎は，シカゴ大学での博士論文に基づいて1952年に書かれたポートフォリオ選択の原理に関するハリー・マーコヴィッツの画期的な論文の中に見いだされる[†2]（マーコヴィッツは，この研究に対して1990年ノーベル経済学賞を授けられた）．

マーコヴィッツは，合理的投資家は2つの基本パラメター，つまり期待利益とリスクを使って，投資ポートフォリオの選択を行うことを示した．“利益”は収益率（リターン率）の平均という形で計測されるが，“リスク”はリターンが収益率平均を中心としてその回りでどのくらいばらつくのかという形で計測される．リターンの分散値が大きいほど，ポートフォリオのリスクは大きい．

ポートフォリオを組成するとき，投資家は投資を分散化させることにより，可能な限り分散値を小さくすることを好む．単純に言い換えれば，彼らは1つのかごに彼らの卵を全部入れることを避けるのである．もっと望ましいのは，異なる方向へ変動する資産に投資することにより，投資家が個別株式に固有な特殊リスクを積極的に相殺できることである．（個別企業においても同じ行動を見ることができる．そのような戦略を採用することにより，例えば，当初はスキー用品だけに特化していたヘッド社 (Head Corp.) はテニス用品も供給するように分散化を図った．この戦略的な動きは，周期的な利益に対する天候や季節の影響を和らげるのに役立った．）

その結果，マーコヴィッツによれば，株式や債券などの金融資産を選んでポートフォリオに組み入れる際に，それぞれの資産はポートフォリオ全体の平均と分散にどれだけ貢献するかに基づいて決められるのである．つまり，単一の投資のリスクを考える際には，それ自身の分散値という形ではなく，ポートフォリオ内における他の資産との相互変動という形で考えないといけないということである．

ポートフォリオ分散化の力を通して，投資家は実質的に費用なしで，個別株式に固有の特殊リスクを希薄化（つまり縮小）できるのである．リスクの軽減はまた期待利益の低減にもつながるかもしれないことは事実であるが，しかし，注意深く資産を選べば，分散化のおかげで投資家は与えられたリスク水準に対してより高い収益率を達成できるのである．

投資家がこの状態を達成する程度までうまく行けば，図5.1の曲がった実線で

[†2] H. M. Markowitz, “Portfolio Selection”, *Journal of Finance* 7, 1952, pp. 77–91.

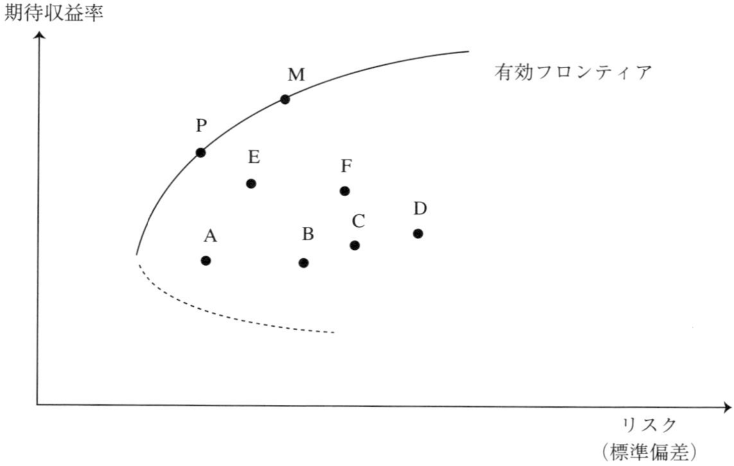

図 5.1　**マーコヴィッツの有効フロンティア**

表される有効フロンティアに到達する．正式にいえば，この有効フロンティアは，ありとあらゆる資産によるポートフォリオをその範囲の中に収めているので，（収益率の標準偏差の形で）与えられたリスク量に対してこれより高い期待収益率を提供するポートフォリオ（または資産）は他にはない．

例えば，図 5.1 のポートフォリオ P はポートフォリオ A と同じ量のリスクをもつが，P はより高い期待収益率をもつ．P と同じリスク量をもち同時に P より高い期待収益率を示すポートフォリオは図 5.1 にはない．

ポートフォリオが有効フロンティア上にある資産だけを含む状態になれば，さらに高い期待収益率を獲得するにはポートフォリオのリスク度を増大させることによってのみ達成できることが見て取れる．逆に，より少ないリスク量のポートフォリオはポートフォリオの期待収益率を低下させることによってのみ達成できる．フロンティア曲線の下半分は有効でないすべての資産とポートフォリオを含むが，それは点線で表されている．それは，与えられたリスク水準に対して，達成可能な最も低い期待収益率をもつ最も非効率な資産の組合せを示している．

この概念を拡張して，投資市場全体を扱うことができる．この枠組みにおいては，もし市場が均衡状態にあるならば，そのときポートフォリオ M は“市場ポートフォリオ”であり，この経済におけるリスクのある資産すべてを含み，個々の資産はその相対的市場総額に比例した量だけポートフォリオに含まれる．例えば，不完全だが有用な代替物は，米国経済におけるリスクのある株式資産のすべてを表す S&P500 株価指数，または Russell 2000 のようなもっと広い範囲をカバーする指数である．欧州に関しては，ブルーチップ株式の Euro Stoxx 50 指数を使うことができる．

この種の市場ポートフォリオに含まれる分散化の力とは，市場による証券の価格付けが各個別証券の特定なあるいは固有のリスクを大きくは勘案しないことを意味する．しかしながら，近年においてはこの “マーコヴィッツ流の” 分散化の役目が難しい課題に面してきた．それは，株価収益率の平均相関係数が 1970 年代は 25% 辺りだったのが 2007–2009 年金融危機期間においてはほぼ 75〜80% に達し，劇的な上昇を見せたからである．資産クラス間の相関係数もまた，通常の市場状況においてさえ，大幅に上昇したのである．このような資産価格の共変動の増大化の理由の 1 つとして思い浮かぶのは，バスケット取引や上場投資信託 (ETF) の大規模な進展である．ベンチマーク指数を構成する各資産が大きなバスケットとして，資産間のパフォーマンス比較に関するアナリスト予想とは無関係に，同時同方向に売買されるのである．

この新しい環境に適応するために，リスクの状態を識別し，それぞれのリスクの状態に応じてポートフォリオを最適に配分するという計量的アセットマネジメント技術が提案されてきた．例えば，市場参加者が先行きを大変憂慮し不確実性が高い時期を考えよう．市場はこの状況に迅速に反応して市場ボラティリティを高く上げ—例えば，高レベルの VIX（恐怖指数：S&P500 のボラティリティ指数）—そして，信用スプレッドもまた高くなる．このような時期のあとには低いボラティリティと低い信用スプレッドを伴う比較的静穏な時期になりやすい．アセットマネージャーたちはこのような市場の状態の変化を予知する技術を開発してきたのである．高リスクの状態が予知されるときにはポートフォリオをマネー・マーケット・ファンドだけに投資するなどのような，非常に保守的な資産配分にスイッチするし，また，低いリスクの状態が予知される場合には比較的アグレッシブな資産配分（例えば，株式，新興国市場，商品，そしてハイイールド債券を含むこと）にスイッチする．それぞれの資産配分は予知された状態に応じて最高位のリターンをもたらすように最適化されている．このアプローチは投資ポートフォリオ収益のボラティリティを制御するために，リスクマネジメント技術を最適ポートフォリオ選択と組み合わせているのである．

5.2　資本資産評価モデル (CAPM)

1960 年代半ばに，ウイリアム・シャープ (William Sharpe) とジョン・リントナー (John Lintner) はリスク管理に対するポートフォリオ・アプローチをもう一歩先まで使って資本市場全体の均衡に基づくモデルを導入した[†3]．この画期的躍進に対して，シャープに 1990 年ノーベル賞が授けられた（ハーバード・ビジネススクールでファイナンスの教授であったリントナーはこの何年も前に死去してい

[†3] W. F. Sharpe, “Capital Asset Prices: A Theory of Market Equilibrium under Conditions of Risk”, *Journal of Finance* 19, 1964, pp.425–442. J. Lintner, “Security Prices, Risk and Maximal Gains from Diversification”, *Journal of Finance* 20, 1965, pp.587–615.

た). マーコヴィッツ理論のうえに築く形で, 2人の教授は個別資産のリスクが次の2つの部分に分解できることを示した.

1. 分散化を通じて実際に減少できるリスク（分散化可能リスク, または特定リスクと呼ばれる）
2. 分散化によっては除去できないリスク（システマティックリスクと呼ばれる）

CAPM 理論を構築するためにシャープとリントナーは, 投資家は経済におけるリスク資産のすべてを含む “市場ポートフォリオ” とリスクのない資産のどのような組合せでも投資家は選んで投資できるという仮定を置いた. したがって, 投資家は自らの “リスク選好” に応じ, これら2つの投資対象を組み合わせて個々のポートフォリオの重み付けを行うとした.

このように考えてシャープとリントナーは, リスクのない資産に投資するのとは対照的に, 市場ポートフォリオのリスクを取る見返りとして投資家が要求するプレミアムを定義することができた. この “市場リスクプレミアム” とは単にリスクのある市場ポートフォリオの期待収益率とリスクフリーレートの差である.

例えば, ダウジョーンズ (Dow Johns) や S&P500 のような市場指数の期待リターンから, 預金証券や米国財務省証券のようなデフォルトリスクがない資産の金利を差し引いて, 市場リスクプレミアムを決めてもよい. (現実世界のデータで示される正確な市場リスクプレミアムに関しては, 金融エコノミストの間で活発に討議されている対象になっているのだが, しかし, ここではこれらの技術的な問題に時間をかけないこととする.)[†4]

市場リスクプレミアムの推定値は, 完全な市場ポートフォリオによって生成される市場リスクの, いくらか名目的な “平均” 量を取る見返りとして, 投資家はどれほどの支払いを受けるべきかを示している. しかし, 個別資産に対して, そのリスクとリスクプレミアムはどのようにして推定できるのだろうか.

さて, CAPM によれば, もし市場が均衡にあるならば, 与えられた資産の価格（したがって, 期待リターン）は, 市場ポートフォリオのリスク全体に対するその資産の相対的貢献分を反映して決まるだろう. CAPM では, この貢献分はベータ (β) と呼ばれる要素を用いて計算される. （ベータはより広範な文献の中では, しばしばシステマティックリスクとして言及される.）

もっと正式にいえば, 資産のベータとは, 資産のリターンと市場リターンの共分散を市場リターンの分散で割った測度である. つまり, 市場のトータルリスクで基準化された資産リスクの相対的測度というわけである.

投資家の観点からいえばベータは, リスク資産ポートフォリオにおける分散化によって削減できない資産トータルリスクの一部分を表し, したがってそれに対し

[†4] 他の国の市場リスクプレミアムの更新された推定値については Aswath Damodaran 教授のウェブサイト：http://pages.stern.nyu.edu/~adamodar/New_Home_Page/datafile/ctryprem.html を参照のこと.

てはいくらかの報酬が要求されるべきとなる．別の言い方をすれば，ポートフォリオマネージャーが，より高いベータ値をもつ証券に投資することにより大きなベータリスクを取れば，リスクはより高くなり，同時にポートフォリオの将来収益率の期待値も高くなることを示す．

ベータは個別資産の期待リターンを求めるための鍵である．この期待リターンをリスクがない資産の（資産の保有期間と同じ期間にわたり投資する場合の）金利と，ベータによって調整された市場リスクプレミアムの和から成るとして考えることができる．これはより正式に次のように表される．

証券の期待収益率＝リスクフリー金利

＋ベータリスク×(市場ポートフォリオの期待収益率 − リスクフリー金利)

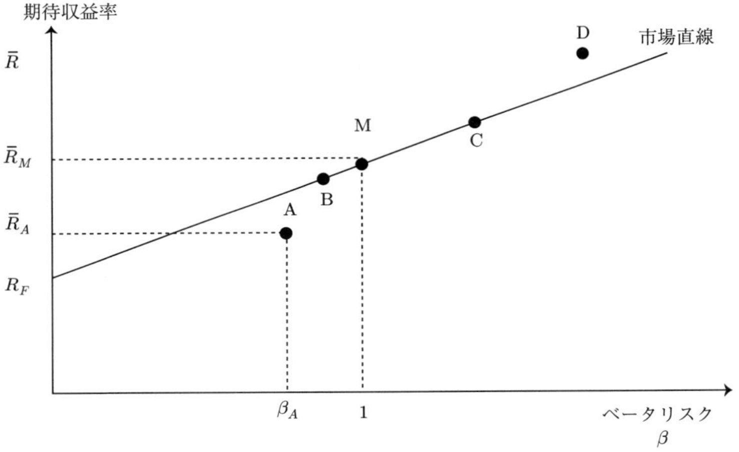

図 5.2　個別資産とそれらの期待収益率とベータリスクを結ぶ市場直線

図 5.2 はシャープの研究に基づいたものである．図は市場直線（証券市場直線ともいう：訳者注）を示しており，ベータ効率的な資産との関連で計測され，資産の期待収益率とシステマティックリスクの間の線形関係を表している．

図 5.2 において，縦軸との交点はリスクフリー金利，R_F となっている．この収益率はベータがゼロである資産の利回りを反映している．資産 B と C は市場直線上に位置するのでベータ効率的である．C は B よりリスクが大きく，したがって，より高いリターンが得られることが期待される．市場ポートフォリオ M もまた，定義によりベータが 1 であるが，ベータ効率的である．資産 A は劣位にある．つまり市場直線より下に位置し，他の資産（または資産ポートフォリオ）でベータリスクが同じであり，しかしより高い期待収益率をもつものを見いだすことができるからである．資産 D は “勝者” である．つまりリスクとの関連で市場直線

上にある資産より高いリターンが期待されるからである．しかし，もし金融市場の参加者がDの優位性に気がつけば，Dに対する需要を高め，Dの資産価格に上昇圧力がかかるだろう．この資産の価格が上昇するにつれて，その収益率はDが市場直線上に位置するまで下がり続けると期待することができる．

それでは異なる種類の証券の間でベータはどのように変化するのだろうか．まず基本として，リスクのない資産についてはそのリターンが資本市場の不確実変動と無関係なのであるから，ベータ要素はゼロであると考えてよい．同様にして，完全な市場ポートフォリオのベータは1である．なぜなら市場ポートフォリオは，定義により市場全体の平均ベータリスクそのものを表しており，そのため株式の特定リスクを考慮に入れるための調整を必要としないからである．個別株式（または他の金融資産）のベータはその特性に依存して，1を基準に前後の値を取りうる．

上記の最後の点について，米国の過去のデータにもとづく数値例を使って説明しよう．過去70年間のニューヨーク株式取引所 (NYSE) 株価研究センター (CRSP) 指数の平均収益率は約10% である．また，リスクのない米国政府債のリスクフリーの平均利率は約4% である．したがって市場リスクプレミアムは平均で6% となる．

さて，もし与えられた株式のベータリスクの推定値が0.8とすると，期待収益率は，4% + 0.8×6% = 8.8% である．もし，過去が将来の前触れ（すなわち将来の予測）であるならば，そのとき市場指数の平均収益率が10% であり，この特定の株式の平均収益率が8.8% であると期待できる．

この例では，ベータが正の値だがしかし市場平均の1より少し低い．もし，株式のベータが1より高いならば，この株式は“攻撃的”あるいは市場ポートフォリオよりリスクが大きいとみなされる．逆に，もしベータが1より低いならば，ポートフォリオのトータルリスクを和らげる効果があるので，この株式は“防御的”とみなされる．

図5.3は，ブルームバーグL.P.から採ったものだが，2007年1月12日から2013年8月23日までの期間の週次収益率にもとづく，IBM株のベータ推定値を示している．このベータ値は，IBM株の収益率を市場指数の収益率のうえに回帰した回帰直線の傾きの係数値として推定されている．この回帰直線は生（ナマ）の無調整のベータ値0.83を示している．

興味深い資産クラスの1つとして，負のベータ値をもつ資産が考えられる．負のベータ値は，例えば金のような資産を表す．つまり，一貫して市場トレンドと反対方向へ動く—市場で価格が上昇する傾向にあるとき，この資産の価格は下降する傾向にあり，またこの逆も真となる．そのような資産に投資することは，期待リターンを必然的に縮小させることなくポートフォリオのリスクを減少させることに寄与する．

市場が均衡にあるならば，そのような宝石ともいえるものを見つける機会は実

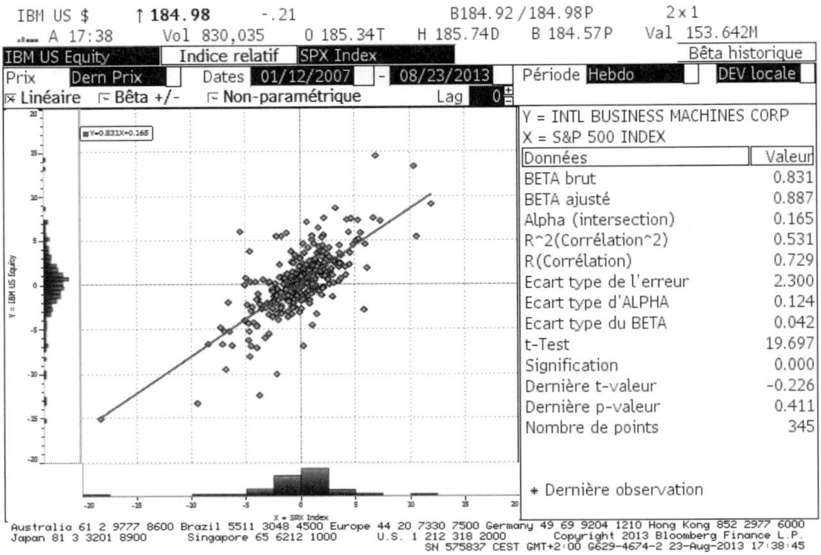

（出典：Bloomberg）

図 5.3　IBM 株の生《なま》のベータ計算

質的には皆無である．市場の圧力が自然に働きこのような資産の価格を押し上げ，その将来の期待収益率を下げることだろう．別の言い方をすれば，投資家はやはり，ポートフォリオのリスク度を削減するためには，利益をいくらか犠牲にしなければならないだろう．

CAPM は，金融エコノミストにとって毎日資本市場で観測される行動を理解するための鍵となる道具になっている．しかし，株式のベータは，単に投資家の関心事というだけではない．株価と株主価値の創造について関心がある企業のマネージャーにとっても重要である．ベータにはマネージャーにとって数多くの日々の意味合いがある．例えば，多くの企業は，新規投資が株主価値を積み上げるという観点から価値があるものかどうかを査定するためにリターンのハードルレートを採用している．このハードルレートは，投資家が要求すると企業が考える固有の投資収益率に基づいている．つまり，それはベータ要素について（または，企業が投資対象として考えているすべての新プロジェクトのベータ要素について）企業が設定する仮定に多かれ少なかれ明示的に基づいている．企業が投資家の要求を誤解する場合は，間違ったハードルレートを設定しがちになる．もし，高すぎる目標投資収益率を設定する場合は，価値ある投資を拒絶することになるだろうし，低すぎる目標収益率を設定する場合は，低すぎるリターンを提供する投資をしてしまうことになるだろう．どちらにしても，それはベータ調整済みのリターンを引き下げることになり，リスク調整済みの基準では投資家にとってその株式の魅力の低下につながってしまうことになる．

第17章で検討するように，会社は，投資家に提供する現実の投資収益率をより良く理解するために一連の関連する新しいリスク調整済み測度を用いる．銀行はリスク調整後資本収益率 (RAROC) と呼ばれる測度をますます利用するようになり，非金融会社は経済付加価値 (EVA) と呼ばれる関連した測度をしばしば活用するようになってきている．これらのパフォーマンス測度の実装のためには，与えられた活動あるいは会社の部門についてのベータ要素の推定が必要となる．

5.3 裁定価格理論

CAPM は金融資産の期待収益率がどのように決まるかを述べる規範的理論である．期待収益率は市場リスクプレミアムの 1 次関数であり，ベータリスクがその関係性の係数，つまり，傾きであると述べている．裁定価格理論 (APT) は CAPM の背後にある論理を拡張したものであり，資産の期待収益率が複数個の市場ファクターの 1 次関数であると説明している．APT は期待収益率の説明に寄与できるファクターをもっと追加するように提案しているが，どのファクターを追加すべきかは示していない．マクロ経済的ファクター，あるいは株式，債券，商品などの指数の中に関係性の説明力を増すようなファクターがあってもよいだろうと提案しているにすぎない．このモデルはマルチファクターモデル，あるいはマルチインデックスモデルと呼ばれている．

このモデルは 1976 年スティーブ・ロス (Steve Ross) 教授により初めて提案された後に，Roll and Ross(1980) と Chen, Roll and Ross(1986) により検証された[†5]．チェン，ロル，ロスが見いだしたことは，ニューヨーク株式取引所 (NYSE) で取引される株式の平均収益率実現値を説明するのに重要なマクロ経済的ファクターは次のものであると；インフレ率の大きな変化，GNP の予期しないトレンド，債券デフォルトプレミアムの変化，そしてイールドカーブの傾斜のドリフト (変形)．

多くの実証分析では，CAPM は APT の特殊形であるという理由で（CAPM のほうが基本理論的基礎をもつにもかかわらず）CAPM よりも APT を用いることが好まれている．CAPM が 1–ファクターである，つまり，どの証券についても期待収益率を説明するためには，市場インデックスが用いるべき唯一の変数だとしているためである．APT はマルチファクターモデルであり，期待収益率の変動を説明するために一連の異なるインデックスを用いることができる．それゆえに，株式期待収益率を各ファクターの寄与度に分解するためにしばしば APT が

[†5] S. Ross, "The Arbitrage Theory of Capital Asset Pricing", *Journal of Economic Theory* 13(3), 1976, pp.341–360; R. Roll and S. Ross, "An Empirical Investigation of the Arbitrage Pricing Theory", *Journal of Finance* 35(5), 1980, pp.1073–1103; Nai-Fu Chen, R. Roll, and S. Ross, "Economic Forces and the Stock Market", *Journal of Business* 59(3), 1986, pp.383–403.

用いられ，それを通して株式期待収益率を説明する基本的インデックスの寄与度を見ることができるのである．

5.4　オプション価格評価の方法

リスク解析における次の重要な進展は，1973 年のフィッシャー・ブラック (Fisher Black) とマイロン・ショールズ (Myron Scholes)，そしてロバート・マートン (Robert Merton) による，オプション価格評価に関する 2 編の論文の出版によりもたらされた[†6]．

彼らの画期的な論文の出版時には，ブラックとショールズはシカゴ大学の教授であり，マートンは MIT の教授であった．1998 年にマートンとショールズはノーベル賞を受賞している（ブラックは 1995 年に死去していた）．

オプションは，その保有者にある資産を，前もって定められた日にまたはその日までに，権利行使価格（ストライク価格）と呼ばれる前もって定められた価格で買うまたは売る権利を与えるという金融商品である．資産を買うオプションはコールと呼ばれ，他方で資産を売るオプションはプットと呼ばれる．（第 6 章参照）

コールオプションに当初支払われる価格は，一般的にオプション（契約）が設定された原資産のその時点の価格の一部である．残りは，将来時点の執行時あるいは権利行使時に支払われる．したがって，コールオプション購入の利点の 1 つは，資産を信用で購入することを可能にしていることにある．

権利行使時にあっては，購入者による意志のもとで，契約を執行しないでおく権利を保有している．そのため，もし権利行使時における資産価格が，オプション契約の中で設定されている価格より低ければ，コールの購入者は自ら選んで，契約を満期消滅させることができる．コールオプションはその効果において，一種の価格保険を提供するといえる．

図 5.4a は満期時（つまり，期間が満了するとき）におけるコールオプションのキャッシュフローを描いている．満期時のコールオプションのキャッシュフローは原資産価格がストライク価格（権利行使価格）K を下回る限りゼロとなる．価格がストライク価格を上回る場合は，コールの保有者は原資産価格とストライク価格の差額を取る権利がある．この後者のキャッシュフローは，原資産価格が上昇するにつれて点 K から右上に上昇する傾きがある直線で描写されている．

プットオプションについては，この逆のことがいえる．購入者は，前もって設定された価格で将来株式を売る権利を得るために支払いを行う．その権利行使価格は保証された最小価格を設定していることになる．他方で，もし資産の市場価格が，プット購入者がプットを行使することにより受け取るはずの価格より高けれ

[†6] F. Black and M. Scholes, “The Pricing of Options and Corporate Liabilities”, *Journal of Political Economy* 81, 1973, pp.637–654; R.C. Merton, “Theory of Rational Option Pricing”, *Bell Journal of Economics and Management Science* 4(1), 1973, pp.141–183.

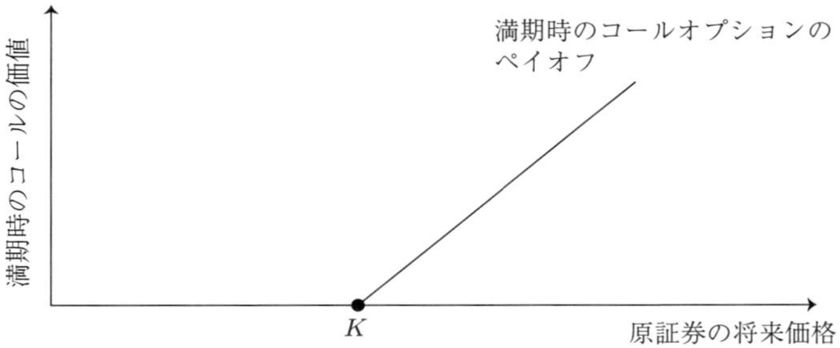

図 5.4a　満期時におけるコールオプションのペイオフ

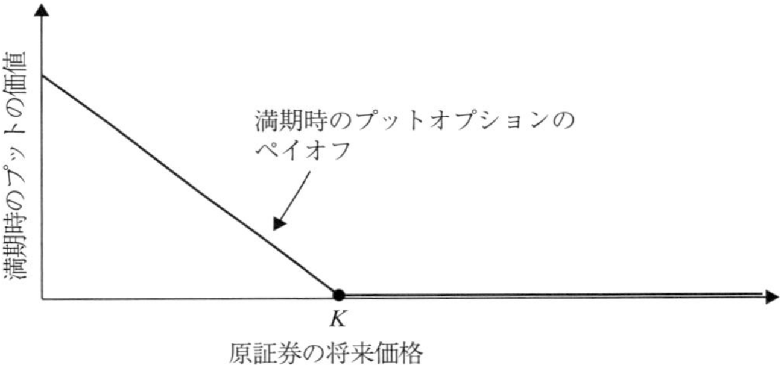

図 5.4b　満期時におけるプットオプションのペイオフ

ば，購入者はオプション契約を無視しその代わりに資産をオープン市場で市場価格で売ることを選べる．図 5.4b は満期時におけるプットオプションのペイオフを描いているが，原資産価格が権利行使価格より下にあるときに正の値である．そのためプットオプションは，原資産とともに保有することで，原資産の価値が権利行使価格以下に下がる場合に対する保険を与える．

1973 年の論文で，ブラックとショールズ（文献では頻繁に B&S として言及される）は，オプション価格評価の今や伝統的となったモデルを展開した．B&S と共同で研究したマートンもまた 1973 年に重要な論文を出版し，B&S に代わる方法により価格評価モデルを証明し多くの追加的な拡張を示した．さらに，公に取引されるオプションの均衡市場価格を計算することに加え，このモデルはオプションの多様な構成要素を明確にし，それらの内的関係を明記している．

例えば，すでにここで検討したように，コールオプションは次のものを含む“パッケージ取引”として特徴づけることができる．

- 株式（または他の資産）を買う
- ローン（借り入れ）を実行する
- 保険を買う

ごく短い時間の区間において，コールオプションは原資産のある比率の買い（この比率はオプションの“デルタ”として言及される）とローンの実行（オプションが行使される確率に比例するローンの金額）に分割できることが示せる．オプション理論はポートフォリオとリスクの管理にとって非常に価値あるものであることが証明されている．この考えを用いて，ポートフォリオマネージャーは変化する期待，市場条件，そして顧客のニーズを反映してダイナミックに投資ポジションを調整できる．ポートフォリオ内に保有する資産に対してプットを購入することはこれらの資産に対する保険を掛けるのと同じことを意味する．コールとプットの組合せを売り買いすることにより，投資家は変動するあるいは不確実な市場において策略を施すことができる．（第6章におけるリスク緩和手段としてのオプションについての議論を参照せよ.）

B&S モデルの背後にある綿密な数学はいくらか複雑でありコンピューター技術の助けなくしてはすぐに計算できるものではない．しかしオプションの価格を統括する機能は大変直感的である．単純にいえば，オプションの価格は

- 原資産の価格
- 契約の中で設定された権利行使（ストライク）価格
- 一般のリスクフリー金利
- 原資産のボラティリティ
- 前もって定められた権利行使日まで残っている時間

の関数である．

もし株価が上昇し，他のすべてのパラメター値が変化しないとすれば，そのときコールオプションの価値は増加する．同様にもしもっと低い権利行使価格で，または満期までの期間をもっと長くして売られれば，そのときコールオプションの価値はその分高くなる．

原資産の変動がより大きくなるに連れて，コールオプションの価値は増加する．これはコールオプションが価格のダウンサイドリスクをもたないためであり—つまり，満期時点においてコールがどれだけ遠くアウトオブザマネーであろうともその価値はやはりゼロなのである—他方で，ボラティリティの増大はオプションが満期時点においてインザマネーで終える確率を増加させる（すなわち株価がより高い価値に届く確率が高くなることになる）．さらにいえば，金利が上昇するに連れ，コールの価値は増加する（なぜならば金利が上昇するにつれ権利行使する場合の権利行使支払いの現在価値が下がるから）．プットオプションについても同様の議論が成り立つが，プットオプションの感応度がいくつかのファクターについて逆となる．つまり，プットオプション価格は原資産価格とリスクフリー金利の減少関数であり，権利行使価格とボラティリティの増加関数である．

これらすべてのファクターの中で，オプションの価値評価とリスクマネジメントにとって最も決定的なものは原資産のボラティリティである．しばしばいわれ

ることだが，オプションは“リスク友好的”である；つまり原証券のボラティリティの増大（すなわちリスクの増大）は，他のすべてのパラメターに変化がないと仮定すれば，コールであれプットであれ両方についてオプション価格の上昇を導く．思い出してほしいが，ボラティリティは過去の選択された期間中の原資産の投資収益率の標準偏差（分散の平方根）として計測される．

将来のボラティリティを計算するために過去のデータを適用することは，ボラティリティは時間が経過しても変わらないという問題含みの仮定を置いていることになる．しかしながら流動性があるオプション市場があるところでは，B&S モデルはこの問題を取り扱う 1 つの方法を提供する．B&S モデルは，前にリストを挙げたインプットにアクセスすることによって，オプションの価格評価を行う方法を提供していることを思い起こしてほしい．他方で，もし流動性があるオプション市場からすでにオプション価格を得ているならば，そのときこの“アウトプット”を 1 つのインプットとして使うことができることになる．こうしてオプション価格式はボラティリティのように欠けているインプットを算出するのに使うことができる．実際，このように B&S 公式を使うことでオプションの市場価格に内包されたボラティリティを計算しているのである．そういう理由でしばしばこの数値は単純に“インプライド・ボラティリティ”と呼ばれている．

インプライド・ボラティリティは，市場で定期的にオプションを取引している人々にとってとても大きな実務上の重要性をもち，その数値は異なる権利行使価格や満期をもつ，すこしずつ異なる一連のオプションの価格を計算するためにしばしば B&S モデルに再インプットされる．しかし，インプライド・ボラティリティは直接観測することができないこととモデルに依拠していることにより，かつてはオプションデスクのオペレーショナルリスクマネジメントにさほどリンクしていなかった．市場から算出するインプライド・ボラティリティ値を使ってリスクマネジメントの目的でオプションポジションの価格評価を行うトレーダーは，ある強い誘惑に直面することがある．かつてある投資銀行のトレーダーたちは彼らの水面下のオプション・ポートフォリオの外見上の価値を変換するために，意図的に間違ったインプライド・ボラティリティ数値をインプットしていた．インプライド・ボラティリティは，ある程度の特殊な知識がない監査役ではチェックしきれない B&S モデルの 1 つのインプットなので，非常に注意を要するものである．これはリスクモデリングの原則にかかわる論点がいかにリスクマネジメントのオペレーション上の実践に影響を与えるかを示す 1 つの例である．このテーマについては第 15 章で改めて触れることにする．

1993 年から，シカゴ・オプション取引所 (CBOE) は S&P500 指数のインプライド・ボラティリティ指数を算出している．このボラティリティ指数は VIX として知られ，株価指数オプションの合成 30 日物のアットザマネー取引価格を使って算出される．その計算方法は 1986 年にヘブライ大学のメナヘム・ブレナー (Menachem Brenner) とダン・ガライ (Dan Galai) 両教授により初めて提案されたものであ

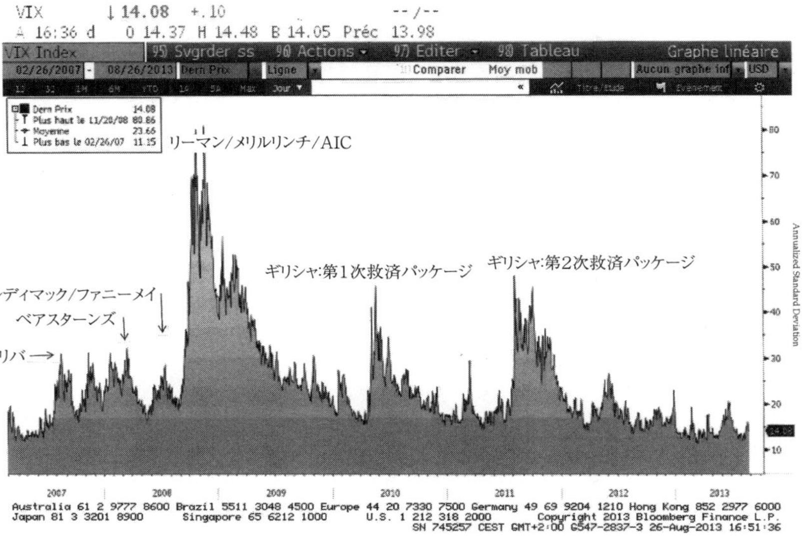

（出典：Bloomberg）

図 5.5　VIX の変化と主な市場イベント（2007–2013 年）

る[†7]．VIX の先物は 2004 年に取引が開始され，オプションは 2006 年に取引が開始された．それ以降，他の多くのボラティリティ指数が公表されてきて，それらの先物およびオプション契約が取引されるようになった（図 2.1 参照）．図 5.5 は，サブプライム危機が始まる 2007 年 7 月から 2013 年 3 月までの VIX の展開と市場イベントを示している．

VIX は，危機時や市場崩壊時に，そしてもっと一般的には予期しないイベントに反応して急上昇するので，しばしば恐怖指数として言及される．VIX はそういうものなので，株式ポートフォリオを“ギャップリスク”—つまり，株式市場における予期しない著しい下落—から護るために VIX に基づく戦略を使うことができる．短期 VIX は悲観的イベントに対して強く迅速に反応し，上方にジャンプする．それは図 5.5 に描かれているように時には急激に起こるものとなる．それで，ギャップリスクに対する保護を行う 1 つの手は VIX 先物契約をロング（買い持ち）にすることである．

B&S モデルはまた，金融資産のポートフォリオの中に組み入れられたオプションがこれらの資産とどのように相互作用するか，そしてポートフォリオ全体のリスクにどのような影響を与えるかについての識見も与える．コールやプットオプション

[†7] M. Brenner and D. Galai, “New Financial Instruments for Hedging Changes in Volatility”, *Financial Analysts Journal*, July/August 1989, pp.61–65; M. Brenner and D. Galai, “Options on Volatility”, *Option Embedded Bonds*, I. Nelken (ed.), Irwin Professional Publishing, 1997, pp. 273–286.

のシステマティックリスク（ベータ）は，コールまたはプットの弾力性 (elasticity) が乗じられてある原資産のベータの関数となっている．弾力性とは原証券価格の 1 パーセント変化に対するオプション価値のパーセント変化を意味する．モデルは，コールの弾力性が正の値を取り，1 より大きいかまたは等しいことを，そしてプットのほうの弾力性は -1 に等しいかそれよりも小さいことを示している．したがって，ポートフォリオにコールオプションを加えると（正のベータであると仮定すると）ポートフォリオの全体のリスクを増大させる傾向があるが，一方でプットを加えるとポートフォリオのリスクを緩和する影響がある．コールを空売りする—コールオプションを発行する—ことはまた，そのようなポジションが負のベータをもつので，ポートフォリオリスクを緩和する効果を与えることもできる．

B&S モデルはまた，デルタとしても知られている，オプションポジションのヘッジ比率を計算するためにも使うことができる．この比率は原資産価格の小さな変化からもたらされるオプション価値の変化を表す．ヘッジ比率は金融資産のリスクがオプションを用いてどのようにヘッジされうるかを示す．時間が経てば原資産価格とオプション価格はともに変化するので，ヘッジ比率は実はダイナミックであり，目標とするヘッジレベルを維持するためにポートフォリオの調整を行うことを必要とする．コールのヘッジ比率はゼロから 1 の間にあり，プットオプションのデルタは -1 からゼロの間にある．

例えば，わずかにアウトオブザマネーであるコールオプションのデルタが 0.5 であるとしよう．それは原株式の価格が 1 ドル上昇する（下落する）ならばコールの価値が 0.5 ドル上昇する（下落する）ことを意味する．これから導かれることは，もし短い時間区間で 100 株に対するコール契約の買い持ちポジションのリスクを中立化したいならば，50 株を空売りするということである．

1970 年代にブラックとショールズによって導入されたモデルについての識見は，ファイナンスにおける更なる応用研究，特にボラティリティに関する研究を導いた．例えば，最近の 20 年間では，金融市場におけるボラティリティは時間経過のなかでその挙動に主要なシフトが起きる（もっと技術的にいえば，“非定常的” である）という証拠に対する反応として，研究者たちは金融資産評価のためにもっとダイナミックなアプローチを用いることを開始した．特に，ファイナンス教授[†8]でありこの分野の指導的研究者である，ロバート・エンゲル (Robert Engle) は，ボラティリティを 1 つの “自己回帰” 過程として推定する ARCH(autoregressive conditional heteroskedasticity) ボラティリティモデルを 1980 年代に導入した．このモデルの鍵となる特徴は，前日のボラティリティの関数として将来のボラティリティを推定すること，そして期待ボラティリティからの乖離を修正するファクターを導入することも行っている点にある．多くの金融機関は将来のボラティリティを予測するのに ARCH モデルを基本とした修正モデルを採用している（ロ

[†8] 前職はカリフォルニア州立大学サンディエゴ校で，現職はニューヨーク大学．

バート・エンゲルには，彼のボラティリティモデリングの業績に対して 2003 年ノーベル経済学賞が与えられている）.

5.5 モジリアニとミラー (M&M)

現代リスクマネジメントの理論的基礎についての大まかな紹介を完了するためには，1958 年にフランコ・モジリアニ (Franco Modigliani) とマートン・ミラー (Merton Miller) により出版された研究を紹介しなければならない（この仕事に対して 1985 年にモジリアニが，1990 年にミラーがともにノーベル経済学賞を授けられている）[†9]．彼らの研究は金融市場を直接巻き込むものではなく，むしろコーポレートファイナンスに焦点を当てたものとなっている．モジリアニとミラーは，完全な資本市場において法人税や所得税がない場合，企業の資本構成（つまり，株式資本と負債資産の間の相対的バランス）は企業価値に影響を与えないことを示した.

彼らの研究成果が示したのは，負債の期待コストが資本の期待コストよりも低いという事実があるにもかかわらず，企業は借入れを増やすことにより企業価値を増大させることはできないことである．企業のレバレッジを増大させること（つまり，株式資本と比べて負債をもっと増やすこと）は当該企業の金融リスクを増大させることを意味する．したがって，株式保有者（企業の資産に対する彼らの請求権は資金の貸し手や社債保有者のそれより劣後している）はこのリスクに対する補償を求めそしてより高い投資収益率を期待するだろう．したがって M&M の仮定の下では，企業の加重平均資本コスト (WACC) は金融レバレッジの変化にかかわらず一定に保たれることになる．これは本章を通じて述べてきたテーマである，投資家はより高いリターンを求めるのではなく，しかしより高いリスク調整済みリターンを求める，の 1 つの変形である.

モジリアニとミラーの研究はまた，銀行の資本十分性にかかわる議論と RAROC（第 17 章を参照のこと）のようなパフォーマンス測定の手法に対して重要な意味合いを含むものとなっている．もし彼らの命題を受け入れるならば，法人税効果については当面無視すれば，その場合，株主にとっては，銀行が株式保有を低くしてレバレッジを高くする，あるいはその逆を行うかどうかに関しては重要ではなく，そこには差がないことになるはずである．これは，銀行の価値はもとより株主の利益を逆方向に上げ下げするものではないはずである．それゆえ，さらに多くの必要資本量—つまり，もっと多くの持分（株式）ともっと低いレバレッジ—を銀行に要求するというバーゼル III の意向は，税に関する論点が重要な意味をもたない場合においては，M&M 理論に矛盾しないのである.

[†9] F. Modigliani and M. H. Miller, "The Cost of Capital, Corporation Finance, and the Theory of Investment", *American Economic Review* 4, 1958, pp.261–297.

5.6 行動ファイナンス

ファイナンス文献における最近の傾向の 1 つは，リスクとリターンに対する投資家の主観的姿勢，そして金融市場の異なる状況に対して投資家がどのように反応するかを研究することである．そこでは，株式市場の動向の中で明白にみられる様々なアノマリー（変則）が心理学と人間の認知に基礎を置く理論を用いて説明されている．

最初のブレークスルーは 2 人の心理学者，アモス・ツベルスキ (Amos Tversky) とダニエル・カーネマン (Daniel Kahneman) による研究からもたらされた（カーネマンは彼の業績に対して 2002 年ノーベル賞を受賞した）．1979 年に，カーネマンとツベルスキはプロスペクト理論：リスク下の意思決定分析 (Prospect Theory:An Analysis of Decisions under Risk) を執筆し，その中で経済的意思決定の新古典派理論からの様々な逸脱を，認知心理学を用いて説明をつけた[†10]．彼らは，投資家が非常に高いあるいは非常に低い確率で，好機の判断を誤ることを示した[†11]．これとは別の認知バイアスは，大規模グループの投資行動を真似る傾向を描写する "群れる行動 (herding behavior)"，そして資金の出所または資金の使途などの基準に基づいて投資家がどのようにして投資を別々の心の会計勘定科目に分けがちであるかを説明する "心の会計 (mental accounting)" などのニックネームで知られるようになっている．ところで，"ダチョウ効果 (ostrich effect)" は，いかに多くの投資家がリスキーな状況を見たくないようであり，リスキーな状況が眼前に現れなければ同一のリスクに対して低いほうのリターンでも喜んで受け入れるかを示してもいる[†12]．

行動ファイナンスに伴う主要な論点は証券の価格付け，特にリスクの価格付けの助けとなりうるか否かである．いくつかのアノマリーを説明できるし，理論家にとって何が不合理な投資の意思決定であると見えうるものを説明するが，行動理論の知見が組織体にとって，もっと合理的にリスクをマネージする助けになりうるかは，まだ確かではない．

5.7 結論

鍵となる理論的モデルは我々が一貫性のある仕方でリスクを定義するのを助け，どのリスク測度が特定化された状況で適切であるかを示してくれる．これらのモデルは，

[†10] Daniel Kahneman and Amos Tversky, "Prospect Theory: An Analysis of Decision under Risk", *Econometrica* 47(2), 1979, pp.263–291.

[†11] 興味がある読者は共通の偏りに関する基本的な情報を Wikipedia (http://en.wikipedia.org/wiki/Behavioral_economics), Investopedia(http://www.investopedia.com/university/behavioral_finance) から入手できる．

[†12] D. Galai and O. Sade, "The 'Ostrich Effect' and the relationship between the Liquidity and the Yield of Financial Assets", *Journal of Business* 79(5), 2006, pp.2741–2759.

- 金融手段とポジションを評価するときに裁定機会を除去すること
- 固有（特定）リスクとシステマティックリスクの決定的な差異
- 金融モデリングのキーパラメターとインプットへの依存

の重要性を際立たせてもくれる．

とりわけ，おそらく，モデルは企業のリスクマネジメントの見通しと株主の要望の間に理想的な整合性を与える役割を担っている．これは CAPM そして関連する理論に言及しないで厳密に行うことは困難なことといえる．

第6章

金利リスクとデリバティブによるヘッジ

本章では，一般的に金利リスクと呼ばれる特定の市場リスクと金利ポジションから生ずるリスクの組織的な管理方法に着目する．

金利リスクはほとんどの企業の資産と負債の価値に影響を与え，年金基金や銀行，それにその他多くの金融機関の価値に最も影響を与えている要因といっても過言ではない．米国連邦準備銀行 (FRB) によれば，米国の 2012 年末の 56.3 兆ドルに上る公的・民間合わせてすべての与信市場の負債のほとんどが金融機関による保有とされている[†1]．確定利付の国債のように，これらの資産は金利上昇時には価値が下がる．さらに悪いことに，モーゲージローン（2012 年末には 10 兆ドル程度の規模にある）とモーゲージ担保証券 (MBS) は，利用者が金利上昇時にはローンの期間を延ばす権利をもっており（商品価格が金利上昇時に過敏に反応する），また，金利が低下するときにはローンを期限前償還する権利をもっているので，"延長リスク (extension risk)" にさらされている．銀行は注意深くこれらのリスクをヘッジしていれば問題にならないことだが，そうでなければ大きな損失を被る要因にもなりうる．

最初に，確定利付証券の金利リスクの尺度について検討し，金利リスクをコントロールするために活用される主なデリバティブ商品について説明する．本章は，第 8 章の下準備となる．第 8 章では，金融機関の資産負債管理 (ALM) 部門が，現在の金利変化，あるいは金利予想変化の影響をコントロールするために証券のポートフォリオをどのように管理するかについて説明する．

6.1　金利リスク生起の構造

最も一般的な金利リスクは，市場金利の変化によって保有している確定利付証

[†1] 39.2 兆ドルが金融機関による保有（米国預金保険機構の 9.8 兆ドル，保険会社の 3.3 兆ドル，年金ファンドの 1.2 兆ドル，ミューチュアル・ファンドの 4.0 兆ドルを含む），5.2 兆ドルは家計による保有（同時に 12.8 兆ドルの資産を所持）となっている．出所：Board of Governors of the Federal Reserve System, "Flow of Funds Accounts of the United States, Fourth Quarter 2012", March 2013.

券の価格が変動するリスクである．

広範囲にわたって市場で金利が上昇した場合，確定利付証券の価格は当然のことながら下落する（より高いクーポンで新しく発行された確定利付証券の価格であれば，なおさらである）．証券がオープンポジションにある，すなわち，ポジションがポートフォリオのその他証券の価格変化によって相殺されていない程度に応じて，企業は経済的な損失を被ることになる．オープンポジションの多くは，キャッシュフローが資産側にあるのか（ロングポジションなど）負債側にあるのか（ショートポジションなど）に加え，償還時期の違いや額面や利率改定期日の差異から生じている．この資産と負債の満期の差から生じるミスマッチは流動性リスクにつながる（第8章参照）．それらのエクスポージャーがどれほど企業に脅威を与えるかは，それらの保有額や金利感応度の大きさのみならず，ポートフォリオ内で，あるいは，広い意味ではトレーディングデスクと事業ラインの間で，これらの感応度がどれほど相関しているかにもよる．

互いの経済的エクスポージャーが広く相殺されているように一見して見えても，同じ満期でも発行者が異なる場合やイールドカーブの形状によっては，相殺している証券同士の不完全な相関が大きなリスクを生み出す場合もある．「金利の期間構造」とも呼ばれるイールドカーブは，割引率と債券の残存期間の関係を示しているが，割引率は債券の将来の期待キャッシュフローを割り引くものとして使われ“現在”の債券の市場価格を導出するものであり，債券の残存期間も発行体の信用力に依存しているものでもある．

最も基本的な金利の期間構造は国債のもので，30年間にわたって3カ月ごとに償還する構造をもつもので構成されている．それらはたびたび“リスクフリー金利の期間構造”や“リスクフリーのイールドカーブ”として参照され，デフォルトリスクにさらされていないものとして扱われている．図6.1は2013年8月27日のUSトレジャリーのイールドカーブを示しているが，このときは短期金利はほぼゼロとなっていたが，サブプライム危機が起こる2007年の4月20日は大きく異なる水準にあった（金融政策がトレジャリーのイールドカーブの形状にどう影響を与えるかは以下のコメントを参照）．

同様にAAA－格付の高い信用力のある債券の期間構造を導出することもできるし，同様にAA＋格も，順にC－格のものまで示すことができる．それらのイールドカーブがどれだけ国債のそれと異なるのかがその証券のリスクプレミアムとなっており，これは格付やデュレーションによって決まる債券の信用リスクを反映している．

リスク管理者は“カーブリスク”と呼ばれるこの金利リスクについて語ることが多い．異なる満期のロングとショートのポジションが，金利の「平行移動」に対しては効果的にヘッジされているが，「イールドカーブの形状」変化に対してヘッジされていないときに，ポートフォリオのカーブリスクが生じる．市場におけるショックが，異なる満期日をもつ証券の利回りに等しい影響を及ぼすときに平行

<HELP> explications.

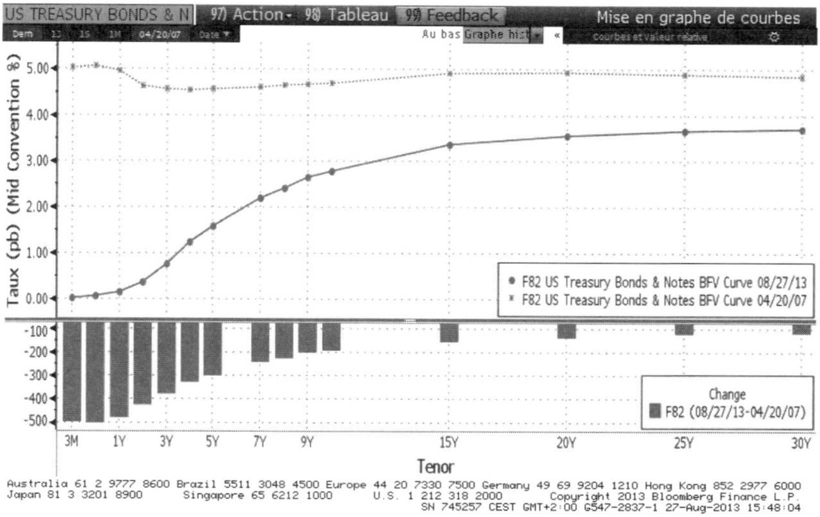

（出典：Bloomberg）

図 6.1 US トレジャーのイールドカーブ

移動が起こる．反対に，例えば市場のショックが長期証券のリターンよりも短期証券のリターンにより強い影響を及ぼすときに，イールドカーブの「形状変化」が起こる．これらはイールドカーブの傾きや曲率に影響を与える．

図 6.2 では「フラット」「順イールド」「逆イールド」と呼ばれる形状の異なるイールドカーブが示されている．多くの場合，2013 年 8 月のケースにあるように（図 6.1），イールドカーブは短期金利が長期金利より低い，順イールドの形状となっている．イールドカーブの傾きは，インフレ率や経済成長率などと同様の，将来の金利の期待値を示している．

イールドカーブの傾きは明確に金融政策を反映したものになっている．例えば 9.11 のテロ攻撃の後には，FRB 議長であったアラン・グリーンスパンは 10 年金利が約 5% であったときに，短期金利を 1% に下げた．2004 年からは短期金利を上げ始め，後継者のベン・バーナンキもその政策を継続した．2007 年 4 月までには，10 年金利が 5% 以下に据え置かれたままで，短期金利が 5% に達した結果，6 カ月金利と 3 年金利が逆転するに至った（図 6.1）．2007 年 7 月にサブプライム危機が始まったとき，政策を再度変更し，経済成長を促し，金融機関を支えるために短期金利を下げることになった．2009 年から 2012 年の間には，短期金利は 0.25% 以下に保たれた．その間，10 年金利も非常に低い水準を維持された（例えば 2012 年の年末には 1.72% であった）．

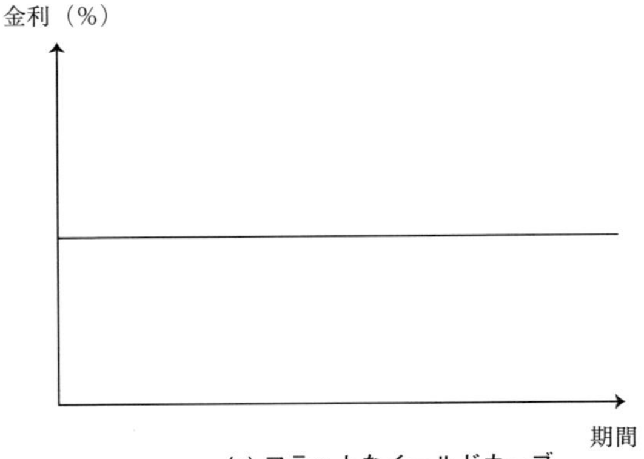

(a) フラットなイールドカーブ

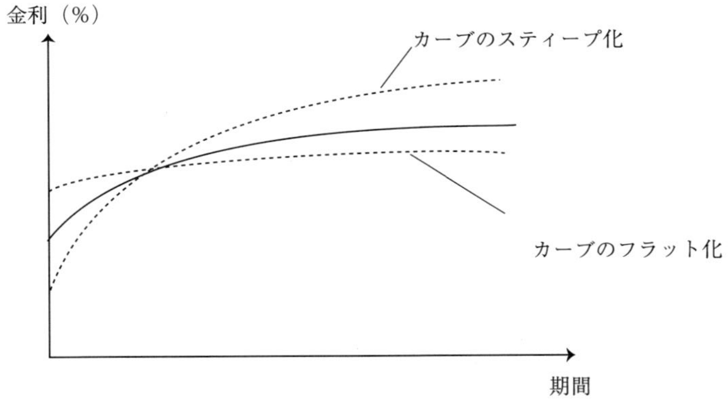

(b) 右肩上がりのイールドカーブ

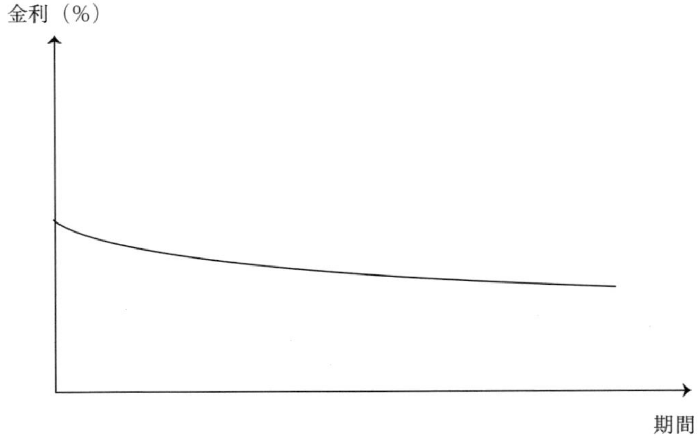

(c) 右肩下がりのイールドカーブ

図 **6.2**　イールドカーブ

カーブリスクだけが唯一の心配事ではない．相殺し合うポジションが同じ満期でも，ポジションの金利が完全に相関していない場合では，“ベーシスリスク”が存在していることになる．例えば，3 カ月のユーロドルの証券と 3 カ月の財務省短期証券では，双方とも当然 3 カ月の金利を支払う．しかしながら，互いの金利の相関が不完全であったり，互いの利回りのスプレッドが時間経過とともに変化したりすることがある．そうなれば，3 カ月のユーロドル預金をもとに購入した 3 カ月の財務省短期証券は不完全なヘッジポジションとなってしまうのである．

6.2 債券価格と最終利回り

債券ポートフォリオマネージャーや債券デリバティブのトレーダーたちは，債券やその他の確定利付証券の価値に影響を与えるイールドカーブの変動を常に見ている．また，彼らは，フェデラルファンドレートの変化を示すかもしれない，米国連邦準備制度理事会からのコメントなど金融関連の公表ニュースなどには特に注目している．BOX6.1 には，米国経済への投資を促す長期金利引き下げのために，2012 年に執られた FRB によるオペレーション・ツイストを示している．

BOX 6.1

オペレーション・ツイスト

2007–2009 年の金融危機からの数年，米国連邦準備銀行 (FRB) は経済を拡大し，失業を抑制するために様々な金融政策の手段を用いた．これらの 1 つに，連邦準備銀行準備金を可能なレベルまで最低の水準にし，大規模な資産購入を実施した，オペレーション・ツイストと呼ばれた非伝統的手法も含まれている．

正式には“償還の延長プログラム”というオペレーション・ツイストには，FRB による数 10 億ドルの短期国債を売却し，同額の長期国債を買い入れるというものも含まれていた．FRB 議長であったベン・バーナンキは“公的に保有する証券の平均年限を短くすることで，「オペレーション・ツイスト」は長期金利に追加的な低下圧力を与え，全体としてより良い金融環境をもたらす†1”と述べた．

その結果，FRB の方針転換は資金を長期投資に向かわせ，長期証券の価格を上昇させ，金利を下げさせた（価格と金利の動きは反対の方向となる）．これは将来にわたって FRB の政策が柔軟性があることを示すとともに，住宅を購入したい人にとっては家を安くし，プロジェクト実行のための調達を安易にした．

オペレーション・ツイストは広い範囲にわたって実施された．2011 年 9 月～2012 年 6 月まで実施された最初のプログラムでは，約 4,000 億ドルの証券の売買が行われ，2012 年の 7 月～年末まで行われた 2 回目には約 2,670 億ドルの売買が行われた．

FRB は，オペレーション・ツイストを含む資産購入には 10 年国債の金利を 100bp 程度下げることができるとの確固たる証拠があるとした．図 6B.1 は，オペレーション・ツイスト前の 2011 年 6 月の米国国債のイールドカーブ（破線）と，FRB のプログラム実施後の 2012 年 2 月のものを示している（実線）．

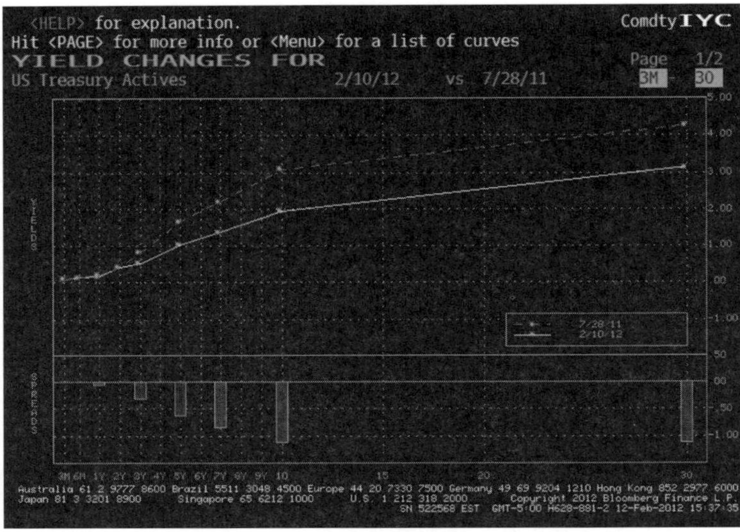

図 6B.1　オペレーション・ツイスト時の米国国際イールドカーブ（2011 年 7 月 28 日と 2012 年 2 月 10 日）

オペレーション・ツイストは短期間でその目的を達成させたかのように見えるが，期待どおりの効果を出すのはそう簡単なことでもない．エコノミストは長期的な効果や，例えば銀行によるリスクを伴う満期変換機能の魅力を減らす[†2] など，将来的にイールドカーブをフラット化させるための類似手段の有無についての議論を続けるだろう．

[†1] ベン・バーナンキ議長による 2012 年 8 月 31 日の “Monetary Policy Since the Onset of the Crisis”，のスピーチより抜粋．これらは，「http://www.federalreserve.gov/newsevents/speech/bernanke20120831.htm.」で参照できる．

[†2] 2013 年 2 月 7 日に政治家の Jeremy Stein による “Overheating in Credit Markets: Origins, measurement, and Policy Response”，のスピーチを参照．(http://www.federalreserve.gov/newsevents/speech/stein20130207a.htm.)

実際，この章で議論されているように，債券の価格は，国債，AAA や AA 格の社債など，その信用リスクの水準に応じた金利の期間構造から直接に導出することができる．(逆にイールドカーブは債券価格の期間構造から導かれるのは，よく知られていることである．)

債券の価格付けは現在価値の概念に基づいている．つまり，証券に付随する将来キャッシュフローが現在もっている価値を求める必要がある．明らかに，これは将来キャッシュフローを現在価値に直すために割り引くことを意味する．しかし，どのような割引率を使えばよいのか．満期が違う異なる種類の債券に異なる割引率を適用するために，問題は複雑となる．すでに，イールドカーブの議論をする際にその 1 つの理由を取り上げた．すなわち，金利は変化し，常に，(例えば右肩上がりのカーブになるなど）満期までの期間の増加関数である．割引率に影響を与えるもう1つの要因は，債券のリスク，特に，デフォルト率やイベントによって引き起こされる損失の程度を示す信用リスクである．債券価格に影響を与えるさらなる要因としては流動性リスクもある．流動性リスクは，売り手が債券の売却を行うときに“公正な”価格を得るに十分な流動性が債券市場にないというリスクである．

10年米国債の評価から話をはじめよう．この作業は課題を明確にしてくれるだろう．なぜなら，国債は本質的に信用リスクがないとみなされるからである†2.

債券保有者は年間固定利払いと償還時の元本の支払いを受けることが約束されている．もし，額面（あるいは元本）が＄1,000で，クーポンが5%であるとすると，債券保有者は最初の9年は毎年＄50ずつ受け取り，償還を迎える10年目には元本とクーポンの合計である＄1,050を受け取ることになる．

債券の現在価値を評価する際の課題は，受け取るキャッシュに時間の差による機会コストのために，8年後に受け取った＄50は，最初の年に受け取った＄50より価値が低くなるということである．将来の1ドルの現在価格を表すために，今から1年後に受け取る1ドルを割り引くことから始めよう．ここで，割引率が年率で10%とすると，1年先の1ドルの価値は $1/(1+0.1) = \$0.909$ となる．つまり，今から1年先の1ドルの現在価値は90.9セントということである．

1年目から2年目までの割引率が同様に年率で10%とすると，2年先の1ドルの価値は $1/(1+0.1)^2 = \$0.826$，すなわち82.6セントになる．つまり，1年で価値が90.9セントになり，2年目に現在価値の $90.9/1.10 = 82.6$ セントとなる．BOX6.2で債券価格の公式と数値例を示している．

BOX 6.2

債券と最終利回りの評価

- 債券の現在価値は以下によって導出される．将来キャッシュフローの流列：クーポンレート c として，償還までの n 回の年払いクーポンの利払い金 cF と満期日 n における元本 F の償還からなる．
- 割引率のカーブないしはゼロクーポンのカーブ：各々のキャッシュフローを現在価値に割引くために用いる，年率のスポットレートを $R_1, R_2, \ldots, R_n$ とする．

1年目に支払われる最初のクーポンは $\frac{cF}{1+R_1}$ の現在価値がある．同様に，2年目のクーポンは $\frac{cF}{(1+R_2)^2}$ の現在価値をもつ．将来キャッシュフローの現在価値の和が債券

†2 リスクフリーとして広くみなされていた多くの国々（ドイツや米国等）の国債も2010年の欧州のソブリン債の危機の後，価値を下げた．救済政策はポルトガル・アイルランド・ギリシャ，そしてスペイン (PIGS) にまで拡がり，投資家たちは欧州の国によって発行されたソブリン債も現実的にはデフォルトしうることを認識した．その結果，危機に面した国々は償還した負債をリファイナンスするためにベンチマークとなっていたドイツのイールドカーブに大きなスプレッドを乗せて調達せざるをえなくなってしまった．

の現在価値となる.

$$P = \frac{cF}{1+R_1} + \frac{cF}{(1+R_2)^2} + \cdots + \frac{cF}{(1+R_{n-1})^{n-1}} + \frac{cF+F}{(1+R_n)^n} \tag{6.1}$$

定義により，最終利回り y は以下の関係を満たす.

$$P = \frac{cF}{1+y} + \frac{cF}{(1+y)^2} + \cdots + \frac{cF}{(1+y)^{n-1}} + \frac{cF+F}{(1+y)^n} \tag{6.2}$$

最終利回り y は，将来キャッシュフローの現在価値と債券価格を等しくする単一の金利となる．この単一の金利はすべてのキャッシュフローを割引くのに使われる．スポットのゼロクーポンカーブがフラットである場合に限り（例えばすべてのスポットゼロクーポン金利がすべての満期を通じて同じで R に等しいなど），最終利回り y は金利 R と等しくなる.

数値例

次の金利の期間構造を，年利払いクーポンが 4% で元本が $ 100 の 3 年債に適用する.

t	1	2	3
$R_t(\%)$	3	3.75	4.25

ここで (6.1) 式を参照すると，債券価格は

$$P = \frac{4}{1.03} + \frac{4}{1.0375^2} + \frac{104}{1.0425^3} = 99.39 \tag{6.3}$$

そして，最終利回り y は (6.2) 式を満たす解となる.

$$P = \frac{4}{1+y} + \frac{4}{(1+y)^2} + \frac{104}{(1+y)^3} = 99.39 \tag{6.4}$$

よって，ここで $y = 4.22$ パーセントとなる.

債券の価値は，期待されるすべての将来の利払いを適切な割引率で割引くことによって導出できる.（これらの割引率は，償還時にのみの一括支払いが行われる割引債を参照した場合の“ゼロクーポンレート”が用いられる.）もし，すべての年限の割引率がわかっているならば，我々の作業はむしろ簡単なものとなる．しかしながら，実務的には，ディーラーは債券の価格のみを報告してくれるだけなので，直接金利を観察することはできない．ディーラーやファンドマネージャーが画面上で見ているイールドカーブは，例えば予定されたクーポンと元本の支払いの現在価値が実際に観察される債券価格と等しくなるように，債券価格から計算されている.

ここで次の問題がある．ある債券の現在価格とキャッシュフローがわかっていて，もしその割引率をキャッシュフローに適用した場合の債券価格を正確に反映するような，すべてのクーポン支払い期日を通じた単一の割引率とは何かという

とである．この利回りは債券の最終利回り (YTM: yield to maturity) といわれ，現在価値を所与として，償還までの債券の平均的な年利回りを示している．最終利回りは，実際には債券の内部収益率 (IRR) である．債券の最終利回りと価格は一対一の関係にある．つまり，元本の償還価値や債券価格と同様にクーポン支払の期日がわかれば，債券の利回りを導出できる．また反対に，クーポン支払の期日と元本の償還価値，それに債券の利回りがわかれば，債券価格を導出できる．実際，多くの債券は価格ではなく，最終利回り (YTM) で取引されている．BOX6.2 ではどのように最終利回りを計算するのかを示している．

経済新聞を読んだり，取引売買スクリーンを見たときには，きっちりと定義されていないイールドカーブであるが，実際にはゼロクーポンの割引率の期間構造，あるいは最終利回りの期間構造と呼ばれることがあるので，注意が必要となる．

国債のイールドカーブの構造やビヘイビアに関する理論や実証分析は多くある．先で触れたように，利回りは，通常，満期までの期間に応じて上昇し，それは図 6.1 のように，標準的なイールドカーブの形として知られている．2013 年 3 月末時点では，1 年の財務省短期証券金利は年率で 0.15% であり，一方で，10 年国債の最終利回りは約 2%，30 年の国債の最終利回りは 3.16% となっている．

異なるイールドカーブ，あるいは，同じように，異なるスプレッドカーブ（スプレッドカーブは社債のイールドカーブとリスクフリーである国債のイールドカーブ，あるいは，国債カーブ以上の流動性をもっているときのスワップカーブとの差となる[†3]）はそれぞれ異なる格付の社債に応じて推定できる．スタンダード&プアーズやムーディーズなどの格付機関は，彼らの格付に基づいた社債のイールドカーブを定期的に公表している．これらのカーブは，特定の信用格付分類に応じた債券の平均的な利回りを表している．

トレーダーやファンドマネージャーは，フォワードレートの期間構造を示す“フォワードカーブ”に基づいた意思決定をしばしば行う．フォワードレートは，ある特定のリスクカテゴリーに属する債券の，例えば現在から 6 カ月先までの 3 カ月債の期待利回りを示すフォワードレートはスポット（現在の）金利の期間構造から直接導くことができる．スポットのイールドカーブが右肩上がりならばフォワードカーブはスポットカーブより上にあり，反対にスポットカーブが右肩下がりならばフォワードカーブはスポットカーブの下に位置する．

例えば，残存 1 年および 2 年の財務省短期証券の最終利回りを用いて，1 年目～2 年目にかけての国債における 1 年間のフォワード金利を導出してみる．ここで，1 年および 2 年の財務省短期証券の最終利回りが 2% と 2.5% である場合，1 年目～2 年目までの予想将来金利は $(1+0.025)^2/(1+0.02)-1=0.030(=3\%)$ となる．この場合，3% のフォワードレートは，2% という 1 年金利と複利計算す

[†3] 超長期の国債のスワップ市場は引受市場以上の流動性があることがある．そのような場合では，トレーダーは関連する償還期にわたってイールドカーブを観察する場合，スワップ市場を活用する．

ると，2 年債の最終利回りが 2.5% となるような金利を意味している．

フォワード金利は，金利リスクのヘッジとして投資家，金融機関や事業法人などが用いる金利デリバティブや金利リスク管理の重要な要素となる．フォワードレートは裁定取引によって固定されているといってよい．例えば 1 年目と 2 年目の間の 3% というフォワード金利は，2 年中期国債を購入し，1 年ものをショート（空売り）すること（あるいは，同じことであるが，2 年中期国債の価格相等を年率 2% で 1 年間借りること）によって確実に複製できる．この取引では最初，キャッシュフローは生まれない．1 年目の終わりに，ショートポジションを手仕舞うことで $\$100 \times (1.02) = \$102$ のキャッシュアウトが生ずる．2 年目の終わりに 2 年の中期国債が償還されることによって $\$100 \times (1.025)^2 = \$105.06$ を受けることになり，1 年と 2 年の投資期間に $(1.025)^2/1.02 - 1 = 3\%$ の利回りを生み出すことになる．

短期の借入によって長期債を購入する資金を調達するこの行為は “買い戻し契約” あるいは “レポ” と一般的に呼ばれている．投資家がレポ契約を締結するときには，他の投資家に証券を売却し，同時に後日あらかじめ設定された価格で買い戻すことに同意することになる．先の例で考えると，投資家は 2 年の中期国債を購入し，レポ取引でその資金調達を行う．つまり，投資家は 2 年の中期国債をディーラーに \$100 で売却し，ディーラーから \$102 で 1 年後に買い戻す約束をしておくことを意味する．

実際には，債券価格は常時変動するため，ディーラーは信用リスクに対して保守的にプレミアムを要求することに加え，金利が上昇すれば価格が下落することになる．例えば，債券価格が \$98 になるような金利の上昇と投資家のデフォルトがあった場合，ディーラーは \$2 の損失を負うことになる（ディーラーはレポ取引に際して \$100 を提供し，その時点で \$98 の価値しかない中期国債を保有していることになるからである）．よってディーラーは，例えば債券の満額（\$98）よりも少ない額を貸し付けるなどをして，ヘアカット分を要求する．差額（\$2）をローンに対する担保と考えるのである．

レポによって投資家は，投資のある一定比率を資金の借入によって調達することが可能になる．しかし，これらの借入，レバレッジはポジション上の損益を複数倍にする効果がある．たとえ市場価格の小さな変動であっても投資家に相当の財務的影響をもたらすこともある．

レポを活用したレバレッジ取引は，米国の FRB がフェデラルファンドレートを前年の 6 倍の 250 ベーシスポイントにまで引き上げた後，1994 年 12 月に起こったカリフォルニア州オレンジ郡破綻の 1 つの要因でもあった．オレンジ郡の財務担当だったシトロン氏は，レポ市場から 129 億ドルを調達・管理をしていた．これによって，彼が管理していたファンドはたった 77 億ドルの投資であったにもかかわらず，200 億ドル相当の証券を取り扱うことが可能であった．1994 年以前の数年間，右肩上がりの好ましいイールドカーブの状態であったときに，シトロン氏は同様の資産プールに比べて 2% も運用利回りを上昇させることができた．ところが金利の上昇が始まるのと同時に，彼のポジションの市場価値が大幅に減少し，1994 年 12 月までに 15 億ドルの損失を被った（ファンドの全投資の 7% に相当）．同時に，いくつかのファンドへの資金の出し手がレポ取引のロールをストップさせた．その結果，オレンジ郡は倒産に追いやられてしまったのである．より最近の事例では，2007–2009 年の金融危機（第 8 章，BOX8.3）のとき，レポファイナンスが投資銀行のリーマン・ブラザーズ破綻の要因の 1 つとなったことでも知られている．

6.3 リスクファクターの感応度アプローチ

トレーディングデスクのレベルや特定の金融市場に関して，随分前から，トレーダーたちは主要リスク要因の価値変化に対する感応度というリスク尺度を開発していた．市場に応じて，そのような主要リスク要因は金利，最終利回り，ボラティリティ，株価等々の形をとるだろう．確定利付き証券の場合，トレーダーたちが好んで用いるリスクの尺度に "01 の価値" として知られている，"DV01" というのがある．DV01 はトレーダーたちによる略語で，利回りや金利の 1 ベーシスポイント（1% の 1% であり，つまり 0.0001 を示す）の変化により，証券の価値にどれだけ変化が生ずるか（デルタ）を表す．

この DV01 の尺度は，債券の平均的な残存期間としてみなされる，伝統的な債券の "デュレーション" 分析とも一貫性がある．もう少し正確に表現すると，それは各々のキャッシュフローの（年表示で表現される）期間の加重平均であり，その場合のウェイトはキャッシュフローの現在価値をウェイトの合計，すなわち債券価格自身で割ったものとなっている．

債券の計算でよく使われる尺度である，債券の "修正デュレーション" は，デュレーションを（1 + 当該債券の最終利回り）で割ったものである．BOX6.3 では，債券価格と債券のデュレーション，そして修正デュレーションとの技術的な関係を説明している．

BOX 6.3

債券のデュレーション

BOX6.2 の (6.2) 式でも示されている，債券の価格式を参照すると，債券のデュレーションは各々のキャッシュフローの（年表示で表現される）期間の加重平均として定義されており，その場合のウェイトはキャッシュフローの現在価値をウェイトの合計，すなわち債券価格自身で割ったものとなっている．

$$D = \frac{\dfrac{1 \cdot cF}{1+y} + \dfrac{2 \cdot cF}{(1+y)^2} + \cdots + \dfrac{(n-1) \cdot cF}{(1+y)^{n-1}} + \dfrac{n \cdot (cF+F)}{(1+y)^n}}{P} \tag{6.5}$$

(6.5) 式のウェイトの合計は 1 となる．

$$\frac{\dfrac{cF}{1+y}}{P} + \frac{\dfrac{cF}{(1+y)^2}}{P} + \cdots + \frac{\dfrac{cF}{(1+y)^{n-1}}}{P} + \frac{\dfrac{(cF+F)}{(1+y)^n}}{P} = 1 \tag{6.6}$$

(6.6) 式の分子は，(6.2) 式より債券の価格となる．

数値例

BOX6.2 の (6.3) 式で表されている 3 年債を例にすると，そのデュレーションは以下となる．

$$D = \frac{\dfrac{1 \cdot 4}{1.0422} + \dfrac{2 \cdot 4}{1.0422^2} + \dfrac{3 \cdot 104}{1.0422^3}}{99.39} = 2.89$$

3 年債のデュレーションはその償還期間である 3 年より短い．デュレーションは 3 年のゼロクーポン債の場合に限ってのみ正確に 3 年となる．

金利感応度の指標としてのデュレーション

債券価格 P とその最終利回り y の関係を示す (6.2) 式の差分は，以下のとおりである．

$$\Delta P \cong -P\frac{D}{1+y}\Delta y = -PD^*\Delta y \tag{6.7}$$

ここで ΔP は，利回りの変化 Δy に対応する価格の変化を示す．また，

$$D^* = \frac{D}{1+y} \tag{6.8}$$

(6.8) 式で定義された D^* は修正デュレーションと呼ばれている．

債券価格の変化と利回り変化には線形関係がある．デュレーションが大きければ，価格変動が大きくなる関係がある．しかしながら，債券価格と最終利回りの関係は非線形であるので，デュレーションは利回り変化の債券価格に対する影響の 1 次近似にしかならない．これは，金利の微小な変化に対してのみ良い近似となることを意味している（図 6B.2 参照）．

価格 $P = 99.39$ でデュレーション $D = 2.89$，利回り $y = 4.22\%$ で，BOX6.1 の (6.3) 式および (6.4) 式で定義された 3 年債の利回りの 10 ベーシスポイントの変化を仮定する．この場合，(6.7) 式によると，以下が成り立つ．

$$\Delta y = 0.001$$
$$\Delta P \cong -99.39\frac{2.89}{1.0422}0.001 = -0.28$$

一方，正確な価格変化は -0.27 となっている．

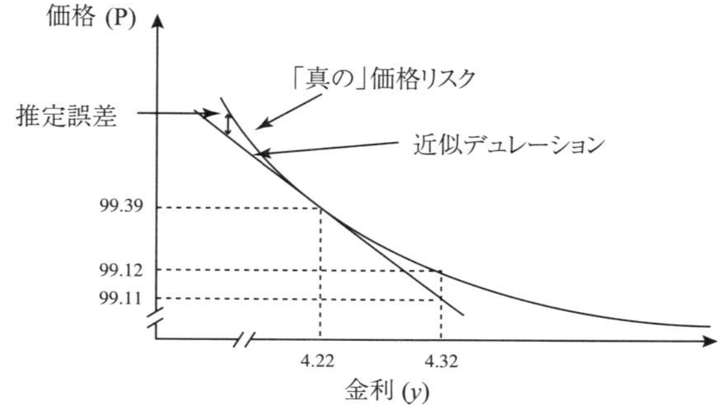

図 6B.2 金利感応度の指標としてのデュレーション

イールドカーブの微小な平行移動においては，確定利付証券の価格感応度は利回り変化の単純な（線形の）関数によって近似できる．すなわち，債券価格の変化率は，債券の最終利回りの変化と修正デュレーションを乗じたものにマイナスをつけた値となる．修正デュレーションは債券価格と利回りの関係をつなぐ弾力性の尺度となっている．簡単にいえば，市場金利の 1% の変化によって債券価格が何 % の変化があるのかということになる．

ここで例として最終利回りが 5% で修正デュレーションが 8 年の $90 で取引されている債券があるとする．この近似によれば，利回りの 5 ベーシスポイントの上昇は $0.05\% \times 8 = 0.4\%$ すなわち $0.36 の価格下落となる．

図 6.3 では異なる満期をもつ債券ごとの価格感応度の例を，利回り 1 ベーシスポイントの変化に対する名目額 100 万ドル単位で示している．この例は債券の満期が長ければ長いほど，そのデュレーションが長くなり，利回り変化に対する債券価格の感応度が高くなることを表している．

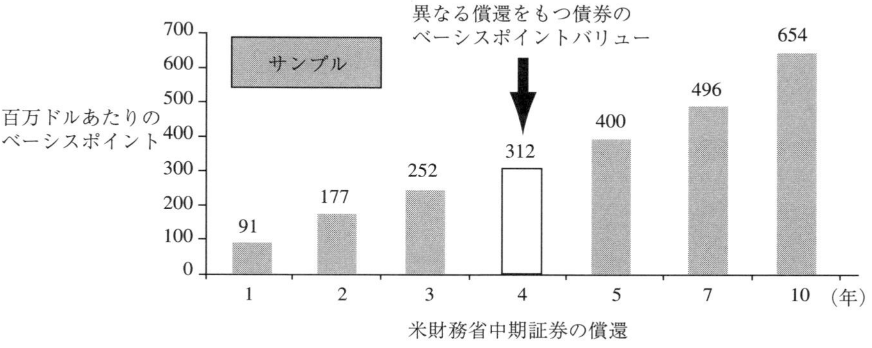

図 6.3 金利感応度：「01」の価値

しかし，デュレーションやそれと同類の指標は，利回り変化が債券価格に与え

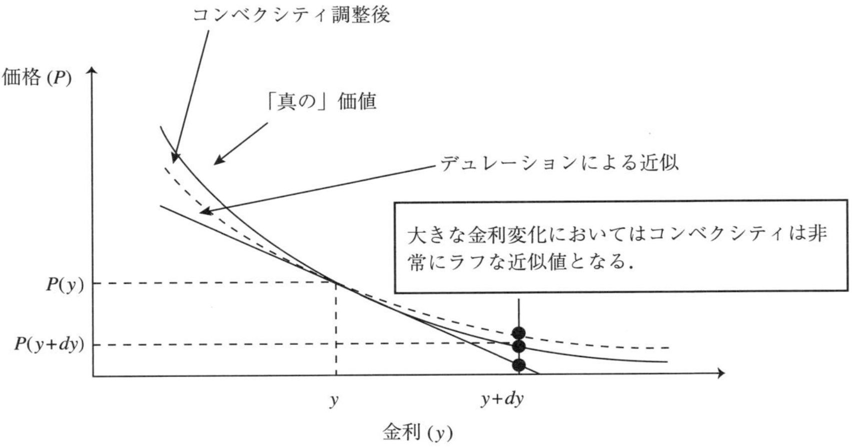

図 6.4　金利感応度の「コンベクシティ」調整

る影響の1次近似にすぎない．価格変化をより正確に把握するためにはコンベクシティ調整として知られている（図 6.4），2次近似による調整をする必要がある．図 6.4 の直線は，価値変化をデュレーションで調整したときの現在の価格近辺での債券価値を示している．点線はデュレーションとコンベクシティの両方を調整した場合の現在の価格近辺の債券価値を示している．コンベクシティを調整した債券価値は，実線の曲線で表される正確な債券価格に極めて近いけれども，それでも完全ではなく，なおも利回りに大きな変化があった場合の近似にすぎない．

6.4　様々な証券によるポートフォリオ

同じイールドカーブで価格付けされた様々な証券からなるポートフォリオでは，価格感応度は，ポートフォリオ内の全証券のデュレーションを加重平均することによって容易に集計できる．

また，価格感応度は，例えば，図 6.4 での 4 年中期国債 (T-Note) のように，指標となる代表的な証券をもって表すこともできる．この場合，各々のポジションは参照される証券と同等のデュレーション，すなわち 4 年中期国債のものに転換されることになる．例えば，10 年中期国債が 4 年中期国債のデュレーションの 2.1 倍とすると，この場合，1 億ドルの 10 年中期国債は参照している 4 年中期国債の 2.1 億ドルに相当することになる（図 6.5）．ポートフォリオのリスクはまるで参照される資産の単一のポジションであるかのように評価されるようになる．

次の章では，債券ポートフォリオのための包括的なリスク指標である，バリューアットリスク (VaR) について解説する．この指標によって，リスク管理者は，（多くの他の金融商品から生じる金融リスクと比較したり集計したりできるだけでなく）デュレーションによる影響とコンベクシティの調整を単一の指標に集約できる.

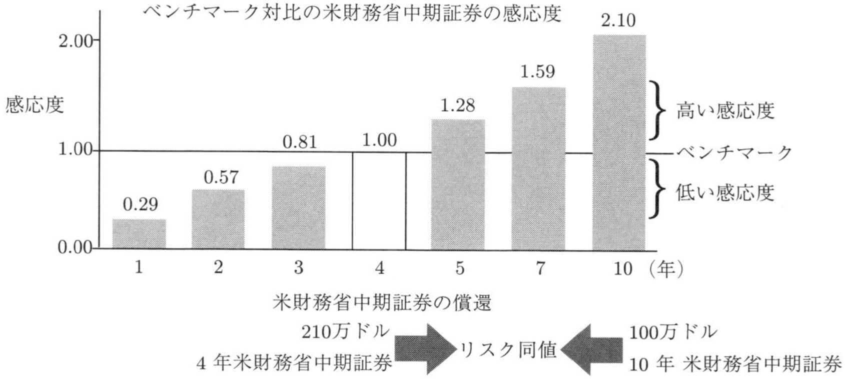

図 6.5 金利感応度の指標：「01」の価値比較

6.5 金利リスクのヘッジ手段

ここまでは金利リスクがいかに発生するかと，その金利リスクの計測方法について議論してきた．しかし，（そのエクスポージャーの要因となる金融商品や資産を単純に売却するというのではなく）計測したリスクを管理するためにどのような金融商品や戦略を用いることができるかが課題となる．

もちろん，その答えは，価値が様々な原資産や金利から派生する，スワップやフォワード，先物やオプション等のデリバティブ契約をどう活用するかにある．この章では，金利リスクを管理するためにどのようにデリバティブを活用できるのかについて述べていく．しかし，これらの基本的な考え方は，株式や株価指数，為替，コモディティなどの他の資産タイプにもとづくデリバティブにも当てはまる．

かなり以前から，特に 1970 年代以降，様々なレベルの複雑でカスタマイズされた，多くの異なる種類のデリバティブ商品が，金融リスクをヘッジする（あるいは引き受ける）目的で開発されてきた．シカゴ証券取引所 (CBOT) で取引されている米国債先物や，シカゴ商品取引所 (CME) で取引されているユーロドル先物のように，いくつかの金融商品は世界中の公認された取引所で取引されている．これらの取引所で取引されているデリバティブは，契約の統一性を担保し，カウンターパーティーリスクを取り除くために決済機構が後ろ盾になり，単純かつ標準化された契約となっている．

しかし実際は，デリバティブはほとんど取引所では取引されてはおらず，店頭取引，すなわち OTC デリバティブとして知られている，ディーラーと顧客が相互に結ぶ私的な相対契約となっている．そのような OTC デリバティブ契約は顧客の需要に応じて柔軟にカスタマイズされることが多い．その代わりに取引所で取引されている先物より流動性が低く，取引の執行はそのプロバイダーかディーラーの資本によってのみ裏付けがなされているという欠点がある．このために，店頭市場のキープレイヤーはすべて信用に問題がない金融機関である．金利リスクを管理する必要がある投資家，一般企業や金融機関が用いる，主要なデリバティブ商品である，金利スワップ，スワップション，フォワード，キャップやフロアー，それにカラー取引などはすべて店頭取引によって取引されている．しかし2008年の9月に起きたリーマン・ブラザーズ破綻では店頭での取引が未決済になる等，金融市場での無秩序状態を引き起こしたことから，金融当局は金融業界にデリバティブの標準化をできるだけ推し進め，潤沢な資本を保有する取引業者を通じて決済させようとした（第3章と13章を参照）.

新聞紙上の大見出しでデリバティブ市場でのリスク管理の失敗や投機を表す言葉が踊るケースが多いが，金利デリバティブはリスクを管理するための重要なツールであることに疑いの余地はない．全世界で見ても政府の債務の規模は膨大である．社債や銀行のローンポートフォリオまで加えると，金利リスクにさらされている資産と負債は巨額なものになる．それらを勘案すると，金利デリバティブの相対市場もまた2012年の年末に490兆ドルもの規模に達していると述べても，決して規模的には驚きはない[†4].

次にいくつかの異なる金融商品を見ていくこととする.

6.5.1　フォワードと先物契約

フォワード契約はその買い手が変動利付債や為替，株式，それにコモディティ等の資産の先物価格をその日の水準で固定させることができる．原資産の金利あるいは価格がどのように変化していようとも，買い手は同意した価格を受渡日に支払わなければならない．その資産のスポット市場価格がどの水準であっても，売り手は受渡日にその資産を受け渡さなければならない．フォワード契約にはアップフロントの手数料はなく，受渡日までに現金の受渡しもない．フォワード契約は基本的に店頭取引のため，カスタマイズされた取引となっている．中には約定価格（フォワード価格）の支払い後に原資産を受け渡して清算となる契約もある．金利フォワード等の，その他の契約は，フォワードの契約価格と満期日のスポット価格の差を一方から他方に支払う，“差金決済” が行われている．フォワード契約の場合，アップフロントでは手数料の支払いは発生せず，決済日以前に現金の受け渡しはされない．フォワード取引というのは本質的には店頭取引の商品であり，よってカスタマイズしやすい.

先物契約は基本的には取引所で取引されている先渡し（フォワード）契約であ

[†4]BIS の “Statistical Release : OTC Deribatives Statistics at year-end 2012”，(2013年5月) によれば，クレジットデフォルトスワップの額が25兆ドルであった2012年の店頭取引の額面残高は633兆ドルにも上っていたとされる.

る．しかし，フォワードと異なり，先物は証拠金や金利，額面，受渡日などについて，標準化された規約がある．（この標準化は取引所取引が流動性を確保するために非常に重要な要素となっている．）最初の段階では先物契約は価値がゼロとなっている．しかし，先物購入者は取引所の決済機構に，当初証拠金と呼ばれる証拠金を最初に支払わなければならない．そうして，各契約が日々“値洗い”され，（市場で決定される）先物価格の日々の変化に対応して日々のプラスマイナスの差額（変動証拠金）が受渡しされる．契約が成立した段階で，日々の値洗いによる評価と償還での支払いの合計が先物価格と等しくなるように価格設定される．

フォワードや先物によって，投資家は価格の変動からオープンポジション（ノーヘッジ・ポジション）を守ることができる．つまり，オープンポジション上のいかなる損益もデリバティブ取引のペイオフによって相殺される．金利のフォワードと先物の場合，その契約の満期日における実際の金利があらかじめ設定していた金利と異なっていれば，その差がプラスかマイナスかによって現金の受取りあるいは支払いが発生する．

実務的には，短期金利の契約の定義で多少の工夫がなされている．例えば，1 年の T-Bill 金利の先物は 100 からあらかじめ設定した金利を差し引いたものとして定義されている．したがって，もし，事前に設定された先物の利回りが 2.5% である場合，契約はあらかじめ設定された価格 $97.5 (= 100 - 2.5)$ にもとづく．年末に実際の 1 年 T-Bill 金利が 3.2% である場合，清算価値は $100 - 3.2 = 96.8$ となる．このようなケースでは，ロングポジションの保有者には，売り手によって 1 契約あたり $97.5 - 96.8 = 0.7$ の合計額が支払われることになろう．

そのような契約によって企業は“1 期間”の金利の変化をヘッジでき，それは OTC 市場で取引されている金利先渡し契約 (FRA) と同じものである．金利先渡し契約は，将来に支払う実効金利を今日固定しようとする短期の調達者にとって非常に一般的なものである．

ここで述べた契約はすべて償還時点で“差金決済”され，損をした人から利益を得た人に現金が支払われる．しかしながら，長期金利の先物契約の場合，決済は特定の（たいていは国債銘柄から選択される）長期債を引き渡すことで行われる．先物，フォワード，および金利先渡し契約は，将来の金利変化をヘッジしたり，現時点で将来の金利を固定したりするための多くの手段を投資家に提供する．それらは非常に競争が激しい市場で取引されており，これらの店頭取引はビッドとオファーのスプレッドは非常に小さいのが常である．

6.5.2 スワップ

金利リスクをヘッジするためのもう 1 つの簡単な金融商品で，最もよく活用されるのが，金利スワップである．スワップは二者間で 2 つの異なる証券のキャッシュフローを契約が完了するまで交換する OTC 取引である．それは一連のフォワード契約のようでもあり，フォワードと同じように，（契約が一方の取引業者の好む方向に進んでいるかどうかにかかわらず）契約は取引の両サイドをしばることになる．

金利スワップは非常に融通のきくヘッジ商品である．それらは，ALM や，デュレーションを短くしたり伸ばしたりする必要のある債券ポートフォリオマネージャーたちによく用いられている．

金利スワップの最も一般的なものは，“固定払”側が，例えば$1億などの額面分の固定金利を年4回あるいは年2回払いで支払い，“変動払”側が同様に同額面分の変動金利を支払う，固定と変動金利の交換である．変動金利側の参照レートはLIBOR やコマーシャルペーパー市場での金利，あるいは契約上，業者間で合意した金利を参照する．スワップの両サイドの元本は取引の開始日と満期日の両方で相殺されるので，元本の交換はない．

これに対して，為替スワップでは，取引の両サイドで取引の開始日と満期日に，異なる通貨で換算した元本の交換が行われる．2つの通貨の交換レートはスワップが組まれたときに定められているため，両サイドの将来の交換レートは固定されている．為替スワップの期間中（月次や四半期ごと，半年ごとなどの）間隔で，固定であれ変動であれ，適切な通貨に換算した金利の支払いを両サイドで交換する．

フォワードや先物の場合でそうであったように，すべてのスワップ取引は両サイドのスワップの現在価値 (NPV) が同じになるように価格付けがなされるので，スワップが締結されたときにアップフロントでは手数料の支払いは発生しない．時間が経つにつれ，金利が変化するのと同時にスワップのキャッシュフローの現在価値が変化し，現在価値の差がプラスあるいはマイナスになる．金利上昇局面では，変動払側のキャッシュフローが増加し，その契約の現在価値も増加する．反対に，固定払側のキャッシュフローの現在価値は下落することになる[†5]．

金利スワップは，企業の収入の状況により，固定から変動へ，あるいは変動から固定へローンの支払い条件を変更できるので，一般事業会社や金融機関によって活用される．スワップはその企業の金利動向予測に基づいて金利リスクを管理できる有益なツールといえる．もし，金利が急激に上昇することが期待された場合には企業は支払いを固定化し，また，金利が低下する環境下では，企業は固定金利を変動金利に転換する傾向が強くなるだろう．

[†5] 第13章では割引率の選択，カウンターパーティーリスクの評価，金利スワップに代表されるデリバティブの評価におけるそれらのインパクトについて論ずることとする．多くのデリバティブディーラーは，デリバティブの担保保証を評価する際の割引に“オーバーナイト・インデックス・スワップ”(OIS) 金利を用いている．2010年代の半ばになって，主たるスワップの決済機関である LCH.Clearnet は LIBOR での割引を金利スワップの OIS 金利での割引に切り替えている．保証取引の割引に OIS 金利を用いる理由は，この金利はフェデラルファンドレートから求められた金利であり，それはつまり一般的に取引で保証を行うことによって得られる金利ということになる．US ドルの取引ではインデックス金利は実効的なフェデラルファンドレートとなる．ユーロ通貨では，Euro Overnight Index Average(EONIA) が，英国通貨では Sterling Overnight Index Average (SONIA) が同様に用いられている．

ここで，業者 A と業者 B が額面 \$1 億の 5 年金利スワップを契約したとする．業者 A は業者 B へ毎年年末に，\$1 億×4% の固定金利を支払い，業者 B から \$1 億×（1 年の T-Bill 金利プラス（1% の）スプレッド）を受け取ることになる．つまり，毎年業者 A は固定額 \$400 万を業者 B に支払うのに対して，業者 B は変動金利（期初の T-Bill 金利プラス 1%）による額を払う，ことになる．

実務的には相殺決済を行い，その差額だけを支払う．つまり年初の T-Bill 金利が 3% 未満であるならば，業者 A は業者 B に 4% と「T-Bill 金利プラス 1%」の差に \$1 億を掛け合わせた額を支払うことになる．例えば，1 年 T-Bill 金利が 2.5% の場合，業者 A は業者 B に $[0.04-(0.025+0.01)]\times\$100,000,000=\$500,000$ を支払うことになる．もし，T-Bill 金利が 3.8% であるならば，業者 B は業者 A に合計 $[(0.038+0.010)-0.040]\times\$100,000,000=\$800,000$ を支払うことになる．

スワップ取引は，企業の特殊なニーズと市場のニーズの間にあるギャップを繋ぎ合わせる方法として，企業の財務責任者により用いられることが多い．例えば，財務責任者は実務的な理由から，スイスフランの固定利付スイスフラン建て 5 年債を発行するけれども，彼の選好するエクスポージャーが LIBOR とともに変動する US ドル建てだとする．彼の選好するエクスポージャーは，取引の一方で，財務責任者がスイスフラン建てで発行された債券のキャッシュフローを受け取り，取引のもう一方で LIBOR リンクの変動キャッシュフローを支払う，通貨スワップを活用することにより達成できる．

金利と通貨のスワップは OTC デリバティブ市場の主要な構成要素となっている．しかし，スワップの基本的な原理は，株式やコモディティなどを含むすべての資産クラスに応用されてきている．アセットスワップは市場の中で一般的になってきている．例えば，投資家は，様々な種類の資産に伴うキャッシュフローやリスクを，通常 LIBOR にもとづく変動金利支払いと交換することで，その他の市場参加者に移転できる．

6.5.3 オプション：コール，プット，そしてエキゾチック

コールオプションは，買い手が（ある特定の債券などの）原資産を，定めた期間中あるいは満期日に（ストライクプライスあるいは行使価格といわれる）あらかじめ定めた価格で購入できる契約である．契約の満期日のみに行使できるオプションは “ヨーロピアン” オプションと呼ばれる．一方で，満期日までにいつでも行使できるオプションは “アメリカン” オプションと呼ばれる．コールオプションは，原資産の価格が行使時にあらかじめ定めた行使価格よりも高い場合など，原資産となる債券や金利の将来の価格変動が買い手に有利になったときにオプションを行使できる権利を買い手に与える．しかしオプションの購入者は，フォワードや先物，あるいはスワップの取引相手などと異なり，オプションを行使するこ

となく契約を終了できる．この一方的な権利のために，買い手はプレミアムを支払わなければならない．

コールオプションを購入するのと先物やフォワード契約を購入することの差異を明確にしておくのは重要である．先物はあらかじめ合意した条件に従って満期日に執行しなければならないのに対して，コールオプションは価格が買い手に不利な状況に進んだ場合は行使されることなく契約が終了する．もう1つの重要な差異は，コールオプションの買い手が売り手に権利の価値を反映した価格を支払うのに対して，先物やフォワード契約では最初は価値がゼロということである．先物取引の先物価格は，契約の現在価値がゼロとなるように設定されている．

プットオプションはコールオプションと反対である．つまり，オプションの保有者はあらかじめ定められた価格で原資産を「売却する」権利をもつことになる．同様に，いつでも行使できるアメリカンプットと，満期日のみ行使が可能なヨーロピアンプットがある．したがって，債券のプットオプション単体では，債券の価値下落に（あるいは同じことであるが，金利上昇）に賭けたものとなっている．プットオプションは，また，オープンポジションの保有者にその損失を抑える保証を提供する（すなわち，原資産のオープンポジションとオプションによる“ヘッジ”は互いを相殺させる）．この場合，債券の現在の価値と比べた，オプション契約の行使価格を，保険の“免責額”とみなすことになる．つまり，免責額とは，保険としてのオプションが有効になる前に債券が被る損失額のことを意味する．

プット・コール・パリティは同じ行使価格と行使日のヨーロピアン・コールオプションとプットオプションの価格の間にある関係を示している．プット・コール・パリティはまた，先物契約を購入することは，同じ原資産債券のコールとプットの行使価格が先物価格と同じ場合に，コールオプションの買いとプットオプションの売りを同時に行ったのと同じであることを示している．同様に，同じ原資産のフォワード契約とプットオプションを買うことによって，シンセティック（合成）コールオプションを組成することができる．

異なる満期での異なる行使価格のコールオプションとプットオプションの売りと買いを組み合わせることによって，金利リスクヘッジをするための，数限りない取引戦略が考えられるようになる．実際に，原資産価格の将来確率分布の“一断面”がオプションを通して評価され，取引されることもある．それぞれの異なった取引戦略は，投資家のリスク選好に基づく様々なリスクリターン上のトレードオフにより特徴づけられる．

同じ行使価格でプットとコールを買う戦略をストラドルといい，原資産価格の急激な上昇あるいは下落，すなわちボラティリティの上昇に備えた戦略となる．したがって，投資家はストラドルを売る，すなわち同じ行使価格と満期日のプットとコールを同時に売ることによって，金利の“ボラティリティを売る”こともできるようになる．トレーダーは金利変更に関する発表が予想されたり，発表の内容が確かでないとき，あるいは政府や中央銀行によるその他主要なマクロ経済に関する決定がなされる前などには，しばしばストラドル戦略を活用している．その取引の反対では，ストラドルを買った投資家は，オプションが有効な期間は原資産の価格の大きな上下動を保証している．

アウトオブザマネーのプットとコールオプションを，異なる行使価格で買うことによって，ボラティリティをより安価で購入できる．例えば，債券価格が 100 の場合，行使価格が 95 のプットオプションと行使価格が 105 のコールオプションを買えばよい．このような“ストラングル”は，行使価格 100 のアットザマネーのストラドルよりずっと安価なものになるだろう．

6.5.4 キャップ，フロアーおよびカラー

キャップ，フロアー，そしてカラーを説明するのに，米国の変動金利住宅ローン (ARMs) の巨大な市場を考えることにしよう．

ARM の変動金利は，6 カ月の財務省短期証券金利にもとづいているとしよう．次の 6 カ月では，借り手は，例えば年率 2% というスプレッドを金利に上乗せして返済を行うことになる．変動金利の借り手は長期ローン金利に“キャップ”を提供されることが多く，その結果，短期金利が 5% というあらかじめ設定した金利水準を上回った場合に，借り手が 5% のキャップにスプレッドを上乗せした分（この例では，合計 7%）以上を支払わなくてもよい．

このキャップは借り手にとっては魅力的な特徴をもっており，その代わりにある程度のコストがかかる．キャップのコストを下げるために，借り手は“フロアー”を同時につけることもある．フロアーでは期間あたりの金利支払い最低額を設定するので，短期金利が大幅に下落したときでも，借り手は設定したフロアー水準を下回る金利の下落から利益を得ることができない．われわれの数値例では，もしフロアー水準を 2% の T-Bill 金利に設定した場合，借り手は最低限 4%（2% のフロアーと 2% 上乗せ分の和）を支払うことになる．

ここで，フロアーとキャップは，互いのプレミアムを完全に相殺する水準で設定される場合がある．このような組合せは“ゼロコストカラー”や“ゼロコストシリンダー”という名で呼ばれている．

我々は，キャップやフロアー，その組合せを，多くの異なるリスク管理が必要とされる市場で目にすることができる．例えば，定期支払いに関する上限と下限の契約の組合せであるカラーやシリンダーは，為替取引のヘッジで非常によく用いられる方法である．

6.5.5 スワップション

スワップに関するオプションは“スワップション”と呼ばれ，現在決められた条件で特定の日，あるいはその日より前にスワップを締結する権利のことである．

そのようなオプションは，ヨーロピアン型，あるいはアメリカン型のどちらのタイプでも設定される．スワップションの買い手が行使すればスワップの固定金利支払いの権利をもつ場合は，ペイヤーズ・スワップションと呼ばれる．スワップションの買い手が固定金利の受取りの権利をもつ場合は，レシーバーズ・スワップションと呼ばれる．このようなオプションは，異なる為替通貨の固定と変動のキャッシュフローによって組成される．スワップションは明らかに単純なスワップより柔軟であるが，買い手はその付加価値に対して，オプションプレミアムを払う必要がある．

6.5.6 エキゾチックオプション

ここまでは比較的単純な“プレインバニラ”と一般に呼ばれているオプションについて考察してきた．より複雑な条件をもつオプションは，“エキゾチックオプション”と呼ばれる．最も人気が高いものの 1 つに，設定された期間の原資産の平均価格を参照するオプションがある．例えば，30 年債の満期日一カ月前の平均価値とあらかじめ合意した行使価格（例えば 100）との差がプラスだった場合，所有者がその差額を受け取る権利があるコール契約を主要銀行から買うこともできる．アベレージレート・オプションのボラティリティは，類似のバニラオプションのボラティリティより小さくなる．

ノックインやノックアウトといったオプションも一般的に広く活用されている．これらのオプションは，原資産価格があらかじめ設定されている価格の水準に“ヒット”した場合，オプション契約の満期日前の合意期間中に行使されるか終了する．ほとんどのエキゾチックオプションと同様に，これらのオプションは，価格が原資産の価格の動向に依存する“経路依存型”となっている．（エキゾチックオプションの多くは年々開発が進み，）ヒマラヤンやオクトパス，ラチェットやチューザー，ルックバックやバリアーなどといった名をもつ，種類は多岐にわたる種類のエキゾチックオプションがある．

エキゾチックオプションの価格付けとそのヘッジは，モデルリスク（第 15 章参照）にさらされやすい複雑な数学的モデルに依存している．加えて，バリヤーオプションなどのエキゾチックな構造は，それらのリスクを完全にヘッジすることはできないので，オプションの売り手を重大なリスクにさらすこともある．

6.6 フィナンシャル・エンジニアリング

フォワード，スワップ，そしてオプションはフィナンシャル・エンジニアリングの主な構成要素となる．ある特定のリスクをヘッジするために，別々に用いられたり，顧客のニーズに応える複雑な構造を組成するためにそれらを組み合わせたりする．

特に，デリバティブは投資家や金融機関に対し，リスクを切り出したり，“区分け”したりすること，（あるいは，反対に，それらを一緒にすること）を可能にしてくれる．例えば，ユーロ換算の債券を保有している米国のファンドマネージャーを考えてみよう．ファンドマネージャーはユーロ債市場での金利リスクとUSドル/ユーロの為替レートの変化にさらされている．マネージャーは為替スワップを用いて両方のリスクをヘッジできる．またはその代わりに，為替のフォワード，あるいは通貨オプションを通して為替のエクスポージャーをヘッジすることもできる．ファンドマネージャーは，クォントスワップと呼ばれる取引をすることによって，為替通貨のエクスポージャーのみをヘッジするという問題を避けることもできるであろう．クォントスワップでは，あらかじめ設定した為替レートで債券のクーポンをドル建てで受取り，ドルLiborの変動金利を支払うことになる．

数限りない顧客のリスクリターン選好に見合った複雑な商品を組み立てる必要がある銀行の商品開発者にとっては創造に限界がないといえるだろう．しかし，フィナンシャル・エンジニアリングはそれ自身がリスク管理ではなく，デリバティブの世界においては，ヘッジと投機的取引とは紙一重であることも多い．企業はポートフォリオのリターンを向上させるために，複雑な取引を結ぶ誘因にかられる．リターンを向上させるということは，どのような形にせよ，常により大きなリスクをとることを意味する．それはつまり，第1章で述べたように，将来においてあまり起こらないが，しかし潜在的に極めて大きな損失と，現在のリターンの限界的な増加とを交換することを意味することも多い．複雑な構造の中に内包されているリスクは複雑なデリバティブ取引を結んでいる企業によって完全には理解されていなかったり（BOX6.4），シニアマネージャーや他の関係者に対して十分にそれらのリスクを伝達していなかったりすることはよくある．

過度のレバレッジを掛けたことによる，オレンジ郡とその破綻の話は前に述べた．オレンジ郡の失策のもう1つの理由は，そのファンドが，（そのような環境でクーポンの支払いが増加する通常の変動利付と反対に）金利上昇時にクーポンの支払いが下落する，複雑な逆変動利付債を購入していたことにもあった．オレンジ郡を破綻に追いやったのは，ファンドによって購入された証券に内包された危険かつ，結果的に間違った，金利動向への賭けと過度なレバレッジとの組合せであった．

企業のシニアマネージャーと同様に経営者も企業が抱えているリスクを理解する必要がある．シニアマネージャーは，デリバティブの活用がその企業のリスク選好や関係者とよく相談して決められた事業戦略と結びついた，頑強な方針とリスク尺度を用いる必要がある．次章では，様々な業務に関連するリスクを計測し，伝達するための手段として，金融機関や数多くの企業によって現在幅広く活用されている，VaRの枠組みについて考察を加えていく．また，このリスク管理のアプローチの強みと弱みについても考えていくこととする．

BOX 6.4

複雑なデリバティブのリスクについて

1994年の債券市場暴落以前の1990年代にさかのぼると，当時，バンカーストラスト (BT) がプロクター&ギャンブル (P&G) やギブソングリーティング等の顧客に対して，低い調達コストの実現を目的として複雑なレバレッジのかかったスワップ取引を提案していた．P&Gとのスワップは，BTが5年間，P&Gに固定金利を支払い，金利が安定している場合には，P&Gがコマーシャルペーパー金利から75ベーシスポイントを差し引いた変動金利を支払うという取引であった．しかし，この複雑な構造を通して，その期間に金利が上昇し，変動金利が思わぬ水準にまで上昇した．例えば，100ベーシスの金利上昇に対してコマーシャルペーパーの水準を超えるスプレッドが1,035ベーシスにまで上昇した，というように．そのとき，イールドカーブの各ベーシスポイントの動きは通常の30倍に膨れ上がったのである．

1994年にFEDがフェデラルファンドレートを250ベーシスポイント引き上げたことが，P&Gやギブソングリーティングの両方の莫大な損失を引き起こす原因となった．両企業は，このような複雑なスワップ取引に内在するリスクの説明がなされていなかったとしてBTを訴えた．BTは，これらの出来事がレピュテーションに与えたダメージを払拭できず，しばらくして，ドイツ銀行によって買収されることになった．

第7章

市場リスクの計測：バリューアットリスク，期待ショートフォール，その他類似する方法

市場リスクの計測は，個別証券の額面や“名目”額のような非常にシンプルな指標から，債券のベーシスポイントバリューやデュレーション・アプローチ（第6章参照）そして（Greeks と呼ばれる）デリバティブのための特殊なリスク尺度といった，価格感応度を示すより複雑な指標を経て，証券ポートフォリオ全体を計測する最近のバリューアットリスク (VaR)，ストレス–VaR，期待ショートフォールやシナリオ分析などの新しく洗練されたリスク計測手法へと進化してきている．

この章ではこれらの進化の歴史的変遷に触れつつ，VaR と関係する技術の理論的背景の説明を行い，数学用語を用いずにその方法の強みおよび弱みを明らかにすることを試みる．

リスク計測の VaR の限界はここ数年，理解が進んできている．しかし，2007–2009 年の金融危機には，銀行業界が保有するリスクを見えづらくする役割を演じたのも確かであった．その結果，規制当局も民間業界も VaR 分析[†1] を改良し，VaR が示すリスク量への金融業界の過度な信頼を抑制しようとする試みにつながった．本章では，VaR の値を上回る，損失分布のテール部分にあるリスクを見る“期待ショートフォール”の考え方を紹介する．個別の分析の詳細は第 16 章で述べているが，ストレステストやシナリオ分析を含むリスク管理の最善の方法を構築するために，どのようにして VaR を他のリスク管理手法と組み合わせるかについても議論することとする．

[†1] これは特に VaR モデルの構築を正しく行う方向性，つまり“高度化と正確性の間の正しいバランスを考える一方で，シンプルで透明性がありスピードも必要とされる”という調査が以下のペーパーで危機後の銀行実務家へ示されている．Amit Mehta et al., “Managing Market Risk : Today and Tomorrow”, McKinsey Working Papers on Risk, No. 32, May 2012.

7.1　VaR の議論：要点

1990 年代後半以来，VaR は市場リスクを計測し報告する標準的な方法として定着し，その考え方は信用リスクの計測にも適用されるに至った（第 11 章参照）．VaR は市場が平常であるとき，つまりほとんどの時間では非常に使い勝手のよい指標であるのは間違いなく，2 週間（10 日取引日等）程度の短期間でのポジションの市場リスク全体を評価するためには非常に役に立つといえるだろう．実際，この考え方はカーブリスクやベーシスリスク，ボラティリティリスクといった市場リスクを構成する複数の要素をまとめて 1 つの数値で表現してくれる．

しかしながら，市場がいったん混乱を起こすと，VaR やその他の高度な指標の限界が明らかになる．その理由は明確で，VaR モデルは，ボラティリティや相関といったパラメータは安定的である，つまり，リスクを計測している期間は値が変化しないという仮定で成り立っているからである．この仮定は時々，極端な市場環境の際に誤ることが証明されているとおりであり，確固たるリスク分析が必要とされているときに VaR は正確なリスク計測を必ずしもしてくれるわけではない．

米国の巨大ヘッジファンドだった Long Term Capital Management(LTCM) が巻き込まれた 1998 年に世界の市場が陥った危機や，最近では 2008 年 9 月のリーマン・ブラザーズに代表されるいくつかの銀行を破綻に追いやった 2007–2009 年の金融危機のような例外的な市場の混乱時にはたいてい，市場の流動性が枯渇し巨大な取引ロス†2 が出ることになる．そのようにして起こったリスクは，補完的な手法によってのみとらえられる．つまり，ストレステストやシナリオ分析等の複数のリスク管理手法を用いて，定量と定性の評価方法も混ぜ合わせた正しい評価方法を用いる重要性を危機ごとにたびたび思い知らされることになった．各々のアプローチには限界があり，そしてそれぞれの強みがあるのだから，幅広いリスク計測手法を用いることが重要ということになる．

VaR だけでは流動性や価格，ボラティリティや相関の崩壊のインパクトを容易には捉えることが難しいことに加え，サブプライム CDO（第 15 章参照）等の複雑な構造をもった商品に見られる強い非線形リスクをどう捉えるかが大きな課題にもなっている．繰り返しになるが，異なる種類のリスク分析が不可欠になっている．

企業が VaR モデル，厳密には単一のリスクモデルに頼るべきではないもう 1 つの理由がある．仮に多くの企業がリスクに関し同様の見方をしたならば，この業界標準の単一のリスク指標の存在そのものが市場のボラティリティを悪化させる要因になり，皮肉なことに，市場の不安定さと危機の状態を醸成することにもなってしまうのである．金融機関が（VaR リミット等の）経営者が定めたリミット内

†2 流動性がなくなると，トレーディングデスクは市場が反対に動いた場合はヘッジポジションをリバランスすることができなくなり，その結果，ロスが加速度的に累積し始めることになる．

にリスクを抑えるために変動が大きい市場で資産売却を行うと，その結果，市場価格を必要以上に押し下げ，これらの資産のリスク要因であるボラティリティや相関を上昇させることになる．これにより，その他金融機関では VaR リミットを超過してしまい，同類の資産をさらに売却することによってエクスポージャーを減らさざるをえなくなるという，悪い連鎖を誘発することにつながる．これが景気の転換点で起こってしまうと，VaR モデルへの業界の依存はプロシクリカルなメカニズム[†3]へと形を変える可能性がある．

どのような複雑なモデルでもそうであるように，VaR も第 15 章で詳細を議論するモデルリスクから逃れられない．モデルの適用と実用の誤りは事故が起こることによって認識され，また一方で，VaR の重要性を理解しているために，報告された別のリスク値を意図的に隠すようなことも起こってしまう．金融機関が VaR モデルを微調整することにつながり，それらに “正しい” 数値を与え，あるいは低いリスク値が出るようにした “改良” モデルをもって業務が必要以上のリスクをもっていないと示すようなモデルに置き換えられる傾向があることも知られている．

このような問題が繰り返し行われる一方，なぜ，企業はそれまでして優先的に VaR を使うのか[†4]という疑問がある．これに対する回答は至ってシンプルである．正しい使い方を適用すれば，リスク計測や特にリスク合算に関する多くの問題を克服する一助となる，有益な要約統計量となるからである．VaR が開発されその手法がどれだけ有益なものであるかがわかる前から，デリバティブ市場の市場リスクの計測に VaR がいかに変革を与えたのかを考えてほしい．我々は，それからどのようにして VaR を計算しようとしたか，そしてその結果，どのような強みと弱みがわかったのか，そして認識した弱さをどのように修正しようとしているのかなど改善を続けてきているのである．

7.2 名目額アプローチ

比較的最近まで，主要銀行はトレーディングデスクで保有しているポートフォリオの額面，あるいは名目額によって，デスクの市場リスク量を評価していた．例えば，ポートフォリオのリスクは，3,000 万ドルの国債や，あるいは，通信会社の 3,000 万ドルの株式オプションなどといったものを含んでいることに照らして評価されたものであった．これら欠陥のある名目指標が市場リスクの指標として，上級管理職や取締役会に繰り返し報告されていた．この方法は単純なアプローチではあるが，決定的な欠陥をもっているといえる．なぜならば，それは以下の理

[†3] “procyclicality” の現象については，第 3 章で詳細を議論している．

[†4] VaR には欠陥があり，間違った活用や悪用について公開をし，適用を辞めさせるべきではないかという議論が永年にわたり実際に行われてきた．例えば，N. Taleb による “Against Value-at-Risk: Nassim Takeb Replies to Phillipe Jorion”, http://fooledbyrandomness.com, 1997 を参照．

由による.

- 異なる資産がそれぞれ異なる価格ボラティリティをもっている事実を反映していない.（例えば，国債は通信株よりもはるかに価格変動性が少ないなど）
- ポートフォリオ内の異なる資産の価値は同時に上昇ないしは下落する傾向があることを勘案していない.（例えばポートフォリオ内の資産の「相関」など）
- 互いに相殺したり，部分的にヘッジがかかっている状態であるショートとロングのポジションの区別をしていない.（例えば，6 月償還の 1 億ドルの名目価値をもつユーロ通貨でのフォワード契約のロングポジションと，6 月償還の 5,000 万ドルの名目価値をもつユーロ通貨でのフォワード契約のショートポジションなど）

デリバティブのポジションは，巨額になることもある名目額と，小額であることが多い市場エクスポージャーの実質額との間に大きなズレが生じることがある.例えば，同じ原資産，同じ額面，同じ満期の 2 つのコールオプションであっても，1 つがディープ・イン・ザ・マネーで，もう 1 つがディープ・アウト・オブ・ザ・マネーというように行使価格が異なれば，市場価値も大きく異なる．後者はほとんど価値がないものの，前者は高い価値があることから，それぞれは非常に異なるリスク・エクスポージャーをもっている.

また別の例として，金利スワップが多くの異なるカウンターパーティーの間で取り引きされ，いくつかのスワップが，残りのスワップによって生み出されている他の市場リスクのエクスポージャーをヘッジするために用いられているとする.このケースにおいては，ポートフォリオ内の市場リスク合計への影響に関して，互いを相殺するように取引は組成されている．取引の名目額を足し合わせることによって，（その額は，全体的な信用リスクのエクスポージャーについていくらか意味のある指標を提供しているものの，）ポートフォリオの市場リスクの全体像を完全に見誤ってしまうことになる.

7.3　デリバティブの価格感応度指標

第 6 章で，我々は金利と債券市場におけるいくつかの市場リスクの具体的指標に触れてきた．しかし，債券市場のトレーダーのみが市場特有のリスク尺度に依存している実務者というわけではない．最近では，デリバティブ市場の実務者がデリバティブ商品の様々なリスクファクターに対する感応度を表現するために，デリバティブに関する特別なリスク指標を開発している．それらのリスク指標はギリシャ文字を用いて表されるため，その名のとおり “グリークス” として知られている．これらの指標は第6章で議論したリスク指標とどのような関係があるのであろうか？

まず，配当がない個別株のヨーロピアン・コールオプションのケースを考えることにしよう．オプション評価における伝統的なブラック・ショールズ式に従うと，オプションの価格は株価，リスクフリー金利，株式収益率のボラティリティ，行使価格，そしてオプションの満期の関数となる．

オプション価格の公式では，株価は，第6章で述べた債券価格を決定する利回りと同じ役割を果たす．株価に対するコールオプション価格の感応度は，デルタやガンマという名で知られており，デリバティブのデルタやガンマの価格リスクが債券におけるデュレーションやコンベクシティといった指標と類似していると考えられるだろう．表7.1では，より詳細にグリークスの定義を示している．

表7.1にあるデリバティブの感応度の一覧表は，標準的な債券における類似指標の一覧表より大きなものとなっている．なぜなら，デリバティブの価格はボラティリティや割引率，経過期間のような追加的なリスク要因に影響を受けるからであり，いくつかのリスク要因が複合的に内包される場合にはリスク要因間の相関にも依存することになる．

7.3.1 グリーク指標の弱点

オプション部門に属しているトレーダーたちは，自分の市場ポジションの感応度をモニタリングしたり，トレーディング部門のリスクマネージャーとリスクについて議論をしたりするために，グリークスを用いる．しかし，グリークスによって測られた各々の感応度は，部分的な金融リスクの指標でしかない．デルタやガンマ，そしてベガ等の尺度は，互いを補足するものではあるが，ポジションやポートフォリオが生み出すリスクのすべてを1つの指標で集計できない．特に，

- 感応度は異なる複数のタイプのリスクを足し合わせることはできない．例えば，同じポジションのデルタとガンマリスクは合計することはできない．
- 異なる複数の市場の感応度どうしを足し合わせることはできない．例えば，ユーロ・米国ドルのコールのデルタと株式インデックスのコールのデルタは合計することはできない．

感応度は集計できないので，リスク要因の変化を起因とする全体の損失規模を評価することはできない．その結果，

- 銀行がリスク量に対して必要とする資本の量を直接計測するために，感応度を使うことはできない．
- 感応度は金融リスクのコントロールを促進するものではない．デルタやガンマ，それにベガで表現されているポジションのリミットは，それらがポ

表 7.1　ヨーロピアン・コールオプションのグリークス

デルタ，または価格リスク	デルタは，原資産価格の微小な変化によって影響を受けるオプション価値変化の程度を測る．
ガンマ，またはコンベクシティリスク	ガンマは，オプションが参照する原資産が変化することによって影響を受けるデルタの変化の程度を測る．ガンマが高ければ，オプションは保有者にとって高い価値となる．高いガンマ値をもつオプションにとって，原資産が増加している場合，デルタも同様に増加し，その結果，オプション価値はガンマのニュートラルのポジション以上の価値の上昇がある．反対に，原資産が下落した場合，デルタも下落し，ポジションがガンマニュートラルである場合よりも少ない損失となる．オプション取引においては，ショートポジションをとる場合はその反対になる．つまり，高いガンマポジションは保有者にガンマニュートラルのポジションより多くのリスクをもたらすことになる．
ベガ，またはボラティリティリスク	ベガは原資産のボラティリティの変化に対してのオプション価値の感応度を示す．高いベガは，一般的に保有者に対するオプション価値を増加させる．
セータ，または時間的価値の減少リスク	セータはオプションの時間の経過に対する価値の減少を示す．つまり，オプションの償還日に近づくにつれ，オプションの価値がどれほど変化するかを示す．ガンマがプラスである場合は通常，時間による減価を伴う．また，満期が近づくにつれ，価値は減少する．
ロー，または割引率のリスク	ローは金利の変化に応じての（詳しく述べると，オプションと同じ満期のゼロクーポン債の金利変化に対しての）オプションの価値の変化を示す．ローの価値が高い場合は，一般的に保有者のオプション価値は低くなる．

ジションの "損失の最大許容額" に簡単に転換できないため，役に立たないことが多い．

このことは，個別証券やポートフォリオの市場リスクの包括的な指標が必要なことを意味する．バリューアットリスクは市場リスク全体を計測できうる指標として，この問題に対する 1 つの答えとなっている．

7.4　バリューアットリスクの定義

バリューアットリスク (VaR) は，（例えば，規制資本の報告目的のための 1 日や 10 日といった）あらかじめ設定された保有期間において，（信頼区間として知られている）あらかじめ設定された特定の確率水準で，証券あるいはポートフォリオを保有した場合に被る損失の最大値として定義されている．

例えば，ポジションの保有期間 1 日あたりの VaR が，99% の信頼区間で 1,000 万ドルである場合，ポジションからの 1 日あたりの実現損失は，平均的にみれば，100 営業日ごとに 1 回のみ（すなわち，1 年に 2，3 日）1,000 万ドル以上の損失となるであろうことを意味している．

また，設定した期間を通じてどれだけ損失を出す可能性があるのか，という質問があるとする．この簡単な質問に対して，VaR は答えにはならない．この簡単な質問に対する答えは，ポートフォリオの「すべて」あるいはほとんどすべての価値ということになる．そのような答えは実務的には全く役に立たない．それは，誤った質問に対する正しい答えである．もし，すべての市場が同時に崩壊した場合，当然価格は急落し，少なくとも理論的にはポートフォリオの価値がゼロ近辺まで下落してしまう可能性があるだろう．

一方で，VaR は，特定した期間を通じて，市場要因の変化に起因するポートフォリオ価値の潜在的な変化についての確率的な状況を示す．この VaR 指標もまた，実際の損失が「どれだけ」VaR 値を超えるかということを示すものでもなく，どれぐらいの割合で VaR 指標を超えそうかということを単に示しているにすぎない．

ほとんどの VaR モデルは，当局者が規制資本のために求める市場リスクの計測に際して，1 日や 10 日といった，短期間のリスクを計測するように設計されている．1998 年にバーゼル委員会 (BIS 1998) によって導入された市場リスク計測の信頼水準は 99% に設定されていた．しかしながら，内部資本を配賦する目的で，VaR は 99.96% などのより高い信頼水準で計測されることも多くなっている．ちなみに 99.96% という水準は，よく知られている格付機関によって AA の格付が付与される際に設定されている信頼の水準に一致している．

VaR の計算には 2 つの重要なステップがある．1 つは，選択した保有期間（この場合，1 日など）でのポートフォリオの将来分布，あるいはポートフォリオの収益率をどう導くかである．詳細は後述するが，ヒストリカルな価格分布（ノンパラメトリック VaR）か，標準正規分布を前提とした VaR（パラメトリック VaR）か，あるいは，モンテカルロ分析という，主に 3 つの異なる方法によって分布を推定できる．

この分布は図 7.1 で示されているような曲線として表される．この図は，（横軸が示す）ある特定の損失の値が，（縦軸が示すように）どの程度発生するかを示している．

もう 1 つは，ある特定の損失水準を超えるケースが分布上，どの程度の割合で発生するかを計測することである．例えば，経営者が 99% の信頼水準で VaR の計測を求めている場合，図 7.2 の分布では損失の最初から 1% の水準を選択することになる．図 7.1 では，分布は標準正規型であるベル・カーブ（釣鐘曲線）を前提としており，損失が小さくなったり大きくなったりする分布の歪みを想定していない．したがって，99% の信頼水準では標準偏差の 2.33 倍で VaR が計算できる．

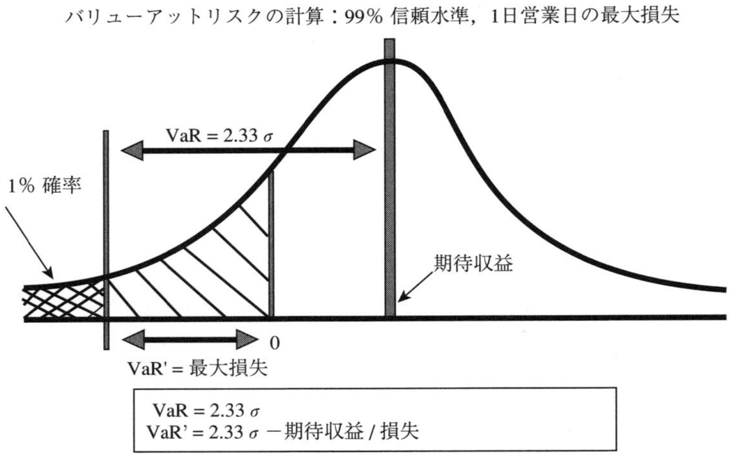

図 7.1　バリューアットリスクの定義

信頼水準を仮に 99.96% にした場合には，4 ベーシスポイント (bp) の水準を計算することになり，VaR の値はより大きくなるであろう．（信頼水準をより厳しく設定することでどの程度 VaR の値が大きくなるのかは，分布の形状によることに留意しなければならない．）

ポジションあるいはポートフォリオの VaR は，目標とする期間のポートフォリオの期待値と比較計測される，99% の信頼水準での最大損失を単に示すにすぎない．すなわち，VaR は分布の平均から損失の最初の 1% までの距離ということになる．

$$\text{VaR}= \text{収益・損失の期待値} - 99\% \text{ の信頼水準での損失の最大値}$$

VaR はより簡単に，99% の信頼水準での損失の最大値と言い換えることもできる．

$$\text{VaR}'=99\% \text{ の信頼水準での損失の最大値}$$

この VaR' は “絶対 VaR” と呼ばれることもある．しかしながら，VaR の最初の定義のほうが，第 17 章で述べる経済資本（エコノミックキャピタル）の配賦やリスク調整後資本収益率 (RAROC) の計算と整合的である．（本質的に，資本は非期待損失に対する備えとしてのみ配賦される必要があるからである．つまり，VaR では，期待収益または損失が，収益率の計算においてすでに評価され，勘案されている．）

ここで VaR の数値がどれほど，経済資本や規制資本と関係しているかについて議論する必要があるだろう．VaR は，デフォルト率をあらかじめ設定した信頼水準に抑えるために株主が企業に投資すべき（あるいは，特定のポジションやポートフォリオの外に置いておくべき）経済資本を表す．一方で，規制資本は，第 3 章で見てきたように，規制監督当局によって課される最低資本額である．もし規制資本の計測が単純なルールから，VaR 計測を基礎とする方法になったとしても，選択される信頼水準や保有期間が通常異なるので，経済資本は規制資本と異なる数値となる．例えば，銀行が市場リスクの経済資本を決める場合に，規制監督当局が用いる 99% 以上の信頼水準を用いることもあるだろう．経済資本の計算に際して，銀行は，国債など非常に流動性が高いポジションの場合保有期間を 1 日とするが，長期の店頭エクイティデリバティブのような流動性の低いポジションには数週間以上の期間を設定するなど，保有期間を変化させることもあるだろう．対照的に，規制監督当局は任意に，トレーディング勘定のどのようなポジションに関しても保有期間を 10 日に設定している．

7.4.1　1 日 VaR から 10 日 VaR まで

VaR は 1 日の保有期間での市場リスクを管理するのによく用いられている．この目的のためには，ポートフォリオ価値の日次分布から VaR を計測する必要がある．しかし一方で，先に述べたように，規制監督当局は規制資本の報告に使うための VaR の計測に 10 日の保有期間を設定している．理想的には，この “10 日 VaR” は 10 日の期間に対応した実際の分布から計算される．しかしながら，これが問題なのは，この分析に用いられる時系列データは，1 日 VaR 分析で用いられたものよりずっと長いもの（実際には 10 倍以上）にならざるをえないからである．その結果，多くの銀行は，1 日の VaR と保有期間（ここでは 10 日）の平方根との積を用いることによって，1 日 VaR から 10 日 VaR の近似値を導出することで実務的に対応している．この “ルート T” ルールは，規制監督当局によっても認められている方法となっている．しかしながら，その方法は，実務として全幅の信頼がおける方法とはいえず，大体の目安にすぎないことは知っておくべきである．

7.5　どのようにして VaR を実務的なリスク制限に用いるか？

VaR はすべてのリスク要因にわたり集計したリスク尺度である．また，企業の事業階層の各業務レベルで計測ができるという点が，その特別な魅力とされている．例えば，事業部門レベル（エクイティ・トレーディング等）と企業全体のレベルの両方で，（トレーディングデスク等の）各々の業務活動のリスクを計測できるのである．

企業レベルでは，通常の市場環境下で企業が短期（実際には 1〜10 日）に被る可能性がある最大損失を計測するので，VaR は企業の（短期的）“リスク・アペタイト” を示す良い方法となる．例えば四半期などのより長期のリスク・アペタイトは，最悪シナリオ分析をもとに設定される．例えば，銀行のリスク管理責任者がその期間に起こりえると考える最悪の事態が実際に起これば，四半期備えておく必要があるような最大損失の水準に，銀行の取締役会はリミットを設定する．

多くの金融機関では，取締役会が全体的な VaR のリミットを設定し，そのコントロールは代表取締役 (CEO) に委任されている．実務的には，このコントロールは，CEO が議長を務めるリスク管理委員会に委任されることが多い．多くの銀行では，リスク管理委員会は最高リスク管理責任者 (CRO) あるいは同等のリスク管理担当役員を任命し，企業全般のリスクについて報告させ，このリミットを効果的にコントロールする手助けをさせる．第 4 章において，より詳細に説明責任の流れについて述べている．BOX7.1 では，計量化ツールとしてのみならず，経営手法としての VaR の長所について説明している．

BOX 7.1

リスク計量と経営管理のための VaR

本論では，VaR 計測時において行わなければならない仮定の簡略化に起因する課題について述べている．この欄では，VaR の大きな長所とその活用範囲の広さについて指摘しておこう．

- **VaR は各々のリスク要因や商品，それに資産クラスを包括した，標準的で，一貫性を保ち，かつ，統合されたリスク尺度を提供する．** 例えば，リスク管理責任者は，エクイティデリバティブのポジションのリスク評価と比較可能かつ整合的な方法で，債券のポジションのリスクを測定できる．VaR はまた，ポートフォリオ理論の考えにしたがい，様々なリスク要因間の相関を考慮する．
- **VaR はリスクとリスク調整後のパフォーマンスの集計尺度を提供する．** この単一の数値は，簡単に必要資本額に置き換えることができる．また，VaR は，業務によって生じたリスク調整後資本収益率 (RAROC) を基にした報酬制度に用いることができる．つまり，リスク調整後のパフォーマンスを評価することができるようになる（第 17 章参照）．
- **VaR を用いて各ビジネスラインのリスクリミットの設定が可能となる．** 個々の部門が許容できる以上のリスクを取らないように，これらのリミットが用いられる．VaR の単位で表現されたリスクリミットは，トレーディングデスクレベルの事業部門から経営層までの，企業全体を通じて容易に集計できる．VaR システムの掘り下げ能力によって，リスク管理者はどの部門が最もリスクを取っているかを突き止め，銀行全体がさらされている最も大きなリスク種類，例えば，株，金利，為替，エクイティ・ベガ等を特定できる．
- **VaR は部門責任者や取締役，それに規制監督当局が理解しうるリスク指標を提供する．** 規制監督当局と同様に管理責任者や株主は，VaR の水準を通じて銀行がとるリスク水準が納得できるかどうかを判断できる．加えて VaR は，期待リスク調整後資本収益率を用いて，投資やプロジェクトを事前に評価する枠組みを提供する．
- **VaR のシステムは，企業のある業務部門内の，そして業務部門間のポートフォリオの分散から得られる利益の評価を可能にしている．** VaR によって管理責任者は特定の業務分野からの日々の収益ボラティリティを評価できるようになり，エクイティと債券のような異なる業務部門間のボラティリティの比較を行うこともできる．これらによって各々の業務部門が企業全体の収益ボラティリティをどれくらい相殺し，あるいは貢献しているかを理解できる．

- **VaR は業界標準として，内外に対する報告のツールとなっている．** VaR は業務部門の責任者に日々報告され，シニア・マネジメントのために集計される．VaR は規制監督当局にも伝えられ，リスク計量化の領域において規制資本を計算するための基礎にもなっている．格付機関は VaR の計算結果を銀行の格付を行う際に考慮している．VaR とそのバックテストの結果は，リスクの主要指標として，銀行のアニュアルレポートに公表されるケースも多くなってきている．

図 7.2(a) と 7.2(b) により，VaR の指標が実務的に何を意味しているか，トレーディングデスクでどのようにリスクを管理するために活用されているかをビジュアルで理解できる．（この例では，後に詳細を述べる一連の計算方法の 1 つ，ノンパラメトリックな VaR 計測方法であるヒストリカル VaR を用いる．）この図で示

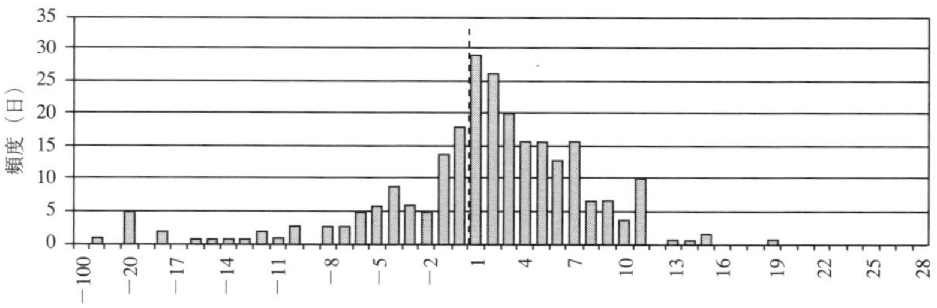

図 7.2(a)　1998 年の日々のネットトレーディング収益（カナダドル（百万））

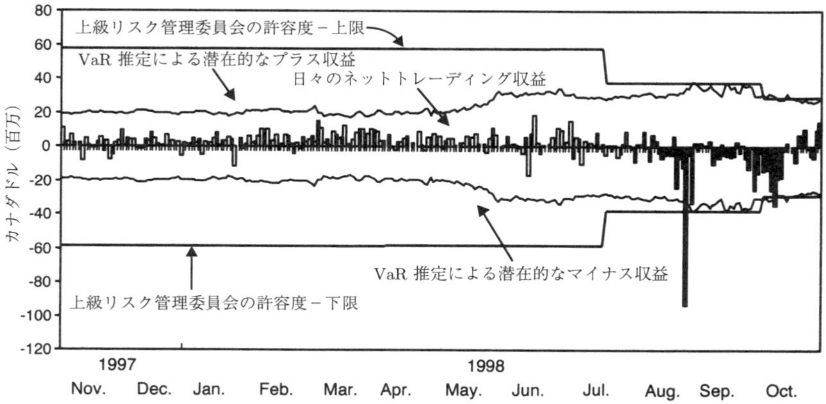

図 7.2(b)　1998 年の日々のネットトレーディング収益と 99 %信頼水準の 1 日 VaR

されているように，1998 年における，例となっている銀行の取引ポートフォリオの平均日次収益は 45.1 万カナダドルであった．しかし，我々が本当に知りたいのは，図 7.2(a) で示されているような銀行の損益分布であり，銀行がそれぞれの損失額をどれくらいの頻度で被っていたかを示している．図 7.2(a) で示されているヒストリカル分布の最初の 1%，つまり分布の左側にある日次収益の 1% に相当するこの分布の閾値は 2,591.9 万カナダドルとなっている．これは 99% の信頼水準に対応する VAR'，あるいは絶対 VaR と呼ばれている．前の議論から，ポートフォリオの真の 1 日ヒストリカル VaR を導出するためには，期待収益あるいは期待損失を勘案すべきことがわかっている．よって，12 カ月のデータセットからの 99% 信頼区間の VaR 値は，$45.1-(-2,591.9)=2,637$ 万カナダドルである．

ここで，図 7.2(b) に再び立ち戻って VaR リミットが実務的な市場リスク管理のツールとしてどのように活用されているかを考えてみよう．過去を振り返ってみると，リスク管理の意思決定を分析する目的ならば，1998 年は興味深い年である．市場参加者はロシア政府発行の負債がデフォルトした後の 1998 年 8 月の厳しい市場の混乱に驚いたものであった．多くの金融市場から突然流動性が枯渇して，資産価格が急落し，多くの金融機関に多額の損失をもたらした．（同時期に米国のヘッジファンドの LTCM が破綻している．）図 7.2(b) によれば，その年の最初の頃は統合 VaR が徐々に上昇していたが，市場のボラティリティが急に高くなった 5 月と 6 月には VaR が急激に増加した．この時期，銀行のシニアリスク委員会のリミットは 5,800 万ドルのままであり，1 日の VaR よりも十分に上回っていた．夏の間にリスクが増大したので，シニアリスク委員会によって設定されたリミットは 8 月市場危機の前の 7 月には 3,800 万ドルにまで引き下げられていた．8 月の市場混乱のピーク時には，新しい VaR リミットに抵触し，銀行のトレーディング部門へのリスク削減の圧力となった．図からわかるのは，銀行が 8 月の単月で非常に大きなトレーディング損失を経験し，その後リスクエクスポージャーをさらに減らすことをトレーディング部門は余儀なくされたために，VaR リミットのさらなる削減を行ったことである．

一般的には，トレーディングデスクのような個々の業務部門の VaR リミットは，企業全体の VaR リミットとその水準において一貫性が必要となる．そうでなければ，すべての業務部門のリスクエクスポージャーがそのリスクリミットの範囲内に収まっていても，その一方で，リスク合計が企業のトップで設定した全体の VaR リミットに抵触してしまうことになる．

7.6　VaR 計測のための分布をどのように生成させるのか？

VaR を計算するためには，トレーディングあるいは投資ポートフォリオの収益率のボラティリティを導出するファクターを選択することがまずは必要となる．そして，リスクファクターを用いてリスク計測期間でのポートフォリオ価値の将来の分布（つまりポートフォリオ価値の変化の分布）を生成することになる．その分布を生成することにより，ポートフォリオの VaR にたどりつくための，この分布の平均と変位点を計測できる．

7.6.1 リスクファクターの選択

ポートフォリオ価値の変化は，各々の金融商品の価格に影響を及ぼす市場要因の変化によって起こる．関連のあるリスクファクターはポートフォリオの構成に依存している．リスクファクターの選択は，単純な証券では比較的簡単にできるが，証券の構造が複雑になればなるほど，判断が必要になる．

ユーロに対する US ドルの為替フォワードのような単純な証券のケースでは，ポジションの価値はそのフォワードレートのみに影響を受ける．ユーロに対する US ドルのコールオプションのケースでは，ポジションの価値はその為替相場のみに依存するのではなく，オプションの満期までの US ドルとユーロの金利や，為替のボラティリティにも関係してくることになる（表 7.2 参照）．

表 7.2 リスクファクター選択のサンプル

US ドル/ユーロ フォワード	US ドル/ユーロ オプション
● US ドル/ユーロフォワードレート	●US ドル/ユーロ為替レート ● US ドル 金利 ● ユーロ金利 ● US ドル/ユーロボラティリティ

株式のポートフォリオのケースでは，そのリスクファクターはポートフォリオを構成する個々の株式の価格である．債券のポートフォリオの場合では，リスクファクターの選択はリスクを十分に把握するために必要とされる“グラニュアリティー（区分けの細やかさ)”の程度に依存することになる．例えば，各々の債券のリスクファクターは，第 6 章で述べたように，最も単純には最終利回りということになる．その代わりに，各通貨におけるリスクフリー金利の期間構造上のゼロクーポンレートを選択することもできよう．その区分けは，オーバーナイト，1 カ月，3 カ月，6 カ月，1 年，3 年，5 年，10 年，そして 30 年のゼロクーポンレートで構成され，また，（計測上，発行者リスクを捕捉するために）同じ期間で異なる発行者間の価格スプレッドなども同様に用いられることになる．

7.6.2 市場リスク要因変化のモデリング方法の選択

ポートフォリオの収益率のボラティリティを生成するリスクファクターを認識できれば，リスクのアナリストはその分布を導出するために適切な方法を選択する必要がでてくる．主に以下の 3 つの方法が用いられる．

- 分散共分散分析によるアプローチ
- ヒストリカル・シミュレーションによるアプローチ
- モンテカルロ・シミュレーションによるアプローチ

分散共分散分析によるアプローチ：ポートフォリオのリスクが線形であるケース

VaR の導出をシンプルにするため，ここではある仮定を置くことにしよう．“デルタノーマル” アプローチと呼ばれる，分散–共分散分析によるアプローチでは，リスクファクターとポートフォリオの価値は対数正規分布としている．つまり言い換えると，収益の自然対数が標準正規分布となると仮定を置いている．標準正規分布は平均・分散という最初の 2 次のモーメントですべてを表現できるため，この仮定により計算は非常に簡単になる．そして，アナリストは以下の 2 つからポートフォリオの収益分布の平均と分散を解析的に導出できる．

- リスクファクターの多変量分布
- ポートフォリオの構成

簡単な例を挙げてみるとプロセスがより明瞭になるだろう．ここで，マイクロソフトとエクソンの 2 つの株で構成されているサンプルポートフォリオがあるとする．この例では，ポートフォリオの中で収益を生み出すリスクファクターは直接的に認識される．つまり，2 つの企業の株式価格とそのボラティリティ，そしてマイクロソフトとエクソンが一緒に上昇，あるいは下落する程度を示す相関係数による．

2 つの株の変動に関するヒストリカルデータから，各々の株の 1 年間の運用期間にわたる日次収益率の単純平均と標準偏差を推定できる．ロイターやブルームバーグといった，主要な市場情報のプロバイダーから株価情報を入手することができる．

ヒストリカルデータはまた，2 つの株の価格推移の関係を示す相関リスクファクターの推定にも用いられる．この相関リスクファクターは非常に重要である．つまり，株が完全に相関している場合には，VaR は個々の株の VaR の和となる．しかしながら，ほとんどの株は互いの相関がさほど強くないケースが多いので，VaR は個々の株の VaR の和よりも相応に小さくなる傾向がある．

このアプローチを用いる場合には，株式収益率が多変量正規分布に従うと仮定したことを思い出してほしい．この仮定は，将来のポートフォリオの収益率分布を生成するのに現行ポートフォリオに対するリスクファクター分析を行えることを意味している．もちろん，ポートフォリオの現在価値とポートフォリオに含まれている各々の株の比率は考慮しなければならない．

5つのリスクファクターを用いて分布を生成することによって，これまでにみてきた図 7.1 のカーブのような分布を描くことができる．図 7.1 で述べてきたように，(99% などの) 選択した信頼水準で VaR の値を読み取ることは，十分に単純なことである．

VaR を計測するこのアプローチへの議論から，次の重大な疑問がわき上がる．収益率が正規分布に従うという仮定を用いることが，どれほど危険なのだろうか？実際，多くの個別銘柄の収益率分布が正規分布に従っておらず，“ファットテール”として知られる形のようになるという数多くの証拠がある．ファットテールという言葉は，グラフで見た場合に，その分布の形から名づけられたものである．ファットテールの分布では，多くの観測値が正規分布，すなわちベルカーブ型分布の平均から乖離している．つまり，正規分布では（起こりそうにない事象が稀有であることを反映して）テールが急に細くなるのに対して，ファットテール型分布のテールは，それと比較して厚みをもったままになっている．図 7.3 でその差異を見ることができるが，点線が正規分布を示し，実線がファットテール型分布を示している．

分布のファットテールがリスク管理者を悩ませるのは，正規分布ではわからないより高い確率で大きな損失が起こりうることを示しているからである．

ファットテール型の分布から計測される VaR は，正規分布から導出される VaR よりも相当高い値になることが予想される．つまり，VaR の計算で正規分布を前提にしていると，実際にはファットテール型であるときに，金融ポートフォリオの VaR の値は，低く見積もられているということになる．

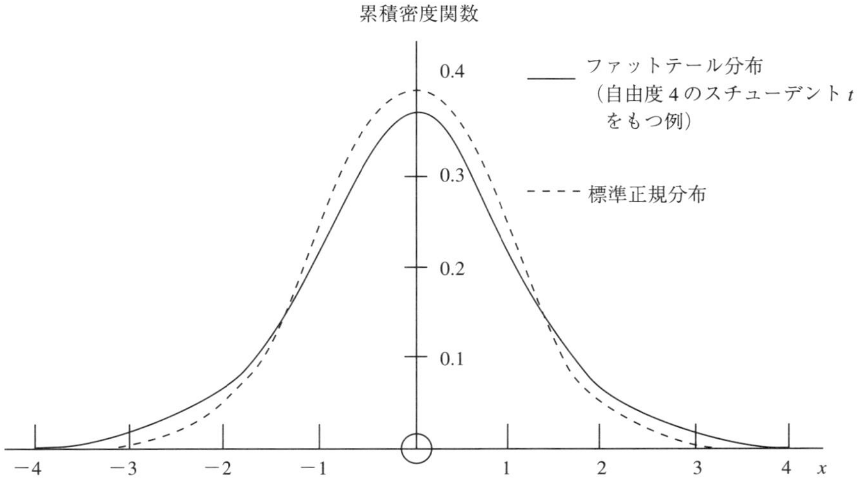

図 7.3 標準正規分布とファットテール分布の比較

幸いにも，個別のリスクファクターの収益率が仮に正規分布に従わなくとも，分散がよく効いたポートフォリオ（例えば，多くの異なるリスクファクターをもつポートフォリオなど）の収益率は正規分布に従うことは期待できる．この効果は，大きく歪みのない分布の独立確率変数の平均は，サンプル数が多いと正規分布の平均に収束するという中心極限定理によって説明される．

実務的には，この効果によって，ポートフォリオが十分に分散されており，（仮にリスクファクター自体が正規分布に従っておらずとも），リスクファクターの収益率が互いに十分に独立して変動しているということを前提とすれば，リスク管理者はポートフォリオの収益率が正規分布に従っていると仮定できる．

よって，ファットテールの分布や分散が十分にされていないポートフォリオ，そしてリスクファクター間の相関がVaR計測へ与える潜在的な影響については，リスク水準が適切であるかどうかの判断をVaR値で行っているスタッフやシニアマネージャーへ伝えるべきであろう．

ヒストリカル・シミュレーションアプローチ

VaR計測のためのヒストリカル・シミュレーションアプローチは，概念的には非常に単純であり，ユーザーは分布に関する何らかの解析的前提をおく必要がない．しかし，意味ある結果を期待するならば，少なくとも2〜3年のヒストリカルデータが必要となる．先に示した1998年のトレーディング収益に関するVaR値の例では，この方法の基本的考え方を用いて説明を行った．この特別なケースでは，リスクファクターはたった1つしかなかった．すなわち，その企業の日々のトレーディング収益である．次に，より一般的なケース，つまり，証券の全ポートフォリオのVaRを分析するケースについて考察を加えていく．

最初に，観測された分析に関係する市場価格と金利（つまりリスクファクター）の変化を2年という特定した期間で分析する．ポートフォリオのVaRを導出するポートフォリオの収益率分布を生成するために，数値例のポートフォリオはヒストリカルデータから導出されたリスクファクターの変化を用いて再評価されている．日々シミュレートされたポートフォリオ価値の変化が，分布における観測値となる．

以下の3つのステップを踏んでいく．

1. すべてのファクターにおいて同一の期間を適用しつつ，例えば500日（つまり2年の営業日に相当する）等の，あらかじめ決めた期間での実際のリスクファクターの日次変化を標本として選ぶ．
2. これらの日次変化をリスクファクターの現在価値に適用し，ヒストリカルサンプル内の日数と同じ回数だけ現在のポートフォリオを再評価する．日付をあわせながら，すべてのポジションの変化を合算する．例えば，そのファクターの各々の日の変化を今日のファクターに当てはめ，個々の特徴あるポートフォリオの分布による観測値を生成する.

3. ポートフォリオ価値のヒストグラムを作成し，分布の左側のテールから最初の 1% タイル点を VaR とする（ここでは VaR は 99% の信頼水準で導出すると仮定）.

例を用いてこのアプローチを具体的に考えてみよう．現在のポートフォリオが 3 カ月の US$/DM のコールオプションで構成されていると仮定する．このポジションの市場リスクファクターは，以下のとおりである.

- U.S.$ / DM の為替レート
- U.S.$ の 3 カ月金利
- DM の 3 カ月金利
- U.S.$ / DM 為替レートの 3 カ月のインプライド・ボラティリティ

次に金利のリスクファクターの影響は無視し，為替レートの水準とそのボラティリティのみを勘案することにする．第 1 のステップとして，表 7.3 の 2 列と 3 列で略して示されているように，過去 100 日間の選択したリスクファクターの日々の観測値をレポートする.

表 7.3 過去 100 日のリストファクターのヒストリカルデータ

Day (t)	USドル/DM (FX_t)	為替ボラティリティ (σ_t)
−100	1.3970	0.149
−99	1.3960	0.149
−98	1.3973	0.151
⋯	⋯	⋯
−2	1.4015	0.163
−1	1.4024	0.164

モンテカルロ・シミュレーションと同様に，ヒストリカル・シミュレーションは，リスクファクターのヒストリカルな分布を用いて，該当のポジションを再評価する必要がある．この例では，ガーマン・コルハーゲン [1983] が為替オプションに適用したブラック・ショールズ・モデルを用いる．このステップの結果は，表 7.4[†5] で説明されている.

最後のステップでは，分布の最初の 1% を認識するために，直近の 100 日の記録をもとにポートフォリオの収益率のヒストグラムを作成する．同じことであ

[†5] F. Black, and M. Scholes, “The Pricing of Options and Corporate Liabilities”, *Journal of Political Economy* 81, 1973, pp. 637–654; M. B. Garman and S. Kolhagen, “Foreign Currency Option Values”, *Journal of International Money and Finance* 2, December 1983, pp. 231–237.

表 7.4　ヒストリカルデータによるポートフォリオ価値のシミュレーション（ポートフォリオの現在価値：$ 1.80）

				現在価値（$ 1.80）との差違
代替価格	100	$= C(FX_{100}; \sigma_{100})$	= $ 1.75	− $ 0.05
代替価格	99	$= C(FX_{99}; \sigma_{99})$	= $ 1.73	− $ 0.07
代替価格	98	$= C(FX_{98}; \sigma_{98})$	= $ 1.69	− $ 0.11
⋮				
代替価格	2	$= C(FX_{2}; \sigma_{2})$	= $ 1.87	+ $ 0.07
代替価格	1	$= C(FX_{1}; \sigma_{1})$	= $ 1.88	+ $ 0.08

表 7.5　ポートフォリオの収益率のヒストリカル分布の 1 %の認識

ランク	現在価値との差違
100	−$ 0.05
99	−$ 0.07
98	−$ 0.11
⋮	⋮
2	+$ 0.07
1	+$ 0.08

るが，ポートフォリオの価値変化の大きいほうから順に並び替えるのである．表 7.5 では，ポートフォリオの価値変化の順位を示している．これから最初の 1% は −$ 0.07 であることがわかる．

図 7.4 はこれらの価値のヒストグラムを示している．99% の信頼水準の VaR(1；99) は，単純に最初の 1% タイル点から平均 ($ 0.01) までの距離となる（ここでは VaR(1; 99) = $ 0.08）．一方で，絶対 VaR は最初の 1% タイル点そのものであり，VaR'(1; 99) = $ 0.07 となる．このヒストグラムは図 7.2(a) の日次でのトレーディング収益から導かれたヒストグラムと似ていることに注目してほしい．

この 3 つのステップは，どのような証券のポートフォリオにも容易に適用できる．

ヒストリカル・シミュレーションの主な長所は，この方法が完全にノンパラメトリックであり（つまりパラメータを設定することを考える必要がない），リスクファクターの分布についての前提に全く依存していないことにある．特に，リスクファクターの収益率が正規分布に従い，かつ時間経過とともに独立であることを仮定する必要はない．

ヒストリカル・シミュレーションのノンパラメトリックの特徴として，ボラティリティや相関の予想をする必要がない．ヒストリカルボラティリティと相関はデー

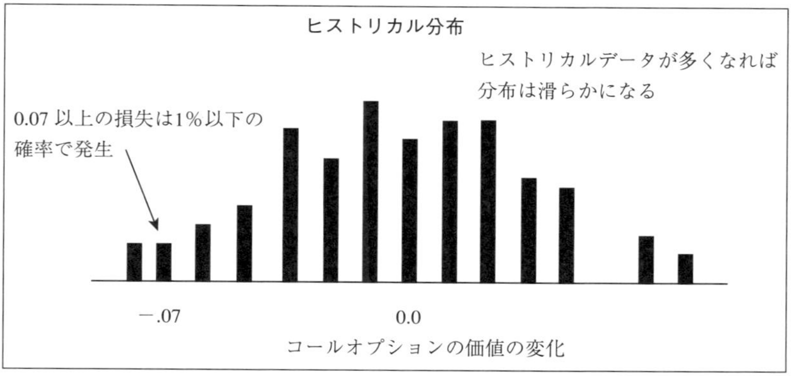

図 7.4　ヒストリカル・シミュレーションによる VaR

タセットの中で既に反映されており，計算が必要なのは，あらかじめ設定した過去の期間における，日付の一致したリスクファクターの収益率だけである．ヒストリカル・シミュレーションはまた，分布のファットテール型にかかる問題を発生させない．なぜならば，ヒストリカルな収益率は，すべてのリスクファクターについて市場で実際に同時発生した変動を既に反映しているからである．分散–共分散アプローチに対するヒストリカル・シミュレーションのもう 1 つの長所としては，アナリストが VaR の信頼区間を計算できることである．

ヒストリカル・シミュレーションの主な欠点としては，ヒストリカルデータセットが特定されるため，それゆえ，このデータセットの特質に完全に依存していることである．この仮定の根底にあるのは，ヒストリカルデータセットで捉えられる過去の動向が，将来の動向を予測するのに十分な信頼性があるということである(つまり，将来は過去と同様の動きをするということである)．ヒストリカルデータに情報として含まれている市場イベントが，来るべき日々においても繰り返されることを暗に前提としている．しかし，ヒストリカルな期間は，将来あまり繰り返されないと思われるような，マーケットクラッシュのような出来事や，逆に，価格ボラティリティが異様に低い期間を含んでいることもある．また，1999 年初めの外国為替市場でのユーロ導入のようなマーケットで予想される構造的変化があることがわかっているときでさえ，そのままヒストリカル・シミュレーションを使えばリスクを歪んで評価してしまう．

ヒストリカル・シミュレーションのもう 1 つの実務的な限界は，データの利用可能性である．1 年のデータは平均で 250 データポイント（営業日），つまり，250 シナリオしか対応していない．対照的に，モンテカルロ・シミュレーションは多くの場合，少なくとも 1 万回のシミュレーション（シナリオ）を含んでいる．ヒストリカルデータのサンプルが少ない場合には，必然的にリスクファクターの分布にギャップが発生したままになり，分布のテール，すなわち，起こり難い極端な事象の発生を低く見積もりがちになる．

モンテカルロ・アプローチ

モンテカルロ・シミュレーションは，市場価格と金利の変動を表す確率過程を繰り返しシミュレーションする方法である．各々のシミュレーション（シナリオ）は，設定された期間（10日など）で考えうるポートフォリオ価値の分布を生成する．もし十分にこれらのシナリオを生成できれば，シミュレーションされたポートフォリオ価値の分布は，既知ではないけれども，真の分布に収束するだろう．VaRは前述したように，その分布から簡単に推測できる．

モンテカルロ・シミュレーションには3つのステップが含まれる．

1. 関係するすべてのリスクファクターを特定する．他のアプローチと同様に，関係するすべてのリスクファクターを選択する必要がある．加えて，これらのファクターの変動，確率過程を特定しなければならない．そして，それらのパラメータ（ボラティリティ，相関，金利変動過程の平均回帰係数など）を推定する必要もある．
2. 価格のパスを生成する．価格のパスは乱数発生アルゴリズムによって生成した乱数を使って生成される．複雑なエキゾチックオプションを含まない単純なポートフォリオでは，保有期間10日の将来の収益率分布は1つのステップで生成できる．言い換えると，もしシミュレーションが日次で行われているならば，10日間の累積変動を計算するために，確率分布が毎日求められる．

   いくつかの相関するリスクファクターが含まれる場合は，多変量分布をシミュレーションする必要がある．分布が独立である場合にのみ，各変数に対して独立して乱数を発生させることができる．
3. 各々のパス（シナリオ）でポートフォリオを評価する．価格評価モデルで入力変数として使用される，ポートフォリオにおける各証券のリスクファクターの値が各パスで生成される．リスク計測期間におけるポートフォリオの収益率分布を生成するために，このプロセスは例えば10,000回など多くの回数を繰り返し行われる．このステップは，モンテカルロ・シミュレーションではヒストリカル・シミュレーションよりはるかに多いシナリオを生成できるという点を除いて，ヒストリカル・シミュレーションの手続きと同じである．

信頼水準99%のVaRは，他の計測モデルと同様に，分布の平均と1%タイル点までの距離として単純に求められる．

モンテカルロ・シミュレーションは，VaRの強力かつ柔軟な計測手法である．それは，正規分布の場合以上に極端な出来事が起こりやすかったり，価格過程が非連続となる“ジャンプ過程”を含んだりする，ファットテール型の分布を含むリスクファクターのどのような分布にも順応できるからである．例えば，価格過程は，2 つの正規分布の混合分布や，一定の間隔で数多くのジャンプがポアソン過程によって生成されるようなジャンプディフュージョン過程（両過程ともファットテールと整合的である）として表現できる[†6].

ヒストリカル・シミュレーションと同様に，モンテカルロ・シミュレーションでは VaR の信頼区間，つまり，多くの回数のシミュレーションを繰り返し行えば VaR の取りうる範囲をアナリストは計算できる．この信頼区間が狭くなればなるほど，VaR の推定はより正確なものとなる．モンテカルロ・シミュレーションは，この点において特に優れている．つまり，金利の期間構造モデルのような，市場パラメータを変化させることによる感応度分析が容易に行える．

モンテカルロ・アプローチの欠点の 1 つに，アナリストが平均や分散，それに共分散といった，分布のパラメータを推定しなければならないことがあげられる．しかし，このアプローチの最も大きな課題は，コンピューターの容量などの，より実務的な面にある．分散低減法を用いてコンピューターの計算時間を短縮できるが，モンテカルロ・シュミレーションにはコンピューターへの多大な負荷が残ったままであり，非常に巨大で複雑なポートフォリオの VaR 計算には使えない．

7.6.3 異なるアプローチの長所と短所

ここまで述べてきたそれぞれのアプローチには長所も短所もある．“完璧な” 方法は 1 つもなく，他よりも常に優位性がある方法もない．

このような理由により，リスクを計量化するために，すなわち，企業の取っているリスクに安心を得るために，VaR の数値に依存している金融のプロと管理者が VaR 計算の基本的な考え方に詳しくなることはとても重要となっている．前にも増して，銀行が公表している保有リスクのプロファイルに関する情報を評価したいならば，株式アナリストや投資家もそれらの数値について理解する必要が生じてきている．

表 7.6(A)，7.6(B)，そして 7.6(C) で，異なるアプローチの長所と短所を簡潔に取りまとめている．この章で含まれる情報とともに，ある特定の VaR の値がどのようにして計算されるかについての課題を明らかにするために活用できるだろう．

とりわけ，VaR の値を活用している人々は，それらがリスクを計測し，管理するための “魔法の武器” ではないことを忘れてはならない．正しい方法で用いられた場合，VaR 手法はリスクアナリストにある特定のポジション，またはポートフォリオのリスクに関する合理的で比較可能な全体像を提供する大きな力となる．一方で，すべての金融指標と同様に，誤った方法で用いられる VaR の値は誤解を招き，問題を複雑にすることがある．意思決定ツールとしての信頼性は，アナリストのスキルや経験，調査している問題の特質，および意味や由来に関する理に

[†6] ジャンプディフュージョン過程においては，原資産は連続的なディフュージョンの過程の項に，ジャンプ過程の項を加えている．

表 7.6A　分散–共分散アプローチの長所と短所

長所	短所
計算の効率性：銀行全体のポジションを数分で処理できる．	ポートフォリオの収益率の正規性を仮定している．
ファクターが多く，比較的独立性がある場合には，個々のリスクファクターが正規に分布しておらずとも，中心極限定理より，この方法は適用可能となる．	複数のリスクファクターが多変量対数正規分布に従っており，それゆえに，“ファットテール型” の分布には対処できないことを仮定している．
価格評価モデルは不必要である：グリークスのみが必要となるが，銀行内部で実働しているほとんどのシステム（つまり伝統的システム）はそれらを直接提供することが既に可能となっている．	収益率の相関と同様にリスクファクターのボラティリティの推定が必要である．
I-VaR（インクリメンタル VaR）を求めやすい．	証券の収益率はテイラー展開を用いて近似される．しかし，実際には 2 次展開された近似はオプションのリスクを十分に捉えきれていない（特にエキゾチックオプションの場合はその傾向が顕著になる）．
	VaR の信頼区間を導出することに活用できない．

表 7.6B　ヒストリカル・シミュレーションアプローチの長所と短所

長所	短所
リスクファクターの分布について仮定を置く必要がない．	特定のヒストリカルデータセットとその特質に完全に依存している．つまり，マーケット・クラッシュのような極端な事象がデータセットの外にあって勘案されていないか，あるいはデータセット内にあっても（何らかの理由で）それを歪めるようにみなされる．
ボラティリティや相関の推定をする必要がない：これらは，市場ファクターの実際の（同時に起こっている）日々の実現値で暗に捉えている．	1999 年 1 月のユーロ導入のような市場構造の変化に対応できない．
分布のファットテールや他の極端なイベントの動きは，それらがデータセットの中に含まれている限り把握される．	データセットの不足は，VaR のバイアスがかかった不正確な推定へとつながる．
市場をまたいで集計することが簡単である．	感応度分析を行うことができない．
VaR の信頼区間の計算が可能である．	ポートフォリオに複雑な証券が含まれる場合には，必ずしも計算が効率的ではない．

表 7.6C　モンテカルロ・シミュレーションアプローチの長所と短所

長所	短所
リスクファクターのどのような分布にも対応できる．	外れ値が分布に織り込まれない．
どのような複雑なポートフォリオでもモデル化できる．	コンピューターへの負荷が大きい．
VaR の信頼区間が計算できる．	
ユーザーが感応度分析やストレステストを行うことができる．	

かなった質問を問いかけるという意思決定者の能力による．

7.7 VaR はどのようにして実務で使われているのか？

VaR を計算するために用いられている異なった理論と，その計算結果を活用する様々な方法があるが，世界中の銀行や企業は現実的に VaR をどのように取り扱っているのだろうか．

理論に関しては，実務では銀行は 3 つの計算方法すべてを用いている．しかしながら，ヒストリカル・シミュレーションが最も用いられている方法となっている[†7]．

VaR は企業全体のレベルでも報告される一方で，個々のリスクカテゴリーや，ビジネス，地理的分類においても算出されている（図 7.5）．

企業は報告を目的に VaR を活用している．例えば，トレーディング勘定にある市場リスク量を報告するなどがそれにあたる（BaselII の第 3 の柱に従って）．それらの数値はトレーディング勘定を保持するために，銀行に必要とされている規制資本を計算するために用いられてもいる（第 1 の柱に従って）．

7.8 VaR の補足：期待ショートフォールによるアプローチ

VaR を活用するに至っての最大の批判の 1 つは，その方法に備わっている本質的な部分にある．VaR は，どれだけ大きな，あるいはどれだけの頻度で，損失が VaR の値を超えて広がるのかという点において，どのような示唆も与えないという点である．例えば VaR は "テイルリスク" として知られているものを捕えられない[†8]．

例えば，99% の信頼区間で 1 億ドルの VaR をもつポートフォリオは，100 日に 1 回（時間の 1%）を超えて，あるいは 1 年に 2〜3 回を超えて，1 億ドルの損失を被ることはないという期待をもつだろう．VaR がどれだけ正確に計測されたにしても，とある年の 3 取引日程度で 1 億ドルを超える損失を覚悟せねばならないときもある．"期待ショートフォール (ES)" は，別の名では "条件付き VaR (CVaR)" とも呼ばれているが，テールにある潜在的な損失の大きさを推し量れる，リスク指標の代替となる．

[†7] VaR に関する業界の実践における調査や議論については，Amit Mehta et al., "Managing Market Risk: Today and Tomorrow", McKinsey Working Papers on Risk, No. 32, May 2012 が参考になる．このレポートによれば，調査に参加した銀行の 75% 程度がヒストリカル・シミュレーションを用いており，15% のみがモンテカルロ・シミュレーションを用いているとのこと．モンテカルロ・シミュレーションがより良い理論的手法であると認識されているものの，コンピューターへの負荷が大きいとみなされているようだ．

[†8] 第 3 章のストレス VaR の議論を参照．

As of or for the year ended December 31, (in millions)	2012 Avg.	2012 Min	2012 Max	2011 Avg.	2011 Min	2011 Max	At December 31 2012	At December 31 2011
CIB trading VaR by risk type								
Fixed income	**$ 83**(a)	**$ 47**	**$ 131**	$ 50	$ 31	$ 68	**$ 69**	$ 49
Foreign exchange	**10**	**6**	**22**	11	6	19	**8**	19
Equities	**21**	**12**	**35**	23	15	42	**22**	19
Commodities and other	**15**	**11**	**27**	16	8	24	**15**	22
Diversification benefit to CIBtrading VaR	**(45)**(b)	**NM**(c)	**NM**(c)	(42)(b)	NM(c)	NM(c)	**(39)**(b)	(55)(b)
CIB trading VaR	**84**	**50**	**128**	**58**	**34**	**80**	**75**	**54**
Credit portfolio VaR	**25**	**16**	**42**	33	19	55	**18**	42
Diversification benefit to CIB trading and credit portfolio VaR	**(13)**(b)	**NM**(c)	**NM**(c)	(15)(b)	NM(c)	NM(c)	**(9)**(b)	(20)(b)
Total CIB trading and credit portfolio VaR	**96**(a)(c)	**58**	**142**	**76**	**42**	**102**	**84**(a)(c)	**76**
Other VaR								
Mortgage Production and Mortgage Servicing VaR	**17**	**8**	**43**	30	6	98	**24**	16
Chief Investment Office (“CIO”) VaR	**92**(a)(d)	**5**	**196**	57	30	80	**6**	77
Diversification benefit to total other VaR	**(8)**(b)	**NM**(c)	**NM**(c)	(17)(b)	NM(c)	NM(c)	**(5)**(b)	(10)(b)
Total other VaR	**101**	**18**	**204**	70	46	110	**25**	83
Diversification benefit to total CIB and other VaR	**(45)**(b)	**NM**(c)	**NM**(c)	(45)(b)	NM(c)	NM(c)	**(11)**(b)	(46)(b)
Total VaR	**$ 152**	**$ 93**	**$ 254**	$ 101	$ 67	$ 147	**$ 98**	$ 113

(a)JP Morgan Chase: 2012 Annual Report（VaR は観測期間 12 カ月で，デイリーのデータに基づく．95% 信頼区間のヒストリカルシミュレーションによる）

In millions / Risk Categories	Year Ended December 2012	2011	2010
Interest rates	$78	$94	$93
Equity prices	26	33	68
Currency rates	14	20	32
Commodity prices	22	32	33
Diversification effect	(54)	(66)	(92)
Total	$86	$113	$134

(b)Goldman Sachs: 2012 Annual Report（VaR は 70,000 に及ぶ市場ファクターの観測期間 5 年，信頼区間 95% のヒストリカル・シュミレーションによる）

図 7.5　VaR 報告の詳細例

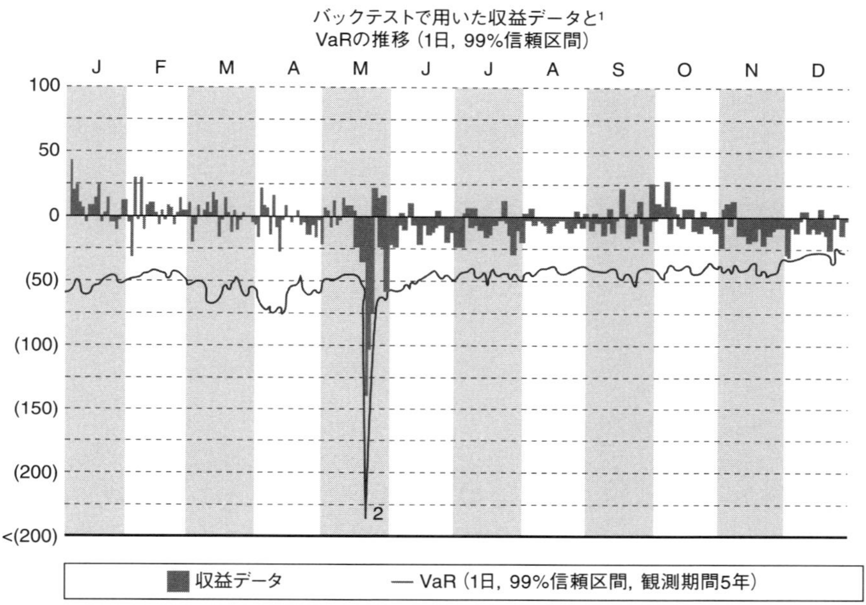

1 役務収益や手数料といった非トレーディング収益や，日計りトレードによる収益を除く．
2 フェイスブックのIPOにより非連続となったデータによるもの．

(c)UBS: 2012 Annual Report（観測期間 5 年のヒストリカル法による VaR）

日々の VaR，期待シュートフォール，3W（修正）の平均，最大値，最小値．

年末表示	2012			2011		
DVaR–Daily VaR–(95%)	**Average £m**	**High £m**	**low £m**	**Average £m**	**High £m**	**low £m**
金利リスク	14	23	7	17	48	8
インフレリスク	3	7	2	4	9	2
スプレッドリスク	23	31	17	25	40	17
信用リスク	26	44	18	29	48	17
ベーシスリスク	11	21	5	6	6	6
為替リスク	6	10	2	5	8	2
株式リスク	9	19	4	18	34	9
コモディティ・リスク	6	9	4	12	18	7
分散効果	(60)	na	na	(54)	na	na
Total DVaR	38	75	27	57	88	33
期待ショートフォール	47	91	30	71	113	43
3W[c]	77	138	44	121	202	67

(d) Barclays: 2012 Annual Report（日々の VaR (DVaR) は観測期間 2 年，信頼区間 95% のヒストリカル・シミュレーションに基づく）Barclays は期待ショートフォール (ES) に加え，3W と呼ばれる，1 年を通じて最も大きな 3 つの損失の平均を取った，ファットテールリスク指標を用いている．

図 **7.5** **VaR** 報告の詳細例（続き）

ES=VaR を超える期待損失の大きさ（損失が VaR を超える状態での期待損失）[†9]

ES はあらかじめ定められた信頼区間における，VaR を超えた下方リスクを計ろうとするものとなっている．

ES を用いてテイルリスクの大きさを計ることは多くの機関の本質的な許容度を知ることにつながる．2012 年に出版された，“Fundamental Review of the Trading Book” の中で，バーゼル委員会でさえ，VaR の代わりに，このリスク測定を採用することを提言した．

7.8.1　期待ショートフォールの計測

異なる手法を同時に VaR と ES の推量に適用することができる．

- 正規分布を前提にする場合，VaR と ES はポートフォリオ・リターンの分布のボラティリティから直接求めることができる．例えば，期待利益/損失がゼロで，95% あるいは 99% の信頼区間と仮定した場合，VaR は正規分布の統計表から，各々 1.65 倍もしくは 2.33 倍にすることで直接求められる．それに対応する ES はそれぞれ 2.06 倍，あるいは 2.67 倍になる．これらは同じ信頼区間の VaR に比べてより高い数値となる．
- VaR を 100,000 通りのシナリオをもつモンテカルロ・シミュレーションで導出した場合，99% 信頼区間での ES は単純に 1,000 通りのワーストシナリオの平均となる．
- “極値理論” として知られているより高度な手法では，一般化パレート分布 (Generalized Pareto distributions, GPD) と呼ばれる，ファットテールの分布にポートフォリオリターンのヒストリカル分布を当てはめている．いったん GPD がキャリブレートされれば，VaR と ES は解析的に求めることができる．

7.9　結論：幅広いリスク管理の枠組みの中で VaR の果たす役割とは

そもそもそのようなものは存在しないのだが，VaR は完璧あるいは完全なリスク指標からはほど遠いといえる．VaR の活用と信頼性は，例えばボラティリティや相関といったデータ入手の可能性にしばしば左右されることが多い[†10]．VaR の

[†9] 期待ショートフォールは条件付き期待値である．VaR を超える損失の確率による加重平均を，VaR を超える損失を被る確率で割ったものとなる．例えば，α が信頼区間である場合の $1-\alpha$ など．C. Alexander, *Market Risk Analysis: Vol IV. Value-at-Risk Models*, Whiley, 2009 を参照.

[†10] VaR の課題は，概念的モデルとしてのものと，実践的なリスク解析としてのものと別に考えるべきである．実質的には，VaR は利用者に収益率分布の左側のテールを見るようにする概念的な手法である．よって，どのような特別な統計的手法を分布を導き出すために用いるべきかの判断が難しい．もし誤った統計手法を用いた場合，VaR 値は間違ったものになり，ミスリードなものとなる．

活用を促進するために，分散–共分散アプローチあるいはモンテカルロ・アプローチを用いる場合は特に，市場が非常に安定的であるという仮定を置くのが一般的となっている．価格および価値は，ジャンププロセスやその他の極端なイベントが起こる可能性を考えず，“連続的な” 性質をもつとの前提が置かれている．

その意味で，市場に危機や崩壊が起こったときに VaR は信頼できない指標となる．例えば，サブプライム危機が起こった後の 2007 年の第 3 四半期には，主要な銀行は（例えば 99% 信頼区間で 2〜3 年の平均での）正規分布に従っているとの前提を外して例外的な VaR の数値を報告していた．クレディ・スイスは 11 種の例外があることを宣言し，ベア・スターンズは 10 種の，UBS は 16 種の，リーマン・ブラザーズは 3 種を宣言し，ゴールドマン・サックスは 5 種の，そしてモルガン・スタンレーは 6 種の例外を設定，最後の 3 行の VaR は 95% 信頼水準で計算されていた[†11]．

残念ながら，標準的な市場環境にある期間と，大きな価格変化があったときや高いボラティリティのとき，あるいはリスクファクター間での相関関係が崩壊するような市場の危機が起こったときなどの期間を適切な方法で 1 つに結合した VaR モデルの構築方法は，まだ確立されていない．もう 1 つの課題としては，VaR はたいていは統計的な枠組みの中で計算され，それゆえに比較的短い期間での適用となることにある．つまり，VaR 分析では変化する流動性リスクを捉えることはできないということを意味する．

ただこのことは，VaR がリスク指標として活用ができないということではなく，その批評はお風呂のお湯を捨てる際に大切な赤ん坊も一緒に流してしまうのと同じような危険性をはらんでいるともいえる．VaR は，VaR 値の必然的な限界を理解した意思決定者によって注意深く取り扱われ，結果を解釈される必要がある．またそれは，改善の余地を補うためのリスク指標，つまり標準な市場環境を逸脱するような極端な事象から受ける影響を分析する，例えば，ストレステストやシナリオ分析を用いて精度を向上させるということを意味する．多様なリスクに対応するために，補足的なリスク指標が求められ，適用されるということが繰り返されてきているのである．

[†11] “VaR Counts”, *Risk Magazine*, January 2008, pp. 68-71.

第8章

資産負債管理

資産負債管理 (ALM) は，企業のバランスシートの資産（例えば，貸付金）と負債（例えば，預金）との構成をマッチングさせる（意図的にミスマッチングさせる）ための組織化された意思決定プロセスである．

商業銀行，S&L，保険会社，年金基金のような金融機関にとって，ALM は特に重要である．例えば，銀行は，預金を集めるとともに，個人顧客あるいは企業顧客に対する融資を行っている．このような金融仲介活動は，2 種類のアンバランスを生じさせる．第 1 は，預金金額と融資金額のアンバランス，第 2 は，調達資金と顧客への融資資金との間の金利感応度および満期のアンバランスである．

これらのアンバランスが銀行の純資産およびリスク特性を変化させる．例えば，一般に預金は融資よりも満期が短く，その結果，多くの銀行の純資産は金利低下によりメリットを受ける．すなわち，銀行は，預金者に支払う金利が少なくてすみ，期間中借り手からはより高い利息を受け取り続けるからである．これに対して，金利が上昇すれば銀行の純資産の価値が低下する．もし，このようなダウンサイドリスクが管理されていなければ，個々の金融機関，あるいは銀行業全体の支払不能にさえ結びつく．同様に，資産と負債のミスマッチは必然的に流動性リスクにつながる．すなわち，ミスマッチが大きくなればなるほど，当該組織が，考えうる状況（例えば，要求払い預金の返済）において直ちに全責任を果たせるだけの現金を保持することが難しくなる．

このような最後の理由から，ALM，特に流動性リスク管理は，2007–2009 年に起った金融危機後の数年にわたり，リスクの主要な話題となってきた．本章で後ほど解説するが，危機の真っただ中にあった金融機関の多くで高いレバレッジと深刻な満期ミスマッチとが結びついていて，これを頑強な資金流動性リスク管理で補うことはできなかった．その結果，バーゼル III は銀行のレバレッジを制限することに努め，また銀行の流動性の改善を促す重要な 2 つの仕組みを導入する．BOX8.1 ではこれらの改革を考察し，金融業界や ALM 実務のためのいくつかの戦略的意味合いを明らかにしている．英国のような国々においてなされた，リテールバンキングを投資銀行などのリスクの高い活動から遮蔽するための提案もまた，ALM 実務にとって大きな意味があるだろう．

BOX 8.1

バーゼル III の流動性リスクの仕組み：戦略的意味合い

バーゼル III は，鍵となる 2 つの仕組みによる，銀行の流動性リスク管理の全く新しい枠組みを導入する．

- 流動性カバレッジ比率 (LCR) は，監督当局が定めた 30 日間の資金調達ストレスシナリオに，銀行が耐えうる十分な高品質の流動資産を保持することを義務づける．ストレスシナリオには，一定割合の個人向け預金の流出，無担保短期資金の部分的な損失，格下げ等々多くのショックを含む．
- 安定調達比率 (NSFR) は，流動性のミスマッチに対処し，大口資金への依存を低減するように設定された長期（1 年）の構造的比率である．

第 3 章で詳細に記述されている，これらの体系は数年かけて段階的に導入され，その厳密な性質についてはなおも議論が続いている．ここで問題なのは，新たな流動性基準が銀行の収益性に影響を及ぼし，資金供給能力を低下させることである．この問題を緩和するため，バーゼル委員会は LCR のもとの概念を改訂（2015 年 1 月から，高品質の流動資産に分類される資産範囲の拡大，ネットのキャッシュ・アウトフロー計算の修正など，新基準のより段階的な導入）することを 2013 年 1 月に決定した．

バーゼル委員会の次の優先事項は，2018 年に適用される前に NSFR を再検討することである．その理由は，とりわけ欧州の銀行が米国の競争相手よりも満期変換にかかわっているために，NSFR 規制を満たすことによって資金調達コストの上昇を招き，銀行が提供する貸付金の満期や規模の縮小を余儀なくされるだろうからである．

規制当局が困っているのは，銀行の貸出能力とリスク管理規範との間で適切なバランスとなる到達点を見いだすことであり，これは，世界中の銀行の ALM 委員会が毎日直面している戦略的なトレードオフでもある．しかしながら，バーゼル III の仕組みの詳細が変更されようとしているなかで，規制当局者は 2007–2009 年の金融危機の際に痛みを伴う教訓を学んだ．

今後，銀行業界は真摯に，重大な非常事態に備えて流動性準備金を保持し，構造的資金調達の弱点に対処する必要があるだろう．実際に，ある特定の銀行ビジネスモデルは認められないだろう．

銀行の収入は，金利および資金調達コストの変化に特に敏感である．しかし，ALM の原則の多くは，負債と資産が市場リスクファクターに敏感な，金融部門以外の企業にも同じように当てはまる．本章では，まず ALM の目的と範囲および，主要な 2 つの焦点である金利リスクと流動性リスク管理の性質について簡単に見てみる．それから，企業のバランスシート管理を行う責任がある ALCO（ALM 委員会）の役割を詳細に説明し，ギャップ分析，デュレーション・ギャップ，株式デュレーション，長期 VaR など，バランスシートの金利リスクを評価するために適用される手法をみる．最後に，資金の移転価格と流動性貸借について論議する．

8.1 ALMの目標，対象範囲，手法および責任

銀行業界で重要な ALM の目的は以下の 3 つである．

- 純金利収入 (NII) を安定化させること．純金利収入は，銀行の調達資金に対する支払利息額と融資のような保有資産からの受取利息額との（会計上，収入として計上される）差である．
- 長期的な経済的利益に反映されるように，株主価値，すなわち純資産 (NW) を最大化すること．
- 資産と負債との間の満期および金額のミスマッチ，および資金流動性リスク（銀行が債務を履行し，支払能力を確保するために，早急かつ安価に資金調達できない危険性のこと）をもとに銀行が過度のリスクを取らないようにすること．

これら 3 つの重要な目的によって，ALM は非常に幅広いものとなっており，そのなかには市場リスク（金利リスク，外国為替リスク，商品価格リスクおよび株価リスク），流動性リスク，トレーディングリスク，資金調達および資本計画，税制および規制上の制約だけでなく，収益性および成長性の管理が含まれる．

ALM は，また，金利リスクを相殺するためのヘッジ利用といったオフバランス活動を含んでいる．ALM の範囲および重要性は，なぜ ALM 委員会が各銀行の上級リスク委員会へと発展することが多かったかを物語っている．

バリューアットリスク (VaR) は，トレーディング勘定の市場リスクおよび信用リスクをコントロールするために，多くの金融機関で採用されている手法である．一方で，ALM には，バンキング勘定のリスクをコントロールするためのギャップ分析，デュレーション・ギャップ分析，長期 VaR といった一連の手法が含まれる．バンキング勘定の資産および負債の多くは，満期が長く，市場取引されている金融商品よりも流動性が低いため，このように手法上の差異が生ずる．流動性リスク管理は，専門的なキャッシュフロー分析および流動性ストレステストといった独自のツールを多く含む，ALM の中の重要な分野である．

ALM 戦略は銀行の財務部門の責任であるが，一般的には，バランスシートの「リスク」コントロールはリスク管理部門の権能の一部であり，リスク・テイカー（訳注：財務部）からの独立性を維持すべきである．ALM は，信用リスクが存在しない（ローンはデフォルトしない等）との前提で運営されるのが一般的であり，信用リスクは，企業向けおよび個人向けの信用リスク管理に責任をもつリスク管理グループが管理を担当する．

8.2 金利リスク

金利リスクは，以下のような指標に直接的な影響を与えるため，金融機関にとっ

て決定的な問題である．

- 純金利収入 (NII)：「有利子資産からの受取利息」から「有利子負債に対する支払利息」を引いたものである．伝統的に銀行の主要収益指標である純金利収入は，（オンバランスとオフバランスの）資産および負債の価格付けのミスマッチによる影響を受ける．純金利収入に対する金利ボラティリティの影響は，1 四半期あるいは 1 年といった短期間で分析されるのが普通であり，これはアーニングアットリスク (EaR) と呼ばれる．それは，本質的に会計データに依存する．
- 純資産 (NW)：「資産の純現在価値」から「負債の純現在価値」を引いたあと「オフバランス項目の純現在価値」を調整したものである．純資産の分析を行えば株主価値の経済的尺度が提供されるとともに，金融機関に対する潜在的な支払能力問題に関する早期警報にもなる．純資産に対する金利の影響は，比較的長期にわたって考慮される．
- 非金利収入：融資実行に伴う収入やその他手数料ベースの収入は，金融業界では「非金利収入」として知られているが，これもまた金利変動の影響を受ける．例えば，金利変動は，ミューチュアル・ファンド販売手数料，有価証券貸借からの手数料，モーゲージローンおよび融資申込み手数料や証券化手数料等々に影響を及ぼすだろう．

過去数年間，資金流動性リスクに多くの規制上の注目が注がれてきたが，金利リスクは銀行倒産，さらには業態全体の崩壊さえも引き起こした (BOX8.2)．銀行業界の金利リスク管理の効果は，先進諸国の経済が回復し始め，中央銀行が金融緩和政策を縮小し，それが，絶対的な金利の上昇と金利変動に結びついたときに再度試されるだろう．

金利リスクを軽減するために，金利変動が大きい環境においても，金利変化が資産へ及ぼす影響が負債に及ぼす影響と相関が高くなるように，バランスシートの構造が管理されなければならない．許容されうる収益の変動額は，金融機関のリスク選好度によって決まる．取締役会は，金利変動から生じる収益変動を制限するためにリスクリミットを承認する．一般的に，これらのリミットは，すべての満期を通じて金利が 200 ベーシスポイントだけ（上下に）パラレルにシフトするといった最悪シナリオに基づいて決められる．各シナリオは，NII（会計上の利益），純資産および自己資本比率への影響をもとに考慮される．やや単純で静態的な例をあげると，取締役会は，金融機関の純資産が最大 10 億ドルおよび純金利収入が四半期で 1 億ドル，通年で 3 億ドル減少するというような，想定されうる最悪シナリオに対してリミットを承認する．

BOX 8.2

S&L 危機

米国の Savings and Loan(S&L) 業界は，右上がりのイールドカーブのおかげで 20 世紀を通じて繁栄を謳歌してきた．右上がりのイールドカーブは，10 年物モーゲージローン金利（S&L の一般的な提供商品）が S&L の主たる資金調達源である短期貯蓄預金や定期預金の金利を上回ることを意味する．銀行業界の言葉を借りれば，S&L は収益を上げるのに単に「イールドカーブの上に乗ってきた」だけであった．

しかしながら，1979 年 10 月から 1982 年 10 月の間，米国の連邦準備制度理事会による金融引締め政策によって金利は急激かつ大幅に上昇し，財務省短期証券利回りは 16% も上昇した．短期金利の上昇は S&L の資金調達コストを押し上げ，彼らが頼りとする金利マージンを一掃した．実際，この期間における金利の急上昇によって，S&L の長期モーゲージローンポートフォリオの多くで，ネットの金利マージンが「マイナス」になった．

S&L の金利リスク管理の失敗は，米国における長期的な S&L 危機を引き起こした．また，S&L が猛烈な勢いで新規事業活動やリスクのある貸出によってバランスシートの修復を図ろうとした結果，1980 年代を通してそれは一層強力になった．しかし，最終的には，信用リスクやビジネスリスクをうまくコントロールできず，多くの損失を出しただけであった．結局，特に 1988 年と 1989 年には，非常に多くの S&L が倒産し，あるいは買収された．S&L の数は 1980 年から 1989 年にかけて 4,000 行から 2,600 行に減少し，この S&L 危機は，米国の納税者が犠牲を払うという世界的にみて最も代償の大きな銀行システム崩壊の 1 つとならざるをえなかった．

1986 年から 1995 年の期間にわたり，5,000 億ドル以上の総資産をもつ 1,043 もの S&L が破綻した．S&L 危機による推定総損失は 1,530 億ドルにのぼり，納税者が 1,240 億ドル，S&L 業界が 240 億ドルを負担した．

本章の後半でみるように，いくつかの銀行は，多数の金利シナリオ，バランスシートの傾向および様々な時間軸における戦略が純金利収入や純資産に及ぼす影響を測定できるような，洗練されたコンピューター・シミュレーションを使用している．これらの複雑なシミュレーションでは，個人向け商品を通じた資金調達（預金による調達増）および満期を迎えた負債の再調達に関する戦略を具体化することができる．

外国為替リスクや商品価格リスクもバランスシート・リスク管理の重要な要素であり，それらは金融機関の活動によって決まる．

8.3 資金流動性リスク

資金流動性リスクは，外部市場の環境，または，銀行のバランスシートにおける構造的問題から生じ，両者が組み合わさる場合が多い．2007–2009 年の金融危機のどん底にあった，2008 年のベア・スターンズとリーマン・ブラザーズの破綻 (BOX8.3) と，1998 年に発生した巨大ヘッジファンド，ロングターム・キャピタル・マネジメント (LTCM) の破綻懸念（第 15 章を参照）は，予想外の外部状況によって引き起こされた資金流動性危機の例であるが，それらはまた金融機関のビジネスモデルの潜在的な脆さも露呈させた．

BOX 8.3

リーマン・ブラザーズの流動性危機

2008 年 9 月 15 日，米国大手投資銀行の 1 つであるリーマン・ブラザーズが，過去類を見ないほど巨額の破綻申し立てをした[†1]．150 年もの歴史を誇る同行は，10 年以上にわたり米国不動産市場に極度に投資を行い，居住者向けにモーゲージローンを販売し，これを金融工学によって高格付証券に変換，その証券を投資家に売るという統合的ビジネスモデルの開発に一役買った[†2]．

数年間の好景気および住宅価格上昇の後，米国不動産市場が 2006 年と 2007 年において傾き始めたときに，リーマンは（単なる仲介業者として行動するというよりはむしろ），不動産関連事業を立ち上げ，長期投資としてのモーゲージ関連保有資産額を増やし続けた[†3]．

このようなビジネスモデルの変化および，積極的な成長戦略の一環として，同行はさらに米国商業用不動産にも大きな賭けをし始めた．しかし，リーマンのビジネスモデルが米国経済および住宅市場への危険な賭けのようにみえたとしても，同行を大惨事に陥れたのはそのレバレッジ比率と資金調達戦略であった．

銀行は本質的に高レバレッジの企業である．すなわち，活動資金調達のために，株式よりもむしろ多額の負債を背負っている．しかしながら，2007–2009 年の危機の目前においてリーマンは，好況時の他の投資銀行のように，2007 年の自己資本比率が 31：1 という過度な値になっていた．

同時に，事業拡大のために借入を行うという同行の資金調達戦略は，脆弱性の致命的要因となった．同行は，本来的に流動性のない長期的な不動産の資金を調達するために，レポ市場からの日次借入のような短期市場で，巨額の資金を借り入れ続けた．これは，事業にとどまり借入を続けるためには，投資家と取引先銀行への信用を維持することが必要なことを意味した[†4]．

2007 年に，米国の住宅不動産バブルが崩壊し，サブプライム市場が深刻な苦境に陥ったのは明白だった．ビジネスモデルまたは投資戦略としてサブプライム証券化に依存していた企業への信頼は損なわれ始めた．2008 年 3 月，もう 1 つの高レバレッジのサブプライム関連企業であるベア・スターンズが，レポの貸し手と取引先銀行からの信頼を失った後に破綻し，JP モルガンへの合併を余儀なくされた．

翌月，投資家はリーマンの健全性を疑い，不動産価格の評価について問い質し始めた．同行の資金調達戦略，したがって，その流動性にとって非常に重要な信頼が急速に揺いだ．

危機が高まったとき，主要な取引相手は資金取引のためにより多くの担保を要求し，他の企業はエクスポージャーを削減し始め，いくつかの企業は単に取引を停止した．

業界による救済計画の作成，すなわち同行を別の大銀行に売却するという試みは頓挫した．2008 年 9 月 15 日午前 1 時 45 分，リーマン・ブラザーズは破綻申請し，その後の世界的な金融市場のパニックと不安の前兆となった．

[†1] 2010 年 3 月 11 日，アメリカ破産裁判所への調査官アントン・バルカスによるリーマン・ブラザーズ報告書．

†2 このために，リーマンは 2000 年代初めに，BNC モーゲージ（サブプライム）およびオーロラ・ローンサービス（Alt-A ローン提供者）を含む多くのモーゲージ業者を買収した．
†3「リーマンの帳簿上のモーゲージ関連資産は 2006 年の 670 億ドルから翌 2007 年には 1,110 億ドルまで増加した.」（金融危機調査委員会の金融危機調査報告書，2011 年 1 月，p.177）
†4 2007 年から 2008 年にこの投資銀行が調査を受けたとき，彼らはレバレッジを低く装おうとした.「破産調査官によれば，リーマンは「レポ 105」取引によってレバレッジを過少申告した．その取引は，報告期間前に一時的に資産を簿外に移し，経理を操作するものだった.」（金融危機調査委員会の金融危機調査報告書，2011 年 1 月，p.177）．

投資家が銀行の与信ポートフォリオの状況について懸念をもち始め，短期資金を引き上げた末に，1984 年に救済されることとなったコンチネンタル・イリノイ銀行のケース (BOX8.4) は，内部の与信ポートフォリオの問題が，資金流動性危機をどのように引き起こしうるかという例である．これは，金融機関の資金調達戦略の脆さゆえに増幅された．

BOX 8.4

コンチネンタル・イリノイ銀行の流動性危機

コンチネンタル・イリノイはシカゴ最大の銀行であり，米国でも規模の大きな銀行の 1 つであったが，1984 年 5 月に，巨額の流動性危機により規制当局によって救済されることになった．

同行は 1970 年代後半より成長戦略をとり，1981 年以前の 5 年間で，商工業貸付はおよそ 50 億ドルから 140 億ドル以上に大幅に増加した（また，総資産は 215 億ドルから 450 億ドルに増加した）．

コンチネンタル問題の最初の兆候は，オクラホマのペンスクエア銀行の閉鎖で表面化した．この小規模銀行は，1970 年代後半の石油・天然ガスブームの最中に，オクラホマの石油・天然ガス会社に融資を行ってきた．同行は，自分で供給できない高額の融資は，コンチネンタル・イリノイのような大規模銀行に回した．しかし，1981 年前半から石油・ガスの価格が低下するにつれ，石油・天然ガス会社が倒産し始め，米国の規制当局はペンスクエアを閉鎖するに至った．

コンチネンタルは，ペンスクエアの石油・ガス融資への最大の参加者（10 億ドル以上）であり，これらの融資ならびに自行の融資ポートフォリオにおけるローンに関して膨大な損失を被った．その他多くの銀行もこの期間においては貸倒れ損失に苦しんでいた．しかし，リテールバンキング事業の規模が小さく，相対的にコア預金額が少ないという理由から，コンチネンタルは尋常ではなかった．同行は，融資資金の調達のために，主としてフェデラルファンドと金額の大きい譲渡性預金の発行に頼っていた．

ペンスクエアが破綻したとき，コンチネンタルは，自行が米国市場から事業資金を調達できなくなりつつあることに気づき，日本のような海外の大口資金市場で，ずっと高金利で調達を行うようになった．

しかし，コンチネンタルの財務状況がなお悪化し続けているとの噂が，1984 年 5 月に国際的な市場において流れた際に，同行の外国人投資家は，銀行に預けていた資金を急に引き出し始めた（10 日間で 60 億ドルにのぼる）．ほんの数日足らずで，コンチネンタル・イリノイは本格的な流動性危機に直面し，米国の規制当局は，米国の銀行業全体を危険にさらす恐れがあると考え，他行へのドミノ効果の危険性を回避することに踏み込まざるをえなかった．

さらに最近では，サブプライム危機発生直後の 2007 年 9 月に，英国のモーゲージバンク，ノーザン・ロックが破綻したが，これは銀行のビジネスモデルの構造的脆弱性にかかわる流動性リスクのもう 1 つの例である (BOX8.5)．長期資産の調達を短期資金に過度に依存していたことと，金融機関の財務健全性への市場の信頼が急速に失墜したことが相まって，資金流動性危機の引き金となり，急速に災禍へとつながっていった[†1]．

BOX 8.5

ノーザン・ロックの流動性とビジネスモデル

ノーザン・ロック（イギリス東北部のニューカッスルアポン・タインに拠点を置く，急成長した中規模のモーゲージバンク）は，2007–2009 年にかけておきた金融危機のまさに皮切りの 2007 年 9 月中旬に取付け騒ぎによって破綻した．

この銀行は住宅モーゲージに特化し，多年にわたり資産が 1 年あたり約 20% で成長し，2007 年第 1 四半期まで積極的に市場拡大を果たしてきた．

同行の成長率は，英国の銀行の間では珍しかったビジネスモデルと資金調達戦略によって支えられた．2000 年頃から，同行はモーゲージを証券化し，保証付き債券を販売し，大口の資金調達市場を利用することで資金を調達する，「組成して販売する」という手法を作り上げてきた．ノーザン・ロックは早くから，ほかの多くの英国の銀行よりも，資金調達のために（個人向け預金には頼らず）投資家や法人向け市場にはるかに大きく依存していた．

同行はこの資金調達戦略で考えられる弱点を軽減するために，資金調達市場を地理的に多角化しようとした．例えば，イギリスのみならず，ヨーロッパやアメリカでも市場を開拓した[†1]．

しかし，同行は誤算していた．何年もの力強い経済と住宅価格の上昇の後，2007 年前半には投資家の間でモーゲージ関連資産について広範囲にわたる疑念が表面化し始めた．その懸念は当初，米国サブプライム市場におけるデフォルト率の上昇によって発生したが，すぐに投資クラスとしての資産担保証券や，証券化商品に投資し依存している金融機関，最終的にはインターバンク市場にまで広がった[†2]．

2007 年 8 月初旬に資金調達市場の凍結が起こったとき，ノーザン・ロックのグローバルな資金調達チャネルのすべては，後に銀行の経営陣が「予測不可能」と主張したシナリオで同時に機能しなくなった．

皮肉にも，英国規制当局がバーゼル II に関する変更の承認を与えた後，同行は 2007 年夏の初めに中間配当の増配を発表した．この承認は，所要規制資本の削減を見込めるように，信用リスクについて先進的手法を使えるようにするというものであった．

資金調達市場が凍結した後，英国当局は同行の問題を解決するために様々な戦略を

[†1] 2008 年の夏には，カリフォルニア州のインディマックもまた取付け騒ぎにあった．インディマックの脆弱さは従来からいわれてきた．乏しい引受能力と銀行が組成したモーゲージの販売の困難さである．

議論した．しかし，イングランド銀行の計画したノーザン・ロックへの支援策の情報が漏れ，BBC により報道されたことで，9 月 14 日から 17 日の間で預金の取付けが起こった．パニックはその後，預金者保護には相当厳しい規制によってさらに拡大し[†3]，英国当局が預金は返済されるという公約をした後，ゆっくりと平穏に戻った．ノーザン・ロックは緊急政府支援と国有化を受け入れた．

[†1] アダム・アップルガース（ノーザン・ロック前 CEO）による下院，財務省委員会，ロックの取付け騒ぎに関するコメント，2008 年 1 月，15 ページを参照．

[†2] 適用免除のタイミングは，後に銀行と規制当局を当惑させたけれども，それは，銀行の信用失墜の重大な要因ではない．

[†3] 当時，預金は 2,000 ポンドまでしか保証されなかったが，さらに 33,000 ポンドを上限とし，総額の 90% まで保証された．

BOX8.6 は，銀行の流動性管理において危機前に生じる弱点に対処しようとし，米国規制当局が提案したいくつかのサウンド・プラクティスについて説明している．米国連邦準備制度理事会もまた，銀行がシステムワイドなストレスシナリオを生き残る流動性および資金調達戦略を備えていることを確認するために，大規模銀行に対して流動性ストレステスト・プログラムを実行し始めている[†2]．

BOX 8.6

流動性リスク管理のサウンド・プラクティス：関連監督当局の方針書

- 金融機関の流動性リスク制御の管理に対する，取締役会の監督および経営陣による積極的な関与からなる効果的なコーポレートガバナンス．
- 流動性リスクを管理し，軽減するために用いられる適切な戦略，方針，手順，およびリミット．
- 金融機関の複雑さや事業活動に見合った，包括的な流動性リスクの計測・監視システム（現在および将来のキャッシュフローの評価や原資，資金の用途を含む）．
- 日中流動性および担保の積極的な管理．
- 既存および潜在的な将来の資金調達源を適切に分散して組み合わせること．
- ストレス期の流動性需要を満たすために使用でき，法律，規制，または運営上障害のないような，流動性が高い市場性のある有価証券の適切な水準．
- 不利益をもたらす可能性のある流動性イベントや緊急時のキャッシュフロー要件に十分に対応する包括的な緊急時の資金調達計画 (CFPS).
- 金融機関の流動性リスク管理プロセスの妥当性を判断するために十分な，内部統制および内部監査のプロセス．

出所：U.S. Interagency Policy Statement on Funding and Liquidity Risk Management, March 17, 2010, pp.2–3.

本質的には，資金流動性リスクを管理するための課題は，銀行の借入能力を最適化し，（直接的に，または主に金利スワップのようなデリバティブの利用を通して

[†2] いわゆる，「C-Lar」プログラム．Shahien Nasiripour, “Fed Begins Stress Tests on Bank Liquidity”，フィナンシャルタイムズ，2012 年 12 月 13 日を参照．

合成的に）資産と負債の契約上の満期を調整することにある．しかしながら，ほとんどの複雑な決定のように，ALM の決定は以下のようなトレードオフにならざるをえない．

- 資金流動性リスクと金利リスクの間のトレードオフが存在する．すなわち，短期負債（資産）は，長期負債（資産）よりも金利リスクが小さく，資金流動性リスクは大きい．
- コストとリスクの間にもトレードオフが存在する．例えば，イールドカーブの傾きが正の状況で流動性リスクを削減するためには，金融機関は，調達した負債の満期を長くすればよいが，これは，より安価な短期資金の調達よりも明らかにコストがかかるであろう．

（商業用ローンのように）資産の満期を短くすることによって資金流動性リスクを削減できるけれども，資産の満期は銀行業の性質や競争環境によることが多いので，このことがいつも可能であるとは限らない．

最適化と調整を完璧に行うことは不可能であるから，企業は，契約の履行を確実とするためにも，緊急時の資金流動性のクッションを必要としている．資金流動性クッションの額がより大きく，質が良くなるほど，リスクは小さくなる．しかしながら，これにはコストがかかる．なぜならば，流動性が高い市場性のある資産は，流動性の低い資産よりリターンが低いからである．繰り返すが，そのために，（資金流動性に関する）危険な戦略の追求と（資金調達戦略と資金流動性準備金の面での）コストとの間には重要なトレードオフが存在する．BOX8.7 は，資金流動性リスクのモニタリングと管理の重要な構成要素について説明している．これは，銀行が流動性リスク管理に関する戦略的意思決定の適切なバランスを達成する際に必要な一連の方策を明確にする．

BOX 8.7

流動性リスク管理とモニタリング：主要な活動と留意事項

- キャッシュフローと契約の満期ミスマッチ分析：銀行は流動性要件を検証するために，様々な期間においてキャッシュフローがどのように変化するか分析をする必要がある．その分析は一連のストレスシナリオを含むように拡張する必要がある．
- 資金調達先集中と多様化：銀行は，資金源がどこか（例えば，要求払い預金），資金の「粘着性」と様々な次元における資金調達の多様性（例えば，取引相手数だが，より重要なのは商品タイプ，相手方のタイプ，資金調達市場の性質）を把握する必要がある．
- 流動性比率のモニタリング：銀行は，全負債に対する大口資金の割合，特に短期借入のタイプ等々一連の主要な比率を注視する．
- 資産集中のモニタリング：銀行は，非流動的（例えば，複雑で仕組まれたもの）で売却できない資産にどれくらい投資しているかを企業レベルでモニタリングし，これが（例えば，銀行のある部門の，あるいは銀行全体の）ビジネスモデルを脅かす場合には集中を制限するように行動する必要がある．
- 偶発債務のモニタリング：例えば，信用与信枠や同様の負債は（銀行が取り消すことができない場合には）流動性への脅威となりうる．
- 流動性準備やクッション：銀行は，一連のストレスシナリオにおいても販売可能な，抵当権のついていない資産リストを作成すべきであり，それには各資産価値の減額率も載せるべきである．
- 通貨の考慮事項：ストレス条件下では通貨リスクも流動性リスクにつながりうる．
- 行動と市場構造に関する仮定：銀行は，平常時の市場における行動あるいは，過去に発生した危機時における行動が，（例えば，危機時に預金者がどの程度預けたままにするかといった）将来のすべての行動を決めると仮定することに注意しなければならない．市場が，規模，構造，参加者の特性において変化している場合には特にそうである．
- 早期警戒メカニズム：銀行は，資金調達市場における，あるいは危機の際に現金を調達するために資産を売却する必要がある市場での，潜在的な流動性危機についてモニタリングしなければならない．

出所：Various, including Basel III: A Global Regulatory Framework for More Resilient Banks and Banking Systems, December 2010 (rev. June 2011), pp. 9–10; U.S. Interagency Policy Statement on Funding and Liquidity Risk Management, March 17, 2010, pp. 4–5.

ここまでの議論から，ALM 方針のすべての要素—金利リスク管理，資金流動性リスク管理，収益計画，商品価格設定，資本管理および基本的な事業戦略—が相互に関連づけられ，バランスシート管理へ向けた全体的，統合的手法の一部とならなければならないことが明らかになった．

8.4 ALM 委員会 (ALCO)

ALM 委員会 (ALCO) は今日，上級リスク管理委員会として知られる，銀行業界で伝統的に使われてきた名称である．ALM 委員会は，一般的に CEO が議長を務め，リスク管理部門と財務部門の主要役員とともに銀行の経営陣によって構成される．この重要なコーポレートガバナンス委員会は，銀行のリスク状況の検証，特定のリスク関連問題にかかわる議論，取引リミットや融資リミットのような最高リスク管理責任者 (CRO) によって提案された方針の承認を行うために週 1 回開催される．（第 4 章では，リスク委員会の組織について詳細に論じている．）

この上級リスク管理委員会は，金融機関におけるリスク管理を調整するための組織体制である．しかしながら，より限定的な定義では，ALM 委員会は最高リスク管理責任者と財務部長を共同議長とする分科会であり，商品構成，価格設定およびリスク特性といった観点から戦略的方向性を提示する．

銀行の各運営組織は，事業において生じる構造的な金利リスクを評価し，それを管理上現地の財務部門に移転するか，現地のリスク管理委員会により管理される分離勘定へリスクを移転する．このリスクは以下のように管理される．

- 融資，預金，その他借入の商品構成および価格設定の変化にかかわるオンバランスでの事業戦略．これらは，「コア」となる事業決定である．
- 投資証券や大口の資金調達の満期構成および金利特性の変化にかかわるオンバランスでの投資・資金調達戦略．これらは，「裁量的な」事業決定である．
- バランスシート・リスクを管理するための，デリバティブのようなオフバランスシート項目の利用にかかわるオフバランスシート戦略．

例として，バランスシートの内容が変動金利預金と固定金利融資で構成されている銀行を考えよう．このことにより，銀行は金利リスクを負っている．つまり，金利が上昇すれば，預金獲得のための支払額が多くなり，収益は低下する．

適切な商品構成を達成するために，金融機関が，資産あるいは負債（可能であれば，両方とも）の再構築が必要かもしれない．また多かれ少なかれ，個人向け商品の価格も顧客に魅力的なように再設定しなければならない．

- 資産再構築とは，固定金利資産の比率を低下させ，変動金利資産の比率を上昇させることである．これは，銀行の固定金利資産の金利を引き上げ，変動金利資産の金利を引き下げることによって達成できる．
- 負債再構築とは，固定金利負債の比率を上昇させ，変動金利負債の比率を減少させることである．これは，固定金利負債に高い金利を提示し，変動金利負債に低い金利を提示することによって達成できる．
- 金融機関は，固定金利を支払い，変動金利を受け取る金利スワップも締結できる．このスワップは，金利上昇による潜在的影響を削減するように，銀行の変動金利債務の一部を固定金利資金に転換する効果をもつ．

企業の事業戦略を変更するよりもヘッジ戦略を実行するほうが容易である．しかし，銀行の金利リスク管理方法に関する意思決定に影響を及ぼす多くの要因がある．

スワップ，オプション，先物のようなデリバティブ取引は，簡単，容易かつ迅速に締結できる．しかしながら，これらの取引をモニタリングし，そのリスクを評価するための，適正なバックオフィスおよびフロントオフィスのインフラが必要である．

同様に，企業のなかには，デリバティブの利用を制限する方針を定めているところがあったり，あるいは，デリバティブ市場がまだ発達していない国々で活動を行っているところもある．これらの企業は，顧客ニーズに合致するように，事業戦略における商品構成や価格設定を変更することによって金利リスクを管理しなければならない．

ここまでの議論から，ALM とは以下に示す 3 つの重要なリスク関係の質問に答えることといえるだろう．

- **どれくらいのリスクを取りたいと思うのか．** この質問への答えは，企業のリスク選好にかかわる．
- **現在，どれくらいリスクを抱えているか．** この質問への答えは，企業の資産および負債のリスクを測定するツールを開発することである．
- **現状をどのように改善するか．** この質問への答えは，先に説明したような費用効率性のあるリスク管理戦略を実行することである．

次節では，金利変化に対するバランスシートの感応度を測定するために，金融機関が使用するいくつかのツールについて説明する．最初にみるツールは，単純であるが，複雑な質問に対して，部分的かもしれないが有益な回答を提供する．

8.5　ギャップ分析

多くの銀行が，バランスシートの金利リスクを測定するためにギャップ分析を利用する．「ギャップ」は，特定期間内に満期が到来するあるいは金利改定を行う，金利感応資産額と金利感応負債額の差と定義される．換言すると，以下のようになる．

$$\text{ギャップ (Gap)} = \text{金利感応資産額 (RSA)} - \text{金利感応負債額 (RSL)}$$

金利感応資産額が金利感応負債額を上回るとき，すなわち，専門用語で「資産の金利改定が負債のそれよりも先に行われる」というときには，企業は特定期間において「正のギャップ」をもつといわれる．金融機関の短期資産が長期負債によって調達されている場合を考えればよい．金利の上昇（下落）は，純金利収入の増加（減少）につながる．

ギャップが負の場合には，「負債の金利改定が資産のそれよりも先に行われる」という．金融機関の長期資産が短期負債により調達されている場合を考えればよい．金利の上昇（下落）は，純金利収入の減少（増加）につながる．これは，一般的には，イールドカーブの傾きが正であるような金利環境における金融仲介活動のケースである．金融機関は，短期の借入を行い長期の貸付を行うことによって「イールドカーブに乗っている」と表現される．すなわち，短期金利と長期金利の正のスプレッドは，金利が安定している限り利益マージンを発生させる．しかしながら，この利益マージンは，金利が上昇し始めるとリスクにさらされ始める (BOX8.2).

表 8.1 と図 8.1 では，各期間について，資産と負債の満期時点における価値，あるいは金利改定時における価値と，両者のギャップを見ることができる．伝統的

に，銀行は，詳細なギャップ分析によって正のギャップリスクなのか負のギャップリスクなのかを数値で見積もっている．表 8.1 は，ギャップ分析におけるギャップおよび「累積ギャップ」の考え方を例示している．

表 8.1　ギャップ分析

満期期間	1	2	3	4	5	6	7	8	合計
資産	100	120	150	200	50	60	70	50	800
負債	20	30	40	50	100	200	150	210	800
ギャップ	80	90	110	150	−50	−140	−80	−160	
累積ギャップ	80	170	280	430	380	240	160	0	

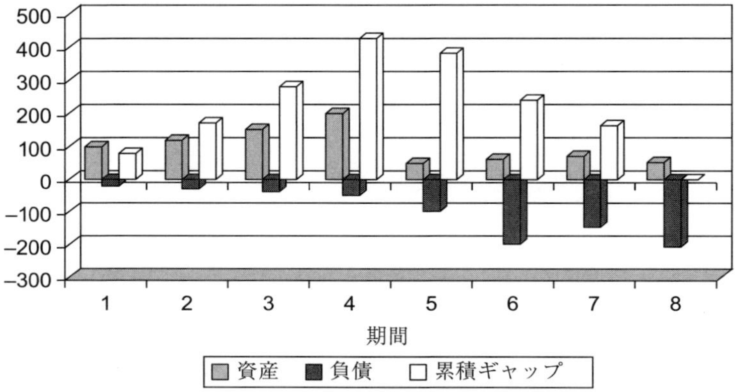

図 8.1　ギャップ分析：資産・負債ポジション

図 8.1 の棒グラフは，正の棒グラフが資産，負の棒グラフが負債を表しており，累積ギャップも記載している．図 8.1 において，正の累積ギャップを示す棒グラフは，金融機関が長期借入を行い，短期貸出を行っていることを示している．負の累積ギャップを示す棒グラフは逆のこと，すなわち，短期借入を行い，長期貸出を行っていることを示している．第 8 期の終わりには，すべてのバケットの通算合計で資産と負債が等しくなければならないので，累積ギャップがゼロに等しいことを確認してほしい．

この種のギャップ分析を実務で利用する際には，以下のことが含まれる．

- **オンバランスシートおよびオフバランスシート項目を異なるタイム・バケット**[†3] **に振り分ける**．タイム・バケットの長さは，バランスシートの構成と資産・負債の満期構成により決まる．一般に，幅の狭いバケットは短期項目，幅の広いバケットは長期項目に使用される．バケットの長さは，金融

[†3]訳者注：異なる満期ごとに設定される時間幅のこと．

機関の種類によって様々である．例えば，商業銀行は，次のようなギャップ構造を使用するのが一般的である．1カ月まで，1カ月超3カ月まで，3カ月超6カ月まで，6カ月超1年まで，1年超3年まで，3年超．バケットを通して資産と負債の分布を滑らかにするために，満期の分布帯における短期および長期の終点をより細かく設定することも可能である．BOX8.8は，異なる商品がどのように適切なバケットに振り分けられるかを説明している．

BOX 8.8

金融商品のギャップ分析における適正なタイム・バケットへの振分け

金融商品は，金利改定の満期と契約上の満期までの残り期間とのいずれか短い期間に一致するようにタイム・バケットに振り分けられるのが一般的である．変動金利商品は，金利改定の満期に一致するタイム・バケットに振り分けられるべきである．例えば，6カ月LIBORのクーポンが付与された5年物変動利付債は，6カ月LIBOR金利の動きに応じて債券が再評価されるので，6カ月のバケットに振り分けられるべきである．金利改定の満期が6カ月で満期までの残り期間がわずか2カ月の3年物変動利付債は，2カ月のバケットに組み入れられる．

元本額のみがバケットに割り当てられる．バランスシートの合計額がギャップ報告書の合計と一致するように，すべての将来キャッシュフローを無視する．しかしながら，未収利息は，(もし，バランスシート上明らかならば) 受取り期間に一致するバケットに振り分けられるべきである．例えば，融資期間中，借り手が均等に年間の支払いを行うような分割払いローンの場合，各期間に返済される元本額のみを該当するタイム・バケットに振り分けるべきである．ゼロクーポン債の場合，簿価，すなわち，購入価格プラス未収利息を満期までの残存期間に一致するバケットに振り分けるべきである．(バランスシートも，簿価を反映したものとなろう．)

契約上の満期がある負債は単純である．すなわち，満期に一致するバケットに組み入れることができる．当座預金勘定のように，契約上の満期がない負債の場合，銀行の過去の経験に基づいて統計分析を行う必要がある．例えば，その40%が1番目のバケットに振り分けられるのは，短期的なものあるいは引き出されやすいとみなされているからである．残りは長期のコア預金とみなされ，最後のバケットに組み入れられるであろう．

モーゲージローン，MBS，ABSは期限前償還がなされる場合がある．これらのタイム・バケットへの振分け方を考えるためには，銀行は，経験に基づき，将来において期限前償還される可能性のある額を統計的に分析しなければならない (モーゲージローンのように，期限前償還が金利水準に依存する場合，問題は一層複雑になる)．預金の引出も同じことがいえる．すなわち，ヒストリカルデータは，高利回りの預金勘定に対する預金者の反応速度とその程度にかかわる情報を提供する．

オフバランスシート項目の議論に関するボックス8.9を参照せよ．

- **累積ギャップ報告書を作成する．** ある期間の累積ギャップは，前期間の累積ギャップに該当期間の累積ギャップを加えたものである (図8.1)．

- **ギャップリミットを設定する.** ギャップリミットは，特定のタイム・バケットにおける許容できる資産・負債の最大差と定義される．ギャップリミットは金額ベース，あるいは金利感応資産に対する割合として定義される．満期が長期に及ぶ場合，ギャップリミットは，株主資本 (NW) に対する割合として定式化できる．
- **ギャップ管理戦略を定める.**

純金利収入のボラティリティをコントロールするためにギャップ報告書を利用するには，純金利収入とギャップポジションの関係を定義する必要がある．言い換えると，ギャップポジションの損益計算書への影響を推定する必要がある（表 8.2）．

表 8.2　純金利収入とギャップポジションとの関係例

	金利	ギャップ	純金利収入への影響
シナリオ 1	上昇	＋	＋
金利上昇により純資産の収入増			
シナリオ 2	上昇	−	−
金利上昇すれば純負債のコスト増			
シナリオ 3	下落	＋	−
金利下落により純資産の収入減			
シナリオ 4	下落	−	＋
金利下落により純負債のコスト減			

表 8.2 は，イールドカーブのより複雑な移動というよりもむしろ，企業のすべての金利感応資産と金利感応負債に関してイールドカーブが単純に「平行移動」する場合を想定している．それは，以下のようなその他のリスクを無視している．

- **ベーシスリスク.** 例えば，ギャップが正の状況の下での金利上昇を考える．しかしながら，資産側の金利上昇は負債側の金利上昇よりも小さいと仮定する．結果として，キャッシュ・インフローの増加はキャッシュ・アウトフローの増加に比べて多くはないので，純金利収入は減少する．
- **各バケット内のミスマッチ.** バケット内では，資産は時間軸の終点のほうで金利改定され，負債は起点のほうで金利改定されるかもしれない．例えば，資産は 5 カ月の満期で，負債は 3 カ月の満期というように．したがって，金利が上昇する場合には，キャッシュ・アウトフローの増加はキャッシュ・インフローの増加より早く始まる．正のギャップと金利上昇にもかかわらず，純金利収入に負の影響を及ぼすことになる．
- **金利変化のタイミング.** 金利変化のタイミングは，資産側と負債側では異なるかもしれない．負債側の金利上昇は速やかである一方，資産側の金利変化は遅くなるかもしれない．これは，資産の金利改定におけるタイムラグによるかもしれない．すなわち，金利改定の決定には ALM 委員会の合意を必要とし，競争的圧力によって，銀行は資金調達コストの上昇を顧客に転嫁できないかもしれない．この場合，ギャップ分析により影響が正であることがわかっていても，金利上昇の純金利収入への影響は負となろう．

- **組込みオプションのリスク．** 個人向け商品は，モーゲージローンや個人ローンにおける繰上げ償還オプション，あるいはモーゲージローンの約定オプション（すなわち，顧客がモーゲージローン契約に署名する前の期間における最善の金利を，銀行が約束する）のような，異なる種類の「無料の」オプションを提供している．ある意味では，預金の引出も別のオプションリスクをもっている．なぜならば預金者は，金利が上昇すればすぐにでも預金の解約を行い，マーケット・マネーファンドのような高利回り短期商品に資金を投資するオプションをもっているからである．これらのオプションは金利に依存し，ギャップの枠組みに取り入れるのが難しい．
- **オフマーケット金利である商品の満期．** 満期が近づくにつれ，バランスシート上のすべての商品は，最終的に，ギャップ分析の 1 番目のバケットに入ってくる．これらの商品のなかにはオフマーケット・クーポンのものもあるだろう．例えば，3 カ月以内に満期を迎えるクーポンが 10% という 10 年債は，1 番目のバケットに入るだろう．現在の金利は 5% で，10 年前に購入したときのクーポンと比べて低いとする．この場合，たとえ金利が 1% 上昇しても，クーポンが 10% のこの商品は，6% のものに置き換えられるだけであろう．この場合，ギャップが正で金利が上昇した場合でも，純金利収入に負の影響を及ぼすだろう．
- **平均残高対期初残高．** 期中残高は期初残高とは異なる．金融機関が残高を動的に管理する結果，そのポジションは四六時中変化することになる．この問題は，タイム・バケットの長さを短くすることで対処できる．

8.5.1　ギャップ分析の長所・短所

ギャップ分析が魅力的なのは，それが簡単だからである．それは会計データに依存し，（デュレーションやコンベクシティのような）複雑な数学や（ボラティリティや相関係数のような）統計学とも関係がない．ギャップ分析は，オプションが組み込まれていない商品で構成されるバランスシートに関しては非常に有効なツールである．

しかしながら，このアプローチはいくつかの理由から適切なものではなくなる場合もある．

- ギャップ報告書は金利改定リスクのみを明らかにする．これまで明らかにしてきたように，ギャップ分析の枠組みでは様々な種類のリスクが捕捉されない．特に，ギャップ分析では，ベーシスリスクやイールドカーブの傾きが急になるといったイールドカーブ・リスクを考慮していない．ギャップ報告書では外国為替リスク，二国通貨における金利変化に伴う相関リスクも捕捉できない．

- ギャップ分析は，異なるバケットのポジション間の相殺効果を考慮していない．例えば，1〜3 カ月のバケットのミスマッチが，6〜12 カ月のバケットのミスマッチを相殺するかもしれない．このとき，ネットのミスマッチしかヘッジする必要はないかもしれない．
- ギャップ分析は，クーポンや支払金利の金利フローおよび関連する再投資リスクを無視している．
- ギャップ分析では会計データ，すなわち簿価のみを使用するので，市場価値と大きく乖離して，リスク測定に歪みを生じさせるかもしれない．
- ギャップ分析では，あるポジションが異なるバケットに移る際に，報告されたポジションに対して大きな不連続を生じさせるかもしれない．例えば，194 日の資産は，今日は 7〜12 カ月のバケットにあるが，2 週間後には 3〜6 カ月のバケットに移る．これによって，2 つのバケットにおいて大きなミスマッチが報告されることになろう．

ギャップ分析は，本質的に静的なものである．すなわち，新規分のギャップポジションに対する影響を考慮できない．しかしながら，「動的ギャップ」報告はこの問題に対処するものである．動的ギャップは，金融機関のロールオーバー戦略，すなわち，融資戦略と調達方針について考慮している．例えば（満期になるモーゲージローンのほとんどが固定金利であるとき）金利低下環境において，銀行が新規顧客に変動金利モーゲージローンを提供する誘因のような，満期資産がどのように新商品に置き換えられるかにも対処する．

8.6　アーニングアットリスク

定期的に，四半期および通年において企業の様々なギャップポジション（および現行のギャップリミット方針）が損益計算書に及ぼす潜在的影響が計算されなければならない．これらの計算によって，銀行はアーニングアットリスク (EaR) 尺度を得る．

BOX8.9 のギャップ表を考えよう．すべての銀行の資産と負債は，融資，債券，フォワード金利契約およびスワップのような組込みオプションがない線形の商品であるとしよう．簡単化のため，これらすべての商品がギャップ分析のタイム・バケットに均一に広がり，金利変化がすべての満期を通じて同じである（すなわち，イールドカーブが平行移動する）と仮定しよう．次に，金利が 100 ベーシスポイント上昇したことによる四半期および年間の影響を考えよう．

BOX 8.9

デリバティブ商品をタイム・バケットにいかに振り分けるか

金利スワップ，先物，先渡し，オプション，キャップおよびフロアーのようなオフバランスシート項目は，銀行にとって資産や負債であるから，タイム・バケットへいかに振り分けるのかは各金融商品の構造による．

変動金利の 6 カ月 LIBOR を受け取り，10% の固定金利を支払うという期間 5 年，1,000 万ドルの金利スワップを考えよう．このスワップは，期間 5 年相等のバケットに振り分けられる固定金利負債と，6 カ月を含むバケットに振り分けられるような金利改定が 6 カ月である期間 5 年の変動金利資産を合わせたものとみなせる．スワップの累積ギャップはゼロである．

さて，いまから 6 カ月先時点での 3 カ月物先物契約のロングポジションを考えよう．この先物ポジションは 3 カ月の借入と 9 カ月の投資と等価であり，9 カ月の資産と 3 カ月の負債のように扱うことができる．スワップ同様に，先物ポジションの累積ギャップはゼロである．金利先渡し契約のような先渡し商品も同じように扱える．

表は，XYZ 銀行のギャップ報告が 2 億ドルの 5 年物スワップによるヘッジをどのように扱っているかを表している．このスワップでは，銀行は 5% の 5 年物固定金利を支払い，3 カ月物 LIBOR の変動金利を受け取る．

XYZ 銀行ギャップ報告（万ドル）

	0〜1 カ月	1〜3 カ月	3〜6 カ月	6〜12 カ月	1〜3 年	3 年超	合計
資産	5,000	6,000	13,000	18,000	15,000	32,000	89,000
負債	10,000	31,000	10,000	15,000	13,000	10,000	89,000
ヘッジ前ギャップ	−5,000	−25,000	3,000	3,000	2,000	22,000	
スワップ（ヘッジ）	0	20,000	0	0	0	−20,000	
ヘッジ後ギャップ	−5,000	−5,000	3,000	3,000	2,000	2,000	

8.6.1 四半期の影響

BOX8.9 の（ヘッジ前）ギャップ報告書によれば，最初（0〜1 カ月）と 2 番目（1〜3 カ月）のバケットにおいて，各々 5 万ドル，25 万ドルというマイナスのギャップがある．資産と負債が各バケットに均一に広がっているとき，第 1 四半期の純金利収入に影響を与える金利変化は，最初のバケットに関しては 2.5 カ月間，2 番目のバケットに関しては 1 カ月間となるだろう（図 8.2）．最初のバケットのギャップの平均満期は 0.5 カ月で，負債が資産を 5 万ドル超過している．したがって，1% の金利上昇は，四半期末までの残り 2.5 カ月について 1% の追加コスト，すなわち，50,000 ドル $\times$ 2.5/12 $\times$ 1% $=$ 104.17 ドルを金融機関に負担させる．

各バケットに関しては，金利変動の純金利収入への影響は「ギャップ $\times$ 金利改定期間（年単位）$\times$ 金利変化の大きさ」に等しい．同様に，100 ベーシスポイントの金利変動が年間の純金利収入に及ぼす影響を計算することもできる．

マイナス 312.50 ドルという EaR の影響は，単にギャップの大きさに依存する．例えば，第 1 四半期に，各バケットで 40,000 ドルの資産と負債を相殺して減らしても，それは EaR を変化させない．一方で，この例の負のギャップ額が 1 番目および 2 番目のバケットで 2 倍になれば，EaR への影響もマイナス 625 ドルに倍増するだろう．

イールドカーブの傾きの増加や減少が NII に及ぼす影響も計算できる．例えば，イールドカーブが第 1 バケットで 1 パーセント，第 2 バケットで 2 パーセント上昇したならば，EaR への影響は第 1 バケットでは上記同様（$-50,000$ ドル $\times 2.5/12 \times 1/100 = -104.17$ ドル）となるが，第 2 バケットのマイナスが 416.66 ドル（$-250,000$ ドル $\times 1/12 \times 2/100 = -416.66$ ドル）に増えて，2 つのバケット全体で EaR に対しマイナス 510.83 ドルの影響となるだろう．

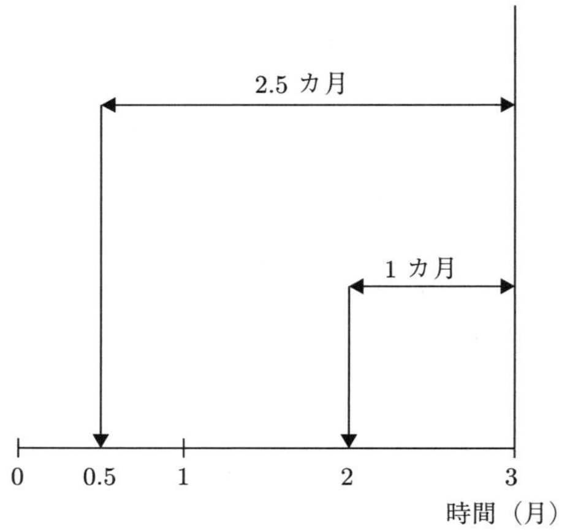

0〜1 カ月のバケット：$-$ 50,000 ドル $\times$ 2.5/12 $\times$ 1/100 $= -104.17$ ドル
1〜3 カ月のバケット：$-$ 250,000 ドル $\times$ 1/12 $\times$ 1/100 $= -208.33$ ドル
合計 -312.50 ドル

図 8.2　四半期純金利収入へのギャップの影響

8.6.2　年間の影響

1 年間では，0〜1 カ月のバケットの平均的な金利改定期間は 11.5 カ月（= 12 − 0.5）となる．1〜3 カ月のバケットでは 10 カ月，3〜6 カ月のバケットでは 7.5 カ月，6〜12 カ月のバケットでは 3 カ月となる（図 8.3）．ここで，再び，BOX8.9 のギャップ表を参照すると，スワップによるヘッジ前の年間のすべての影響は以

下のとおりとなる.

0〜1 カ月のバケット：	−50,000 ドル ×	11.5/12 × 1% =	−479.17 ドル
1〜3 カ月のバケット：	−250,000 ドル ×	10/12 × 1% =	−2,083.33 ドル
3〜6 カ月のバケット：	30,000 ドル ×	7.5/12 × 1% =	187.50 ドル
6〜12 カ月のバケット：	30,000 ドル ×	3/12 × 1% =	75.00 ドル
		合計 =	−2,300.00 ドル

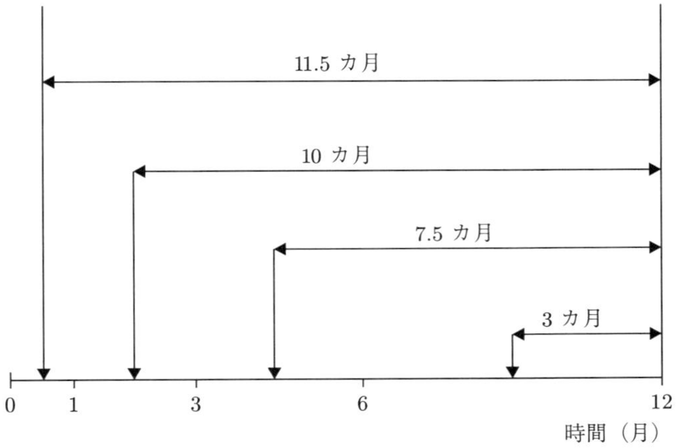

図 8.3　年間残金利収入へのギャップの影響

さて, BOX8.9 のギャップ表において記述されたヘッジの影響はどうか. スワップによるヘッジの変動金利側の金利改定がちょうどいまから 3 カ月で行われるとすると, ヘッジによる純金利収入への影響は以下の額だけ削減される.

$$20\text{ 万ドル} \times 9/12 \times 1\% = 1,500\text{ ドル}$$

したがって, ヘッジ後の純金利収入に対するネットでの影響は, マイナス 800 ドル（$= -2,300$ ドル $+ 1,500$ ドル）となる.

8.6.3　多通貨バランスシート問題

バランスシートが多通貨からなる企業は, 金利リスクに加えて, 資産および負債の通貨ポジションにおけるミスマッチにさらされている. 多通貨のバランスシートを扱う 2 つのアプローチがある.

- 統合的ギャップ報告では, すべての外国通貨ポジションを自国通貨建てに変換する. このアプローチでは, 暗黙のうちにすべての外国為替リスクがヘッジされている，と仮定している．さらに，統合的ギャップ報告では金利リスクを誇張しているように思える．なぜならば，異なる通貨の金利は完全には相関しない，すなわち，すべてが同時に同じ方向に動くことはないからである．

- 個別通貨ギャップ報告では，各通貨に関するギャップ報告を準備する．このアプローチでは，非常に多くの報告が作成されると，混乱してしまう可能性がある．なぜならば，企業のバランスシートにおける総合的な金利リスクがわかりづらくなるからである．

8.7　デュレーション・ギャップ・アプローチ

これまで見てきたアプローチは「近似」計算とみなすべきものである．ギャップ分析で測定されたギャップは，バランスシートの金利エクスポージャーをある程度は表すが，我々が既に説明してきた理由により正確な金利エクスポージャーの尺度とはいえない．

第6章で紹介したように，デュレーションはキャッシュフローの金利感応度である．デュレーションの概念が，ギャップ分析やアーニングアットリスク分析を補完するものとして有益なのは，キャッシュフローの大きさとタイミングを考慮して，キャッシュフローの特徴をまとめているからである．ここでは，ギャップ分析のようにバケット内におけるキャッシュフローのタイミングのミスマッチがみえなくなることはない．

では，純金利収入における変化の推定を改善させるために，どのようにデュレーションの概念を利用するのか．BOX8.10はより技術的な説明を示したものだが，基本的には，純金利収入に関するデュレーション・ギャップを計算する必要がある．この計算は，金利感応資産と金利感応負債のデュレーションおよび市場価値によって決まる．デュレーションには加法性があるので，これは単純な計算となる．

資産（あるいは負債）が会計期間中にキャッシュフローを生まないならば，それは発生主義会計という意味でしか純金利収入に影響を与えないので，計算からは除かれるべきである．

デュレーション・ギャップ分析は，会計情報が利用可能な限りにおいて，極めて容易に実施できる．しかしながら，金利リスク尺度としてのデュレーションの概念に当てはまるのと同じ制限がここでも当てはまる．

BOX 8.10

デュレーションと純金利収入

このボックスでは，デュレーションと純金利収入の議論のための数学的定義を行う．純金利収入の金額変化 (ΔNII) は，おおよそ純金利収入のデュレーション・ギャップ

(DG_{NII}) と金利の変化幅 (Δi) の積に等しい.

$$\Delta NII = DG_{NII} \times \Delta i$$

ここで，デュレーション・ギャップ (DG_{NII}) は，次式のように，金利感応資産の市場価値 (MV_{RSA}) と「1 から金利感応資産のデュレーション (D_{RSA}) を引いたもの」との積と，金利感応負債の市場価値 (MV_{RSL}) と「1 から金利感応資産のデュレーション (D_{RSL}) を引いたもの」との積との差である.

$$DG_{NII} = MV_{RSA} \times (1 - D_{RSA}) - MV_{RSL} \times (1 - D_{RSL})$$

より正確には，この純金利収入は，四半期あるいは 1 年といった会計期間の終わりに予想される帳簿価格である．もし，資産（あるいは負債）が会計期間中にキャッシュフローを生み出さないとすれば，発生主義会計のもとでしか純金利収入に影響を与えないので，計算からは除かれるべきである.

- 金利の期間構造はフラットであることが前提で，イールドカーブは平行移動のみを考慮し，金利変化は小さいと仮定している．すなわち，イールドカーブの形状変化のリスクはなく，コンベクシティリスクもない（もっとも，後者は，第 6 章で説明したように，コンベクシティリスク調整で修正できる）との前提で計算されている.
- 金利変化が資産と負債の双方に同じように影響を及ぼす（ベーシスリスク，相関リスク，ボラティリティリスクがない).
- 預金の引出や融資の期限前償還は金利感応的ではない（組込みオプションリスクはない).

8.7.1 株主資本のデュレーション

アーニングアットリスクは会計上の概念である．アーニングアットリスクでは，株主の立場から金利変化が純資産に及ぼす影響については説明できない．この影響を把握するために，「株主資本のデュレーション」という尺度が必要である (BOX8.11 で技術的観点について記載)．株主資本のデュレーションは極めて長く，資産や負債のデュレーションよりもずっと長い．株主資本は，価格変動の少ない負債によって資金調達を行い，価格変動の非常に大きな資産を購入するというレバレッジの効いたものとみなすことができる.

純金利収入と純資産を同時にヘッジできないのは，純金利収入のデュレーションをゼロにするヘッジポジションと純資産のデュレーションをゼロにするヘッジポジションとが異なるからである．したがって，ヘッジプログラムの目的を明確化することが重要である.

BOX 8.11

株主資本のデュレーション

株主資本のデュレーションはどのように計算すればよいのだろうか．株主資本の市場価値，純資産 (NW) の価値は，単に，資産の市場価値 ($\mathrm{MV_A}$) と負債の市場価値 ($\mathrm{MV_L}$) との差である．

$$\mathrm{NW} = \mathrm{MV_A} - \mathrm{MV_L}$$

この経済的恒等式と（第 6 章の）固定金利収入ポジションのデュレーションの定義から，株主資本のデュレーション ($\mathrm{D_{NW}}$) は次のようになる．

$$\mathrm{D_{NW}} = (\mathrm{MV_A} \times \mathrm{D_A} - \mathrm{MV_L} \times \mathrm{D_L})/\mathrm{NW}$$

ここで，$\mathrm{D_A}$，$\mathrm{D_L}$ はそれぞれ資産と負債のデュレーションを意味する．例えば，資産 100 ドルでデュレーション 7.5 年，負債 90 ドルでデュレーション 2.3 年とする．このとき，株主資本のデュレーションは，

$$\mathrm{D_{NW}} = (100 \times 7.5 - 90 \times 2.3)/10 = 54.3$$

となる．株主資本のデュレーションは非常に長く，資産や負債のデュレーションよりもずっと長い．株主資本は，ほとんど価格変動のない負債によって資金調達を行い，価格変動の大きな資産を高レバレッジで購入したものとみなすことができる．この例で，資産および負債双方の利回りが 5% との前提をおくと，10 ベーシスポイント (0.1%) の金利上昇は次のような純資産の変化をもたらす．

$$\begin{aligned}\Delta\mathrm{NW} &= -\mathrm{NW} \times \mathrm{D_{NW}} \times (\Delta i/(1 + i)) \\ &= -10 \times 54.3 \times (0.001/1.05) = -0.52 \text{ ドル}\end{aligned}$$

8.8　デュレーション分析を超えて：長期 VaR

デュレーション・ギャップ分析では，単純なギャップ分析よりもバランスシートの金利リスクの正確な評価が可能である．しかしながら，両方の枠組みは本質において静的であり，金利および外国為替レートの確率的性質とバランスシートが時間経過とともに変化するということを捕捉できない．新しい個人向け商品が提供され，満期のたびに資産と負債がロールオーバーされる．しかし，それらは，必ずしも同じ特性をもつ金融商品とは限らない．

長期 VaR は，トレーディング勘定に関して第 7 章で提示した古典的な VaR の枠組みを拡張したものである．古典的な VaR の枠組みにおける時間軸は非常に短い．すなわち，市場リスク管理目的では 1 日，規制資本の報告目的では 10 日である．バンキング勘定に関しては，リスク保有期間はずっと長く，少なくとも 1 年である．長期 VaR の目的は，99% といった所与の信頼水準での最悪のアーニン

グアットリスクおよび純資産を求めるために，異なる時点，例えば，アーニングアットリスクでは次の四半期や年末，純資産では1年か2年先の統計分布を生成することにある．

このような手順は，次の大掛かりなモンテカルロ・シミュレーションによってのみ達成できる．

- 長期間にわたるスワップレート，資金調達コスト，モーゲージローン金利のように相関関係のある金利の期間構造．
- 様々なタイプの金融商品のインプライド・ボラティリティ．
- モーゲージローンやその他融資の金利感応的な期限前償還，預金勘定や貯蓄勘定の残高変化．それらには，融資や預金に対する需要の季節変動を含む．
- 融資のデフォルト．
- モーゲージローンやその他消費者ローンのようなバランスシートの資産側にある個人向け商品および負債側にある資金調達商品にかかわる，更新（据置率）と新契約高（新規実行）．

シミュレーションの各段階において，一定時点での資産および負債価値を評価するために，プライシングモデルが使われる．また，最大リスク・エクスポージャーに関するALM委員会の方針（例えば，ギャップリミット）に従うために，あるパスで必要なときにはヘッジのトリガーを引くようなシミュレーションでなければならない．

8.8.1 長期VaRの長所・短所

長期VaRは，企業が長期的にリスク管理できる，動的で将来を見据えたVaRの枠組みである．しかしながら，長期VaRは複雑であり，モデル設計者は企業の詳細なバランスシートのポジションを評価しなければならない．

企業顧客向け融資を中心とする銀行ビジネスは，限られた数の比較的規模の大きな融資によって特徴づけられるが，リテールバンクは，非常に数多くの小口融資，クレジットカード，モーゲージローン等の実行を承認している．個人向け商品は，長期VaRシミュレーションが集団レベルで実行できるように同種の集団ごとに集計されなければならない．

シミュレーションの質は，金利の動的変化やバランスシートの構成変化をもたらす前提条件によって決まる．整合的ではない前提条件は結果を台無しにしてしまい，ALM委員会が重大な意思決定を誤る方向へと導くかもしれない．

8.9 資金流動性リスク：貸方と借方

金利感応度と資金流動性リスクを混同すべきではない．金利感応度は，資産と負債の金利改定の頻度によって決まる．これに対して，資金流動性ギャップの原因となるかどうかは，商品の契約上の満期によって決まる．

例えば，3 年物固定金利ローンは，金利感応度は 3 年，流動性の満期も 3 年である．6 カ月 LIBOR を指標とする，3 年物変動金利ローンの金利感応度は 6 カ月，流動性の満期は 3 年である．

ある事業部門が金融機関全体の流動性に与える影響は，流動性計測システムによって明らかにされる．これは，少なくとも指向としては正しい．すなわち，負債調達部門は流動性の供給に関して評価されるべきであり，資産運用部門は流動性の利用のために対価を払うべきである．前述したように，資金流動性リスクは，外部環境（例えば，資金調達や資産市場）と内部環境（例えば，貧弱なリスク管理）の双方に由来しうる．

表 8.3 は資金調達源の範囲を示しており，銀行が投機的資金より安定的資金に対してより高い評価を与えていることを示唆している．「投機的資金」は，危機時に銀行から早急に逃避するような預金者によって供給される資金（例えば，ディーラーからの資金）である．表 8.3 は，流動性の観点から資金調達源を順位付けしたものである．

表 8.3　資金調達源の範囲

公開市場	相対	非伝統的	コア資産	資本市場資金
投機的 ⟵		⟶		安定的
ブローカー／ディーラー（例：譲渡性預金）	私募大口取引（例．大口定期預金，銀行引受手形，レポ，連邦準備預金）	私募特約取引（例．5 年物特別定期預金）	・要求払い預金 ・マネー・マーケット・アカウント ・貯蓄口座 ・定期預金	・普通株 ・優先株 ・中期債／長期債

この単純化された流動性格付 (LR) プロセスを通して，ベストプラクティスといえる流動性定量化スキームの主な特徴を示すことができる．流動性格付プロセスによって，ある事業部門がネットで見て流動性の供給者なのか利用者なのかという程度に応じて，銀行は評価を与えたり対価をチャージできなければならない．

流動性は，対称的な尺度を使って定量化される．そのような尺度によって，格付プロセスと重み付けのプロセスを通して，管理者は，事業部門の流動性スコアをより客観的に計算できるようになる．また，このような定量化スキームによって，銀行は，システム全体の流動性の量を確定し，流動性の望ましい定量的水準という観点から目標を設定することができるようになる．

商品に起因する流動性格付は，商品のドル建て額と格付を乗じることで求まる．例えば，事業部門 XYZ が，流動性の供給者であり利用者でもあるならば，ネットでの流動性計算が必要である．表 8.4 を見てみよう．事業部門 XYZ が最も安定的な流動性を 1,000 万ドル，次に安定的な流動性を 300 万ドル等々供給していると仮定すれば，評価は合計で 9,400$(5\times1,000+4\times300+3\times600+2\times500+1\times400=9,400)$ となるだろう．

表 8.4 事業部門 XYZ の流動性格付手法（単位：万ドル）

流動性提供者		流動性利用者	
格付スコア	金額	格付スコア	金額
+5	\$1,000	−1	\$400
+4	\$300	−2	\$800
+3	\$600	−3	\$600
+2	\$500	−4	\$300
+1	\$400	−5	\$1,000
合計	9,400	合計	−10,000
差		−600(= 9,400 − 10,000)	

同様に，この例において，事業部門 XYZ が最もコストの高い流動性を 1,000 万ドル，次にコストの高い流動性を 300 万ドル等々で使用していると仮定すれば，対価は合計で 10,000(1×400 + 2×800 + 3×600 + 4×300 + 5×1,000 = 10,000) となるだろう．2 つの計算の差し引きの結果，流動性格付はマイナス 600 万ドル（9,400 万—10,000 万= − 600 万）となる．もし XYZ のバランスシートが，すべての満期間で 2 倍になれば，流動性ランク指標は線形なので，差引きの結果はマイナス 1,200 万ドルになる．

流動性格付アプローチは，管理者が金融機関の流動性特性を管理するための単なるヒューリスティックな手段にすぎない．次のステップは，各事業部が生み出す流動性リスクに応じてチャージを負担させることである．

8.10 資金移転価格

資金移転価格が組織において常に論争を呼ぶ問題となるのは，それが様々な事業部門の収益性計測に影響を与えるからである．

資金移転価格が合理的なのは，金利リスク管理を集中化することに規模と範囲の経済性が働くからである．事業部門はイールドカーブの動的変化やプライムレートのような市場指標をコントロールできない．資金移転価格の目的は，事業成果からコントロールできない金利リスクを取り除き，各事業に資金調達コストと金利リスクのヘッジコストを負担させることにある．資金移転価格システムは，（融資を行うための調達資金コストのような）活動のための資金調達，および金利リスクをヘッジするためのコストを，資金調達を必要とする各事業部門に課すために使用される．資金移転価格システムはまた，（預金を集める部門のような）活動資金を供給する各事業部門に報酬を与えるためにも使用される.

各事業部門は,（例えば,モーゲージローンのような）商品の組成時点で利益マージンを確定でき,（事業部門に残されたままの信用リスクのような）ポートフォリオの信用度だけでなく,活動のビジネスサイドの開発・管理に集中できる.ベーシスリスク（プライムレートを指標とする変動金利ローンに対するプライムレートと LIBOR の間のスプレッド）やオプションリスク（モーゲージローンに関する保証リスク）などのような金利リスクが事業部門に残されたままかを,資金移転価格システムは詳しく説明する必要がある.

問題は残されている.すなわち,事業部門に課すべき適正な資金調達コストとは何かである.我々は「満期をマッチさせた資金移転価格」というものを推奨している.それは,以下の例によって示されるアプローチである.次のような資産と負債をもつ金融機関を考えよう.

	部門	残高	満期（年）	利率	金利収入（費用）
資産					
企業向け融資	コーポレート	$100	1	8%	$8.00
負債					
貯蓄勘定	リテール	$100	0.25	3%	($3.00)
			差	5%	$5.00

わかりやすく説明するために,すべての資産と負債の金利感応度が一定で,その金利感応度が満期と一致していると仮定しよう.一見したところ,コーポレート部門に 3% の資金調達コストが課せられ,5% という健全な利益マージンで融資を行っていることになる.しかし,これでは不公平であろう.コーポレート部門は,銀行のリテール部門のフランチャイズから恩恵を受けている.つまりリテール部門のお陰で,もしリテール部門がなければ金融機関に適用されるはずの市場金利よりずっと低いコストでコーポレート部門は資金調達が可能になっている.また,コーポレート部門に 3% しか課さないのであれば,ギャップリスクも説明できない.結局のところ,1年の資産を3カ月の負債によって調達しているからである.

正しいアプローチは,コーポレート部門とリテール部門の両事業部門に,企業の資金調達コスト,もし仮にこの企業が AA の格付であれば,いわゆる LIBOR を課すことである.その結果,両事業部門に資金調達コストを上回る（下回る）融資（資金調達）を行う能力に対して報酬が与えられる（ペナルティが課せられる).

3カ月物と1年物の LIBOR が各々 4% と 6% と仮定しよう.そのとき,満期をマッチさせた移転価格は下表のようになる.

したがって,利益マージンは以下のようになる.

- コーポレート銀行部門で 2%(8% − 6%).（5% ではない）

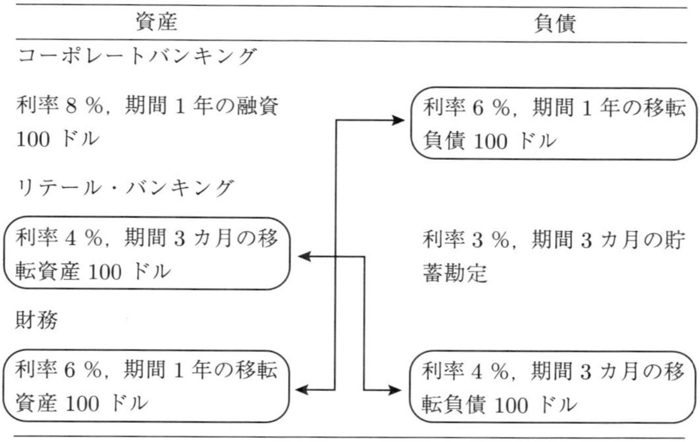

- リテール銀行部門で 1%(4% – 3%).（0% ではない）
- 3 カ月の負債を 1 年超でロールオーバーするコストおよびギャップリスクをヘッジするための対価として財務部門で 2%(6% – 4%)

合計は，前表の 5% の利益マージンに一致する．

銀行は一貫したルールや原則に基づき，移転価格を構築するための整合的な枠組みを作り上げることが賢明であると，我々は考えている．以下で，次の重要な議論のたたき台となる，原則の草案を打ち出そう．その問題とは，「資金マッチング」の過程を容易に行えるように，資産や負債がどの期間（すなわち，バケット）に割り当てられるべきかを決めるために，資産と負債の金利感応度を決定することである．

8.10.1 バケットに資産と負債を区分する

ALM と正確な資金移転価格付けを行うために銀行は，資産，負債，オフバランスシート項目を，既知の金利感応度（資金マッチング目的）と満期（資金流動性目的）に照らして，バケットに区分する必要がある．

2 つの活動は全く異なっている．例えば，資金流動性リスク測定のはじめで議論したように，1 年の変動金利クーポンのついた 3 年の変動金利ローンは，資金調達金利感応度をマッチさせるという目的からは 1 年固定金利の譲渡性預金に完全に対応するだろう．しかしながら，（2 年という）資金流動性の満期ミスマッチがあるだろう．

ここでは，銀行に資産と負債を資金マッチングさせる，金利感応度に応じたバケットの作成に焦点を当てる．例えば，期間 1 年の融資の資金調達価格を，期間 1 年の資金確保のための価格に関連づけるように．ALM の主要課題は，平時とストレス下の市場における資産の金利感応度の長さを定義することである．この課題には，銀行が大規模な預金の引出に苦しんでいる期間のような，強制的な（あるいは“投げ売り”）状況の中で資産を処理する時間を推定することも含まれる．

資産あるいは負債をどのバケットに区分すべきか，必ずしも明確ではない．例えば，資産や負債の満期は，オプション付き商品（例えばモーゲージ）のような市場主導の満期や要求払預金の場合においては判断の問題である．多くのリテールバンクや商業銀行の業務は，明確な満期日をもたない資産を生み出す．例えば，当座貸越契約やクレジットカードの残高などである．これらは，当座預金口座や即時払いの預金口座のような満期のない負債に対応づけすることができる．

一般的に，実務家は銀行の全負債を「コアな」残高と「不安定な」残高に分ける．コア残高は長い期間のバケットに，不安定な残高は短い期間のバケットに割り振られる．コア残高は，そのバケットが正確であるかを確認するために，一定時間後，定期的に再分析する必要がある．

ALMには，預金残高と相関する観察可能な変数に基づく予測が必要である．例えば，そのような変数は経済成長のレベルに基づくだろう．ALMは，そのビジネスの性質に内蔵された有事にも対処する必要がある．例えば，銀行は信用与信枠を設定するが，その利用は顧客の需要に依存するだろう．

8.10.2　移転価格ルール：枠組み例

移転価格ルールの枠組は，全商品の移転価格の構築に向けた実務指針として受け入れられる必要がある．以下は例である．

1. 部門の資金マッチングに関する移転価格ルールは，金利感応度によって決定されなければならない．例えば，定期的に年ベースで利子を支払う3年変動金利ローンの金利感応度は1年であり，したがって，1年固定金利の譲渡性預金と同じ金利感応度となる．
2. 各部門は，金利上昇のような方向性のあるリスクから保護されなければならないだろう．例えば，企業に3年変動金利で貸付を行ったホールセール・ビジネス部門は金利低下からは保護されるが，依然として，ローンに関連した信用リスクを負担するだろう．
3. 各部門は，重大なオプションリスクから保護されなければならないだろう．例えば，モーゲージローンを提供しているリテール・ビジネス部門は，モーゲージローン保有者の金利低下による繰り上げ償還に対して保護されるであろうが，依然として，モーゲージローン保有者の債務不履行に関連した信用リスクを負担するだろう．
4. リスクがヘッジできなければ，そして現在の市場金利に基づくヘッジと合意された取引高に対して各部門が対価を支払わなければ，各部門はベーシス（スプレッド）リスクから保護されない．例えば，あるビジネス部門が LIBOR ベースの負債による調達資金で最優遇金利貸出を行うとき，ベーシスリスクが発生する．もし，ベーシスリスクを効果的にヘッジすることができれば，当該ビジネスは合意された貸付額に関してベーシスリスクから保護される．当該ビジネス部門は，効果的にヘッジされていないか，あるいは貸付額が初めに合意された金額と異なることが判明した場合，その取引のベーシスリスクを負担することになるだろう．

5. 移転価格レート (TPR) は限界価格を指向する一方で，スプレッドのボラティリティを最小化することに基づくだろう．例えば，6 カ月 100 ドルの最優遇金利貸出が LIBOR ベースの負債でヘッジされる場合，TPR はスプレッドのボラティリティを最小化するために必要な LIBOR ベースの負債の最適な組合せ（例えば，5 カ月 48 ドルと 7 カ月 52 ドルの満期の組合せ）に基づくことになるだろう．
6. 移転価格システム (TPS) は裁定に影響されないようにすべきだろう．例えば，1 年の米ドル建てローンを組むための米国の TPR は，同じ満期のカナダドルでの当初の借入をすぐに米ドルに転換し，元利合計をカナダドルに転換して確実に利益を実現できる形で同額を米国の借り手に貸し付けることで，TPS で裁定できないようにすべきである．
7. TPS の範囲はグローバルにすべきだろう．
8. TPS は，金融機関や各国ごとに特有のものにすべきだろう．例えば，年払いの 3 年変動金利のカナダドルローンの TPR と，年払いの 3 年変動金利の米ドルローンの TPR は異なるだろう．
9. TPS は，金融機関が達成できた収益性を反映すべきだろう．例えば，年払いの 3 年変動金利の TPR は，金融機関の目標格付（例えば，AA）での資金調達コストではなく，実際の格付で（例えば，A）の資金調達コストを反映すべきである．
10. TPR は，明確で一貫性があり，目標と整合的でなければならないだろう．また，取引の真の経済性だけで決定すべきだろう．例えば，TPR は，資産の資金調達コストの経済的価値と異なる設定をすべきではない．

最後の点は説明を要する．銀行経営者は時々，特定の業務活動や資産ポートフォリオの成長を促す（または，阻む）という意志をもって，資金調達市場からは的外れな資金調達コストをビジネスラインの評価に用いる．これは，単に問題を混乱させるだけである．客観的基準で資金調達コストを決定し，戦略的な内部補助は十分に透明性あるものに維持するほうがよい．

第9章

クレジットスコアリングとリテール信用リスク管理[†1]

本章では，リテールバンキングにおける信用リスクの問題を取り上げる．リテールバンキングに関しては，ほぼすべての人が何らかの形で馴染みがあるものと思われる．リテールバンキングはかつて，企業金融，企業貿易などの華々しい貸付に比べ地味な分野と見られていたが，過去数年間に起こった金融商品，マーケティング，そしてリスク管理における技術革新によって生まれ変わった．

今の時代においてリテールバンキングは，金融業界にとって特に重要であることが明らかになってきた．肯定的な側面を見ると，リテールビジネスは2000年代初期に，右肩上がりかつ比較的安定した収益を生み出してきた．しかし，米国住宅ローン市場におけるサブプライムローンを適切にコントロールできなかったことが，2007–2009年の金融危機（詳細は第12章参照）につながる米国証券化業界の壊滅的な失敗を加速した．

本章では，まずリテール向け信用リスクと商業向け信用リスクの特性の違いについて，そしてリテール信用ビジネスの「負の側面」のリスクにも目を向けてみる．次に，クレジットスコアリングのプロセスについてさらに詳しく見ていく．昨今ではクレジットスコアリングは，銀行のみならず顧客の信用状況を確認しなければならない会社（例えば電話会社）や，顧客から請求を受ける可能性を見積もらなければならない会社（例えば保険会社）など，多くの業種で広く使われる方法になっている．

BOX9.1で定義されるリテールバンキングは，中小企業や一般消費者の両方を対象としており，メインの消費者金融のほか，顧客から預金を受ける業務もこれに含まれる．

- 住宅ローン (Home Mortgages)

固定金利ローン (Fixed-Rate Mortgage)，変動金利ローン (ARMs: Adjustable-Rate Mortgages) があり，借入によって購入した居住用不動産を担保とする．重要

[†1] 本章は，Rob Jameson との共著である．

なリスク指標としては，ローン・トゥ・バリュー比率 (LTV: Loan to Value Ratio) があるが，これは不動産価値のうち借入によって調達された部分の割合（借入金額/不動産価値）を意味する．

• 住宅担保ローン (Home Equity Loans)

住宅担保信用枠 (HELOC: Home Equity Line of Credit) ローンとも呼ばれ，消費者金融と住宅ローンの合成商品のようなものである．これも居住用不動産を担保とする．

• 割賦払いローン (Installment Loans)

これには，ある一定のリミットまで繰り返し使える個人向け信用枠のようなリボルビングローンが含まれる．クレジットカードローン，自動車ローンまたはこれに類するローンのほか，自動車ローンやリボルビングローンの範疇に入らない他のすべてのローンもこの分類に含まれる．通常の割賦払いローンは自動車，住宅，個人資産，金融資産などを担保にとっている．

• クレジットカードリボルビングローン (Credit Card Revolving Loans)

これらは無担保ローンである．

• 中小企業ローン (SBL: Small Business Loans)

事業用資産を担保にとるか，企業所有者の個人保証がつけられている．10 万ドルから 20 万ドルまでの事業用ローンは通常リテールポートフォリオとみなされる．

BOX 9.1

バーゼルによるリテール・エクスポージャーの定義

銀行業界の国際的規制機関であるバーゼル委員会は，リテール・エクスポージャーを，以下のようなものから構成される均一のポートフォリオと定義している．

- 多数の小規模・低付加価値ローンで
- 消費者や事業をターゲットとし
- 1 つのローンが与える追加リスクが極めて小さいもの

例としては，

- クレジットカード
- 割賦ローン（例えば，消費者金融，教育ローン，自動車ローン，リース）
- リボルビングローン（例えば，当座貸越，住宅担保信用枠）
- 居住用不動産ローン

などがある．エクスポージャー合計が 100 万ユーロ未満であれば，中小企業向けローンもリテール・エクスポージャーとして管理可能である．

9.1　リテール信用リスクの性質

リテールバンキングから生じる信用リスクは大きなものであるが，これは，商業銀行または投資銀行業務から生じる信用リスクとは全く異なった性質をもつものとして認識されてきた．リテール信用エクスポージャーの大きな特徴は，個々のエクスポージャーが小粒であるため，一顧客のデフォルトが銀行全体を揺るがすほどにはならないということである．対照的に，企業向け，商業向け信用ポートフォリオでは，少数の会社に対してエクスポージャーが集中しがちであり，特に地域や業種等経済的結びつきの深い会社に対するエクスポージャーの集中が見られる．

リテール向け信用ポートフォリオは，通常のマーケットにおいては非常に分散化されたポートフォリオと同じような動きをする傾向がある．そのため銀行にとっては，将来デフォルトするポートフォリオの割合，およびそこから生じる損失を「予測する」ことが容易である．期待損失を正確に見積もることができれば，その損失は，支店の維持コストや小切手取扱いコストなど，業務遂行上必要とされるその他のコストと同じように扱うことができる．

リテールの信用損失が相対的に予測しやすいということは，顧客に課す価格に対してその期待損失率を織り込むことができるということを意味する．対照的に，多くの商業向け信用ポートフォリオから生じる損失リスクは，信用損失が想定外のレベルにまで膨らむリスクが中心である．

もちろん，リテールローンと商業ローンの違いは誇張されすぎることもあり，時には，分散効果が働かないことが証明されることもある．2007–2009 年の金融危機によって，米国のような大規模な経済国でも，長きにわたった信用バブルの後には住宅価格がほぼ同時に下落しうることが明らかになった．住宅価格の下落の程度は地域ごとに大きく異なっていたが，大規模な住宅ローンリスクに対しては，分散が完璧な安全弁として働くとはいえないということが明らかになった．同様に，消費者金融業界で起きた構造的な行動変化（例えば収入を確認せずに資金を提供するといった行動）によって，信用ポートフォリオ，ひいては信用業界全体にまで，隠れたシステマティックリスクが発生した．経済不況に際しては，これがデフォルト確率の急上昇につながり，主要資産や担保価格（例えば住宅価格）の予期せぬ下落を招きかねないのである．これが BOX9.2 に示したリテール信用リスクの「負の側面」であり，2007–2009 年の危機勃発に大きな影響を与えたのである．

BOX 9.2

リテールクレジットリスクに「負の側面」はあるか

本文では，リテール取引における想定クレジットリスクに対してスコアを割り当てる際に，クレジットスコアリングがいかに役立つかについて主に説明している．しかし，リテールクレジットには「負の側面」もある．これは，銀行のリテールポートフォリオにおける多くの顧客行動に影響を与えるような，予想外のシステマティック・リスク要因によって損失が突如予想できないレベルにまで上昇する危険性である．

リテールリスク管理の「負の側面」には主に4つのものがある．

- すべての革新的なリテールクレジット商品について，信頼に足るリスク評価を行うための過去の損失データが十分に揃っていない．
- 経済環境に急激な変化の影響を受けた場合，特にすべてのリスク要因が同時に悪化した場合（いわゆるPerfect Stormシナリオ）には，非常に馴染みのあるリテールクレジット商品の価格でさえ予想外の動きを見せる場合がある．例えば，住宅ローンのケースにおいて過去にあった事例として，極度の不況と高金利が住宅ローンのデフォルトと同時に住宅価格，つまり担保価値の急激な下落を引き起こしたことがある．
- 消費者がデフォルトする（またはデフォルトしない）傾向は，常に変化する複雑な社会的，法的システムによって決まる．例えば，個人破産に対する社会的，法的認知度は，特に米国において，1990年代における個人破産の増加に影響を与える1つの要因であった．
- 顧客の信用評価に影響するオペレーションの問題は，全体の顧客ポートフォリオに対してシステマティックな影響を与える．消費者金融は，個別に時間をかけて意思決定されるというよりは，半ば自動化された意思決定プロセスによって運用されるため，信用リスク評価プロセスが正しく設計，運用されていることは非常に重要である．

この種のワイルドカードリスクに対してリスクに応じたスコアを割り振るのはその定義からいっても難しいことである．それよりも，銀行は，自身のリテール信用ポートフォリオのうち，新種のリスクに特にさらされやすいのが，サブプライムローンのような極めて限定されたポートフォリオのみになるように努めなければならない．不確かなリスクに対して，限られたエクスポージャーをとり，新しい収益機会を見いだし，将来的にリスクをより正確に測るための情報を収集することも可能だが，多大なリスクをとってしまうのは，運を天に任せるようなものである．

住宅ローンポートフォリオのような，大規模な伝統的ポートフォリオが複数のリスク要因の急激な変動の影響を受けやすい場合には，銀行は発生しうるワーストケースシナリオの影響がどの程度のものなのかを測るために，ストレステストを行わなければならない．

しかし，この種の災難の可能性が2007–2009年の危機後にのみ明らかになったと考えるのは誤りである．BOX9.2は危機前に出版された本書の2006年版と一語一句同じものである．この2006年版では，米国のサブプライムローンについてのコラムを入れたが，そこではサブプライムについて以下のように指摘した．

> サブプライムローンは不用心な銀行にとってはリスクの高いビジネスである．もしサブプライム顧客が，銀行の計算よりデフォルトにさらされやすかったり，社会のトレンドとしてこれらの顧客の行動が変化すれば，関連するコストが増加し，この分野特有の厚い金利マージンや手数料をもってしてもコストを賄いきれなくなるだろう．サブプライムローンは，ほとんどのリテールバンクにとっては新しい分野のビジネスである．これは，銀行がサブプライムの顧客に対するデフォルト確率を安定的に予

測するための過去のデータをもたないということを意味する[†2].

危機以降，ドッド・フランク法 (DFA: Dodd-Frank Act) によって設立された消費者金融保護局 (CFPB: Consumer Financial Protection Bureau) のように，リテール信用リスクの「負の側面」に対処するための様々な業界の改革と規制の導入が行われた．例えば，消費者金融保護局は顧客の住宅ローン返済能力の判断を当初の信用供与者に義務づけた．住宅ローンが一度「適格住宅ローン (QM: Qualified Mortgage)」として認定されると，貸し手としては，借り手が必要条件を満たしていると仮定することができる．CFPB はまた，貸し手に引受基準を考慮させる「返済能力指標」を導入した（BOX9.3 参照）．

BOX 9.3

「適格住宅ローン」と「返済能力指標」

「適格住宅ローン」は以下の条件を満たさなければならない．

- 過度の前払手数料や前払金利がないこと
- 不良ローンでないこと（例えば，返済しても元本が減らないローン，30 年を超えるローン，一定期間金利支払返済のみを行うローン）
- 収入対比の借入上限があること（例えば収入に対する借入比率 (DTI: Debt to Income) $< 43\%$）[†1]
- 満期時に返済額が膨らむバルーンペイメントのローンがないこと

「返済能力指標」では，貸し手は以下の 8 項目の引受基準を考慮しなければならない．

- 現在の雇用主の状況
- 現在の収入および資産
- クレジットヒストリー
- 住宅ローンの毎月返済額
- その資産に関連するその他の毎月ローン返済額
- 固定資産税のような住宅ローンに関連した毎月支払額
- その他の借入債務
- 借入人がその住宅ローンによって取る月間 DTI[†1] 比率（または残余収入）

[†1] 月間返済合計額／月間グロス収入合計額

[†2] リスクマネジメントの本質 (2006) 原書の 216 頁．邦訳版では 189 頁．著者は消費者ポートフォリオの証券化が，ある程度規制アービトラージによってもたらされた点について力説しており（原書 226 頁），証券化商品のリスクの高い残余トランシェの評価の問題にも触れている（原書 227 頁）．AAA 格が付与された証券化商品の脆弱性は，金融システムの安定性に対するとてつもない脅威となったのである．著者は，消費者リスク移転の議論（原書 227 頁）を，以下のような明確な警告で締めくくった．――「銀行は（証券化戦略が）流動性に与える影響を注視しなければならない．（格付悪化のような）状況変化が起きたときに，証券化による資金調達というオプションが残されているかどうかについて，銀行は確信をもつことができるのだろうか．」

多くのリテールポートフォリオのもつ，より好都合な特長として，顧客行動の変化によってデフォルトの増加を前もって予測することができるという点がある．例えば，資金繰りに困っている顧客は，クレジットカード口座に対する最低限の支払いをすることができなくなるかもしれない．健全なリテールバンク（またはその規制当局）は，このような兆候を注意深くモニターしている．これにより銀行は，信用リスクを減らすための予防的な行動を取ることが可能になる．具体例を挙げると，

- エクスポージャーを減らすために，既存顧客に対する貸出額についてのルールを変更することができる．
- より低リスクの顧客を獲得するためにマーケティング戦略や顧客審査に関するルールを変更することができる．
- 高いデフォルトリスクを加味するために，一定の顧客に対して，金利を上げてリスクを価格に織り込むことができる．

一方，商業用信用ポートフォリオは超大型タンカーのようなものである．つまり，何か不具合が生じたことが明らかになる頃には，その不具合に対する対処法を考えても時すでに遅いのである．

もちろん，消費者金融マーケットで時折見られる危険信号に対して常に注意が払われるとは限らない．急成長しており，明らかに収益の上がるビジネス機会を見過ごすことになるため，リテールバンクは初期の危険信号をあまりに頻繁に見過ごしがちである．それどころか，銀行は基準を引き下げることによりボリューム競争に走ってしまうのである．2007–2009年の危機につながる米国サブプライムローン業界で起きたことがこの最たる例である．

BOX 9.4

サブプライムローンにおける基準の緩み

2002年から2007年のサブプライム危機が始まるまでの期間に，一般顧客や業界は不動産価格が上昇し続けると信じ込んだ．

この思い込みは，低金利，仲介業者に対する誤ったインセンティブ付け，激化する競争環境も相まって，ローン引受けの基準の緩みにつながってしまった．銀行や仲介業者は，普通であればローンを受けるほどの余裕のない，または付随するリスクを取れないような借り手に対し，ローンを提供し始めた．

この時期に提供されたサブプライムローンの多くは，より信用力の低い借り手に提供され，不動産価値に対する累積ローン・トゥ・バリュー比率が高く，借り手の収入の検証が限定的（または全く行われていない）といった，複数の弱みを抱えていた．

中には2/28 ARMや3/27 ARMといったハイブリッド型のローンも含まれていた．これらは，最初の2，3年の間は「Teaser」レートと呼ばれる低金利の固定レートが適用され，その後は変動レートになるというものである．この仕組みだと数年後に金利が急上昇してしまうため，ローンのリファイナンスを前提として設計されていたことを

意味する．これは，担保価値の上昇（つまり住宅価格の上昇）という前提の下でのみ可能であり，さもなくば，デフォルトに陥るリスクを負うことになる．こうした住宅ローンの多くは同時期に提供されたため，貸し手は不注意にも，リファイナンスまたはデフォルトが一斉に発生する状況を作り出してしまったのである．

加えて，住宅ローンのデフォルトに対する消費者の行動が，銀行（または格付機関）が想定していなかったような方向に変化してしまった．

2007 年にサブプライム危機が発生した際，多くのコメンテーターは，この状況を，考えうるすべてのことが悪い方向に向かってしまった “perfect storm” と呼んだ．しかし，これは，かなりの程度まで銀行業界自身によってもたらされた “perfect storm” だったのである．

規制当局もリテール信用リスクが相対的に予測しやすく，ローンの担保となっている特定の不動産のおかげで，住宅ローンはより安全であるという点を認めている．その結果，バーゼル II およびバーゼル III の下では，リテールバンクは，企業向け貸付に求められる規制資本よりは，相対的に少ないリスク資本を積むように求められている．しかし，銀行は明確に区分されたポートフォリオセグメントごとに，デフォルト確率 (PD)，デフォルト時損失 (LGD) そして，デフォルト時エクスポージャー (EAD) などの統計量を規制当局に提示しなければならない．規制当局によると，この区分はクレジットスコアやそれと同等の方法，およびエクスポージャーの期間（その取引が銀行のバランスシートに記録されている期間）に基づいて決めるものとされている．

BOX9.5 から明らかなように，信用リスクは，リテールバンキングが直面する唯一のリスクというわけではない．しかしそれは，ほとんどのリテール事業部門にわたる主要リスクである．次に，リテール信用リスクを計測する主要なツールであるクレジットスコアリングについて見ていく．

BOX 9.5

リテールバンキングを取り巻くその他のリスク

本文においては，リテールビジネスにおける主要なリスクとしての信用リスクに注目したが，コマーシャル・バンキングと同様，リテールバンキングもマーケットリスク，オペレーショナルリスク，ビジネスリスクおよび風評リスクなどの幅広いリスクにさらされている．

- **金利リスク**：銀行が借り手と預金者の双方に固定金利商品を提供するたびに資産・負債の両サイドから生じるものである．このリスクは一般的に，リテール事業部門からリテールバンクの財務部門へと移転される．財務部門では，銀行の資産負債リスク管理，流動性リスク管理の一環として金利リスクを管理している（第 8 章参照）．
- **資産評価リスク**：実態としては市場リスクの特殊形である．リテール事業部門が収益を上げられるかどうかは，特定の資産，負債，そして担保を正確に評価できるかどうかにかかっている．おそらく最も重要なリスクは，住宅ローンにおける繰上弁済リスクであろう．これは，金利下降局面において，顧客が既存の住宅ローンを予定より速いペースで返済し，借換えを行うことにより，住宅ローンポートフォリオの価値が毀損するリスクである．検証が困難な顧客行動についての仮定に依存するという意味で，繰上弁済リスクのあるリテールローンの評価とヘッジは複雑な仕事である．その他の資産評価リスクの例として，オートリース事業における自動車の残存価値の推定を挙げることができる．この種のリスクは，それが明確に認識できる場合は，リテールバンクの財務部により一括管理される．

- **オペレーショナルリスク**：リテールバンキングにおけるオペレーショナルリスクは，そのリスクを発生させる事業の一部として管理されるのが一般的である．例えば，顧客による不正は厳しくモニターされ，経済的に正当化される場合は，不正発見メカニズムのような新しいプロセスが導入される．バーゼル II およびバーゼル III の下では，リテールバンキング，ホールセールバンキングとともに，オペレーショナルリスクに対して規制資本を割り当てている．全社レベルの銀行オペレーショナルリスク管理に使われるものと同様のコンセプトを数多く利用する，リテールオペレーショナルリスクという新しい下位区分が生まれつつある（第 14 章参照）．
- **ビジネスリスク**：ビジネスリスクは，経営陣にとって主要な懸念事項の 1 つである．これには，事業ボリュームリスク（例えば，金利の上下に応じて住宅ローンの事業規模が増減するリスク），戦略リスク（例えば，インターネット専業銀行や新しい支払いシステムの台頭），M&A の決定といったものが含まれる．
- **風評リスク**：リテールバンキングにおいて特に重要なリスクである．銀行は，顧客に対し支払いを約束するという評判を保っていなければならない．しかし，銀行はまた，不公平，不公正な行動があればビジネスフランチャイズを剥奪する権限をもつ規制当局に対する評判も保っていなければならない．

9.2　クレジットスコアリング——低コスト，一貫性，より優れた信用評価のために

クレジットカードの申請，電話会社の口座開設，医療費申請，自動車保険申請には，クレジットスコアリングモデル，正確にはクレジットリスクスコアリングモデルが背後で活躍していることはほぼ間違いない[†3]．

このモデルでは，統計的手法を用い，新規顧客や既存顧客に関する情報をスコ

[†3] クレジットスコアリングについての優れた参考文献には以下のようなものがある．Edward M. Lewis, *An Introduction to Credit Scoring* (San Raphael, Calif.: Fair Isaac Corporation, 1992).
L. C. Thomas, J. N. Crook and D.B. Edelman, eds., *Credit Scoring and Credit Control* (Oxford: Oxford University Press, 1992).
V. Srinivasan and Y. H. Kim, “Credit Granting: A Comparative Analysis of Classification Procedures”, *Journal of Finance* 42, 1987, pp. 665–683.
より最近では以下のような参考文献もある．
E. Mays and Niall Lynas, *Credit Scoring for Risk Managers: The Handbook for Lenders*, 2011.
N. Siddiqi, *Credit Risk Scorecards: Developing and Implementing Intelligent Credit Scoring*, Wiley, 2005.

アに変換し，それを組み合わせて（通常は足し合わせて）合計スコアを算出している．このスコアは個々の信用リスク，つまり支払いの可能性を測る指標とみなされ，このスコアが高いほどリスクが低いということになる．

クレジットスコアリングは重要である．なぜなら，これにより銀行は最もリスクの高い顧客を避けたり，総収入から営業費用やデフォルトコストを差し引いた利鞘を比較することにより，その業務が収益を生むかどうかを評価することができるようになったからである．

しかし，クレジットスコアリングの重要性はこれだけにとどまらず，コストや一貫性という点においても重要である．主要銀行は通常何 100 万という顧客を抱え，年間何 10 億という取引を実行しているが，スコアリングモデルを使うことによって，小口信用，クレジットカード信用の審査プロセスをできる限り自動化することが可能になる．スコアリングモデルが広く用いられるようになる以前は，審査担当者は審査書類を吟味したうえで，典型的な申請書類に含まれている膨大な情報に基づき，自らの経験，業界知識，個人的ノウハウを組み合わせて，審査判断を下さなければならなかった．各申請書類には 50 項目程度の情報が含まれているケースが多く，書類によっては，150 もの項目が含まれているものもある．この情報から可能な組合せのパターンは膨大であり，個々の審査担当者が，常に同一の信用判断を下すことはほぼ不可能であった．

対照的に，クレジットリスクスコアカード (Credit-Risk Scorecards) によれば，申請書や信用調査機関のレポートから抽出した項目のウェイト付け，取扱いに一貫性をもたせることが可能である．信用リスクを扱う業界において，これらの項目は「特性」(Characteristics) と呼ばれ，これらは申請書類における質問事項や審査機関のレポートの各項目を指す．一方，これらの申請書類の質問や審査機関のレポートの各項目に対する回答は「属性」(Attribute) として知られている．例えば,「4 年」というのは「居住年数」という特性に対する属性である．同様に「借家」というのは「居住区分」という特性に対する属性である．

クレジットスコアリングでは，これらの属性が正か負かということだけでなく，その程度も評価する．それぞれの回答（属性）に対するスコアのウェイト付けは，過去の実績に基づく返済の確実性（オッズ）を測る統計手法を使って導き出される（オッズとは，確率を表す場合に米国リテールバンク業界で使われる用語である）．ポピュレーションオッズとは，あるサンプルの中で悪いことが起きる確率に対し，良いことが起きる確率の割合を表したものと定義される．例えば，15:1 のオッズをもつ申請者は 16 回に 1 回，つまり 6.25% の確率で「悪い」顧客（ここでいう「悪い」とは，滞納や償却が行われるという意味である）となるということである．

審査レポートの情報にウェイト付けをする統計手法には，線形回帰，ロジスティック回帰，数学的プログラミング，分類木 (Classical Trees)，ニューラルネットワーク，遺伝的アルゴリズム (Genetic Algorithms) などがあるが，この中ではロジス

就業年数	6カ月未満 5	6カ月〜 1年6カ月 14	1年7カ月〜 6年8カ月 20	6年9カ月〜 10年5カ月 27	10年6カ月 以上 39	
住居	持ち家または購入予定 40	借家 19	その他 26			
銀行	当座預金のみ 22	貯蓄預金のみ 17	両者 31	なし 0		
主要クレジットカード	保有 27	なし 11				
職業	引退 41	専門職 36	事務職 27	営業 18	サービス 12	その他 27
年齢	18〜25歳 19	26〜31歳 14	32〜34歳 22	35〜51歳 26	52〜61歳 34	62歳以上 40
信用情報	重大な問題あり −15	軽微な問題あり −4	記録なし −2	1件のプラス評価 9	複数件のプラス評価 18	調査履歴なし 0

（出典：Lewis, 1992, p.xv.）

図9.1　融資申請者用スコアリングテーブルの例

ティック回帰が最も一般的である．

図 9.1 はクレジットスコアリングテーブルがどのようなものかを示したものである．この例は融資申請者を区分するために使われるものである．

9.3　どのようなクレジットスコアリングモデルが存在しているか

消費者信用への申請者をスコアリングするという目的のためには，以下の 3 つのモデルがある．

- 審査機関のスコア
  これらは，その計算手法がフェアアイザック社 (Fair Isaac Corporation)（リテールビジネスの信用リスク分析のリーダー的存在）によって開発されたため FICO スコアとして知られている．米国およびカナダでは，このスコアはエクイファックス社 (Equifax)，トランスユニオン社 (TransUnion) などの会社によってメンテナンス，提供されている．銀行としてみれば，これらの一般的なクレジットスコアは低コストで素早く入手することができるうえ，（融資申請者が申請する商品にかかわらず）申請者の信用力全般に関する情報を提供してくれる．例えば，フェアアイザック社のクレジットスコアは，金融機関向けにカスタマイズすることができる（そのスコアは通常 300 点から 850 点であるが，サブプライムローンは 660 点未満の顧客を対象としている．

- 統合モデル (Pooled Models)
  これらのモデルは，似たような信用ポートフォリオをもつ，幅広い貸し手から集めたデータに基づいてフェアアイザック社のような外部のベンダーによって開発される．例えば，リボルビング貸出についての統合モデルは，いくつかの銀行から集められたクレジットカードデータから開発される．統合モデルは，審査機関による一般的なスコアに比べコストがかさむものの，次に挙げるカスタムモデルほどではない．統合モデルは業種ごとにカスタマイズすることはできるが，会社ごとにカスタマイズされるものではない．
- カスタムモデル
  このモデルは通常，銀行独自の審査申請者層から得られたデータを用い，銀行内部で開発されるものである．これは，自行の特定の商品に対して特定のプロファイルをもつ申請者をスクリーニングするために開発される．カスタムモデルを使うことにより，銀行は，クレジットカードや住宅ローンのような特定のセグメントに対する専門知識を得ることができる．また，最良の顧客を選択し，最良のリスク調整後プライシングを提示することにより，その分野で高い競争力を手に入れることができる．

まずは，審査機関によって提供された一般的情報を詳しく見てみよう．審査機関のデータには，クレジットヒストリーをもつ各個人についての数多くの信用情報 (Credit Files) が含まれている．この信用情報には以下の 5 つの主要な情報が含まれる．

- 身元情報 (Identifying Information)
  これは個人情報であり信用情報とはみなされないので，スコアリングモデルには使われない．収集可能な身元情報についてのルールは地域の法律によって決まる．例えば，米国においては，性別，人種，宗教などの情報をクレジットスコアリングモデルに使用することは米国機会均等法 (US Equal Opportunity Acts) によって禁じられている．
- 公開情報（法的項目，Public Records）
  この情報は，民事裁判の記録から得られ，倒産，裁判判決，差し押さえといった情報を含む．
- 回収記録
  債権回収会社または信用供与機関によって報告される．

- 取引枠，口座情報
  信用供与機関が審査機関に送る月次の回収記録から集められる．この記録には既存顧客の情報のみならず新規顧客についての情報も含まれる．
- 問合せ事項
  信用情報の照会があるたびに問合せ記録がファイルに残される．新規信用供与に関する問合せ事項のみが他の信用供与者には閲覧可能である．

審査機関によっては，エクイファックス社のように，個人が自分のスコアを入手することを認め，現在のスコアの改善方法（また，クレジットカードの残高を減らした場合の影響といった What-if 分析）を説明しているところもある．

審査機関のスコアは，Loan to Value (LTV) やローン関係書類の質といった一連の主要情報を考慮した，すべてを包括したクレジットスコアを導き出すために使うこともできる．例えば，以下のような式が考えられる．

リスクスコア $= f$（書類のタイプ，取引タイプ，FICO，LTV，DTI，職業タイプ，資産タイプ，支払いタイプ，経済サイクル）

BOX9.6 に，説明を要すると思われる主要変数の定義を掲載しておく．2007–2009 年の金融危機の元になった問題の 1 つは，審査機関のスコアに過度に依存してしまい，より広範なリスク変数に適切な注意を払わなかった貸し手がいたことである．

BOX 9.6

住宅ローンの信用評価におけるいくつかの主要な変数の定義

- 書類のタイプ
  - 全開示型：収入と資産の証明を必要とする住宅ローン．DTI 比率の計算が可能．
  - 収入申告型：貸し手が雇用を確認するものの収入は確認しない特別な住宅ローン．
  - 収入・資産非開示型：ローン申請書類において借り手が収入と資産を申告するものの，貸し手がそれを検証（ただし収入の源泉は検証）しない住宅ローンで，書類作成負担が軽減される．
  - 比率非開示型：雇用は開示するものの収入を開示しない住宅ローン．申請書に収入が記載されず，DTI 比率が計算できない．
  - 開示無し：収入と資産の開示を要しない住宅ローン．双方とも申請書に記載されず，該当箇所はブランクのまま．
- FICO：借り手のクレジットヒストリーに関連したデフォルトリスクをスコアで表したもの．
- DTI：収入に対する借入比率．収入に対する住宅ローン返済額やその他の月次の返済額を特定する．

- LTV：不動産評価額の合計に対する第 1 順位抵当権の比率．つまり Loan to Value (LTV) 比率.
- 支払いタイプ (Pmt)：例えば変動金利の住宅ローン，月次の平均金利.

長年にわたる杜撰な貸出基準に基づき，無責任なローンが行われた後，金融危機を経て，住宅ローン商品はより伝統的な基準へと回帰した．例えば，完全に書類を揃えた全開示型のローン，クレジットスコア 680 以上を義務づけるローン，大きな頭金を要求するローン等である．そして，Negative Amortization（返済しても元本が減らないローン），収入申告型，収入・資産非開示型，開示無しのタイプのローンや頭金ゼロといったローンを業界全体として敬遠するようになった.

カットオフスコアからデフォルト確率および損失率まで

クレジットスコアリングモデルの開発初期段階においては，融資申請者ごとに付与されたデフォルト確率はそれほど問題とはならず，モデルは顧客をその相対的リスクに応じてランク付けするものにすぎなかった．これは，貸し手がデフォルト確率の絶対的な指標を求めるためにモデルを用いていたわけではなく，適切なカットオフスコア，つまり客観的基準によって融資を受け付けるかどうかを判断するスコアを選ぶために利用していたからである.

このカットオフスコアがどのように使われるかを見るために図 9.2 を見てみよう．この図ではクレジットスコアによって借り手を「良い」「悪い」に分類し，その分布を示したものである．仮に融資可能な最低点を 680 点としてみよう．もしこの点以上のスコアの顧客のみが融資を受けられるとすると，スコアリングシステムを使っている銀行は，カットオフスコアから垂直に伸びる線の左側に位置する「悪い」顧客に融資をすることを避けられるが，線の左側に位置する少数の「良い」顧客に融資する機会も逃してしまう．この最低点を右側にずらすと，「悪い」顧客に対する融資が減る一方，「良い」顧客に対する融資の機会を逃す度合いも大きくなる．この最低点，つまりカットオフスコアを決めることが，収益率・リスクの両面から，銀行経営にとって重要な決断になってくるのである.

カットオフスコアが決まれば，銀行は，実際の経験に基づき，リテール商品の損失率と収益率を決定することができる．時を経るにつれ，銀行は，「良い」顧客を見逃し，「悪い」顧客を獲得してしまうことを避けるとともに，商品ごとの収益率を最適化するためにこのカットオフスコアを調整することができるようになる．リテールバンキングにおいては，ホールセールバンキングと異なり顧客数が多いため，スコアカードのパフォーマンスを評価するのに必要なデータを蓄積するのにそれほど時間はかからない．しかし，長期にわたるデータを使うことによってのみ，銀行が，通常の経済サイクルを通じた顧客行動を捉えることを期待することができるようになる．通常，損失率や収益率などのデータは四半期ごとに更新される．

新バーゼル合意の下では，銀行は自行ポートフォリオを類似の損失特性，特に類似の繰上弁済リスクをもったサブポートフォリオに分けることを要求されている．銀行はこれらのサブポートフォリオのPDおよびLGDの双方を推定しなければならない．これはそれぞれのリテールポートフォリオを，リスクレベルに応じたスコア区分で分類することによって可能になる．銀行は，それぞれのスコア区分ごとに過去のデータを使って損失率を推定することができ，そしてLGDの推定値があれば推定PDを計算することができる．例えば損失率2%，LGD50%であれば推定PDは4%となる．

銀行は同じセグメントの全借り手，取引については，同様のリスク管理ポリシーを適用すべきである．これらのポリシーにはローンの引受け・ストラクチャリング，経済自己資本(Economic Capital)の配賦，プライシングおよびローン契約のその他の条件決定，モニタリングそして内部のレポーティング体制までが含まれていなければならない．

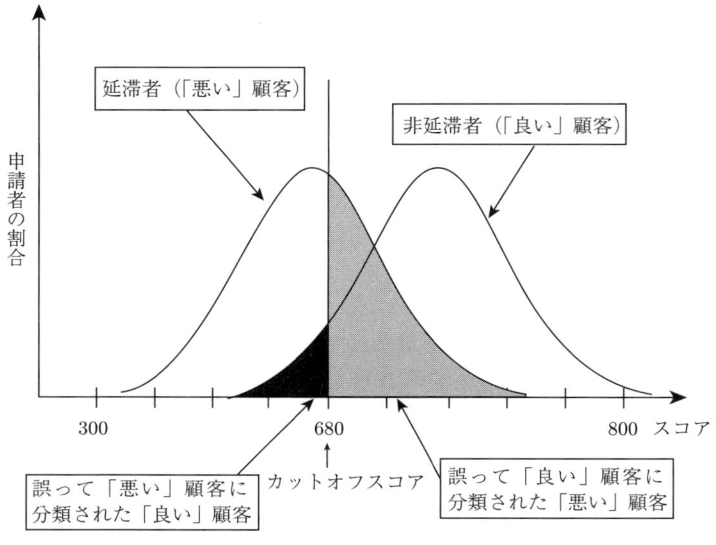

図 9.2　「良い」顧客と「悪い」顧客の分布図

9.4　スコアカードのパフォーマンス測定とモニタリング

クレジットスコアリングの目的は，どのローン申請者が将来的に「良い」顧客あるいは「悪い」顧客になるかを予測することである．スコアカードは優良顧客に対しては高いスコアを与え，そうでない顧客には低い点を与えることによって，この両者を区別できなければならない．したがって，スコアカードの目標は，図

9.2 で見た,「良い」顧客と「悪い」顧客が重なる部分を最小化することである.

これを突き詰めていくと,リスク管理者が注意を払うべき多くの実務的問題が明らかになってくる.例えば,どのようにしてスコアカードのパフォーマンスを測定することができるのであろうか,スコアカードの調整,再構築,またその運営方針の変更を行うべき時期をどのようにして知ればよいのだろうかといった問題である.

伝統的に使われている検証手法は,図 9.3 に示す累積精度輪郭 (CAP) とその要約統計値である AR 値を使ったものである.図の X 軸は最も高いリスクスコアから最も低いリスクスコアの範囲で,スコアにより並べ替えられたサンプルをパーセント点で表したものである.Y 軸は銀行の記録からとった実際のデフォルトをパーセント点で表したものである.例えば,スコアリングモデルが 10% の顧客が今後 12 カ月の間にデフォルトするとはじき出したとしよう.もしモデルが正しければ,その期間に実際にデフォルトした顧客の数は,スコア分布の最初の 10 分位に対応する.これが図のパーフェクトモデル線である.一方,45 度線は「良い」顧客と「悪い」顧客を見分けることができない,つまりランダムモデルに対応する.

明らかに,銀行はスコアリングモデルがパーフェクトモデル線に比較的近いことを望む.パーフェクトモデルの下の面積は,A_P とされており,実際のスコアリングモデルの下の面積は A_R とされている.AR 値とは,A_R/A_P で計算され,これが 1 に近いほどモデルがより正確ということになる.

スコアリングモデルのパフォーマンスは,CAP カーブによって,例えば四半期ごとにモニタリングすることができ,そのパフォーマンスが低下したときにモデルを変更すればよい.スコアリングモデルのパフォーマンスが突然変化することは少ないが,いくつかの要因によって悪化しうる.例えば,モデル構築に使ったデータの特性が時とともに変化する場合,借り手の行動が変化し高いデフォルトにつながる変数が変化する場合がある.

スコアリングモデルを変更するその他の理由として,銀行が顧客に提供する商品の質が変化するということが挙げられる.自動車向けローンを提供している金融機関がこのビジネスを売却し,代わりにクレジットカードを発行するという決定を下した場合は,ターゲット顧客が異なっている可能性が高く,新しいスコアカードを構築することが正当化されるだろう.

9.5 デフォルトリスクから顧客価値まで

スコアカードの手法が発達するにつれ,銀行は一時点に借り手をスコアリングする手法から,定期的な行動スコアリング (Behavior Scoring) へとシフトしてきた.この手法では,銀行は一定期間のデフォルトリスクを決めるために,クレジットカードの枠の使用率や社会人口学的な情報といった既存顧客の行動に関する情報を用いる.この手法は新規申請スコアリング (Application Scoring) と似てい

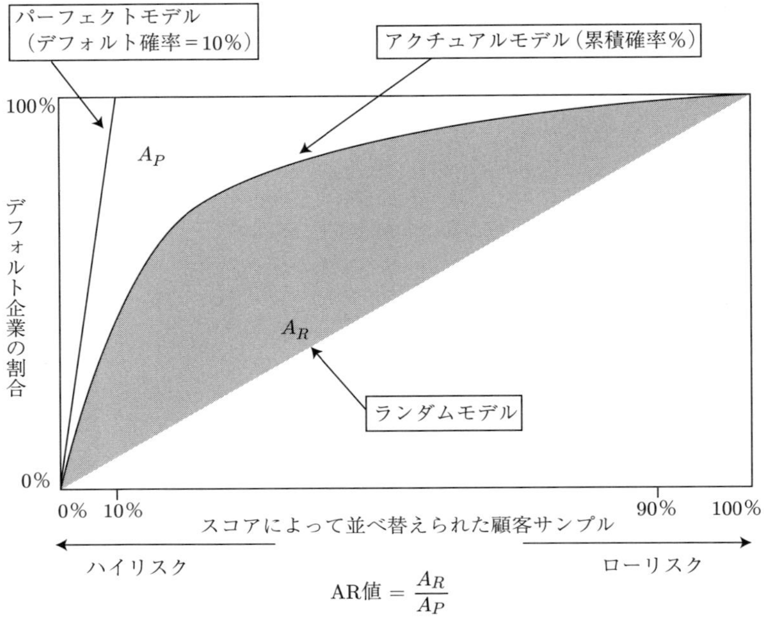

図 9.3　累積精度輪郭 (CAP) と AR 値

るが，顧客の過去のパフォーマンスを示す，より多くの変数を使っている．

この種のリスクモデリングは，もはや顧客のデフォルト確率の推定を行うだけにとどまらない．過去数年の間に，貸し手は，単なるデフォルトリスクの評価から，銀行にとっての顧客の価値と直接関連した，より巧妙な評価方法へとシフトしつつある．クレジットスコアリング手法は，顧客がダイレクトマーケティングに応じるかどうかを予測するレスポンススコアカード (Response Scorecards)，顧客がクレジット商品を利用するかどうかを予測する利用度スコアカード (Usage Scorecards)，顧客の貸し手に対するロイヤルティーが続く期間を推定するアトリションスコアカード (Attrition Scorecards) などのような新しい分野にも適用されている．各顧客は今や多くの異なるスコア（BOX9.7 参照）によって評価されているのである．

BOX 9.7

異なる種類のスコアカード

- 審査機関スコア (Credit Bureau Scores)
  米国およびカナダの主要審査機関から入手可能な FICO 信用スコア
- 新規申請スコア (Application Scores)
  新規ローン申請者に対して信用供与を承認するかどうかについての初期判断を

する
- 行動スコア (Behavior Scores)
  新規申請スコアと同様のリスク予測を行うが，既存顧客の行動（例えば，信用枠利用額や延滞履歴）についての情報も使う
- 収益性スコア (Revenue Scores)
  既存顧客から得られる収益性を予測
- レスポンススコア (Response Scores)
  既存顧客がオファーに応じる可能性を予測
- アトリションスコア (Attrition Scores)
  既存顧客が口座を閉鎖したり，住宅ローンのような与信の更新を中断したり，既存債務の返済を進める可能性を予測
- 保険スコア (Insurance Scores)
  被保険者からの請求が起こる可能性を予測
- 税務当局向けスコア (Tax Authority Scores)
  追加収益を生むために税務当局が誰を検査すべきかを判断

通常，顧客の信用力と収益性にはトレードオフの関係がある．つまるところ，クレジットカードを全く使わない富裕層にコストのかかるカード発行を行っても何の意味もない．反対に，延滞の確率は若干高いものの，より頻繁に借入を行い高い金利を払うことを厭わない顧客からのほうが，富裕層より収益が上がるのである．（重要なリスク管理上の問題は，追加の収益性が，本当にその事業が長期的に取るリスクをオフセットできるかどうか，つまり，景気後退局面で若干信用力に劣る顧客のデフォルト確率が急上昇するかという点である．）

したがって，主要銀行は複雑なリスクリターンの関係を考慮することのできる手法を求めて試行錯誤している．銀行は，伝統的な信用デフォルトスコアリングモデルから脱却し，（特定の商品に対して顧客から得られる収益を推定しようとする）商品プロフィットスコアリングや，（貸し手に対する顧客の全体の収益性を推定しようとする）顧客プロフィットスコアリングの方向へと向かっているのである．顧客から獲得する収益を最大化するために，貸し手はこの種の高度な情報を使って信用限度枠，金利マージン，商品の特徴を選ぶことができる．そして，貸し手は，顧客との関係を維持することを通じて，これらのリスクやオペレーションおよびマーケティングに関するパラメターを調整することができるのである．

マーケットでは特に，信用関連商品にリスクに応じたプライシングを行うのが一般的になりつつある．つまり，リスクプロファイルの異なる顧客は，同じ商品に対してであっても異なる対価を払う必要があるということである．銀行側も競争が激化するマーケットにおいて「一物一価」を貫くと，いわゆる逆選択 (Adverse Selection) のジレンマに陥るという点を次第に理解しつつある．逆選択とは，銀行が主にリスクの高い顧客のみを惹きつけ（商品がその顧客にとって魅力的であるため），リスクの低い顧客が（逆の理由で）寄り付かなくなるという現象を指す．この逆選択の問題は，経済環境が悪化したときにのみ明らかになることが多い．

マーケティングイニシアチブ	申請者のスクリーニング	アカウントマネジメント
見込み顧客，既存顧客のどちらをターゲットとするか	受理するか，拒否するか	与信枠を増やすのか，減らすのか
カスタマイズしたプロダクトを提供するか	段階的プライシング	段階的プライシング
郵便による勧誘をするかしないか	当初与信枠	回収する 承認する 再発行する
どのくらいの頻度で		顧客サービスのレベルは
	クロスセリング	

図 9.4　顧客関係サイクル

図 9.4 は，ベストプラクティスとされる銀行が相当の年数をかけて開発した顧客関係サイクルについてまとめたものである．マーケティングイニシアチブとは，新しい商品を提供したり，既存商品をカスタマイズしたり，顧客の特殊な要求に応えることにより，新規顧客や既存顧客にアプローチすることである．これらのイニシアチブは，様々な顧客セグメントが最も取りうる反応を分析した詳細なマーケティング調査の結果生まれたものである．申請者のスクリーニングは，スコアカードに基づき当初信用枠を与えたり，顧客のリスクに応じたプライシングを行うといった観点から，どの融資を承認・否認するかを決めるものである．アカウントマネジメントとは，過去の行動や活動に基づいて一連の決定を行う動的なプロセスである．これには信用枠，商品のプライシングの修正，信用枠の一時超過に対する承認，信用枠の更新，延滞顧客から遅延利息や元金の回収が含まれる．クロスセリングイニシアチブは，顧客関係サイクルのループを断ち切る．既存顧客の詳細な知識に基づいて，銀行は既存顧客に追加のリテール商品の購入を勧めるといった行動を取ることが可能になる．例えば，当座，貯蓄口座をもつ一定のカテゴリーに属する既存顧客に対して住宅ローン，クレジットカード，保険商品などを提供するといった行動が取れる．このリテール顧客関係サイクルにおいて，リスク管理はより幅広いビジネス意思決定プロセスの重要な一部になってきている．

2007–2009 年の金融危機から，クレジットスコアリングとその活用[†4] に対する伝統的なアプローチを改善するためのいくつかの重要なトレンドが生まれた．第 1 に，景気サイクルのどのステージにあるかによって推定デフォルト確率を調整できるように，マクロ経済要因（例えば住宅価格や失業率）の変化がどのように一定のスコアバンドに対して影響を及ぼすかということを理解しようとする動きがより強まった．この動きは，ストレスのかかったマクロ経済シナリオにおいて，

[†4] 例えば，Andrew Jennings の "A 'New Normal' Is Emerging – But Not Where Most Banks Expect", *FICO Insights*, No. 53, July 2011 参照.

リテール信用リスクポートフォリオがどのような動きを見せるかをストレステストによって把握しようとする動きと結びついた．

ここで期待されたのは，もし経済のベースライン予測（マクロ経済予測に対するコンセンサス）を考慮してビジネスの意思決定を調整するとともに，不況シナリオにおけるデフォルト率の上昇によって発生する資本コストや損失を考慮することができれば，その意思決定がより将来を見越して行われるようになるということである．

将来発生しうる社会的，行動学的変化（例えば消費者金融を取り巻く法律の変更）といったその他の調整とともに用いられると，この種の将来の経済を見越した調整の効果はいっそう高まるかもしれない．

第2に，銀行は，商品の提供の仕方を変えた場合のレスポンスをどのように検証できるのかをより注意深く見極め，そしてこれらのリテールサービス（例えばクレジットカード）を受け入れた顧客の初期のパフォーマンスをモニターし始めた．戦略の調整が資本コストやリスク調整後の収益性にどのように影響するかについての洗練された理解に到達した後は，この市場で試行錯誤したことから得た教訓を，より広範なマーケティング活動の参考にすることができるようになった．

これらの両方のトレンドが，リテールバンキングにおけるリスク調整後の意思決定を（過去データに基づいたより静的な，焦点のぼやけた見方と対極にある），より先を見越した，より詳細な，社会的，経済的変化に対応したものにするより幅広い試みの一部として見られるようになった．

9.6 バーゼルの規制アプローチ

伝統的に，消費者信用評価は個々のローンや顧客を個別にモデル化することにより行われてきた．これは，新規申請スコアリング (Application Scoring) の発展において当然の成り行きであった．しかし貸し手にとって本当に興味があるのは，リテールローンポートフォリオ全体の特徴である．このことは，バーゼル II およびバーゼル III において内部格付をベースとしたモデルに重きが置かれている点からも明らかである．第3章で議論したように，バーゼル III の規制のフレームワークにおいては，銀行は標準的手法または先進的手法を用いて所要規制資本を計算できる．先進的手法においては，様々な消費者層のデフォルトの損失分布を推計するために，銀行がデフォルト確率やデフォルト時損失等を自行で推計し，それを消費者向け信用リスクモデルに織り込むことが許されている．

バーゼル合意では，3つのリテールローン（居住用住宅ローン，リボルビングクレジット，割賦払いローンのようなその他ローン）を考慮しており，それらのリスクウェイトアセットのリスクを捕捉するために，3つの異なる計算式が使われる．このアプローチは，銀行が（単純な相対的クレジットスコアに頼るのではなく）正確なデフォルト確率の推計を行い，そのローンポートフォリオを分類できるようにする必要性を強調している．もし銀行がそのリスク推計の正確性につき規制当局を納得させることができれば，期待・非期待リテールデフォルト損失をカバーするために必要とされる資本額を最小化することができる．

9.7　証券化と市場改革

証券化と消費者向け信用リスク移転については第12章で扱うが，証券化は消費者金融市場において非常に重要であるため，ここで軽く触れておくこととする．

2007年のサブプライム危機が始まる前は，すべての住宅ローンの約50%が米国において証券化されていた．危機によってほとんどすべての民間の住宅ローン証券化（すなわち，政府機関の保障が得られない証券化）はストップしたが，このマーケットは危機後に生まれ変わり，徐々にではあるが復活しつつある．一方，自動車ローン，クレジットカード債権，学生ローンを含む消費者金融に基づく一定の証券化マーケットは比較的良好なパフォーマンスを保っている．

証券化の動きは当初米国の住宅ローン市場で始まった．1970年後半には，住宅ローンのかなりの部分が証券化され，そのトレンドは1980年代に入って加速した．住宅ローン市場が米国で発展するきっかけとなったのが，いくつかの重要な金融機関に対して連邦政府が政府支援を与えたことである．この金融機関とは，連邦住宅抵当公庫（FNMAまたはFannie Mae），連邦住宅金融抵当金庫（FHLMCまたはFreddie Mac），連邦政府抵当金庫（GNMAまたはGinnie Mae）である．これらの機関は，銀行やその他の金融仲介機関が創造した住宅ローンのプールから得られた収入を裏付けとした証券を発行した．住宅ローンがこのプールに入ることを認められるためには，そのストラクチャーやサイズにおいて様々な条件を満たさなければならなかった．しかし，1990年代から，民間の証券化が急速に増え，様々な異なる種類の住宅ローンその他を裏付けとした証券化商品が発展し始めた．

担保付住宅抵当 (CMO) は，住宅ローンを裏付けとした証券 (MBS) のように，トランシェに分けられ，その支払いは最初のトランシェに対して行われた後，順次下位のトランシェに対して行われる．資産担保証券 (ABS) は，例えば，クレジットカード債権，自動車ローン，住宅担保ローン，リース債権などのように，MBSよりもより幅広い種類の資産に基づく証券化商品に用いられる用語である．

これらのローンのキャッシュフローを，各種証券化を通じて投資家に販売するということは，銀行がリテール商品のキャッシュフローを満期までの間に少しずつ実現していくのではなく，元本支払いをアップフロントで得ることを意味する．証券は第三者に売却されることもあれば，公開市場においてトランシェに分けられた債券，つまり独立した格付機関から格付を付与された優先債，劣後債といった債券として発行されることもある．

証券化は法的構成，裏付けとなるキャッシュフローの安定性，銀行がキャッシュフローの高リスク部分をどの程度売却または保有するかといった点において，様々な法的形態で行われる．銀行はポートフォリオのリスクのほとんどを投資家に移転し，このプロセスを通じて，ポートフォリオに関する経済的リスク（そしてエコノミックキャピタル）を減らすこともある．この場合，銀行は借り手から得られる収入の一定部分をあきらめ，ローンの創造と維持に必要なコストを賄う収益 (Profit Margin) を得るにとどまる．

他にも，特定の消費者ローンポートフォリオのために積んでおくよう規制当局が求めるリスクキャピタルを減らすため，規制も考慮に入れながら証券化のストラクチャーが決定される．時には，ポートフォリオの経済的リスクのほんの一部のみが投資家に移転されるのみというケースもあり，これは規制アービトラージ (つまり異なる種類の資産をもつことによって生じる資本コスト賦課を削減すること）によって起きる．

2007–2009 年の金融危機への過程において以下の 3 つの重要なトレンドが住宅ローンその他の証券化市場の健全性を損ねた．

- サブプライムローンや同様にリスクの高いローンが，証券化目的に特化して，資本の厚みに欠け，規制当局の監督をあまり受けず，もともとのローンの質のコントロールに長期的な関心を払わない会社（例：ブローカー）によってオリジネートされ始めた．
- サブプライムに対する与信が複雑な証券の形に組み込まれ，高い格付を取得したが，結局それは根拠に乏しい仮定に基づいていたということが後に明らかになった．
- 銀行が証券化によるリスクを分配せずに，そのリスクの大部分を，自らまたはあらゆる種類の投資目的会社を通じて抱え込んでしまった．

金融危機とそれに続く証券化の市場改革については第 12 章で詳しく議論するが，消費者信用のオリジネーターという見地からすると，これらの改革の重要な効果は以下のようなものである．

- 証券化の裏付け資産について，より詳細かつ正確な情報を投資家に提供することによって，ディスクロージャーおよび透明性を改善すること．
- ローンのオリジネーターに経済的利益の一定割合（例えば 5%）の保有を義務付けることによってオリジネーターの説明責任をより高めること．
- 格付手法とその過程を公開し，格付機関の説明責任を高めること．
- 証券化のリスクをより良く反映したレベルの所要資本を定めること．

9.8 リスクに応じたプライシング

先の章で議論したように，リスクに応じたプライシング (RBP) は，競争的要因と規制要因に後押しされ，リテール向け金融サービスにおいてますます一般的になりつつある．金融サービス業にとってリスクに応じたプライシングとは，リスクの経済的効果を，顧客のアカウントごとに要求する金利に織り込むことを意味している．ここでいう主要経済要因には，オペレーションコスト，購入確率（提案された商品を顧客が受け入れる確率），デフォルト確率，デフォルト時損失，デフォルト時エクスポージャー，取引に割り当てられる資本量および金融機関にとっての資本コストがある．

多くの主要金融機関は，自動車ローン，クレジットカード，住宅ローンといった事業において，すでに何らかの RBP を取り入れている．2007–2009 年の金融危機後，銀行は RBP に何らかの長期的な視点を考慮することが必要だということを認識した．リテール金融分野においては，RBP は緒に就いたばかりであり，銀行の主要業務目的がプライシング戦略に適切に反映されているケースは滅多にない．例えば，（残高の大きい口座と比較して）残高の少ないリボルビング口座に対するプライシングは，適切に行われていないことが多い．さらに，段階的プライシング (Tiered Pricing)[†5] を適用する際に設定されるカットオフスコアは，実務的かつ詳細な分析に基づいているわけではなく，その場限りの経験則に基づいて決められることが多い．リスクを表すスコア帯が高いと価格も高くなるという段階的プライシングのおかげで，リスクに応じたプライシングがより簡単で効果的になる．よく練られた RBP 戦略は銀行が，代替的プライシング戦略をクレジットスコアのレベルで（売上げ，収益，損失，リスク調整後収益，マーケットシェア，ポートフォリオの価値等のような）重要財務指標に結びつけることを可能にし，RBP は，ベストプラクティスを実践するリテールマネジメントの重要な要素となっている．RBP は（価格と信用枠の関数でもある融資の受理率のような）外部のマーケットデータと（資本コストのような）内部データの両面から重要な要因を考慮する．

RBP によって，リテールバンクの経営者は，収益，マーケットシェア，リスクのトレードオフを含む複数の制約を考慮に入れつつ，経営目標を達成することによって株主価値を向上させることができる．前述の制約の下で，これらの経営目標を効率的に達成するために数学的プログラミングアルゴリズム（整数計画法による解のような）が開発された．リテールバンカーにとってマーケットシェアを向上させるという目標と，「悪い」顧客の率を減らすという目標とのバランスを取るうえで，プライシングは重要なツールである．

リスク調整後でマーケットシェアを上げるには，リテールバンクは「悪い」顧客の率を全体の受理率 (Acceptance rate) に対する割合の関数 (Strategy Curve) として精査してもよいかもしれない．伝統的なリテールにおけるプライシングは，かなりの部分が厳密に行われておらず，優れたプライシングが行えれば，企業の

[†5] ここで使っている段階的プライシングとは，一定以上のスコアの上に幅を設けることによって，価格差をつけることをいう．つまりスコアが高ければ価格が低いということになる．

業績を表す主要な指標を 10〜20% またはそれ以上に改善させることができるだろう．

著者たちの意見では，RBP は，ノンバンクが顧客や中小企業に信用供与をする際にも使われるべきである．しかし，このためには，こうしたリテールの信用供与者の多くに欠けている論理的な運用インフラが必要である．したがって，こうした会社は金融機関が保証する支払いやクレジットカード会社による支払いに依存しがちである．

9.9 戦術的，戦略的リテール顧客獲得

このスコアリング技術は，継続して取引を続ける顧客（あるいは，去っていく顧客）を判断したり，優良顧客が離れていくのを防ぐ（あるいは忠実な顧客を増やす）といった，多くの戦術的アプローチに応用できる．また，この新しい技術は銀行が特定の顧客に対して最適な商品を提供したり，引退後の計画など新しいタイプのサービスに顧客を惹きつける方法を考え出したり，どの程度積極的に顧客アプローチを行うべきかを決定する一助になる．

また，戦略面でも多くの考慮すべき点がある．例えば，銀行は個々の顧客から様々なステージに渡って十分な「生涯価値」を得ることができたか，既存顧客ポートフォリオからどの程度の将来的価値が見込めるか，そして，この価値の本当の源泉はどこにあるのかといった点である．理想的には，銀行は，適切な顧客ポートフォリオを獲得し，それを維持する努力をすべきなので，その業績を競合他社と（マーケットシェアなどの指標によって）比較する能力をもつべきだろう．

9.10 結論

この章では，リテール信用リスクの分野において，多くの数学的進歩が起こり，これが顧客のライフサイクルを通してビジネス戦略を立てる手助けとなってきたことを見てきた．

信用供与に際し分析モデルを使うことにより，収益の見込める顧客の識別，商品のオファーに応じる可能性の予測，顧客の好みに合わせた商品開発，借り手の信用力の評価，信用限度枠やローンの決定，リスクに応じたプライシングの適用，顧客とのリレーションシップの評価が可能になった．

ローンの期間を通じて，分析モデルは，顧客の行動もしくは回収パターンの予測，クロスセリングの機会の決定，繰上げ弁済リスクの評価，不正取引の発見，顧客関係のマネジメントの最適化や，（滞納時の回収を最大化するための）回収努力の優先順位付けなどのために使われる．リスクに応じたプライシングは，企業活動におけるトレードオフを分析し，最適かつ多層にわたるリスクベースのプライシング戦略を決定するため，より一層利用されるようになってきている．

しかし，期待損失の計測に定量的手法を用いるにあたって，銀行はリテールリスクの「負の側面」を見落とさないよう気をつけなければならない．新しい商品やマーケティング手法が生み出されるときにはいつでも，信用ポートフォリオにシステマティックリスク，つまり一度経済や消費者行動に構造変化が生じた場合に損失が想定外に膨らむ共通リスクファクターが発生する．新しいスコアリングモデルは，各消費者向け商品と，関連する顧客セグメントにおいてその商品が果たす役割に関する深い理解をベースにして，相応の判断を加えたうえで適用されなければならないツールなのである．

第10章

商業信用リスクと個々の信用格付

商業向け信用リスクは，多くの銀行が直面する最大かつ最も基本的なリスクである．そしてこれはまたその他の多くの種類の金融機関や一般企業にとっても主要なリスクとなっている．デフォルト事象がどの程度発生しうるのか，デフォルト事象発生時にはどの程度のコストが発生するかを決定するには多くの不確定要素がからみあうため，商業向け信用リスクの評価は複雑な作業である．したがって，この問題に対して数多くの異なるアプローチが存在したとしても何ら不思議ではない．

最新のアプローチの中には，株価データを使って公開企業のデフォルトの起こりやすさを予測するものもあれば，数学的，統計的モデルを使って，ポートフォリオレベルで信用リスクを評価するために開発されたものもある．これら最新の数学的アプローチについては，次章で見ていくこととする．信用リスクという難問に対するより伝統的な手法として，本章の主題である「信用格付システム」として知られる包括的フレームワークにおける信用リスク評価に基づくものがある．

信用評価を行うにあたって，分析者は企業の財務面と経営面，定量面と定性面など，多くの複雑な側面を考慮に入れなければならない．つまり，企業の財務的健全性を評価し，債務の支払いに十分な収益やキャッシュフローが存在しているかを検証し，企業の資産の質を分析し，流動性を精査しなければならない．加えて，潜在顧客が属する業界の特徴，業界内におけるその顧客のポジション，マクロ経済が企業に及ぼしうるであろう影響（政治混乱や通貨危機などのようなカントリーリスクを含む）を考慮に入れておかなければならない．

信用格付システムは，簡単にいうと信用アナリストが（全社横断的にそしてどんなときにも）合理的で一貫性のある (coherent)，比較可能な格付を付与することができるように，前述のすべてのプロセスを体系的かつシステマティックに行うための方法である．

まずは，（近年の格付の発展における主要プレーヤーである）格付機関が，どのようにして大企業向けの公開格付を付与しているかを見てみる．次に，公開格付の存在しない大小様々な規模の企業に対して，銀行がどのように内部格付を決定するかを見てみる．

内部格付システムは，銀行業界において最も古く，そして最も広く使われている信用リスク計測ツールの 1 つである．しかしその実践方法は規制上および競争上の両面のプレッシャーから急速に変化している．内部格付システムは，何千といった借り手を一貫したフレームワークの中で分析し，貸出ポートフォリオ全体にわたる比較を可能にする．大規模銀行は，これらの内部格付を信用リスク管理のローンの組成，ローンのプライシング，ローンの取引，信用ポートフォリオのモニタリング，資本配賦，準備金の決定，収益分析，経営向け報告 (BOX10.1) といった，信用リスク管理に関するいくつかの重要な局面において使っている．

これらの内部格付システムは金融機関の信用リスク管理システムにおける非常に重要な要素であるため，これがバーゼル II およびバーゼル III における規制上の資本配賦プロセスの中心になっていることは驚くにあたらない．銀行の内部格付システム，そしてこれに付随するデフォルト確率 (PD)，デフォルト時損失 (LGD) などの統計値は，銀行の規制上の自己資本を計算する際の重要なインプットとなっている．しかしながら，銀行が信用リスクに対する所要自己資本を決定するために自行の内部格付システムを使うことができるのは，そのシステムがある一定の基準 (BOX10.2) を満たしたときのみである．

BOX 10.1

内部格付システム (IRRS: Internal Risk Rating System) の目的

伝統的に内部格付システムは金融機関によって，以下のような様々な目的のために使われている．

- 与信限度枠の設定および新規取引の承認と否認
  企業や取引に与えられた格付の高低は，特定の取引を承認あるいは否認するという意思決定において重要な役割を果たすことが多い．与信限度枠は格付のカテゴリーごとに設定されることが多いが，同様に，企業ごと，業界ごと，国ごとにも，与信集中を避けるための集中限度枠が設定され，銀行の上級リスク管理委員会によって年次で見直される．
- 信用力（信用の質）のモニタリング
  格付は定期的（最低 1 年ごと，あるいは借り手の信用状況評価に大きな影響を与える特別な事象が発生するたび）に見直されるべきである．信用格付の推移は，銀行のローンポートフォリオの信用力（信用の質）のモニタリングにとって重要な部分である．
- 経済自己資本の配賦
  ベストプラクティスを実践する金融機関は，自社の事業やポートフォリオの株主価値への貢献度合い（第 17 章参照）を評価するための，リスク調整後資本収益率 (RAROC) システムをもっている．内部格付は，信用ポートフォリオに対する経済自己資本配賦プロセスの重要なインプットである．
- 貸倒引当金の充足度

規制当局と経営陣はともに，内部格付で計測されるポートフォリオの信用力（信用の質）の分布を使って，当該会計期間における貸倒損失に対する財務会計上の準備金や損失引当てが十分であるかを判断する．

- 資本の十分性
  規制当局と経営陣，そして格付機関は，内部格付で測られるポートフォリオのリスクプロファイルを使って，その機関全体の基礎的信用力を判断する．より具体的には，内部格付はバーゼル II および III の内部格付手法を使った所要資本計算の重要なインプットとなる．
- ローンのプライシングとトレーディング
  内部格付は信用ポートフォリオモデル（第 11 章参照）の主要インプットであり，ここから信用ポートフォリオ全体に対する個々のローンのリスク貢献度合 (risk contribution) が導出できる．そして，これらのリスク貢献度合は，信用リスクのコストを織り込むためにその機関がローンに対して課すべき最低スプレッドを決めるのに役立つ．信用供与を行う際に相対的コストの考慮を怠れば，株主価値が毀損されることになる．

BOX 10.2

内部格付システムがバーゼル II の要件を満たすための条件

（第 3 章で説明した）バーゼル II および III で提唱された内部格付手法（IRB アプローチ）の要件を満たすためには，銀行は IRB の適用開始時とその後継続的に一定の最低基準を満たしていることを証明しなければならない．これらの基準の大部分は，内部格付システムが一貫性と信頼性を有する検証可能な方法によりリスクをランク付けし定量化することができるかどうかに焦点を当てている．以下に主な条件を挙げる．

- 意味のあるリスク区分
  バーゼル資本規制では非デフォルトの借り手に対して少なくとも 6〜9 の格付カテゴリーと，デフォルトした借り手に 1 つの格付カテゴリーを設けることを提唱している．借り手の格付は，詳細かつ明確な一連の格付基準に基づいた，借り手のリスク評価として定義されなければならない．この格付の定義には，推定されたデフォルト確率の範囲と信用リスクの程度を区分する基準が含まれていなければならない．もし銀行のローンが一定のデフォルトリスクの範囲内に集中していれば，この範囲の中でも最小限の格付区分が存在していなければならない．
- 信頼性に足るリスク要因の推定
  銀行の格付定義は，格付付与に従事する者が，同様のリスクをもつ借り手やファシリティ（ローン等の個別債務）に対しては，同じ格付を一貫して付与できるよう十分詳細に定義されていなければならず，格付の一貫性は，内容が異なる事業部門や地理的に異なる事業所にかかわらず保たれていなければならない．また，格付付与のプロセスは，（利益相反を防ぐために）取引をオリジネートする銀行担当者の影響を受けないようにしなければならない．
- 格付システムと格付決定の文書による明確化
  格付プロセスにおいて一貫性，統合性 (integrity) を確保するために，銀行はそのプロセスが組織の中で一様に適用されていることを保証しなければならない．したがって，リスク格付付与プロセスはきちんと文書化されていなければならない．また，格付付与とその検証の独立性を保証するための組織的統制が確保されていなければならない．

- リスクの定量化とバックテスト
内部格付手法では，銀行は借り手およびローンに対する内部格付を，頑健なデフォルト確率およびデフォルト時損失といった推定値に変換できなければならない．銀行はこれらの推定を行うために広範囲にわたるデータ（内部データ，外部データ，またはその組合せ）と定量化手法を使うことが許されるだろう．しかし，これらの推定値は，それが実際のデフォルト率や将来の信用損失を正確に推定できているかを確認するために，過去のデータを使ったバックテストによって検証されなければならない．信用データやデフォルトデータは，例えばマーケットデータと比べて相対的に少ないため，バックテストは困難な作業であるが，銀行は格付決定に至る際に使用した主要データを含む，借り手とローンの格付履歴に関するデータを収集することを要求されている．銀行はまた，デフォルトの理由，タイミング，損失の内訳といった，デフォルトの履歴データを集めなければならない．さらに，銀行は格付カテゴリーごとに，デフォルト確率，デフォルト時損失，デフォルト時エクスポージャーについて予測値と実績値も捉えておかなければならない．

10.1　格付機関

10.1.1　外部格付付与プロセス

企業による債券発行は20世紀の現象であるが，債券が発行され始めるとすぐに，ムーディーズ（Moody's, 1909年），スタンダード・アンド・プアーズ（S&P, 1916年），その他の格付機関が，ある特定の債券から投資家に予定どおりの支払いが行われる可能性の評価を，独立した立場から提供し始めた．また，過去30年の間に新しい金融商品が登場し，それが信用格付に対する新たな手法や基準の発展を促した．例えばS&Pは格付機関として初めて住宅抵当債券（1975年），投資信託（1983年），ABS（1985年）に格付を付与した．

一般的に，信用格付は証券に対する投資推奨を行うものではない[†1]．S&Pの言葉を借りれば，「信用格付とは，関連するリスク要因に基づき判断した，ある債務者の一般的な信用力または，ある特定の債券に関する債務者の信用力に対するS&Pの意見である[†2]．」

証券に格付を付与する場合，格付機関はアップサイド（収益が発生する可能性）よりもダウンサイド（損失が発生する可能性）に着目する．ムーディーズがいうように，格付とは，「ある特定の債券について，発行体が元利金を予定どおりに支

[†1] 米国では外部格付は，それが広く一般に公表されている限り，一般的に「私見」とみなされていた．これにより，格付機関は米国憲法修正第1項（言論の自由）によって保証された自由を享受することができ，ジャーナリズムに与えられている法的保護の多くの恩恵を受けることができた．

[†2] S&P Corporate Ratings Criteria, 1998, p.3.

払うかについての，将来的な支払能力および法的な支払責任についての意見である[†3]」. S&P とムーディーズは企業の内部情報を入手できる立場にあり，格付に関して専門的知識をもち，一般的には中立的な信用評価を行うと考えられているので（ただし，BOX10.3 参照），その格付は市場参加者や規制当局の間で広く受け入れられている．金融機関は，規制当局から投資適格等級の債券を保有するように求められたときは，どの債券が投資適格なのかを判断する際に，S&P やムーディーズのような格付機関の格付を使っている．

BOX 10.3

格付機関はその責務を果たしているか，その役割は制限されるべきか

過去数年の間に，格付機関の役割とその業務遂行能力に対する批判が高まりつつある．

格付機関の果たす役割に対する批判は，信用格付市場における独占的地位とその収入源に起因する．例えば，格付に対する需要は拡大しているが，これは，規制上のツールとしての格付に対する依存度が高まったという人為的な要因によるものである．1975 年以降，米国証券取引委員会 (SEC) の規制は，様々な信用リスクのある証券リスクを区別するために，いわゆる「全国的に認知された格付機関 (NRSROs)」の付与する格付に依存するようになった．その他の規制当局も，機関投資家の多くに対して，SEC に登録された 10 社のうち 1 社から投資適格等級を受けている債券のみに投資することを義務づけた．

背景にあったのは投資家保護という観点である．しかし，公式に認知された信用格付を参照する SEC やその他の政府規制に従うことが重要だったため，NRSROs には半官的な地位が与えられた．

より最近では，バーゼル II においてリスクアセット (RWA) と規制資本の計算に主要格付機関の格付を使うことが明確に示された．一方，欧州中銀はポートフォリオにあるすべての投資非適格等級の債券を売却することを求められた．

格付機関の半官的な地位は，彼らの寡占的なポジションによりさらに確固たるものとなった．米国では，2011 年時点において，10 の格付機関[†1] が承認されている．しかし，上位 3 社（ムーディーズ，S&P およびフィッチ (Fitch)）合計で米国の 95% のシェアを占めている．

その他の批判としては，格付対象企業からある意味の資金援助を受けているという，長年いわれてきた利益相反の問題もある．理想的には，投資家のような格付情報の利用者が，企業を格付する行為に対して手数料を払い，分析対象となっている企業は格付機関に手数料を払うべきではない．しかし現実的には，主要格付機関はその収入の大部分を発行体からの手数料に依存しているため，状況によっては，その客観性を失ってしまうのではないかという不安につながっている．もし主要な格付機関が，格付対象企業から追加の収入を受け取るようなリスク管理コンサルティングやアドバイザリー業務を発展させれば，潜在的な利益相反の問題は将来悪化の一途をたどるだろう．

これに対し格付機関側は，格付に影響を与えるような利益相反を避けるために多くのプロセスを導入しており，正確な格付を付与することにかけては，良好なトラックレコードを有しているといって反論している．

それでも，格付機関は格付の精度についても批判を浴びている．昨今の最大の批判

[†3] Moody's Credit Rating and Research, 1998, p.4.

は，複雑な証券化商品の格付と，2007–2009 年の金融危機にその格付が果たした役割である．第 12 章において，なぜストラクチャード・クレジット商品の格付手法が，事業会社や地方公共団体の債券に使われる手法とは異なるべきかについて詳しく述べる（付録 12.1 を参照）．

しかしまた，企業や社債の格付に関する格付機関の実績については，長年の懸念がある．格付機関が 1997 年のアジア危機を予測することが全くできなかったと述べる識者も多く，アジア地域の企業の中には，アジア危機がかなり進行した後に始めて格下げされたところも多かった．

その他，格付機関は，2000 年の株式ブームの終わりに（倒産したエネルギー企業大手のエンロンのような）レバレッジの極めて高い企業，経営に問題のある企業を見つけ出すことができなかった．また，格付機関自身も認めているように，前回の景気サイクルの終わりに，非常に多くのフォールン・エンジェル (Fallen Angels)（投資適格等級から投機的等級に急激な格下げを受けた企業）が存在していた．しかし格付機関は，過去の長期実績を引き合いに出し，投資判断に格付を利用する投資家の多くは，比較的格付が安定していることを望み，市場環境が変わるたびに格付が大きく変化するような状況を望まないという[†2]．

その他，2011 年 8 月に S&P が米国を AAA から AA^+ へ引き下げたときに論争の火種が表面化した．特に 2010 年 4 月のギリシャ，ポルトガル，スペインの突然の格下げのような，欧州ソブリンの格下げと歩調を併せて，ソブリンが格付機関によって格付されるべきかどうかという議論が白熱した．政治家はソブリン格付手法の正当性に対して率直に疑問を投げかけ，格付機関が従っている格付手法に対する監査を求めた[†3]．

皮肉にも，これらの問題が発生したのは，規制当局によって格付機関に半官的な地位が与えられてしまったことが一部関係している．理想的には，格付機関の格付は，その他のアナリストや経済専門家の意見よりも高い価値を与えられるべきではない[†4]．実際，ソブリンが AAA 格でなくなったり，企業が投資適格を維持できなくなれば機関投資家は格下げされた債券の売却を余儀なくされるのである．このことは，関連する債券価格の下落，発行体の調達コストの増加や発行体の経済的状況の悪化につながる[†5]．この格下げが与える負の連鎖は，アイルランドや，より最近ではギリシャ，ポルトガル，スペインに影響した危機において大きな役割を果たしたのである[†6]．

それでは現状のシステムをどのように変革すればよいだろうか．米国ドッド・フランク法で提案された 1 つの解決策は，法律やバーゼル II や III に始まる証券規制において格付への参照を抑制することである[†7] この背景には，借り手の信用評価を行うのは銀行のコアコンピテンシーであり，銀行は規制当局の認証した，自らの内部格付システムを使うべきだという考え方がある．また，自らデュー・ディリジェンスを行い，自分の判断およびあらゆる専門家の意見に基づいて投資判断を行うのは投資家の責任である．

また，欧州証券市場監督局 (ESMA) という新たな規制当局の監督下にある公的格付機関を設立するという別の案が欧州委員会から提案されている．ただ，このような公的格付機関が政治的な干渉を受けないかどうかは定かでないため，この解決策は理想的とはいえないかもしれない．

[†1] 10 社とは以下のとおりである．かっこ内の数字は格付機関の業務開始年次である．
A.M. Best (1907 年), Moody's (1909 年), S&P (1923 年), Fitch (1927 年), Dominion Bond Rating Services (1976 年), Kroll Bond Rating Agency (1984 年), 日本格付研究所 (1985 年), R&I (1986 年), Egan-Jones Ratings (1995 年), Morningstar Credit Ratings (2001 年).
2011 年時点では，SEC への届出によると，上位 3 社が企業，地方公共団体，ソブリン，その他債券について 250 万件の格付付与を行っている一方，SEC から認証されたその他 7 社の格付付与件数はわずか 84,000 である．

†2 2000 年の株式ブームの崩壊に続く批判を受け，米国 SEC のような規制当局は，格付業界のオペレーションについて一連の長きにわたる調査を行った．例えば，米国 SEC の "*Report on the Role and Function of Credit Rating Agencies in the Operation of the Securities Markets*", January 2003 がある．これは http://www.sec.gov/news/studies/credratingreport0103.pdf で入手可能である．2007–2009 年の金融危機の後には，格付機関の実務について，特にストラクチャードファイナンスに焦点を当てた調査レポートもある．例として米国 SEC の "*Report to Congress on Assigned Credit Ratings*", December 2012 があり，これも http://www.sec.gov/reportspubs/special-studies/assigned-credit-ratings-study.pdf で閲覧可能である．

†3 米国財務省は米国の格下げに至った S&P の分析は「重大な結果をもたらす基本的な算数の誤り」であると述べた．対して S&P 側は，これは誤りではなく，格下げの最終決定には何ら影響を与えない単なる仮定の変更だと応酬した．SEC の提案した規制は，格付機関に，定期的に内部コントロールに関する自己評価を当局宛に提出することを求めるというものであった．加えて，格付機関には，その格付手法に関する「重大な誤り」が見つかった場合はそれを公開することが要求されることとなった．

†4 クレジットに関するこうした意見のみが唯一の方法というわけではない．CDS スプレッドによって，格付評価を補うデフォルトリスクの市場評価を得ることもできる．

†5 S&P がギリシャ国債の格付を A^- から BBB^+ に，そして BB^+ に引き下げたとき，新発のギリシャ国債の利回りは 5.5% から 10.7% へと上昇した．

†6 これまでのところ，ほとんどの海外投資家から安全な逃避先 (Safe Haven) と見られ続けているため，米国債への影響は比較的軽微である．中国のような国にとっても，その外貨準備の純然たる大きさからして，現状，米国債に代わる投資先は見当たらない．

†7 SEC やその他の米国規制当局はドッド・フランク法に関連してルールの見直しと変更を行っている．例えば，SEC の "*Report on Review of Reliance on Credit Ratings*", July 2011 等を参照．

格付には主に発行体格付と債券格付の 2 種類がある．発行体格付は債務者の金融債務に対する全体的な支払い能力に対する意見であり，これには，取引先格付 (counterparty ratings)，企業信用格付 (corporate credit ratings)，ソブリン信用格付 (sovereign credit ratings) がある．もう 1 つのカテゴリーである個別債券格付 (issue-specific credit ratings) の場合は，格付機関はその格付システムと格付記号において長期格付と短期格付を区別している．短期格付はコマーシャルペーパーや CD，プットボンド[†4] に適用される．特定の債券発行に対して格付を付す場合は，その債券特有の条件，担保の質，保証人の信用力のほか，発行体の属性が勘案される．

格付付与に際しては，定量面，定性面，そして法制面からの分析が行われる．定量分析は，主に企業の財務分析であり，財務諸表に基づいて行われる．定性分析は経営の質についてのもので，これには，業界の期待成長，ビジネスサイクルの影響度合い，技術革新，規制の変更，労働関係とともに，その企業の業界内での競争力に対する詳細な分析が含まれる．

図 10.1 では事業会社の格付付与プロセスを紹介している．このようなプロセスによって，アナリストは，国あるいはマクロ経済の問題，業界展望，規制トレンドを調査し，（経営の質，経営状況，財務状態を含む）個別属性，そして最終的に

---

†4 プットボンドとは，金利が上昇した場合に債券保有者が損失を避けるために，あらかじめ決められた特定の時期に（契約条項が有効である限り），額面 (Face Value) で債券を償還できる条項がついたものをいう．

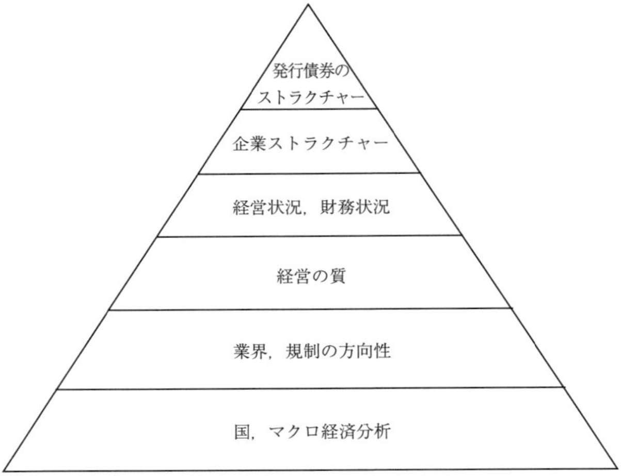

（出典：Moody's）

図 10.1　ムーディーズの業種別企業格付分析

その金融商品独特の問題まで精査することができる．

経営陣の評価は本来主観的なものであるが，リスク許容度に照らして，経営陣がどの程度の確度で成功を達成できるかを分析するものである．格付のプロセスには，経営，財務に関する計画，政策，そして戦略を吟味するための発行体の経営陣とのミーティングも含まれる．すべての情報は，関連する業界の専門知識をもった者で構成される格付委員会で吟味，議論され，推奨格付の投票が行われる．格付が公開される前に，発行体は新たな情報を提供することにより，格付の再考を要求することができる．債券発行についての格付決定は通常，格付機関が依頼を受けてから 4〜6 週間の間に行われる．

通常格付は新しく公表された財務諸表，新たな事業情報，経営陣とのミーティングに基づいて年 1 回見直される．もし格付変更に至るような理由がある場合は，「格付見直中」（Credit Watch または Rating Review）という通知が出される．格付変更は格付委員会によって承認されなければならない．

10.1.2　S&P とムーディーズによる信用格付

S&P は世界 50 カ国以上で業務を行う世界最大の格付機関の 1 つである．ムーディーズは，主に米国中心であるが，世界的にも多くの事務所をもっている．表 10.1 と表 10.2 は，S&P とムーディーズによって使われている長期格付区分の定義である．上から 4 つ目までの格付（つまり S&P 格付の AAA，AA，A，BBB およびムーディーズの Aaa，Aa，A，Baa）は，一般的に投資適格等級とみなされている．金融機関の中には，特別な，承認された投資ガイドラインをもち，投資適格等級の債券や債務証券にしか投資できないというところもある．S&P によってBB，B，CCC，CC，C を付与された債務（ムーディーズの場合は Ba，B，Caa，Ca，C）は，極めて投機的要素の高い債務とみなされている．この中ではBB（ムーディーズでは Ba）のリスクが最も低く，C が最もリスクの高い格付となっている．

S&P は主要格付カテゴリーの中での相対的な信用状況を区別するために，AA から CCC の格付に対してプラスとマイナスの記号を付している．同様にムーディーズも 1，2，3 の記号を Aa から Caa の各格付に加えている．例えば，1 はその債務がその格付カテゴリーの中で高いほうのランクに属していることを示しており，ムーディーズの B1 であれば，S&P の B^+ に相当する．

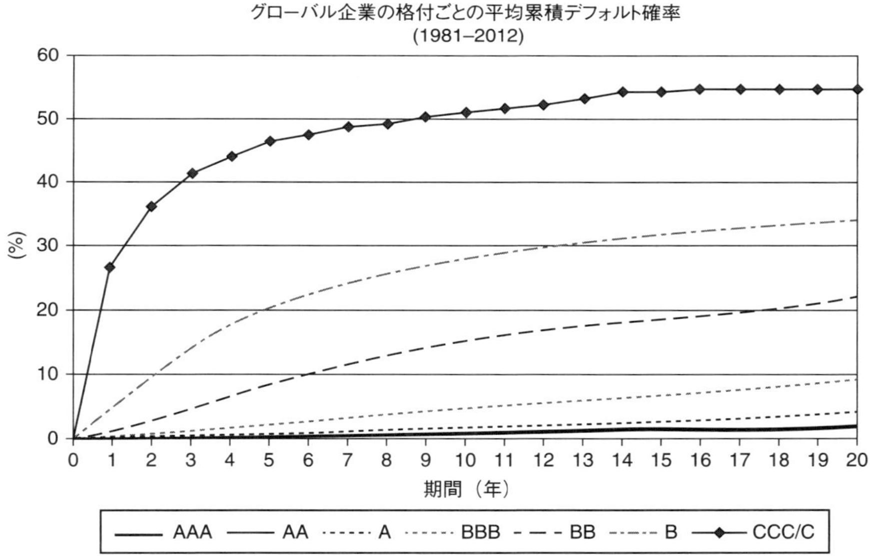

出典：Standard & Poor's 2012 Annual Global Corporate Default Study and Rating Transitions, March 18, 2013.

図 10.2　債券を発行した企業の平均累積デフォルト確率 (1981-2012)

こうした格付がどの程度正確なのかを図 10.2 で確認してみよう．ここでは，発行後 1 年から 20 年間債券を保有した場合の，格付カテゴリーごとの事業債の平均累積デフォルト率が示されている．なお，この図では 1981 年から 2012 年のデータを使っている．格付が低いほど，累積デフォルト確率が高くなっているのがわかる．AAA と AA の債券のデフォルト率は極めて低く，10 年後でも 1% 未満のデフォルトしか起きていない．しかし B 格の発行については，ほぼ 30% の企業が 10 年の間にデフォルトしている．

図 10.2 と表 10.1 に示された過去データを見る限り，2007–2009 年の金融危機

グローバル企業の格付ごとの平均累積デフォルト確率 (1981–2012, %)

	期間（年）														
格付	1	2	3	4	5	6	7	8	9	10	11	12	13	14	15
AAA	0.00	0.03	0.14	0.25	0.36	0.48	0.54	0.63	0.69	0.76	0.79	0.83	0.86	0.94	1.02
	(0.00)	(0.01)	(0.07)	(0.13)	(0.19)	(0.25)	(0.28)	(0.27)	(0.24)	(0.21)	(0.20)	(0.19)	(0.18)	(0.18)	(0.19)
AA	0.02	0.07	0.14	0.25	0.37	0.49	0.60	0.70	0.78	0.88	0.96	1.05	1.13	1.21	1.30
	(0.01)	(0.03)	(0.04)	(0.09)	(0.15)	(0.22)	(0.28)	(0.36)	(0.37)	(0.40)	(0.42)	(0.46)	(0.43)	(0.41)	(0.39)
A	0.07	0.17	0.29	0.45	0.62	0.81	1.03	1.23	1.43	1.65	1.84	2.02	2.19	2.35	2.55
	(0.02)	(0.03)	(0.05)	(0.08)	(0.09)	(0.10)	(0.13)	(0.17)	(0.25)	(0.39)	(0.52)	(0.56)	(0.57)	(0.55)	(0.55)
BBB	0.22	0.63	1.08	1.62	2.18	2.72	3.19	3.66	4.12	4.59	5.08	5.49	5.89	6.31	6.73
	(0.06)	(0.14)	(0.17)	(0.24)	(0.31)	(0.42)	(0.53)	(0.64)	(0.78)	(0.91)	(1.00)	(0.91)	(0.78)	(0.67)	(0.60)
BB	0.86	2.60	4.63	6.59	8.37	10.06	11.52	12.82	14.03	15.09	15.95	16.70	17.34	17.88	18.52
	(0.31)	(0.58)	(0.87)	(1.26)	(1.75)	(2.37)	(2.39)	(2.54)	(2.90)	(3.17)	(3.63)	(3.69)	(3.70)	(3.53)	(3.41)
B	4.28	9.58	14.07	17.56	20.18	22.30	24.03	25.42	26.64	27.84	28.84	29.65	30.40	31.10	31.82
	(0.93)	(1.96)	(2.20)	(2.43)	(2.89)	(2.85)	(2.98)	(3.16)	(3.10)	(2.77)	(2.24)	(2.16)	(2.04)	(2.17)	(2.33)
CCC/C	26.85	35.94	41.17	44.19	46.64	47.71	48.67	49.44	50.39	51.13	51.80	52.58	53.45	54.26	54.26
	(6.93)	(7.13)	(8.23)	(9.08)	(9.19)	(7.79)	(8.01)	(8.01)	(7.67)	(6.32)	(6.47)	(6.57)	(6.38)	(5.07)	(5.07)
投資適	0.11	0.31	0.54	0.82	1.12	1.41	1.68	1.94	2.19	2.45	2.70	2.91	3.11	3.32	3.54
格等級	(0.03)	(0.06)	(0.09)	(0.13)	(0.15)	(0.16)	(0.18)	(0.22)	(0.30)	(0.41)	(0.50)	(0.50)	(0.46)	(0.41)	(0.36)
投機的	4.11	8.05	11.46	14.22	16.44	18.30	19.85	21.16	22.36	23.46	24.38	25.15	25.85	26.48	27.12
等級	(0.96)	(1.39)	(1.72)	(1.84)	(1.87)	(1.65)	(1.73)	(1.75)	(1.64)	(1.53)	(1.51)	(1.52)	(1.53)	(1.50)	(1.47)
全格付	1.55	3.06	4.40	5.53	6.48	7.29	7.98	8.58	9.12	9.63	10.08	10.45	10.80	11.12	11.45
	(0.37)	(0.59)	(0.81)	(0.93)	(0.98)	(0.92)	(0.93)	(0.86)	(0.76)	(0.60)	(0.45)	(0.44)	(0.46)	(0.51)	(0.56)

注: かっこ内は標準偏差.
出典：Standard & Poor's Global Fixed Income Research and Standard & Poor's CreditPro®
出典：Standard & Poor's 2012 Annual Global Corporate Default Study and Rating Transitions, March 18, 2013.

にいくつかの高格付の銀行のデフォルトがあったが，事業会社に対する格付機関の格付の正当性は概ね確認できる[†5]．しかし，これらのデータはその他の用途にも有用である．例えばリスクアナリストは，格付機関によって格付されていたり，格付機関と同等の方法によって銀行によって格付されている企業の客観的なデフォルト確率を付与することができるのである．

主要格付機関は債務格付に際してほぼ同様の手法とアプローチを使っているが，それでも同じ債務に対して異なる格付が付されることがある．格付業界についての研究によれば，AA(Aa)，AAA (Aaa) に分類された企業のうち，主要 2 社から同じ格付を得ている企業は，50% を若干上回る程度である．同じ研究によると，規模の小さな格付機関は，S&P，ムーディーズよりも同等以上の格付を付す傾向

[†5] ストラクチャード商品，特にサブプライムローンを原資産とする商品の格付については，第 12 章で述べる理由のために，それほどパフォーマンスが良いものではなかった．

表 10.1 S&P の格付定義

AAA	S&P の最上位の格付であり，債務者の支払履行能力は著しく高い．
AA	最上位の格付との差は小さく，債務者の支払履行能力は非常に高い．
A	上位 2 格付に比べ，事業環境や経済状況の悪化による影響をやや受けやすいが，債務者の支払履行能力は高い．
BBB	債務履行能力は適切であるが，事業環境や経済状況の悪化によって債務履行能力が低下する可能性がより高い．
BB	より下位格付の投機的等級ほどではないが，事業環境，財務状況，または経済状況の悪化に対して大きな不確実性，脆弱性を有しており，状況によっては債務を期日どおりに履行する能力が不十分となる可能性がある．
B	現時点では債務を履行する能力を有しているが，BB に格付された債務よりも脆弱である．事業環境，財務状況，または経済状況が悪化した場合には債務を履行する能力や意思が損なわれやすい．
CCC	現時点で支払不履行のリスクにさらされている．その債務の履行は，事業環境，財務状況，および経済状況が良好であるという前提に依存している．こうした環境が悪化した場合に債務履行能力を有していない可能性が高い．
CC	現時点で債務不履行に至る可能性が極めて高い．
C	C 格付は，破産申請や類似の法的手続きが取られたものの債務履行が継続されている状況に適用される．
D	D 格付は，他の格付と異なり，将来の支払能力を予測するものではない．つまり，デフォルトの可能性がある場合ではなく，実際にデフォルトが起こった場合に用いられる．S&P は以下のような場合に D 格付を適用する． • 元利金が支払期日に払われなかった場合．支払猶予期間が存在し，S&P が支払履行を予測した場合は該当しない． • 自発的に破産申請または類似の法的手続の申請が行われた場合．ある特定の発行について S&P が支払いの継続を予測する場合は除かれる．支払不履行や破産申請がない場合のテクニカルデフォルト（例えば財務制限条項違反）が起きただけでは D 格付は適用されない．
＋ または－	AA から CCC までの格付には，各カテゴリーの中での相対的な強さを表すために，プラス記号またはマイナス記号が付されることがある．
R	この格付は，信用リスク以外のリスクがある場合に適用される．信用格付には織り込まれていない元本リスクや予想収益の不確実性（ボラティリティ）に焦点を当てる．例えば，株式，通貨，商品等に債務がリンクしているような場合，金利支払のみ，あるいは元本支払のみの住宅抵当証券のように債務が大きな繰上弁済リスクにさらされている場合，インバースフローターのように金利リスクが特に大きい債務がこれに該当する．

（出典：Corporate Ratings Criteria of S&P for 1998 より作成．）

表 10.2　ムーディーズの格付定義

Aaa	Aaa に格付される債券は，最上の信用力をもつと判断されたものである．この債券は，投資リスクが最も小さく，一般的に「最上格」とみなされる．金利支払は，十分また極めて安定的な利益によって保証されており，元本リスクも少ない．各種の安定要素は将来的に変化するだろうが，現時点で予測される変化によってこれら債券の強固な支払能力が脅かされる可能性は極めて低い．
Aa	Aa に格付される債券は，あらゆる基準から見て高い信用力をもつと判断されたものである．一般的に Aa の債券は Aaa 格の債券とともに，高格付債とみなされている．Aa 格の債券は，信用力の劣化に備えたマージンが Aaa 格ほど高くなく，安定要素が変動する可能性が高い，長期的なリスクを増幅させるような別の要素が存在するといった理由で Aaa より低く格付されている．
A	A に格付される債券は，多くの良好な投資属性を有しており，中上位債務とみなされる．元利金の支払を保証する要素が十分に存在しているが，将来的にそれが損なわれる不安要素も存在している．
Baa	Baa に格付される債券は，中位格の債券とみなされている（支払能力の保証は高くも低くもない）．金利支払や元本支払能力は現時点では十分であるが，一定の安心材料を欠いていたり，長期的に見た場合の不安定要素が高い．このような債券は，投資に適した要件を欠いていたり，投機的要素が存在しているケースもある．
Ba	Ba に格付される債券は，投機的要素があるとみなされ，その将来的支払能力は十分に保証されているとは言い難い．元利金の支払を保証する要素が不十分であることが多いため，将来的に環境が変化した場合には（良いときも悪いときも）支払いが保証されているとはいえない．状況が不安定というのがこの格付の債券の特徴である．
B	B に格付される債券は，一般的に投資に適するとされる要素が欠けている．元利金支払いに対する保証が不十分だったり，その他契約条件が長期にわたって維持される保証が不十分である．
Caa	Caa に格付される債券は信用力に劣る．これらの債券にはデフォルトの可能性が高く，元利金の支払にも危険信号が灯っている．
Ca	Ca に格付される債券には投機性が極めて高い．これらの債券はデフォルトを引き起こすことが多かったり，その他顕著な欠点を有している．
C	C は最下位の格付である．実際の投資意義を見いだすことが難しいほど，信用力が極度に低い債券とみなされる．

（出典：Moody's Rating and Research, 1995.）

があり，それより低い格付をつけることは極めて稀である[†6].

10.2 債務格付と格付推移

倒産とは，それが法的な事象として定義されようとも，経済的な事象として定義されようとも，その企業の現在の形態としての終末を意味する．これは起きるか起きないかという離散的な事象であり，連続過程の最終点，つまり企業が金融債務の支払不能を最終的に認識する瞬間である．しかし，倒産という事象にのみ注目してしまうと，企業の状態，企業価値，負債価値についての有益な情報を見落としてしまう．

もちろん，格付機関は倒産にのみ着目しているわけではない．彼らは，時に社債の信用格付を見直すことがあり，信用状況の変化は，社債のポートフォリオを保有する投資家にとって非常に重要である．

表 10.3 1 年間の平均格付推移率（%）(1981〜2012)

From/To	AAA	AA	A	BBB	BB	B	CCC/C	D	NR
AAA	87.17	8.69	0.54	0.05	0.08	0.03	0.05	0.00	3.38
	(9.11)	(9.13)	(0.86)	(0.31)	(0.25)	(0.20)	(0.40)	(0.00)	(2.66)
AA	0.54	86.29	8.36	0.57	0.06	0.08	0.02	0.02	4.05
	(0.55)	(4.90)	(3.99)	(0.75)	(0.25)	(0.24)	(0.07)	(0.07)	(1.91)
A	0.03	1.86	87.26	5.53	0.36	0.15	0.02	0.07	4.71
	(0.13)	(1.15)	(3.47)	(2.10)	(0.49)	(0.35)	(0.07)	(0.11)	(1.91)
BBB	0.01	0.12	3.54	85.09	3.88	0.61	0.14	0.22	6.39
	(0.06)	(0.23)	(2.31)	(4.62)	(1.82)	(1.02)	(0.24)	(0.26)	(1.79)
BB	0.02	0.04	0.15	5.18	76.12	7.20	0.72	0.86	9.71
	(0.06)	(0.16)	(0.39)	(2.35)	(5.02)	(4.63)	(0.92)	(1.04)	(2.84)
B	0.00	0.03	0.11	0.23	5.42	73.84	4.40	4.28	11.68
	(0.00)	(0.13)	(0.37)	(0.33)	(2.50)	(5.30)	(2.52)	(3.32)	(2.98)
CCC/C	0.00	0.00	0.16	0.24	0.73	13.69	43.89	26.85	14.43
	(0.00)	(0.00)	(0.70)	(1.01)	(1.29)	(8.42)	(12.62)	(12.48)	(7.19)

注）かっこ内は標準偏差．NR は格付取り下げ．
（出典：Standard & Poor's, 2012 Annual Global Corporate Default Study, March 21, 2012.）

格付推移行列を使えば，格付がどのように変化してきたかを見ることができる．表 10.3 は，1981〜2012 年の S&P の経験に基づくものである．ここには，1 年以内にある格付カテゴリーから別のすべてのカテゴリーに格付が変更になった過去の実績が示されている．推移行列の対角線上には，一定の期間に同じ格付カテゴ

[†6] R. Cantor and F. Packer, "Sovereign Credit Ratings", Federal Reserve Bank of New York, *Current Issues in Economics and Finance* 1(3), 1995.

リーにとどまった債券の割合が示されている．

例えば，AAA の社債が 1 年後も同じ格付にとどまった確率は 87.17% である．その他，8.69% は AA に格下げされ，0.54% は A に格下げされているといった具合である．（紙面の都合で本章には掲載していないが）複数年についても同様の推移行列を作成することもできる．例えば，平均的に，BBB に格付された社債が 5 年後も同じ格付にとどまる割合は 48.20% であり，A に格上げされた社債は 10.60% である．BBB に格付された社債の 5 年間のデフォルト確率は 2.39% である．

このような推移行列は高い格付と低い格付の違いを明らかにする．例えば，当初 CCC の付された社債は，26.82% が 1 年以内にデフォルトし，42.69% が 3 年以内，45.93% が 5 年以内にデフォルトしている．AAA の付された社債は，1 年以内のデフォルトが 0%，3 年以内のデフォルトが 0.14%，5 年以内のデフォルトは 0.35% である．しかし，5 年後には，52.33% の社債のみが当初の AAA 格付を維持し，17% は格付取り下げとなっている（これらのデータは表 10.3 には示されていない）[†7]．

AAA 格の社債が格上げされることはないのは明らかなので，現状維持か格下げのみが起きうる．CCC 格の社債は，現状の格付を維持するか，格上げされるか，デフォルトするかである．しかし，BBB 格の社債はどうであろう．過去の実績を見ると，1，2 年の間において格上げ，格下げの確率はほぼ同程度のように見える．しかし，5 年の実績を見ると，格下げよりも格上げのほうが多いようである．

格付推移行列は，JP Morgan の信用評価システムである CreditMetrics において主要な役割を果たしている．CreditMetrics は，ポートフォリオ信用リスク計測手法の 1 つであるが，これについては次章で詳しく見ていくことにする．CreditMetrics においては，過去のデータをもとに，リスクカテゴリー間の将来の推移確率を推定するため，推移行列は重要である．

10.3　内部リスク格付の基礎

銀行は，公開市場で債券発行を行う（したがって信用格付付与を受けるための投資が正当化される）企業のみならず，幅広い範囲の企業に融資を行っている．しかし，小規模企業および未公開企業の多くは株式市場に上場していないため，その企業について集められる財務データの多くの質は保証されていない．

[†7] 格付機関は，長期的な景気循環サイクル（またはクレジットサイクル）という観点から通常債務者を格付する (TTC: Through The Cycle)．しかし，多くのモデル解析者は通常ある一時点において債務者を格付する (PIT: Point In Time)．モデル解析者の格付のほうが短期のデフォルト確率をより適切に反映する．実際の格付推移とデフォルト確率は，景気後退局面にあるか景気拡大局面にあるかに依存して，年によって大きく異なる．実務家の中には，過去の平均推移確率を現在の経済環境に応じて調整する者もいる．TTC 手法による格付推移確率は PIT 手法による推移確率と比べて，期待損失や経済資本計算における変動が少ない．同じ格付にとどまる確率は TTC 格付に比べ PIT 格付のほうが低く，PIT 格付のほうが一般的にはより変動しやすい．

本節では，典型的な銀行の内部格付システム（略称 IRRS）について見てみる．内部格付システムが頑健なものであるためには，その格付評価にあたって注意深く設計，構築，文書化された一連のステップが確保されていなければならない．ここでの目的は，多くの異なるタイプの企業について正確かつ一貫したリスク格付を付与するとともに，適切な場合には，専門的判断が格付に影響を与えることを認めることである．

このような格付手法が信頼に足るものであるためには，その手法が常に一貫性をもち，健全な経済原則に則っていなければならない．ここで説明する内部格付システムは，あるときは銀行のリスク管理責任者，またあるときは，取引先の信用リスクを取り扱う主要商業銀行の資産運用管理者（マネーマネージャー）としての著者の豊富な経験に基づくものである．また，このような手法は，銀行に信用リスク評価のための体系立った手続きを構築することを義務づけているバーゼル II および III とも整合的である．

銀行の内部格付システムにおいては，典型的に 2 種類の格付が付与される．まずは，債務者ごと（あるいは，債務者グループごと）にそのデフォルト確率を表す債務者格付 (ODR: Obligor Default Rating) が付与される．次に，各ファシリティに，債務のデフォルト発生時に発生する損失リスクを表すデフォルト時損失格付 (LGDR: Loss Given Default Rating) が債務者格付に関係なく付与される．

これら 2 種類の格付の根本的な違いを理解するために，期待損失という重要な概念について考えてみる．ある特定の取引またはポートフォリオの期待損失とは，デフォルト時の信用エクスポージャー（EAD，例えば 100 ドルとする）に債務者（または借り手）のデフォルト確率（PD，例えば 2%）とファシリティのデフォルト時損失率（LGD，例えば 50%）をかけ合わせたものであり，この例では，期待損失は以下のように表せる．

$$\mathrm{EL} = \mathrm{EAD} \times \mathrm{PD} \times \mathrm{LGD} = 100\ \text{ドル} \times 0.02 \times 0.50 = 1\ \text{ドル}$$

債務者格付 (ODR) は，通常の事業運営に際して，その債務支払にデフォルトが発生する確率を表す．一方，デフォルト時損失格付は，デフォルトが発生した際の条件付損失を評価する．商品ごとの損失の大きさは，銀行が保証，担保のようなリスク軽減ツールを使っているかどうかによって大きく左右される．

借り手やファシリティに関連したリスクを見極めることだけでなく，内部格付システムによって，様々なプライシングモデルにおいて使われるキャピタルチャージ（資本を利用することに伴うコスト）のための主要インプットや，第 17 章で説明する RAROC システムのための重要なインプットが得られる．また，貸倒引当金，つまり，デフォルトの期待コストをカバーするために銀行が取っておく会計上の準備金の計算にも使われる．内部格付システムはほとんどの主要事業会社，商業セクターの信用リスク評価に用いることができるが，すべてのセクターをカバーするとは限らない．通常，銀行のメインの内部格付システムでは，不動産，銀

表 10.4　リスク格付（リスク格付システムの例）

リスク	ランク	S&P 格付相当	ムーディーズ格付相当	
ソブリン	0	該当無し		
低い	1	AAA	Aaa	投資適格等級
	2	AA	Aa2	
	3	A	A2	
平均的	4	BBB+/BBB	Baa1/Baa2BBB	
	5	BBB-	Baa3-	
	6	BB+/BB	Ba1/Ba2	投機的等級
	7	BB-	Ba3	
高い	8	B+/B	B1/B2	
	9	B-	B3	
	10	CCC+/CCC	Caa1/Caa2	
	11	CC-	Ca	
	12	デフォルト		

行，農業，公共ファイナンス，その他ソブリンのように，信用評価に際して特殊な要因を考慮しなければならない業種は対象外となる．

典型的な内部格付システムは，表 10.4 に示されるように，先進国の国債（例えば米国債やカナダ国債）を無リスクとみなし，これをカテゴリー 0 としている．0 としているのは，これらが無リスクとみなされるためである．カテゴリー 1 は，最も高い信用力をもつ事業債に割り当てられる．平均的なリスク格付（BBB や BB 格）は，多くの債務がこの範囲に集中するため，より細かくリスク評価を行うためにさらに細分化される．

典型的な内部格付システムのステップ（我々の例では債務者格付で 7，デフォルト時損失格付で 1 の計 8 ステップ）は，借り手の財務分析を行うところから始まり（ここで当初債務者格付が決まる），ここで付与された格付が最低限の債務者格付となる．それから後の 6 ステップを経て，最終債務者格付が得られる．ステップ 2〜7 の各ステップにおいて，ステップ 1 で決められた当初債務者格付が引き下げられることもありうる．この後のステップは，借り手の経営力分析（ステップ 2）業界内における借り手の絶対的，相対的位置の分析（ステップ 3），財務情報の質の分析（ステップ 4），カントリーリスクの分析（ステップ 5），ステップ 5 までで得られた予備的債務者格付の，外部格付または，KMV コーポレーションのようなコンサルティング会社またはソフトウェア会社の格付との比較（ステップ 6，第 11 章参照），ローンストラクチャーがデフォルト確率に与える影響の考慮（ステップ 7）に分けられる．これらのプロセスが，すべての借り手に対し正確な格付を与えるため，一貫した方法を使って客観的に格付付与を行うことを可能にしているのである．

そして最終ステップ（ステップ 8）において，債務者格付とは独立してデフォルト時損失格付 (LGDR) が付される．

これらの 8 ステップは，あらゆる信用格付システムの基礎である．内部格付が有用であるか，銀行のリスク管理システム全体の完全性が確保されるかどうかは，各ステップがロバスト（頑健）に実行されるかどうかにかかっているため，ここからは，各ステップについて詳しく見てみよう．

10.4 財務分析（ステップ 1）

10.4.1 序文

このステップでは，優秀な信用アナリスト（または株式アナリスト）の思考過程を定式化する．アナリストの目標は，企業の財務的健全性を確認することである．信用アナリストの場合，収益とキャッシュフローが債務の支払いをカバーするのに十分であるかを決定するために，まずは企業の財務レポートの分析から始める．そしてこれらの財務データから類推されるトレンドがどの程度安定的であるか，またポジティブであるかを検証するとともに資産の質が高いかどうかを決定し，債務者が十分な現金準備金（例えば十分な運転資金[†8]）を確保しているかどうかを確認するために，企業の資産を分析する．また企業のレバレッジを吟味し，同様に資本市場へのアクセスをどの程度有しているか，そして事業計画遂行に必要となる資金調達能力をもっているかを分析する．格付は，こうした企業の財務状況，業績，財務危機を乗り越える能力を反映したものでなければならない．

10.4.2 プロセス

リスク格付 4 についての財務評価テーブルの見本を表 10.5 に示した．この表には，3 つの主要評価分野が表題に示されている．それは，(1) 収益およびキャッシュフロー，(2) 資産価値，流動性，レバレッジ，(3) 財務規模，財務の柔軟性，債務負担能力である．

1 列目の収益およびキャッシュフローを測る際には，例えば，利払前税引前利益 (EBIT) を支払利息で割ったものや，利払前税引前償却前利益 (EBITDA) を支払利息[†9] で割ったもののような，主要な財務比率で表されたインタレストカバレッジが考慮される．アナリストは通常必要に応じて過去数年の業績を参考にするものの，主に最新期の業績に重点を置く．また，周期変動のある業種の企業を分析する際には，その影響を考慮するために，財務情報と主要財務比率に調整を加え

[†8] 運転資金は，流動資産と流動負債の差と定義される．

[†9] 主要財務指標の定義については，この章の付録を参照されたい．

る必要がある.

表 10.5　財務評価（ステップ 1）

ランク		資産価値	財務規模
	収益	流動性	柔軟性
	キャッシュフロー	レバレッジ	債務負担能力
4	● 極めて十分な収益と十分な余剰を伴ったキャッシュフロー ● 安定かつ継続的な黒字傾向	● 平均以上の資産の質 ● 適度な流動性と運転資金 ● 平均より優れたレバレッジ ● 資産負債の適切な満期管理	● 適度な資本市場へのアクセス（BBB^+/BBB 格）市場環境, 経済状況による制限の可能性有 ● 必要に応じて銀行その他の金融機関による資金調達が容易 ● 十分な枠を残した適度な銀行借入

2列目のレバレッジを測る指標には, 負債合計/資本, (負債合計 − 短期負債)/資本のような負債と純資産の比率がある.

財務規模, 財務の柔軟性, 債務支払能力を評価する際には, 時価総額が重要な要素となろう. 3列目の箇条書きの最初の「資本市場へのアクセス」は, 公開市場における（株式または, 中長期債による）資金調達能力を現在（あるいは, 近い将来に）もっているかということである.

アナリストはこの3つの評価カテゴリーにつきそれぞれリスク格付を付与し, 包括的な信用リスク格付[†10]を導き出す. これが当初債務者格付ということになる.

10.4.3　業界ベンチマーク

企業の競争力と経営環境の分析を行うと, その企業の一般的なビジネスリスクプロファイルが評価できる. このプロファイルは, 表10.6に示したような, 企業の財務比率から得られた定量的情報を調整するために使われる. 例えば, 取引先の信用力は, EBITDA と支払利息の比率（EBITDA インタレストカバレッジ）の増加関数として表せる.

成長段階あるいは安定段階にある業種において優れた事業を営む企業は, 成長

[†10] このプロセスを適切にコントロールするために, まずは 3 つの格の平均を最下位の格と比較する. 格付は最下位の格付を 1 ノッチを超えて上回るべきではない. つまり, この制限を超えた場合は, 下方修正されなければならない. 例えば, 3 つの評価がそれぞれ 2, 2, 5 であった場合は, 平均が 3 となるが, 格付は 4（これは最低レベルの 5 より 1 段階上）に修正されるということである. もし 3 つのうち最低の格付が 4.5 のように整数でなかった場合は, 1 段階上は 3.5 となる. このような場合は, 格付者の判断で 3 か 4 に格付するのが通常である.

表 10.6 主要財務指標

1. EBIT インタレストカバレッジ（%）
2. EBITDA インタレストカバレッジ（%）
3. 営業キャッシュフロー/負債合計（%）
4. フリーキャッシュフロー/負債合計（%）
5. 税引前自己資本利益率（%）
6. 営業利益/売上（%）
7. 長期負債/株式資本（%）
8. 負債合計/株式資本（%）

が見込めない企業よりもより多くの負債を抱えることができる[†11].

10.5 債務者格付の調整ファクター

10.5.1 経営陣およびその他の定性的要因（ステップ 2）

ステップ 2 では，経営に問題が発覚したなどの，様々な定性的要因が債務者格付に与える影響について考える．ステップ 2 の分析の結果，基準が満たされなければ格下げにつながることもあろう．

典型的なステップ 2 では，日々の会計処理，経営評価，環境アセスメントの実施，偶発債務の精査などが必要となる．

例えば，日々の会計処理という点においていえば，企業の財務レポートはタイムリーに作成されているか，またその質はどうであろうか．また，業績予想との大きな乖離があった場合の企業の説明は十分であろうか，信用限度枠や条件は尊重されているか，債権者に対する支払いを守っているであろうか．

経営者の評価に関しては，アナリストは事業規模と範囲に照らして経営力が十分であるかをチェックする．経営者は実績とその業界における適切な経験をもっているだろうか，経営層の厚みは十分だろうか（例えば，後継者プランが存在するか）．リスクを認識し，それを受け入れ，管理する確立した手法があるだろうか．必要に応じて困難な決定を下すことを厭わず，短期，長期の懸念事項について適切なバランスをもって，問題解決に即座に取り組んでいるだろうか．経営陣の報酬は，企業の規模，財務力，成長力に比して節度ある適切なものだろうか．

[†11] ビジネスリスクは，営業キャッシュフローのレベルと安定性に関連したリスクと定義される．

10.5.2　業種格付（ステップ 3a）

ステップ 3 のこの部分は，業種格付と業種内での借り手の相対的ポジションの関係の重要性を明らかにしようとするものである．脆弱で不安定な業種の中で特に業績の悪い企業が最も信用損失を発生させているということは過去の経験から明らかである．

これを踏まえて，アナリストは業種ごとの評価格付手法を使って，各業種を 1～5 に分類する必要がある．業種評価を行うために，アナリストは銀行によって決められた，例えば 8 つの各基準（競争力，取引環境，規制環境，リストラクチャリング，技術革新，業績，需要に影響する長期のトレンド，マクロ経済環境の影響を受けやすいかどうか）によって，1（最もリスクが低い）～5（最もリスクが高い）のスコアを付与する．

10.5.3　Tier 評価（ステップ 3b）

業種のリスクを評価するために使われる基準とプロセスは，業種内の企業の相対的ポジション（例えば Tier1 から Tier4 のような）を決定する際にも適用できる．事業は適切な競合相手に対してランク付けされるべきである．つまり，もし企業が世界的な競争にさらされているような商品やサービスを提供しているのであれば，世界の中でランク付けされるべきであり，多くのリテールビジネスのように，競争相手が地元や地域的に限定されているのであれば，その地域の中でランク付けされるべきである（競争の激化は認識すべきであるが）．

例えば，企業を 4 つの Tier（区分）に分類する場合は，Tier1 の企業は関連するマーケット（地元，地域，国内，海外，ニッチ）において支配的なシェアをもつ主要企業である．これらの企業は多様で，成長過程にある顧客基盤を有し，持続可能な要因（供給者の分散，規模の経済，立地と資源，絶え間ない技術革新など）に裏打ちされた低い生産コストを実現している．このような企業は規制環境，取引環境，技術，需要パターン，マクロ経済環境の変化に対して迅速かつ効果的に対応できる．

Tier2 の企業は，関連するマーケット（地元，地域，国内，海外，ニッチ）において比較的大きなシェアをもつ，重要で平均以上のプレーヤーである．

Tier3 の企業は，関連するマーケット（地元，地域，国内，海外，ニッチ）において中程度のシェアをもつ，平均的な（または平均より若干劣る）プレーヤーである．

Tier4 の企業は，顧客基盤を失いつつある弱小プレーヤーである．この分類に属する企業は，供給者が限られていたり，時代遅れの技術に依存している等の要因により，生産コストが高くなってしまっている．

10.5.4　業種／Tier ポジション（ステップ 3c）

ステップ 3 の最後は，業種の健全性評価（業種格付）と業種内のポジション（Tier 格付）を組み合わせたものである．Tier 格付は，業種の評価，業種内のポジション評価が低ければ格下げされるものであるのに対し，その評価が高くても格上げされるものではない．このプロセスによって，特に不況時における企業の脆弱性が明らかになる．業種内の下位の競争相手は，ほぼ常に高いリスク（業種の相対的健全性も考慮したうえでも）を抱えている．

10.5.5　財務諸表の質（ステップ 4）

このステップは，アナリストに提供された財務情報の質の重要性を認識しようとするものである．これには，借り手およびその財務諸表の規模とその複雑さに比較した会計事務所の規模と能力を考証することも含まれている．繰り返しになるが，ここでも結果が良かったからといって格上げは行われない．このステップの主眼は，付与可能な最高の格付を決めることである．

10.5.6　カントリーリスク（ステップ 5）

ステップ 5 では，カントリーリスクによる格付の修正を行う．カントリーリスクは，ある通貨の入手・交換に対するクロスボーダーの制限のために，取引先または借り手が債務履行をできなくなるリスクである．これには，国の政治的，経済的リスクの評価も含まれる．カントリーリスクは，自国の外にある借り手の（グロス）キャッシュフロー（または資産）がある決められたレベル（例えば 25%）を超える場合に存在する．カントリーリスクは，その企業が「ハードカレンシー」（交換可能通貨）を受け取ったり，稼いだりしている場合には低減される．「ハードカレンシー」とは，主要（つまり交換が容易な）国際通貨（主に米ドル，カナダドル，ポンド，ユーロ，日本円）を指す．

ステップ 5 も付与可能な最高の格付を決めるものである．例えば，顧客が「Fair」と格付された国で事業展開を行っている場合は，付与可能な格付は最高でも 5 格にとどまるといった具合である．

10.5.7　外部格付との比較（ステップ 6）

借り手が格付機関から格付を得ている場合，または，ムーディーズ KMV のように，推定デフォルト確率を提供する外部機関のデータベースに含まれている場合，ステップ 5 までで得られた予備格付はこれらの外部格付と比較される．これは内部格付をこれらの格付に合わせるという趣旨ではなく，すべてのリスクが適切に最終格付に織り込まれているかを確認するために行われる．

債務者格付がこうした外部格付と大きく異なる場合は，これまでの格付評価（ステップ1〜ステップ5まで）を再度検証すべきである．この比較によって，予備格付に重要なリスク要因が考慮されていない，あるいは過小評価されていたことが明らかになった場合は，ステップ1〜5までを見直すことによってこれらの要因を格付に織り込まなければならない．

このステップは内部債務者格付を検証するためのサニティチェック（これまでのプロセスを検証するための簡単な最終チェック）とみなすことができ，ステップ1〜5の分析が完全に終わったことを確認するためのものである．デフォルト確率は不況時には大きく変動することがあるので，デフォルト確率の変化における大きなトレンドをつかむために，内部格付を外部ソースから得たデータと照合することは重要である．

10.5.8　ローンストラクチャー（ステップ7）

ステップ1〜6までのリスク格付プロセスは，格付対象となるローン等が適切なストラクチャーをもっていることを前提としている．もしそうであれば，このステップ7は債務者格付に対して何の影響も与えない．しかし，ローンストラクチャーが適切ではなく，債務者のデフォルトリスクに悪影響を及ぼすとみなされれば，格付の引き下げが必要となる．一般的なルールとして，ステップ6で決定された予備格付が低ければ低いほど，ローンストラクチャーが適切とみなされるためのハードルが厳しくなる．

デフォルトリスクに影響を及ぼすローンストラクチャーの条項には，財務制限条項，期間，償還スケジュール，企業支配に関する制限条項などがある．例えば，リスクの高い企業についてはそのリスクに応じて財務制限条項を厳格にすべきであり，企業自身の業績予想ともタイトに結びついていなければならない．さらに，ローン・債券を満期までにかなり償還して残高が減るように制限したり，合併を防ぐような制限条項が含まれるべきである．

10.6　デフォルト時損失格付 (LGDR)

ステップ8では，それぞれのファシリティにデフォルト時損失格付を付与する．この格付は，デフォルト確率とは関係なく付与される．デフォルト確率とデフォルト時に被る損失は異なったリスクであるため，別々に分析すべきである．たいていは，各デフォルト時損失格付はLGDファクター，つまり0〜100%の間の数字で表される．0%であれば全額回収，100%であれば債権者が全額損失を被るということになる．デフォルト時損失の計算には，回収コストを差し引いた後の数字を使うべきである．

この際，格付対象となるローン・債券が無担保であるか，第三者保証や担保によって保証されているかによって異なった評価方法が用いられる.

担保付であれば，ローンや債券のデフォルト損失の影響は軽減される．担保の質や流動性は多様であるが，これによって損失をどの程度軽減できるかが決まる.

保証がついている場合は，アナリストは，保証提供を行う第三者や親会社が債務者に対する保証の継続をコミットすることについて確証を得なければならない.

担保付債務の場合，担保カテゴリーは，格付の対象となっている債務のための担保証券のみを反映すべきである（複数の担保証券が複数の債務のために保有され，すべての債務が一体として格付される場合を除く）．また，担保の効力を評価する際には契約に関するリスク（担保権の確保）についても考慮すべきである.

担保の存在は，最終的なデフォルト時損失格付に大きな影響を与えるが，担保の価値評価は簡単ではないことが多い．担保として使われる証券の価値は，市場変動の影響を受けるため，最悪のシナリオでは，債務者のデフォルトの危険性が高まるときに，担保価値が下がることもある．例えば，不動産開発業者向けローンに対する担保として不動産を取っている場合，不動産価格が下落するとき，つまり不動産開発業者のデフォルト確率が高まる不況のサイクルに入ったときに，担保価値が下落する傾向がある.

多くの銀行は，比較的単純な業界平均や自らの判断に基づいた数字を LGD に利用し続けている．第 11 章における図 11.3 の回収率は格付機関による推計の平均を取ったものである．しかし，LGD 計算の重要性に対する理解は近年，特に 2007–2009 年の金融危機以降はかなり進んできている[†12]．ここでは特に以下の 3 点について述べておきたい.

- 規制資本の妥当性の計算に先進的な内部格付手法を用いる銀行は，不況時において実現しうる比率の変更を考慮して LGD を計算することを要求される．そして，少なくとも 1 つの経済サイクル全体をカバーするデータを用いて計算しなければならない.
- 銀行は，その内部記録および LGD に特化したデータベースにおける LGD のデータ収集をシステマティックに行う努力をしている．ここでの課題は，過去データが，発生した損失額のみならず，銀行にとっての正確なデフォルト時エクスポージャー，財務制限条項，担保価値，回収にかかったコスト，適切な割引率といった情報を含んだ，多くの次元にわたる極力包括的なものでなければならないということである．加えて，異なる種類の担保やローンに関連する損失についての情報を格納した，様々な業界レベルのデータベースが構築されている.
- 異なる種類のローンや担保に関連する LGD を計算するために，銀行がより高度なデータを使うのを手助けするために，より洗練された手法が開発

[†12] バーゼル II および III の下では，信用リスク評価は債務者ごとに行われ，その単純合計によって規制資本計算が行われている．ローンポートフォリオの LGD を計算するには，LGD の相関を考慮する必要があるが，これまでのところ，規制資本計算上ここまでは要求されていない.

されつつある．ここでの重要な課題は，あらゆる事業ラインにわたる様々な有担保，無担保ローンにあわせて，より細やかな方法で，内部および外部の LGD 情報をいかにして利用するかということである．事業ラインの専門家は，多くの場合，担保やローンリスクの微妙な意味合いを，グループレベルのリスク管理部門よりよく理解しているので，一定のビジネス判断も必要である．

10.7　結論

本章では，債務者格付，デフォルト時損失格付を付与するまでに，クレジットアナリストがどのように，一連の定量的・判断ツールを体系的に利用できるかを概観してきた．

第 3 章で議論したように，バーゼル II および III では，信用リスク計測のための内部格付手法を特に重視している．銀行は将来的に，主要な信用リスクに備えて確保すべき，規制上の自己資本の計算に内部格付を使うことができるようになるだろう．しかしそのためには，銀行はその内部格付システムが一定の基準を満たすことを証明しなければならない．

世界的な主要銀行のほとんどが，コンプライアンス遵守，業界全体の基準の厳格化という環境の中で自社の評判を保つために，バーゼル合意で示された基準に沿うような厳格な内部格付システムの採用を進めている．そのために，銀行は主要事業目標を追及するにあたって，リスクを区別し，プライシングする能力を向上させていくであろう．これには，より高度なリスク選択，リスク調整後のプライシング，リスク調整後の収益分析，投資家とのコミュニケーションの向上，効率的なリスク移転などが含まれる．

これまで説明してきた信用格付システムは，主要顧客に対する信用供与を評価するために，金融機関以外の一般企業も使うことができる．また，保険会社のような金融機関も企業向けローンや，信用ポートフォリオの一部として購入する私募債の信用リスク評価のために，信用格付システムに類する手法を使うことができるだろう．

第10章　付録1
主要財務諸表の定義

1. EBIT インタレストカバレッジ＝

$$\frac{\text{継続的事業からの税引前利払前利益}}{\text{支払利息（資産計上された支払利息，受取利息控除前）}}$$

2. EBITDA インタレストカバレッジ＝

$$\frac{\text{継続的事業からの償却前税引前利払前利益}}{\text{支払利息（資産計上された支払利息，受取利息控除前）}}$$

3. 営業キャッシュフロー／負債合計＝

$$\frac{\text{継続的事業からの当期利益 ＋ 減価償却費 ＋ 償却＋繰延税金資産＋その他非現金支出}}{\text{長期負債＋短期負債＋コマーシャルペーパーその他の短期負債}}$$

4. フリーオペレーティングキャッシュフロー／負債合計＝

$$\frac{\text{営業キャッシュフロー － 資本支出－（＋）増加（減少）運転資金（現金，市場性のある証券，短期債務の増減を除く）}}{\text{長期負債＋短期負債＋コマーシャルペーパーその他の短期負債}}$$

5. 税引前自己資本利益率 ＝

$$\frac{\text{継続的事業からの税引前利益＋支払利息}}{\text{短期負債，長期負債，長期繰延税金資産，資本の期首期末平均 ＋ 脚注に開示された過去1年の短期債務の残高平均}}$$

6. 営業利益／売上 ＝

$$\frac{\text{売上－償却前製造原価－販売管理費－研究開発費}}{\text{売上}}$$

7. 長期負債／株式資本 ＝

$$\frac{\text{長期負債}}{\text{長期負債＋株主資本（含む優先株）＋少数株主持分}}$$

8. 負債合計／株式資本 ＝

$$\frac{\text{長期負債＋短期負債＋コマーシャルペーパーその他の短期負債}}{\text{長期負債＋短期負債＋コマーシャルペーパーその他の短期負債＋株主資本（含む優先株）＋少数株主持分}}$$

（出典：S&P's Corporate Rating Criteria, 1998）

第11章

クレジットポートフォリオのリスクと信用リスクモデリングのための定量的アプローチ

第10章において，いくつかの主要な財務数値に裏付けられたジャッジメンタルな手法（格付機関の信用格付システムや銀行の内部格付システム）を用いて，格付機関や大手の金融機関が債券や企業向け融資の信用リスクを格付する伝統的な手法について論じた．本章では，保有するすべてのポートフォリオの信用リスクについて，マートンモデル，数理的手法，縮約型モデル，および最近のハイブリッドタイプのモデルなどを含む，統計的手法や経済学的手法を利用したモデリングと計測の手法に関する研究成果について論ずる．また，市場で取引されている公開企業ではなく，市場で取引されていない個別の非公開企業の信用リスクの計測に適用できる可能性のあるスコアリングモデルについても概観する．こうしたモデルは，第10章で論じた，信用リスク計測の伝統的なアプローチを補完するものであり，また部分的に競合するものでもある．

信用リスクを計測しモニタリングするためのこれらの新しい手法は，金融機関によって開発されてきたものの，今日のグローバル化した経済において，顧客の信用リスクをモニターし供給先の信用リスクを追跡する必要のある大手の非金融機関のリスク管理にも適用できる可能性がある．

個別企業やポートフォリオの信用リスクを計測する，これらのより定量的なアプローチは，市場リスクやデリバティブトレーディングの管理手法に大きな差異をもたらした，「ロケット・サイエンス」的計量化手法を信用リスクへ適用する，金融機関による試みであると考えることができる．

信用リスク計測のための定量的なアプローチは，それに取り組む金融機関にとっては興味深いプロジェクトであるが，潜在的な落とし穴もある．金融機関がより良好な信用リスクの計測手法を開発すればするほど，こうした新しい手法に過度に依存してしまうこととなる．原則として，信用リスク計測手法の開発を支える広範な担当者とシニアクラスのマネージャーは，信用リスクのモデリングに関する新しい手法がもつ強みと手法そのものの限界の両方を理解していることが重要である．

11.1　信用リスクのモデリングがいかに重要で，かつ難しいものであるのはなぜか

貸出を行う金融機関は，経営の面から，保有する資産の信用リスクを客観的な数値で把握したいと考えているが，それには数多くの理由がある．最も根本的な理由の 1 つは，BOX11.1 で示すように，信用リスクを計測することにより，個々の取引もしくはすべてのポートフォリオに（規制もしくは経済的）信用リスク資本を正確に割り当てることができることである．このことはリスク管理の目的において重要であるのみならず，例えば，銀行は，顧客のデフォルトリスクに適合するように適用金利の水準を調整して取引価格を正確に決定できることにもなる．また，デフォルトリスクを客観的に推定することにより，伝統的「ジャッジメンタル」な格付の正確さについて別の視点から検証を行うことができる．

BOX 11.1

信用 VaR と経済資本の賦課額の計算

経済資本は，銀行がデフォルトや信用リスクの遷移といった信用事由に起因する非期待損失などを吸収するための財務面におけるクッションの役割を有する．銀行がいかなる信用度であろうともその支払能力の確実性を維持していくための適切な経済資本を確保することは明らかに重要である（第 17 章参照）．しかしながら，銀行が抱えるリスクの経済的評価や銀行が行う個々の事業に対する適切なリスクリミットの設定のため，経済資本の重要性は増しているのである．

本文で取り上げる信用リスクのモデリングに関するアプローチは，債務者からなるポートフォリオの価値分布をモデリングするとともに，第 7 章において市場リスクについて述べたのと同様にして，経済資本や VaR 値を導出できることを暗に示している．

図 11B-1 は信用リスクに関連した経済資本賦課額が，信用リスクのあるポートフォリオの価値の分布からどのようにして導き出せるかを示している．

$P(c)$: $(1-c)\%$ の信頼区間（例：c が 1% なら 99%）におけるポートフォリオ価値の最悪シナリオ
FV:　ポートフォリオの将来価値 $(= V_0(1+\mathrm{PR}))$
V_0:　直近におけるポートフォリオの時価評価額
PR:　ポートフォリオの約束されたリターン値
EV:　ポートフォリオの期待値 $(= V_0(1+\mathrm{ER}))$
ER:　ポートフォリオの期待リターン
EL:　期待損失 (=FV−EV)

期待損失そのものは，必要とされる経済資本の一部を占めるものではない．正確にいえば，期待値であるがゆえにローンの債務者が支払う金利の中に織り込み済みだか

らである．その代わりに資本賦課額は，ポートフォリオの非期待損失の関数であるといえる．つまり

$$\text{Capital} = \text{EV} - P(c)$$

図 11B.1　信用 VaR と経済資本の計算

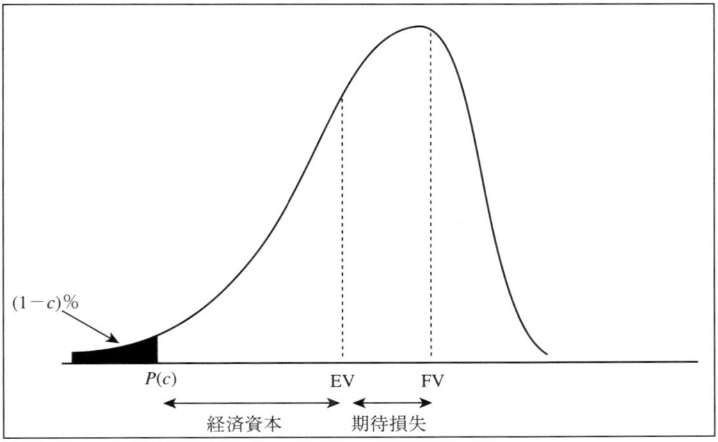

市場リスクと同様に，銀行のリスクアペタイトもしくは支払能力（しばしば，目標とする信用格付）に応じて信頼水準が設定される．例えば，信頼水準が 1% であるとは，ある信用リスクホライゾン（例えば 1 年）に対応する期間にわたり銀行は，100 回のうち 99 回は経済資本額を上回る損失を被ることはないと想定してもよいということを示している．

とりわけ銀行は，保有するローンポートフォリオ全体の信用の質を評価する必要がある．なぜなら，銀行経営の安定性は，あらゆる期間にわたり，保有する全ポートフォリオの信用に起因する損失の額の大きさと影響範囲に大きく依存するからである．しかしながら，ローンもしくは債券の信用リスクを正確に推定することや，保有する全ポートフォリオの信用リスクのモデリングを行うことは，複数の要因を考慮しなければならない複雑な作業である．考慮すべき要因の中には，金利水準，業種の収益性や経済成長率といった経済全般にかかわるものがあり，他方で，企業のビジネスリスクや資本構造といった個別の企業に特有な要因もある．

規制は，銀行業界や保険業界が体系的に信用リスクの定量化を行うことや，信用リスクのあるポートフォリオに対するモデルを利用することを推し進める指針を与えている．また，現行の銀行規制が，格付に基づく個々の債務者のより良い差別化をどのように求めるかについて，すでに本書において議論してきた．信用リスクの推定を行う解析的なアプローチにより，銀行が確保しておくべき必要自己資本額が増加してくる．規制当局は銀行を検査する担当者に対して，銀行の自

己資本水準のみならず，銀行が保有するローンポートフォリオの質やポートフォリオにおける業種や地域の集中度（第3章で述べたバーゼルIIにおける第2の柱）を注視するように指導することになる．

信用リスクモデリングのための適切なアプローチを選択する際に多くの意思決定がなされる．例えば，信用リスクのモデリング担当者は，信用リスクを離散的に発生するイベントとして評価し，潜在的なデフォルト事象のみに目を向けるべきであろうか．あるいは，負債価値の変動やそれに伴うクレジットスプレッドを，負債の満期に至るまでの全期間にわたって分析すべきであろうか．一般的には，リスク管理を行うために，これらの両方を考慮する必要がある．信用リスクを分析するために利用できるデータソースはもう1つの重要な論点である．対応する内部取引がどの程度まで関連しており，外部の市場データはどの程度まで利用可能なのか．また，その利用可能であるデータはどの程度まで十分に高い品質をもっているのか．市場そのものは，信頼するに足る情報を周知させるほど十分に効率的なのか．

さらに根本的な問題は，デフォルトとは何を意味するのかを決めることと，デフォルトが信用リスク，破産およびデフォルトによる損失といった概念とどのように関係するのかを明確にすることにある．実務においては，デフォルトは破産と区別される．破産とは企業が清算される状況をいう．そして破産に伴い資産を売却した際の売却代金は，あらかじめ定められた優先順位に応じて様々な債権者に分配される．これに対して，一般的なデフォルトの定義は，負債を発行している企業がクーポンの支払いを行わない，もしくは負債の償還期限に元本相当額を返還しない事象をいう．負債の契約におけるクロスデフォルト条項とは，企業がもつある債務が不履行となった場合にその企業がもつ他のすべての債務も同時に不履行となったものとして扱う，という条項である[†1]．

デフォルトと破産の関係は時を通じて一定であるとは到底言い難い．1980年代の初頭より，米国破産法第11条に基づき，デフォルト状態にある企業は保護され，そしてデフォルトに陥った企業が事業活動や資本構造のリストラクチャリングを実施している間は，当該企業は継続企業とみなされ支えられてきたのである．図11.1は1973年から2013年3月までの期間における，北米の上場企業のデフォルト社数と破産社数の比較を示している．

[†1] 企業向けの銀行ローンの場合，状況は一般的により複雑である．典型的な銀行ローンには，支払いの不履行によるデフォルトに該当しない場合であっても，違反した場合にはテクニカルデフォルトとなる財務条項が規定されている．テクニカルデフォルトの結果，債務リストラクチャリングまたは早期償還がなされる．すなわち，本来のスケジュールよりも前倒しで負債が返還される．また規制上は，もしも支払いの遅延がない場合においても，本来定められた契約条件に従ってローンの返済がなされない場合には，資産が毀損されたものとして取り扱われるべきと規定されているかもしれない．

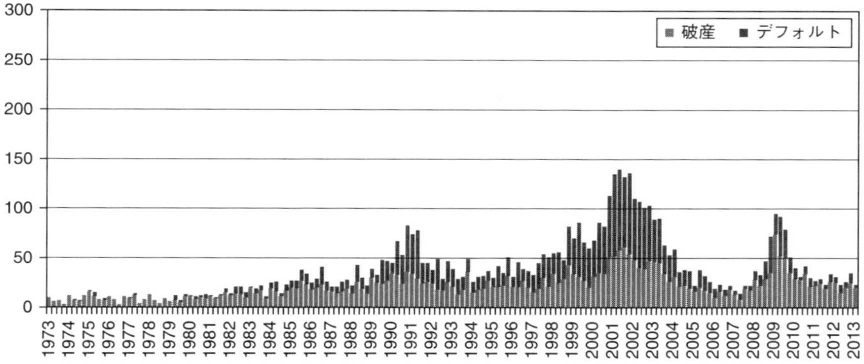

図 11.1　北米上場企業のデフォルト社数および破産社数の四半期実績（1973 年～2013 年 3 月）

11.2　ポートフォリオの信用リスクを変動させる要因は何か

ポートフォリオの信用リスク量に影響を与える第 1 の要因は，個々の債務者の信用リスクの大きさであることは明らかである．信用リスクが低い債務者，もしくは投資適格である債務者へ集中して投資を行う銀行は，その保有するポートフォリオにおいてどの債務者のデフォルト確率も大変低いものとなる．一方，銀行の中には，信用リスクのより高い，また支払うクーポンの水準がより高い投機的な格付を有する債務者に集中して投資を行うことを選ぶものもあるであろう．両方のタイプの金融機関にとっての重要な課題は，信用リスクをカバーするために個々の債務者に対して適切な金利水準やクレジットスプレッドを適用することにより貸し手である銀行の信用リスクが賠償されること，および適切なリスク資本を積み上げることである．適切な自己資本を積み上げることによってのみ，銀行の経営陣が承認したある信頼水準にまで自行のデフォルトの可能性を制限することができる．

第 2 の要因は集中リスクである．すなわち，債務者がどの程度，債務者数，地域および業種に関して，分散されているかである．貸出先の顧客が少数の大手企業だけであり，しかもこれらの企業のほとんどが商業用不動産業者で構成されている銀行のほうが，多くの業種に分散して貸出を行っている銀行よりも信用リスクが高いことは明らかである．同様に，特定の地域内で業務を行っている銀行は，本地域の経済が停滞した場合には大きく損失を被るであろう（またそれにつれてデフォルトも増加するであろう）．しかしながら，もしも異なる産業が共通のマクロリスク要因（例：原油価格）にさらされている場合には，産業セクター間で明らかとなる分散は間違ったものとなるかもしれない†2.

†2 クレジットポートフォリオのリスクをモデリングするための縮約型アプローチ（後述）は，企業に共通のリスクファクターを通じてデフォルト相関をモデル化する．

このことがポートフォリオの信用リスクに影響を与える第 3 の重要な要因となる．つまり経済の状態である．経済が成長する好況時においては，不況時に比較してデフォルトの発生頻度は急速に低下する．反対に，経済が停滞した場合には，再びデフォルト率は上昇する．さらに悪いことには，2001 年から 2002 年まで，および 2008 年から 2009 年までのようなデフォルト率が高かった時期の特徴は，デフォルトしたローンの回収率が低いことにある．というのも，銀行は，経済が停滞している時期においては，ローンに対する保証や担保の価値を低くみなしがちなのである．反対に，回収率とデフォルトの発生頻度には負の相関がある．

回収リスクは，信用リスクの主な決定要素である．それゆえに，ポートフォリオの信用リスクを理解するためには，デフォルト確率，デフォルト相関，回収率および回収率の状態依存性などを考慮する必要がある．

図 11.2 は，1981〜2012 年までの期間におけるデフォルト社数と総額の推移を示している．世界の経済が停滞した時期である 1990〜1991 年まで，2001〜2002 年まで，および，より最近の例では 2008〜2009 年までの期間において，デフォルトの頻度が顕著に増加した．しかしながら経済の停滞期に発生するデフォルト数は，どの時期も同じであるというわけではない．2002 年においては，デフォルトした債務額は過去最大の 1,910 億ドルに至り，1991 年における 240 億ドルをはるかにしのぐ水準であった．しかし，サブプライム危機が発生した 2008〜2009 年までの間，とりわけリーマンが破産した 2009 年におけるデフォルト社数は過去にない水準であった．2008 年，2009 年のデフォルトによる負債総額は各々，4,300 億ドル，6,280 億ドルを記録した．

信用サイクルの中で下向きにある場合には，顧客がともにデフォルトするという，それまで隠れていた傾向がしばしば露呈する．それにより様々な方法（例：顧客，地域あるいは業種の集中）により集中したポートフォリオは，その集中度の程度により影響を受けることとなる．本章の後半で論ずる CreditMetrics，ムーディーズ (Moody's)KMV および鎌倉 (KRIS) モデルは，銀行の保有するポートフォリオにおける相関や集中リスクの程度を認識する試みである．その一方で，CreditRisk+ アプローチは，デフォルトの相関を引き起こすマクロ経済要因を明らかにすることを強調し，それだけを用いて，ほぼ同様のことを行おうとしている．

ポートフォリオの信用の質はローンの償還期限にも影響を受ける．というのも，一般的には短期のローンに比べ長期のローンのほうがよりリスクが高いと考えられるからである．特定の償還期限に集中していない—すなわち時間の分散がなされている—ポートフォリオを構築している貸出金融機関は，こうしたポートフォリオ償還期限に伴うリスクを削減することができる．また償還期限の分散により，流動性リスク，すなわち，銀行が同時に大量の資産に対する借換えを行う際に困難に陥るリスクを削減することができる（第 8 章参照）．

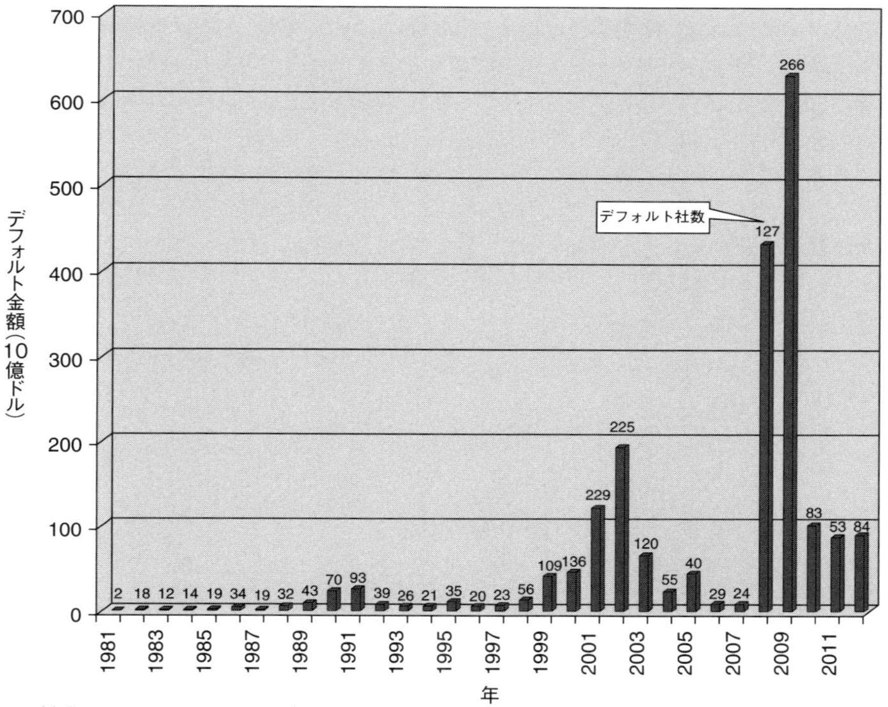

(出典：Standard and Poor's)

図 11.2 世界における企業デフォルト：デフォルト社数およびデフォルト金額，**1981** 年–**2012** 年

11.3 ポートフォリオの信用リスクの推定—概観

すでに議論したリスク要因についてポートフォリオを分析することにより，銀行が保有するポートフォリオが抱える信用リスクに対する質的な評価を行うことができる．例えば銀行が設定しているリスクに対する方針やリスクリミットにより，いかなる借り手もしくは企業に対しても，その貸出額に対する適切な上限値を設定することができるであろうか．しかしながら，BOX11.1 で述べた計算方法に従い，ポートフォリオにおける信用リスクに対する客観的な数値基準を設定するために，信用リスクを勘案したうえで，将来におけるローンポートフォリオの価値の分布を推定しなければならない．

信用リスクのあるポートフォリオの将来価値を推定することは，市場で取引されている株式や債券といった金融商品のポートフォリオの価値を推定することよりもはるかに複雑である．その主な理由は，デフォルトに関する利用可能なデータがあまりにも少ないことにある．市場で取引されている金融商品には日々値動きがあるため，銀行が市場 VaR を推定することが可能な状況にあるのに対して，大企業がデフォルトに陥ることは極めて稀である．デフォルト事象の発生が稀であるために，潜在的なデフォルト事象に関する潜在的なデフォルト相関を推定することは困難である．市場で取引されている，（債券などの）債務の市場価格や債務間のデフォルト相関に関するデータは豊富であるが，債務の多くは市場で取引されることは稀であり，銀行のローンの大部分は決して市場で取引されることはない．またデフォルト相関の値は固定値でなく，かつ定常状態でもないとみなす場合には，問題はより一層複雑になる．デフォルト相関は，業界全般もしくは経済全般にわたる要因に伴って変化するからである．

推定に関するいくつかの問題点を克服するため，MSCI の CreditMetrics やムーディーズ KMV といったポートフォリオの信用リスクを推定するためのモデルは，（市場で直接観察することができない）デフォルトの相関を株価の相関から導く[†3]．株式市場で観測可能である株価を用いて計算する株価収益率の相関をデフォルト相関の推定に利用できると仮定する．それでもなお，推定に関する問題点は大きい．というのも，株価収益率間の相関はポートフォリオにおけるいかなる債務の組合せも推定可能でなければならないからである．

例えば，1,000 の債務者で構成される小さなポートフォリオは，499,500 通りの相関を推定することが必要となる (1,000×999÷2)．この問題はマルチファクターアプローチを利用してのみ解決することができる．マルチファクターアプローチのもとでは，各々の企業もしくは株価の収益率は，複数の国，もしくは業種別のインデックスの線形的な組合せにより作成することができるものと仮定する．このアプローチにより，より簡便な方法として，必要な計算をインデックス間の相関の推定だけに減らすことができる．しかしながら，これはまたデータの源泉に関する潜在的なエラーを招来することにもなる．

鎌倉 (KRIS) といったその他のアプローチにおいて，デフォルト相関は，様々な強度の水準のもとで多くの企業のデフォルトリスクに影響を及ぼす，商品の価格，不動産の価格といった共通のマクロリスク要因により導かれる．

11.4　CreditMetrics と信用リスクの遷移アプローチ

1997 年に，先進的な米国の銀行である JP モルガンが最初に提唱し，その後 JP モルガンからスピンオフし，2010 年に MSCI に買収された RiskMetrics Inc. によって提唱された CreditMetrics アプローチは，信用リスクの遷移分析を軸としている．というのも，このアプローチは，ある与えられた時間（通常は 1 年間）内に，借り手がある格付からデフォルト状態を含む他の格付にどう遷移するかを推定する点がベースとなっている．

[†3] KMV は，デフォルト相関を資産収益率の相関より導く．過去の資産価値は，企業の貸借対照表における株式の市場価値と様々な負債価値とにより再構成される．

CreditMetrics を利用する銀行は，このアプローチを利用することにより，保有する債券やローンの 1 年後の価値を推定することができる．ただしそこでは，債券やローンの価値変化は信用リスクの遷移に関連するもののみとしている（ポートフォリオにおける債務の将来価値や残高は，金利の確定的なフォワードイールドカーブに依存している）．このアプローチの鍵となっている前提は，格付のある何千という多数の債券の過去における信用リスクの遷移は，次期の遷移確率を正確に表しているということにある．とりわけ金融の激動期には，このような前提は問題を含むことになる．

CreditMetrics によるリスク計測のフレームワークは 2 つの主なビルディングブロックのうえに成り立っているものと考えられる．

1. 1 つの金融商品における信用リスクに依存して決まる信用バリューアットリスク（信用 VaR）
2. ポートフォリオの分散効果を算入しているポートフォリオレベルにおける信用 VaR

これらを構築する過程は，4 段階のプロセスのうえに成り立っている．このアプローチにおける第 1 のステップは，格付水準とともに一定の期間においてある格付から他の格付に遷移する確率を備えた格付システムを特定することにある．

第 2 のステップは，リスクホライゾンを特定することにある．通常は 1 年間とする．

第 3 のステップは信用リスクのカテゴリーごとにリスクホライゾンに対応したフォワードディスカウントカーブを特定することである．これにより，発行体の潜在的な将来の格付に対応してゼロクーポンイールドカーブを用いた債券の価値評価を行うことができる．デフォルト時における金融商品の価値は，回収率の形で表される．これは金融商品に特有のものであり，例えば額面，またはパーに対する割合（パーセント）として，あるいは発行体がデフォルトする直前の金融商品の価値に対する割合として表される．

第 4 のステップ，すなわち最終ステップは，上記の 3 つのステップから得られる情報を組み合わせて格付遷移の結果として得られるポートフォリオの価値変化の将来分布の計算を行うことである．

これらのすべてにおいて鍵となる問題は，外部格付システムであれ内部格付システムであれ過去のデフォルトデータを利用した格付推移確率もしくは格付推移行列の推定にある（表 10.3 および表 11.1）．

スタンダード・アンド・プアーズ (S&P) の格付システムとデータに基づくアプローチを例にとってみよう．S & P は 7 つの主要格付カテゴリーを採用している．最も高い格付は AAA であり，最も低い格付は CCC である（格付機関はまた，AA から CC までのカテゴリーを各々 3 つのサブカテゴリーに分けることで，より細かく格付した統計を提供している．例えば S&P の格付カテゴリー A は，A^+，A，A^- の 3 つに分けられている．第 10 章参照)．デフォルト状態は，支払いがクーポン支払い，または元本償還のいずれであっても，債務者が債券やローンに関して支払いを行えない状態，と定義される．

現在の格付が BBB である債券の発行体を例にとってみよう．表 11.1 における網掛け部分は S&P が推定した，BBB 格の発行体が 1 年の間にデフォルト状態を含む 8 つの格付レベルのそれぞれに遷移する確率を示している．最もありうる状態は発行体の格付が同じ格付である BBB 格にとどまる場合であり，その確率は 86.93% である．この発行体が 1 年以内にデフォルトする確率は 0.18% にすぎない．一方，AAA に格上げする確率も 0.02% と，とても小さい．

表 11.1　格付推移行列：1 年後にある格付から別の格付へ信用格付が遷移する確率

年初における格付	年末における格付（%）							
	AAA	AA	A	BBB	BB	B	CCC	デフォルト
AAA	90.81	8.33	0.68	0.06	0.12	0	0	0
AA	0.70	90.65	7.79	0.64	0.06	0.14	0.02	0
A	0.09	2.27	91.05	5.52	0.74	0.26	0.01	0.06
BBB	0.02	0.33	5.95	86.93	5.30	1.17	0.12	0.18
BB	0.03	0.14	0.67	7.73	80.53	8.84	1.00	1.06
B	0	0.11	0.24	0.43	6.48	83.46	4.07	5.20
CCC	0.22	0	0.22	1.30	2.38	11.24	64.86	19.79

（出典：Standard & Poor's CreditWeek，April 15，1996. CreditMetrics，JP Morgan）

このような格付推移行列は，格付機関により，すべての当初格付に対して作られるが，当該格付機関により格付された企業に発生したクレジットイベントのヒストリカルデータに基づいている（ムーディーズも同様の情報を公開している）．格付機関により公表される確率は，全業種にわたる 20 年以上のデータに基づいている．明らかに，こうしたデータは慎重に取り扱う必要がある．というのも，複数以上のビジネスサイクルにわたる，そして企業の不均一標本の平均的な統計を表すからである．この理由により，銀行の多くは，彼らの保有するローンや債券のポートフォリオの構成により密接に関連する，銀行独自の統計に依存することを好むのである[†4]．

格付機関は，債務者に対する格付を「スルー・ザ・サイクル (through-the-cycle)」の視点から行うことが一般的である．すなわち，格付機関は，その景気循環期に

[†4] 銀行が内部格付システムを用いる場合には，デフォルトや信用リスクの遷移に対する利用可能な統計値は，ほとんどの銀行が顧客である企業の信用の質を反映している．そのため，例えば A から BB といった中間の格付レンジに集中する傾向にある．それゆえに，高格付および低格付については，銀行内部の統計値に格付機関による統計値を補完する必要がある．

おいて債務者の信用リスクの構造的な推定に変化がないと信じる限りにおいては，債務者に対する正規の景気循環効果を割り引いて格付を付与する．反対に，（後述するムーディーズ KMV アプローチのように）分析を主体とする信用リスクのモデリング担当者は，一般的に「ポイント・イン・タイム (point-in-time)」の視点から債務者に対する格付を行う．それゆえ，その格付は短期的なデフォルト確率をより適切に格付に反映させることとなる．社内リスク格付システムを設置する銀行は「スルー・ザ・サイクル」アプローチもしくは「ポイント・イン・タイム」アプローチのいずれかに基づいて，格付とそれに付随するデフォルト確率に関する統計値を算出するかを決定しなければならない．もしも「ポイント・イン・タイム」アプローチを利用すると決定した銀行は，格付や信用 VaR および経済資本の変動は「スルー・ザ・サイクル」アプローチを用いた場合よりも明らかに大きいものとなるであろう．

実現した格付の推移とデフォルトの確率は，図 11.2 で見るように経済が後退するか成長するかに依存して数年にわたり大きく変化する．格付推移確率に依拠するモデルを実装する場合には，銀行は現在における経済情勢にかかわる評価と整合的となるように，過去の価値の平均値を調整して表 11.1 に見られるようにしておく必要があるかもしれない．「ポイント・イン・タイム」アプローチにおいては，格付推移行列における対角成分の確率は「スルー・ザ・サイクル」アプローチにおけるそれよりもより小さい．すなわち「ポイント・イン・タイム」アプローチでは，次に続く期間において格付が同じ水準にとどまる可能性がより低いからである．

1 つの債券の価値分布を作り出すための次のステップは，7 つの格付水準の各々の場合に対応する債券価値を求めることである．そのためには，すべての状態について債券のプライシングがなされるように，1 年先のフォワードゼロイールドカーブを 7 本分特定する必要がある．表 11.2 にその結果が示されるように，これらのフォワードカーブは債券の市場価格を用いて作り出すことができる（フォワードゼロカーブは，将来のキャッシュフローを将来時点において割り引くためのインプライドディスカウントレートであり，所与の格付および様々な満期に対する債券の現在価値に見られるディスカウントレートから導かれる；第 6 章参照）．その年の最後に発行体がデフォルトした場合に債券が無価値となってしまうことは想定できない．金融商品の支払優先度に従い投資家に支払が行われ，額面に対する割合として回収率が実現することになる．これらの回収率は再び格付機関により提供されるヒストリカルデータにより推定される．表 11.3 はムーディーズにより推定された，支払優先度の違いによる債券の期待回収率を示している．それゆえ，ポートフォリオ価値の分布を査定するためのシミュレーションにおいては，回収率は固定値として扱うよりも，可能回収率の分布から引き出されるものとする（概して，銀行ローンの回収率は債券の回収率よりもずっと高い傾向にある)[†5]．クレジットデフォルトスワップのような多くの金融商品にとって，回収率は原資産がデフォルトした後の市場価格の形で定義されている．

表 11.2　格付ごとの 1 年フォワードゼロカーブ (%)*

カテゴリー	1 年	2 年	3 年	4 年
AAA	3.60	4.17	4.73	5.12
AA	3.65	4.22	4.78	5.17
A	3.72	4.32	4.93	5.32
BBB	4.10	4.67	5.25	5.63
BB	5.55	6.02	6.78	7.27
B	6.05	7.02	8.03	8.52
CCC	15.05	15.02	14.03	13.52

（出典：CreditMetrics, JP Morgan）　*フォワードレートの導出については第 6 章を参照.

表 11.3　支払優先度クラス別の回収率（額面に対するパーセント，パー）

支払優先度別クラス	平均（%）	標準偏差（%）
担保付シニア債	53.80	26.86
無担保シニア債	51.13	25.45
シニア劣後債	38.52	23.81
劣後債	32.74	20.18
ジュニア劣後債	17.09	10.90

（出典：Carty and Lieberman, 1996. CreditMetrics, JP Morgan）

さて準備ができたので，格付の変化を踏まえた，1 年間における債券価値の変化にかかわる分布を計算してみよう．表 11.4 および図 11.3 は例として挙げた BBB 格の債券の格付変化を示している．

分布の 1% 点，すなわち，信用リスクのある金融商品の信頼区間 99% の信用 VaR は 23.91 である (図 11.3)．このことは，もしもすべて BBB 格で，各々の額面が 100 ドルである，デフォルト率の相関がない 100 の債務者で構成されるポートフォリオがある場合に，1 年の間に平均して 1 人の債務者は 23.91 以上の損失を被ることを意味している．

しかしながら，小さいが無視できない確率で非常に大きな損失をもたらすデフォルト事象が発生することにも注意しなければならない．このグラフに当てはまる

[†5]先述したように，回収率は負債ごとに異なる．本例では，例示する目的のため，ムーディーズによる負債の支払優先度別の過去の統計値を用いている．

分布の曲線は，信用リスクのモデリング担当者がしばしば「ファットテール」とも呼ぶ「ダウンサイドテール」を示している．これは，信用リスクの分布においては共通の特徴である．

表 11.4 1 年後における債券価値の分布，および BBB 格債券の価値変化

年末の格付	状態確率 P（%）	フォワード価格 V ($)	価値変化 ΔV ($)
AAA	0.02	109.35	1.82
AA	0.33	109.17	1.64
A	5.95	108.64	1.11
BBB	86.93	107.53	0
BB	5.30	102.00	−5.53
B	1.17	98.08	−9.45
CCC	0.12	83.62	−23.91
デフォルト	0.18	51.11	−56.42

（出典：CreditMetrics, JP Morgan）

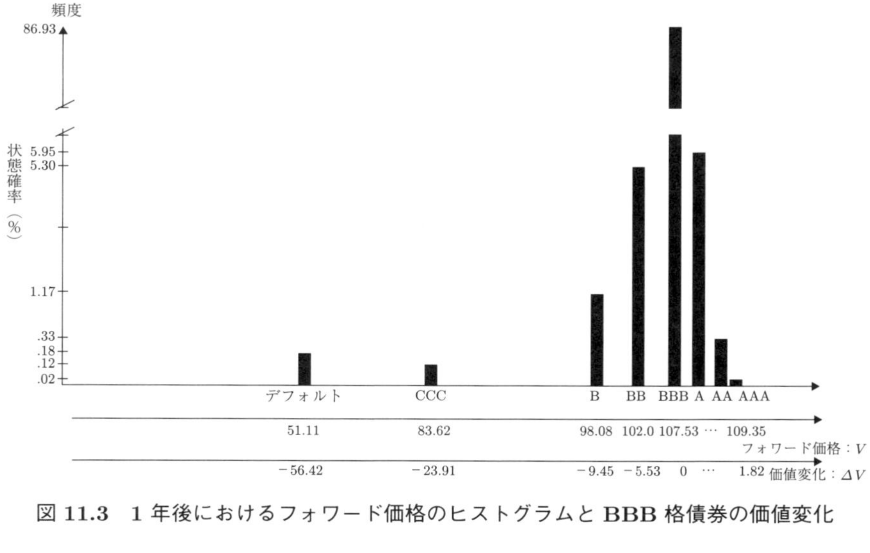

図 11.3 1 年後におけるフォワード価格のヒストグラムと BBB 格債券の価値変化

11.4.1 債券もしくはローンのポートフォリオについての信用 VaR

これまで，債券（もしくはローン）の将来価値の分布を導出する方法について述べてきた．次に，全ポートフォリオの価値の潜在的な変化を推定する方法に焦点を当てる．その前提として，ポートフォリオ価値の変化の要因は信用リスクのみ（例：市場リスクは存在しない）であり，信用リスクは 1 年間に生じる潜在的な格付変化により表されるものと仮定する．

ポートフォリオの価値を評価するにあたり，重要かつ複雑な要因は，格付の変化，もしくはデフォルトに現れる，任意の 2 債務者間の相関度合いである．信用 VaR は，全体としてこうした債務者間の相関に対する感応度が高く，それゆえに，相関の正確な推定は，ポートフォリオ最適化の鍵となる決定要因である．

一般論でも述べたが，デフォルト相関は同業種内もしくは同地域内に属する企業であるほどより高いと考えられ，そしてビジネスサイクルを通じて相対的な経済状態とともに変化していくものと考えられる．経済が停滞する，つまり不景気のときは，債務者が保有する資産の価値や格付は低下するであろうし，多数が同時にデフォルトする可能性は大幅に高くなる．このようにデフォルトと格付推移の確率が時の流れのもとで定常状態（つまり安定的）にとどまることは期待できない．そのためにデフォルト確率の変化をファンダメンタル変数に関連付けるようなモデルが必要である．

CreditMetrics は，企業の資産価値の相関モデルからデフォルトと格付推移の確率を導いている．真の企業資産価値は直接に観測できないため，CreditMetrics は企業の資産価値の代理変数として企業の株価を用いている（これはアプローチの正確性に影響を及ぼす，CreditMetrics によるもう 1 つの単純化の仮定である）．CreditMetrics は様々な債務者の株価収益率間の相関を推定する．そして，株価収益率の同時分布から直接に格付変化の相関について推論する．

簡単な数値例を用いて，これらの相関の推定値が，いかにポートフォリオにおける 2 債務者の同時デフォルト確率に影響を与えるかを見てみよう．もしも A 格，BB 格の債務者のデフォルト確率が各々 0.06%，1.06% であり，株価分析から得た 2 資産の収益率間の相関係数が 20% である場合には，同時デフォルト確率はわずか 0.0054% であり，2 つのデフォルト事象間の相関係数は 1.9% であることが示せる（もしもデフォルト事象が独立に発生する場合には，同時デフォルト確率は単に 2 つのデフォルト確率の掛け算で示される：$0.06\times1.06=0.0064\%$）．資産相関が 20〜60% の範囲内であれば，資産収益率間の相関はデフォルト相関の約 10 倍である（例では，資産収益率の相関は 20% であるのに対して，デフォルト相関の推定値は 1.9% である）．このことは，同時デフォルト確率が実は資産収益率の相関に対して感応度が高いことを示しており，そしてポートフォリオ内の分散化効果を査定する場合には，これらのデータを正確に推定することがいかに重要であるかを説明している）．

相関が信用 VaR に与える影響がかなり大きいことを示すことができる．相関が与える影響は，相対的に格付の低いポートフォリオのほうが格付の高いポートフォリオよりも大きい．実際に，ポートフォリオの格付が悪化し，デフォルト数の期待値が増加するにつれて，このデフォルト数の増加は，デフォルト相関の上昇によって増幅される．

ポートフォリオの評価を行うための解析的なアプローチは，大規模なポートフォリオに対しては実行可能ではない．求めるペアごとの相関の個数は極端に大きくなってしまうのである．その代わりに CreditMetrics は 1 年という期間に対してポートフォリオ価値の分布を生成するためにモンテカルロシミュレーションを適用し数値近似を利用している．

11.4.2 資産相関の推定

先述のとおり，デフォルト相関は資産収益率の相関から導かれる．そのため株価収益率の相関は，資産収益率相関の代理変数となる．数千もの債務者数で構成されるような，債券とローンの大規模なポートフォリオについては，これもまた，各債務者の組合せごとの相関を含めた非常に大きな相関行列を計算しなければならない．

この推定問題の次元数を縮約するために，CreditMetrics はマルチファクター分析を用いている．このアプローチを用いて，各々の債務者を，債務者の業績を最も的確に決定づける国や業種にマッピングする．株価収益率は，企業が同じ業種と同じ国の中で活動する程度に応じた相関係数をもつ．CreditMetrics を実装するために，ユーザーは，他の債務者やインデックスとは相関がない企業固有のリスクとともに，各々の債務者について業種と国のウェイトを特定するのである．

11.4.3 デフォルト時損失の推定

デフォルト時損失 (LGD) は，1− 回収率 (RR) として定義することができるが，その推定方法は，金融商品に特有のものである．デフォルト時損失は，金融商品の支払優先度および担保の性質，あるいはその他の条項や負債に付随する有価証券に依存する．CreditMetrics がいかに機能しているかを描写した，格付機関により報告された初期の統計値は実務上有用ではない．というのも，その統計値は，異なるタイプの担保や条項を有する広範囲にわたる金融商品の平均値だからである．平均値の周りの大きな標準偏差は，同じ支払優先度の負債であっても回収率の散らばりがとても大きいことを示している．

回収率はまた時間にも依存するとともに，経済の状態にある程度の影響を受ける．デフォルト確率と回収率との間には強い負の相関がみられるという実証的な証拠がある点についてはすでに述べた．デフォルト率が高かった景気後退期，例えば 2001〜2002 年までの期間や 2008〜2009 年までの期間などには，景気の平常期よりも回収率が低くなる傾向にある．景気の混迷期には，他の有価証券を含め，担保の価値もなくなってしまう傾向にある．デフォルト確率が低下するときには，回収率は改善する傾向にある（LGD に関する更なる議論については第 10 章を参照）[†6]．

[†6] E. Altman, A. Resti, and A. Sironi(eds.), *Recovery Risk*(London: Risk Books, 2005)，およ

11.4.4　CreditMetrics の適用

第 15 章で述べる「モデルリスク」を制御する 1 つの鍵は，モデルというものは，モデルにとって適切な類の問題のみに適用されるものであることを確認することである．CreditMetrics アプローチは本来的に債券とローンのためにデザインされており，両者に対して同じ扱いをする．それはまた，すべての格付についてリスクホライゾンにおける将来価値の導出が可能である他の金融請求権（受取債権や信用状）に容易に拡張することが可能である．しかしながらスワップや先渡契約といったデリバティブに対しては，モデルにある程度の調整や「変形」が必要である．なぜなら既存の CreditMetrics のフレームワークにおいては，こうしたデリバティブのエクスポージャーや損失分布を導くための満足できる方法が存在しないからである（というのも，確定的な金利水準を仮定しているからである）．そのため，クレジットデリバティブのプライシング手法としてより信頼のある構造型アプローチや縮約型アプローチによるモデリングに目を向けなければならないのである．

11.5　信用リスクを計測するための条件付き請求権または構造型アプローチ

前節で述べたように，信用リスクの計測のための CreditMetrics アプローチは，1 つの方法論として，どちらかといえば際立っている．残念なことに，これには主要な欠点がある．それは，デフォルトと格付推移の過去における平均的な発生頻度に基づいた格付推移確率に依拠している点である．

それゆえに，このアプローチでは，たとえ個々の債務者企業の回収率が異なっている場合でさえ，同じ格付を有するすべての企業は同一のデフォルト確率と同一のスプレッドカーブを有することになり，そして実際のデフォルト率は過去の平均的なデフォルト率に等しいことになる．そこでは格付とデフォルト確率は同義に扱われている．すなわち，デフォルト確率が調整されるときに格付も変化し，逆も真なり，である．

これに対して力強い挑戦が，信用リスク分析を専門とするコンサルティングおよびソフトウェア提供会社である KMV で働く研究者により，1990 年代に行われた（KMV という名前は 1989 年に KMV コーポレーションを創設した学識経験者であるステファン・ケールフォファー (Stephen Kealhofer)，ジョン・マックオン (John McQuown) およびオールドリッチ・バシチェック (Oldrich Vasicek) の 3 氏の姓の頭文字に由来する．後に，KMV はムーディーズの一部門となったが，区別を明確にするために，我々は「KMV アプローチ」と呼び続けている）．

び C. Chava, C. Stefanescu and S.M. Turnbull, “Modelling Expected Loss”, *Management Science*, 57(7), July 2011, 1267-1287 を参照.

実に，CreditMetricsの仮定は真実ではありえない．なぜなら，格付は定期的に調整されるのみであるにもかかわらず，他方でデフォルト率は継続的に変化していることを我々は知っているからである．格付機関はデフォルトリスクが変化した企業を格上げする，あるいは格下げするために必然的に時間を要するため，その分だけ時間のずれが生じることになる．格付機関はまた，広く「スルー・ザ・サイクル」アプローチ—すなわち，短期的というよりもむしろ長期的な視点で信用リスクを捉えるアプローチ—を適用するとともに，環境の変化や格付機関が一時的に認識する企業の変化に伴って格付を変更しようとはしない．

それに代えて，KMVの研究者たちは，「構造型」アプローチを提唱した．これはノーベル賞を受賞したロバート・マートン (Robert Merton) が1974年に最初に導入したオプション価格モデルアプローチに基づくものである[†7]．まずマートンモデルの底流にある論理を見て，それから次の節で，KMVがいかにしてマートンモデルを分析的な信用リスク評価ツールとして適用したかを見てみよう．

マートンモデルは，有限責任ルールに基づいている．それは，株主に債務の不履行を許すが，しかしその代わりに債券保有者や銀行といった多様なステークホルダーには，あらかじめ定められた優先配分ルールに従い企業の資産を明け渡すのである．このようにして企業の負債は，企業の資産に対して発行された条件付き請求権とみなされ，多様な債権保有者に対するペイオフは優先度や安全性条項により完全に特定されている．この論理に従えば，企業はその資産価値が負債価値（満期時）を下回るときにはいつでも当該企業は負債の満期時にデフォルトする．このモデルの下では，デフォルト尤度とデフォルト時損失は，企業の資産価値，企業の負債，企業資産のボラティリティおよび負債の満期時に対する無リスク金利に依存する．

この理論的なアプローチを用いて銀行ローンから生ずる信用リスクの価値を決定するため，我々は最初に2つの仮定を置く必要がある．ローンが企業の唯一の負債であり，その他の資金調達手段は株式のみであるということである．この場合，信用リスクの現在価値は，企業の資産を原変数，権利行使価格を負債の額面価額（経過利息を含む），オプションの満期を負債の満期と同じと仮定した場合のプットオプション価値に等しい．もしも銀行がこのようなプットオプションを購入すれば，ローンに付随する信用リスクを完全に排除できたことになる．

このことは，権利行使価格がローンの額面価額に等しく，負債の期間に符合した満期をもつ，企業資産を対象にしたプットオプションを購入することにより，銀行は，理論的には信用リスクのある企業向けローンを信用リスクのないローンに転換できることを意味する．プットオプションの価値は，企業に対するローンの

[†7] Robert C. Merton, "On the Pricing of Corporate Debt: The Risk Structure of Interest Rates", *Journal of Finance* 29, 1974, 449-470.

提供に付随する信用リスクを排除するコストに等しい．すなわち，信用リスクに対する保険を提供するコストに等しいといえる．

上のことから導けるのだが，もしも必要な様々な仮定を置いて，ブラック・ショールズ (BS) モデルを株式と負債にかかわる商品に対して適用するのならば，我々はオプション価格式タイプの計算式によって企業の信用リスクの価値を表現できるのである．

マートンモデルは，信用リスクに対するコストと，したがってまた信用スプレッドを，企業資産のリスク度合いと負債が償還されるまでの期間の関数として定量化できることを描写している．コストは負債のレバレッジまたは企業の負債の大きさの増加関数である．コストはまた無リスク金利の影響も受ける．というのは，無リスク金利の水準が高いほど，信用リスクを削減するコストは低くなる．表 11.5 における数値例は，様々なレベルの資産ボラティリティと異なるレバレッジレシオに対応するデフォルトスプレッドを示している．

マートンモデルにより提唱された構造型アプローチは，個々の企業のデフォルト確率を査定する方法と，またポートフォリオの信用リスクを推定するための信用リスク遷移アプローチに代替するものを提供しているように見える．このアプローチのメリットは，各々の企業をユニークなモデル特性に基づいて個別に分析し，デフォルト確率を推定することができる点にある．しかし，これがまた，このアプローチの根本的な欠点でもある．というのも，銀行や投資家にとって分析に必要な情報が入手可能でない場合がしばしばあるからである．

表 11.5　企業債務のデフォルトスプレッド（$V_0 = 100$，$T = 1$，$r = 10\ \%$[1] の場合）

レバレッジレシオ LR	原資産のボラティリティ 0.05	0.10	0.20	0.40
0.5	0	0	0	1.0%
0.6	0	0	0.1%	2.7%
0.7	0	0	0.4%	5.6%
0.8	0	0.1%	1.7%	9.6%
0.9	0.1%	0.9%	4.6%	14.6%
1.0	2.2%	4.6%	9.5%	20.7%

[1] 10% は，9.5% の連続複利に等しい離散複利ベースの金利（年率）．

11.6　ムーディーズ KMV アプローチ

1990 年代の間に，KMV はマートンモデルを用いて，デフォルト確率を計算するための革新的なアプローチを開発した．KMV の方法は，信用リスククラスごとに格付機関が作ったジャッジメンタルな格付とヒストリカルデータに基づく平均的な格付推移頻度に頼るのではなく，市場の株価情報を利用して発行体ごとに客観的な期待デフォルト頻度，すなわち EDF を導くという点で CreditMetrics とは異なっている．

EDF は，格付機関が提供するより通例化した「序数的なランク」（AAA や AA などの文字で表される）の代わりに，債務者の「基数的なランク」をデフォルトリスクで表していると見ることができる．EDF はどんな格付システム上にも容易にマッピングでき，そこに同等な債務者格付を作ることが可能である．このようにして，やや注意深く解釈すると，EDF を用いる場合には，伝統的な銀行の内部格付システムに対して独立な検証を行うことや，個々の企業がもつ信用リスクに見合う適切な価格を示すことが可能となる（表 11.6）[†8].

表 11.6 を見ると，2013 年において，投資適格等級と非投資適格等級の企業との間の EDF のカットオフは 9.5 ベーシスポイント (0.095%) であった．このことは，2008 年末におけるカットオフスコアである 0.74% と比較した場合に，北米の非金融機関の信用力が改善したことを反映している[†9].

それはマートンモデルの内観に依拠しているため，各企業の EDF は企業における資本構造，流動資産の現在価値，そして最も重要なことであるが，資産リターンの変動性（ボラティリティ）の関数である．企業資産の価値は株式の市場価値から推測される．このことは，KMV アプローチを，株式市場により株式の価値が決定し，そして株価の透明性が保たれる株式公開企業に適用するのが最も適していることを意味している．

KMV アプローチでは，企業の株価や貸借対照表に含まれる情報を以下の 3 つの段階を経て翻訳し，内在するデフォルトリスクを導く:

1. 株式市場に顕示される企業資産の市場価値と変動性（ボラティリティ）の推定
2. デフォルトリスクの指標測度である「デフォルト距離」の計算
3. デフォルトのデータベースを用いて，デフォルト距離を実際のデフォルト確率へ変換するように目盛りをつける（対応をつける）こと

後半の 2 つの段階についてより詳細に見ていくことにしよう．

11.6.1 「デフォルト距離」および「デフォルト距離」を用いたデフォルト確率の計算

KMV アプローチでは，モデルを扱いやすくするため，企業の資本構造は，株式，（現金と等価である）短期負債，（償還期限が無期限である）長期負債および

[†8] ムーディーズは，直近の月次データに基づくスポットアプローチと 5 年間のデータに基づく長期アプローチの両方を用いて，EDF をムーディーズの信用格付にマッピングする．

[†9] 金融危機が始まる以前の 2006 年末における EDF のカットオフは約 0.1% であった．

表 11.6　北米の非金融機関 EDF の信用格付へのマッピング（2013 年）

ムーディーズの格付	EDF 中央値	EDF 最小値	EDF 最大値
	投資適格等級		
Aaa	0.010%	0.010%	0.013%
Aa1	0.016%	0.013%	0.018%
Aa2	0.020%	0.018%	0.021%
Aa3	0.023%	0.021%	0.024%
A1	0.026%	0.024%	0.028%
A2	0.030%	0.028%	0.034%
A3	0.040%	0.034%	0.045%
Baal	0.052%	0.045%	0.060%
Baa2	0.069%	0.060%	0.077%
Baa3	0.085%	0.077%	0.095%
	非投資適格等級		
Ba1	0.106%	0.095%	0.118%
Ba2	0.131%	0.118%	0.157%
Ba3	0.189%	0.157%	0.226%
B1	0.271%	0.226%	0.324%
B2	0.389%	0.324%	0.575%
B3	0.852%	0.575%	1.262%
Caa1	1.868%	1.262%	2.766%
Caa2	4.096%	2.766%	4.898%
Caa3	5.857%	4.898%	8.374%
Ca	11.974%	8.374%	35%
C	35%	35%	35%

（出典：Moody's Analytics）

転換可能な優先株式のみから構成されていると仮定する．マートン流のオプション価格評価のフレームワークで信用リスクを捉えると，企業の資産価値が負債価値を下回ったときにデフォルトが発生することとなる．しかしながら，実際には大部分の公開企業に対して市場で直接観測できるのは株価のみである（ただし一部の負債の中には活発に取引されている場合もある）．KMV が数百の企業のサンプルを観察した結果，現実の世界における企業のデフォルトは資産の価値が総負債の価値と短期負債の価値の間にあるレベルに到達した場合に発生するものであることが判明した．それゆえに総負債の価値を下回る，資産価値分布の裾部分は現実のデフォルト確率の正確な推定ではないかもしれない．

資産の収益率分布の非正規性といった要因や，KMV のアナリストが企業の資本構造に関して設定した単純化の仮定などのモデルの実装を行う際の実務上の仮定により，モデルはまた正確さを損なう目に遭うかもしれない．もしも企業が（外部からでは観測できない）信用供与枠を設定できる場合には，これがもっと悪化していたかもしれない．もしも企業の財務状況が困難に陥り，信用供与枠を利用した場合には，支払いに必要な資金の供給がなされる一方で，図らずも負債が増加することとなる．

これらすべての理由により，KMV アプローチでは，デフォルト確率を計算する前に，中間段階として「デフォルト距離」(DD) と呼ばれる指標を計算する手順を組み入れている．DD は資産価値の分布の平均値と分かれ目となる閾値（デフォルトポイント (DPT) と呼ばれる）との間が標準偏差値の何倍離れているかを示す倍数である．DPT は，短期負債を含む，期間中に返済がある流動負債の額面価値と長期負債の半分を足した和として設定される（図 11.4）．

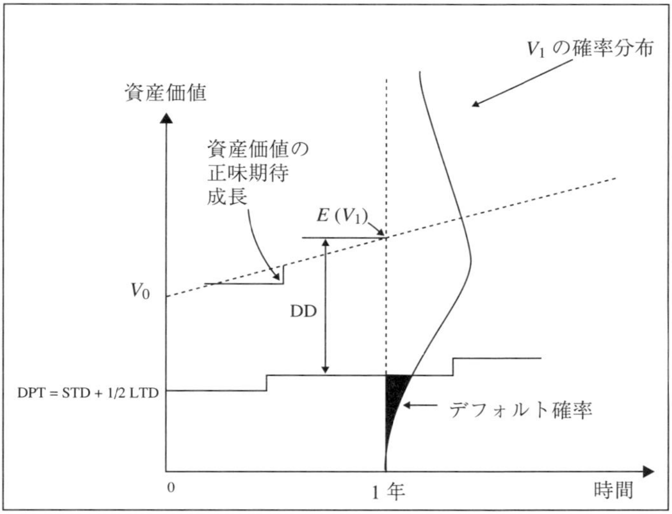

STD = 短期負債
LTD = 長期負債
DPT = デフォルトポイント = STD + $\frac{1}{2}$ LTD

DD = デフォルト距離：1 年後の期待資産価値 ($E(V_1)$) とデフォルトポイント (DPT) との間の距離．これはしばしば資産収益率の標準偏差として表される．

$$\mathrm{DD} = \frac{E(V_1) - \mathrm{DPT}}{\sigma}$$

図 11.4 デフォルト距離 (DD)

DD が計算されれば，KMV のモデリング担当者は所与の期間について DD を実際のデフォルト確率へマッピングできるようになった（図 11.5 参照）．KMV はこの確率を期待デフォルト頻度，すなわち EDF と呼んでいる．

デフォルトした企業を含む多数の企業のサンプルに関する過去の情報を利用して，各々の期間について所与のランキング，例えば DD=4 の企業について，1 年後に実際にデフォルトした企業の割合を追跡することができる．図 11.5 で示すように，この比率，すなわち 40 ベーシスポイントもしくは 0.4% が EDF である．

BOX 11.2 はフェデラルエクスプレスの例である．EDF に変化を及ぼす主たる要因は株価，負債の水準（レバレッジレシオ）および資産の変動率（ボラティリティ）の変化であることを説明している．

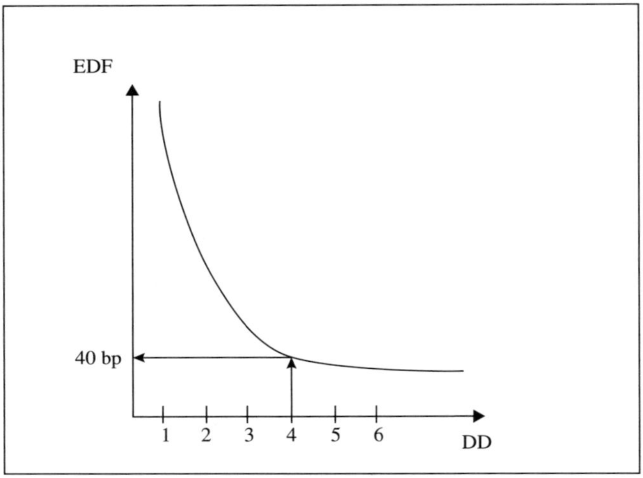

図 11.5　所与の期間におけるデフォルト距離の EDF へのマッピング

11.6.2　EDF はどのくらい有用か

KMV は，1993 年に，推定 EDF を公表するサービスである「Credit Monitor」の提供を開始した．多くの銀行は，EDF がデフォルトや，少なくとも債務者の信用力を色分けする有効な先行指標であるとみていた．

また，KMV は過去 30 年にわたり，デフォルトしたか，あるいは破産状態に陥った 2,000 社以上の米国企業を分析した．すべての場合において，KMV はデフォルトする以前の 1 年前あるいは 2 年前には EDF が急上昇するのを示すことができた．

BOX 11.2

デフォルト距離の計算とそれを実装するための数値例

本例は KMV より提供されたものであり，2 つの異なる時点（2012 年 6 月と 2013

年 6 月）におけるフェデラルエクスプレスの状況に関連している.

フェデラルエクスプレス（ドルの数値は 10 億ドル単位）		
	2012 年 6 月	2013 年 6 月
市場の時価総額（株価 × 発行済み株数）	\$28.1	\$31.4
帳簿上の負債額	\$10.2	\$14.6
資産の市場価値	\$38.2	\$46.4
資産変動率	19.1%	16.6%
デフォルトポイント	\$7.7	\$10.2
デフォルト距離 (DD)	$\dfrac{38.2 - 7.7}{0.191 \times 38.2} = 4.2$	$\dfrac{46.4 - 10.2}{0.166 \times 46.4} = 4.7$
EDF	0.06% (6bp) ≡ Baa1	0.045% (4.5bp) ≡ A3

図 11.6 で示すように，企業の財務状況が悪化し始めるときには，デフォルトが発生するまでの間に EDF が急上昇するという傾向がある．通常，そのような EDF の増加は，企業の株式の価値の急激な下落に対応している．図 11.7 の縦軸においては，EDF は対応するスタンダード・アンド・プアーズの格付と並んでパーセントで示されている．ムーディーズやスタンダード・アンド・プアーズなどの格付機関による伝統的な格付において，発行体が格下げになる少なくとも 1 年くらい前にはそれを予知させる EDF の変化が見られるようである（図 11.7）．格付機関が適用する，より長期的な視点とは対照的に，KMV アプローチは明らかにポイント・イン・タイムアプローチである.

ムーディーズやスタンダード・アンド・プアーズによる過去のデフォルト統計とは異なり，EDF は期間によりデフォルト率が高いまたは低いといった期間に起因する偏りをもたない．デフォルト距離は，デフォルト率の高い不況期には短くなり，デフォルト率の低い好景気の時期には長くなることが観測されることになるだろう.

同時に，EDF は通例となった格付を代替しうると考えるべきではない．いずれのアプローチにもそれ自身の長所と短所があり，信用リスク管理の特定の目的に最も適したアプローチとなっている．EDF の計算においては，経営の質や制御システムの質といった定性面を考慮していないことを再度強調しておく.

11.7 クレジットポートフォリオの評価

すでに議論したように，リスク計測上考慮すべき鍵となる点は，個々の債務者をポートフォリオに組み入れた場合における，関連がある信用リスクの相関の推定である．企業同士がともにデフォルトすることはどの程度起こりやすいのか．ムーディーズ KMV は，CreditMetrics のように，信用リスクの相関を推定するため，ファンダメンタルファクターに相関をリンクさせる経済モデルを使って資

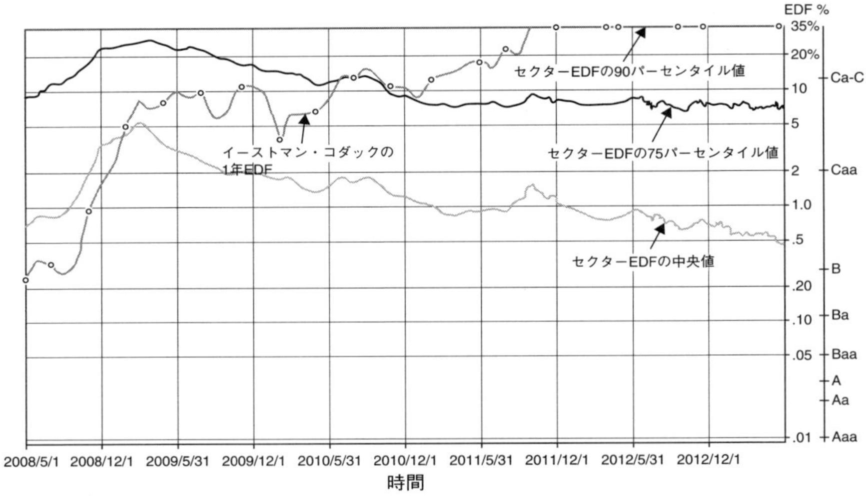

図 11.6　様々な 4 分位における，米国の印刷セクターに属する企業とデフォルトした企業（イーストマン・コダック (Eastman Kodak)）の EDF

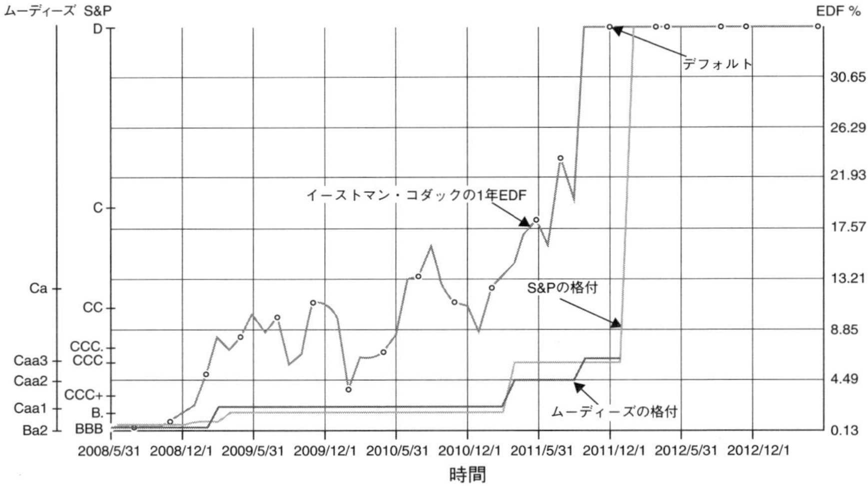

図 11.7　デフォルトした企業（イーストマン・コダック）の EDF と，スタンダード・アンド・プアーズおよびムーディーズの格付

産収益率の相関を導くモデルを提唱した．資産収益率の相関構造を組み入れることにより，相関の予測をより正確なものとしている．そして，すでに述べたことであるが，そのようなマルチファクターモデルを用いることにより計算すべき相関の個数を劇的に減らすことができる．

企業の資産収益率は，ワンセットの共通の，あるいはシステマティックなリスクファクターと企業固有のリスクファクターから生成されると仮定する．したがって，企業間の資産収益率の相関を導くために，システマティックファクターを推定し，共通のファクター間の共分散行列を推定する必要がある．それではどのようにファクターの構造を特定すればよいのだろうか．

これについて CreditMetrics とムーディーズ KMV は比較的似通ったモデルを提唱している．そのため，我々は KMV モデルのみについて説明することとする（KMV モデルのほうが統合的でありかつ精緻であるからである）．KMV アプローチは図 11.8 で示すとおり，三層構造のファクターモデルを構築する．

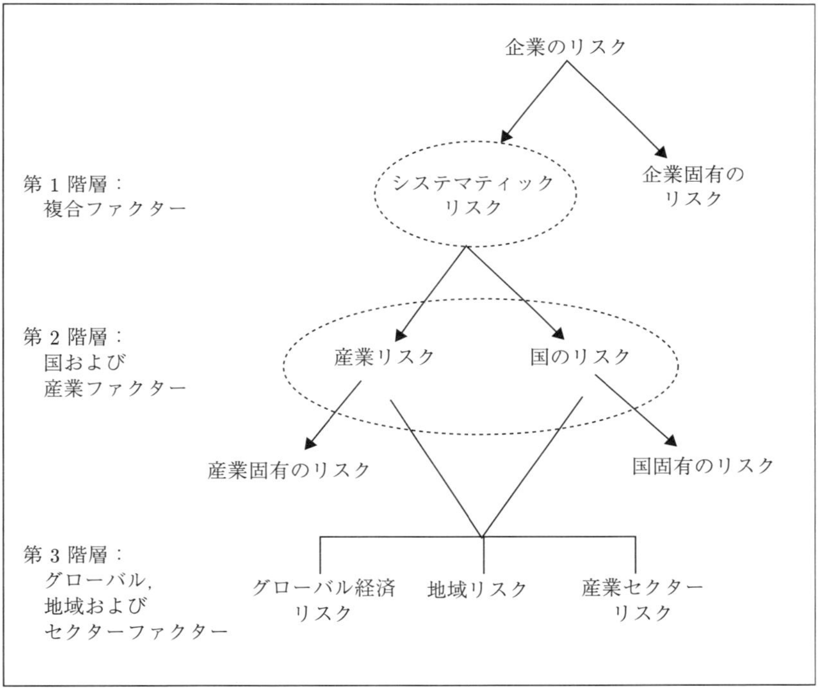

（出典：KMV Corporation）

図 11.8 資産収益率の相関を導くためのファクターモデル

第 1 階層：複合企業固有ファクター，すなわち各々の国や産業に対する当該企業のエクスポージャーの大きさに基づき，個々の企業ごとに構成するファクター
第 2 階層：国ファクターおよび産業ファクター
第 3 階層：グローバル，地域および産業セクターに関するファクター

カントリーリターンおよびインダストリーリターンを決定するプロセスは下記

のように表せる．

(カントリーリターン) = (グローバル経済効果) + (地域ファクター効果) + (産業セクターファクター効果) + (国固有のリスク)

(インダストリーリターン) = (グローバル経済効果) + (地域ファクター効果) + (産業セクターファクター効果) + (産業固有のリスク)

11.8　信用リスク計測のための保険数理的アプローチおよび縮約型アプローチ

ポートフォリオの信用リスクを推定するため，他にも 2 つのアプローチが提唱されている．これらは，保険会社が用いている統計的なモデルに基づく保険数理的アプローチとそして縮約型アプローチである．デフォルトの構造型モデルは，株価から引き出される情報および企業の貸借対照表に対するファンダメンタル分析に基づいている．つまり，企業の資産価値が，約束した支払いの額などで表されるある境界を下回った場合に，当該企業がデフォルトするように（例えば，1974 年のマートンの枠組み）モデル化を試みている．これとは対照的に，保険数理モデルと縮約型モデルは，回収率を含んだ企業の倒産プロセスをモデル化のプロセスの外生的要因として扱っている．倒産プロセスをモデルの内部で導くように試みるのではなく，それについての仮定を置くのである．保険数理モデルはデフォルト確率にキャリブレートするため，デフォルトのヒストリカルデータを利用する．これに対して縮約型アプローチは，債券もしくは CDS の市場クレジットスプレッドの情報を利用する．

11.8.1　保険数理的アプローチ

1997 年後半に投資銀行であるクレディ・スイス・フィナンシャル・プロダクツ (CSFP) によりリリースされた CreditRisk+ は，保険会社により開発された死亡率モデルに基づく純粋な保険数理モデルである．このモデルが採用するデフォルト確率は，信用クラスごとのデフォルト事象の過去の統計データに基づいている．KMV アプローチとは異なり，デフォルトを企業の資本構成や貸借対照表と関連付けようとはしていない．

CreditRisk+ はいくつかの仮定を置いている．

- ローンに関しては，例えば 1 カ月間といった所与の期間におけるデフォルト確率は，他の時期の同じ長さの期間，例えば翌月においても同じである．
- 大規模の数の債務者を扱う場合，ある特定の債務者のデフォルト確率は小さく，任意の所与の期間内に発生するデフォルト数は，他のどの期間に発生するデフォルト数とも独立している．

これらの前提の下で，そして実証的な観測に基づき，所与の期間（例えば1年間）におけるデフォルト発生数の確率分布は，ポアソン分布として知られるある一定の形をした統計的分布によってよく表現される．平均デフォルト率は，ビジネスサイクルに依存して，時間の経過とともに変化すると期待している．このことは，CreditRisk+ が提唱するように，平均デフォルト率自身がある一定の分布に従い変化する，という仮定を追加する場合のみ，ポアソン分布を使ってデフォルト過程を表示できることを示唆している．

CreditRisk+ においては，ポートフォリオを構成する債務者は，ある団（バンド）もしくはサブポートフォリオに分類され，そして同じ団に属するすべての債務者のエクスポージャーとネットの回収調整額がほぼ同じであることにより特徴付けられる．もしも各々の団内におけるデフォルトの分布がわかっていれば，ポートフォリオ全体に対してすべての団にわたりデフォルトの分布を求めることができる．CreditRisk+ はローンポートフォリオの損失分布を明示的な数式による解として導いている．

CreditRisk+ は他のモデルに比較して実装がしやすいという利点がある．第1に，すでに述べたことであるが，債券やローンのポートフォリオの損失確率を明示的な式で表せるため，CreditRisk+ はコンピューターによる計算を行う視点からとても魅力的である．これに加え，債務者による限界リスク寄与度も計算可能である．第2に，CreditRisk+ はデフォルトに焦点を当てている．したがって，他のモデルに比べ，モデルに必要な推定値や入力変数が比較的少数しかない．それぞれの商品に対して，デフォルト確率とデフォルト時損失の統計値のみを必要とする．

CreditRisk+ の短所は，格付遷移リスクを考慮していない点にある．個々の債務者のエクスポージャーの大きさは固定されており，将来起こりうる債務者の信用リスクの質の変化あるいは将来の金利の変化に対して反応しない（実にこれこそは，CreditRisk+ と CreditMetrics の主要な相違点である）．もっとも一般的な形では，デフォルト確率は，複数の確率的に変化する背景要因に依存するが，そこでさえも，信用リスクエクスポージャーの大きさは一定とされており，こうした（確率的に変化する）要因の変化とは関連付けられていない．現実には，信用リスクの大きさは，しばしばデフォルト確率といったリスク要因と密接につながっている．例えば，ローンコミットメントの場合，借り手である企業は，信用枠を引き出すオプションを有する．そして信用状態が悪化したときには企業はこの権利を行使することのほうが多い．

最後に，CreditMetrics や KMV アプローチと同様に，CreditRisk+ はオプションや通貨スワップといった非線形の商品には満足に対応できない．

11.8.2　縮約型アプローチ

構造型モデルは，デフォルト事象は予測可能であることを前提としている．というのも，企業価値の変動はジャンプのない連続的な過程に従うからである[†10]．しかしながら，現実には，デフォルトはいつでも起こりうる．つまり，「デフォルトへのジャンプ」として知られる現象である．例えば，空前の株式ブームとそれに続く株価の暴落の際に，エンロン (Enron) やパルマラート (Parmalat) といったある大企業が，会計詐欺を原因として突然にデフォルトしたことは投資家を驚かせることとなった[†11]．企業はまた，長期的な経済上の観点により清算するかもしれないし，単に資金不足に陥ったり，従業員の給与や他の重要な支払いができなくなることがあるかもしれない．もしも企業が銀行から追加的に資金を借りることができないのであれば，デフォルトに追いやられるかもしれない．これらの点に加え，構造型モデルを利用することにより，現実の世界で観測されるクレジットスプレッドを再生することは難しいことがわかっている．

強度に基づくモデルとも呼ばれる縮約型モデルは，こうした構造型モデルのいくつかの欠点に対応するために導入された[†12]．縮約型モデルの重要な利点は，リスクのある負債とクレジットデリバティブの価値を計算式で明確に表していることにある．

こうした利点は縮約型モデルの性質に由来する．縮約型モデルは，ムーディーズ KMV といった構造型モデルのアプローチとは異なり，原資産の状況を観測することによりデフォルトを予測することを試みていない．縮約型モデルは（CreditRisk+ のように）本質的には統計的なものであり，世界の金融市場において観測可能であるクレジットスプレッドを用いてキャリブレートされる．それゆえに縮約型アプローチは，経済的な視点から構造型モデルほど直感に訴えるものではないし，貸借対照表の情報を必ずしも必要としない．その代りに，モデルの入力するために利用するデータは原則として，社債や企業向けローンおよびクレジットデリバティブなどの市場から得られる信用リスクのある商品の価格である（KMV アプローチが利用する，株式市場における株価データとは対照的に）．

このような区別は原則として重要であるが，絶対的なものではない．縮約型モデルは，主としてクレジット市場のスプレッドに依存するが，デフォルト時損失からデフォルト確率の推定値をより良く導き出すために，（株価や貸借対照表の情報を含む）他のインプットファクターを用いるかもしれない[†13]．

[†10] この点は標準的なマートンモデルに当てはまる．しかしながら，より洗練されたモデルは，確率的に変動するデフォルトバリアを組み入れており，企業価値はジャンプを伴う過程に従う点を前提としてモデルの開発がなされている．

[†11] しかしながら KMV は，デフォルトの 2～3 年前に，両社の EDF は徐々に悪化していたことを示している．

[†12] 本アプローチでは，デフォルトを外生的な事象としてモデル化する．瞬間的なデフォルトの発生率であるハザード率はキャリブレーションの対象となる主要なパラメターである．

[†13] ジャロー＝ターンブルにより導入されたモデルにおいて，デフォルト時損失とデフォルトの決定要

理論的には，信用リスクのある有価証券の価格を見続け，かつ，それから同種の有価証券で信用リスクのない有価証券（例として米国債）の価格を差し引くことにより，「信用リスクの価格」が明らかとなる．不幸なことに，そこには多くの複雑さとその他の現実の問題が存在する．縮約型モデルの開発者の行うべき職務はこうした問題点を克服することと，クレジット市場において顕在するクレジットスプレッドの期間構造からリスク調整済みインプライドデフォルト確率の期間構造を導出することであり，そしてそのうえで，より良いリスク分析を追及するなかで，この情報を特定の銀行ローンやポートフォリオに再度適用するための最も有効な方法を見いだすことにある．

もう 1 つのさらに取扱いが難しい問題は，世界の信用リスク市場はデータソースとしては非常に不完全であるということである．不幸なことに，信用リスクは，信用リスクのある有価証券の価格を決定する唯一の要因ではない．信用リスクだけでなく，他の多くのリスク要因や市場の非効率性が信用リスク価格のシグナルの邪魔をするのである．とりわけ，社債市場の規模の大きさにもかかわらず，個々の債券の市場は流動性を大きく欠くとか，株式市場における株価よりも価格の透明性がはるかに劣るなどの傾向があるし（多くの債券は取引所で取引されるよりも，店頭市場で取引されているが，これは理由としては小さくない），金融商品として，債券には非同質的な側面があり，これもまた手が込んでいる．つまり多くはオプションを内包した仕組み債（例：転換社債，コーラブル債券等）であり，そして債券価格はローカル市場における多様な規制や税制度により影響を受けるかもしれないのである（付録 11.1 で述べたように，ジャロー (Jarrow) は縮約型モデルを一般化し，債券市場の価格に及ぼす流動性の影響を定式化した）．

これらは実証主義に基づく挑戦であるが，しかし，もっと基礎的な解析的な挑戦でもある．例えば，ある期間において，債券市場のデータの中で観測されるクレジットスプレッドを形成するために多様な信用リスク要因はどのように互いに協働するのであろうか．市場データでは，デフォルト確率やデフォルト時損失（もしくは回収率）の相対的な寄与は全く明らかではない．とはいうものの，モデリングの成果をローンポートフォリオの将来のデフォルトおよびデフォルト時損失率の予測に適用するのであれば，過去のデータの中でこれらの要因が及ぼす影響を区別することは重要である[†14]．

因は実証的に推定できる．ダフィー = シングルトン (Duffie and Singleton, 1999) はこのモデルを拡張した．しかしながら，拡張されたモデルでは，デフォルト時損失とデフォルトの決定要因を個別に特定することはできないという事実が判明している．このことは「内部決定の問題」として知られている．すなわち，モデルによるキャリブレーションの結果として算出される数値は 1 つであり，それは期待損失というエクスポージャーの単位（デフォルト確率×デフォルト時損失）である．デフォルト確率を推定するためには，LGD に対する仮定を置くことが必要となる．

[†14] この問題は重要である．なぜなら，金融商品に付随するデフォルト確率とデフォルト時損失は時間の経過に従って変化するとともに，クレジットポートフォリオの性質にも依存するからである．例えばビジネスサイクルの頂点においては，航空会社はデフォルトしない傾向にあり，もしもデフォルトするのであれば，銀行ローンに対する担保を最高値で売却することができる．5 年後であれば，両者の計算に関するストーリーは全く異なるものとなるであろう．

付録 11.1 では，1995 年にジャローとターンブル (Turnbull) が先駆けとなった，縮約型モデルの根本となる基本的な考え方について，より技術的な紹介を行っている[†15].

11.8.3 KRIS(Kamakura Risk Information Services) 信用ポートフォリオモデル

鎌倉の信用ポートフォリオモデル (KRIS) は，付録 11.1 で描写されるように，ジャローが一般化した縮約型モデルに基づいている．鎌倉により提案されたアプローチは全く一般的なものであり，リテール，中小企業，大規模な非上場企業，地方公共団体およびソブリンなどのすべての債務者に対するデフォルトモデルの構築に適用することができる．ジャローのモデルは，債券価格そのもの，同時点における債券価格と株価，クレジットデリバティブの価格およびデフォルトのヒストリカルデータに適合させることができる．

モデルへの適合プロセスは，ロジスティック回帰として知られるハザード率のモデリングや，何年にもわたりリテールや中小企業のデフォルト確率の推定に利用されてきたクレジットスコアリング技術の拡張を含んでいる．

デフォルトハザード率，すなわち，与えられた時間 t までに企業が生存していることを条件とするデフォルト確率 P(t) を予測するロジスティック回帰式は，次の式で表される説明変数の関数である．

$$\mathrm{P(t)} = 1/[1 + \exp(-\alpha - \Sigma\beta_{\mathrm{i}}\mathrm{X_i})]$$

ここで説明変数 $\mathrm{X_i}, \mathrm{i} = 1, \ldots, \mathrm{n}$ は，資産収益率やレバレッジレシオなどの会計上の財務指標，非雇用率などのマクロ経済要因，各企業の株価指数に対する月次超過収益率，月次の株式ボラティリティおよびそれらの時系列データなどの，株価から得られる複数のインプット，対象国の株式時価総額の合計額に対する対象国の市場規模，産業に関する変数，季節性などの，対象国の総合的な株価指数から得られる複数のインプットなどである．KRIS はモデルにキャリブレートするため，KRIS に所有権のあるデフォルトデータベースから得られる過去のデフォルトデータを利用する．ジャローにより特定された，流動性プレミアムを組み入れた縮約型モデルは，LGD を内生的に推定することができる．

KRIS は，ホライゾンである 10 年間におけるすべての期間に対する月次のデフォルト確率を提供する．例えば，P(1) は最初の月のデフォルト確率，P(2) は，最初の月に生存していたことを条件とした次月のデフォルト確率，などである．P(120) は，前 119 カ月において生存していたことを条件とした，観測期間の最終

[†15] R. A. Jarrow and S.M. Turnbull, “ Pricing Derivatives on Financial Securities Subject to Credit Risk”, *Journal of Finance* 50(1), March 1995, 53-85.

月におけるデフォルト確率である[†16].

実証的な研究によると，縮約型アプローチは他のアプローチに比べて，米国企業のデフォルトをより良く予測できることが示されている．例えば，KMV による EDF やデフォルト距離は，モデルによる予測の正確性に対して限界的な貢献をするにすぎない[†17].

図 11.9 は，金融危機時，すなわち銀行の不確実性を高めた時期の 2009 年 2 月 27 日における，KRIS によるバンク・オブ・アメリカ (Bank of America) の年率ベースのデフォルトの期間構造である．図 11.9 における上の部分は，10 年間のホライゾンにわたる年率ベースの月次デフォルト確率を示す．例えばこの日におけるバンク・オブ・アメリカの年率ベースの 3 カ月のデフォルト率は 24.27% である．図 11.9 における下の部分は，この時点におけるバンク・オブ・アメリカのデフォルトリスクを累積ベースで示したものである．例えば 10 年間の累積ベースによるバンク・オブ・アメリカのデフォルトリスクは 37.89% であった[†18].

11.9 ハイブリッド構造型モデル

構造型モデルアプローチが理論的に際立った特徴を有する一方で，マートンモデルもしくはその拡張モデルにより計算したデフォルト確率とクレジットスプレッドは，実証的に観測した数値と比べると低すぎるのである[†20]．KMV に所有権のあるモデルはこの限界を乗り越える 1 つの試みを提供している．より最近においては，信用リスクモデルの研究者は，構造型モデルアプローチに会計情報および信用リスク情報を追加して結びつけるハイブリッド構造型モデルを提唱した.

この努力が求められた本来の理由は，デフォルトとは複雑な過程であり，かつ，資産価値が特定のデフォルトの閾値を下回るといった単純な形で表現できないものだからである．その代わりにデフォルトの閾値に近づくときの企業行動を考慮に入れる試みをしなければならない．例えばマートンモデルによれば，支払い能力がある会社でも深刻な流動性の問題があるときは，その結果として債務の不履行を起こす可能性がある．また，企業の信用リスクの質が悪化するにつれ，負債を借りる，そしてリファイナンスする能力が実際にその企業がデフォルトするか否かを決定しうる.

企業の負債調達能力は，その負債を返済するための収入と，担保としての企業資産の価値を生み出す債務者企業の能力によるものである．負債の返済力と企業価

---

†16 これらのデフォルト確率は累積デフォルト確率の期間構造を作り出すために結合される (付録 A11.1).

†17 J. Y. Campbell, J. Hilscher, and J. Szilagyi, "In Search of Distress Risk", *The Journal of Finance*, 63(6), December 2008, 2899–2939; J. Y. Campbell, J. Hilscher, and J. Szilagyi, "Predicting Financial Distress and the Performance of Distressed Stocks", *Journal of Investment Management* 9(2), 2011, 1–21; S. Bharath and T. Shumway, "Forecasting Default with the KMV-Merton Model", *Review of Financial Studies* 21(3), May 2008, 1339–1369.

†18 これらは，米国政府の不良資産救済プログラム (Troubled Asset Relief Program) に基づき，銀行に対する 450 億ドルの資金注入後に計算されたものである.

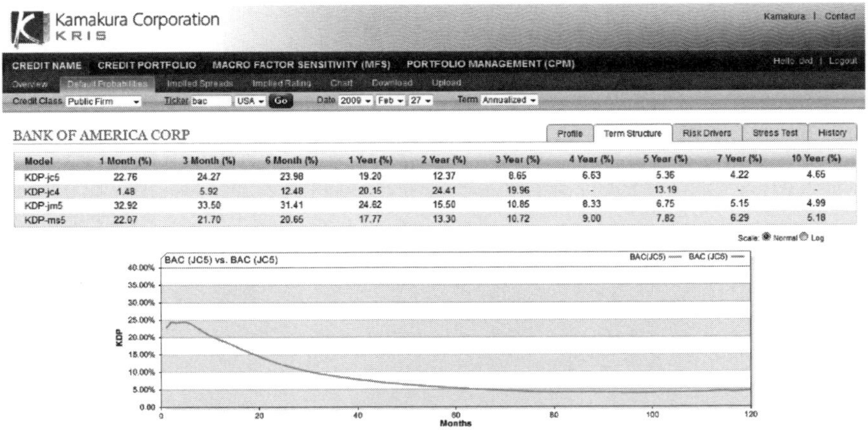

Model	1 Month (%)	3 Month (%)	6 Month (%)	1 Year (%)	2 Year (%)	3 Year (%)	4 Year (%)	5 Year (%)	7 Year (%)	10 Year (%)
KDP-jc5	22.76	24.27	23.98	19.20	12.37	8.65	6.63	5.36	4.22	4.65
KDP-jc4	1.48	5.92	12.48	20.15	24.41	19.96	-	13.19	-	-
KDP-jm5	32.92	33.50	31.41	24.62	15.50	10.85	8.33	6.75	5.15	4.99
KDP-ms5	22.07	21.70	20.65	17.77	13.30	10.72	9.00	7.82	6.29	5.18

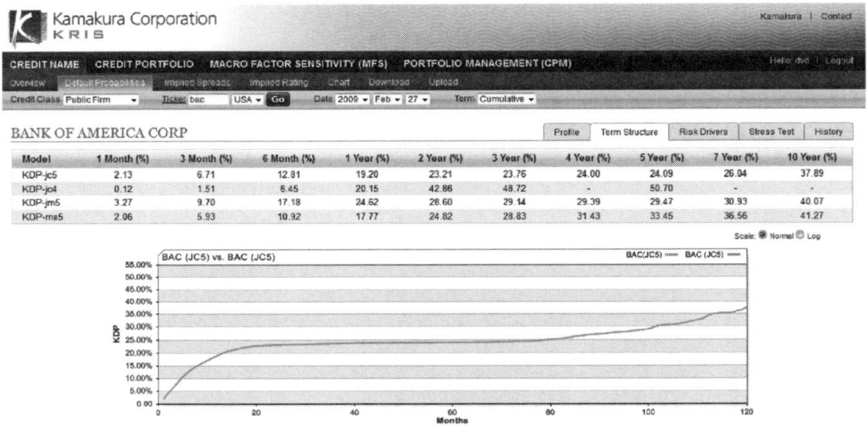

Model	1 Month (%)	3 Month (%)	6 Month (%)	1 Year (%)	2 Year (%)	3 Year (%)	4 Year (%)	5 Year (%)	7 Year (%)	10 Year (%)
KDP-jc5	2.13	6.71	12.81	19.20	23.21	23.76	24.00	24.09	26.04	37.89
KDP-jc4	0.12	1.51	6.45	20.15	42.86	48.72	-	50.70	-	-
KDP-jm5	3.27	9.70	17.18	24.62	28.60	29.14	29.39	29.47	30.93	40.07
KDP-ms5	2.06	5.93	10.92	17.77	24.82	28.83	31.43	33.45	36.56	41.27

（出典：鎌倉）

図 11.9　KRIS によるバンク・オブ・アメリカのデフォルト確率の期間構造（2009 年 2 月 27 日）†19

値のいずれも，事業環境や債務者企業の競争優位性についての情報とともに，債務者企業の収益性，流動性そして資本構成といった会計情報と明らかに関連している（第 10 章参照）.

こうした理由のため，ハイブリッドアプローチの支持者は企業の資産価値と負債能力を表すため，企業会計と市場の様々な変数を一緒にモデルに組み入れることを試みている．最近のこうしたアプローチの 1 つにおいて，例えば変数を，企

†19 第 1 行目の JC5 は，鎌倉が推奨する KRIS モデルのバージョンに関連している.

†20 倒産法に関連する様々な法制度を考慮した，企業に対するマートンの経済モデルの拡張については，D. Galai, A. Raviv, and Z. Wiener, "Liquidation Triggers and the Valuation of Equity and Debt", *Journal of Banking and Finance* 31(12), 2007, 3604–3620 を参照.

業の株式市場総額，株価の変動性（ボラティリティ），株価収益率，総資産の簿価，流動負債，長期負債および純利益としている[†21].

11.10 スコアリングモデル

クレジットスコアリングモデルは，会計上の財務指標などの主要なファクターを重み付けし定量的なスコアとする統計モデルである．クレジットスコアはパーセントで表示されるデフォルト確率 (PDs) へと解釈されるためスケーリングされる．

第 9 章では，カットオフスコアに基づいて，借り手を「良い」グループと「悪い」グループにランク付けする序数的なシステムであるリテールスコアリングの技術について述べた．本節では，最も代表的な企業のクレジットスコアリングモデルであるムーディーズ KMV RiskCalc™ とアルトマン (Altman) の Z スコアモデルの 2 つについてその内容を見ていく．

11.10.1 ムーディーズ KMV RiskCalc

先述した KMV アプローチにおいて，EDF の推定値は株価に由来する．それゆえに KMV アプローチは，流動性のある市場において取引される株式を発行する公開企業に対してのみ適用される．ムーディーズ KMV は非公開企業について，RiskCalc EDF として知られるデフォルト確率を推定する RiskCalc を代替アプローチとして提案している．

RiskCalc の開発者は，非公開企業のデフォルトリスクを説明するために採用された企業固有の財務指標とマクロリスク要因の範囲を明確にした (表 11.7)．モデルはまた，個々の企業が属する産業や信用サイクルの現段階に対して調整を行う．

リスクファクターのうち最も重要なカテゴリーは「レバレッジ」と「流動性」である．しかし，これらの変数の相対的な重要性は異なる産業間で変化する．

ムーディーズ KMV RiskCalc は，日本，韓国，シンガポール，オーストラリア，ロシアおよび中国と同様に，主要な西欧諸国について各国固有のモデルが開発されている．米国における RiskCalc は，企業，非営利企業，不動産管理会社および販売代理店の 4 つの個別のサブモデルで構成されている．

11.10.2 アルトマン (Altman) の Z スコア[†22]

アルトマンの Z スコアモデルは，財務指標の価値に基づいて構築された線形判別分析を利用した企業の分類モデルである．このアプローチでは，デフォルト企

[†21] J. Sobehart and S. Keenan, "Hybrid Probability of Default Models: A Practical Approach to Modeling Default Risk", working paper, Citigroup Global Markets, October 2003.

[†22] J. B. Caouette, E. I. Altman, P. Narayanan, and R. W. J. Nimmo, *Managing Credit Risk*, 2nd edition, Wiley, 2008.

表 11.7　RiskCalc U.S. 4.0 による財務諸表の変数と EDF のウェイト

RiskCalc U.S. 4.0		ウェイト
アクティビィティ		15%
	在庫/売上高	
	流動負債/売上高	
	売上高に対する運転資本の変化	
成長性		7%
	売上高成長性	
レバレッジ		26%
(資本構造)	長期負債 (LTD)/LTD + 純資産	
	留保利益/流動負債	
流動性		20%
	現金および市場性のある有価証券/資産	
収益性		13%
	資産収益率 (ROA) （純利益/資産）	
	ROA の変化	
債務カバレッジ		13%
	EBITDA/支払利息	
規模		6%
	総資産	

業と非デフォルト企業を最も良く判別するクレジットスコアを生み出す．このアプローチの背景にある理論的根拠は，デフォルトする企業の財務指標と財務の傾向は，財務上健全な企業のそれとはかなり異なるものであるという点にある．

製造業に属する企業に対する Z スコアモデルの判別関数は下記のとおりである．

$$Z = 1.2X_1 + 1.4X_2 + 2.3X_3 + 0.6X_4 + 0.999X_5$$

なお，財務指標は以下のとおり．

X_1 ＝ 運転資本/総資産

X_2 ＝ 留保利益/総資産

X_3 ＝ 利息収入・税金控除前収益 (EBIT)/総資産

X_4 ＝ 株式の市場価値/負債の簿価

X_5 ＝ 売上高/総資産

アルトマンは，最適なカットオフ点を表す Z スコアの下限値（フェイル）は 1.81，上限値（ノンフェイル）は 2.99 であることを見いだした．1.81〜2.99 の範囲に入るスコアは「無視の領域」，つまり信用度の「悪い」「良い」を正確に判別することが不可能な領域として扱われる[†23].

アルトマンのZスコアは，各スコアを「債券の格付と同等なもの」として割り当てるために適用される.

アルトマンは，当初のZスコアモデルに対していくつかの異なるバリエーション—民間の製造業向けのZ'スコア（Zプライム）モデル，非製造業向けのZ''スコア（Zダブルプライム）モデル，および新興国の企業向けのZスコアモデルなど—を開発してきた[†24]. これらのモデルのすべては，様々な企業クラスに対してZスコアをより良く推定するため，異なる重み付け手法と説明変数としての財務指標を採用する.

11.11 結論

信用リスクをどのように計測するかという問題に対する解決方法は1つだけではない，つまり，信用リスクのモデリングに王道はない. その代わりに数多くのアプローチが存在し，それらのアプローチのすべてがまだ完成までには道半ばという状態にある. この業界は未だに，これまでに提唱された様々なアプローチが立脚する多くの仮定に関する長所と短所を理解しようと試みているのである.

これまでのところ，信用リスクモデルの開発者は，市場リスクと信用リスクを統合する容易な方法を見いだせないでいる. 市場リスクモデルは信用リスクモデルを考慮していない一方で，信用リスクモデルは市場リスクが信用リスクのエクスポージャーを変化させる要因にはならないと仮定している. 次世代の信用リスクモデルはこうした重要な欠点を補うものでなければならない.

表11.8は本章で議論した現存する主な信用リスクモデルの鍵となる特徴をまとめたものである. 表は複雑に見えるが，この分野におけるアプローチの幅がかなり広いことが改めてわかる. 各々のアプローチはいくらか異なる組合せの仮定により成り立っている. 信用リスクの定義さえも同じというわけではない. すべてのモデルに共通している入力パラメターは，信用リスクのエクスポージャーの大きさ，回収率（または同値であるが，デフォルト時損失）およびデフォルト相関である.

本章で説明したように，デフォルト相関は様々な方法により捉えられる. KMVアプローチではデフォルト相関を資産収益率の相関から導く. CreditMetricsはそれと似通ったモデルに依拠するが，資産収益率の相関の代理変数として株価収

[†23] Zスコアの主要な欠点は第2種の誤りである. すべてのデフォルト企業が右側のセルに分類された一方で，同じセルに，最終的にデフォルトしなかった多くの企業が「悪い」企業として分類された. 第2種の誤りが大きすぎるため，銀行はこのモデルを利用できない. なぜなら相当数の「良い」顧客を排除してしまうかもしれないからである.

[†24] ZETAと呼ばれる第2世代のモデルは，会計・財務報告の変化を反映し，いくつかの点で本来のZスコアを強化した.

表 11.8　信用リスクモデルの主な特徴

	信用リスク遷移アプローチ		条件付き請求権アプローチ	保険数理アプローチ	縮約型アプローチ
ソフトウェア	CreditMetrics	CreditPortfolio-View	KMV	CreditrRsk+	鎌倉
リスクの定義	市場価値の変化	市場価値の変化	市場価値の変化	デフォルトによる損失	デフォルトによる損失
信用事象	格下げ/デフォルト	格下げ/デフォルト	連続的に変化するデフォルト確率 (EDFs) の変化	保険数理的に推定したデフォルト率の変化	デフォルト強度の変化
リスクの発生要因	資産価値の相関	マクロ要因	資産価値の相関	期待デフォルト率	ハザード率
信用リスクの推移確率	一定	マクロ要因により誘発	・EDFの個々の期間構造 ・資産価値の推移過程により誘発	—	—
信用事象の相関	多変量標準正規分布（株価ファクターモデル）	マクロ要因による条件付デフォルト確率	多変量標準正規分布（資産ファクターモデル）	共通のリスクファクターによる条件付デフォルト確率	マクロ要因による条件付デフォルト確率
回収率	確率的に変動（ベータ分布に従う）	確率的に変動（経験分布に従う）	確率的に変動（ベータ分布に従う）	・デフォルト時損失 ・確定的	・デフォルト時損失 ・確定的
金利	一定	一定	一定	一定	確率的に変動
信用リスクの推定方法	・シミュレーション/解析解 ・計量的手法	・シミュレーション ・計量的手法	・解析解/シミュレーション ・計量的手法	解析解	・格子ベース/シミュレーション ・計量的手法

益率の相関を用いている．他のモデルでは，デフォルト確率は共通のシステミックファクターもしくはマクロファクター上に条件付けされたものである．こうしたファクターの変化はすべてのデフォルト確率に影響を及ぼすが，個々のリスクファクターに対するそれぞれの債務者の感応度に応じてその影響の程度は様々に異なる．

第11章　付録1
縮約型モデルの基本的な考え方

企業が発行した，1年間で100ドルというように支払額が確定された，デフォルトのあるゼロクーポンの負債を考えてみよう．

定義：
RR：　確定的な支払額をパーセントで表示した回収率 = 1−LGD（デフォルト時損失）
PD：　1年のリスク中立デフォルト確率[†1]
i：　1年のリスクフリー金利
y：　1年のリスク調整済み金利
P：　ゼロクーポン債券の価格

このデフォルトにあるゼロクーポン債を評価するための2つのアプローチがある．

---

†1 この例示では，1年間のホライゾンにおける累積デフォルト確率PDは「ハザード率」の期間構造から導かれる．すなわち，微小時間におけるデフォルト確率である．ハザード率（もしくは強度）を $\lambda(t)$ とすると，時間間隔 $[t, t+\Delta t]$ におけるデフォルト確率は，定義に従い $P(t) = \lambda(t)\Delta t$ となる（時刻tには以前にはデフォルトしていないことが前提）．これにより，生存確率，すなわち時間間隔 $[t, t+\Delta t]$ においてデフォルトしていない確率は $1-\lambda(t)\Delta t$ となる．

さて時間間隔 $[0, T]$ を考え，Δt の長さとして時間間隔 $[t_{k-1}, t_k]$ を仮定してみよう（kは1からn）．いかなる時間間隔 $[t_{k-1}, t_k]$ においても，ハザード率 $\lambda(t)$ は一定であるとする．期間 $[0, T]$ における生存確率，すなわち時点0からTの間にデフォルトしない確率は以下のとおりである．

$$S(T) = [1-\lambda(1)\Delta t][1-\lambda(2)\Delta t]..[1-\lambda(n)\Delta t] = [1-P(1)][1-P(2)]\ldots[1-P(n)]$$

時刻0から見た，時刻Tと $T+\Delta t$ の間におけるデフォルト確率は

$$q(T)\Delta t = \lambda(T)\Delta t \times S(T)$$

で示される．

もしも期間 $[0, T]$ においてハザード率 λ が一定であると仮定する場合には，時間間隔 $[0, T]$ におけるリスク中立生存確率 $S(T)$，およびリスク中立デフォルト確率 $PD(T)$ は，各々以下の式で表される．

$$S(T) = \exp(-\lambda T),\ PD(T) = 1-\exp(-\lambda T)$$

上式より，生存確率は，デフォルト強度もしくはハザード率とともにディスカウントファクターと同様の構造をもち，金利の役割を果たす．それゆえに，ハザード率はクレジットスプレッドとみなすことができる．ハザード率と金利が一定であるという単純な仮定に基づくと，CDSスプレッドの公正価値は以下の式で示すことができる．

$$S = \lambda(1-RR)$$

- リスク中立評価法．期待キャッシュフロー（リスク中立確率を用いる）はリスクフリー金利で割り引かれる．

$$\mathrm{P} = [100(1 - \mathrm{PD}) + 100 \times \mathrm{PD} \times \mathrm{RR}]/(1 + \mathrm{i}) \tag{A11.1}$$

- リスク調整評価法．確定的な支払額はリスク調整済み金利 y で割り引かれる．

$$\mathrm{P} = 100/(1 + \mathrm{y}) \tag{A11.2}$$

デフォルトのあるゼロクーポン債の価格に対する 2 つの表現から以下の式が導かれる．

$$1 + \mathrm{i} = [1 - \mathrm{PD} \times \mathrm{LGD}](1 + \mathrm{y}) \tag{A11.3}$$

数値例：

$$\mathrm{P} = 95, \mathrm{i} = 5\%, \mathrm{RR} = 50\%$$

式 (A11.2) より y= 5.26% が計算される．これと式 (A11.3) とにより，PD= 0.5% となる．

式 (A11.3) を連続時間で表現すると，

$$\mathrm{y} = \mathrm{i} + \mathrm{PD} \times \mathrm{LGD} \tag{A11.4}$$

この 1 期間の例は多期間へ一般化できる．第 6 章において，ゼロクーポン金利の期間構造が与えられた場合のフォワード金利を導出する方法を示した．式 (A11.3) に至る根拠をフォワード金利に適用することにより，フォワードデフォルト確率（ハザード率）を導出できる．2 期間の設定では，

P(1) は，1 年目といった最初の期間におけるデフォルト確率を示す．

P(2) は，最初の期間においてデフォルトが発生しなかったことを条件に，2 年目といった次の期間におけるデフォルト確率を示す．2 年間の累積デフォルト確率 PD(2) は，「1− 最初の 2 年間における生存確率」，つまり，

$$\mathrm{PD}(2) = 1 - [1 - \mathrm{P}(1)][1 - \mathrm{P}(2)]$$

で表される．

数値例：

$$\mathrm{P}(1) = 0.2\% \text{ とし, } \mathrm{P}(2) = 0.3\% \text{ と仮定すると, } \mathrm{PD}(2) = 0.5\%$$

単純な縮約型モデルは，式 (A11.4) で示される特定化の問題に直面する．クレジットスプレッドは期待損失，つまりデフォルト確率とデフォルト時損失の積で表される．ジャロー=ターンブル (Jarrow and Turnbull, 1995) では，LGD を定数とし，デフォルト時刻を決定するポアソン分布に従う独立なデフォルト強度プ

ロセスを仮定している．デフォルト確率は，時間に依存する非確率的な関数である．デフォルトと金利は相関しない．

ジャローはジャロー＝ターンブルモデルをいくつかの点で一般化した．まず第1に，デフォルト確率は，確率的に変動する金利と任意のいくつかのリスクファクターに外生的に依存する確率変数であると仮定される．リスクファクターには企業固有のものもあれば，商品価格や不動産価格といった，デフォルト相関を誘発するマクロ要因もある．

ジャローはまた，株式ではなく債券の価格に影響を及ぼす流動性要因も組み入れている．流動性要因は確率変数で，発行者により異なっており，デフォルト強度を決定する同じマクロリスク要因の関数であると仮定している．

ジャローによるジャロー＝ターンブルモデルの一般化は主要な2つの特徴をもつ[†2]．それは，デフォルト事象が発生した場合には株式価値はゼロとなるという仮定に基づき，負債と株式の価格の両方を捉えている点と，流動性リスクと非流動性のスプレッドを組み入れている点である．これらの特徴により，先述の描写で仮定したような債券の元本の一部というよりも，デフォルト直前におけるリスクのある負債の市場価値の一部として表されるインプライド回収率パラメターの計算が可能となり，先述した内部決定の問題を解決する余地がモデルに与えられた．ジャローのモデルは，解析的な枠組みとして鎌倉のKRIS信用ポートフォリオモデルに実装された．

ハザード率の期間構造は（同時点における債券価格と株価と同様に），債券価格やクレジットデリバティブの価格（CDSスプレッド）およびデフォルト率のヒストリカルデータに適合させることができる．縮約型モデルはポートフォリオのヘッジを改善するために利用することができる[†3]．

[†2] R. Jarrow, "Default Parameter Estimation Using Market Prices", *Financial Analysts Journal* 57(5),2001.

[†3] H. Doshi, J. Ericsson, K. Jacobs, and S.M. Turnbull," Pricing Credit Default Swaps with Observable Covariates", *Review of Financial Studies*, forthcoming.

第12章

信用リスク移転市場とその示唆

もうかなり昔のことになったが，米国連邦準備制度理事会のアラン・グリーンスパン議長（当時）が「能動的な信用リスクマネジメントの新たなパラダイム」について語った．グリーンスパン議長らによれば，米国の銀行システムは，クレジットデフォルトスワップ (CDS) や債務担保証券 (CDO) などの新しいクレジット商品を利用することによって信用リスクに関するエクスポージャーの移転ならびに分散を図り，2001～2002 年の信用危機を乗り越えてきた[†1]．一方，その後の 2007–2009 年の金融危機では全く異なり，これらの信用リスク移転商品が銀行システムに破壊的なリスクをもたらしたのである．

金融危機から数年が経過し，冷静な見方ができるようになってきている．第 1 に，いくつかの主要な金融システムの問題やカウンターパーティーの問題に対処するコストがかかったものの，CDS 市場は金融危機の間，そして金融危機の後においてもある面ではしっかりと機能しており，信用リスクの管理と移転に確かに役立っていたのである．第 2 に，金融危機はある部分では CDO のような複雑な信用リスクの証券化商品によって巻き起こされたものの，これは信用リスク移転の原理自体に問題があるのではなく，金融危機以前の証券化のプロセスが不十分なものであったためであると見られ始めている．クレジットカードの売掛債権のようないくつかの証券化事業は，金融危機の前後を通じて機能し続けている．それは，投資家に対してリスクが相対的に透明性を保っているからでもあろう．

今後，信用リスク移転市場および移転戦略は，絢い交ぜな変化を見せるであろう（表 12.1）．金融危機以前の市場と商品のうちいくつかは消え失せ，少なくともかつてと同一の姿および規模で再び現れることはないであろう．その他の市場や商品は金融危機後の数年は厳しい状態にあったが，その後回復し変革を遂げ始めている．経済が上向き始め，金利が証券化プロセスのコストを賄うに足るまで上昇すれば，これらの市場や商品は再び急速に成長するかもしれない．さらには，

[†1] Alan Greenspan, “The Continued Strength of the U.S. Banking System”, 2002 年 10 月 7 日の講演．

表 12.1　信用リスク移転市場：生き残り，復活するか？

精査すべき点はあるが，相対的には安定

- クレジットデフォルトスワップ.
- 消費者資産担保付証券（不動産ではないもの）. 例えば，自動車ローン債権，クレジットカード売掛債権，リース債権，学生ローン債権.
- 政府系機関による MBS.
- 資産担保付コマーシャルペーパーのプログラム（伝統的モデル）.

傷ついているが，急速に復活を遂げる可能性をもちつつ変革が進んでいる

- 民間銘柄の MBS. 米国市場は徐々に回復に向かっているが，規制当局からのどのような指針が示されるかがはっきりしていない.
- CLO. 緩やかな格下げはあったものの，CLO の信用リスクの質は金融危機の渦中および金融危機後において相対的に安定していた. CLO 市場は数年間はほとんど休眠状態であったが，新規 CLO の発行量は 2011 年から 2012 年，そして 2013 年で急速に増加し始めた.

瀕死の状態にあり，復活は極めて困難

- CDO スクエアード.
- 過度に複雑な証券化商品（シングルトランシェ CDO）.
- 資産担保付コマーシャルペーパーの非伝統的なプログラム（複雑な証券化商品を含む）.

金融危機以降の新たな市場あるいは回復した市場

- 保険会社とのパートナーシップ：銀行が新規ローンを行い，それらローンのストラクチャリングを行う.
  例：長期のインフラへのローンでは信用リスクの全部あるいは一部が保険会社に移転される.
- カバード債券：資金調達のための債券であり，信用リスクは移転されない. カバード債券市場は金融危機以前からいくつかの国で極めて整備されており（例えば，ドイツのファンドブリーフ市場），投資家から信頼される資金調達手法として金融危機後にその他の国にも拡大し成長している
- AAA 格から格下げされた商品の再証券化（Re-Remics など）.

金融危機においても無傷であった市場や商品もある.

一方，新たな信用リスク移転の戦略も出現し始めている. 例えば，保険会社は銀行からローン債権を購入し，自社の長期の負債とのマッチを図り始めている. 金融危機後の変革（例：バーゼル III）によってもたらされた高い資本コストのもとでは，銀行業の「長期保有 (buy-and-hold)」モデルは，ローンその他の銀行活動によって抱える信用リスクを管理するには相対的に非効率なものとなった. 信用市場参加者と同様に規制当局は，銀行の資金調達に役立て，経済成長を促すため

に，証券化市場が変革を遂げ再興することを支援する姿勢でいる．長期的な視点では，信用リスク移転市場にとって，2007–2009 年の金融危機は破壊的な試練ではなく建設的な試練であったとみなすことができるのではないだろうか．

1970 年代からのことであるが，発展し成熟する信用市場が銀行のビジネスモデルを変化させてきた．金融危機それぞれが，そして新たな規制それぞれが，銀行に対して，バイ・アンド・ホールドの伝統的な信用仲介型ビジネスモデルから，本章を通して述べ，BOX12.1 で紹介するオリジネート・トゥ・ディストリビュート (originate-to-distribute, OTD) の組成販売型モデルへの変化を促してきた．

本章の第 1 節では，サブプライムモーゲージの証券化において何が問題であったのか，そのことから何を学ぶべきなのかを議論する．第 2 節以降では，世界の先進的な銀行および主要な金融機関が，ローン債権の売却等の伝統的な戦略を含む信用リスク移転商品と戦略を使ってどのようにして信用リスクポートフォリオを管理し続けているかを見ていく．これらの手法が銀行による信用機能の体系化にどのような影響を与えているのかを見ていくとともに，様々なクレジットデリバティブおよび証券化商品を見ていく．本章の議論は銀行を前提に行われるが，リース会社や大規模な事業会社における信用リスク管理にも，売掛債権の管理等で当てはまるものである．顧客に対してしばしば長期の与信を行うような資本財を生産する事業会社には特に当てはまる．

BOX 12.1

信用リスク市場が銀行に長期的な変化をもたらす

銀行業界に変化をもたらしているのは新しい技術だけではない．過去 20 年間以上にわたって，銀行が保有しているローンその他の信用資産のポートフォリオは，信用度がより低い債務者に集中するようになってきた．このことによって，銀行の中には 2001～2002 年あるいは 2008～2009 年のような経済の落ち込み時に耐性が低いものがでてきており，通信，エネルギー，電気・ガス・水道などの業界（2001～2002 年）あるいは不動産，金融・保険，自動車などの業界（2008～2009 年）において巨額の信用リスク関連での損失を発生させている．

1990 年代初頭から続いている信用危機ごとに，デフォルトは新たな水準へと進んできた．非投資適格級の社債のデフォルト率は 1990 年に 8%，1991 年に 11% であったものが，2001 年に 9.2%，2002 年に 9.5% となり，2008 年に 3.6%，2009 年に 9.5% となった．しかしながら，デフォルト金額では，デフォルトの実績は 1990 年代初頭よりもその後のほうが格段に悪いものとなっている．スタンダード・アンド・プアーズによれば，1990 年および 1991 年はそれぞれ約 200 億ドル，2002 年に 1,980 億ドルであったが，2009 年には史上最悪の 6,280 億ドルに達した[†1]．

デフォルト率が高いのと同時に，回収率が異常に低かった．そのため，主要な銀行のほとんどで大きな信用リスク関連の損失が発生した．

ローンポートフォリオが信用度が低い資産に集中するようになったのには 2 つの理由がある．

- 第 1 に，1970 年代に開始して今日まで続いている銀行の「非仲介業化」があ

る．投資適格級の大企業は，銀行からの借入ではなく，効率的な資本市場で債券を発行して投資家から資金調達を行うようになった

- 第 2 に，現在の規制資本のもとでは，銀行は信用度が低い債務者へ与信を行うほうがリスク調整後のリターンが大きくなり，経済合理的なのである

その結果，そして競争が激化する中で，銀行は，特に投資適格級の借り手への与信によって適切な経済利益を得ることが困難になってきているのである．商業銀行を中心とするローンを行う金融機関は単にローンを行い，それを満期まで保有するだけでは利益は得られないと理解しているのである．

この物語には良い面もある．銀行は，そもそも多くの優位性をもつ新規のローン実行およびその回収の分野にますます集中するようになってきている．銀行は，何年にもわたり，ローンおよびその他のサービスを通じて，企業と堅固な関係を築いている．銀行は，ローンの回収を効率的に進めるのに役立つ大規模で複雑なバックオフィスを有している．そして，2007–2009 年の金融危機時には後退したものの，主要な銀行は個人や機関投資家に対して，金融資産を直接あるいは仕組化して販売する販売網をもっている．さらに，銀行の中には，信用リスクの解析とストラクチャリングにおける高度の専門性をもつに至っているところもある．

銀行は，伝統的な「長期保有」型ビジネスモデルから「組成販売 (OTD)」型ビジネスモデルへの変化を進めるにあたって，これらの優位性を活かすことができる．OTD 型ビジネスモデルのもとでは，銀行はローンの回収は行うが，ローンのための資金調達は投資家から行い，貸倒リスクもある部分は第三者とシェアされる．本章のほとんどは，この OTD 型ビジネスモデルを実行する際における，2007–2009 年の金融危機時に顕著であり，変革が必要な問題点を議論することになる．しかしながら，OTD 型ビジネスモデルそれ自体はなくなるものではなく，将来の銀行業を形成していくものであり続けるであろう．

†1 Standard & Poor's, *Annual Global Corporate Default Study*, March 2012.

12.1　サブプライムモーゲージの証券化において何が問題であったのか

証券化では，ローン債権その他の資産が証券にリパッケージされ，投資家に販売される．このことによって，伝統的な銀行の「長期保有」型ビジネスモデルと比較して，これらの資産を組成した銀行のバランスシートから流動性リスク，金利リスク，信用リスクを大きく取り除く効果がある．

何年にもわたって，いくつかの銀行市場は，この新しい「組成販売 (OTD)」型ビジネスモデルへ大きく変革を遂げてきており，2000 年以降はその変革の速度が速くなってきている．かつては銀行のバランスシートが抱えることになっていた信用リスクは，その関連するキャッシュフローとともにモーゲージ担保証券およびそれと類似の投資商品の形式で投資家に対して売却されるようになった．バーゼル自己資本規制のもとで，銀行業界は OTD 型ビジネスモデルを指向するようになったともいえる．銀行は，規制資本を必要とする資産を切り離すことによって資本の使用を最適化しようとしたのである．会計基準および規制も，銀行が証券化

のプロセスで前払いで手数料収入を獲得することを促した.

何年もの間，このOTD型ビジネスモデルへの変革は，分散によるポートフォリオの最適化やヘッジによるリスク管理を容易にすることで，金融業界に数多くのメリットをもたらしたといえる.

- オリジネーターは，資本効率の向上，資金調達力の強化，そして少なくとも短期的には収益変動幅の減少という恩恵を受けた（OTD型ビジネスモデルによって資本市場の多くの参加者に信用リスクおよび金利リスクが分散されるからである）.
- 投資家は，投資の選択肢の拡大という恩恵を受け，それにより投資を分散化し，自らの選好に近づけられるようになった.
- 資金の借り手は，資金調達コストの低下だけでなく，信用供与の拡大，商品の選択肢の増加という恩恵を受けた.

しかしながら，OTD型ビジネスモデルの恩恵は金融危機の数年前から徐々に弱まり，リスクが蓄積するようになった. この根本的な原因は，少なくともその相対的な重要性という点で，やや議論を呼ぶものである. ただし，OTD型ビジネスモデルによる証券化は，ローンのオリジネーターが借り手の信用力をモニタリングするインセンティブを減少させ，その状況を補う安全策もほとんどなかったという点には誰もが同意する.

例えば，米国のモーゲージの証券化においては，そのプロセスの参加者，すなわちモーゲージの仲介会社，住宅評価会社，モーゲージを組成しモーゲージ担保付証券 (MBS) へリパッケージする銀行，MBSをCDOへとリパッケージする投資銀行，そしてそのような商品にAAAの格付を与える格付機関のそれぞれが手数料を課す. しかし，これらの会社は証券化に伴うリスクを必ずしも負担するものではなく，かつこれらの会社の収益およびボーナスは，ディールを完了させること，そしてディールの質ではなくディールの金額と結びついているのである.

究極的には，信用リスクは，最も洗練された投資家でさえどのようなものを保有しているのか理解できないような複雑で曖昧なストラクチャーへと移転されるのである. そのかわり，投資家は格付機関の意見および金融保証会社（モノラインおよびAIGのような保険会社）からそれらの商品に対して提供される信用力強化策に極度に依存していた. 証券化商品が透明性を欠いていたことから，原資産であるローンの質をモニタリングすることは困難となり，証券化の仕組みが弱まった.

クレジットデフォルトスワップ市場およびこれと関連したクレジットインデックス市場の成長によって，信用リスクの取引とヘッジが容易になった. このことによって，信用リスクの流動性が格段に高まったと思われるようになった. 多くの市場において，信用リスクプレミアムの低下および資産価格の上昇によってデフォルト率は低下し，そのことによってさらにリスクが低下しているのだと思われるようになった．

証券化には欠陥があり，格付機関も間違えを犯すにもかかわらず（付録12.1参照），金融危機は銀行がOTD型ビジネスモデルに従わないことによって主に引き起こされたのである．銀行はモーゲージの貸し手から資本市場の投資家へとリスクを移転する仲介事業に徹するのではなく，銀行自身が投資家の役割を演じてしまった[†2]．例えば，モーゲージ市場では，信用リスクの移転はほとんど行われなかった．その代わり，銀行は証券化されたモーゲージの信用リスクを保有するか購入していた．

特に，伝統的なOTDモデルにおいては幅広く分散されるはずのリスクが，規制資本を満たすよう設立されたエンティティに集中していたのである．銀行およびその他の金融機関は，高いレバレッジを掛けたオフバランスシートでの資産担保コマーシャルペーパー(ABCP)導管体およびストラクチャード投資ビークル(SIV)を設立することによってこれを行っていた．これらのビークルによって，銀行は資産をバランスシート外へと移動できた．ローンをバランスシートに抱えるよりも投資ビークルにAAA格のCDOトランシェを保有することのほうが資本の負担としてははるかに軽かったのである[†3]．

資本の負担は軽減されたが，リスクは積み上がっていった．導管体やSIVはわずかな自己資本しかもたず，短期の借入を資産担保CP市場で極度にリスク回避的なマネー・マーケット・ファンドから借り換えながらつないでいくことによって資金を調達していた．もし何かがうまくいかなくなれば，投資ビークルは親会社である銀行とあらかじめ合意してある流動性ラインおよび信用補完策によって当該銀行のバランスシートへ即座に遡求していくことになる（銀行は投資ビークルによって自社の評判に傷がつくことを望まなかったのである）[†4]．

多くの場合において，銀行は買い手が見つからないCDOトランシェを保管するために投資ビークルを設立した．他には，同一格付の社債より利回りが格段に高いという理由で，AAA格あるいはAA格のCDOのシニアトランシェあるいはその類似の投資商品を保有する投資ビークルを設立した．もちろん，その高い利回りには理由があった．BOX12.2およびBOX12.3では，銀行がなぜそのように巨額のサブプライム証券を購入したのか，そして欧州の銀行がかかわっていたことによって米国のサブプライムローンからの金融危機が大西洋を越え欧州にどのように伝播していったのかを議論する．

[†2] Financial Times（2008年7月1日）によれば，AA格の資産担保付証券の50%が銀行，導管体，およびSIVによって保有されていた．このうち，30%相当は銀行間で持ち合われ，20%相当は導管体とSIVで保有された．

[†3] そのようなオフバランスシートのエンティティへの必要資本は，バランスシート上にある資産と比較しておよそ1/10であった．

[†4] これらの信用補完策は，資産の質が劣化すれば，導管会社およびSIVの投資家は銀行への遡求が可能であることを示している．例えば，投資家は損失に見舞われれば銀行に資産を返却する権利をもっていた．これらの流動性ラインおよび信用補完への資本賦課はほとんどなかった．

BOX 12.2

銀行はなぜ多額のサブプライム証券を購入したのか

2007年中頃に金融危機が始まったとき，銀行，貯蓄金融機関，政府系金融機関，仲介ディーラー，保険会社などの米国の金融機関は9,000億ドル以上にのぼるサブプライムMBSのトランシェを保有していた．なぜこのような巨額を保有していたのであろうか．

住宅バブルのピークでは，(ABXインデックスによる) サブプライムMBSのAAA格のトランシェのスプレッドは18bpであり，同格の債券のスプレッドは11bpにすぎなかった．利回りは，AA格の証券では32bp対16bp，A格の証券では54bp対24bp，そしてBBB格の証券では154bp対48bpであった．したがって，高格付のサブプライム証券のポジションをもつことで，ほとんどの場合に破格のリターンが得られるように思われたのである．投資家は，CDOのAAA格のトランシェが損失を負担することを求められるようなありえないような場合にのみ損失を被ると考えられていた．しかしながら，このような稀な事態が発生すると，それはすべての市場が影響を受けるシステミックショックになる．銀行は，本質的には，市場に対して極端なアウト・オブ・ザ・マネーのプットオプションを売っていたことになる．

もちろん，銀行がこのようなシステミックな保険を巨額に引き受けると，金融危機が発生したときにはその損失を容易には吸収することができず，金融システム自体が不安定になってしまう．簡潔にいえば，銀行は米国の不動産市場に巨額の非対称的な賭けをしたのであり，そして，金融システムが損なわれたのである．

BOX 12.3

ザクセンとサブプライム証券

驚くべきことに，米国のサブプライム証券の最大の買い手のうちのいくつかは欧州の銀行であり，ドイツの公的銀行である州立銀行（ランデスバンク）を含んでいた．

最も顕著な事例の1つは，旧東ドイツ地域に属するザクセン州のライプチヒにあるザクセン州立銀行であった．ドイツの州立銀行は伝統的には地域の中小企業へのローンに特化してきたが，その好調期に海外に支店を開設し，投資銀行業務を開始した銀行もあった．

ザクセン州立銀行はアイルランドのダブリンに投資銀行部門を開設し，同部門は高格付の米国MBSを中心として巨額の資産を保有するためのオフバランスシートの投資ビークルの設立に重点的に取り組んだ．しかしながら，ビークルは，実質的には，ザクセン州立銀行という親銀行からの保証によって成り立っていた．

2007年まで，この事業は極めて多くの利益をもたらし，2006年にはザクセン州立銀行グループの全利益の90%をもたらした[†1]．しかし，親銀行のバランスシートおよび資本の規模と比較してこの事業は大きすぎるものであった．2007年にサブプライム危機が襲うと，ビークルの救済のためにザクセン州立銀行の資本は吹き飛び，他のドイツの州立銀行に身売りせざるをえなくなった．

[†1] ザクセン州立銀行およびその他の銀行の破綻については，P. Honohan "Bank Failures: The Limitations of Risk Modelling", Working Paper, 2008を参照．Honohan（24ページ）

は，ザクセン州立銀行の 2007 年のアニュアルレポートに基づいて次のように述べている.「ザクセン州立銀行のリスクマネジメントシステムは，これ（資金調達における流動性へのコミットメント）を信用リスクあるいは流動性リスクとみなさず，何らかのオペレーションのミスのみが与信枠の引出につながるという点で，単なるオペレーショナルリスクとみなしていた．そのため，ほとんどあるいはまったく資本を必要としない非常に低いリスクウェイトを割り当てていた.」

銀行の投資ビークルは規制面でのインセンティブおよび会計面でのインセンティブによって恩恵を受けている一方で，それらは資本のバッファーがない状態で運営されており，市場の信任が失墜するときには途方もないリスクを抱えるものであったのである.

- レバレッジの掛かった SIV には，流動性と満期の点で顕著なミスマッチを抱えており，伝統的な銀行の取付け（あるいは，この場合は闇の銀行の取付け）に対して脆弱であった.
- 銀行および銀行の投資ビークルを格付した会社は，経済状態が悪化したときに顕在化する流動性リスクおよび信用リスクの集中リスクについての判断を間違えていた.
- 投資家は，投資ビークルの資産の構成を誤って理解していた．このことによって，いったん市場がパニックに陥ると，信頼を維持するのが一層困難になった.
- 銀行も，投資ビークルに対して明示的および暗黙的になされたコミットメントが抱えるリスクを誤って評価していた．このようなリスクには，銀行が投資ビークルのスポンサーとなることからのレピュテーションリスクが含まれていた.
- 金融機関は，証券化を支えるものとしての資金調達における流動性および資産市場の流動性が継続してしっかり確保されるものであるということを大きな前提とするビジネスモデルをとっていた.
- 自社で組成した信用エクスポージャーを能動的にパッケージし売却する戦略をとっていた金融機関は，市場が混乱し資産の売却ができないような事態に陥ったときに顕在化するリスクを十分に計測し管理することなく，そのような信用エクスポージャーを抱えていった.

これらの問題，およびこれらの問題を引き起こす脆弱性は，OTD 型ビジネスモデルがいまだ改良されるべきものであることを示している．銀行によるレバレッジ，貧弱なオリジネーション，そして金融機関が自社が組成した信用リスクを移転していない事実（移転しているふりはしているのだが）が，金融危機の主な原因である．対処すべき課題には，次のようなものがある[†5].

[†5]現在，Dodd-Frank Wall Street Reform and Consumer Protection Act の下での規制は，銀行は自社が発行する CDO の 5% を保持することを求めている．ドッド・フランク法によれば，この

- 証券化のプロセスにおける，短期的な利益を追求する中でのばらばらのインセンティブ．これは，多くのオリジネーター，アレンジャー，マネージャー，そしてディストリビューターにあてはまるものである．一方，金融商品への安心感と金融商品の複雑性から投資家によるこれらの証券化プロセスの参加者への監視は弱いものとなっていた．
- 原資産である証券化された商品が抱えるリスクの透明性の欠如．特に，原資産の質および潜在的な相関性が挙げられる．
- 市場リスク，流動性リスク，集中リスク，パイプラインリスクなど，証券化ビジネスが抱えるリスクの貧弱なマネジメント．これらのリスクについてのストレステストが十分でなかったことも含む．
- 信用格付の正確性と透明性への過信．信用格付が OTD 型ビジネスモデルにおいて重要な役割を果たしているにもかかわらず，格付機関は証券化商品の背後にあるデータを十分に評価することなく，かつサブプライム CDO のストラクチャリングが抱えるリスクを過小評価した．この点については，付録 12.1 でさらに議論する．

本章の後半で，これらの課題を克服するために実行されている，あるいは検討されている業界改革のうちのいくつかについて要点を整理する．当面は，信用移転における様々な改革が銀行業界の将来にとってとても重要であることを念頭に置くようにしよう．

12.2　信用リスクの移転がなぜ革新的であったのか…もし正しく行われていたならば

過去何年にもわたって，銀行は信用リスクを緩和するための数々の「伝統的な」手法を開発してきた．それらは，ボンドインシュアランス，ネッティング，時価評価，担保，期限前解除，契約当事者の交替などである（BOX12.4 参照）．銀行は，通常，大規模なディールの信用リスクを分散させるためにローンのシンジケーションを行うし（BOX12.5 参照），オリジネートしたローンの一部を流通市場で売却する．

規制は「証券化を行う者が当該資産について保持することを求められている信用リスクを直接的または間接的にヘッジする，もしくは移転することを禁止している」．しかし，Acharya et al.(2010) が議論しているように，ドッド・フランク法に欠けている重要なポイントは，当該 5% がトランシェとしてどのような構成で保有されるべきか，そのことが必要資本量にどのような影響を与えるか，ということについての明確な議論である．特に，規制当局は最初に損失を被るポジションが保有されるべきリスクに含まれるようにすべきである．

Archary et al. (2010) において提案されているとおり，引受けの基準を厳格にすることが必要かもしれない．例えば，ローン・トゥ・バリュー (LTV) の最大値，借り手の信用履歴によって変化するローン・トゥ・インカムの最大値などの厳格化である．より一般的には，解は引受け基準とリスク保持の入念な組合せにあるのかもしれない．

V. Acharya, T. Cooley, M. Richardson, I. Walter, eds., *Regulating Wall Street: The Dodd-Frank Act and the New Architecture of Global Finance*, Wiley, 2010.

BOX 12.4

「伝統的な」信用リスクの緩和手法

本文では，信用リスクを管理し，あるいは保険を掛けるための新しい金融商品について記述した．ここでは，信用リスクを防御するための多くの伝統的な手法について確認する．

- ボンドインシュアランス　米国の地方債市場では，債券の発行体は，その購入者を保護するために保険を購入することができる（社債市場では，デフォルトプロテクションを購入するのは，通常は社債投資家である）．新発地方債のおよそ 1/3 が保険を付され，それによって地方自治体は資金調達コストを削減できている．
- 保証　保証と信用状もまた，保険の 1 種である．取引相手より信用力の高い第三者からの保証や信用状は，あらゆる取引の信用リスクエクスポージャーを低減する．
- 担保　担保の提供は，貸し手を損失から保護するおそらく最も古くからの手法であろう．デフォルトが発生した後に銀行がどれだけの損失を被るかは，しばしばローンの担保の換金可能性と価値に大きく依存する．担保の価値は大きく変動しうるし，市場によってはデフォルト確率が上昇するのと同時に担保の価値も下落する（例えば，不動産の担保価値は，不動産開発業者のデフォルト確率と極めて密接に結びつきうるものである）．
- 期限前解除　貸し手と借り手は，格下げなどあらかじめ合意しておいた事由が発生した場合に市場で建値されている仲値で取引を精算し終了するという契約を行うことがある．
- 契約当事者の交替　契約当事者の交替条項は，格下げ時に契約当事者としての立場を第三者に移転する権利を定めるものである．
- ネッティング　ネッティングと呼ばれる法的強制力を有するプロセスは，デリバティブ市場における重要なリスク緩和策である．取引の一方当事者が特定の金融機関と複数の取引を行う場合で，その取引の中のいくつかが正の精算価値をもち，いくつかが負の精算価値をもつときに，有効なネッティング条項の下では，それらを通算した精算価値が真の信用リスクのエクスポージャーとなる．
- 時価評価　取引当事者は，定期的に取引の時価を計算し，取引の負けポジション当事者から勝ちポジション当事者へ取引価値の変化分の支払いを行うように契約することがある．これは最も効果的な信用リスクに対する防御策の 1 つであり，多くの場合には，信用リスクを実質的に消滅させることができる．しかしながら，これには洗練されたモニタリング業務とバックオフィス業務が必要となる．
- プットオプション　伝統的に社債に付されている多くのプットオプションもまた，投資家にとってデフォルトからの防御策となる．投資家は，額面金額などのあらかじめ定められた価格で満期前償還を請求することができるからである．

BOX 12.5

発行市場でのシンジケーション

ローンのシンジケーションは，借り手に対して巨額のローンを実行する際に信用リスクを銀行間で共有するための伝統的な手法である．ローンのオリジネーションを行う銀行は，最初のローンディールがクローズされるときに，ディールにおいて自行で保有すると決めた金額（銀行の経営陣からなるクレジット委員会で通常はおよそ 20% に設定される）になるまで第三者である投資家（通常は銀行あるいは機関投資家）にローンを販売する．シンジケーションのリードアレンジャーである銀行は，最大のシェアでリスクを保有すると同時に，最大の手数料を得る．

シンジケートには，2 つの方法がある．借り手にローン全額の実行を保証するファームコミットメント（引き受け）取引と「ベストエフォート」取引である．

シンジケートローンでは，ディールに参加する銀行および投資家のリスクリターンについての選好ならびに借り手のニーズの両方に合致するようにディールが組成される．シンジケートローンは，それが LIBOR + 150bp 以上で組成されるとき，しばしばレバレッジローンと呼ばれる．

原則として，流通市場で銀行によって取引されるローンは最初にシンジケートローンとして組成されたものである．シンジケートローンのプライシングは，市場規模が量的に拡大し，流通市場とクレジットデリバティブ市場の流動性が高まるにつれて，ますます透明性のあるものとなっている．

本文で説明した能動的なポートフォリオマネジメントの下では，シンジケートローンのうち銀行によって保有され続ける部分は，一般的に，クレジットポートフォリオマネジメント部署に額面金額で移転される．

これらの伝統的な手法は取引当事者間での相対での合意によって信用リスクを削減するものであるが，柔軟性に欠ける．最も重要なことは，これらの手法では信用リスクのみをポジションから分別あるいは「アンバンドル」して，広く金融機関および投資家に再販売することができないのである．

クレジットデフォルトスワップ (CDS) のようなクレジットデリバティブは，特にこの問題を解決するために設計されたものである．クレジットデリバティブはオフバランスシート取引であり，取引当事者の一方（受益者）が他方（保証提供者）に実際に資産を売却することなく，参照資産の信用リスクを移転させるものである．クレジットデリバティブの利用者は，信用リスクをマーケットリスクから区分することができるようになり，資金調達や顧客とのリレーションシップの管理を気にすることなく信用リスクを独立に移転させることができるのである（1980 年代の金利および通貨デリバティブの開発によって，銀行はマーケットリスクを流動性リスクとは独立に管理できるようになったことと類似している）．

それにもかかわらず，クレジットデリバティブによる革命は，それ独自のリスクをも伴うものであった．取引当事者は，デリバティブ取引によって移転されるリスクの量と性質を理解し，取引が履行されうるものであることを確認しなければならない．2007–2009 年の金融危機以前においてさえも，規制当局は，クレジットデリバティブ市場において流動性を供給している金融機関が，JP モルガンチェース銀行やドイツ銀行などの大規模な銀行をはじめとする比較的少数の金融機関にとどまっていることに懸念を示していた．もしこれらの金融機関の 1 つあるいは複数に問題が生じれば，この未成熟な市場が危機に瀕するのではないかと危惧していたのである．第 13 章において，カウンターパーティーの信用リスクという重要なトピックを詳細に扱う．しかしながら，興味深いことに，金融危機の最中の極限状態においても，単一銘柄およびインデックス CDS 市場は，ISDA（国際スワップデリバティブ協会）のリーダーシップのもと，相対的に円滑に機能していたのである[†6]．

すでに議論してきたように，証券化は信用リスクを有するエクスポージャーからなるポートフォリオのプールから多様なリスクを切り出し，それらを一括りにして，投資家に販売する機会を金融機関に与える．証券化は消費者向けおよび企業向けローンの主要な資金調達源でもある．IMF によれば，証券化の発行金額は 1990 年代はじめにほとんどゼロであったものが 2006 年には過去最高の 5 兆ドルに達した．2007 年のサブプライム金融危機によって，証券化商品の発行金額は激減した．特に担保付ローン証券 (CLO) だけでなくモーゲージ CDO の発行金額がそうであった．クレジットカードの売掛債権，自動車ローン債権，リース債権の証券化商品だけが相対的には影響を受けないままでいられた．2012 年以降，企業向けローンの証券化商品 (CLO) の市場は，投資家にとってストラクチャーに透明性があり，担保も評価しやすいので，復活しはじめている．

堅固で透明な市場で取引されれば，クレジットデリバティブはクレジットの「価格発見」に貢献するものである．すなわち，それらによって市場がある種の信用リスクに対してどれだけの経済的価値を付与するのかが明らかになるからである．多くの大企業のデフォルトリスクに対して数字を付与するとともに，CDS の市場価格は（定期的にしか行えない信用格付評価とは異なり）リアルタイムで大企業のデフォルトリスクをモニタリングする手段にもなるのである．

価格発見機能の向上がすべてのクレジット関連商品の流動性の改善，より効率的な市場での価格付け，より合理的なクレジットスプレッド（銀行の資金調達コストに加えて，顧客の信用力に応じて課される利鞘）につながるだろうと望まれてきている．

伝統的な社債市場は，これとある程度は類似した価格発見機能を果たすものの，社債は金利リスクと信用リスクを一緒にした資産であり，社債は大規模な上場企

[†6] BOX12.6 において言及したとおり，103 の信用事由が，CDS 市場を混乱させることなく 2005 年 6 月～2013 年 4 月にかけての信用事由決済につながった．これには，ISDA の数々の決定委員会 (DCs) の寄与もあった．これらの DC は，CDS の信用事由決済につながる信用事由が発生したか否か，信用事由決済における最終的な価値を決定するために入札が行われるべきか，どの債務を引き渡すかもしくは入札で価格を決めるか，について拘束力をもった決定を行うために 2009 年に設立された．

業のみが発行体となりがちであるため，信用リスクを見るための完全なレンズにはなりえない．クレジットデリバティブは，少なくとも潜在的には，市場で取引されていないハイイールドローンの信用リスクやローンポートフォリオ全体の信用リスクの純粋な市場価格を明らかにすることができる．

成熟したクレジット市場では，信用リスクは単なる潜在的なデフォルトリスクではない．信用リスクに対するプレミアムが刻々と変化するリスクであり，参照資産である社債，ローン，その他のデリバティブ商品の相対的な市場価格に影響を与えるものである．このような市場では，伝統的な銀行業における「信用リスク」は，ある種の流動性のあるクレジット資産については，「信用リスクを抱えるマーケットリスク」へと進化しているのである．

時間の経過とともに変動する価値に対する説明変数としての信用リスクの概念は，伝統的な社債市場でもある程度は明白である．例えば，ある銀行が社債を国債でヘッジすれば，これらの2つの債券の間のスプレッドは社債の信用状態が悪化するにつれて拡大する．これは，新たな信用リスクについての金融技術やクレジット市場によって，あらゆるクレジットの価格の透明性が高まるにつれて，銀行リスクマネジメントにおいてますます重要になる概念である．

12.3 これらすべては銀行の与信機能をどのように変化させているのか

伝統的なビジネスモデルでは，銀行のローン担当部署はローンなどのクレジット資産を，それらの満期が到来するか，あるいは借り手の信用力が受容できない水準まで毀損するまで「保有」している．ローン担当部署はポートフォリオに入れるローンの質を管理するが，ローン実行についての意思決定がなされた後は，クレジットポートフォリオは原則として管理されないままとなっている．

ここで，いくつかのクレジットに関する専門用語を確認し，それらが銀行の機能の発展にいかに関連しているのかを見てみよう．

現代の銀行業では，エクスポージャーの金額は，ローンの額面金額，あるいはローンコミットメント金額のデフォルト時エクスポージャー (EAD) によって計測される．信用供与のリスクは，次のもので特徴づけられる．

- 通常はデフォルト確率 (PD) に結びつけられている，各債務者の格付機関による格付あるいは銀行内部格付
- ファシリティ（ローン）のデフォルト時損失率 (LGD) および EAD

信用供与からの期待損失は，これらの変数の掛け算によって得られる：

$$\mathrm{EL} = \mathrm{PD} \times \mathrm{EAD} \times \mathrm{LGD}$$

ここで定義される期待損失は，個別の（すなわち特定された）クレジットに関連した損失およびより一般的なクレジットに関連した損失を吸収するのに十分な金融機関の貸倒引当金の計算の基礎になるものである[†7]．EL は，金融機関がその事業を行ううえでのコストとみなすことができる．十分に分散されたポートフォリオを長期間にわたって観察してみると，平均的に，銀行は EL 並みのクレジット損失を負うであろう．しかしながら，銀行のこれまで実際に経験したデフォルトの多寡にもよるが，ある特定の期間では，現実に発生するクレジット損失は EL とは大きく異なることがある．クレジット損失のうち EL を超える部分は非期待損失 (UL) と呼ばれ，クレジットポートフォリオモデル（第 11 章の議論を参照）による経済資本および規制資本の算出の基礎になる．

銀行の伝統的なビジネスモデルでは，リスク評価はほとんど EL に限られ，UL は無視されている．EL は，通常，銀行の資金調達コストに上乗せして借り手に課されるスプレッドとしてローンのプライシングに反映される．銀行が非期待クレジット損失，すなわち EL を超える現実の損失によってデフォルトするリスクを制限するため，銀行は資本を保有している．ただし，伝統的に資本を UL 量と関連づける厳密な計量手法は採用されてこなかった（このことは，UL をリスク資本の割当てに活用し，ローンのリスクを反映したプライシングにも活用するもっとも現代的な手法とは対照的である．経済資本配賦の新手法については，第 17 章で議論される）．

銀行の伝統的なビジネスモデルでは，リスク管理はローン実行段階での承認・非承認プロセスに限定されていた．ローン実行によるローン担当部署の報酬は，多くの場合において，純粋なリスク調整後の経済合理性ではなく貸出量によって決められてきた．それと同様に，ローン担当部署によるローンのプライシングは，リスク量ではなく，当該銀行の市場での競争力によっていた．伝統的なローンのプライシングでは，リスク量の反映は，ローンのプライシングを信用格付と信用供与の満期までの期間に結びつける単純なグリッド金利によって行われているのである．

これとは対照的に，「組成販売 (OTD) 型」ビジネスモデルでは，ローンは銀行が（しばしば取引関係維持の観点から）長期間にわたって保有するコア・ローンと銀行が売却またはヘッジを行うノンコア・ローンに区分される．コア・ローンはローン担当部署によって管理され，ノンコア・ローンはクレジットポートフォリオマネジメント担当部署に移転価格によって所有が移転される．ノンコア・ローンでは，図 12.1 にあるとおり，クレジットポートフォリオマネジメント担当部署が，銀行のオリジネーション活動（ローン実行活動）とますます流動性を増して

[†7] ローンがデフォルトし，銀行がもはや更なる金額の回収を行うことができないと判断すると，現実の損失金額が償却され，期待損失もそれに従って調整される．すなわち，償却されたローンは期待損失の計算から除外されるのである．ローンがデフォルト状態に陥ると，銀行の債権回収部署が債権回収を終えた後に銀行が負担するであろうデフォルト時損失率 (LGD) の予想に基づく一般貸倒引当金に加え，実際の個別貸倒引当金が効力をもつことになる．

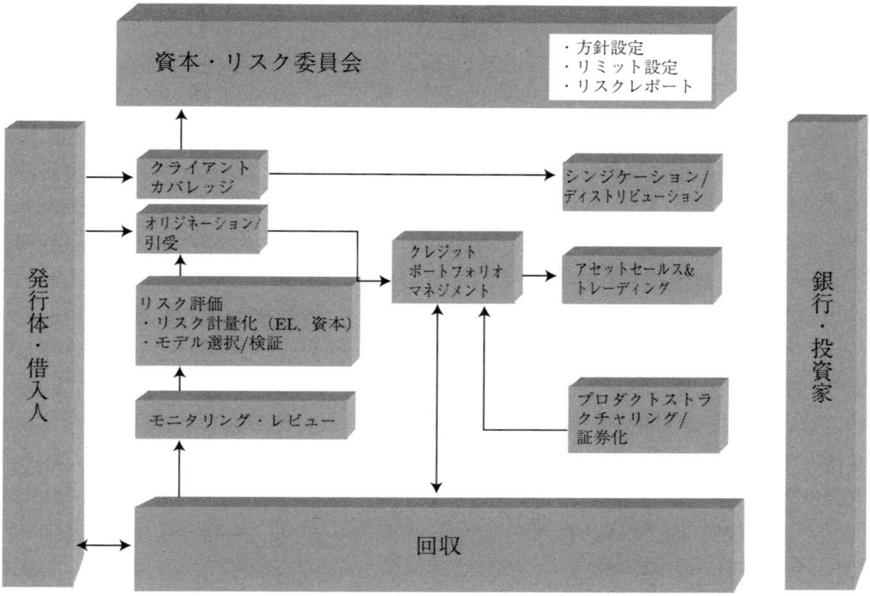

図 12.1　オリジネート・アンド・ディストリビュートモデル

いる信用リスクのグローバル市場とを結びつける重要な役割を果たしているのである．

経済資本は，この新しいビジネスモデルのもとで，銀行のパフォーマンスを評価する鍵となる．ポートフォリオのリスク量への寄与度に従って，各ローンには経済資本が割り当てられる．ローン実行時には，銀行のハードルレートを上回るリスク調整後株主収益率を確保するに十分な利鞘が上乗せされる．表 12.2 では，このことによって伝統的な与信機能がどのように変化し，アクティブポートフォリオマネジメントへの移行が信用リスクを織り込んだマーケットベースでのプライシングや第 17 章で議論するリスク調整後業績評価指標とどのように関連しているかを明らかにしている．

ある部分では，クレジットポートフォリオマネジメント担当部署は，債権回収担当部署のような銀行内の伝統的な部署と一緒に働かなければならない．債権回収担当部署は，借り手の信用力が，銀行があらかじめ定めた水準以下となり問題債権となったローンの「債権回収」の責任を負う．通常，債権回収のプロセスは，ローンの貸出条件の変更やローンの代価（例えば，デフォルトした企業の株式や何らかの資産の取得）を調整することを含む．

ポートフォリオのレベルでリスクマネジメントを行うということは，銀行の支払い能力に影響を与えうる集中リスクをモニタリングすることを意味する．そして，それは銀行が保持すべきリスク資本の量を決定することにつながる．通常，銀

表 12.2　クレジットマネジメントへのアプローチの変化

	伝統的与信機能	ポートフォリオによるアプローチ
投資戦略	オリジネート・アンド・ホールド	オリジネート・トゥ・ディストリビュート
クレジット資産の保有者	事業部門	クレジットポートフォリオマネジメント担当部署あるいは事業部門
リスク計測	ローンの元本金額 デフォルトのみからのモデル損失	リスク資本 デフォルトと格付変化によるモデル損失
リスクマネジント	貸出実行時での承認/非承認	リスクとリターンによる意思決定
ローン提供に対する業績評価の基礎	元本金額	リスク調整後業績評価指標
プライシング	グリッド金利	リスク寄与度
価値評価	会計簿価	時価評価 (MTM)

行は数多くの大企業とローンを通じた強いリレーションを有しており，個別企業に対して過度にローンを実行する結果として，顕著な集中リスクを生み出すのである．また，銀行は，その存在地域と強みをもつ業種において集中リスクを抱えやすい．例えば，カナダでは，当然であるが，銀行は石油，ガス，鉱業，林業の業界に大きくエクスポージャーを有している．

したがって，クレジットポートフォリオ戦略の中には，防御的な活動が含まれる．ローン売却，クレジットデリバティブ，およびローン証券化は，銀行が地域，国，および業種の集中リスクに対処するための基本的なツールである．しかしながら，銀行は集中リスクそれだけのためではなく，収益の変動，すなわちクレジットサイクルへのエクスポージャーによる会計利益の増減を管理する手段としても集中リスクの削減に興味を示しているのである．

クレジットポートフォリオマネジメント担当部署は，もう1つの重要な使命を担っている．それは，資本効率を高めることである．すなわち，収益性の低いクレジットに使用されている資本を解放し，この資本を収益性のより高い事業機会に再配賦することである．もちろん，クレジットポートフォリオマネジメント担当部署は収益獲得を目的とする部署とされるべきではないが，その目的を達成することができるような予算を与えられて業務を行えるようにしなければならない．

クレジット市場でのトレーディングは，銀行が守秘義務を負うような金融取引の関係をもっている企業のクレジットを取引する場合には，インサイダー取引として罰せられる可能性がある．このため，クレジットポートフォリオマネジメント担当部署はコンプライアンス部署の監督の下，特定の取引制限に従わなければならない．特に，銀行はクレジットポートフォリオマネジメント，すなわち「パブリックサイド」と（与信担当者が所属する）銀行のインサイダー的な機能，すなわち「プライベートサイド」とを隔てる「チャイニーズウォール」を設定しなければならない．この問題は，ローン債権回収担当部署の場合にはやや曖昧になっているが，それでもなお隔離は維持されなければならない．そこで，非常に重要な非公開情報を扱っているということに対する感覚を育成するために，コンプライアンスとインサイダー的な機能についての新たなポリシーの策定および広汎な再教育が必要となる．また，クレジットポートフォリオマネジメント担当部署には，独立したリサーチ機能も必要かもしれない．

OTC デリバティブのトレーディングに起因するカウンターパーティーリスクも銀行の信用リスクの主要な構成要素であり（第 13 章を参照），2008 年 9 月のリーマン・ブラザーズ破綻からは主要な懸念事項にもなっている．ある金融機関では，ローンの実行による信用リスクとトレーディングから生じるカウンターパーティーの信用リスクの両方を新たなクレジットポートフォリオマネジメント担当部署が集中的に管理している．クレジットポートフォリオマネジメント担当部署は，取引担当者に対して，最善のディール組成方法と信用リスク緩和策のアドバイスを行う．さらに，信用リスクの移転を取り扱っている社員は，金融危機後に規制当局が銀行に課している透明性，開示および受託者責任といった新たな義務を負っている．図 12.2 では，クレジットポートフォリオマネジメント担当部署の様々な機能をまとめている．

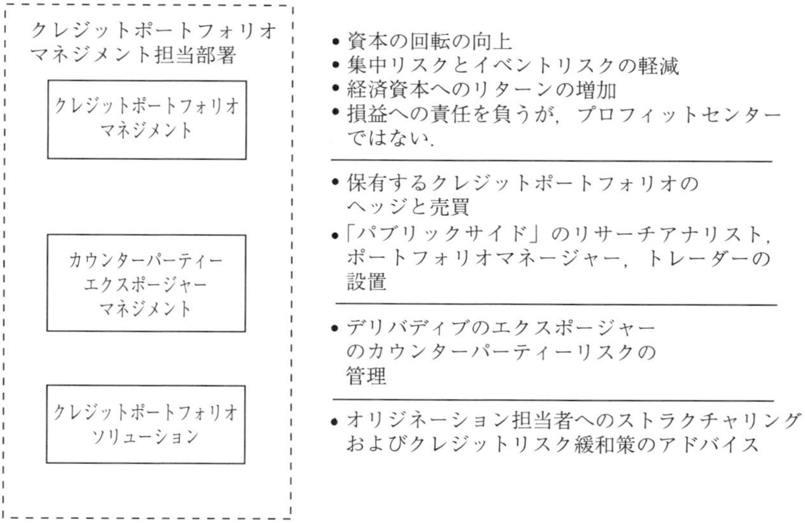

図 12.2　クレジットポートフォリオマネジメント

12.4　ローンポートフォリオマネジメント

銀行のクレジットポートフォリオ担当部署によるクレジットポートフォリオの管理には，主に 2 つの方法がある．

- ディールの取組み段階で，プライマリーシンジケーションによって大規模なローンの一部を他の銀行に販売し，銀行は望ましい「保有レベル」でのみ保持する（BOX12.5 参照）．
- 集中しているローンのポジションを（例えばクレジットデリバティブやローンの証券化などによって）売却したりヘッジすることでローンのエクスポージャーを削減する．

このためには，2 つの主な戦略がある．

- リスクの高い債務者，特に市場価値の点でレバレッジが掛かっており，収益のボラティリティが高い債務者などに最初に焦点を当てる．
- 同時に，リスクも低いがリターンも低いローン資産を売却するかヘッジし，それに使われている資本を解放する．

これらのために，クレジットポートフォリオマネジメント担当部署は，ポートフォリオのリスクとリターンの特性を最適化するための伝統的な手法と現代的な手法を組み合わせて活用することができる．伝統的な手法としては，銀行は顧客との交渉を通じてローンを中途回収することができる．これは，リスクを削減し資本を解放するために最もコストが掛からない単純な方法であるが，借り手の協力が必要となる．

銀行は，ローン流通市場においてローンを他の金融機関に直接に売却することもできる．これは借り手あるいはその代理人の同意を必要とするが，現代のローン契約書類では，多くの場合，ローンの移転を行えるようになっている（ローン流通市場では，不良債権とは額面金額の 90% あるいはそれ以下で取引されているローンをいう）．

これまで議論してきたように，銀行は証券化あるいはクレジットデリバティブによって信用リスクを他の金融機関あるいは投資家に移転できる．本章の残りの部分では，証券化とクレジットデリバティブについて詳細に見ていくとともに，現在存在する商品についても詳細に見ていく．

12.5　クレジットデリバティブの概容

クレジットデリバティブには，クレジットデフォルトスワップ (CDS)，スプレッドオプション，クレジットリンクノートなどがあるが，これらは相対 (OTC) での金融取引であり，特定の参照資産の信用力の変化によってペイオフが変化するものである.

クレジットデリバティブ市場における技術革新の進展および取引量の増加には,2007 年のサブプライム危機が発生するまでは著しいものがあった.金融危機後の2013 年の時点では,取引のほとんどが単一銘柄 CDS あるいはインデックス CDS に集中している.国際決済銀行 (BIS) によれば,クレジットデリバティブ(単一銘柄,複数銘柄,およびトランシェを含む)の想定元本残高は 1997 年にはゼロであったが,2007 年には過去最高の 62.2 兆ドルに達した.2008 年には 41.9 兆ドルに落ち込み,2012 年にはさらに 25 兆ドルまで落ち込んだ.この 25 兆ドルには,単一銘柄 CDS の想定元本残高 14.3 兆ドル(ソブリン単一銘柄 CDS の想定元本残高 2.9 兆ドルを含む)および複数銘柄 CDS(ほとんどがインデックス CDS である)の想定元本残高 10.8 兆ドルが含まれている[†8].しかしながら,これらの数字が CDS 市場のトレンドを完全に映し出しているとはいえない.CDS の取引量を評価するには多くの課題があるからである.特に,相殺および重複する取引ポジションを取り除く手法が 2008 年以降に急速に発展した[†9].金融危機以降の CDS 市場は相対的に安定した市場であり,取引量は減少傾向にある.ただし,ソブリン CDS(SCDS) は例外である (BOX12.6).

これと同様に,過去数年間のうちに,市場のインフラにおいても多くの顕著な改善があった.そうしたものとして,特に,「ビッグバンプロトコル」,すなわち ISDA によって 2009 年に発表された改訂版のマスター・コンファメーション・アグリーメントがある.ここでの変更点は,信用事由がいつ発生したかを決定するための契約の標準化について改善を施すことを目的としており,破綻した債券について合意された価格を決定するための入札プロセスを定めた.信用事由が発生した後にこのような合意された価格を決定することは CDS の現金決済のための重要な取組みとなる.なぜなら,信用事由が発生した直後の破綻した債券の市場は厚みがなくとても薄いからである.

より一般的には,CDS 市場は透明性を増し[†10],取引の標準化を行い,電子プラットフォームを活用する方向に動いている.それでも,その他の投資市場と比較するとまだまだ未整備なところはある.例えば,取引後の情報やディーラー仲間以外の外部での取引の情報はまだまだ整備されていない.

さらには,CDS 市場は比較的少数の大手銀行によって寡占されており,主要な

[†8] 国際決済銀行 OTC Derivatives Statistics at year-end 2012 によれば,金利取引(FRA,スワップ,オプション)の合計想定元本残高 490 兆ドルよりはるかに小さいものである.外国為替取引の金額は 67.4 兆ドルである.

[†9] International Organization of Securities Commissions, *The Credit Default Swap Market*, Report, June 2012, pp. 6–7.

[†10] 例えば,2006 年以降,Depository Trust & Clearing Corporation は Trade Information Warehouse を稼動させ,CDS 市場における詳細な取引情報を蓄積するグローバルな電子データ格納庫としての役割を担わせている.2011 年 1 月以降,Regulator Portal も追加され,規制当局がさらに詳細な取引データにアクセスできるようになっている.Larry Thompson (Managing Director, DTCC), “Derivatives Trading in the Era of Dodd-Frank’s Title VII”, Speech, September 6, 2012.

市場参加者が破綻することによって CDS 市場およびさらに広範な金融市場に影響が及ぶことが懸念されている．中央の決済機関によって決済されている CDS 取引は少ないが，増加はしている[†11]．このことは，規制当局がすべての標準化された OTC デリバティブ取引を中央の決済機関に集中させることを促進していることと平仄が合っている．担保も増加傾向にあるが，市場によって頻度および適切性に大きな相違がある[†12]．

今日では，クレジットデフォルトスワップによって保護される企業の信用リスクは，主に投資適格級の銘柄に限られる．したがって，より短期的には，クレジットデフォルトスワップの活用によって，銀行システムが抱えるリスクは，よりリスクの高い非投資適格級の銘柄へシフトしていくかもしれない．銀行からリスクを取り除くための市場であるためには，クレジットデリバティブにおいて非投資適格級の銘柄を扱える市場が今日よりも一層厚みと流動性を増すことが必要になる．少なくとも米国では，こうした方向へと進んでいる．

BOX 12.6

ソブリン CDS(SCDS) の特別な事例

SCDS は CDS 市場の中でも小さなものである．2012 年末の想定元本残高は，CDS 市場全体が 25 兆ドルであるのに対して，SCDS は 2.9 兆ドルにすぎない．約 50 兆ドルの残高があるソブリン債務市場と比較しても小さい．

しかしながら，2000 年代の初めより SCDS 市場は急速に成長してきており，その他の CDS 市場が縮小する中で，特に 2008 年以降は顕著に成長している．2008 年以降の急成長は，2010 年に欧州ソブリン債務危機がピークを迎えたことや 2012 年 3 月のギリシャの政府債務のリストラクチャリングなど，政府債務の抱えるリスクが顕在化したことがその背景にある．

SCDS は政府のデフォルトに対して有用な保険となるが，欧州債務危機の中でその役割は議論を呼んだ．投機的な取引が危機を助長しているとの非難があってから，欧州連合は，投資家が原資産として政府債券を保有しないままソブリンクレジットデフォルトスワップのプロテクションを購入することを 2012 年 11 月に禁止した．この禁止によって，ユーロ圏の国々の債務を参照する SCDS の流動性と取引量は，効率的なヘッジができないとの懸念から，すでにマイナスの影響を受けている．

この規制は国際通貨基金 (IMF) によって非難された．IMF によれば，SCDS のスプレッドが政府債券のスプレッドと乖離しているという証拠はなく，ほとんどの場合において，SCDS のスプレッドにおけるプレミアムは，それらの国のファンダメンタルズを反映している（債券市場よりも早く反映することがある）[†1]．

[†11] イングランド銀行の Financial Stability Report（2012 年 6 月）では，IRS 取引の約 50% が中央の決済機関で決済されているが，CDS 取引では約 10% にすぎない (Bank of England, *Financial Stability Report*, June 2012, Box 5, p. 38)．その他の資料では，新形態の取引が中央の決済機関で決済されている割合が 1/3 程度にのぼると，大きいなものであるとしている (International Organization of Securities Commissions, *The Credit Default Swap Market,* Report, June 2012, p. 26)．中央の決済機関で決済される取引の割合は飛躍的に増加する可能性がある．

[†12] 推計については，次の文献を参照．International Organization of Securities Commissions, *The Credit Default Swap Market,* Report, June 2012, p. 24.

この規制はまた，国のデフォルトによって影響を受けるのは政府債務の保有者だけではないという理由からも非難されている．おそらく輸出産業および観光産業を除き，すべての産業が影響を受けるのである．輸入産業および外国から当該国への輸出産業は，デフォルトが通貨切下げを伴う場合に被害を被る．金融機関および当該国内の社債の投資家は，資産の減価という影響を受ける．そして，当該国の企業は信用リスクが増加するという影響を受ける[†2]．

IMF のレポートによれば，2005 年 6 月〜2013 年 4 月の間に，103 の CDS の信用事由が発生しているが，公式に記録された SCDS の信用事由は 2 つにとどまっている（2008 年のエクアドルおよび 2012 年のギリシャ）．もっとも最近の SCDS の信用事由は 2012 年のギリシャの債務交換であり，これは史上最大規模の政府債務のリストラクチャリングであった．ギリシャの政府債務約 2,000 億ユーロが新たな債券に交換された．旧債券の保有者のうち SCDS のプロテクションの保有者は，最終的にはほぼ元本相当の金額を回収できた．しかしながら，この旧債券が新債券に交換されるという特別な状況においては，SCDS 契約からの支払いには不確実性が伴っていた．国際スワップデリバティブ協会 (ISDA) はこのような状況をも取り扱えるよう CDS ドキュメンテーションの改定に取り掛かっている．

[†1] International Monetary Fund, *Global Financial Stability Report*, April 2013.
[†2] L. M. Wakeman and S. Turnbull, "Why Markets Need 'Naked' Credit Default Swaps", *Wall Street Journal*, September 12, 2012.

12.6　クレジットデリバティブの最終利用者における利用例

あらゆる柔軟な金融商品と同様に，クレジットデリバティブも多くの目的で利用することができる．表 12.3 は，最終利用者の観点からクレジットデリバティブの利用法のうちのいくつかをまとめたものである．

銀行が与信集中リスクを軽減するためにクレジットデリバティブを利用する背景を，簡単な例で示してみる．2 つの銀行を想定する．ある銀行は航空業界向けのローンを得意とし，航空会社向けに AA 格となるローンを 1 億ドルほど実行している．もう一方の銀行は石油を産出する地域にあって，エネルギー会社向けに AA 格となるローンを 1 億ドルほど実行している．

この例では，各銀行のポートフォリオはそれぞれ航空会社およびエネルギー会社向けローンが大半を占めるため，各業界が不振となれば大変脆弱なものとなる．そこで，その他の条件が同じであるものとして，これらの銀行が 5,000 万ドルずつそれぞれのローンをスワップすることによって状況は改善することが容易に理解できる．一般に，航空会社はエネルギー価格が低下すれば恩恵を受けるし，エネルギー会社はエネルギー価格が上昇すれば恩恵を受けるので，航空業界とエネルギー業界が同時に不況に陥ることはあまりないものと考えられる．リスクをスワップすれば，これらの銀行のポートフォリオははるかに分散されたものとなるのである．

表 12.3 に示したように，投資家を最終利用者とする利用例であるイールドエン

ハンスメントについても，詳細に見てみよう．（金利上昇局面にある）低金利環境では，多くの投資家が投資利回りを向上させる方法を求めてきた．こうした環境下では投資家はハイイールド商品や新興市場債券，それに資産担保証券などへの投資を検討するかもしれない．しかしながらこのことは，信用力がより低くて満期までの期間もより長い投資を投資家が受け入れようとしていることを意味している．同時に，ほとんどの機関投資家は規制当局あるいは業界団体による規制を受け，非投資適格級商品への投資を制限されており，ある種の発行体については投資できる満期が制限されている．投資家は，伝統的な投資商品とクレジットデリバティブを組み合わせることによって，これらのハイイールド市場に対して，間接的ではあるが，簡単にアクセスできるようになるのである．ストラクチャード商品は，満期とレバレッジの度合いについて，投資家の個別のニーズに合わせて調整することができる．例えば，後に議論するように，トータルリターンスワップを使えば，平均満期が 15 年のハイイールド債券のポートフォリオから満期 7 年の商品を組成することができるのである．

表 12.3　クレジットデリバティブの最終利用者における利用

投資家

- 従来はアクセスできなかった市場へのアクセス（例えば，ローン，国外のクレジット，新興市場）
- 信用リスクとマーケットリスクの分解
- 投資家が取引ポジションに資金手当てを行う必要がなく，ローンの回収を行うコストを回避できることによる，銀行のバランスシートの擬似的借用
- レバレッジを掛けて，あるいはレバレッジを掛けずに行うイールドエンハンスメント
- アセットのポートフォリオにおけるソブリンリスクの削減

銀行

- クレジットの集中リスクの削減
- ローンのポートフォリオのリスク特性の管理

事業会社

- 売掛債権のヘッジ
- 顧客あるいは仕入先の信用リスクについての過剰なエクスポージャーの削減
- 政府関連のプロジェクトでのリスクのヘッジ

しかしながら，2007–2009 年の金融危機からの教訓を忘れてはならない．これらのツールは，適正にプライシングされておりカウンターパーティーの信用リスクまで勘案された適正な数量である場合に限ってとても効果的なのである．

機関投資家がハイイールド市場に直接にアクセスすることができる場合におい

ても，クレジットデリバティブによれば直接にアクセスするよりも低いコストで投資することができる．クレジットデリバティブ商品を利用すれば，洗練度の低い機関投資家でも，銀行がバックオフィス業務や管理オペレーションに対して行った巨大投資に便乗することが実質的に可能になるからである．

クレジットデリバティブは，同一の発行体によるローンと社債の間での価格の齟齬を見つけたり，企業のクレジットスプレッドが市場で適正にプライシングされているか（あるいはミスプライシングされているか）について投資家が自分の見方をもとにして取引するために使われるかもしれない．しかし，クレジットデリバティブの利用者は，信用リスクを移転するとともに，クレジットデリバティブ取引の相手方の信用力に対するエクスポージャーをもつようになるということに注意する必要がある．特にレバレッジを掛けた取引では注意すべきである．

12.7 クレジットデリバティブの種類

クレジットデリバティブは，ほとんどの場合，スワップ，オプション，あるいは債券の形式をとり，通常は参照資産の満期より短い満期となっている．例えば，クレジットデフォルトスワップでは，満期まで 10 年の債券が今後 2 年以内にデフォルトした場合に支払いが行われるという条件で取引される．

単一銘柄の CDS が最も普及しており，想定元本ベースでマーケットの 50% を占めている．近年，単一銘柄の CDS への需要は，例えばシンセティックな単一トランシェの債務担保証券（後述）のような金融危機前からのポジションのヘッジのためのもの，およびヘッジファンドによる資本構成を突いた裁定の機会の追求への利用によって拡大してきた．その次に普及しているのは，ポートフォリオクレジットデリバティブあるいはコリレーションクレジットデリバティブであり，ほとんどがインデックス CDS である．

12.7.1 クレジットデフォルトスワップ

クレジットデフォルトスワップは原資産のデフォルトにそなえた保険，あるいは原資産のプットオプションであると考えることができる．

典型的な CDS では，図 12.3 に示すように，信用リスクの売り手（すなわち「プロテクションバイヤー」）は「プロテクションセラー」に対して，参照資産である債券やローンの想定元本に両者で合意したプレミアムを掛けて計算される金額を定期的に支払う[†13]．信用リスクの買い手（あるいはプロテクションセラー）は参

[†13] 2009 年以前は，「パースプレッド」あるいはプレミアムはプロテクションバイヤーから毎月支払われており，プレミアムは原契約日に割り戻したスプレッドの価値が信用事由が発生したときの決済金額の期待価値と同等になるよう算出されていた．2009 年以降，プロテクションバイヤーは年間プレミアムを四半期ごとに均等分割して支払っており，支払い金額はいくつかの標準化された水準の 1 つによって定められている．すなわち，25bp, 100bp, 300bp, 500bp, あるいは 1,000bp±パース

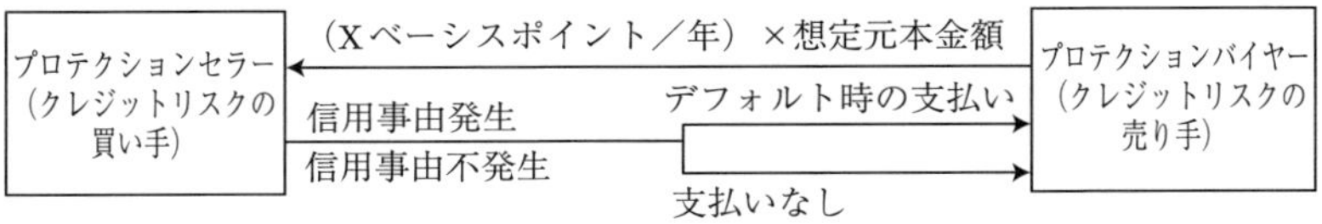

信用事由

- 破産，支払不能，あるいは支払不履行
- 負債が満期前に支払期限到来となって支払われるべき状態になるという状況を意味する，期限の利益喪失．特に定めのない限り，1,000 万ドル以下の場合は重要性の観点から適用除外となる．
- 参照資産の価格のあらかじめ定められた価格への下落
- 参照資産の発行体の格付の引下げ
- 債務の支払条件変更．これは，おそらく最も議論を呼ぶ信用事由である（BOX 12.3 のコンセコ社の事例を参照）．
- 支払拒絶・支払猶予．これは，2 つの状況の下で起こりうる．まず，（参照される債券あるいはローンの債務者である）参照資産の発行体がその債務の履行を拒絶する場合である．次に，（1988 年のモスクワ市のように）政府が債務の支払猶予を行うことで企業が支払いを免れる場合である．

デフォルト時の支払い

- 額面金額から，ディーラーポール（証券会社数社にクウォートを取ること）によって決定する参照資産のデフォルト後の価格を差し引いた金額．
- 額面金額から，決められた回収金額を差し引いたもの（あらかじめ決めた金額でのデジタルスワップ）．
- デフォルトした参照資産の現物での引渡しとの交換によるプロテクションの売り手からの参照資産の額面金額の支払い．

図 12.3　クレジットデフォルトスワップの典型例

照債券である債券やローンの発行体がデフォルトしない限り，もしくは同等の信用事由が発生しない限り何ら支払いを行わない．デフォルトが発生すると，プロテクションセラーはプロテクションバイヤーに対して，想定元本からあらかじめ決められた回収可能額を除いた金額を支払う．

BOX 12.7

「債務の支払条件変更」という信用事由をめぐる複雑さ「受渡最割安銘柄」——コンセコ社 (Conseco) の事例

新しいクレジットデリバティブ市場では，クレジットデリバティブ契約からの支払いにつながる信用事由の種類を定義する際に困難を伴った．最も議論を呼んだのは，ロー

プレッドと固定プレミアムの差額を埋め合わせるアップフロントでの支払い金額である．この慣行はすでにインデックス CDS に適用されており，2009 年に単一銘柄の CDS に一般化された．

ンの支払条件変更，すなわち元利金の一部免除，支払繰り延べ，支払通貨の変更などを信用事由とすべきかという点であった．

コンセコ社の事例は，債務の支払条件変更が引き起こす問題点を浮き彫りにした事例としてよく知られている．コンセコ社はインディアナポリスの郊外に本社のある保険会社で，公的保険を補完する健康保険，生命保険，および年金保険を販売していた．2000 年 10 月に，バンク・オブ・アメリカおよびチェース銀行を主幹事とする銀行団が，コンセコ社に対し，約 28 億ドルの短期ローンの返済期限を，利率の引上げおよびコベナンツ条項の強化を行いつつ，3 カ月ほど延期した．コンセコ社は返済期限の延長によって即時の破産を免れたが[†1]，これが重要な信用事由となり，その他のところで 20 億ドルもの CDS 契約からの支払いにつながってしまった．

CDS の売り手は不満に感じ，さらに CDS の買い手が支払期限の延長されたローンではなく長期債の引渡しを行うと，「受渡最割安銘柄」での利益獲得を行っているようだと一層憤慨した．なぜなら，その当時，これらの債券は支払条件が変更された銀行ローンよりはるかに低い価格で取引がなされていたからである（支払条件が変更されたローンは，新たな信用リスク緩和策が取られたことで，流通市場においてより高い価格で取引されていた）．

この出来事を契機として，2001 年 5 月に，国際スワップデリバティブ協会 (ISDA) は，「債務支払条件変更」という信用事由の定義を見直し，受渡しに制限をつけた．

債権者による「損失負担型」の信用事由

（Dodd-Frank Act という）米国および（European Banking Law という）欧州における新たな施策として，規制当局に破綻しかけている金融機関の債務について「債権者に損失を負担させる」権限を与えている．規制当局は，金融機関の破産を回避するために債務を償却させたり，納税者ではなく債券の保有者に金融機関の損失を負担させたりする権限をもっている．

これらの施策はいまだ効果的なものとはなっていないが，欧州政府債務危機は，このような仕組みがいかに実務で機能するかを試演するものとなった．例えば，2011 年のアイルランドの銀行の再建では劣後債務が 80% ほど償却されたし，オランダ政府は中堅の貸し手である SNS を国有化した（劣後債券の保有者に負担させた）．キプロスの破綻では優先債務が償却され預金保険のない預金者に一定の損失負担をさせた．

こうした銀行の再建の経験から，現行の CDS の定義集では国有化のような将来の組織再編を適切にカバーできないのではないかという懸念が生まれた．ISDA は政府が金融機関再建法によって金融機関の債務を償却，収用，変換，交換，移転する場合を信用事由とするような提案を策定しているところである．

それと同時に，CDS のプロテクション購入者が債券の保有によって発生する損失につき CDS 契約から得られる支払いによって十分に補償されるよう，CDS の入札についての規則が変更されるところである．特に，金融機関の破綻について債権者による損失負担が求められる前に，償却された債券を想定元本残高に従って入札に持ち込むことが許容されるようになる．例えば，債券 100 ドルの債券が額面金額の 40% で償却された場合には，100 ドルの CDS プロテクションを満たすために，償却された当該債券 40 ドルを入札に持ち込めばよいのである．これは，政府債務についても同様に当てはまる（BOX12.6 参照）．

[†1] コンセコ社は 2002 年にチャプター 11 の下での自主再建を申請し，2003 年 9 月にチャプター 11 の下での破産状態から回復した．

BOX 12.8

CDS を利用する利点

- CDS によって，信用リスクを取ることについての意思決定は資金調達に関する意思決定から切り離される．保険，信用状，保証などの購入は相対的に効率性に欠ける信用リスク移転の戦略である．なぜなら，これらでは信用リスクの管理をそのリスクを抱える資産から分離することができないからである．
- CDS には資金調達が必要ないので，レバレッジを掛けた取引を容易に行うことができる（何らかの担保が必要になることはある）．このことは資金調達コストが高い金融機関にとっては利点である．CDS は，レバレッジの点においても極めて柔軟性が高い．利用者は，クレジット取引において，必要に応じてレバレッジの度合いを定めることができる．このため，ヘッジファンドや銀行以外の機関投資家にとって，クレジットは魅力的な資産クラスとなる．さらに，投資家はローンの譲渡，債権回収にかかるコストを免れることができる．
- CDS はカスタマイズが可能である．例えば，その満期はローンの期間と異なってもかまわない．
- CDS によってリスクマネジメントの自由度が高まる．銀行がローンを売却するよりも簡単に信用リスクを外すことが可能になるからである．バランスシートからローンを除去する必要もない．
- CDS は銀行にとって資本を解放するための効率的な金融商品である．
- CDS によって，クレジットのスプレッドの動きを予想しリスクを取ることができる．これによって初めて，クレジット商品の空売りを，適度な流動性を伴いつつ「ショートスクイーズ」のリスクを伴うことなく行えるようになった．
- 現物市場と CDS 市場の乖離により，新たな「レラティブバリュー取引（相対価値取引）」の機会が発生する（例えば，デフォルトスワップのベーシス取引）．
- CDS によって，リスクに関する意思決定を行う際に顧客とのリレーションを考慮する必要がなくなる．信用リスクを移転された参照企業は，CDS 取引について知る必要はない．このことは，通常は借り手や代理人への通知を必要とする流通市場でのローンの譲渡とは対照的である．
- CDS によって，銀行以外の参加者がシンジケートローンやクレジット取引に参加することができるようになるので，CDS は，クレジット市場に流動性をもたらす．

通常は，（たいていは）デフォルトの発生によって支払いが行われるので，支払い時における紛争を回避するために，信用事由は契約において明瞭に規定されなければならない．デフォルトスワップ契約には，通常「実体性条項」があり，信用力の変化は第三者から提示される証拠によって確認されなければならないことになっている．しかしながら BOX12.7 では，信用事由を適切に定義することがいかに難しいかを説明している．このため，2009 年以降は，すでに取り上げた Determination Committees が，信用事由が発生したか否かを判断するようになっている．

有効な信用事由が発生した後の支払い金額は，個別の契約によって定められることもあるが，一般的には額面金額から回収率を除いたものとされる．例えば，債券では，回収率はデフォルト後の市場価格によって決定される[†14]．ほとんどの標準化された CDS では，回収率は銀行ローンで 60%，債券で 40% と契約で取り決められている．プロテクションバイヤーは，信用事由の発生によって定期的なプレミアムの支払いを中止する．CDS によってクレジットプロテクションの売り手と買い手の両方が大きな利益を享受できる（BOX 12.8 参照）．また，CDS は，ローンポートフォリオの信用リスクを能動的に管理するための非常に有効なツールである．

単一銘柄の CDS は企業あるいは政府が発行する債券の信用リスクのヘッジになるため，CDS と原資産である債券の価格差の裁定取引が行われる．これが「ベーシストレーディング」の目的である．この種の取引を説明するため，クーポンが 6% で 10 年満期のパーの債券を，満期に至るまで 5% で資金調達し保有することを考えてみよう[†15]．この取引によって，年間 1% あるいは 100bp のキャッシュフローが得られる．この債券を参照する CDS は 100bp の「パースプレッド」で取引されることになる．もし信用事由が発生した場合には，損失は CDS からの利得で回収されることになる．

12.7.2 ファースト・トゥ・デフォルト CDS

CDS からの派生商品の 1 つに，図 12.4 で説明するファースト・トゥ・デフォルトプットがある．銀行が 4 つの B 格のハイイールドローンからなるポートフォリオを保有しているものとする．各ローンは，元本 1 億ドルで，満期までの期間は 5 年であり，LIBOR に 200bp を加えた利息を毎年支払う．ファースト・トゥ・デフォルトプットのような取引では，デフォルトの相関が非常に低くなるようにポートフォリオに組み入れるローンが選択される．すなわち，例えば 2 年のプット取引終了時点までの間に，複数のローンのデフォルトが同時に発生する確率が非常に低くなるようにポートフォリオに組み入れるローンが選ばれるのである．ファースト・トゥ・デフォルトプットによって，銀行は信用リスクへのエクスポージャーを削減することができる．4 つのローンからなるプールの中のいずれかのローンが今後 2 年間のうちにデフォルトした場合には，自動的に補償がなされるのである．この期間のうちに複数のローンがデフォルトした場合には，銀行は最初にデフォルトしたローンについてのみ補償を受けられる．

デフォルトが相関しないと仮定すれば，ディーラー（プロテクションセラー）が銀行に額面である 1 億ドルを支払って補償を行い，デフォルトしたローンを譲り

[†14] 契約の清算プロセスおよびその他の CDS の具体的な点については，International Organization of Securities Commissions, *The Credit Default Swap Market, Report*, June 2012 を参照．

[†15] 固定金利での資金調達を行うには，通常はレポ市場で変動金利で資金調達され，金利スワップによって債券の期間にわたって固定金利にスワップされる．債券がデフォルトするとスワップは解約されなければならないので，実務では取引はもっと複雑である．

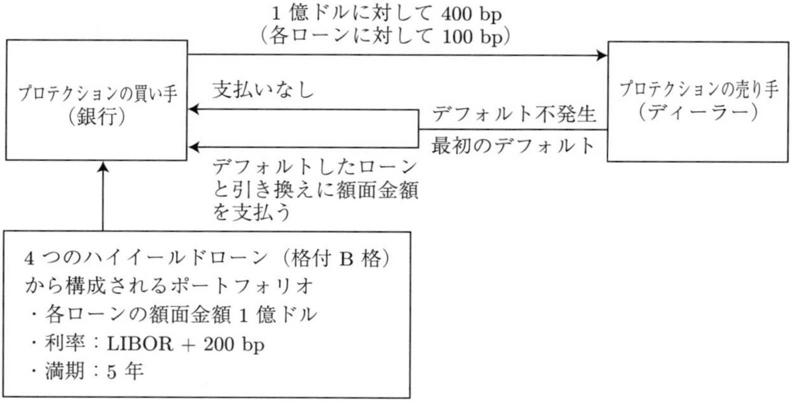

2 つのデフォルトが発生する確率 $= (1\%)^2 \times (4 \times 3 \div 2) = 0.0006 = 0.06\%$ †1

†1 1 つより多くのローンがデフォルトする確率は，2 つ，3 つ，あるいは 4 つのローンがデフォルトする確率の合計である．同一期間内に 3 つあるいは 4 つのローンがデフォルトする確率は極めて小さく，この計算では無視している．さらに，4 つのローンからなるポートフォリオにおいて 2 つのローンを組みにするのは 6 通りある．

図 12.4　ファースト・トゥ・デフォルトプット

受ける確率は，デフォルト確率の合計である 4% となる．これは，デフォルトスプレッドが 400bp となる B 格のローンのデフォルト確率とほぼ同一のものであり，各ローンのコストは 100bp となる．これは，すなわち，各ローンのプロテクションのためのコストの半分である．

そのような取引では，銀行はローンの満期が 5 年間であっても 2 年間のプロテクションを選択する場合があることに注意する．ファースト・トゥ・デフォルト構造は，本質的には，参照資産銘柄の各組での相関に着目したものといえる．そのような構造からのリターンは，原則として次の要素の関数となる．

- バスケットの中の銘柄数
- 銘柄間の相関の程度

ファースト・トゥ・デフォルトのスプレッドは，最も信用力の低い銘柄のクレジットスプレッドとすべての銘柄のクレジットスプレッドの合計との間のいずれかとなる．相関が低ければ後者に近いものとなるし，相関が高ければ前者に近いものとなる．

ファースト・トゥ・デフォルト構造を一般化することで，nth・トゥ・デフォルトクレジットスワップとなり，信用事由として n 番目の銘柄のデフォルトに対するプロテクションがなされる．

12.7.3 トータルリターンスワップ

トータルリターンスワップ (TRS) からのリターンは，債券，ローン，あるいは債券やローンからなるポートフォリオなどの参照資産からのリターンを反映したものである．TRS の利点は CDS の利点に似ているが，TRS では CDS と異なりマーケットリスクと信用リスクの両方が売り手から買い手に移転される．

TRS はいかなる種類の証券に対しても適用できる．例えば，変動利付債，クーポン債，株式，株式のバスケットなどである．ほとんどの TRS では，スワップの満期は参照資産の満期よりもはるかに短いものとなっている．例えば，参照資産の満期が 10〜15 年であっても TRS の満期は 3〜5 年となる．

TRS の買い手（トータルリターンレシーバー）は，参照資産の価値が増加すればキャッシュフローと利益を得るし，参照資産の価値が減少すれば損失分の支払いを行う．TRS の買い手は，スワップの契約期間中，シンセティックに参照資産を買い持ちしているのである．

図 12.5 に示すような典型的な取引では，TRS の買い手はたいていの場合，LIBOR にリンクした変動金利を定期的に支払う．リスクの売り手は買い手に対して，参照資産からの合計リターン（利息と参照資産価値の変化額の両方を含む）に基づく定期的な支払いを行う．図 12.5 では，これらの定期的な支払いを図示した．

ほとんどの場合，参照資産となっているローンの時価評価を行うことは難しいので，参照資産の価値の増減分は TRS の満期に集約して受け渡しされる．この

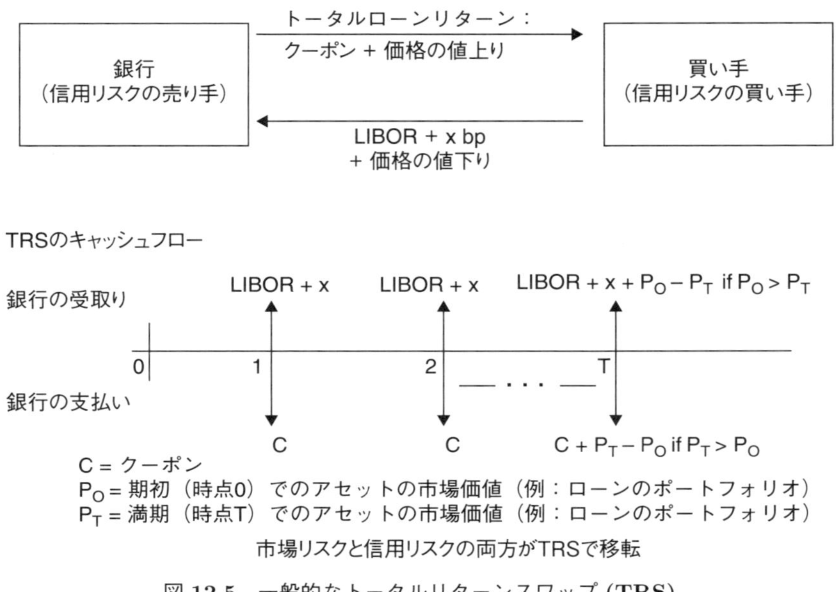

図 12.5　一般的なトータルリターンスワップ (**TRS**)

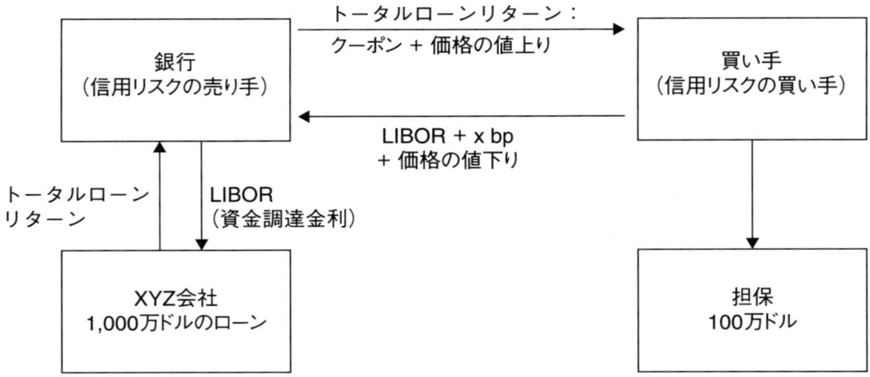

図 12.6　レバレッジドトータルリターンスワップ (**TRS**)

時点でも，TRS の満期がローンの満期のかなり前であるような場合においては，ローンの経済的な価値を推計することは難しい場合がある．そのため，多くの取引では，買い手は契約時の価値である価格 P_0 で参照資産であるローンの受渡しを受けるようになっている．

時刻 T では，買い手は $P_T - P_0$ が正であればそれを受け取り，負であれば $P_0 - P_T$ を支払う．ローンの受渡しをマーケットでの価格である P_T で受けることにより，買い手はローンと交換に銀行に対して P_0 とのネットでの金額を支払うのである．

レバレッジを掛けた TRS では，時価の損失額 $P_0 - P_T$ が TRS の契約終了時点までに蓄積された担保資産の価値を超える場合には，買い手はその支払い義務を負わないと選択することもできる．そのような場合には，買い手は単に取引を放棄し，取引の相手方に担保資産を譲渡するとともに，契約の相手方が担保資産の価値を超える損失をすべて負担するのである（図 12.6）．

トータルリターンスワップは，買い手にとって，参照資産のシンセティックな買いポジションと同等である．いかなるレバレッジでも掛けることができ，したがってどこまでもアップサイドとダウンサイドを取ることができるのである．元本の交換はなく，所有権の法的な変更もなく，議決権もない．

TRS の参照資産のマーケットリスクと信用リスクをヘッジするためには，TRS の売り手となる銀行は通常，参照資産を買い持ちする．そうすることで，売り手である銀行は，TRS 取引の買い手のデフォルトリスクのみにさらされることになる．このリスク自体は，TRS 取引におけるレバレッジの程度に左右される．TRS の買い手が参照資産について，契約当時の価値で満額の担保資産を提供すれば買い手のデフォルトリスクはなくなり，変動金利の支払いは銀行の資金調達コストに対応するものとなる．これとは反対に，TRS の買い手が契約当時の参照資産の価値の 10% を担保資産として提供し，10 倍のレバレッジを掛けるような場合であれば，変動金利の支払いは資金調達コストとスプレッドの合計となる．このスプレッドはデフォルトプレミアムに対応するもので，TRS の買い手に対するクレジットエクスポージャーを銀行に補償するものとなる．

12.7.4 資産担保クレジットリンク債

資産担保クレジットリンク債 (CLN) は，ミディアムタームノート (MTN) のような証券にデフォルトスワップを付帯させたものである．CLN は，その利息と元本償還額をローンのパフォーマンスに連動させた負債性証券である．CLN は，元本交換を伴う，オンバランスシート取引である．なお，参照資産の所有権の法的な変更はない．

TRS とは異なり，CLN は有形資産であり，10 の倍数でレバレッジを掛けることができる．証拠金が不要なので，投資家はダウンサイドを限定しつつ，無限のアップサイドを取ることができる．CLN の中には，フィッチ，ムーディーズ，スタンダード・アンド・プアーズのような格付機関から投資適格級の格付を得ることができるものもある．

図 12.7 に典型的な CLN の構造を示す．銀行は次の資産を購入し，それを信託する．ここでは，平均格付 B 格で，LIBOR + 250bp の合計利回りをもつ 1 億 500 万ドルの非投資適格級ローンを，銀行の資金調達コストである LIBOR フラットのコストで購入するものと仮定する．信託からは，1,500 万ドルのアセットバックノートが発行され，それを投資家が購入する．その手取金は米国債に投資されて，6.5% の利回りを得ることができるものとし，それはローンのバスケットの担保として利用される．この例で，担保は，ローンポートフォリオの当初の価値の $15/105 = 14.3\%$ である．レバレッジは 7 倍 $(105/15 = 7)$ となる．

銀行へのネットのキャッシュフローは 100bp となる．すなわち，LIBOR + 250bp（信託された資産から生み出されるもの）からその資産のための資金調達コストである LIBOR を差し引き，銀行から信託に支払われる 150bp を差し引いたものである．この 100bp は，想定元本である 1 億 500 万ドルに適用され，1,500 万ドルを超える部分についてのデフォルトリスクを負うことに対する銀行にとってのリターンとなるのである．

投資家は，最終的に受渡しを受けるローンポートフォリオの価値の増減に加えて，1,500 万ドルの想定元本に対して 17% の利回り（すなわち 1,500 万ドルの担保からの 6.5% の利回りと銀行から 1 億 500 万ドルの想定元本に対して支払われる 150bp の合計）を得る．

このストラクチャーでは，追加証拠金は存在せず，投資家にとっての最悪のダウンサイドは 1,500 万ドルの初期投資金額である．ポートフォリオの価値の減価が 1,500 万ドル以上となれば，投資家は債務不履行となり，銀行が 1,500 万ドルを超えるすべての損失を負担する．投資家にとって，これは銀行からクレジットデフォルトスワップを買い持ちしていることと同等である．

構造

- 投資家は信託から発行される 1,500 万ドルの CLN を購入する
- 投資家は CLN への投資によってレバレッジ倍率 7 倍で 1 億 500 万ドルのエクスポージャーを得る．すなわち担保資産として 1,500 万ドルのみ拠出する
- 1,500 万ドルの CLN からの手取金は 6.5% の利回りを生む米国債に投資
- 信託は平均して LIBOR+250 bp の利回りを生む投機的等級ローンを（平均格付 B 格）1 億 500 万ドル分だけ寄託される
- 銀行は LIBOR フラットで資金調達して 1 億 500 万ドルのローンを実行し，投資家のデフォルトリスクを補償する見返りとして信託から 1 億 500 万ドルに対して LIBOR+100 bp を受け取る

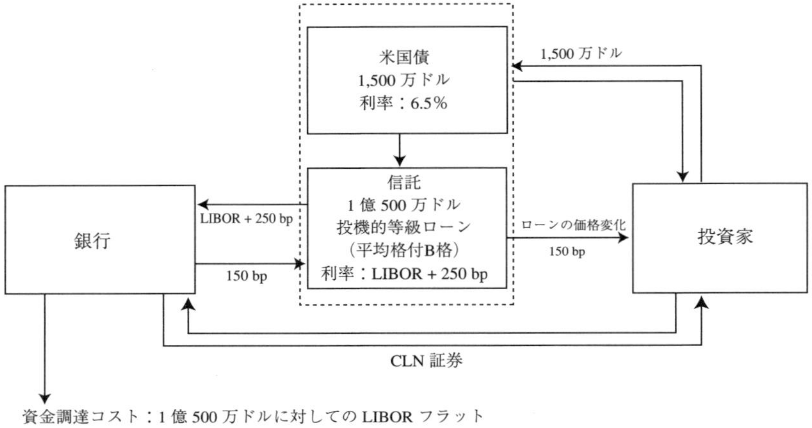

- 投資家のレバレッジ後の利回り：6.5 %（米国債）+150 bp × 7（レバレッジ倍率）= 17 %
- 銀行のオプションプレミアム（投資家のデフォルトリスク）= 100 bp

図 12.7　資産担保クレジットリンク債 (CLN)

CLN は，銀行がローンポートフォリオからのトータルリターンを受け取る TRS に対する自然なヘッジとすることもできる．CLN についてもいろいろな派生型を作ることができ，例えばローンポートフォリオで発生する最初のデフォルトのリスクのみに投資家がさらされるような合成 CLN も組成することが可能である．

12.7.5　スプレッドオプション

スプレッドオプションは純粋なクレジットデリバティブではないが，クレジット商品に類似した特徴を有している．スプレッドオプションの原資産は満期が同一である特定の社債と国債のイールドスプレッドである．オプション行使価格はオプションの満期へのフォワードスプレッドであり，ペイオフは満期でのスプレッ

ドと行使価格の差に一定の倍数を掛けたものとなる（ただし正の値）．通常，この倍数は，原資産となっている債券のデュレーションと想定元本を掛け合わせたものである．

スプレッドオプションは，投資家が特定の債券あるいは債券ポートフォリオの価格リスクをヘッジするために利用するものである．クレジットスプレッドが広がると，債券の価格は低下する（これとは反対にクレジットスプレッドが縮まると，債券価格は上昇する）．

12.8　信用リスクの証券化

本節では証券化の基礎を紹介するとともに証券化市場を改革し再生させるために現在進行している主な取組みを紹介する (BOX12.9)†16．それから，いろいろな証券化商品を概説する．その中には，いまは行われなくなったものの，金融機関のポートフォリオにはいまだ含まれている証券化商品も含む（2007–2009 年の金融危機で破壊的な影響を及ぼしたものであるという点で歴史的な関心もいまだあろう）．

BOX 12.9

主要な証券化市場の改革－現在進んでいるプロセス

2007–2009 年の金融危機を引き起こした証券化業界の再生は，もし主要な証券化市場を健全な形で再生できるのであれば，証券化業界および規制当局の両方にとって重要なものとなる†1．

証券化市場は，裁判管轄，規制当局，原資産の点で多岐に渡っており，改革プロセスにおいては，地域ごとの規則のパッチワークとならないように（例えば欧州と米国の対立の中から）合理的に整合性の取れた反応を得ることが課題の 1 つとなっている．また，改革のプロセスの進行は遅く，2009 年に開始したものの，2013 年時点で続いており，今後も継続するものと思われる．

しかしながら，金融危機以降，証券化業界および規制当局はともに，下記の主要な分野で業界実務を変化させ始めている．

- リスクの保持．（銀行などの）オリジネーターが証券化商品の持分を持ち続け，ゲームに確実に関与し続けることが必要と合意されている．欧州では，オリジネーターが 5% 以上の経済的な持分を持たない限り，投資家は当該証券化商品には投資できない規則となっている．米国では投資家ではなくスポンサーに規

†16 証券化市場はいまだ厳しい状態にある欧州よりも米国において回復が早くなっている．IOSCO(International Organization of Securities Commissions) のレポートによれば，米国では，2006 年のピークである 7,530 億ドルよりは小さいものの，2011 年に合計 1,240 億ドルの新規発行があり，2012 年上半期では 1,000 億ドルに達するまでに増加している．これらの新規発行の 50% は自動車ローンを担保資産とするものであり，20% はクレジットカードの売掛債権を担保資産とするものである．欧州では，2008 年のピークである 7,000 億ユーロよりは小さいものの，新規発行が 2011 年に合計 2,280 億ユーロとなった．これらの新規発行の半分以上は RMBS（モーゲージ証券化商品）である．IOSCO, *Global Developments in Securitization Regulation*, November 16m 2012, pp. 11–12 参照．

制を課しており，かつ明らかに信用度が高い資産には例外が設けられているものの，米国でも同様の規則がある．

- 開示および透明性．開示要件および開示内容は地域と市場によって異なっているが，証券化商品のキャッシュフローあるいは「ウォーターフォール」構造，信用事由，担保，リスクファクターなどについては開示を求めている．金融危機後における2つの主要な課題は，投資家に対する証券化商品の原資産についての情報の開示の細かさ（詳細さ），および投資家がストレスシナリオの下で何が発生するかを理解する（あるいは投資家が独自に分析する）ために投資家に与えられる情報の種類と量についてである[†2]．
- 格付機関の役割．投資家が過度に格付機関に依存し，格付機関は利益相反に陥り，証券化を行う銀行は格付機関を競わせ最も高い格付を与えてくれる格付機関を「買い回る」ことになるのではないかという懸念がある．これらの課題を解決するために，例えば下記のような格付機関に対する多くの施策が検討されているところである．
- 格付の手法とプロセス，そして仮定の詳細を公開すること
- 証券化商品の格付と他の格付を明確に区分すること
- 格付機関にもっと説明責任を負わせること（例えば，米国ではSECに対する説明責任）
- 銀行が格付機関を「買い回る」ことをやめるような仕組みの適用
- 格付の決定に利益相反が影響する可能性の削減（例えば，格付アナリストには手数料の交渉をさせない）
- 必要資本および必要流動性．バーゼルIII改革のいろいろな点によって，証券化の規制面での取扱いは強化されようとしている．バーゼルIII改革において提案されている変更点によって証券化の必要資本を大きく増加するものとなる見込みである．特に，再証券化は極端に大きな資本チャージを求められるようになるであろう．証券化流動性ファシリティはより大きな信用リスクコンバージョンファクター (credit conversion factor; CCF) を課されることになる．すなわち，バーゼルII規制の標準的手法における20%ではなく50%となる[†3]．

出典: IOSCO, Global Developments in Securitization Regulation, Final Report, November 16, 2012; IMF, Global Financial Stability Report, October 2009, Chapter 2: "Restarting *Securitization Markets*: Policy Proposals and Pitfalls".

[†1] 例えば，Basel Committee, *Report on Asset Securitization Incentives*, July 2011 参照．

[†2] 米国では，証券化業界は Project Restart を立ち上げ，原資産プールの構成およびそれらのパフォーマンスの報告に関する改善された基準についての合意形成と利用促進を促そうとしている．

[†3] 2012年12月には，バーゼル委員会が証券化の規制面での取扱いについての主要な検討事項に関するコンサルティングペーパーを発行した (Basel Committee on Banking Supervision, *Revisions to the Basel Securitization Framework*, Consultative Document, BIS, December 2012).

12.8.1　証券化の基礎

証券化とは，オリジネーターと呼ばれる企業が分離された資産のプール（例えば，投資適格級の社債，レバレッジローン，モーゲージ，そしてその他の，自動車ローンやクレジットカードの売掛債権などによる資産担保証券 (ABS)）からの収

入に基づくキャッシュフローをもつ証券を発行することによる資金調達の手法である[†17].

資産はオリジネーターによって組成され，オリジネーターのバランスシートによって資金が手当てされる．十分に大きな資産のポートフォリオが組成されると，それらの資産はポートフォリオとして分析された後，特別目的会社 (SPV)，つまり，資産購入のための資金調達をする特定目的のために設立され，倒産隔離された企業に売却あるいは割り当てられる[†18]．資産であるローン債権のプールは，オリジネーターのバランスシートからは外される．資産となるローン債権は他の金融機関から購入されることもある．

SPV は資産購入に対する資金の調達を行うため，取引可能な「証券」を発行する．これらの証券は，原資産となる資産のプールに対しての請求権である．これらの証券のパフォーマンスはそれら当該資産のパフォーマンスと直接に連結しており，オリジネーターへの遡求は原則としてできない．

「トランシェ分け」は，シニア，メザニン，エクイティ（ファーストロス）といった様々な優先順位およびリスク特性をもつ証券を切り分けるかのように作り上げる手順である．トランシェごとの保有者にキャッシュフローを分配する際に用いられる優先順序（ウォーターフォールとしても知られているもの）の結果，最もシニアなトランシェは原資産としてのプールの中の平均的な資産よりもはるかに安全である．シニアトランシェは，信用損失がよりジュニアなトランシェを食いつぶすまでデフォルトリスクを免れているのである．モーゲージローンのプールからの損失は，まず最もジュニアなトランシェが，その元本残高相当に至るまで吸収することになる．その後，損失はその次にジュニアなトランシェに吸収される．

リスクをリパッケージし，リスクのある担保資産から明らかに安全な資産を作り出す手法によって，ストラクチャード証券の発行は劇的に拡大した．それらの証券化商品のほとんどについて，投資家は無リスクとみなし，そして格付機関によってもそのように認定された．図 12.8 では，証券化のプロセスを図によって示す．

12.8.2 コーポレート・ローンとハイイールドボンド信用リスクの証券化

ローン債権担保証券 (CLO) および債券担保証券 (CBO) は，単純にハイイールド・バンクローンとコーポレート・ボンドを資産として担保された証券である．(CLO と CBO は，一般的に債務担保証券 CDO とも呼ばれることがある)．銀行は，これらの商品を利用することにより規制資本を有効活用し，同時に金融仲介事業を拡大することができる．

CLO (CBO) は，効率的な証券化手法である．なぜなら，投資適格級未満のロー

[†17]貸し手がふつうは引き続き回収を行うので，借り手はこのことに気づかないかもしれない．
[†18]SPV は SIV(special investment vehicles) とも呼ばれている．

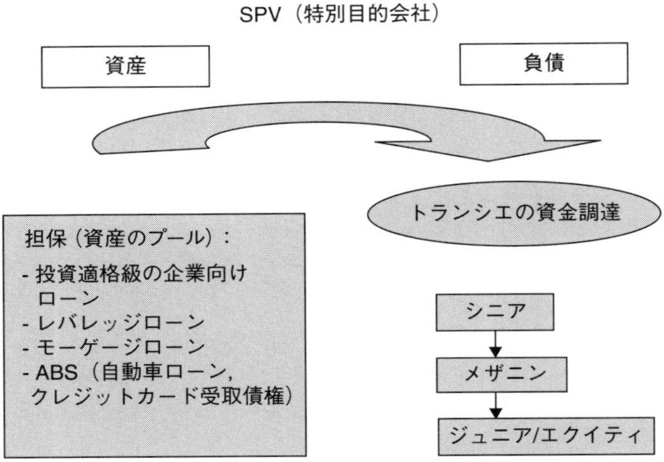

図 12.8　金融資産の証券化

ン（あるいは債券）からのキャッシュフローをプールし，優先劣後構造を作って，そのプールを裏付けとして発行する証券のいくつかを投資適格とできるからである．こうすることによって，保険会社や年金などを含む幅広い投資家がこの「シニアクラス」の証券に投資できるようになるという大きな利点がある．CLO と CBO の主要な相違点は，参照資産の想定回収価値と平均年限にある．格付機関は，通常，無担保社債については 30～40% の回収価値を想定し，十分な担保のあるローンについては 70% の回収価値を想定する．そして，ローンは分割償還されるので，そのデュレーションは満期年限が同一のハイイールドボンドより短く，リスクも小さいものとなる．したがって，CLO では CBO よりも投資適格級の証券を組成しやすい[†19]．

図 12.9 に，CLO の基本的な構造を示す．特別目的会社 (SPV) あるいは信託が設立され，そこから，例えば優先担保付クラス A 証券，第 2 位優先担保付クラス B 証券，そして劣後証券あるいは「エクイティトランシェ」という 3 つの種類の証券が発行される．そして，そこで得た手取金で担保資産となるハイイールドノートが購入される．実務では，CLO のための資産プールには，ハイイールドボンドが少ない割合（通常は 10% 未満）で含まれることがある．また，CBO についてはこの逆であり，資産プールの 10% までの少ない割合でハイイールドローンが含まれることもある．

[†19] 格下げ（そしてその後の格上げ）があったにもかかわらず，CLO の信用リスクの質は 2007–2009 年の金融危機の最中そしてその後も相対的には安定していた．金融危機直後では CLO 市場は停滞していたが，2011 年～2012 年にかけて新規 CLO の発行量が急速に拡大しはじめた．金融危機後，CLO は劣後のレベルを高くしまた一般的に条件を厳しくしてシニアトランシェを保護するようになっている．Standard & Poor's Rating Service, "CLO Issuance Is Surging, Even Though the Credit Crisis Has Changed Some of the Rules", *CDO Spotlight*, August 2012 参照.

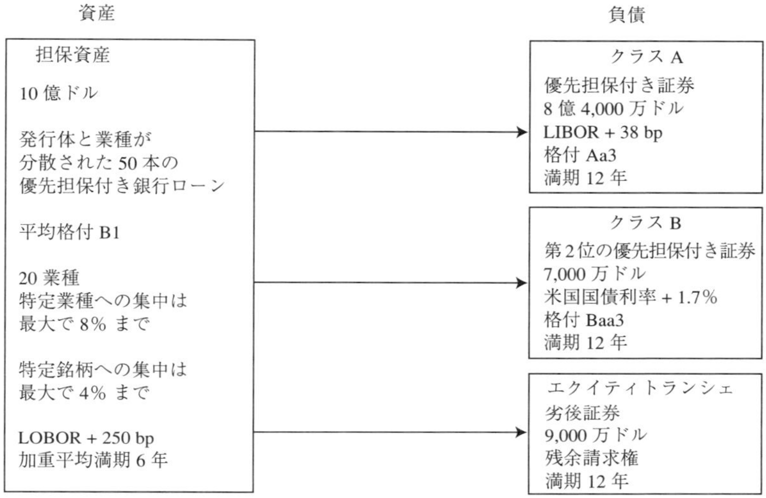

図 12.9　一般的なローン担保証券 (CLO) の構造

典型的な CLO は，例えば，（ムーディーズの格付記号でいえば）平均格付 B1 格の 50 銘柄のローンからなる資産プールで構成される．これらのローンは例えば 20 個の業種にエクスポージャーをもち，ポートフォリオ価値の 8% を超えるような特定の業種へのエクスポージャーの集中はない．また，例えば，特定の銘柄への最大の銘柄集中はポートフォリオの価値の 4% 未満に保たれる．この例では，ローンの加重平均年限は 6 年であると仮定するが，CLO として発行される証券の満期は 12 年である．参照資産の変動金利ローンの平均利回りは LIBOR + 250bp を仮定している．

ローンと CLO 証券との満期が異なるので，ローンポートフォリオの能動的な管理が必要になる．CLO の発行契約書に定められた条件を満たしながらポートフォリオの能動的な管理を行うために，適格なハイイールド・ローン・ポートフォリオマネージャーを雇用する必要がある．再投資期間あるいはロックアウト期間と呼ばれる最初の 6 年間は，ローンの分割償還や満期償還からの手取金やデフォルトしたローンからのキャッシフローを新たなローンに再投資する（ローンを提供する銀行が通常は融資処理として回収も行うので，ローンのパッケージへの投資家は参照資産のパフォーマンスに対しての逆選択とモラルハザードが発生する恐れがあることに注意しなければならない）．その後は，キャッシュフローが実現するに従って 3 つの種類の証券に対して順次支払いが行われていくのである．

発行される証券は 3 つのトランシェからなる．すなわち，投資適格級の 2 つの優先担保付クラスと 1 つの格付のされない劣後クラスあるいはエクイティトランシェである．エクイティトランシェは第 1 次損失を取るポジションであり，あらかじめ定められた支払いは何もない．優先トランシェの投資家より先にデフォルトによる損失を吸収するのである．

この例では，優先クラス A 証券は Aa3 格に格付され，LIBOR + 38bp の利息を支払う．これは，同じ格付の同等の社債の利息が LIBOR 未満であることから，より魅力的なものである．この次の優先クラス証券，あるいはメザニントランシェは，Baa3 格に格付され，12 年間にわたって国債の固定金利 + 1.7% を支払う．参照資産となっているローンの利回りが LIBOR + 250bp であるので，参照資産プールにあるローンの大多数が正常に返済される限り，エクイティトランシェは魅力的なリターンをもたらすものとなる．

2 つの優先クラスについての良好な格付は，裏付け資産からのキャッシュフローに優先劣後構造を設けることによって得られる．フィッチ，ムーディーズ，スタンダード・アンド・プアーズなどの格付機関は，これらの優先クラスの証券を格付する独自の手法を開発している．（付録 12.1 では，2007–2009 年金融危機に至る中で格付機関による CDO 格付が誤解を招くものであった理由を論じる．）

金融マーケットにおいては，フリーランチというものは存在しないが，このことは，CLO および CBO を発行する銀行にリスクマネジメントについての重要な示唆を与える．優先担保付クラス証券の信用補完はデフォルトリスクをエクイティトランシェに単純に移すことによって得られている．シミュレーションの結果によると，エクイティトランシェへの投資によるリターンは，投資家がすべてを失う場合の −100〜30% 以上まで，ローンポートフォリオで発生する実際のデフォルト率によって大きく異なるものとなりうる．エクイティトランシェは，ヘッジファンドなどのリスク選好の強い投資家によって，証券の直接保有あるいは 7〜10 倍のレバレッジ倍率でのトータルリターンスワップの形態で購入されることがある．しかしほとんどの場合，CLO を発行する銀行が第 1 次損失を吸収するリスクの高いエクイティトランシェを保持する．

2007–2009 年危機に至る前の時期においては，銀行が CLO を発行する主要な理由は，上記のようにして規制資本について裁定を行うことであった．裏付け資産となっているローン自体を保有するよりも，エクイティトランシェを保有するほうが規制資本上のコストは少なかったのである．しかし，銀行が必要とする規制資本の金額は減少するが，だからといって，銀行が負担する経済的リスクが減少するわけでは全くなかったのである．逆説的ではあるが，クレジットデリバティブは経済的なヘッジとしてより効果的なものであるが，所要自己資本の軽減効果はこれまでほとんど認められていない．この形態での規制資本の裁定は新しいバーゼル自己資本規制でも認められないだろう．

12.8.3　サブプライム CDO の特別な事例

CDO の担保プールは，債券，ローン，あるいは CDS（クレジットデフォルトスワップ）によるシンセティックなエクスポージャーなどの様々な形式の債務によって構成されうるが，サブプライム CDO はサブプライム住宅ローン担保証券 (RMBS) のトランシェまたはその他の CDO のトランシェなどの信用リスク仕組み商品をもとにしている[†20].

典型的なサブプライムの信託は，数千の，典型的には 3,000〜5,000 個の，サブプライムのモーゲージで合計金額 10 億ドル程度にのぼるものから構成される[†21]. モーゲージのプールにおける損失の分布が住宅ローン担保証券 (RMBS) の異なるトランシェクラスに，つまり，典型的には超過担保により作り上げられるエクイティトランシェから AAA 格に格付される最もシニアなトランシェにまでクラス分けされる．したがって，サブプライム CDO は，格付が BB〜AA までの RMBS 債券からなる平均格付が BBB の資産プールをもつ CDO スクエアードなのである[†22]. 図 12.10 は CDO スクエアードの形式によるモーゲージ資産担保証券の証券化と CLO の形式による企業向けローンのもっと直線的な証券化の相違について説明している．

典型的なサブプライム CDO では，トランシェの約 75% が AAA 格に格付さ

[†20] これらのクレジット商品の発行は 2004 年以降，2007–2009 年金融危機まで顕著に増加した．2004 年には 40% であったのが，2006 年には CDO 発行金額 5,600 億ドルの 49% を占めた．

[†21] 「サブプライム」モーゲージは信用力の劣る借り手へのモーゲージである．サブプライムモーゲージは，FICO スコアで 620 点未満の借り手へのモーゲージといえる．サブプライムな借り手は信用履歴に乏しいか，過去に信用事象を発生させている者である．もし頭金払いが 5% 未満であれば，借り手が信用スコアで 680 点未満でも，サブプライムなモーゲージとされることがある．その他の借り手 (Alt-A) はサブプライムからプライムの間の借り手とされる．これらの借り手はモーゲージを得るのに十分な信用スコアを有しているが，資産と収入が借入金額を賄えるほどであるとの証明書類を有してはいない．2005 年以前は，サブプライムモーゲージはモーゲージ全体の残高の約 10% であった．2006 年には，それが 13% になり，サブプライムモーゲージの組成額は 4,200 億ドルになった（Standard & Poor's による）．これは，新規の住宅モーゲージの 20% を占め，過去平均の 8% を上回っている．2007 年 7 月までに，サブプライムモーゲージの残高は 1.4 兆ドルになっていたと推計される．サブプライムモーゲージのうち，頭金の支払いをほとんどあるいはまったく要求しないものおよび借り手の収入証明を要求しないものは「嘘つきへの貸出 (liar loan)」と呼ばれていた．なぜなら，借り手はそのチェックがされることがほとんどないことを知っていたので，モーゲージの申込書で安心して嘘をつくことができたからである．これは 2006 年には，新規のサブプライムモーゲージの 40% を占めており，2001 年の 25% から増加していた（これらの貸出は，無収入，無職，無資産の申請者にちなんで（頭文字をとって: 訳者注），ニンジャとも呼ばれていた）．この現象はモーゲージのブローカーの歩合報酬（貸出のパフォーマンスではなく金額と連動．短期のうちにデフォルトしてもほとんど責任を問われない）とも絡んでいた．モーゲージを組成するブローカーには，彼らが組成するモーゲージはその後に証券化されるので，借り手の信用を調査するあるいはモニタリングするインセンティブはなかった．またブローカーの中には，申請者が貸出を得られるよう申請内容を誇張するなどして詐欺を働くものもあった．M. Crouhy, "Risk Management Failures During the Financial Crisis", in D. Evanoff, P. Hartmann, and G. Kaufman, eds., *The First Credit Market Turmoil of the 21st Century: Implications for Public Policy*, World Scientific Publishing, 2009, pp. 241–266 参照.

[†22] すでに議論したとおり，CDO の AAA 格のシニアあるいはスーパーシニアトランシェに対しては機関投資家から大きな需要があった．これらのトランシェは，社債や国債などの同じ格付の伝統的な証券よりも高い利回りをもたらしたからである．エクイティトランシェはヘッジファンドが主な買い手であった．原資産プールの中でデフォルトが起こるのが CDO の満期より後の時点だけなのであれば，これらのトランシェは高いリターンをもたらすことを意味していた．平均格付が BBB のメザニントランシェは販売が困難で，銀行はこれらのトランシェを「CDO スクエアード」と呼ばれる新たな CDO に仕立てたのである．

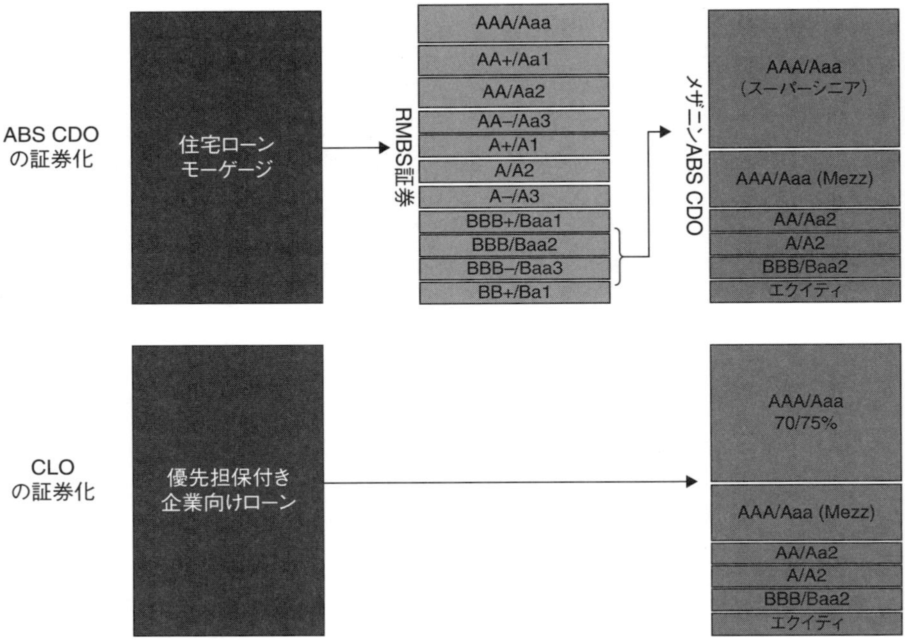

図 12.10　資産担保付証券の証券化（住宅ローンモーゲージなど）vs. 企業向けローンの証券化

れている．平均して，資本構成のメザニン部分は SPV により発行される証券の約 20% であり，投資適格に格付される．残りの約 5% がエクイティトランシェ（ファーストロス）であり，格付はされない．

12.8.4　Re-Remics

Re-Remics は金融危機の副産物である．多くの AAA 格の CDO トランシェがサブプライム金融危機のときに格下げされた．しかしながら，投資家によっては，これらの金融商品が AAA 格であり続ける間のみ保有し続けることができた．加えて，AAA 格を維持することによって，規制資本を顕著に節約できたのである．例えば，バーゼル規制 2.5 における BB 格のトランシェのリスクウェイトは標準的手法のもとでは 350% であるが，AAA 格の再証券化商品ではたったの 40bp だけである[†23]．

Re-Remics は AAA 格から格下げされたモーゲージ担保証券 (MBS) のシニアトランシェを再証券化したものである．トランシェは 2 つだけであり，額面金額

[†23] Basel Committee on Banking Supervision, *Enhancements to Basel II Framework*, Bank for International Settlements, July 2009.

の約 70% となるシニアな AAA 格のトランシェと額面金額の約 30% となり格付されないメザニントランシェである.

新しい規制資本体系のもとでは, 総リスクウェイトは (BB 格の担保を想定した) 350% から

$$70\% \times 40 + 30\% \times 650 = 223\%$$

へと減少する. ここで, 70% と 30% はそれぞれ AAA 格のシニアトランシェとメザニントランシェの割合であり, 40 と 650 は再証券化エクスポージャーにおける AAA 格と無格付部分のリスクウェイトである.

12.8.5 シンセティック CDO

キャッシュ CDO と呼ばれる伝統的な CDO では, SPV によって発行されるデットとエクイティの手取金によってクレジット資産がそのまま現物で購入され, 発行したデットとエクイティに対する支払いはこの購入資産からのキャッシュフローと直接に結びつけられている. 図 12.9 では, このようなストラクチャーの例を示しており, この場合では, CDO の主要な形態の 1 つである CLO の例である. 対照的に, シンセティック CDO はクレジット資産の法的な所有権に何ら影響を与えないでリスクの移転を行うものであり, 複数の CDS 取引によって組成される.

シンセティック CDO の組成を行う金融機関は, CDS によって SPV にクレジット資産ポートフォリオの信用リスクを移転するが, 資産は当該金融機関のバランスシートに計上されたままとなる. 図 12.11 の例では, 右側は, 参照資産のプールの 10% のみに適用されるということを除いて, 図 12.9 のキャッシュ CDO の構造と同一である. 左側は, 高格付の金融機関によって提供される「スーパーシニアスワップ」の形態でのクレジットプロテクションを示している (サブプライム危機以前にモノライン保険会社が果たしていた役割である).

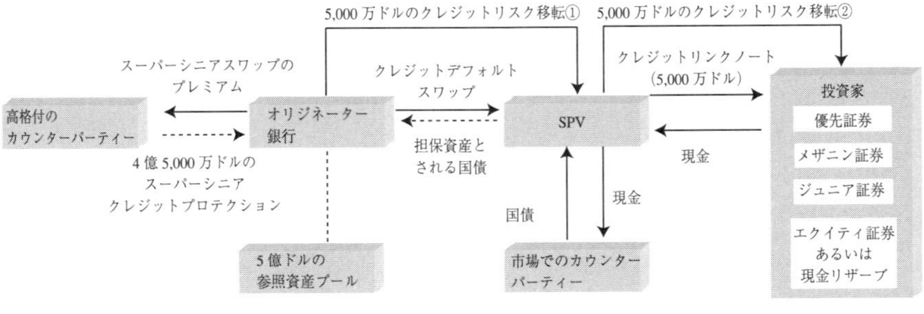

図 12.11 シンセティック CDO の基本構成

SPV は, 通常, 参照ポートフォリオに発生する損失の 10% あるいはそれ未満の部分についてクレジットプロテクションを提供する. その見返りとして, SPV は

オリジネーターである金融機関とのポートフォリオデフォルトスワップに現物担保を供与し，資本市場で証券を発行するのである．発行される証券は，格付されないエクイティトランシェ，メザニン債，そしてシニア債を含み，これが SPV のキャッシュ負債となる．キャッシュ CDO の場合と同様の順序で，デフォルトリスクのほとんどを，これらの証券への投資家が負担する．すなわち，エクイティトランシェの保有者が第 1 次損失を負担し，メザニントランシェの保有者はエクイティトランシェで吸収しきれなかった損失を負担することになるのである．残りの 90% のリスクは，通常，シニアスワップを通じて高格付のカウンターパーティーに配布される．

2007–2009 年の金融危機以前は，通常 AAA 格の格付をもつ再保険会社とモノライン保険会社は，しばしばスーパーシニア AAA と呼ばれたこのタイプのシニアなリスクに旺盛な嗜好をもっていた．エクイティと債券の発行がもたらす手取金は高格付で流動性のある資産に投資されたのである．

参照プールの中の債務者がデフォルトすると，SPV は信託されている投資の一部を現金化し，オリジネーターの被るデフォルト損失を補填するために支払いを行う．この支払いは，エクイティトランシェの減額と，もしそれで不足する場合にはメザニントランシェの減額によって埋め合わされる．それでも不足する場合には，最後にスーパーシニアトランシェで損失の埋め合わせが行われる．

12.8.6　シングルトランシェ CDO

シングルトランシェ CDO の条件は，伝統的な CDO のトランシェと似ている．しかしながら，伝統的な CDO では，まずポートフォリオ全体を組み入れて構成し，資本構成のすべてが複数の投資家に販売される．シングルトランシェ CDO では，顧客のニーズに合わせて[†24]，特定のトランシェのみが発行される．銀行は自行のプライシングモデルによって計算されるヘッジ比率に従って参照資産を売買することによってそのエクスポージャーをヘッジするので，実際上のポートフォリオを組む必要がない．

例えば，図 12.12 に示したストラクチャーにおいては，顧客は参照ポートフォリオの信用リスクのうちメザニン，つまり中位のトランシェについてクレジットプロテクションを得るが，ファーストロスのリスクを取るエクイティトランシェと最もシニアなリスクを取るトランシェについてはリスクを負担し続ける．この種の商品の最大の利点は，その取引のほとんどすべての条件を顧客のニーズに合わせることができる点である．最大の欠点は，特定の顧客のニーズに合わせてカスタマイズされた取引は流動性が限られがちな点である．シングルトランシェ CDO を組成するディーラーは，ポートフォリオの信用力の質および相関が変化するの

[†24] 顧客は，クレジットプロテクションの買い手にも売り手にもなりうる．「銀行」は，その取引の反対当事者である．

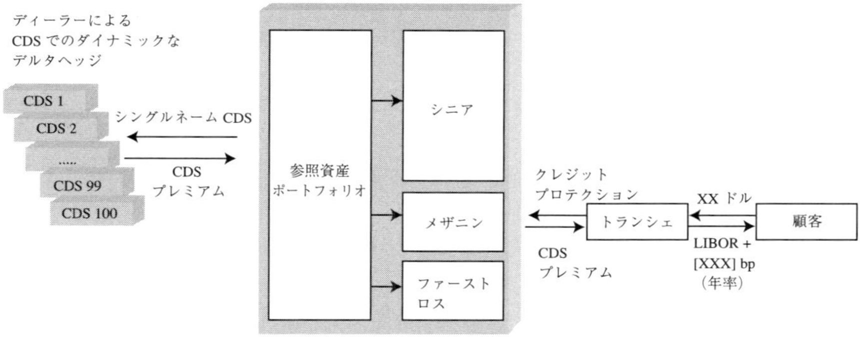

図 12.12 シングルトランシェ CDO

に従って，購入あるいは販売したトランシェをダイナミックにヘッジする必要がある．

12.8.7 クレジットインデックスのクレジットデリバティブ

インデックスに基づいたクレジットトレーディング（「インデックストレード」）は，金融危機以前に広く行われるようになっており，いまも活発である．しかしインデックストランシェについてはさほど活発ではない．インデックスは膨大な数にのぼる参照資産のクレジットを基礎としており，そのためこの分散化されたポートフォリオの信用リスクのエクスポージャーをヘッジするために，ポートフォリオマネージャーはインデックストレードを行うことができる．インデックストレードは，CDO のトランシェや CLN の保有者の間でも普及しており，信用リスクのエクスポージャーをヘッジするために利用されている．

欧州，アジア，北米，および新興国市場にわたってローン，社債，地方債，および国債をカバーするクレジットデフォルトスワップインデックスのグループがいくつか存在する．金融情報会社である Markit はこれらの信用インデックスを所有し管理しており，すべての主要なディーラー銀行およびバイサイドの投資企業によって支持されている唯一の信用インデックスである（図 12.13）．

主要な 2 つの信用インデックスのグループは，北米および新興国市場の CDX と欧州およびアジアの iTraxx である．CDX インデックスは多くのセクターをカバーするインデックスである．主なインデックスには，北米の 125 銘柄を同一のウェイトで構成する CDX North American Investment Grade (CDX.NA.IG)，CDX.NA.IG のうちの 30 銘柄から構成する CDX North America Investment Grade High Volatility，そして 100 銘柄から構成する CDX North America High Yield がある．同様に欧州では，125 の欧州銘柄を均等のウェイトで構成する iTraxx Investment Grade インデックスがある．iTraxx Crossover インデックスは最も

ストラクチャードファイナンス		米国	Markit ABX, CMBX, PrimeX, IOS, PO, MBX, TRX	
シンセティッククレジットローン		米国	Markit LCDX	
		欧州	MarkitiTraxx LevX	
	ソブリン	グローバル	Markit CDX EM	Emerging Markets EM Diversified
			MarkitiTraxx SovX	Western Europe CEEMEA Asia Pacific Latin America G7 Global Liquid Investment Grade BRIC
	社債	北米	Markit CDX NA	Investment Grade (IG, HVol) Crossover High Yield (HY, HY.B, HY.BB) Sectors
		欧州	MarkitiTraxx Europe	Europe (Investment Grade) HiVol Non-Financials Financials (Senior, Sub) Crossover
		アジア	MarkitiTraxx Asia	Japan Asia ex-Japan (IG, HY) Australia
	地方債	米国	Markit MCDX	

インデックスの主な特徴

	インデックス	エンティティ数(1)	ロール日	満期年数(2)	信用事由
CDX	IG	125	3/20–9/20	1,2,3,5,7,10	破産・不払い
	HVOL	30	3/20–9/20	1,2,3,5,7,10	
	HY	100	3/27–9/27	3,5,7,10	
	XO	35	3/20–9/20	3,5,7,10	
	EM	15 (variable)	3/20–9/20	5	破産・不払い・リストラ
	EM Diversified	40	3/20–9/20	5	
iTraxx Europe	Europe	125	3/20–9/20	3,5,7,10	破産・不払い・リストラ
	– Non financials	100	3/20–9/20	5,10	
	– Senior financials	25	3/20–9/20	5,10	
	– Sub financials	25	3/20–9/20	5,10	
	– High volatility	30	3/20–9/20	3,5,7,10	
	Crossover	40	3/20–9/20	3,5,7,10	
iTraxx Asia	Japan	50	3/20–9/20	5	破産・不払い・リストラ
	Asia ex-Japan IG	50	3/20–9/20	5	
	Asia ex-Japan HY	20	3/20–9/20	5	
	Australia	25	3/20–9/20	5	
iTraxx SovX	Western Europe	15	3/20–9/20	5,10	不払い・リストラ モラトリアム
	CEEMEA	15	3/20–9/20	5,10	
	Asia Pacific	10	3/20–9/20	5,10	
	Latin America*	8	3/20–9/20	5,10	
	G7*	Up to 7	3/20–9/20	5,10	
	Global Liquid IG*	11 to 27	3/20–9/20	5,10	
	BRIC*	Up to 4	3/20–9/20	5,10	
MCDX	MCDX	50 credits	4/3–10/3	3,5,10	不払い・リストラ
LCDX	LCDX	100	4/3–10/3	5	破産・不払い
iTraxx LevX	LevX Senior	40	3/20–9/20	5	破産・不払い・リストラ

1. すべてのインデックスは同じウェイト付けをされている（CDX，EMおよび Traxx SovXCEEMEAを除く）.
2. IMMロール日と同じく，3月20日にロールするインデックスの正確な満期は6月20日，9月20日，9月27日，10月3日にロールするインデックスの正確な満期はそれぞれ3月20日，3月27日および12月20日.
3. *理論的なインデックス

（出典：Markit）

図 12.13　Markit 信用リスクインデックスおよびその主な特徴

流動性が高い非投資適格級の欧州銘柄 40 種から構成されている.

これらのインデックスは 3 年, 5 年, 7 年, 10 年満期で取引されており, 6 カ月ごとに流動性を基にして新たなシリーズが設定される.

CDO と同様に, iTraxx と CDX はトランシェ分けがなされ, 各トランシェはあらかじめ決められた順序で損失を吸収する. トランシェ分けは, それぞれのマーケットの地理的特徴の影響を受けている. 例えば, 図 12.14 に示すように, CDX.NA.IG のトランシェは, 次のような損失アタッチメントポイントによって分割されている. つまり, 0〜3% がエクイティトランシェ, そして, 3〜7%, 7〜10%, 10〜15%, 15〜30%, 30〜100% (最もシニアなトランシェ) である. iTraxx については, 対応するトランシェが 0〜3%, 3〜6%, 6〜9%, 9〜12%, 12〜22%, 22〜100% である. 欧州と米国のインデックスのトランシェ分けは, 優先劣後関係で同じ位置づけにあるトランシェが両社とも同一の格付を受けるように調整されている. 米国のインデックスのトランシェのほうが分厚くなっているのは, 米国のインデックスを構成する銘柄のほうが欧州のインデックスを構成する銘柄より平均的にやや高リスクだからである.

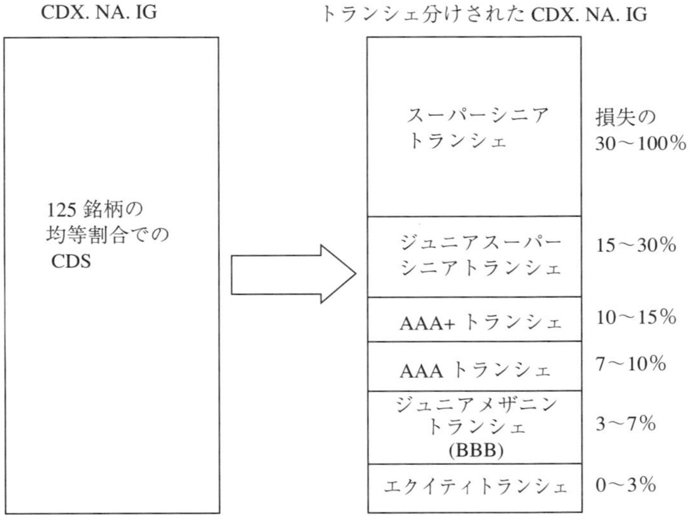

図 12.14　投資適格銘柄でのトランシェ分けされた米国インデックス (CDX.NA.IG)

現在, iTraxx と CDX.NA.IG の両方のトランシェ市場において, 3 年と 5 年の年限のトランシェに対して両インデックスともに活発に建値されているブローカー市場は限られている. HY CDX についても, 3 年と 5 年の年限のトランシェについての取引がある.

それぞれのトランシェの建値は 2 つの部分からなる.「アップフロント」での支払いおよび四半期ごとの固定された「クーポン」の支払いである. これらの建値

は，それと同値な「スプレッド」にも換算される．例えば，2013 年 8 月末時点で，iTraxx インデックス（5 年満期，シリーズ 19，2013 年 3 月発行）のジュニアメザニントランシェは同値スプレッドで 521bp の建値であった．10 億ドルの iTraxx ポートフォリオのジュニアメザニントランシェを 521bp で購入した投資家が毎年支払うコストは，（10 億ドルの 3% である）3,000 万ドルに対する毎年 521bp となる．その見返りとして，投資家は 10 億ドルの iTraxx ポートフォリオにつき（3〜6% のトランシェに対応する）3,000〜6,000 万ドルの間のどの大きさの損失に対しても売り手から補償を受けるのである．

iTraxx と CDX についてはオプションも取引されており，信用ボラティリティを取引したりオプションを使って信用度変化の方向性に合わせてみたいとするヘッジファンドや自己勘定取引デスクからの需要に応えている．

12.9　資金調達のためだけの証券化

サブプライム貸出市場における問題が引き起こした 2007–2009 年世界金融危機以降の数年間は，投資家は信用関連の投資に対して警戒を続けていた．この期間は，金融システムの自信と銀行の健全性が損なわれたために，銀行にとって資金調達が主要な課題となった．

信用リスクの移転を伴う証券化が難しくなったので，銀行は，信用リスクのすべてあるいは実質的にすべてが銀行に残ったままとなるような，それまでとは異なる種類の資金調達手段を使うようになった．そのような資金調達手段の 2 つの例を以下に紹介する．

12.9.1　カバードボンド

カバードボンドは，特定の参照資産ポートフォリオを担保とする債務証券である．しかしながら，カバードボンドは発行体がすべての利払いおよび元本償還に完全な責任を負うものなので，本当の証券化商品ではない．つまりこのため，投資家は発行体と原資産の両方に遡求することができるので，デフォルトに対して「二重の」プロテクションをもつのである．ローンの「カバードプール」は，法律的に区分されて発行体のバランスシート上に置かれる．発行体から投資家に何らリスクが移転されるものではないので，カバードボンドは本質的には資金調達商品である．

欧州では，金融機関は住宅ローン貸出のための資金調達手段としてカバードボンドを大規模に活用している．フランスの「Obligations Foncieres」そして次に説明するドイツの「Pfandbriefe」である．IMF によれば，2009 年の欧州におけるカバード住宅ローンボンド市場は，欧州の GDP の 40% に相当する 3 兆ドルとなった．

これらの金融商品は新しいものではないが，2007–2009年世界金融危機によって，資本市場からの代わりとなる資金調達手段として改めて関心を集めたのである．加えて，欧州中央銀行 (ECB) は2009年5月に600億ユーロのカバードボンド購入プログラムを立ち上げ（2009年7月〜2010年7月まで有効），カバードボンドの発行量の拡大に強いインパクトを与え，さらにそのスプレッドの縮小を導いた．

12.9.2 ファンドブリーフ (Pfandbriefe)[†25]

ファンドブリーフ銀行はドイツの銀行であり，ドイツのファンドブリーフ法の下でカバードボンドを発行する．ファンドブリーフと呼ばれるこれらの債券は AAA^- 格あるいは AA^- 格の債券であり，住宅向けローン，商業ビル向けローン，船舶向けローン，航空機向けローン，および公的セクター向けローンなどの長期の資産を含むカバープールに裏打ちされている．

ローンは特定のカバープールの中の資産としてファンドブリーフ銀行のバランスシートに計上される．こうしてカバー資産はファンドブリーフ銀行のバランスシート上に残り，独立した管理機関によって監査される．ファンドブリーフはカバー資産によって担保され，厳格な質を求められる．例えば，地域的制約がないこと，シニアローントランシェであること，ローン・トゥ・バリュー比率が低いこと，などである．ファンドブリーフ法では，銀行が支払い不能になった場合には，ファンドブリーフのカバープール資産はそのファンドブリーフへの与信者のみが取得可能である．

いくつかの欧州の銀行は，自国内でカバードボンドプログラムを立ち上げるのではなくドイツにファンドブリーフ子会社を設立することを選んできた．ドイツのファンドブリーフ市場の流動性が高く，欧州の他の国のカバードボンド市場より資金調達スプレッドが低いからである．

12.9.3 資金調達 CLO

資金調達 CLO は2つのトランシェのみからなるバランスシートキャッシュフロー CLO 取引である．（ファンディングトランシェと呼ばれる）シニアトランシェが投資家に対して発行される．このトランシェは格付機関によって格付され，AAA 格を得られるようにストラクチャーされている．（劣後債券である）ジュニアトランシェは格付をされず，ファーストロスを吸収するものであり，銀行によって保持され続ける．

[†25] ファンドブリーフ銀行の起源は18世紀のプロシアに遡り，いまや世界最大のカバードボンド市場を構成している．

12.10　結論

クレジットデリバティブおよび証券化は，信用リスクを移転し管理するため，そして銀行が資金調達を行うための鍵となるツールである．しかしながら，世界金融危機後の数年間においては，他の証券化市場（例えば，自動車ローン）では引き続き新規発行が可能であったものの，主な証券化市場では新規発行が実質的には止まっていた．証券化市場をどのように改革し再び活性化させるかについて合意を形成していくプロセスは遅々としているが，CLO市場のような信用リスク移転市場がもう一度復活する兆しは出てきている．

これは，時機に適ったものかもしれない．バーゼルIII規制およびドッド・フランク法によって銀行の資本コストは上昇するものと考えられる．長期的には，銀行はオリジネート・トゥ・ディストリビュート型モデルを採り，クレジットデリバティブと他の信用リスク移転手法を用いて信用リスクを銀行システムの外へと（特に，保険業界，投資ファンド業界，およびヘッジファンド業界などへ向けて）再流通あるいは再パッケージしていくしかなくなるであろう．

最近まで，新しい信用リスク商品を使用する主な理由は，規制アービトラージであった．このために導管会社や特別目的投資会社が設立されることになったのである．バーゼルIII規制によって，規制資本は経済資本とより密に平仄を合わせたものとなり，銀行のポートフォリオが抱える真の信用リスクの質を管理するために信用リスク商品がもっと使われる契機とされるべきである．

それでもなお，規制アービトラージの機会は残るであろう．例えば，住宅ローンのような個人向け金融商品については，バーゼルI規制を遵守している銀行と比較して，バーゼルIII規制を遵守している銀行への規制資本の扱いがまったく異なれば，そのことが規制アービトラージの機会を生むようになるだろう．

このほかにも難点はある．2007–2009年世界金融危機よりずっと前に著した本書の2006年版では本章の最後の段落で，下記のような警告を発しておいた．

クレジットデリバティブによるリスクに対しては，ほとんど資金的な手当てがなされず，そのリスクについて公表もされないので，第三者（さらには経営陣）が認識することが難しい状況の中でレバレッジが掛かっていることになるのである．これまでのところ，クレジットデリバティブの複雑さやクレジットデリバティブによる信用リスクの移転および負担についての新たな機会に起因する大規模な金融危機は発生していない．しかし，特に銀行の取締役会と経営陣がこれらの新しい市場と金融商品がどのように機能するのか，そして個別の大規模取引が金融機関のリスクの状況にどのように影響を与えるのかについて時間を割いて理解しない場合には，そのような金融危機は確実に発生するであろう[†26]．

情報開示の改善を図ろうとする規制当局および市場による試みはあるものの，上記のことはまさに真実として現在でも当てはまるのである．信用リスクの移転

[†26]本書の2006年版の323〜324ページ参照（訳書では，287〜288ページ）．

は，リスクを管理し，そしてそれを保有するのに最も適した主体へとリスクを配分させていくための極めて強力なツールなのである．しかしながら，当然払うべき注意と配慮をなくして利用されれば，金融機関および経済全体を壊滅させるものにもまたなりうるのである．

第12章　付録
なぜ格付機関によるCDOの格付が誤解を招くものなのか[†1]

複雑な信用リスク商品について特に，投資家は格付機関を頼りにする．それら信用リスク商品のポートフォリオに含まれる原資産が抱える信用リスクの質について自分ではほとんど情報をもっていないからである．

特に，投資家は仕組み商品の格付は安定していると考えがちである．AAA 格の資産が数週間，あるいは数日のうちに非投資適格級格付に格下げになるとは考えていないのである[†2]（しかしながら，同等の格付の企業が発行する社債と比較してこれらの商品の利回りが高いのは，その信用リスクや流動性リスクが同等ではないことを市場が理解しているからにほかならない）．

仕組み信用リスク商品の格下げが大量に続いたことで，それらの格付自体がどのようなものなのか，それらの格付が社債等に対する旧来の格付とどのように異なるものなのかに注目が集まった．おそらく，もっとも根源的な相違は社債の格付は主にその発行体企業特有のリスクを基礎としているのに対し，CDO のトランシェの格付は相関するアセットからなるポートフォリオからのキャッシュフローを基礎としていることである．そのため，CDO のトランシェの格付は数理モデルに大きく依拠するのに対し，社債の格付は基本的にはアナリストの判断に依拠するのである．

CDO のトランシェの格付と社債の格付が同じであれば，同一の期待損失となるはずであるが，損失のボラティリティ，すなわち非期待損失は大きく異なる．非期待損失は，CDO のプールの中の原資産の相関構造に強く依存するからである．このことから，社債と仕組み信用リスク商品とでは異なる格付測度が用いられるべきということになる．

ABS 担保付債務証券のような仕組み信用リスク商品では，CDO の満期までの期間におけるキャッシュフローと損失の分布をモデル化することが必要となる．つまり，CDO の中の原資産の期限前返済およびデフォルトの依存関係（相関性）をモデル化し，時間の流れの中でのこれらの事由の発生についてのパラメターを

[†1] この付録は著者のうちの一人の過去の著作に部分的に依拠している． M. Crouhy, “Risk Management Failures During the Financial Crisis”, in D. Evanhoff, P. Hartmann, and G. Kaufman, eds., *The first Credit Market Turmoil of the 21st Century: Implications for Public Policy*, World Scientific Publishing, 2009, pp. 241–266 を参照．

[†2] ムーディーズが 2006 年 11 月に 2006 年物の CDO について初めての格付を行ったが，それを 2007 年にムーディーズは見直しを行い，ABS からなる CDO のすべてのトランシェの 31% を格下げした．そのうち，14% が当初は AAA 格であった．

推計するのである．つまり，デフォルトのプロセスに影響を与える要因の発生，そしてそれらがどのように一緒になって変化していくのかをモデル化する，ということである．デフォルトの集中化をもたらすような信用状態の重大な劣化に対するCDOトランシェの格付の鋭敏性を評価することは重要である．これらの関係はショック事象の大きさによるものであり，しばしば非線形である．

もしデフォルトが発生すれば，その結果としてもたらされる損失を推計することが必要である．回収率は経済の状態，債務者の状況，資産の価値による．損失率およびデフォルト発生の頻度は相互に依存している．つまり，不景気になればデフォルトの発生頻度と損失率は上昇する．この相互依存関係をモデル化することが大きな課題である．

サブプライム貸出は，どのような規模のものであろうとも，比較的最近になって始まったものであり，過去のデータがあまり存在しないので，格付プロセスに内在するモデルリスクを増大させることになる．特に，米国のサブプライム貸出のパフォーマンスについての過去のデータのほとんどは，住宅価格が継続的に上昇していた好調な時期のものであるため，市況が悪化したときに発生するデフォルトの相関性を推計することを難しくしたのである．

多くの業界関係者は，サブプライムCDOのAAA格のスーパーシニアトランシェを保有することによりもたらされるリスクの性質について誤解していた．サブプライムCDOは，本当はCDOスクエアードなのである．つまり，原資産プールにあるCDOは個別の住宅ローンから構成されたものではなく，その代わりに，それら自体がサブプライムモーゲージのトランシェであるサブプライムRMBSやモーゲージ債券から構成されていたからである．

世界金融危機の後，多くの評論家が，格付機関による仕組みクレジットリスク商品の格付が機能しなかったのは利益相反にかかわるものであったのかと疑問を呈した．格付機関は（投資家ではなく）発行体から金融商品の格付の手数料を得ており，これらの手数料が世界金融危機に至るまでの時期において格付機関にとっては急速に拡大する収入源となっていたからである．

もう1つの懸念は，格付された商品の担保資産プールの質についてのデュー・ディリジェンスが十分ではなかったのではないか，というものである．担保資産についてのデータの質，オリジネーター，発行体，あるいはサービサー等の質について十分なデュー・ディリジェンスが行われていれば，ローンのファイルにおける不正を見極める手助けになったはずである．

さらに，格付機関は，オリジネーターによっては引受基準を大幅に緩和していることを考慮しなかったのである．

評論家はまた，仕組み信用リスク商品の格付の際に用いた仮定，評価基準，手法に関しての透明性が十分でないことに疑問を呈した．

世界金融危機以降，規制当局は金融危機の中で格付が果たした役割を多くの面から検討しようとした．例えば，ドッド・フランク法は「投資適格級」「非投資適格級」という語法を取り換えることを明示的に求め，連邦機関が格付依存の検証を実施し，信用度についての新たな基準を作り上げることを求めている[†3]．その目的は，投資家が自分たちでデュー・ディリジェンスを実施し，自らの投資のリスクを見極めることによって，極めて多くの投資家が，外部者が行うリスク評価に過度に依存する場合に生じるシステミックリスクを減少させることにある．

[†3]格付機関，あるいは全国的に認知された統計格付機関 (NRSROs) による格付に明示的に依存しているバーゼル II 規制における標準的手法の基盤そのもの（第 3 章を参照）についての見直しを求めるものになるかもしれない．

第13章

カウンターパーティー信用リスク：CVA, DVA, FVA

カウンターパーティー信用リスク (CCR) とは，デリバティブ取引のような金融取引契約において取引相手方であるカウンターパーティーが契約満期前にデフォルトし，定められた支払いを行えなくなるリスクをいう.

2006 年以前は，金融機関は CCR を主にポテンシャルフューチャーエクスポージャー（つまり，金融機関が信用リスクにより被る最大の損失）によって管理しており，一定のカウンターパーティーやカウンターパーティーのグループごとに，エクスポージャーリミットを設定していた．また，各種担保やネッティングによってカウンターパーティーエクスポージャーの最小化を図っていた.

その後次第に，大規模金融機関の中に，カウンターパーティーエクスポージャーに関連する期待損失（これは実質的には，CCR に関する価値または価格である）を計算し始めるところが現れた．これは，2006 年に新たに導入された公正価値会計規制によって，より重要でかつ広く採用されるプロセスとなった．この会計規制の下では，対象となる金融機関が，そのデリバティブのポジションの価値を，カウンターパーティーリスクを反映して調整する（このプロセスを信用評価調整，CVA という）ことが義務づけられた．その後まもなくして，リーマン・ブラザーズ証券 (Lehman Brothers)[†1] などの巨大金融機関が，破綻または破綻の危機に瀕したことを通じて，2007–2009 年の金融危機が，カウンターパーティー信用リスクの重要性を浮き彫りにした.

金融危機後には，CCR が，カウンターパーティーの連鎖的な破綻が金融市場の大混乱につながることを恐れた規制当局にとっての最大の関心事となった．規制当局は，CCR およびシステミックリスクを削減するために，一連の改革に着手した (BOX13.1 参照)．個社レベルでも，カウンターパーティーエクスポージャーに関するコストとリスクは，金融業界における最大の関心事の 1 つとなった.

[†1] リーマン・ブラザーズ証券は 2008 年 9 月に破綻した際に，想定元本にして 8,000 億ドルの OTC デリバティブ取引を行っていたことを公表した．これは，複雑に絡み合う取引，担保ポジション，SPV（特別目的事業体）のすべてが解消されなければならないことを意味していた.

本章では，CVA およびその関連手法の詳細に入る前に，CCR を定義したうえで，銀行が CCR に関する最低資本要件をどのように計算するのかとともに，CCR のリスク管理戦略の基本的要素について簡潔に触れたい．CVA の正しい取扱いと資本規制上の扱いについては，数多くの様々な論争があるが，確かにいえることの 1 つは，CCR は金融業界にとって最大のリスクの 1 つであり，金融機関の収益の主要ファクターとして認識されるようになったという点である[†2]．

BOX 13.1

金融システムの世界における CCR の削減

バーゼル III と米国ドッド・フランク法によって CCR 削減のためのいくつかの方策が提案された．ここに重要なものを挙げておく．

- 十分に拡大した店頭市場においては，自身がすべての取引の相手方となる中央清算機関を通じて取引されるべきであり，カウンターパーティーリスクはほぼゼロになるまで最小化されるべきである．
- クレジットデフォルトスワップ (CDS) やクレジット・インデックスなどのように比較的標準化された商品は，十分な資本を有するマーケットメーカーが流動性を提供し，清算機関がすべての取引の相手方となり，取引ごと，またはそのポートフォリオの価格と取引量について，高い透明性の確保された取引所取引に移行するのが望ましい．
- 中央清算機関の利用を正当化するほど大きくないが，取引に大きなカウンターパーティーリスクがある店頭市場の場合は，取引データの集中管理が義務づけられるべきである．
- 取引の時価は日々値洗いおよび担保授受を行い，CDS の中央清算機関が負うカウンターパーティーリスクが最小になるようにしなければならない．
- （データの集中管理，中央清算機関，取引所等の）市場構造にかかわらず，相当の規模をもつ店頭市場については，当局がその相対取引情報に適切なアクセスをもたなければならない．

13.1　カウンターパーティー信用リスクの定義

CCR は典型的には，以下のように 2 分類される金融商品から発生するものとして定義される．

- 金利スワップ，為替フォワード，CDS のような OTC デリバティブ取引[†3]
- 証券貸借取引やレポおよびリバースレポのような証券金融取引

[†2] カウンターパーティーリスクを詳細に扱った文献としては，J. Gregory, *Counterparty Credit Risk: The New Challenge for Global Financial Markets*, Wiley, 2010 と，よりテクニカルなものとして D. Brigo, M. Morini, and A. Pallavicini, *Counterparty Credit Risk, Collateral and Funding*, Wiley, 2013 の 2 冊がある．

[†3] 対照的に，上場デリバティブ取引は中央清算機関で清算されるため，CCR が実質的にほとんど発生しない（詳細は後述）．

前者のほうがその市場規模，店頭取引の多様性と複雑性のため，はるかに重要度が高い[†4]．CCR がローンのような伝統的なクレジットリスクと異なる特徴を 2 つ挙げておく．

- 最大の違いは将来時点におけるエクスポージャーの大きさがわからないことである．ローンの場合は，将来時点のエクスポージャーはローン残高であり，これはかなりの確度でわかっている[†5]．対照的に将来時点のデリバティブエクスポージャーとは，金利の期間構造やボラティリティのようなマーケットファクターの将来の動きに依存する，取引の時価 (MtM：Mark-to-Market) である．実際，将来のデフォルト時点におけるデリバティブ時価（つまりすべての将来キャッシュフローのネットの価値）はプラスにもマイナスにもなる可能性があり，一般的に取引の元本額とは大きく異なる．例えば，スワップ取引が行われる際，スワップレートは MtM がゼロになるように決められ，その後 MtM は時間の経過とともに当事者から見てプラスにもマイナスにもなる．
- デリバティブポジションの価値はプラスにもマイナスにもなるため，CCR は双方向である[†6]．例えば，先物取引やスワップ取引では，各当事者はお互いに相手方のリスクにさらされている．CCR が双方向であることは 2007–2009 年の金融危機に際し，極めて重要なことであった．もし当事者の一方が相手方に対して支払い義務があれば，この当事者は相手方がデフォルトしているか否かにかかわらず契約を履行しなければならない．しかし，この生存当事者にとって契約の価値がプラスであれば，何も（または回収率として表される一定割合しか）受け取れない．さらに，その取引の継続を望んだ場合は，その他の信用力のあるカウンターパーティーとの間で同様の契約に入るために，その MtM 分を支払わなければならない．したがって，一方の当事者が相手方に対してもつクレジットエクスポージャーは，契約のリスクフリー価値（これがマイナスの場合はゼロ）の最大値となる可能性がある[†7]．このエクスポージャーはオプションのペイオフと似ているので，将来のエクスポージャー評価において重要なのは，そのポジションの MtM のボラティリティである（第 5 章も参照されたい）[†8]．

[†4] 2012 年末時点では，OTC デリバティブ取引の想定元本合計は全世界で 632 兆ドルであった (Bank for International Settlements, *Statistical Release: OTC Derivatives Statistics at end-December 2012*, May 2013).

[†5] ここでは，デフォルト時の残高に不確実性のありがちな繰上弁済や信用与信枠の問題は無視する．

[†6] オプション価値は常にプラスである一方，オプションポジションの MtM は買い手にとってはプラス，売り手にとってはマイナスである．

[†7] これは，極めて複雑な確率過程に従うエクスポージャーを原資産とするコールオプションのショートポジションのペイオフである．

[†8] オプションはその原資産に比べるとプライシングが複雑である．したがって，クレジットエクスポージャーの定量化は，たとえ金利スワップのようなプレインバニラな商品であったとしても非常に複雑になる．

13.2　CCR 管理の基礎的要素

CCR エクスポージャーは，ポートフォリオコンプレッションや解約条項などのその他の手段とともに，ネッティング，有担保化，清算集中といった手段によって個社レベルでは，かなりの程度まで削減することができる．

これらのメカニズムの重要性とカウンターパーティーリスクを想定元本額で評価することの難しさは，次の統計データによって明らかである．BIS によると，OTC デリバティブ取引の 2012 年末の元本残高合計は 632.6 兆ドルであった．為替取引を除き，取引清算機関を介した清算取引にかかる二重計算を調整すると，これは 392 兆ドルに減少する[†9]．ポートフォリオコンプレッション（オフセットする取引やディーラーのポートフォリオに対しリスクを増やさない取引を圧縮して削減するプロセス）によって，2012 年には，想定元本がさらに 48.7 兆ドル削減された[†10]．

しかし，OTC デリバティブ市場において，想定元本は全般的なリスク・エクスポージャーを示す指標ではない．なぜなら，想定元本は取引契約の経済価値を捉えるものでないからである．BIS によると，2012 年末には，ネッティング前のグロスの取引市場価値[†11] はわずか 24.7 兆ドル，つまり，想定元本の 3.9% であった．ネッティング後では，このグロスのクレジットエクスポージャーはさらに減って 3.6 兆ドルとなり，これは想定元本の 0.6% に相当する．ISDA の推定では，担保

[†9] ISDA の手法に従い，BIS の統計値に 2 つの重要な調整を加えた．第 1 に通常満期の短いものが多い為替取引を除外した．その他の OTC デリバティブ取引は，数年間にわたるようなより長い満期をもつ．第 2 に ISDA では，クリアリングされた取引の想定元本残高の二重計算に関する調整を加えている．例えば，500 万ドルの相対取引が執行された場合，本来 500 万ドルの取引が 1 つ存在するのみである．しかし，取引清算機関を通じて取引が清算されると，500 万ドルの取引が 2 つブックされる．つまり合計で 1,000 万ドルとなる．(Bank for International Settlements, *Statistical Release: OTC Derivatives Statistics at end-December 2012*, May 13, ISDA, *OTC Derivatives Market Analysis Year-End 2012*, June 2013.)

[†10] OTC デリバティブ取引ポートフォリオのポートフォリオコンプレッションは，複数当事者間期限前終了 (Multilateral Early Termination) とも呼ばれるが，市場参加者が，相対で困難な解約交渉をすることなく，MtM の仲値で既存契約を解消することができる仕組みである．複数当事者間でコンプレッションを行えば，当事者数が拡大するので，より多くの取引解消が実現できる．

2003 年に TriOptima 社によって，まずは金利スワップ取引，次いで CDS，さらにエネルギーや貴金属といったコモディティ取引について導入されてから，ポートフォリオコンプレッションは，OTC デリバティブ取引の取引数と想定元本残高の削減に大きく貢献した．2008 年だけでも，規制当局が CDS 市場の非効率性に注目してから，CDS 市場におけるコンプレッションは想定元本残高の 50% を削減した．そして，ポートフォリオコンプレッションの対象が，LCH.Clearnet の SwapClear におけるクリアリングされた金利スワップに拡大され，金利スワップの想定元本残高が大幅に削減された．10 年前にコンプレッションが最初に導入されてから 2013 年の 6 月までに，353 兆ドルのスワップポートフォリオがグローバルで削減された．最近，ISDA は，ポートフォリオコンプレッションの元本残高の増加抑制（これは世界の規制当局の目標の 1 つである）に対する貢献について分析している．

ISDA はその “OTC Derivatives Market Analysis Year End 2012” において，過去 5 年の間に，「ポートフォリオコンプレッションが想定元本残高を 25% もしくはそれ以上大幅に削減した」と述べている．

[†11] これは，勝ちポジションをもつカウンターパーティーに対してもっている残存取引のプラスの市場価値の合計である（または，負けポジションをもっているカウンターパーティーに対してもっている残存取引のマイナスの市場価格の合計の絶対値である）．

調整後におけるグロスのクレジットエクスポージャーはさらに減って 1.1 兆ドルとなり，これは当初の想定元本の 0.2% である．

ネッティング契約は両当事者間の法的拘束力のある契約であり，デフォルト時には，両社間の取引を合算することを可能にする．デフォルト時にプラスの価値をもつデリバティブ取引は，マイナスの価値をもつ取引とオフセットすることができ，ネットの金額のみが決済される．したがって，1 つのネッティングセットにあるすべての取引（有効なネッティング契約の下にある取引）によって生み出されるクレジットエクスポージャーの合計は，ネットのポートフォリオの価値（これがマイナスの場合はゼロ）まで削減される．

CCR は担保契約によってさらに削減される．担保契約は，無担保エクスポージャーがあらかじめ決められた信用極度額 (Threshold) を超えたときに担保を要求することによって，一方当事者の他方に対するポテンシャルエクスポージャーを制限する．双方向の担保契約の下では，両当事者が定期的（ほぼ日次）にそのポジションを評価し，カウンターパーティーの信用極度額に対するネットのポートフォリオ価値をチェックする．もしネットのポートフォリオの価値が信用極度額を超えていたら，他方当事者はその超過分をカバーするのに十分な担保を拠出しなければならない．したがって，担保契約は無担保部分のエクスポージャーを信用極度額の範囲にとどめようするものである．信用極度額は主にカウンターパーティーの信用力に応じて決められる．担保によってカウンターパーティーリスクは大きく削減されるが，オペレーショナルリスク，流動性リスク，法的リスクなどのその他のリスクが発生する．

解約条項は，デフォルトしたカウンターパーティーとその債権者を犠牲にして，デフォルトしていない側に対して保証を与えるものである．まず，一括清算条項は，デフォルトしたカウンターパーティーとの間のすべての取引の MtM 価値をネッティングして，即時に解約することを可能にする．一括清算ネッティングによって，デフォルトしなかった側は，直ちにその他の取引に対する損失とオフセットすることによって利益を実現させ，残ったネットのエクスポージャー以外のすべてについて，倒産した相手方からの回収の待ち行列から実質的に抜け出すことができる．次に Walkaway 条項は，デフォルトしなかった当事者に，相手方のデフォルト時に取引をキャンセルする権利を与えるものである．この場合，潜在的損失における非対称性が消滅し，この条項があるエクスポージャーは，それがプラスであろうとマイナスであろうと，単に MtM となる．

こうした CCR 削減手法は，全体のリスクを減らすものの，金融市場が急速に変化し，危険水域に達する可能性があるので，両刃の剣である．皮肉にも，リスク削減の効果が行き過ぎると，こうしたリスク削減手法のために，実際にマーケット全体のリスクが増えてしまうこともある．リスク削減手法は完璧ではなく，金融機関をしばしばベーシスリスクといわれる残余リスクにさらしてしまうのである．

例えば担保契約は，完璧なリスク削減というにはほど遠い．例え日次のマージンコール（つまり，ポジションの価値の増加をカバーするためにより頻繁に追加担保を要求できる）を行っていたとしても，マージンコールの合間に，マージン期間リスク (MPR: Margin Period of Risk) と呼ばれる大きな遅れが発生するかもしれない．これは，カウンターパーティーがマージンコールに応えられなかった時点とポートフォリオの解消に至るまでの間のリスクである．マージンコールには Dispute（紛争：マージンコールの金額に対する意義申し立て）がつきものであり，銀行は，カウンターパーティーが Dispute しているのではなく，実はデフォルトしていたと気づくまでに数日かかるかもしれない．また銀行がデフォルトの通知を送った後の猶予期間もある．この猶予期間中にカウンターパーティーが担保を拠出してくるかもしれない．最後に，デフォルト時には，複雑なポジションを清算し，再構築を行うまでに時間がかかるかもしれない．通常，流動性の高いポートフォリオに対して想定される MPR は，日次のマージンコールの場合 2 週間程度である．

どの程度のリスク削減ツールが存在しているかを理解するために，そして残余リスクの大きさを理解するために，銀行は各カウンターパーティーに対するクレジットエクスポージャーを計測しなければならない．次節では，クレジットエクスポージャーを計測するために銀行が利用する様々な計測基準について詳細に見てみる．そして，これらがリスク管理とカウンターパーティークレジットエクスポージャーの評価の双方にどのように関係しているかを説明する．

13.3　クレジットエクスポージャー

13.3.1　クレジットエクスポージャーの正式な定義

クレジットエクスポージャー (CE) は，カウンターパーティーのデフォルトを条件とした場合の損失として定義される．先述したように，CCR の重要な特徴は，MtM に関する潜在的損失の非対称性である．

もしカウンターパーティーがデフォルトしたら将来の支払いを履行することはできない．デフォルト時の MtM から回収額を引いた額は，生存当事者にとってのデフォルト損失となる．MtM がマイナスの場合でも，デフォルトしたカウンターパーティーとの間で，生存当事者は法的に MtM を清算する義務を負っている．生存当事者は，特別に合意があるケース[†12] を除いて取引から逃れることはできないのである．言い換えれば，CE とは，取引コストがかからないという仮定の下，他のカウンターパーティーとの間で同じ取引を再構築した場合の，デフォルト取引の再構築コストまたはヘッジコストである．したがって，CE は以下の

[†12] J. Gregory, *Counterparty Credit Risk: The New Challenge for Global Financial Markets*, Wiley, 2010, Section 2.3.5 参照.

ように定義できる.

$$CE = \mathrm{Max}(\mathrm{MtM}, 0) \tag{13.1}$$

エクスポージャーはオプションのペイオフと似通っているため，MtM のボラティリティが重要である．CE は以下の相反する要因によって変化する.

- 将来の不確実性：時間の経過とともに不確実性が増すため，マーケットファクターの変動が大きくなり，将来になればなるほどボラティリティにさらされるようになる.
- キャッシュフローのロール：多数の取引が組み合わさっていると，キャッシュフローの決済が徐々に進み，残存「元本」が減少し，満期にはゼロとなる.

13.3.2 クレジットエクスポージャーの測定基準

CCR はリスク管理の観点からもプライシング（つまり CVA）の観点からも重要であるため，異なる目的に対しては CE の定義がいくつか存在する．一定の対象期間に対して以下のような定義ができよう.

- 期待 MtM：将来の一定時点における取引（または取引ポートフォリオ）に対する将来（または期待）価値．取引の期待 MtM は，元々のキャッシュフローの性質によって，短期間であったとしても，現在の MtM から大きく変わる可能性がある.
- 期待エクスポージャー (EE)：プラスの MtM の平均値（つまり，MtM がプラスであるということは，デフォルト時に損失が発生する状況にある.），EE はその定義上，プラスの MtM のみの合計なので，期待 MtM よりは大きくなる.
- ポテンシャルフューチャーエクスポージャー (PFE)：一定の信頼水準と一定の期間における最悪の場合のエクスポージャーなので，伝統的な VaR とある意味で同義である．例えば，99% の信頼水準の PFE は，一定期間に 1%(100%〜99%) の確率で超過されるかもしれないエクスポージャーを意味する．99% の信頼水準の伝統的な「市場 VaR」は，MtM 価値の分布における最も下位のパーセント点である．図 13.1 に一定期間における EE と PFE を，図 13.2 に取引（例：金利スワップ）期間中の EE と PFE の推移を示しておく.
- 期待ポジティブエクスポージャー (EPE)：取引期間中の平均 EE．図 13.3 に EPE を示した.

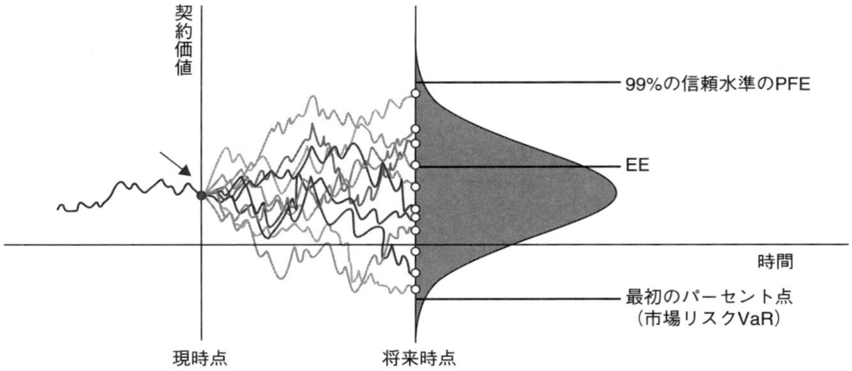

図 13.1　一定期間における EE と PFE

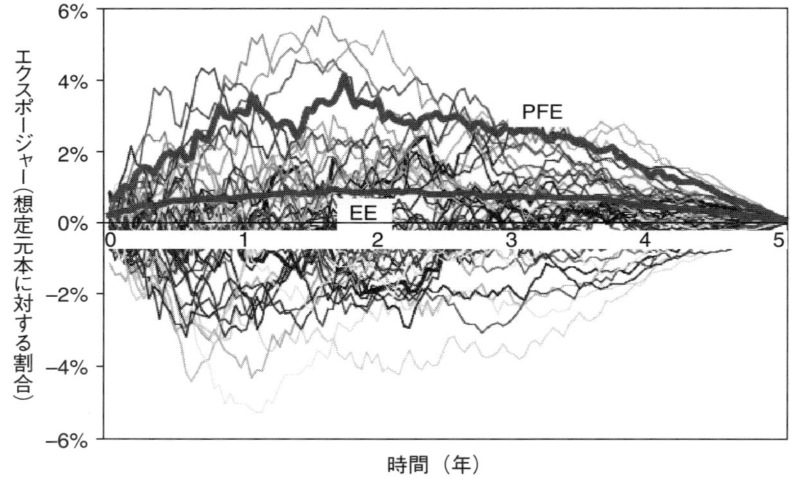

図 13.2　取引期間中の EE と PFE

EE および EPE では短期取引のエクスポージャーを過小評価してしまう可能性があるため，バーゼル委員会 (BCBS 2005) によって実効 EPE(Effective EPE) という概念が示された．実効 EE は単純に，時間の経過によっても減少しない EE であり，実効 EPE は実効 EE の平均をとったものである．

13.3.3　クレジットエクスポージャーリミット

本章のイントロダクションで，金融機関は伝統的に，カウンターパーティーごとにクレジットエクスポージャーリミットを設定することにより CCR を管理してきたと述べた．

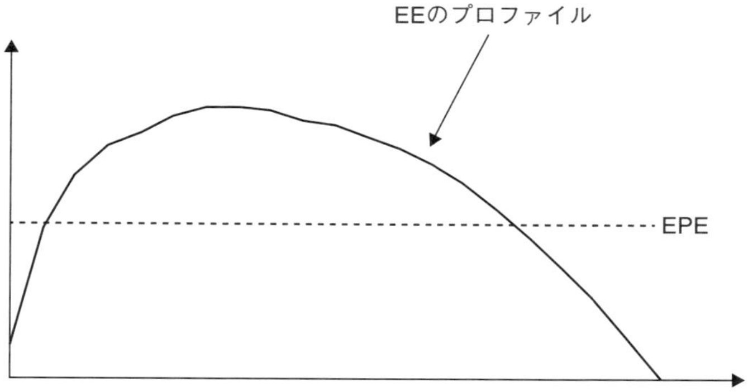

図 13.3 EPE

これは，上述のように定義された，カウンターパーティーに対するポテンシャルフューチャーエクスポージャー (PFE) を推定し，これが（ネッティングおよびその他のリスク削減手法適用後に）クレジットリミットを超えないように管理をするというものである．新たな取引が執行される前に，そのカウンターパーティーに対するクレジットエクスポージャーの合計が，新取引を含めて再計算される．もし新しい取引によってそのカウンターパーティーに対するエクスポージャー合計がリミットを超えてしまえば，その取引は執行されない．リミットの額は通常，カウンターパーティーの信用力とその金融機関のリスク許容度に依存している．

クレジットリミットは，将来のエクスポージャーの動きを特徴づけるファクター，つまりカウンターパーティーのデフォルト確率の変化，取引の期待回収率，カウンターパーティーの格下げ確率，カウンターパーティー同士の相関といったものを考慮することなく，どちらかというと 0 か 1 かの判断でエクスポージャーをコントロールしようというものである．

リミットはカウンターパーティーごとに個別に設定されるので，クレジットリミットは，カウンターパーティー間の信用力の相互依存度を考慮しない．この依存度を考慮するためには，金融機関は，デフォルトの相関を加味してポートフォリオ全体の損失分布を計算しなければならない．そしてこの分布からポートフォリオリスクを定量化し，ポートフォリオリスクに対する影響度合いを決定するため，このリスクを個々のカウンターパーティーに割り当てなければならない．

クレジットエクスポージャーが確率的に変動するため，カウンターパーティーリスクは貸出リスクに比べてモデル化がより難しい．クレジットリミットへ単純に適用するだけでも，カウンターパーティーエクスポージャーに対する洗練されたモデルが必要になる．標準的に行われているのは，いくつかの期間の，ネットのカウンターパーティーエクスポージャーの分布における，あるパーセント点（通常 90〜95% の範囲で）に対してリミットを適用するという方法である．これらの分布を作成するには，金融機関は，そのカウンターパーティーとのすべての取引価格に影響を及ぼすすべてのリスクファクターの将来シナリオを生成できなければならない．そして，これらのファクターが実現したという条件の下で，将来時点における取引のプライシングができなければならない．このリスクファクターには，為替レート，異なる通貨のイールドカーブ，株価指数，コモディティ価格などが含まれる．このリスクファクターのシナリオは，リスクファクター間の相関を考慮した，現実的な動きを表したものでなければならない．それぞれのシナリオ，それぞれの将来時点において，ネッティングや担保契約を考慮したうえで，計算された取引価格からネットエクスポージャーが求められる．

すべてのカウンターパーティーに対するネットエクスポージャーのモデル化に加えて，クレジットイベントの相関をモデル化しなければならないため，ポートフォリオ損失をモデル化するのは，もっと厄介である．しかし，もし支払い能力と競争優位を保ちたいのであれば，これらのモデルを実装することは，すべての市場参加者にとって不可欠である．

13.3.4　一方向 CCR と CVA

CVA(Credit Value Adjustment) は CCR のコストまたは価格を評価したものである．CVA によって，金融機関は，カウンターパーティーのデフォルトによる将来の潜在的損失を考慮して，契約の価値を調整することができる．

2007 年以前は，CCR は特に重要な分野とはみなされておらず，これまで説明したようなリスク管理手法，つまり，ポテンシャルフューチャーエクスポージャーのモニタリングや，ネッティングや担保による信用補完手法が選好されたため，CVA の概念は基本的に無視されてきた[†13]．したがって，つい最近まで，OTC デリバティブ取引の CCR はローンブックに対する信用リスクのように扱われ，時価評価がなされなかった．

CVA へのシフトが進んだ主な理由は，2006 年頃の会計基準の変更である．この変更により，ローンとは対照的に，CVA の時価評価が要求された[†14]．これに

[†13] CVA の取扱いは，次のような歴史的変遷を経て発展してきた．2007 年までは CVA は実質的に，すべてとはいわないまでもほとんどの金融機関によって無視されてきた．銀行はカウンターパーティー信用リスクを，信用 VaR に関連するエクスポージャー計測手法に基づき，大まかで静的なクレジットリミットによって管理してきた．2007 年中頃から金融機関はカウンターパーティー信用リスクのコストを評価するために CVA を導入した．当初 CVA はアップフロントでチャージされ，デフォルト時における保険をベースとしたアプローチによって静的に管理されていた．

しかし，まもなく，銀行は，日々，さらに日中の CVA 計算，リアルタイムの CVA 計算，より正確な CVA センシティビティの利用，ヘッジ取引，管理を行うなど，CVA を動的にモニターし管理し始めた．CVA の重要性は，2008 年にバンク・オブ・アメリカ (Bank of America) に吸収合併されたメリルリンチ証券 (Merrill Lynch) がデフォルトしかかったこと，7 つの金融機関（2008 年 9 月：連邦住宅抵当公庫 (Fannie Mae)，連邦住宅金融抵当公庫 (Freddie Mac)，ワシントン・ミューチュアル (Washington Mutual)，リーマン・ブラザーズ，アイスランドの銀行 3 行）が 1 カ月の間にデフォルトあるいはデフォルトの危機に瀕したことによって一気に高まった．これらのイベントによって，多くの金融機関で CVA デスクの設立が進んだ．

[†14] 米国では 2006 年に FAS157(Financial Accounting Standards) が導入され，これと同様の IAS39(International Accounting Standards) も 2005 年から適用となった．

よって，CVA をどのように評価するか，そして暗に CCR をより動的に管理するにはどうすればよいかといった問題が持ち上がった．このことはまた，CVA を，信用 VaR の計算に使われる過去のデフォルト確率ではなく，クレジットスプレッドのようにマーケットで観測されるパラメターに基づいて計算しなければならないということを意味した．

13.3.5 双方向 CCR と DVA

新しい会計規則によって一方向 CVA の問題が明らかになったが，同時に，金融機関は CCR の双方向性について考慮することを余儀なくされた．つまり，金融機関は，カウンターパーティーのみならず，自らがデフォルトするという仮定の下で，CCR を評価しなければならなくなった[†15]．

表 13.1 説明用に簡略化した DVA と CVA の関係

カウンターパーティー A（取引 A）		カウンターパーティー B（取引 A）
$100 CVA	=	$100 DVA
$200 DVA	=	$200 CVA

金融機関自身がデフォルトした場合は，全額支払ができなくなった残存債務について，ある意味で「利益」が発生する[†16]．この理論的な「利益」を考慮するということは，DVA(Debit Valuation Adjustment) を計上するということを意味する．DVA は CVA の反対，つまり取引について，一方から見た CVA は，他方から見た DVA，と考えることもできる．

しかし，表 13.1 から明らかなように，取引を同じサイドから見たときに CVA が DVA とイコールというわけではない．一方の当事者は相手方と異なる信用力をもつことが多いため，取引の同じサイドから見た CVA と DVA は異なるのが一般的である．例えば表 13.1 では，カウンターパーティー A の信用力はカウンターパーティー B のそれより劣っているため，カウンターパーティー A から見た CVA は DVA より小さくなっている．

DVA は会計規則（FAS157 および IAS39）において要求され，その概念は徐々に市場参加者に受け入れられてきたが，議論や論争が全くなかったわけではない．あらゆる証券の価格は，会計上のミスマッチを避けるために双方の信用リスクを反

[†15] 過去においては，デリバティブプレーヤーである大規模金融機関は，その他の市場参加者よりも信用力が格段に高く，実質的に無リスクと考えられていた．中小のデリバティブプレーヤーと取引する大規模プレーヤーは，CCR の双方向性に伴う複雑性を無視して，単に CCR に関する取引条件を相手方に求めていたようである．2007 年以前は，高格付である大規模金融機関のクレジットスプレッドは年間数ベーシスポイントだったが，2007–2009 年の金融危機後は状況が一変した．CCR の双方向性はもはや無視できないものになったのである．

[†16] つまり，ポジションの MtM がマイナスのとき（負けポジションを抱えているとき）金融機関自身がデフォルトすると，金融機関は債務のうち一部を返済するのみとなるので，支払額に不足が生じる．この不足分が DVA に相当する．

映したものであるべきなので，会計の観点から見ると DVA は筋が通っている．しかし，バーゼル上は，DVA から生じる「利益」を中核的自己資本 (Tier 1 Common Equity) に算入することは認められていない[†17]．

多くの金融機関は，金融取引（下記を参照）のプライシングや取引の解消に合意するため，そして損益の変動を最小化するために，双方向の CCR を認識することを重要だと考えている．また，新規取引についてプライシングに合意しようとする場合には，双方向性を考慮することは重要である．(13.3) 式は，相互に相手方のデフォルトリスクを考慮し，両当事者間で合意される金融取引の均衡価格を示している．

将来の自社のデフォルトリスクに対してプラスの価値を割り当てるのは直観に合わないかもしれない．金融機関が DVA を適用した場合，自社の信用力が悪化し，クレジットスプレッドが拡大したときに MtM 利益が発生し，逆の場合は MtM 損失が発生するのである．例えば，自社の信用力低下の結果として計上された利益のために，いくつかの銀行の第 1 四半期の結果は当初恐れられていたほど悪くなかった．例えば，シティグループ (Citigroup) は，その信用力悪化のために 25 億ドルの利益を報告した．そして 2009 年 8 月には，銀行のクレジットスプレッドが改善（縮小）したことが決算の悪化につながった．これは 2011 年の第 3 四半期には再度反転し，DVA によって合計 93.5 億ドルの利益が米銀 5 行にもたらされた．同じ頃，UBS は 18 億スイスフランの DVA による利益を計上しており，これは第 14 章で説明する不正取引事件で発生した 19 億スイスフランの損失を帳消しにした．同四半期には，JP モルガン (JP Morgan) とシティグループはそれぞれ 19 億ドルの DVA 利益を，ベンチマークである 5 年物 CDS スプレッドが 609bp まで拡大したモルガン・スタンレー (Morgan Stanley) は 34 億ドルもの巨大な利益を上げている[†18]．

自社のクレジットスプレッドによる時価評価は直観に反した結果になっていることは，しばしば議論されてきた．具体的な反対意見としては，DVA のベネフィットは実現（現金化：Monetize）することが難しいというものがある．倒産してしまえば当然に実現することができるが，これはほとんどの金融機関にとって避けたいシナリオだろう．倒産以外に DVA のベネフィットを実現する方法としては，以下のようなものがある．

- 取引解約：DVA を反映させた価格で取引解約できれば，DVA による利益を実現することができる．
- ヘッジ：過去数年の間に CVA のヘッジは一般的になったが，自社の CDS プロテクションを自身で売却することができないので，DVA のヘッジは

[†17] バーゼル委員会によると，DVA を（CVA を）オフセットの対象として認識しない主な理由は，自社の信用力の悪化によって規制資本が増加することを認めないという監督上の保守的原則と矛盾するからである．

[†18] Laurie Carver, “The DVA Debate”, *Risk*, November 2011 参照．

CVA ヘッジよりはずっと困難である[†19]. 自社債の買戻しによって増加する DVA を実現することもできるかもしれないが, これには限度がある.

DVA がヘッジ不可能であるため, 金融機関の中には, ポートフォリオの「経済的」損益に CVA のみを含めるよう提唱しているところもある. つまり, (13.3) 式に代わって一方向 CCR に対応する (13.2) 式を適用するということである. ただし, 当事者間でプライシングに合意するためには, (13.3) 式を使わなければならない点に変わりはない.

13.3.6 ファンディングコストと FVA

いくつかの銀行は, 取引にかかるファンディングコストを反映させるために, いわゆる FVA(Funding Valuation Adjustment) というものを使って, デリバティブ取引のプライシングを調整し始めた.

トレーディングポジションを管理するには, ポジションのヘッジ, 担保の拠出, 元利金の支払いなどの, 多くのオペレーションのために資金調達が必要である. これらの資金はどこから得るのであろうか. 資金調達には様々の手段がある. 例えば, 財務部門からの調達, 市場からの調達, 利息の受取りや元金の返済, 勝ちポジションの増加, 受入担保や受取担保利息, 清算金などがある. これらのすべての調達には対価が伴う. 例えば, 財務部門から調達した場合には, 銀行のファンディングコストを支払う必要があり, 受入担保に対しては異なるレート, つまり OIS(Overnight Index Swap) レートを払わなければならない[†20].

業界ではこの FVA を, リスクフリーの価格 (CVA − DVA + / − FVA) に対する調整として追加する方向に動いている ((13.4) 式を参照).

しかし, デリバティブ取引の価格をファンディングコストによって調整するということは, 各銀行の異なる資金調達レートを反映するものとなり, プライシングが主観的になるため, 物議を醸している. これは一物一価の法則に反すると考えられている. DVA を含めることによって価格の対称性が保たれるという希望をもったばかりだったが, 今度はファンディングによって, 一物一価の法則が危機に瀕し, プライシングが主観的なものになろうとしている.

---

†19 ゴールドマン・サックス (Goldman Sachs) のように, 自社の CDS の代わりに, 同業他社や銀行のバスケットのような, 相関の高い CDS のプロテクションを多数売ることにより, この問題を回避しようとしている銀行もある. しかし, このようなヘッジは, その銀行のクレジットスプレッドがバスケットより相対的に縮小した場合や, バスケットに含まれる銀行の 1 つがデフォルトした場合に, 銀行に損失を発生させる可能性があるため, リスクの高い戦略ともいえる. 純粋にスプレッドのリスクのみを取りたいというのであれば, 同業他社の社債をショートし, リスクフリーのスワップをロングしたほうがよいかもしれない.

また, 銀行がもしその他の相関の強い CDS を売ることができた場合, CDS を購入した側は大きな誤方向リスクを抱えることになる.

†20 米ドルの場合は実効 FF レート (Federal Funds Rate), ユーロの場合は EONIA(Euro Overnight Index Average), ポンドの場合は SONIA(Sterling Overnight Index Average) となる.

FVA が本当に「価格」といえるかどうか（プライシングに加えるかどうか）は大きな問題である．同じ商品に対して，各社が異なるファンディングの調整をプライシングに加えているので，これまでの概念でいうと，FVA は「価格」ではないといえるかもしれない．トレーディングシステム上で取引をブックする際や，財務部門にファンディングコストを払い戻す際に使われるかもしれないが，より直接的に顧客にチャージするべきものではないのかもしれない．つまり，「価格」というよりは「価値」に近いといえよう．FVA は取引にかかる当初証拠金とそのファンディングコストを，取引終了までの期間について比較することにより，取引の収益性を分析するために，銀行の内部で使われるべきものと思われる[†21]．

13.4　CCR のプライシングとヘッジ：Credit Valuation Adjustment(CVA)

CVA を使って，カウンターパーティーリスクをプライシングすることによって，クレジットライン管理において Yes か No かという二者択一の意思決定から脱却することが可能になる．重要なのは，カウンターパーティーリスクをプライシングに考慮した後でも，取引に収益性があるかどうかである．取引価値は，以下の式のように（CCR を考慮しない）リスクフリー価格から，CCR に関する調整を差し引いたものと考えることができる．

CCR を加味した「リスクのある」デリバティブ取引の価値
= CCR を加味しない「リスクフリーの」デリバティブ取引の価値 −CVA　(13.2)

もし，マーケットリスク調整後の利益幅（これは「顧客の収益貢献」とも呼ばれる）が CVA より大きければ，取引は，その取引を行う金融機関にとって経済的に意味のあるものとなる．

DVA を考慮した双方向のカウンターパーティーリスク評価式は，(13.3) 式のようになる．DVA を加味した場合，デリバティブ取引の価値は，CVA（カウンターパーティーのデフォルトによって発生する将来の損失に関するもの）を差し引き，DVA（自らがデフォルトすることによって得られる将来の「利益」に関するもの）を加えることによって調整される．

CCR を加味した「リスクのある」デリバティブ取引の価値
= CCR を加味しない「リスクフリーの」デリバティブ取引の価値 −CVA + DVA　(13.3)

[†21] 第 17 章で説明する RAROC アプローチのコンセプトに従ったものである．

取引のプライシングを行う場合は，CVA をリスクフリーの価値に加え，DVA を差し引くということに注意されたい．この差 (CVA − DVA) が，取引のクレジットチャージとしてカウンターパーティーにチャージされる金額である．

カウンターパーティーのリスクが銀行よりも高い場合，クレジットチャージはプラスになる．カウンターパーティーから見ると，自身のデフォルト確率が銀行より高いため，DVA が CVA よりも大きい．このようなベネフィットがあるため，取引時には，銀行に対してカウンターパーティーリスクチャージを払わなければならないということになる．

DVA をプライシングに加味することには，いくつかの好ましい（しかし直感に反した）意味合いがある．

- DVA が CVA より大きければ，全体的なカウンターパーティーリスクチャージがマイナスになるため，ベネフィットとなる．これはリスクのあるデリバティブ取引の価値がリスクフリー価値よりも大きいということを意味する．
- 両当事者が CVA と DVA の計算方法とパラメターに合意しているということは，両者がプライシングに関して双方向で合意していることになる．つまり一方の CVA は他方の DVA，一方の DVA は他方の CVA であることに合意しているということである．
- ネッティングや担保といったリスク削減は，取引の CVA と DVA の双方を減らすことになる．したがって，こうしたリスク削減が会計上プラスになることもあればマイナスになることもある．

もしすべての市場参加者が CVA と DVA の計算に関する方法とパラメターに合意していれば，市場におけるトータルのカウンターパーティーリスク評価（すべての CVA 合計 − DVA 合計）はゼロになるであろう．これは，すべての取引の対称性，一方の CVA は他方の DVA と完全に一致することによるものである．このような CVA，DVA の調整に FVA を加えると以下のような式になる．

$$
\begin{aligned}
&\text{CCR を加味した「リスクのある」デリバティブ取引の価値}\\
&= \text{CCR を加味しない「リスクフリーの」デリバティブ取引の価値}\\
&- \text{CVA} + \text{DVA} + / - \text{FVA} \qquad (13.4)
\end{aligned}
$$

CVA と DVA は，取引のキャッシュフローの割引率に単にスプレッドを加えて得られるものではない．同様に FVA も，資金調達や，資金供与のキャッシュフローの割引率に単にスプレッドを加えて計算されるものでもない点に注意されたい．単純にスプレッドを加える方法は，極めて単純な取引に対し，（無相関，一方向のキャッシュフローなどといった）単純化された仮定のもとでのみ適用することができる[†22]．むしろ実質的なキャッシュフローを適切に分析し，プライシング

[†22] 業界では (13.4) 式のような単純な計算が志向されているが，ファンディング，信用リスク，市場リ

しなければならないのである．

業界には，DVA が FVA の一要素だと主張する向きもある．確かに，例えば債券発行，ローンの借入，コールオプションの売却の場合のように資金の動きが一方向の場合，DVA はファンディングコストに関連しているといえよう．もし銀行が，キャッシュフローが一方向である単純な商品をショートしていれば，それは基本的には資金の借入である．銀行の信用力が悪化すれば，そのファンディングコストは上昇する．同時にエクスポージャーと自身の信用力悪化に従い DVA も増加する．このため，多くの実務家は，そのような単純な一方向の取引については，DVA を FVA の一要素として捉えるようになった．

先に議論したように，ファンディング調整後の「価格」は本来の価格というよりは，銀行のシステム上で取引をブックする際に使われ，取引の収益性を測るために使われる「価値」なのである†23．

13.4.1　CVA デスク

ほとんどの銀行は，CVA デスクと呼ばれる，CCR を集中的かつ専門的に管理する部門をもっている．CVA デスクは銀行内のすべての CCR のプライシングと管理を担当する．CVA デスクはトレーディングデスクであるため，優良な銀行においては資本市場部門，トレーディング部門に属するのが一般的だが，ごくまれに財務部門に属することもある．財務部門は担保のフローと銀行のファンディングポリシーをコントロールするため，様々な部署が CVA，FVA の計算や担保チャージの計算に関して協調するのに都合がよい．ごくわずかであるが，CVA デスクが，単独の部門，つまり他の標準的な部門分類の外に置かれているケースもある．

CVA デスクは新規取引の CCR を引き受ける代わりに，ネッティングや担保といったポートフォリオレベルのリスク削減を考慮したうえで，各ビジネス部門にチャージを請求する．トレーダーの収益は CVA の額だけ減ることになるので，トレーダーは新規取引のプライシングに CCR のコストを織り込まざるをえない．トレーダーにとっての利点は，カウンターパーティーの信用リスクを無視して，市場リスクのヘッジに注力できるということである．これによって，ほとんどのトレーダーは，先進的なクレジットモデルを開発し，それを伝統的なアセットクラス（為替，株式，金利，コモディティなど）のモデルと連携させる必要性から解放される．さらに，銀行のトレーディングポートフォリオの中のネッティングセットについて理解する必要もなくなる．その代わりに CVA デスクが，カウンター

スクは非線形かつ帰納的に関連しているため（少なくとも理論上は），さらにそれぞれの要素に分解することはできない．

†23 D. Brigo, M. Morini, and A. Pallavicini, *Counterparty Credit Risk, Collateral and Funding*, Wiley, 2013 参照．

パーティーリスクのプライシングとヘッジに付随する「全ポートフォリオのオプション」を管理する．

エクスポージャーに加えて，CVA の計算はカウンターパーティーのデフォルト確率，双方向プライシングにおける自社のデフォルト確率，ネッティングや担保の契約，ヘッジコストを考慮しなければならない．

誤方向リスクが存在しない（つまり，デフォルト確率，エクスポージャー，回収額が独立していること）と仮定すると，CVA は以下のように定義される期待損失となる[†24]．

$$\mathrm{CVA} \approx \mathrm{LGD} \sum_{j=1}^{m} B\left(t_j\right) EE\left(t_j\right) q\left(t_{j-1}, t_j\right) \tag{13.5}$$

- LGD：デフォルト時損失（つまり，カウンターパーティーのデフォルト時にエクスポージャーの何パーセントが失われると予想されるか）
- $B(t_j)$： t_j 時点におけるリスクフリーのディスカウントファクター
- $EE(t_j)$：t_{j-1} 時点から t_j 時点（j は 1 から m まで）までの時間における期待エクスポージャー．ただし，t_0 を時価評価時点，t_m を取引の満期時点とする．
- $q(t_{j-1}, t_j)$：t_{j-1} 時点までにデフォルトがなかったと仮定した場合の，t_{j-1} 時点から t_j 時点の間の限界デフォルト確率 (Marginal Probability of Default).

(13.5) 式では，将来時点におけるデフォルト確率のみが計算に含まれている．つまり，全取引期間にわたる異なる将来時点のエクスポージャーを計算するために，シミュレーションのフレームワークが必要だが，デフォルト事象そのものをシミュレーションする必要はない．

取引期間中，EPE とデフォルト確率がある程度一定と仮定すると，CVA は年率のクレジットスプレッド (CS) として近似できる．

$$\mathrm{CVA} \approx \mathrm{CS} \times \mathrm{EPE} \tag{13.6}$$

説明のため，デリバティブポジションの EPE が 4% でカウンターパーティーのクレジットスプレッドが年率 400bp であるとすると，CVA の概算は，以下のようになる．

$$4\% \times 400 = 16\mathrm{bp}/年$$

ネッティングと担保調整後のトータルの CVA ブックは，銀行の収益の非常に大きな部分を占めることもある．したがって，CVA が収益性にマイナスの影響を与えないよう，CVA 全体をマーケットの動きに併せてヘッジすることが重要であ

[†24] J. Gregory, *Counterparty Credit Risk: The New Challenge for Global Financial Markets*, Wiley, 2010, Chapter 7 参照.

る[†25]．多くの市場変数が関係し，それらがお互いに連動しているため，CVAのヘッジには多くの困難が伴う．

CCRの市場リスク・エクスポージャー部分のヘッジは，流動性もあるうえに，カウンターパーティー間で各センシティビティがオフセットされるため，比較的容易である．しかし，CVAのクレジット部分のヘッジは，完全なヘッジができるほどクレジットデフォルトスワップ(CDS)やコンティンジェントCDS(Contingent CDS, CCDS)[†26]市場の流動性が十分でないため，より問題が大きい．加えて，クレジットヘッジを完璧に行うことは不可能であり，個別銘柄のCDSは市場がないことも多いため，その場合はインデックスCDSを使わざるをえない．したがって，ヘッジしきれなかったCVAエクスポージャーを，個々の取引ごとではなく，カウンターパーティーのレベルで合算してヘッジすることには大きな利点があるということになる．

そうはいっても，プライシングを行い，利益を上げるという点において，CCRを一元的に管理するCVAデスクには，潜在的に多くの試練が伴う．CCRのプライシングと利益計上の双方を行ってきた銀行の中には，クレジットリスク管理は，ヘッジ機能はもつが，収益目標をもたない，サポートを中心としたリスク管理部門に属すると結論づけているところが多い．CVAデスクはまた，担保管理，マーケットクレジットリスク管理，クレジットデリバティブトレーディングといった，CCRに関係する異なる銀行の機能を1つにまとめる触媒としての役割を果たすことができる．

CCRの計量化に際して重要なのは，CVAの増分を取引前に計算するという点である．ネッティングや担保といったリスク削減は多くの取引をカバーし，しかも多くの場合複数のアセットクラスにまたがるすべての取引をカバーするため，新規取引のCVAは同じリスク削減ツールによってカバーされるすべての既存取引を考慮して計算しなければならない．取引をポートフォリオではなく単独で見ると（スタンドアローンCVA），背後にあるリスクを過大評価するため非常に保守的な計算となり，取引機会を失うことにもなりかねない．しかし，取引前にCVAを適切に計算するのは複雑である．なぜなら，そのカウンターパーティーに対する全既存取引の再評価を行ったうえで，新規取引が与えるインパクトを計算しな

[†25] 金融危機においては，CVAによる時価評価損失はカウンターパーティー信用リスクから生じた損失の2/3を占めており，実際のデフォルトの影響は1/3のみだったことを思い出してほしい．

[†26] CCDSの参照資産は，例えば金利スワップのようにデリバティブ取引であり，想定元本は，各支払日において変動するMtM価値となる．CCDSは一定の契約の下にあるCCRの移転を目的に作られたテーラーメイドの商品であるが，多くのネッティング契約をカバーし，担保契約を考慮したものに拡張するのは極めて複雑である．とりわけ必要とされる契約書の条件は複雑である．これらの理由から，CCDSの市場はそれほど発達しておらず，CCRに対する注目度の高まりにもかかわらず，流動性が極めて低い．

2010年5月のギリシャ危機において，流動性のないソブリンCDSを使ったCVAヘッジが引き起こす，潜在的なシステミックリスクの影響が当局間で懸念として持ち上がった．CVAデスクによるヘッジニーズの急増が，ソブリン危機においてソブリンCDSのスプレッド拡大を助長し，市場の混乱を引き起こすのではないかということが懸念されたのである．

ければならないからである．このような取引前の CVA 計算をタイムリーに行うフレームワークやシステムは，大手銀行にとってますます標準的に必要な条件とみなされるようになってきた．なぜなら，これは，取引の解約やキャンセルの影響，取引に付随する様々な種類のオプションを捕捉するのみならず新規ビジネスに対しても，正しくリスク削減を考慮したうえで適切なチャージを取っていくための唯一の方法だからである．

13.5 誤方向リスク

誤方向リスクは，エクスポージャーとカウンターパーティーの信用力に望ましくない相関がある状況を示すために使われる言葉である．つまり，カウンターパーティーがデフォルトしそうになっている状況でエクスポージャーが高くなる状況（またはその反対のケース）をいう[†27]．クレジットデリバティブのプロテクションの買いには，取引の価値とプロテクションの売り手のデフォルト確率との間に望ましくない相関関係があるので，本質的には，誤方向リスクを内包した取引といえる．例えば，サブプライム危機においてモノラインや AIG に対して発生したカウンターパーティーリスクがこれにあたる．

CVA デスクは，2 つの誤方向リスク（一般誤方向リスクと個別誤方向リスク）に対処しなければならない．一般誤方向リスクは，事業会社のデフォルトが金利低下局面で多くなるといったマクロ経済効果から発生する．このような効果は，CVA とそのヘッジに対する影響がすべての商品について得られるよう，モデルに組み込まれる（先の例では，事業会社に対するすべての金利関連商品）．

加えて CVA デスクは，例えば為替やコモディティ価格といった市場ファクターとカウンターパーティーの信用力に取引固有の関係があることによって，取引レベルで発生する個別誤方向リスクも捉えなければならない．個別誤方向リスクがあると CVA が非常に高くなり，カウンターパーティーがデフォルトしていなくても大きな MtM 損失につながることがある．

[†27] 反対に正方向のリスクが生じる例として，原油価格上昇リスクを原油受けのスワップを金融機関と行っている航空会社を考えるとよい（この場合金融機関は固定レートを受け取る．）．金融機関は原油価格が低下したとき，つまり航空会社のキャッシュフローが燃料コストの低下による恩恵を受けているときに，航空会社に対してエクスポージャーを取ることになる．原油価格上昇時に，航空会社の財務状況が悪化しているときには，逆のキャッシュフローとなるため，金融機関にとっては CCR エクスポージャーがないということになる．

ただし，リスクが正方向か誤方向かという仮定を複雑にする微妙な問題がある．上の例では，不況によって原油価格が下落すれば，正方向と思っていたものが誤方向になりかねない．なぜなら原油コストが削減できたからといって，搭乗率急減による航空会社の利益減少を補いきれないこともあるからである．

13.6　CCR に関するバーゼル II，バーゼル III の下での規制資本

バーゼル II とバーゼル III は，デリバティブとストラクチャードファイナンスについてローン相当額の手法を適用する．この手法では，エクスポージャーがローン相当額に変換され，対応するローン向けのバーゼル規制が適用される．このバーゼル規制のもとでは，エクスポージャーをローン相当額に変換するため，CEM（カレントエクスポージャー方式），SM（標準方式），IMM（内部モデル方式）の 3 つのうち 1 つの手法が選べる．

13.6.1　カレントエクスポージャー方式 (CEM)

カレントエクスポージャー方式は，OTC デリバティブ取引に関するバーゼル I の規制資本要件の手法に従う．

$$\mathrm{EAD} = \mathrm{CE} + \text{add-on} \tag{13.7}$$

EAD はデフォルト時エクスポージャー，CE はカレントエクスポージャー，add-on は取引の残存期間におけるポテンシャルエクスポージャーの推定値である．カレントエクスポージャー（または再構築リスク）は取引のプラスの MtM 価値であり，これがマイナスの場合はゼロとなる．アドオン (add-on) は，想定元本とアドオンファクターとの掛け算により，取引ごとに計算される．このアドオンファクターは表 13.2 のように，商品タイプと取引の残存期間によって異なる．

EAD（または取引の信用相当額）は，規制資本目的のためのオンバランスのローン相当額と解釈できる．そして，規制資本額の計算にはバーゼル I のルールが適用される．

表 13.2　カレントエクスポージャー方式 (CEM) における add-on ファクター（残存期間ごと，参照資産ごと）

残存期間	金利	為替・金	株式	貴金属（除く金）	その他コモディティ
1 年未満	0%	1%	6%	7%	10%
1 年以上 5 年未満	0.5%	5%	8%	7%	12%
5 年超	1.5%	7.5%	10%	8%	15%

出典：Basel Committee on Banking Supervision, The Application of Basel II to Trading Activities and Treatment of Double Default Effects, July 2005, p.39.

CEM を使う銀行は，CE の計算時に，法的に有効なネッティング契約でカバーされている取引を完全にネットすることが許されている．加えて，バーゼル I とは異なり，有担保のカウンターパーティーに対しては，適切な掛け目を適用したうえで，担保の価値に応じて CE を削減することができる．

13.6.2 標準手法 (SM)

バーゼル II の SM 手法は内部モデルによってカウンターパーティーエクスポージャーのモデル化をすることはできないが，CEM に比べてよりリスクに応じた計算を行いたいという銀行向けに用意されたものである．SM のもとで，ネッティングセットの中のデリバティブ取引の EAD は次のように表される．

$$\mathrm{EAD} = \beta * \max\left[\mathrm{MtM} - \mathrm{C}, \sum_i |\mathrm{RPE}_i - \mathrm{RPC}_i| * \mathrm{CCF}_i\right] \tag{13.8}$$

ここで，$\mathrm{MtM} = \sum_i \mathrm{MtM}_i$ は，ネッティングセットの中の取引の合計 MtM 価値であり，$C = \sum_i C_j$ はネッティングセットに対する担保価値の合計である．$|\mathrm{RPE}_i - \mathrm{RPC}_i|$ は，ヘッジセット i のネットのリスクポジションで，エクスポージャーのアドオンである．これに，ポジションのタイプに応じて当局が定める変換比率（コンバージョンファクター）である CCF_i を乗じる．最後に β は当局が定める調整項（スケーリングファクター）で，1.4 と決められている．これは，以下で議論する α ファクターと類似したものと考えることができる．

13.6.3 内部モデル方式 (IMM)

マーケットリスクについて内部モデルが適用できる銀行は，将来時点のエクスポージャー分布の計算に自行モデルの使用が認められている．そして内部モデル方式では期待エクスポージャーから，EAD と実効マチュリティ M を計算する．内部モデル方式によって，ネッティングと担保について現実に即した扱いが可能になるだけでなく，異なる商品間や OTC デリバティブ取引と SFT（Securities Financing Transaction. レポのような証券金融取引）との間のクロスプロダクトネッティングが可能になる．内部モデル方式では，EAD はローン相当額エクスポージャーとしてネッティングセットのレベルで計算される．

$$\mathrm{EAD} = \alpha \times \mathrm{EEPE} \tag{13.9}$$

ここで EEPE（Effective Expected Positive Exposure. 実効期待ポジティブエクスポージャー）は期待エクスポージャーからネッティングセットの中で計算され，α はバーゼル委員会によって 1.4 と定められている．

この数字は，小規模なデリバティブのポートフォリオをもつ銀行には適切なのかもしれないが，（重大な誤方向リスクがないと仮定すれば）大手の OTC デリバティブディーラーに適用するには保守的すぎるかもしれない．内部モデル方式を利用する銀行は，当局の承認があれば自行推計の α を使うこともできるが，これは 1.2 を下回ることはできない．

13.6.4 Double Default

エクスポージャーのうちクレジットリスク部分は，CDS のような商品でヘッジすることができ，CDS がない場合は第三者による保証を受けることもできる．当初のカウンターパーティーとその保証提供者の同時デフォルトという，おそらく極めて確率の低い事象を除いた部分までリスクを軽減することができるので，このようなヘッジによって，所要資本を削減することが可能である．

バーゼル II においては，ヘッジやエクスポージャーの保証を考慮するには 2 つの方法がある．1 つは Substitution で，これは当初のカウンターパーティーのデフォルト確率を保証提供者（またはプロテクションの提供者）のデフォルト確率で置き換えてしまうというものである．もう 1 つは Double Default で，これはリスクが同時デフォルトによってのみ発生するという事実を考慮するために，バーゼル II で公式を準備することによって認められたものである．この公式では，当初のカウンターパーティーと保証提供者の相関が重要である．

13.7 中央清算機関 (CCP)

米国ドッド・フランク法および欧州 EMIR によって金融機関はそのデリバティブ取引を中央清算機関 (CCP[†28]) に移すこととなった．また，CCP 向けのエクスポージャーに対するリスクウェイトをほぼゼロにしようという提案[†29] がなされたため，バーゼル III もまた，CCP の利用が増加した主因となっている．加えて，欧米においては，クリアリングの義務付けの範囲を極力拡大しようとしている．

CCP は取引の両当事者の間に入る営利企業である．

- 各参加者は，時価変動によって相手方に負けポジションを抱えるたびに，例えば日次で担保拠出を行う．
- 担保は，相手方に対する保証として，CCP で保管される．
- もし一方がデフォルトし，相手方が勝ちポジションを抱えていた場合は，生存参加者は CCP から担保を受け取ることができるため，カウンターパーティーリスクによる影響を受けない．
- さらに，担保価値の下落，ギャップリスク，誤方向リスクなどの追加リスクをカバーするために，当事者は取引開始時に当初証拠金を拠出しなければならない．

CCP はカウンターパーティーを集中させ，損失を吸収する役割を果たしている．CCP は「ドミノ効果」やカウンターパーティーリスクによって発生するシス

[†28] CCP は Central Counterparty Clearinghouse の意味で使われる Central Counterparty の略である．

[†29] Basel Committee on Banking Supervision, *Capitalisation of Bank Exposures to Central Counterparties*, Consultative Paper, June 2010.

テミックリスクを緩和する方法を提供しているように見える．しかし，クリアリングがどの程度効果的なのかは未知数である．多くの CCP が一定の商品において競争しており，すべての商品がクリアされていない場合には，ネットのカウンターパーティーリスクは増加しかねない．CCP に過度に依存することはあらゆる問題の解決策となるとは限らず，以下のような問題を発生させる可能性もある．

- 当初証拠金や，誤方向リスクや担保のギャップリスクに対応するための超過担保バッファーの妥当性．
- CCP 自体のデフォルトリスク．これほどまでに大きなリスクを一機関に集中させてしまうことにより CCP が「Too Big to Fail」になってしまう[†30]．
- 市場参加者がお互いのカウンターパーティーリスクを注意深くモニターするインセンティブがなくなることによるモラルハザードと情報の非対称性の問題[†31]．

13.8 CVA VaR

カウンターパーティー信用リスクのモデル化は規制の観点からもますます重要になっている．そして，バーゼル委員会は，CCR に対する資本の問題の改善に向けて，数多くの提案を行ってきている．これらの提案は，2007–2009 年の金融危機において CCR 関連損失の主要要因（約 2/3）が，実際のデフォルトではなく時価変動によるものであったという認識に基づいている．したがってバーゼル III では，CVA デスクの業務から生じる CVA VaR を計測することを求め，CVA デスクの時価損失の危険性に対して資本を積むことを要求している．

クレジットスプレッドのボラティリティと CVA VaR の潜在的な大きさの意味するところは，大手のディーラーが資本チャージを減らすために，CVA を積極的にヘッジする大きなインセンティブをもつことになるということである．特に，バーゼル III によって所要資本が増加し，システム的に重要な金融機関に対して追加的な資本チャージが課せられることになっているが，CVA チャージはそれら

[†30] CCP はデフォルトしうるし，実際にデフォルトしている．1974 年にフランスの Caisse de Liquidation des Affaires en Marchandises，1983 年に Kuala Lumpur Commodity Clearing House，1987 年に Hong Kong Futures Exchange がそれぞれデフォルトしている．他にも 1987 年に米国の CME と OCC が，1999 年にブラジルの BM&F がデフォルトしかかっている．J.M. Schwab, *Central Clearing: A New Headache for Credit Risk Managers*, White Paper, SunGard, 2012 を参照願いたい．デフォルトの可能性があるということは，CCP と取引しているからといっても，一定のカウンターパーティーリスクが存在するということであり，CVA チャージが適用されるべきである．

[†31] D. Duffie, A. Li, and T. Lubke, *Policy Perspective on OTC Derivatives Market Infrastructure,* Federal Reserve Bank of New York, Staff Report No. 424, March 2010.
C. Pirrong, *Mutualization of Default Risk, Fungibility and Moral Hazard: The Economics of Default Risk Sharing in Cleared and Bilateral Markets,* Working Paper, University of Houston, June 2010.
C. Pirrong, *The Inefficiency of Clearing Mandates, Policy Analysis 665*, Cato Institute, June 2010.

に追加して発生するものなので，このようなヘッジのインセンティブは大きなものになる．

しかし，CVA VaR の計量化という概念は，依然大きな論争の種になっているが，計算手法に関する議論はいささか楽観的すぎるように思える．CVA VaR は伝統的な信用 VaR の単なる延長ではなく，より高い洗練さが求められる．これは，カウンターパーティーリスクの時価変動が望ましくない動きをしたときに発生する，将来の潜在損失のテイル（パーセント点）を示すものである．金融業界に身を置く多くの者は，新たに複雑な CVA VaR の資本チャージを加えるよりも，デフォルト確率や相関を過小に見積もったことによる資本不足の問題にフォーカスしたほうがよいと考えている[†32]．

13.9　結論

CCR と CVA をより良く管理するために，多くの金融機関はそのリスク管理システムのあり方を根本から見直すことを余儀なくされた．CVA の適切な計算は簡単ではないことが明らかになったため，金融機関内部または大学の研究者が，取引ごとまたはポートフォリオベースの CVA の改良モデルを作り出すこととなった．

従来トレーディングシステムは，CCR や CVA の適切な管理を行うために設計されてこなかった．ほとんどのシステムは細分化されており，カウンターパーティーとの取引のうち，ごく一部の取引のみを扱うように設計されている．これらのシステムは通常ネッティングや担保契約をモデル化することができず，CVA の管理に必要なグリークス（感応度）を計算するほどの処理能力をもっていない．

CVA デスクの運営を成功させるための鍵は，リスクテイクとアクティブなヘッジの適切なバランスを取ることである．大きな収益変動を避けるため，CVA をある程度ヘッジすることは必須だが，取引可能なヘッジは完璧にはほど遠く，残余リスクが存在することも理解しなければならない．

†32 J. Gregory, *Counterparty Casino: The Need to Address a Systematic Risk*, European Policy Forum, September 2010.

第14章

オペレーショナルリスク

オペレーショナルリスクは，金融機関や非金融機関が直面する古くて新しい脅威である．銀行は，銀行強盗やホワイトカラーの不正のような業務運営への脅威から，常に自分自身を守らなければならない．しかし，最近まで，これらの脅威の管理においては，入り口への警備員の配置，内部監査チームの独立性確保，あるいは頑強なコンピューターシステムの構築といった損失の可能性を最小化するための実務的手法に焦点が当てられてきた．ほとんどの銀行は，直面するオペレーショナルリスクの規模を測定しようとせず，また，1つのリスククラスとして体系的に管理しようと試みることもなかった．

時代は変化した．過去10年以上にわたり銀行やその他金融機関は，全社的なオペレーショナルリスク管理のための幅広い枠組みに対して大きなエネルギーを注ぎ込み，非期待損失をカバーするために準備すべきリスク資本とオペレーショナルリスクとを直接結びつけようとしている．これが，本章で焦点を当てるトピックスである．

14.1　オペレーショナルリスク管理の進化と定義

オペレーショナルリスクに対する態度は，1990年代後半に急速に進化し始めた．その理由としては，リスク調整後の業績評価によって銀行を経営しようとする傾向が挙げられる．銀行は，多くの場合エコノミックキャピタルの計算を使うことにより，業務から生じるリスクに併せて，業務活動の利益を調整し始めている．したがって，あらゆる種類のオペレーショナルリスクをエコノミックキャピタルの計算から外してしまっては意味がないことを銀行は認識している．また，銀行は，最高信用リスク管理責任者や最高市場リスク管理責任者を，全社横断的なリスク管理委員会や最高リスク管理責任者の下に配置し，統合リスク管理の枠組を構築するようになってきた．したがって，銀行全体としてオペレーショナルリスクの影響を無視することが難しくなっている．

この問題は，1995 年のベアリング銀行破綻に始まり，それ以来ずっと続いているような，破滅的なならず者トレーダーによる一連のスキャンダルによって明らかである（BOX14.1 を参照）．1990 年代にこの種のスキャンダルが発生したことによって，バーゼル銀行監督委員会は銀行にオペレーショナルリスクを積極的に管理し，最終的にはそれらをカバーするための資本を積むことを要求することになった．

BOX 14.1

ならず者のトレーディング：なくならないオペレーショナルリスク

ニック・リーソンがシンガポールにある秘密の「88888」口座に 8 億 3,000 万ポンドの損失を隠すことによってベアリングス銀行を倒産させた，1995 年 2 月以降，世界はならず者トレーダーを目にしない日はなくなった．

リーソンの詐欺が明るみに出たのは，ニューヨークにあるキダー・ピーボディーのトレーダー，ジョセフ・ジェットが債券取引で 2 億 6,400 万ドルの利益を上げていることを装いながら，7,400 万ドルの損失を隠したとして訴追された直後だった．続いて，井口俊英の問題が発覚した．彼は 1995 年 9 月に，ニューヨークの大和銀行で債券取引において 11 億ドルの累積損失を出した．その後，浜中泰男の問題も発覚した．彼は 1996 年に住友商事でロンドンの銅の買い占めを行って，26 億ドルの損失を出した．

第 2 波は，ボルチモアのアライド・アイリッシュ・バンク (AIB) のトレーダー，ジョン・ラスナックが逮捕された 2002 年に起こった．彼は，架空取引で隠蔽した，ろくでもない通貨取引で 6 億 9,100 万ドルの損失を出した．メルボルンのナショナル・オーストラリア銀行 (NAB) の通貨オプショントレーダーの四人グループは，2004 年に 3.6 億オーストラリアドルの損失を出した．

史上最悪のケースは，2008 年に発覚した．ソシエテ・ジェネラル銀行は，ジェローム・ケルヴィエルが銀行のデルタ・ワン・デスクに 49 億ユーロの損失を隠していたことを見つけた．2011 年 9 月には，クウェイク・アドボリが，UBS のデルタ・ワン・株式デリバティブ・デスクに不正なトレーディング損失，23 億ドルを隠していたとして告発された．ならず者トレーダーの数は増え続けている．

同じころ，また，技術的変化によってオペレーショナルリスクが経営課題[†1]へと押し上げられた．それは今日まで続く傾向である．一方で銀行は，情報技術によって新しい金融市場を切り開くだけでなくコスト削減が可能となったが，これは諸刃の剣である．金融商品の複雑性が増し，情報システムにより大きく依存することにより，オペレーショナルリスク事象の発生可能性が高まっている．新しい金融商品に対する知識が不足していると，その商品が誤用され，ミスプライシ

[†1] 当時の技術に由来するオペレーショナルリスク事象の主要例は Y2K と呼ばれるものだった．Y2K は世紀末の頭文字のことであるが，暦年を特定するために下 2 桁しか一般に使われていなかったために，コンピューターのプログラムが正常に作動しないのではないかとの懸念があった．コンピューターシステムが 05 を 2005 ではなく 1905 と解釈してしまう，または単にクラッシュしてしまうことをプログラマーは憂慮したのである．銀行やその他企業は，この問題を回避するために多額の投資を行ったが，その誇張された問題は結局何でもなかったとわかった．

ングや非効率なヘッジが行われる可能性が高くなる．また，データ・フィードにオペレーショナルエラーが生じると，銀行のリスク評価が歪められてしまうかもしれない．（第 15 章では，より詳しくオペレーショナルリスクの特殊ケースであるモデルリスクについて説明する．）

しかし，2000 年初頭におけるオペレーショナルリスクに対する態度の変化のうち，最も大きな力があったのはバーゼル II である．これにより，多くの銀行がオペレーショナルリスクに対して一定のリスク資本の保有を義務づけられた．バーゼル II におけるこの資本賦課を特定化し計量化するために，規制当局者と銀行業界は，公式的なオペレーショナルリスクの定義についてすりあわせを行ってきた．

規制当局者は，オペレーショナルリスクを，「内部プロセス・人・システムが不適切であること，もしくは機能しないこと，または外生的事象が生起することから生じる損失にかかるリスクである」と定義した．これらの過誤には，コンピューターの機能停止，主要なコンピューター・ソフトウェアのバグ，判断ミス，故意の不正，およびその他の潜在的に不運な事故を含んでいる．表 14.1 は，これをより形式的に定めている．バーゼル銀行監督委員会のこの定義には，（示談のみならず監督行為から生じる罰金，処罰，懲罰的損害賠償にさらされる）法務リスクを含むが，ビジネスリスクとレピュテーションリスク†2，戦略的リスクは含まれない．

この定義は実務的なものであり，資本規制に従わなければならない銀行員が，オペレーショナルリスク事象と考えられる事象を列挙するための助けとなる．しかし，それは論理的な原理によって支持された定義ではない．（地震のような）外部事象と，明らかに取締役会や CEO のコントロール下にある（プロセスの失敗のような）内部事象とを，同じ傘下におくことに本当に意味があるかどうか疑問に思う人がいるだろう．

それは，特にオペレーショナルリスクと銀行が資本を求められるその他のリスクタイプとの関係について，多くの疑問が生まれる定義でもある．2007–2009 年の財政危機における主要な失敗を含めて，本書でいままで議論してきたリスク管理における失敗の多く—コントロールの失敗，信用リスク管理の失敗，モデルリスクの失敗，リスクコミュニケーションの失敗，詐欺，流動性リスクおよびリスク相互作用の見過ごし等々—は，ある意味オペレーショナルリスクに原因を帰することができるだろう．

というわけで，オペレーショナルリスクは金融やその他業界への難問であり続けている．その至るところに広がりがあるという性質は定義や測定をほとんど不可能にする．一方で同時に，リスク管理者はほとんどの大惨事はオペレーショナ

†2 レピュテーションに関する懸念は，会社が心配する問題のリストの最上位にある．2011 年に，AIG は「レピュテーション保険」を提供し始めた．悪評についてすでによくわかっている AIG は，会社が潜在的な広報活動の危機に直面した際に，外部の専門家を雇うコストを負担する新しい形式の保証を提供した．製品のリコール，データ漏洩，経営陣のスキャンダル，政府の資金援助など，会社のブランドや仕事にダメージを与える出来事への対応が必要なときには，会社はコミュニケーションズ・ファームと連絡を取ることがしばしばある．

表 14.1　オペレーショナルリスクの種類*

1.人的リスク	● 能力の欠如
	● 詐欺・不正
2.プロセスリスク	
A. モデルリスク**	● モデル，手法の過誤
	● モデルの設定の過誤
B. 取引リスク	● 執行の過誤
	● 商品の複雑さ
	● 記帳の過誤
	● 決済の過誤
	● 文書・契約のリスク
C. 業務管理リスク	● リミット超過
	● セキュリティリスク
	● 取引量リスク
3.システムおよびテクノロジーリスク	● システム障害
	● プログラミング・エラー
	● 情報リスク
	● 通信遮断
4.外部事象	● 地震

* 本リストがすべてではない

** 第 15 章を参照

ルの失敗によって始まることを知っている．何人かのオペレーショナルリスク管理者は以下のように述べている．オペレーショナルリスクに焦点を当てる真の価値は，オペレーショナルリスク全体に対して絶対的な数字を設けることから生じるのではなく，どのようにリスクが特定のビジネスプロセスで生じているか（これは，後で議論するキー・リスク・インディケーターに焦点を当てるのに結びつく）について，自覚しようとすることから生じる．

まず，より詳細にオペレーショナルリスクの測定についてみる前に，オペレーショナルリスク管理の重要な要素を見よう．

14.2　銀行のオペレーショナルリスク管理における 8 つの主要要素

著者の経験上，銀行全体のオペレーショナルリスク管理の枠組と，関連するオペレーショナルリスクモデルの導入を成功させるには 8 つの主要要素が必要である（図 14.1）．

これには，方針の策定，共通の用語法にもとづくリスクの識別，業務プロセスマップの作成，ベストプラクティスな測定方法の構築，エクスポージャー管理の

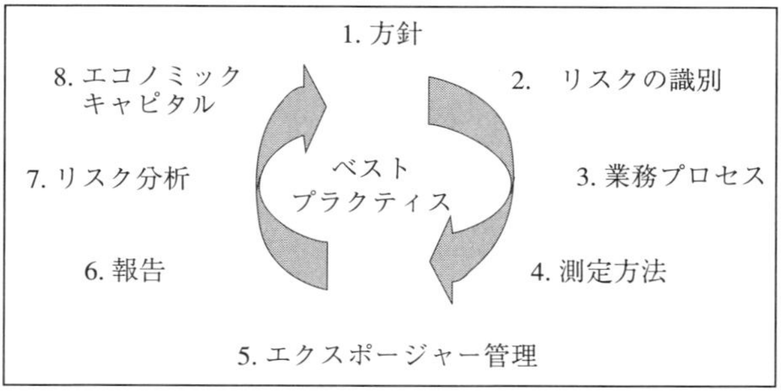

図 14.1　オペレーショナルリスク管理のベストプラクティスを達成するための 8 つの基本要素

実施，適時的な報告能力の整備，（ストレステストを含む）リスク分析の実行，およびオペレーショナルリスクに応じたエコノミックキャピタルの配賦が含まれる．これらの主要要素は，バーゼル銀行監督委員会が規模，洗練度，業務の性質にかかわらず，すべての銀行が採用すべきだとするところの，健全なオペレーショナルリスク管理実務と整合的なものである．これらの原則は BOX14.2 にまとめられている．

BOX 14.2

バーゼル銀行監督委員会によるオペレーショナルリスク管理の基本原則

2011 年 6 月，バーゼル銀行監督委員会は銀行のオペレーショナルリスク管理の基本原則を変更した．ここに簡略化された原則を示す．

原則 1. 取締役会は，強靭なリスク管理文化を育成するため，自ら指導的な役割を果たすべきである[†1]．この観点から，強靭なオペレーショナルリスク管理の文化が組織全体に存することを確保する責任は，取締役会に存する．

原則 2. 銀行は，「枠組」を構築，実施および維持し，銀行の総合的なリスク管理プロセスに完全に組み入れるべきである[†2,†3]．

原則 3. 取締役会は，「枠組」を設定・承認し，定期的に検証すべきである．取締役会は上級管理職を監督し，方針，プロセスおよびシステムがすべての意思決定レベルにおいて有効に実施されていることを確保すべきである．

原則 4. 取締役会は，オペレーショナルリスクにかかるリスク選好度ないしリスク許容度を定めた趣意書 (statement) を承認し，検証すべきである．本趣意書には，当該銀行として，どのような性質，タイプおよび水準のオペレーショナルリスクを引き受ける用意があるかが明記されているべきである．

原則 5. 上級管理職は，明快，実効的かつ頑健なガバナンス構造を構築し，取締役会の承認を受けるべきである．同構造には，明確に定義され，透明性と一貫性を備えた責任系統が設けられているべきである[†4]．

原則 6. 上級管理職は，リスクとインセンティブが十分に理解されるように，すべての主要な商品，業務，プロセスおよびシステムに付随するオペレーショナルリスクが特定および評価されることを確保すべきである[†5]．

原則 7. 上級管理職は，すべての新しい商品，業務，プロセスおよびシステムが所定の承認プロセスを経て導入されること，また，同プロセスにおいてオペレーショナルリスクも十分に評価されることを確保すべきである．

原則 8. 上級管理職は，オペレーショナルリスクプロファイルと大規模な損失エクスポージャーを定期的にモニターするプロセスを実施すべきである．オペレーショナルリスクの能動的管理を支えるものとして，取締役会，上級管理職および業務ラインの各レベルに適切な報告メカニズムが設けられているべきである．

原則 9. 銀行は，方針とプロセスとシステム，適切な内部統制，適切なリスク削減および（または）リスク移転戦略から成る，強靭な統制環境を整備すべきである．

原則 10. 銀行は，業務の復旧と継続に関する計画を策定し，業務に甚だしい混乱が生じた場合にも事務を継続し，損失の拡大を防ぐ能力を確保すべきである．

原則 11. 銀行のパブリック・ディスクロージャーは，当該銀行がオペレーショナルリスク管理にいかに取り組んでいるかを利害関係者が評価できるような方法で行われるべきである．

出典：バーゼル銀行監督委員会，オペレーショナルリスク管理原則 2011 年 6 月よりの要約[†6]．

[†1]（訳者注）元の原則の省略部分は以下のとおり．取締役会と上級管理職は，強靭なリスク管理によって導かれる企業文化を育成すべきである．取締役会と上級管理職が育成する企業文化はまた，適切な基準とインセンティブを支持および提示することによって，職業意識と責任感に基づく行動を促すものとなるべきである．

[†2]（訳者注）元の原則の省略部分は以下のとおり．個別銀行が選択するオペレーショナルリスク管理の「枠組」は，それぞれの銀行の性質，規模，複雑性，リスクプロファイルを含む様々な要因に依存する．

[†3] 原則書は，オペレーショナルリスク用語の共通の分類法の提示や，リミットの設定方法について記載のように，枠組の詳細を説明している．

[†4]（訳者注）元の原則の省略部分は以下のとおり．上級管理職は，自行の主要な商品，業務，プロセスおよびシステムに伴うオペレーショナルリスクを管理するための方針，プロセスおよびシステムを組織全体にわたって一貫性をもって実施し，維持することについて責任を有する．上級管理職は，定められたリスク選好度ないしリスク許容度との整合性に配意しつつ本責任を果たすべきである．

[†5] 原則書には，内部と外部の損失データベース，プロセスマップ，キー・リスク・インディケーター，主要な業績評価指標，シナリオ分析，リスク測定，比較分析を含んだいくつかのサンプルツールのリストが示されている．

[†6] 以上の原則の訳は，日本銀行訳による．

これらの要素をより詳細に見てみよう．第 1 の要素は，「明確に定義されたオペレーショナルリスク管理方針」を策定することである．銀行は，オペレーショナルリスクをコントロールし，削減するための明確な実務ガイドラインを策定する必要がある．例えば，トレーディングデスクを運営する投資銀行の場合，トレーダーとバックオフィスの分離，時間外取引，店外取引，法律文書調査，取引決定を支えるプライシングモデルの調査等々に関する方針を策定する必要がある．これらの実務のいくつかは，規制当局者によって定義され，要求され，奨励されてきた．しかし，その他の多くは，業界の作業部会からの所見をトレース調査して明らかにされるベストプラクティスの基準，または先進的な銀行グループにおいて一般的と考えられるベストプラクティスである．その他の実務は，新商品や革新的な業務ラインへの対応に際し，銀行自身によって発展させられていくに違いない．

方針はまた，原因と結果との関連性を検証する様々な実証分析の着手を求めるべきである．基本的な考えは，各々のオペレーショナルリスクのデータを集め，その後それらデータと原因とを突き合わせるように努めることである．原因と結果の類型化の方法は，一般にデータを集めた後にでき上がる．

2番目の要素は，「リスクを識別するための共通言語」を確立することである．例えば，「人的リスク」という用語には熟練した人材を配置できないこと，「プロセスリスク」には執行上の過誤，「テクノロジーリスク」にはシステム障害をそれぞれ含む，等々である．この共通言語は，業務管理者によって行われる（かつ，リスク管理部門によって検証される）定性的な自己評価，あるいは統計的評価において使用される．

第3の要素は，各業務に関して「業務プロセスマップ」を作成することである．例えば，リスク管理責任者が，銀行のブローカー取引に関係する業務プロセスを詳細に描くことによって，問題が経営者や監査人に明瞭になる．また同じリスク管理責任者が，これをさらに拡げて，銀行のすべての業務に関する完全な「オペレーショナルリスク一覧」を作り上げるだろう．この一覧表では，人的，プロセス，システムおよびテクノロジーリスクの観点から，各組織部門から生じる様々なオペレーショナルリスクが（表14.1のように）分類され定義される．これには，各組織部門が提供する商品やサービスの分析，およびオペレーショナルリスクを管理するために銀行が取るべき対応が含まれる．

第4の要素は，「包括的なオペレーショナルリスク評価指標」の作成である．損失頻度分布と損害額分布を導くための，ヒストリカルな損失データとシナリオ分析の双方に基づく計量化手法を使いながら，どのようにオペレーショナルリスク管理者がリスク測定を行うべきかを，本章の後半で詳細に議論する．業務活動上のオペレーショナルリスクに備えるために必要なエコノミックキャピタルを計算するために，これら2つの分布は結合される．

第5の要素は，「オペレーショナルリスクのエクスポージャーを管理する方法」を決定し，オペレーショナルリスクをヘッジするために適切な行動をとることである．銀行は，ある一定のリスク（すべてというにはほど遠い，ヘッジ可能なオペレーショナルリスク）をヘッジする際の費用対効果というトレードオフに注意を向けるべきである．

第6の要素は，「エクスポージャーの報告の仕方」を決定することである．銀行は，全社的なオペレーショナルリスクの特性をトレースしていく際に，どのオペレーショナルリスク指標が，上級管理職や取締役にとって役立つのかを決めなければならない．また，（資本・リスク委員会だけでなく運営・管理委員会等の）関連委員会に報告を行うための適切なインフラを整備しなければならない．

第7の要素は，「リスク分析ツール」を開発し，これらのツールをいつ実装する

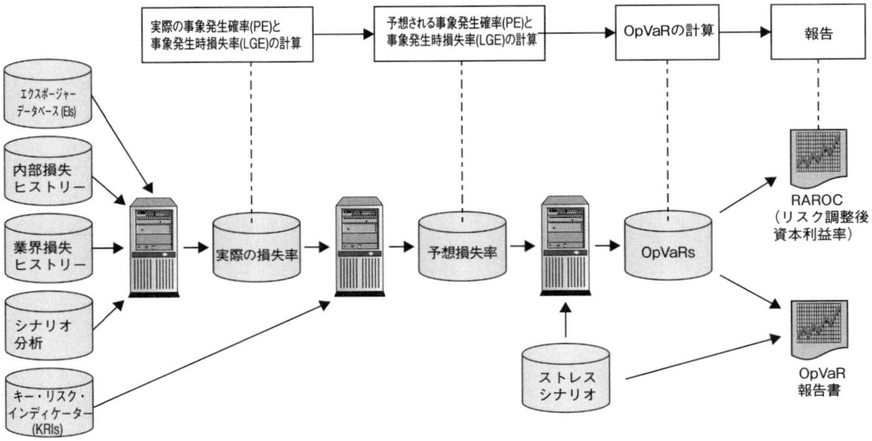

図 14.2　リスク分析ツールから **OpVaR** まで

か手続きを定めることである．銀行は，エクスポージャーの適正な尺度，内部および業界のオペレーショナル損失データの最新データベース，精巧に設計されたシナリオ分析を開発し，業務ラインのキー・リスク・インディケーターに対する知識を深めなければならない．図 14.2 は，これらのツールによって，どのようにオペレーショナル VaR(OpVaR) の計算データが供給されるかを示している．リスク評価の頻度は，新規事業の開始や業務環境の変化によって，今後オペレーショナルリスクがどの程度変化すると予想されるかによるべきである．オペレーショナルリスク分析は，一般的には，新商品導入プロセスの一部として実行される．銀行は，新システム導入や新サービスの提供等の後に，オペレーショナルリスクの特性が大きく変化するたびに分析方法を見直すべきである．

第 8 の要素は，すべての業務に「オペレーショナルリスク資本を適正に配賦」することである．

14.3　オペレーショナル損失をいかに定義し，分類するのか？

オペレーショナルリスクの計量化が，これまで述べてきた枠組みを整備する際の主要課題の 1 つであることは明白である．しかし，特定のオペレーショナルリスクの計算をしようとする前に，そのリスクから生じるオペレーショナル損失をいかに定義し分類するかを考えなければならない．もし，銀行のこの問題へのアプローチが厳格でなければ，損失に関する内部データおよび外部データを，特定のオペレーショナルリスクに関連づけることは不可能だろう[†3]．

[†3]本節では，データ問題に関する一般的な意見を述べる．データの取扱いに関する特定の監督指針は，

オペレーショナルリスクから生じる損失は，回復費用を差し引いた（その削減効果は別途記録すべきだが），オペレーショナルリスク事象の解決にかかわる直接費用，あるいは償却費用のいずれかの形態をとる．損失は蓋然性が高く推定可能なときには，会計上損益事象として認識される場合が多く，銀行の記録された内部損失ヒストリーの一部ともなる（すなわち損失データベースへ入力される）．

オペレーショナル損失の定義は，できる限り明確にすべきである．例えば，外部費用には次の総費用が含まれるべきである．つまり，第三者に対する補償かつまたは違約金支払，賠償責任，規制上の負担すなわち罰金，あるいは資源の損失である．ここで，解決費用，償却，解決という3つの主な用語について定義する．「解決費用」の数値には，事故に直接関係する外部への支払だけを含めるというのが最も適切な定義である．例えば，訴訟費用，コンサルタント費用，あるいは，一時的な職員の雇用にかかわる費用は，解決費用の数値に含められるだろう．一般的な経営およびオペレーションに関する内部費用を含まないのは，これらの費用が通常の業務運営費用に既に含まれているからである．「償却」は，銀行によって所有される金融資産あるいは非金融資産の価値の毀損または減額に関係する．「解決」は，（現金払いの費用や償却を含む）個別事象の是正対策や，（第三者への原状回復金支払を含む）損失事象発生前の銀行の原状状態（あるいは水準）に戻す対策に関係する．これらの定義には，逸失収入を含まないことに留意すべきである．

総じていえば，損失には，第三者への支払，償却，解決，および回復費用を含む．損失には，コントロール，予防措置，品質保証に関する費用を含まない．また，損失には，通常，システムやプロセスへの更新投資や新規投資を含まない．

内部損失ヒストリーを整備する際に，リスク管理者は，二重計上を避けるために，異なる種類のリスク（市場リスク，信用リスク，オペレーショナルリスク等）間の線引きを明確に定義しなければならない．

オペレーショナルリスクを記録し測定しようとしている銀行員にとって最も厄介な問題の1つが，その特性および根本原因からみて，特定のリスクを分類するのに無数の方法がある点である．例えば，ローン担当者が銀行のガイドラインに反してローンを承認すれば（担当者は賄賂をもらっていたのかもしれない），この行為から生じる損失は，オペレーショナル損失であって，貸倒れ損失として分類されるべきではない．一般的に，第三者の不正によりデフォルトしたローンは貸倒れ損失として分類され，一方で，内部不正のためにデフォルトしたローンはオペレーショナルリスク損失に分類される．

オペレーショナルリスクのエクスポージャーの主たる分類を行うための原因一覧は，リスク・ドライバーの共通分類法が明確になるように作成すべきである．

バーゼルIIでは，7つのレベル1損失事象を考慮する[†4]．これらの7つの損失事

バーゼル委員会の「オペレーショナルリスク—先進的手法のための監督指針」（2011年6月）の中のデータに関する節 (pp.20–30) にある．

[†4] バーゼル銀行監督委員会，「バーゼルII：自己資本の測定と基準に関する国際的統一化：改訂された

象は，BIS 規制によってさらにレベル 2 損失事象とレベル 3 損失事象に分解される．最終的に銀行は，特定のレベル 3 損失事象を BIS 規制で定義されたレベル 2 損失事象に割り当てる．BIS 規制の 7 つのレベル 1 損失事象は次のとおりである．

1. **内部不正**．詐取，財産の不正流用，あるいは，規制，法律，社内方針に対する意図的な違反行為により引き起こされた損失．例えば，ポジションの意図的な誤報告，従業員の窃盗，従業員自身の勘定でのインサイダー取引．
2. **外部不正**．詐取，財産の不正流用，あるいは，意図的な法律違反で，第三者の行為により引き起こされた損失．例えば，強盗，偽造，カイティング，コンピューター・ハッキングによる損害．
3. **労務慣行および職場の安全**．雇用，衛生，安全に関する法律や合意に反する行為，個人的な障害金の支払，差別事象から生じる損失．例えば，組織された労働活動による妨害．
4. **顧客，商品およびビジネス慣行**．故意ではなく過失による特定顧客への職務上の義務違反（受託者および適合性の要件を含む），あるいは，商品の性質や設計から生じる損失．例えば，顧客の機密情報の悪用．
5. **有形資産の損傷**．自然災害やその他事象による有形資産の紛失や損傷から生じる損失．例えば，テロ，破壊行為，地震，火災および洪水．
6. **業務の中断およびシステム障害**．業務の中断，あるいはシステム障害から生じる損失．例えば，ハードウェアやソフトウェアの障害，通信上の問題，ユーティリティの機能停止．
7. **取引実行，デリバリー，プロセス管理**．取引手続きあるいはプロセス管理の過誤，取引相手やベンダーとの関係から生じる損失．例えば，データ入力ミス，担保管理の過誤，法律文書の不備，および顧客勘定への未承認のアクセス．

14.4　どの種類のオペレーショナルリスクに，オペレーショナルリスク資本が必要か

多くの銀行で，リスク調整後資本収益率 (RAROC) 計算の担当グループが，オペレーショナルリスク管理グループと協調しながら，オペレーショナルリスクを資本に換算する方法を開発してきた（第 17 章参照）．

オペレーショナルリスクへの資本割当ての仕組みは，リスクに基づく透明性の高い，測定可能かつ公正なものでなければならない．特に，所要資本は，検証可能なリスク水準に応じて変動し，業務運営上の意思決定を改善し，リスク調整後資本収益率を上昇させるように，オペレーショナルリスクを管理するインセンティブを提供するものでなければならない．

枠組」，2006 年 6 月．

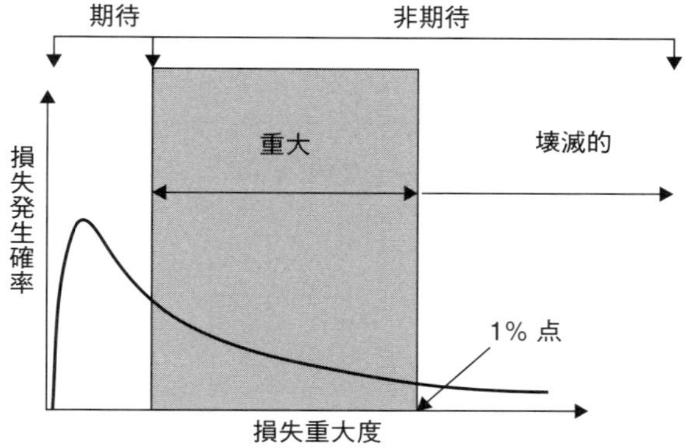

図 14.3　オペレーション損失の分布

しかし，図 14.3 が示すように，すべての種類のオペレーショナル損失にリスク資本を割り当てることには意味がない．これを理解するためには，オペレーショナルリスクが期待損失と非期待損失とに分けられることを明記する必要がある．経営者は，通常の業務プロセスにおいて，業務運営上の活動で過誤が生じることがわかっている．業務を行ううえで費用として吸収したいと考えるような，（ミスの訂正や軽微な不正等々から生じる）オペレーショナル損失の「標準的な」額があるであろう．これらの過誤は，明示的あるいは暗黙的に，年次業務計画において予算化され，商品あるいはサービスの価格設定に反映されているので，これらに対してリスク資本を配賦すべきではない．

代わりに，図 14.3 で示されているように，リスク資本は非期待損失のみに関して意味をもつ．しかしながら，予想されない失敗はさらに以下のように細分化される．

- 重大だか壊滅的でない損失．予想されない重大な業務運営上の失敗は，オペレーショナルリスク資本の適正な配賦によってカバーされるべきである．これらの損失は，次節で説明する測定プロセスで把握される．
- 壊滅的な損失．これらは，最も極端であり稀有なオペレーショナルリスク事象である．これは，銀行を完全に破壊する類のものである．VaR や RAROC モデルは，壊滅的リスクを捕捉するものではない．これらは，潜在的損失をある信頼水準（例えば，1 パーセント）までしか考慮しないうえ，壊滅的リスクは生来的に極端に稀有な事象だからである．銀行は，壊滅的事象に対する自己防衛のための手続きを厳格化し，壊滅的リスクをヘッジするために保険を利用できるかもしれない．多くの場合，急激な破滅的事象が生じると，中央銀行は銀行に介入しその預金者を救済すると信じられている．しかし，リスク資本では，これらのリスクから銀行を守ることはできない．

そこで，銀行が業務活動を通じて直面するオペレーショナル損失のなかで，重大だが壊滅的でないリスクをどのようにすれば計算できるかが問題となる.

14.5 オペレーショナルリスクのための VaR

オペレーショナルリスクは，測定が困難なことでよく知られている．しかし，少なくとも，原則的には，図 14.3 に示される古典的な損失分布によるリスク測定アプローチを利用できる．このアプローチは，バーゼル II で提案された先進的計測手法 (AMA) において用いられる主要な情報源の 1 つであり，業務運営上の過誤による財務的影響を測定するために保険業界で広く用いられている分析手法に基づいている.

BOX14.3 は，新 BIS 規制で提案された 3 つのアプローチについて説明している．AMA のみがリスク感応的であるが，その他はいくぶん裁量的であり，オペレーショナルリスクを削減しようという適切なインセンティブを与えるものではない.

BOX 14.3

オペレーショナルリスクモデルへの規制アプローチ

バーゼルの規制当局者は，バーゼル II において当初規定された，オペレーショナルリスク測定に関する一連の 3 つのリスク感応的なアプローチを提示する.

基礎的指標手法

これらの手法のなかで最もリスク感応的でないのが基礎的指標手法であり，資本は単一指標（ベース）の倍数（資本係数= 15 パーセント）で表される．指標は，総収入が正である前 3 年間の平均年間総収入である．規制当局者は，総収入をオペレーショナルリスクのエクスポージャーの代理変数とみなすという前提に立っている．総収入は，純金利収入と非金利収入の合計と定義される.

標準的手法

標準的手法は銀行の業務を 8 つの業務ライン (LOB) に分ける（以下の議論を参照）．各業務ラインにはエクスポージャー指標 (EI) が割り当てられるが，それは，基礎的指標手法同様，業務ラインにおいて総収入が正である前 3 年間の平均年間総収入である．各業務ラインには，相対的な危険度を反映した単一の乗数（資本係数 β_i）が割り当てられる．資本必要合計額は，N 個の業務ラインごとのエクスポージャーと資本係数の積の合計と定義される.

$$\text{資本必要額 (OpVaR)} = \sum_{i=1}^{N} \mathrm{EI}_i * \beta_i$$

バーゼル銀行監督委員会はベータを以下のように設定した.

ビジネスライン	ベータ係数 (β_i)
1. コーポレートファイナンス (β_1)	18%
2. トレーディングとセールス (β_2)	18%
3. リテールバンキング (β_3)	12%
4. コマーシャルバンキング (β_4)	15%
5. 支払と決済 (β_5)	18%
6. エージェンシー・サービス (β_6)	15%
7. 資産運用 (β_7)	12%
8. リテール・ブローカレッジ (β_8)	12%

代替的な標準的手法 (ASA)

標準的手法が批判されてきたのは，デフォルト率の高い業務に関してダブルカウントとなるからである．これらの業務は 2 度負担を強いられることになる．最初は，信用サイドで，借り手の高いデフォルト率のために多くの規制資本が求められ，次に，オペレーショナルリスクのサイドで，（期待損失が価格に組み込まれている程度に応じた）高いマージンのために多くの規制資本が求められる．

標準的手法への代替策として，各国の監督者は，銀行が代替的な標準的手法 (ASA) を使用することを認めることができる．ASA のもとでは，オペレーショナルリスクの資本の枠組みは，2 つの業務ライン，リテールバンキングとコマーシャルバンキングを除けば，標準的手法と同じである．これらの業務ラインに関しては，エクスポージャー指標 (EI) は次のもので代替される．

$$\mathrm{EI} = m \times \mathrm{LA}$$

ここで m は 0.035，LA は過去 3 年平均の個人向けローンと前払い金の残高合計（リスクウェイトなし，引当前）である．

先進的計測手法 (AMA)

AMA では，規制所要資本は，銀行の内部オペレーショナルリスクモデルによって計算されるリスク尺度となる．本文で説明した損失分布手法は，このような内部モデルの中核を形作る可能性が高い．しかし，個々の銀行は，先進的計測手法の採用について規制当局者の承認を得るには，いくつかの厳しい質的基準を満たさなければならない．オペレーショナルリスク測定システムは，「内部データ，関連する外部データ，シナリオ分析，および，業務環境や内部統制システムを反映した要素」を含むような，主要な特徴を備えていなければならないと規制当局者はいう．AMA においては，これらの構成要素をどのように用いるかを，バーゼル II の規制当局者は正確に定めていない．その代わり，銀行は，「全体的なオペレーショナルリスク測定システムにおけるこれらの基本的要素をウェイト付けするための，信頼に足る，透明な，よく文書化された評価可能な手法」を整備する必要があると規制当局者はいう．さらなる議論は，BOX4.5 を参照．

損失分布法は，銀行業において市場リスク測定のために開発されてきた VaR 手法と類似のものであるため，オペレーショナル・バリューアットリスク (OpVaR) と呼ばれる．我々の目的は，業務運営上の過誤による期待損失，望ましい信頼水準での最大損失，オペレーショナルリスクに対する必要エコノミックキャピタル，およびオペレーショナルリスクの集中度を測定することである.

銀行の活動は業務ライン (LOB) に分けられ, 各業務ラインにはエクスポージャー指標 (EI) が割り当てられるべきである. 本分析は, 主に, オペレーショナル損失にかかわる過去の経験に基づいている. ほとんどの場合, オペレーショナルリスクを評価するための頑強な分析モデルが存在しないため, 経験的な評価手順に頼らなければならない. 損失データがない場合には, 投入変数は判断やシナリオ分析に基づかなければならない.

例えば, 顧客にかかわる「法的責任」のエクスポージャー指標は, 顧客数と顧客1人あたりの平均残高を掛けたものとなる. オペレーショナルリスク事象の発生確率 (PE) は, 顧客1,000人あたりの年間訴訟数に等しい. 事象発生時損失率 (LGE) は, 平均損失額を顧客1人あたり平均残高で割ったものに等しい.

「従業員債務」のエクスポージャー指標は, 従業員数と平均給与を掛けたものとなる. 従業員補償の発生確率は訴訟数を従業員数で割ったものに等しく, 事象発生時損失率は平均損失額を平均給与で割ったものに等しい.

「規制, コンプライアンス, 税制の罰則」のエクスポージャー指標は, 口座数と口座あたりの残高を掛けたものとなる. 発生確率は処罰数（規制等を遵守するためにコストがかかった場合を含む）を口座数で割ったものに等しく, 事象発生時損失率は平均罰金額を口座あたり平均残高で割ったものに等しい.

「資産の紛失あるいは損傷」のエクスポージャー指標は, 有形資産数とその平均価値を掛けたものとなる. 発生確率は損傷事象数を有形資産数で割ったものに等しい. 事象発生時損失率は平均損失額を有形資産の平均価値で割ったものに等しい.

「顧客への賠償責任」のエクスポージャー指標は, 口座数と口座あたりの平均残高を掛けたものとなる. 発生確率は年間賠償数を口座数で割ったものに等しく, 事象発生時損失率は平均賠償額を口座あたりの平均残高で割ったものに等しい.

「窃盗, 詐欺, 権限外の行為」のエクスポージャー指標は, 口座数と口座あたりの平均残高を掛けたもの（あるいは, 取引数と取引あたりの平均額を掛けたもの）となる. 各々の発生確率に相当する指標は年間詐欺数を口座数で割ったもの, あるいは詐欺数を取引数で割ったものに等しい. それぞれの事象発生時損失率は平均損失額を口座あたりの平均残高で割ったもの, あるいは平均損失額を取引あたりの平均額で割ったものに等しい.

「取引処理手続リスク」のエクスポージャー指標は, 取引数と取引あたりの平均額を掛けたものとなる. 発生確率は過誤数を取引数で割ったものに等しい. 事象発生時損失率は平均損失額を取引あたりの平均額で割ったものに等しい.

このような尺度を使えば, BOX14.4のクレジットカード詐欺について詳細に議論しているように, 特定の業務ラインに関連するリスクにかかわるOpVaRを計算できる. この例の場合, クレジットカード業務における期待損失額が9.1セントであり, 統計的な最大損失額は52セントであるとされている. 52セントと9.1

セントの差 42.9 セントは重大な損失であり，52 セントを超える損失は壊滅的な損失領域である．

オペレーショナルリスクのカテゴリーは互いを別々なものとみなせない．最終的に，様々なリスクの最大の影響を理解するためには，オペレーショナルリスクのカテゴリー間で相互に連関するリスク・エクスポージャーの程度を見積もらなければならない．例えば，新しいソフトウェアが導入されている場合，新しいソフトウェアの実装は人的，プロセス，テクノロジーを超えて 1 つの相互に連関するリスクを生み出すかもしれない．

このような場合，いくつかの異なる種類のオペレーショナルリスク間の相関関係を理解することが必要となる．複数のビジネスをまたぐ全オペレーショナルリスク量は，単にビジネスごとのオペレーショナルリスクの合計ではない．

14.5.1 内部損失データベース 対 外部損失データベース

上記で概説されているアプローチを含む，オペレーショナルリスクを測定するほとんどのアプローチは，分析者がかなりの期間に及ぶ豊富なオペレーショナル損失のデータを利用できることが前提である．過去約 10 年間，一部の銀行はキーカテゴリーのオペレーショナル損失を詳細に記録するために，広範囲に及ぶ内部損失データベースを構築した．

内部データベースの長所は，当該銀行の業務ラインや損失経験を反映でき，さらに銀行のリスク文化やコントロール環境のような特有の体質を見つけることができる点である．もっとも，銀行のオペレーショナルリスクプロファイルは，時間の経過により必然的に変化するけれども．

また内部損失データベースの短所は，内部というその定義により，支払い能力を脅かす多くの事象を見つけ出せない点である．

したがって，銀行業界は業界全般にわたる，多くのオペレーショナル損失データベースも構築した．例えば，Operational Riskdata eXchange (ORX) 協会である[†5]．ORX は匿名のオペレーショナルリスクの損失データの交換を容易にする業界団体である．2013 年までに ORX 全体で 1,520 億ユーロ相当の記録を収集した．

[†5] 詳細は www.orx.org. を参照のこと．

BOX 14.4

クレジットカード不正の OpVaR

銀行は，クレジットカード不正リスクに関する OpVaR 量を算出するために，エクスポージャー指標をまず明確化する必要がある．クレジットカード不正を測定するために選ばれたエクスポージャー指標 (EI) は，取引合計額（取引数×平均取引金額）である．簡単化のため，クレジットカードの平均取引額を 100 ドルと仮定しよう†1．

オペレーショナルリスク事象の予想事象発生確率 (PE) は，不正による損失事象数を取引数で割ることにより計算できる．不正による損失事象が取引数 1,000 件あたり 1.3 件発生すると仮定すると，PE は 0.13 パーセントに等しい．

事象発生時の平均損失率 (LGE) を 70 ドルと仮定しよう．したがって，LGE は平均損失を平均取引額で割ったものであり，この例では 70 パーセントになる．

さらに，業界の適正な損失許容度でみた統計上最悪ケースの損失は，（平均取引額 100 ドルあたり）52 セントであり，期待損失あるいは損失率 (LR) は以下のようになるだろう．

$$\begin{aligned} \text{LR（損失率）} &= \text{PE（事象発生確率）} \times \text{LGE（事象発生時損失率）} \\ &= 0.13\% \times 70 \text{ ドル} = 9.1 \text{ セント} \end{aligned}$$

下図は，クレジットカード不正による損失にかかわる OpVaR 計算の各構成要素である．

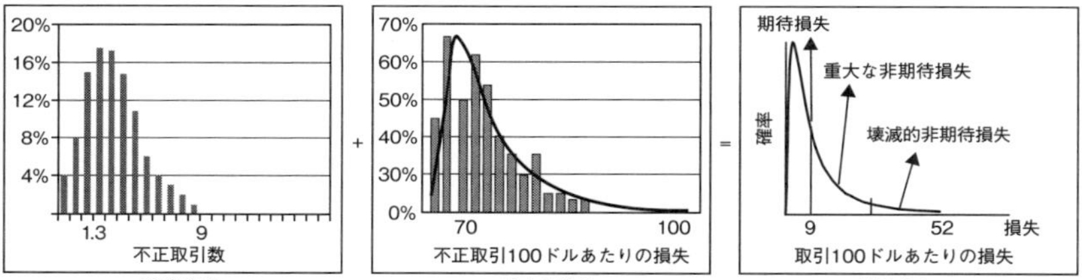

確率分布	重大度分布	損失分布
例．1,000件あたり平均で1.3件の不正（事象発生確率）	例．平均で取引価格の70%が回収不能（事象発生時損失率）	例．100ドルの取引あたり平均で9セント（損失率）
注：最悪ケース9件	注：最悪ケースは100ドル	注：最悪ケースは52セント

†1 これは一般的な例である．数値は，ある銀行の経験値を表すものではない．

この種の外部データベースは内部データベースを補強できる．これは特に，損失分布のテール部分での損失を表現するのを強化すること，また銀行に長い実績がない業務ラインに応用するのにも役立つ．

有益な一方で，外部データベースはオペレーショナル損失データの問題に完全な解答を与えるわけではなく，単に処理しづらい場合がある．残された問題は以下である．

- 外部データを内部データに結合する際，外部データの尺度を変え，フィル

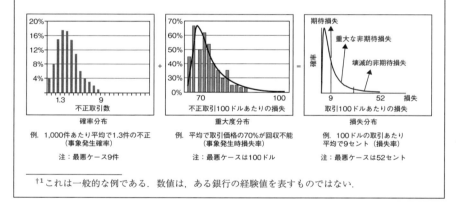

ターに通し，適応させる必要がある．例えば，資産がわずか数 100 万ドルしかない銀行の場合，数 10 億ドルの損失を抱えるのは不適切である．

- 報告された損失に対するバイアス．例えば，公開されていない損失に対するバイアス．
- 標準化と分類の問題．例えば，オペレーショナルリスクのカテゴリーの選別，および参照元の性質．
- イベントに関連した日付，あるいは総損失額の記録か純損失額の記録か．
- 業界データベースにおいてさえ，稀だが重大な事象に関する希少データ．
- より将来を向いた分析の必要性．例えば，新しい業務ライン，業務ラインの構造変化やコントロール環境の変化を考慮すること．

14.6 オペレーショナルリスクを計量化するシナリオ，スコアカードおよび統合アプローチ

内部データと外部データに基づく損失分布アプローチが，オペレーショナルリスクを計量化する唯一のアプローチではない．実際に多くの銀行はシナリオ生成に基づくアプローチの開発に多額の投資を行ってきた．

これらのアプローチには様々な方法があるが，特定のオペレーショナルリスクの可能性と重大性に関して業務ラインの専門家の知識に根ざした，将来を見据えた意見に重きをおく．さらに彼らは，関連するコントロール環境の状態や，キー・リスク・ドライバーやインディケーターの状況に関する情報も考慮するだろう．

例えば，彼らのビジネスエリアで損失を与える可能性のあるシナリオに関して，銀行のリスク管理および業務ラインの専門家による正式な投票を行うこともできる．その投票は損失に関する個人的経験や，損失に関して業界が経験した知識を考慮したものになるだろう．時として，当該アプローチは，情報に基づく議論のたたき台として，特定の業務ラインに関する外部損失データを利用することがある．

その目的は，可能な限り正確なやり方で，（主要な銀行システムの失敗のような）オペレーショナル損失シナリオの可能性や重大性について，情報に基づく断定的な一連の推定を行うためである．

専門家の意見は，また，所与の業務ラインのための特定の潜在的な損失分布の形状を選び，修正し，調整するためにも用いられる．調整されるべき損失分布曲線の形状は慎重に選ばなければならない．

シナリオ構築過程のなかで，または追加的な段階として，銀行は，特定の業務ラインにおける業務およびコントロール環境を考慮することもできるだろう．例えば，（監査評価のような）関連するコントロール環境に関する情報だけでなく，下記で解説するキー・リスク・インディケーターも考慮するだろう．

これらの修正は，全社的なリスク計量化への各要因の影響をコントロールできることを確かなものとするために，バランス・スコアカードの形をとることもある．

例えば，シナリオにもとづくアプローチの長所と短所はかなり明白である．アプローチは個々の銀行のリスクプロファイルに合わせ，有効に役立つような将来を見据えたものになる．しかしながら，それも専門家の意見とリスク認知に依存し，稀なイベントの本当のリスクを反映しないかもしれない．最もオペレーショナルリスクにさらされている組織が，損失の可能性，すなわちその重大性を自己評価する最良の立場にはないというのも，避けがたいことである．

多くの銀行は，損失分布アプローチをシナリオ分析や業務環境のスコアカード分析と結びつけている．実際に，バーゼルの規制当局者は，オペレーショナルリスクを計量化するAMAアプローチがこれらすべての異なる種類の情報を考慮しなければならないという．もっとも，銀行が各々のアプローチに置く比重は，解釈に委ねられたままであるけれども（BOX14.5を参照）．

金融業界はオペレーショナルリスクの測定を改善するために著しい努力をしたが，その結果について誇張すべきではない．事実，現在のところ，オペレーショナルリスクを測定し，異なるアプローチの結果を1つのオペレーショナルリスクの測定基準に結合するための十分な手段がない[†6]．洗練されたアプローチを開発するべく一生懸命取り組んだ銀行でさえ，これらのオペレーショナルリスクの計数が本当に絶対的なリスク水準を反映するのか，これらの計数がオペレーショナルリスクの傾向と捉えられるのかどうか疑問をもったままである（例えば，世界的な金融危機における，オペレーショナルリスク関連の損失の増加など）．

BOX 14.5

バーゼルAMAアプローチにおける4つのデータ要素の使用

2011年に示されたオペレーショナルリスクの計量化に関する監督指針で，規制当局者は，4つの重要な各データ要素が，オペレーショナルリスクを計量化するAMAアプローチにどのように適用されるべきかを詳細に記載している．

「銀行のオペレーショナルリスク資本を計算するためのAMAは，4つのデータ要素を使用する必要がある．それらは(1)内部損失データ(ILD)，(2)外部データ(ED)，(3)シナリオ分析(SBA)，(4)業務環境や内部統制要因(BEICFs)である．」

バーゼルIIの枠組みでは，AMAを首尾よく実行するために不可欠な多くの主要な問題が明らかにされてきたにもかかわらず，損失発生過程の振舞いに応じてデータ要素の異なる「組合せ」が必要であると期待されている．

(a) 内部損失データ(ILD)．AMAモデルへの入力は，銀行のビジネスリスクのプロファイルとリスク管理実務を表現あるいは反映したデータに基づくことを，銀行監督委員会は期待している．損失頻度の予測に役立ち，可能な範囲で重大度分布を明らかにすること，そしてシナリオ分析への入力として機能するように，内部損失データが利用されることが期待される．

[†6] K.K.Dutta and D.Babbel, “Scenario Analysis in the Measure of Operational Risk Capital: A Change of Measure Approach”（2012年7月5日）のなかの議論および1つの可能性のある回答を参照のこと．

(b) 外部データ (ED). 損失分布のテールを知るための価値ある情報がそれらのデータに含まれているように, 外部データが損失重大度の推定に用いられることを, 銀行監督委員会は期待している. 外部データはまた, シナリオ分析への本質的な入力項目である. 開示されたデータベース, 会員が損失情報を提出している団体, または関連する外部データ自体を集めるその他手段を用いて, 銀行は外部データを調達することを選べる.

(c) シナリオ分析. 頑強なシナリオ分析の枠組は, AMA モデルへの入力の一部を形成するような, 信頼性の高いシナリオの出力を作り出すための ORMF の重要な一部である. シナリオプロセスは定性的であり, シナリオプロセスからの出力には必ず重大な不確実性が含まれていることを銀行監督委員会は認めている. この不確実性は, 他の要素からの不確実性とともに, 資本の推定水準を決めるモデルの出力に反映すべきである. シナリオバイアスから生じる不確実性を計量化することは重要な課題となっていて, さらなる研究を必要とする分野であると銀行監督委員会は認識している.

(d) 業務環境や内部統制要因 (BEICFs). 資本モデルに直接 BEICFs を組み込むことは, BEICF ツールの主観性や構造による問題を生じさせる. BEICFs が計量化の枠組に対する間接的な入力として, またモデル出力に対する事後的な調整として広く使用されていることを銀行監督委員会は見守ってきた.

出典：バーゼル銀行監督委員会,「オペレーショナルリスクの先進的手法のための監督指針」(2011 年 6 月) の 40〜42 ページを要約.

14.7　キー・リスク・インディケーター (KRI)[†7] の役割

銀行の業務ラインあるいは業務活動に関する OpVaR 量は, 業務ラインあるいは業務活動の危険性を示す重要な指標である. しかし, オペレーショナルリスクの計量化は極めて正確性に欠けたままなので, ほとんどの銀行は, エクスポージャー水準を知り, オペレーショナルリスクを管理するために多くの手法を使用する.

いかなる銀行業務においても, オペレーショナルリスクのエクスポージャーを高める誘因をもち, また相対的にトレースしやすいような多くの明確な要因があるだろう. 例えば, システムリスクの場合, これらのキー・リスク・インディケーター (KRI) には, コンピューターシステムの使用年数, システム障害の結果としての休止時間の割合等々が含まれるだろう. 理想的には, キー・リスク・インディケーターは, 銀行業務においてリスクに関連した要因の完全な客観的尺度であるべきだ. しかし, 銀行の内部監査チームによる業務活動や業務ラインに対する監査評価を, キー・リスク・インディケーターの一般例とみなすこともできよう.

キー・リスク・インディケーターはオペレーショナルリスクの直接的尺度ではないものの, リスク・エクスポージャーの水準や銀行の業務活動の質, あるいはそのコントロールの効率性の一種の代理変数である[†8].

[†7] キー・リスク・ドライバー (KRDs) と呼ばれることもある.

[†8] キー・リスク・インディケーターの役割に関するより長い議論については, Institute of Operational Risk, *Key Risk Indicators*, 2011 年 11 月を参照のこと. これは, 同団体によって発表されてきた,

キー・リスク・インディケーターは，オペレーショナルリスク事象の可能性の増大を経営者に警告しながら，各業務や損失タイプごとのオペレーショナルリスクの変化をモニタリングするために使用される．普通，これはKRI値の閾値やリミットの設定を意味するだろう．それらの設定は，望ましくない変化を指し示し，過去のKRIデータと業務の劣化との分析とを関連づけることができる．キー・リスク・インディケーターに望ましくない変化が起きた場合は，これをきっかけに是正措置を施すことができる．すなわち，オペレーショナルリスクのエクスポージャーに感応的なものにすることで，管理者に業務を管理するインセンティブを与えるようなインセンティブスキームへと結びつけることができる．もっとも，銀行は，キー・リスク・インディケーターの管理は，潜在的リスクを管理するのと同じではないことを認識し続けなければならないけれども．

キー・リスク・インディケーターは，それ自身，重要な経営情報ツールである．しかし，それらはいったん設定されると，銀行としては，キー・リスク・インディケーターとOpVaRアプローチから銀行の業務ラインに対する一貫したフィードバックを得られるように，ドライバーの変化とOpVaRの変化とを関係づけたいと考えるようになる可能性が高い[†9]．実際，特定のKRI水準とOpVaRの頑強な関係を構築することが，銀行業界の課題となってきた．例えば，1つの事例として，表14.2は，キー・リスク・インディケーターのスコアが20パーセント低下すれば，OpVaRは15%削減されるだろうことを示している．

将来に向けては，合成スコアや指標を作成するために重みづけしたキー・リスク・インディケーターを利用することは，個々のキー・リスク・インディケーターに頼るよりも，リスクのより良い推定値を提供する測定基準を提供できることになるだろうと考える銀行もある．しかしながら，キー・リスク・インディケーターは，真のリスク尺度というよりもむしろ，リスク環境のある特定の変化を示すものだということを忘れてはならない．また，オペレーショナルリスクは共通点のあまりない，様々なリスク要素からなる．例えば，銀行の支店の火災リスクと詐欺のリスクとを結びつけることは課題である．

14.8　オペレーショナルリスクの削減

多くの銀行やその他金融機関は，現在，どのオペレーショナルリスクをどの程度のコストをかけて削減すべきかについて，いかに合理的な決定を行うかに苦心している．

オペレーショナルリスクの評価プロセスには，発生しうる事象の大きさや重大

一連の健全な実務指針の1つである．

[†9]確かに，キー・リスク・インディケーターは業務環境や内部統制要因に関する入力の一部であり，バーゼルの規制当局者は，資本の適正性のためにオペレーショナルリスクを計量化する際に，それらの要因が銀行のAMAアプローチのなかに組み込まれなければならないという．

表 14.2 キー・リスク・インディケーターと OpVaR の関係例

	キー・リスク・インディケーターの変化 (%)	OpVaR の変化 (%)
	+20	+25
	+10	+15
基準	0	0
	−10	−10
	−20	−15

性のみならず，特定のオペレーショナルリスク事象の発生可能性，すなわち，頻度を検証することが含まれるべきである．リスク管理者は，損失分布アプローチを，図 14.4 のような「重大性と可能性を対比するアプローチ」に統合できる．管理者は，（重大性の軸に）オペレーショナルリスクの重大性の額を（可能性の軸に）オペレーショナルリスクの予想頻度をプロットする．この図によって，重大性と可能性の間のトレードオフを可視化できる．曲線に沿ったすべてのリスクは期待損失が同一であること，すなわち，「可能性×重大性」が一定であることを表している．例えば，A5 点は，可能性は低いが重大性は中程度であることを表している．期待損失の許容水準を所与とすれば，経営者は，曲線の上側にあるリスク，ここでは A7 と A8 を削減するために適切な行動をとるべきである．A7 は中程度の可能性と重大性をもち，一方，A8 は中程度の重大性をもつが可能性は高い．これら 2 つのリスクに関して，損失の期待水準は許容水準を上回っている．

1 つの重要な要素によって，オペレーショナルリスクと市場リスク・信用リスクとは区別される．すなわち，市場リスクや信用リスクについては，銀行がリスクリターンの意思決定を行う際に，より多くの市場リスクや信用リスクを取ることによって，より高い資本収益率が期待できることが多い．これらの種類のリスクに関しては，リスクと期待リターンの間にトレードオフが存在する．しかしながら，オペレーショナルリスクに関しては，銀行は，より多くのオペレーショナルリスクを取ることによって，より高い期待収益を上げることは一般に期待できない．なぜならば，オペレーショナルリスクは，すべての債権者の価値を毀損するからである．

このことは，銀行が常にオペレーショナルリスクの最小化あるいは削減を目指すべきだということを示唆しているかもしれないが，オペレーショナルリスクのエクスポージャーの削減にはコストもかかる．

例えば，銀行は，より多くの安全装置を備えた IT システムや最先端のバックアップシステムを導入することが可能である．しかし，この新しい情報技術への投資は，銀行に何 100 万ドル，時には何 1,000 万ドルのコストを負わせるであろう．銀行は，エクスポージャーを低下させるためにこのようなお金を使うべきであろうか．多くの場合，この問題に対する答えは簡単ではない．しかし，銀行は，オペレーショナルリスクの削減に関する意思決定を評価するに際して，（OpVaR

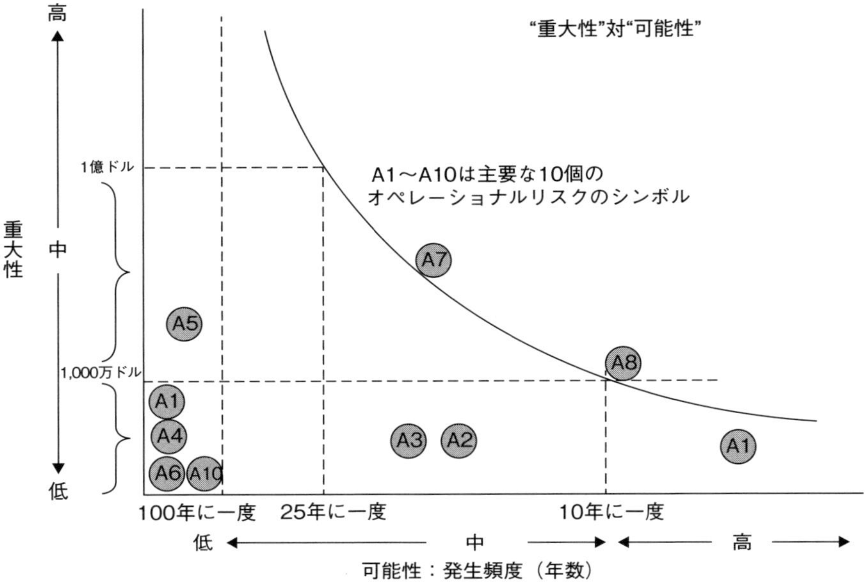

図 14.4　オペレーショナルリスク「重大性」対「可能性」

計算によって示されたような）リスク資本のコストを 1 つの参考資料として利用できる．

また，銀行は，リスク資本測定のためのシステム投資から保険に至るまで，多くの異なる種類のリスク削減方法の経済的メリットとコストを比較できる．例えば，特に保険購入は，自家保険のような代替策と比べ保険価格があまりにも高いようなときには，必ずしも最適な方策とは限らない．

14.9　オペレーショナルリスクに対する保険

銀行は，オペレーショナルリスクの測定方法の開発を始める前から，主要なオペレーショナルリスク事象の影響を緩和するために保険契約を活用してきた．銀行は，（架空ローンあるいは権限外の行為等）従業員の不正行為，強盗や窃盗，偽造証券に対するローン，様々な形態のコンピューター犯罪から生じる巨額の損失から身を守るために保険を購入するのが普通である．

これらの低頻度であるが極めて重大な損失のための保険補償は，「金融機関保証およびコンピューター犯罪契約」として知られる保険契約の締結を通して利用できる．（不当表示の申立て，信義則や受託者義務違反，過失から生じる賠償のようなエクスポージャー等）訴訟に関する壊滅的なエクスポージャー，および火災や地震のような災害から生じる物的損傷に関する保険契約も市場で利用できる．

しかしながら，保険は，本質的に，業界あるいは経済全体の一般的な損失エクスポージャーをプールし移転する仕組みである．したがって，特定リスクについて保険が利用できるかどうかは，保険会社や保険会社グループが「マーケットメイク」を行い，十分な保険料を集めて適切なリスク分散を行えるかという能力にかかってくる．それにはまた，保険会社が「モラルハザード」の問題を回避できるかという点も関係してくる．すなわち，保険会社は，被保険者である金融機関がコストのかかる事象を回避することに強い関心を持ち続けるようにしなければならない．この結果，規模の大きな金融機関に対しては，損失発生あたり5億～6億ドルまでを限度とするのが一般的である．そして，多くの場合，銀行は，オペレーショナルリスク保険に関して「ファーストロス」額を負担しなければならない．

また，銀行が締結した保険契約に関して，保険会社が債務不履行となる危険も残されている．銀行の全社的なオペレーショナルリスク測定および管理手法は，保険評価額を割り引いたり，掛け目で評価したりすることにより，（例えば1年未満といった）保険契約の残存期間，契約解除や更新不能の可能性，支払いの不確実性，保険契約の対象範囲のズレなど残余リスクを把握できるものでなければならない．

銀行におけるオペレーショナルリスクに対する保険は，預金者や債権者の大きな役に立っていることに留意すべきである．彼らは，支払い能力を脅かす稀ではあるが重大な事象と最も関係のある利害関係者である．その一方で，主に株主によって保険の費用は負担される．これは銀行の株主と債権者の間での利益相反につながるだろう[†10]．

バーゼルIIにおいてオペレーショナルリスクに対する規制資本の賦課を決める際の論点の1つが，銀行のオペレーショナルリスクにおける保険の相殺効果を規制当局者がどの程度認めるかであった．規制当局者が提案した先進的手法 (AMA) は，最低規制資本要件の計算に用いられるオペレーショナルリスクの測定において，保険のリスク軽減効果が認められているが，その額は，オペレーショナル資本賦課全体の20パーセントが上限である．

銀行と保険業界の関係者の多くは，20パーセントという上限は，オペレーショナルリスク保険によるリスク軽減効果を反映する数字としては保守的だと考えている．それでも，保険は現在のところ銀行が使える重要なツールである．それにもかかわらず，保険がオペレーショナルリスクの問題に完全な答えを出せていない．というのは，ベストプラクティスの内部統制，オペレーショナルリスク測定，キー・リスク・インディケーターおよびリスク資本に関与しなければならない，兵器庫の中のただ1つの武器だからである．

[†10] M.Crouly, D.Galai and R.Mark, “Insuring vs Self-Insuring Operational Risk: The Viewpoint of Depositors and Shareholders”, *Journal of Derivatives* 12(2),2004, pp.51–55 を参照のこと．

14.10　非金融機関におけるオペレーショナルリスク

本章ではオペレーショナルリスクは銀行と金融機関でどのように測定されるのかを論じた．しかしながら，オペレーショナルリスクは政府機関，非営利団体やその他多くの非金融機関においてもまた決定的なリスクである．金融業界において発展してきたオペレーショナルリスクに関する用語，認識プロセスや推定方法は他業界の道標となる．人的ミスは製造業界において極めて重要であり，致命的な損害を引き起こす．したがって，オペレーショナルリスクの要因をマッピングし，どのように管理するのかを決めることはいかなる組織にも必要である．

14.11　結論

本章での議論は，金融機関が適正なオペレーショナルリスクモデルを選択し，オペレーショナルリスクのポートフォリオをより効率的に管理するうえで有益である．オペレーショナルリスクをグローバルにモニタリングし管理することによって，金融機関はますます競争優位性を高めることができるだろう．もっとも，これを達成するうえで，いくつかの基本的なインフラ問題に直面することになろう．

オペレーショナルリスクを絶対的な定義で測定することは重要であるが，これは，業界レベルでは今なお発展途上にある．より基本的な管理目的は，銀行が主要な決定を行う際に，キー・リスク・インディケーターを使用して傾向を追い，ビジネスモデルや失敗した手順においてどのようにオペレーショナルリスクが生じるかをより理解し，オペレーショナルリスクを一層透明性の高いものにすることにある．例えば，我々が本章で説明してきたアプローチは，これらの主要な問題に明確かつ明示的に答えている．

- 広い意味で，最大のオペレーショナルリスクは何か．
- リスクは，ソルベンシー（支払い能力）を脅かすほど大きいか．
- 我々の内部，外部環境において何がリスクを生じさせるのか．
- リスクは時とともにどのように変化するか．
- どのようなリスクの兆しが見えるか．
- 選択された，妥当と思われるが，極めて最悪な諸々のシナリオを生き残ることができるのか．
- 我々と同等の相手のリスク水準とどのように比較するか．

もう1つの明確な目的は，特定の行動計画と厳格な実行スケジュールを通じてオペレーショナルリスクをよりうまく管理することである．ならず者トレーダー事件のような，オペレーショナルリスクの災禍の後で実施される業界調査によって，たいていの場合，事象に至るまでの危険信号の痕跡が明らかになる．その痕跡は，損失事象の数カ月，あるいは数年前から始まっている場合が多い．そして，多くの場合，この危険信号には，同じ原因による規模の小さな損失，大規模損失のリスクを警告する「ニアミス」，あるいは，監査人や規制当局者によって惹起されたが，経営者が適切に対処しなかった懸念事項が含まれる．

オペレーショナルリスクは，業務部門，ビジネスインフラ部門，内部監査やリスク管理のようなコーポレートガバナンス部門の協力によって管理されるべきである．このために，上級管理職は，リスク意識の高いビジネス文化を醸成すべきである．職員がどのようにしっかりと行動するかは，最終的には，上級管理職が彼らをどのように選抜し，訓練し，報酬を与えるかにかかっている．

上級管理職にとって間違いなく最大の課題は，業務部門，インフラ部門，コーポレートガバナンス部門（内部監査やリスク管理部門）の行動を調和させ，オペレーショナルリスク管理に関して，すべての部門がともに「やるしかない」という環境を作り出すことである．

第15章

モデルリスク

現代の金融の世界において，モデルは驚きであり，時には呪いでもある．モデルは，金融や企業といった世界におけるあらゆる目的を通じて，特に投資や金融のポジションの価値やリスクに数値を与えるために利用される．すでに本書で述べてきた，市場リスク，信用リスクおよび資産・負債のリスク管理を含む多くの主要な企業活動に対してモデルは中心的な役割を果たしてきた．

不幸なことに，モデルは，内部にいくつかの誤りを含んでいるという意味で間違う可能性がある．また入力情報が間違っているためにモデルが誤って適用され，出力結果が間違って解釈されるかもしれない．複雑な世界を理解するためにモデルへの依存度が高まるにつれ，リスク管理に内在する場合を含み，モデルリスクも高まっている．本章では，市場リスクを例に挙げながらモデルリスクの重要性について説明する．検証の対象は次のとおりである．

- 問題の範囲
- モデルの誤り
- 実装の問題
- モデルリスクの軽減
- 典型事例の詳細な経緯：LTCM とモデルリスク

本章を通じて，短いケーススタディにより，鍵となる問題に焦点を当てる．まず最初に 2012 年に発生した JP モルガンチェースの「ロンドンの鯨 (London Whale)」事件の検証から始める．この事件は，モデルリスクが金融機関の規模または地位とは関連性がないことを示した (BOX15.1)．

BOX 15.1

モデルリスクとガバナンス：ロンドンの鯨

2012 年の前半に JP モルガンチェースは，巨額のクレジットデリバティブポートフォリオのエクスポージャーにおいて数 10 億ドルの損失を被った．米国上院による

300 ページに及ぶ事後調査レポート[†1] から逐語的に引用しながらこの事案のケーススタディをまとめた.

状況の設定

「JP モルガンチェース・アンド・カンパニー (JP Morgan Chase & Company) は, 2 兆 4,000 億ドルの資産を有する米国最大の金融持株会社である. 同社はまた, 世界最大級のデリバティブディーラーであるとともに, 世界のクレジットデリバティブ市場において最大かつ単一の市場参加者である. 同社の主要な銀行子会社である JP モルガンチェース銀行 (JP Morgan Chase Bank) は米国最大手の銀行である. JP モルガンチェースは自社について継続的に, 広範囲にわたるデリバティブのディーリングを含み, 納税者が銀行業務の遂行を懸念する必要がない, と確信できる「堅固な貸借対照表」に基づくリスク管理のエキスパートであると表現している. しかし 2012 年の初頭に, 3,500 億ドルもの預金超過分を管理していた銀行の最高投資部門 (CIO) は, 2012 年に複雑なシンセティッククレジットデリバティブに対して巨額の賭けを行い, 少なくとも 620 億ドルの損失を被った.

CIO による損失は, ロンドンオフィスのトレーダーが執行したいわゆる「ロンドンの鯨」取引の結果によるものである. 取引規模が甚大であったため, 世界のクレジット市場が混乱に陥った. 銀行の経営陣は当初,「ティーポットの中の大嵐」であるとしてこれを放置していたが, 相対的にクレジット市場の環境が良好であったにもかかわらず, 取引による損失は直ちに 2 倍, 3 倍に膨れ上がった.」[†2]

リスクエクスポージャーの増加

「...CIO は 2006 年に, 新しいトレーディング行為として, シンセティックデリバティブ取引に対する提案を承認した. 2008 年に, CIO は信用トレーディング行為をシンセティッククレジットポートフォリオ (SCP) と呼び始めた.」

「3 年後の 2011 年には, ネットの想定元本規模は 40 億ドルから, その 10 倍以上の 510 億ドルに増大した. 2011 年の終わり頃, SCP は約 4 億ドルの利益を生み出すために, 10 億ドルのクレジットデリバティブトレーディングの賭けを行うための資金を提供した. 2011 年 12 月, JP モルガンチェースは CIO に対して, リスクアセット (RWA) を減らすように指示した. 一般的に銀行は, これにより, 規制資本で要請される額を減らすことができる. これに対応して 2012 年の 1 月に, CIO は, SCP からリスクの高い資産を減らすという, RWA 減額のための最も典型的な方法に代え, クレジットデリバティブの売りポジションを相殺し, CIO の RWA を減らすため, デリバティブの買いポジションの追加を要請するトレーディング戦略を実行した. このトレーディング戦略により, 結果としてポートフォリオの規模, リスクおよび RWA が増加したのみならず, ネットでポートフォリオを買いポジションとすることにより, 本来 SCP が提供することになっていたヘッジのプロテクションが排除された.」[†3]

オペレーショナルリスク：隠れた損失

「オペレーション開始後の最初の 4 年間, SCP はプラスの収益を生み出した. しかし 2012 年は, 損失を賄う程度の収益水準で始まった. 1 月, 2 月および 3 月は, 損失を報告した日数が, 収益を報告した日数を上回った. そして SCP が黒字となった日は 1 日もなかった. 報告上の損失を最小にするため, CIO は過去に行ってきたクレジットデリバティブの価格付けのための評価慣行とはかけ離れた方法を取り始めた. 1 月初旬に CIO は, 市場価格の日々の乖離幅（ビッドアスクスプレッド）における仲値もしくは仲値近傍の価格を用いてクレジットデリバティブの日次ベースの価値を計算するようにした. CIO は仲値を使うことにより,「公正価値を最も代表する」価格を利用してデリバティブの価値を評価するという要請に従うことができた．しかし2012年の第1四半期の後半，CIOは，仲値近傍の値を利用することに代え，市場価格の日々のレンジ（ビッドアスクスプレッド）内のより好ましい価格を採用し始めた．CIOはより好ましい価格を採用することにより，銀行内でSCPを計上するための日次ベースの損益(P&L)報告書において，より小さい損失額を報告することができた．」

「...2012年3月16日までの，年初来のSCPによる損失は1億6,100万ドルであった．しかし，仲値を利用していたのならば，損失は少なくとも4億3,200万ドルに膨らみ，合計で5億9,300万ドルの損失となっていたであろう．」[†4]

「...CIOがより好ましい評価を利用した結果，JPモルガンチェースにおける2つの事業ライン，すなわちCIOと投資銀行部門が，特定のクレジットデリバティブについて異なる価値を割り当てられた．2012年3月当初より，CIOの取引相手は価格の相違を認識しており，中にはCIOが採用した評価に反対する取引相手もいた．その結果として，最大で6億9,000万ドルの担保評価の紛争が生じた．5月に銀行の副最高リスク責任者は，CIOに対して，対応する価格の管理幅における仲値を明確にするため，独立の価格付けサービスを利用していた投資銀行部門と同様に取引の記録を行うよう指示した．評価方法を変更することにより，CIOの取引相手先との担保評価の紛争が解決した．同時に，取引記録の誤りも終焉した．」[†5]

コーポレートガバナンス：貧弱なリスク文化

「JPモルガンのリスク管理は最高クラスであるという評価とは対照的に，鯨取引(the whale trade)により，恒常的に見過ごされるリスクリミットの違反，頻繁に批判・軽視されるリスクメトリクス，および自己資本に対するより低い要求水準を人工的に作り出すことを追求した銀行員の標的とされるリスク評価モデルという銀行の文化が浮き彫りとなった．」

「CIOは，バリューアットリスク(VaR)リミット，クレジットスプレッド拡大01(CS01)リミット，クレジットスプレッド拡大10%(CSW10%)リミット，ストレス損失リミット，およびストップロス警告を含む，取引行為に付随するリスクを測定・管理するために，5つの主要なメトリクスとリミットを利用した．2012年の最初の3カ月の間に，CIOのトレーダーは数10億ドルの複雑なクレジットデリバティブをSCPに追加した際に，SCPの取引は5つのリスクメトリクスにおけるリミットに違反した．実際には，2012年1月1日から4月30日までの間，CIOリスクリミットおよび警告に対する違反は330回以上に及んだ．」

「... 数多くのSCPの違反は定期的にJPモルガンチェースとCIOの経営陣，リスク管理担当者およびトレーダーに報告されていた．しかしながら，違反によりSCPに対する詳細なレビューやリスクを低減するための即時の治癒的な行為を要請するには至らなかった．その代わりに，違反はほとんど無視されるか，対応するリスクリミットを引き上げることで解消した．」[†6]

モデルリスク：偽りのVARモデル

「CIOのトレーダー，リスク管理担当者，およびクオンツアナリストは，クレジットデリバティブのリスクを軽視し，SCPによるリスクが結果として低くなるようなリスク尺度やモデルの変更を提案しつつ，リスクメトリクスの正確性について頻繁に批判した．CIO VaRの場合，アナリストが，既存のモデルは保守的すぎており，リスクを過大評価していると結論づけた後に，2012年1月後半，急遽代替的なCIOモデルが適用された．その一方でCIOは，CIO自身，銀行全体の両方のVaRリミットに違反していた．銀行はOCCの承認を得ていなかった．というのもSCPのモデルを利用しなければならなかったからである．CIOが導入した新しいモデルにより，SCPの

VaR はただちに 50% 低下した．これにより CIO の違反が解消したのみならず，CIO は実質的によりリスクの高いデリバティブ取引に従事できることとなった．その数カ月後，銀行は，モデルは誤りを起こしやすいマニュアルでのデータ入力を必要とし，数式や計算の誤りが生じやすいものであるため，モデルの実装は不適切であるとの決定を行った．5 月 10 日に銀行は，リスクを正確に把握できない点を理由に新しい VaR モデルを無効とするとともに，以前に利用していたモデルに戻した.」†7（図 15B.1 参照）.

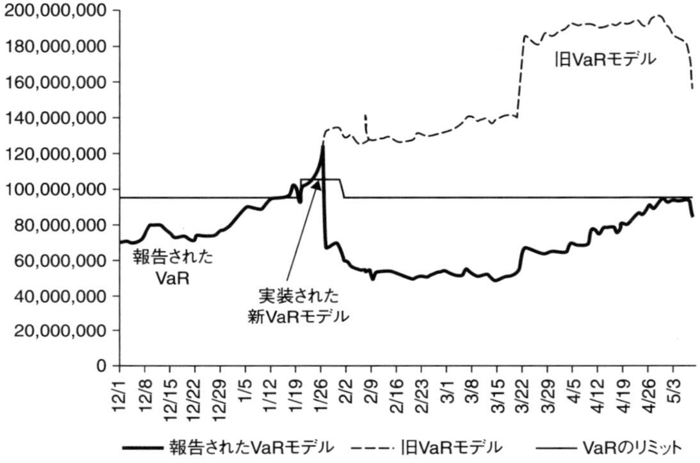

図 15B.1　CIO のバリューアットリスク：「旧」対「新」VaR モデル

(United States Senate Permanent Subcommittee on Investigations, *JP Morgan Chase Whale Trades: A Case History of Derivatives Risks and Abuses*, Hearing, March 15, 2013, Exhibits)

---

†1 米国上院議会 調査小委員会（議長：Carl Levin，少数党の幹部メンバー:John McCain），*JP Morgan Chase Whale Trades: A Case History of Derivatives Risks and Abuses*, Hearing, March 15, 2013. 企業自身による事案の説明については，*Report of JP Morgan Chase & Co Management Task Force Regarding 2012 CIO Losses*, January 16, 2013 を参照.

†2 上院レポート p.1.

†3 上院レポート pp. 3–4

†4 上院レポート p.96

†5 上院レポート p.6

†6 上院レポート p.7.

†7 上院レポート pp. 7–8.

15.1　モデルリスクはなぜ重要なのか：市場リスクの例

株式や普通債といった単純な金融商品の場合，モデルリスクはそれほど重要ではない．通常において，市場は資産の価値を表す最良の指標である．しかしながら，OTC エキゾチックデリバティブ商品を取引する金融機関や，複雑なアービトラージ戦略を実行する金融機関にとって，モデルリスクは重要な課題となる.

市場に流動性がなく，価格を発見する仕組みが機能しない場合は，理論値算出モデルを用いて金融資産のポジションを評価する（もしくは「モデルを用いて値洗いを行う」）必要がある．今日では，モデルを用いて値洗いをするアプローチは，会計審議会（例：米国のGAAPおよび国際的なIFRS）や規制当局（例：バーゼル委員会）で承認されている.

また，以前の章でその詳細を議論したように，リスクに対するエクスポージャーの算定や適切なヘッジ戦略の立案のためにもモデルを利用する.

モデルに依存することの危険性はデリバティブ市場の歴史における早い段階から明らかであった．しかしながらそれは，2007–2009年における金融危機時およびその後に，全く想定していなかった規模でトレーディングのポジションが甚大な損失を被った際に劇的に顕在化した．結果としてバーゼル委員会は，金融機関に対して，トレーディング行為に伴うモデルリスクを査定するように要請した．すなわち，有価証券のプライシングやヘッジを行う際において，誤りのある，または誤って構築されたモデルを利用することに伴う損失のリスクである[†1].

挑戦の一部は複雑さに対するものである．ブラック＝ショールズとマートンのオプションプライシングモデルが公表された1973年以来，キャップ，フロアー，スワップション，スプレッドオプション，クレジットデリバティブおよびその他のエキゾチックデリバティブなどの金融技術革新を支える評価理論は非常に複雑になってきた．それに併せて，モデルリスクから生じる脅威も高まってきたのである．2004年以来，以下で議論する，市場のボラティリティ，VIXに基づく悪名高いオプションおよびボラティリティインデックスをベースとする新しい金融商品の一連の流れを見てきた．しかしながら，新しい商品を正確にプライシングしたり，付随するリスクをヘッジする能力を超えて商品の革新のための競争がなされている.

技術もまた，重要な役割を果たしている．コンピューターの能力が今のように増した結果，金融機関の経営陣がますます理解できなくなるようなより複雑なモデルが構築されがちである．金融技術によって，（利益だけでなく）損失を生み出す機会も顕著に増してきたのである.

今日，金融機関のトレーダーやリスクマネージャーは，安全に着陸するためにほぼすべてを機械に頼っている飛行機の操縦士や副操縦士にたとえられる．大嵐の際に操縦席の計器が狂えば飛行機には命取りとなる.

金融の世界では，モデルの欠陥を直接の原因とする大規模なトレーディング損

[†1] バーゼル委員会は「銀行は明確に，モデルリスクの2つの側面を反映した評価調整の必要性を評価しなければならない．それは不正である可能性が高い評価方法を利用したことに伴うモデルリスク，および評価モデルにおける，観測不可能（そして不正である可能性が高い）であるキャリブレーションによるパラメターの利用に伴うリスクである」と述べている．Basel Committee on Banking Supervision, *Revisions to the Basel II Market Risk Framework, Bank for International Settlement*, February 2011.

失が生じることがないまま，市場危機が過ぎ去った例は 1 つもない．2007–2009 年にかけて発生した危機において，モデルリスクは，仕組みのある金融商品に対する過度に楽観的な格付の付与（第 12 章参照），多くのトレーディングポートフォリオにおける VaR 値の過小評価および最悪ケースのシナリオに対する分析の不十分さという点で重要な役割を担った．

15.2 モデルリスクはどのくらい広範囲な問題なのか

現代の金融システムにおいて，モデルリスクはどこにでも存在する，というのがこの問いへの簡潔な答えである．イングランド銀行が 1997 年に実施した調査は，ロンドンに拠点をおくデリバティブ取引を行う主要金融機関 40 社が使用するモデルの差異を強調した．普通の外国為替商品の場合には，数値も感応度もその差異は比較的小さかった．しかしながら，数値だけでなく感応度のいくつかに大きな差異があるエキゾチックデリバティブもあった．スワップションで 10～20%，エキゾチックタイプの外国為替商品で 60% までの差異がある[†2]（本書の著者は，同じ金融機関の中でさえ，同様の金融商品に対して異なる部署が異なる評価を提示しうることを，経験上知っている）．

したがって，市場環境が荒れているとき，ときには穏やかなときでも，金融商品のトレーディングを行う企業はかなりのトレーディング損失を被ることがあるということは驚くに値しない．こうした損失のほとんどが事故あるいは不注意に起因するが，トレーダーまたは他の関係者は（少なくとも短期的に）自らに有利な結果をもたらす「間違い」を意図的に犯す危険もある．モデルは評価のために利用されるので，不完全なモデルは，おそらく数年にわたって銀行が経済的な損失を被っているにもかかわらず，机上でその戦略をとても収益性があるものとしてしまう．モデルの誤りが修正されるときまでに，銀行の勘定の下に大きな穴があったかもしれないのである．

本章の残りの部分で，下記に示すモデルリスクの主な要因について見ていくこととしよう．

- モデルの誤り：モデルは数学的な誤りを含むかもしれない，もっと起こりやすいこととして，モデルは誤解させやすい，もしくは不適切な単純化した仮定に基づくかもしれない．

[†2]研究者は，バリューアットリスク (VaR) 計算用のソフトウェアを販売する多数の商用ベンダーに同一の資産ポートフォリオを提供した．各ベンダーは，JP モルガンの RiskMetrics から取得した同一のボラティリティを使い，ポートフォリオ全体を集計した VaR と（スワップ，キャップ・フロアー，スワップションのような）商品種類ごとの VaR の報告を求められた．（比較的単純な商品からなる）同一のポジションを，同一の手法と同一の市場パラメターで分析することになっていたことを考えると，ベンダー間の数値の違いは著しかった．ポートフォリオ全体では，VaR の推定値は 380 万ドルから 610 万ドル，オプションを含む部分では，推定値は 74 万 7,000 ドルから 210 万ドルにわたった．C. Marshall and M. Siegel, “Value at Risk: Implementing a Risk Measurement Standard”, *Journal of Derivatives* 4(3), 1997, pp. 91–111.

- モデル実装の誤り：間違いもしくは一部意図的な詐欺により，モデルは誤って実装されるかもしれない．

15.3 モデルの誤り

デリバティブのトレーディングは複雑な数式と高度な数学を利用する数理モデルに大きく依存している．最も単純な場合，解析解（一連の数式，または数式の体系の解法）に間違いがあればモデルは正しくないものとなる．

また，原資産の価格過程が誤った仮定に基づいている場合も，モデルは正しくないといわれる．この点はより一般的で，かつより危険なリスクである．金融業界の歴史は当てにならない仮定に基づくトレーディング戦略の例であふれており (BOX15.2 参照)，モデルリスクの中にはこの種の誤りをまさに形にしたものもある．例えば，実際の金利の期間構造がスティープで一定でないときでも，債券価格のモデルはフラットで一定の金利の期間構造に基づいているかもしれない．

BOX 15.2

間違った仮定ー Niederhoffer のプットオプションの事例

ウォール街の花形トレーダーであったビクター・ニーダーフォーファー (Victor Niederhoffer) が運営するヘッジファンドが 1997 年 11 月に破綻した†1．当ファンドは，S&P500 指数に対するディープアウトオブザマネーのプットオプションを裸で（すなわち，カバーせずに）大量に売り，見返りに小額のオプションプレミアムを集めていた．ニーダーフォーファーのトレーディング戦略は，市場は 1 日に 5% を超えて下落することは決してないだろうという前提に基づいていた．1997 年 10 月 27 日，アジア市場で起こった危機に反応して，株式市場は 7% を超えて下落した（このような下落は，市場収益率が正規分布に従っていたならば，実際には不可能であっただろう）．流動性，というよりも市場ショック後の流動性の消滅により当ファンドは破綻し，5,000 万ドル以上のマージンコール（追加証拠金の要求）を満たすことができなかった．その結果，ニーダーフォーファーのブローカーはポジションを投げ売り価格で処分し，当ファンドの自己資本全額が失われた．

†1 *Derivatives Strategy* 3(1), 1998, pp.38–39 を参照．

モデル構築の際に最もよくある誤りは原資産の分布が実際には時間とともに変化しているときに定常（すなわち，不変）であると仮定することである．ボラティリティの場合はとりわけ顕著である．例えば，VIX†3 で測定される S&P500 インデックスのボラティリティは，2007 年 7 月の初めには約 15% であったが，その月末には 30% を超えていた．金融危機後，2008 年 9 月の初めに VIX は約 30% であったが，リーマン・ブラザーズ (Lehman Brothers) の破綻に引き続く 2 週間の

†3 シカゴオプション取引所 (CBOE) が運営する，よく知られたボラティリティインデックス．

内に，80% を超える水準にまで急上昇した（第5章，図5.5）[†4]．インデックスがいかにボラタイルであり，ボラティリティが一定であるとの仮定がいかにモデルに不意打ちを与えるかを見て取ることができる．

デリバティブの実務家は，ボラティリティが一定ではないことや，理想的な解決法は，ボラティリティが確率的に変動することを認識し，それに整合的なオプション評価モデルを開発することをよく知っている．ただし，何らかの確率ボラティリティを加味すると，オプション評価モデルの計算は難しくなる（さらに，ボラティリティの変動過程に関連した観測不可能な新たなパラメターを評価モデルに組み入れると，パラメター推定の問題はずっと深刻になる）．

代わりに，デリバティブの実務家は（現実をより良く表現する）複雑さと（モデルの扱いやすさを改善する）単純さとの間の最良の妥協点を見いだそうと絶えず努力している．

トレーダーは価格の挙動の仮定を単純化していることを認識しているが，所与のポジションやトレーディング戦略に対してこの種の単純化した仮定がどう影響するのかを彼ら（あるいはリスクマネージャー）が評価することはたやすいことではない．例えば，実務家は，収益率が正規分布に従う，すなわち「釣鐘型」の分布に従う，と仮定することが多い．しかしながら，実証的な証拠によれば，こうした分布の多くにはファットテールが存在している．実際にこのような分布においては，起こりそうもない出来事が正規分布を仮定するよりもずっとありふれて起こるのである．したがって認識していないファットテールから生じる危険の軽減に役立てるべく，可能であれば，理論的な分布よりも実際の分布を使うべきである．しかしながら，このようなファットテールは，（CAPM，あるいはブラック・ショールズのオプション評価モデルのような）第5章で見てきた多くの伝統的なモデルの背後にある理論的な分布には勘案されていないのである．

モデルを単純化しすぎる別の要因は，考慮すべきリスクファクターの数を過小に見積もることである．コーラブル債券のような単純な投資商品において，正確な価格とヘッジ比率を求めるには1ファクターの期間構造モデル（ファクターは短期のスポット金利で表される）で十分かもしれない．30年のバミューダスワップション取引はいうまでもなく，スプレッドオプションやエキゾチックものといった複雑な商品においては，例えば短期と長期のスポット金利からなる2ファクターモデルのように，2あるいは3ファクターモデルが必要かもしれない．

別の問題として，モデルがほとんど常に完全な資本市場の存在を仮定して導かれていることがある．現実には，多くの市場，とりわけ後進国における市場は，完全市場からはほど遠い．一方，先進国でさえも，OTCデリバティブ商品は，取引所で取引されず，通常は完全ヘッジもできない．

実際の例として，ほとんどのデリバティブのプライシングモデルは，対象の商

[†4]数字はすべて年率換算している．

品にデルタニュートラルなヘッジ戦略を適用できるとの仮定に基づいている．すなわち，デリバティブを保有するリスクは，原資産を適切な割合（ヘッジ比率）だけ保有することにより連続して相殺できるとの仮定である．実際には，原資産に対してオプションをデルタニュートラルヘッジすることは決して完全に無リスクとはならず，そのようなデルタニュートラルのポジションを維持するためにはかなり活発なリバランスが必要となる．銀行はプライシングモデルが想定するような連続したリバランスを行うことはめったにない．1 つには，理論的な戦略では莫大な回数の取引を執行することになるが，そうするには取引費用が多額に及ぶため実現の可能性がないからである．また，取引費用を無視したとしても，連続的な取引は可能ではない．市場は夜間には閉まり，休日や週末もあるからである．

流動性，というよりも流動性の欠如もまた，モデルリスクの主な要因である．モデルは，現在の市場価格で原資産を売買でき，取引執行時にも価格が劇的に変化することはないと仮定している．2007–2009 年にかけての金融危機の際には，とても安全で流動性があるとみなされていた高格付の債券の中には，流動性の欠如により取引されなかったものもある．

モデルは数学的には正しく，一般的には役に立つが，与えられた状況に間違って適用されることがある．例えば，債券評価用に実務家が広く利用している期間構造モデルの中には，フォワードレートが「対数正規分布」に従う，すなわちフォワードレートの変化率が正規分布に従う，との仮定に基づいているものがある．こうしたモデルは，過去 10 年間の日本および危機が終了した直後の数年間における米国およびヨーロッパを除く（なぜなら，中央銀行は「量的な金融緩和」政策を取り，莫大な流動性を市場に供給した）世界市場のほとんどに適用すると，比較的良好に機能するようである．金融危機後の市場はかなりの低金利という特徴がある．そして日本の場合，時にはマイナス金利を示した，こうした状況においては，金利に関する別の統計的な手法や（例えば，ガウシアンモデルや平方根モデル）のほうがずっとよく機能する．

同様に，ある種の商品用に安心して利用できるモデルが，微妙に異なる別の商品には全く機能しないかもしれない．多くの店頭商品は，標準的なオプションプライシングモデルでは無視しているようなオプションを内包している．例えば，ワラントを評価するモデルを利用すると，もしもそのワラントが延長可能である場合には偏った結果がもたらされるかもしれない．他のよくある間違いに，エクイティオプションの評価にブラック・ショールズのオプション評価モデルを利用し，株価から配当の現在価値を差し引いて配当を調整するというものがある．このことはオプションを早期に行使できるという事実を無視している．もしも調査を行う人が，原資産が現物資産であるか，あるいはそれ自体が他の原資産（または資産のバスケット）に対する条件付資産であるかを明確にしない場合には，間違ったモデルが適用されやすいのである．

15.4　モデルの誤った実装

たとえモデルが正しく，適切な問題に取り組むために使われていても，モデルが誤って実装される危険は残る．膨大なプログラミングを必要とする複雑なモデルである場合には，プログラムの「バグ」がモデルの出力結果に影響する可能性が常にある．中には，固有の誤差や妥当性の限界をもつ数値計算技術に依存したモデルの実装も見られる．誤りのないように見える多くのプログラムは通常の状況下でテストされたものであり，そのため極端な状況では誤りを起こしやすいかもしれない．

モンテカルロシミュレーションを必要とするモデルでは，シミュレーション回数や時間ステップ数が十分に実装されていない場合には，価格やヘッジ比率の不正確さが大きくなりうる．この場合，モデルは正しく，データは正確かもしれないが，計算プロセスに必要な時間が満たされないのであれば，結果は間違いかもしれない．

複雑なデリバティブを評価するモデルでは，データは多くの異なる情報源から収集することとなる．暗黙の仮定に，各期間において，評価の対象となるあらゆる資産とレートは正確に同時刻のものであり，したがって同じ瞬間の価格を反映している，というものがある．実務上の理由からは同時でない価格の入力が不可欠であり，それが誤った価格評価につながるのである．

プライシングモデルを実装する際に，統計的な手法がボラティリティや相関係数といったモデルのパラメターを推定するために用いられる．ここで重要な問題は，パラメターの見直しはどのくらい頻繁に行うべきか，というものである．調整は定期的に行うべきか，あるいは重要な経済イベントをきっかけにするべきか．同様に，パラメターは定性的な判断に従って調整するべきか，あるいはその判断は純粋に統計的手法に基づくべきか．統計的な手法はある意味で「後ろ向き」になりがちである．一方，人間による調整は前向きである．すなわち，調整にあたっては，各々の市場に起こる将来の展開についての個人的な評価を考慮している．

あらゆる統計的な推定量は，プライシングモデルへの入力変数の推定誤差の影響を受けている．推定手続きにおける重要な問題に「外れ値」もしくは極端な観測値の取扱いの問題がある．真の分布を反映していないという意味で，外れ値は真の外れ値なのか．あるいは，外れ値は，捨ててはいけない重要な観測値なのか．推定手続きの結果は，そうした観測値をいかに取り扱うかに応じて大きく異なる．銀行は，もしくは銀行のトレーディングデスクでさえ，モデルのパラメターの推定のため，異なる推定手続きを使うかもしれない．日々の終値を使う場合もあれば，取引データを使う場合もある．調査担当者がカレンダー時間（すなわち，経過実日数）を使うか，取引時間（すなわち，対象となる金融商品が取り引きされた日数）を使うか，あるいは経済時間（すなわち，重要な経済イベントが発生した日数）を使うかどうかは，計算結果に影響する．

最後に，モデルの質は，モデルへの入力変数とパラメターの正確性に大きく依存する．トレーダーが間違うのはたやすい (BOX15.3)．このことは，最善の手続きや統制が発展途上にあるような比較的新しい市場の場合に，特に当てはまる．数個のパラメターの推定が必要となるモデルを実装しようとする場合には，「ごみデータを入力すればごみデータしか出力されない (garbage in, garbage out)」という古い格言を決して忘れてはならない．

ボラティリティと相関係数は，数値の正確性を判断することが最も難しい入力パラメターである．例えば，オプションの行使価格と満期は決まっており，資産価格と金利は，容易に市場で直接に観測できる．しかしながら，ボラティリティと相関係数は予想しなければならない．

BOX 15.3

誤ったレートのインプット―メリルリンチの例

1970 年代の半ばに，ウォール街の投資銀行メリルリンチは 30 年国債をその構成要素，すなわちクーポン部分とゼロクーポンの元本部分，への分解（または「ストリップ」）を始めた．それから，こうした構成要素を「IO(interest only) 債」と「PO(principal only) 債」として市場に提供した．

メリルは IO 債と PO 債のプライシングに 30 年債のパーイールドを用いた．パーイールドカーブは年金利回りカーブよりは高いが，ゼロクーポンカーブよりは低かった．それゆえに年金利回りではなくパーレートを使うことにより，IO 債を過小評価し，ゼロクーポンレートではなくパーレートを使うことにより，PO 債を過大評価した．ただし，2 つの評価の合計は債券の真の価値になっていた．メリルは過小評価した IO 債を 6 億ドル売却し，過大評価した PO 債は売却しなかった．

一方，メリルリンチのトレーダーは約 13 年のデュレーションを用いて 30 年債をヘッジしていた．債券すべてがメリルリンチの帳簿にもとのまま残っている限り，これは正しい意思決定である．しかしながら，債券の IO 債部分をすべて売却した後でさえ，トレーダーは 13 年でのヘッジを続けた．しかしながら，30 年 PO 債の正しいデュレーションは 30 年である．金利が上昇すると，メリルは多大な損失を被った．評価の誤りと併せて，このヘッジの失敗による損失は 7,000 万ドルに達した．

サブプライム危機は，容赦のない方法で，相関の前提や収益率の分布が定常的であるとの仮定の問題点を強調した[†5]．金融危機の際に，相関はプラス 1 もしくはマイナス 1 といった極端な方向に動く．つまりすべてのリスクファクターが全く同じ方向，もしくは全く反対の方向に動く．このことは，サブプライム CDO の AAA 格トランシェの突然のデフォルト (BOX15.4) で描写されるように，リスクが突然にジャンプするトリガーとなりうる相関の非連続性（すなわち，非線形

[†5] 2005 年に準備した本書の第 1 版で，我々は読者に対してサブプライム市場に注意すべきであると警告した．なぜならサブプライム市場は，過去のデフォルトデータ，特に景気下降時のデータが欠如している新しい市場であったからである (BOX9.4, p.258).

性）を表している．

BOX 15.4

モデルリスク：仕組み商品と断崖効果

債務担保証券 (CDOs) などの仕組みのある信用商品はレバレッジの高い商品である．各々のトランシェの実績は，原資産の信用リスクにより発生した実現損失額と相まって，CDO の資本構造におけるトランシェのポジションに依存する．

トランシェ間の支払い原資のウォーターフォールや CDO の投資ビークルの信用補完あるいは清算を発動するトリガーなどの様々な構造上の特徴により，CDO の実績は「断崖効果」（もしくは非線形性）を生み出しやすい．それに加えて，潜在的な損失額は，特別の原資産に対するモーゲージの累積デフォルト率やデフォルト時損失およびデフォルト相関などの，推定が困難なパラメターに依存する．これらのパラメターは時間の経過に対して安定的ではないし経済環境にも大きく依存する．

CDO の実績を支える投資対象にさっと目を通すことにより，この複合的な効果をより良く理解することができる．サブプライム CDO において，担保は MBS，すなわち，それ自身が個人向けのサブプライムモーゲージのプールのトランシェとなるサブプライム債券で構成されている[†1]．

（それゆえにサブプライム CDO は，まさに CDO スクエアードの一種である）．典型的なサブプライム CDO の担保は，平均格付が BBB で，BB から AA の間で格付が変動する約 100 のサブプライム MBS のシリーズで構成されている．

1 つの問題は，トリプル B のモーゲージ債券における最初の劣後部分は比較的小さく，CDO 全体の額の 3〜5% であり，かつトランシェの幅も最大で約 2.5〜4%（時には 1% 以下）とかなり薄い点にある．サブプライムモーゲージのデフォルト率は 20% で抵当権が行使された住宅ローンの回収率は 50%—サブプライム危機のピーク時における実際の数値—であり，これがトリプル B のトランシェに打撃を与えた．

それ以上に，住宅市場の全般的な下落と急劇な景気後退により，すべてのトリプル B のトランシェにわたる損失の相関は大変高いものであった（ある状況下では 1 に近かった）．後で考えてみると，もしもあるトリプル B のトランシェが打撃を受けたとすれば，ほとんどのトリプル B トランシェも同様に打撃を受けたことが見て取れる．トランシェの幅の薄さゆえに，サブプライム CDO のスーパーシニアトランシェが消え去るのと同様に，ほとんどの MBS 債券のほとんどが消え去ったであろう．

結果として CDO の投資家は，図らずも 2 つの状況に気がつくこととなる．それは，サブプライムモーゲージの累積デフォルト率は，原資産である MBS 債券に影響が及ばない閾値を下回っていたこと，もしくはサブプライム CDO のスーパーシニアトランシェのすべてが消え去ることが確実であるような状況の後に，累積デフォルト率が閾値を超えていたことである．

標準的な信用 VaR モデルを利用してポートフォリオレベルにおける各々の CDO トランシェの信用リスクへの寄与度を分析するために，ほとんどの銀行は，信用リスクの代理変数として，格付機関がトランシェに付与したのと同水準の格付を有する債券を利用した．しかし，このことは CDO に組み入れられている断崖効果を捉える手段にはならず，銀行のポートフォリオにおける仕組みのある信用商品のリスクを相当に過小評価することとなった.

[†1] 典型的な MBS 債券の担保は，3,000〜5,000 の個人向けモーゲージで構成されている.

デリバティブ市場の歴史を通じて，ボラティリティや相関などのモデルのパラメターは直接に観測できないという事実は，純粋な間違いと意図的な不正の両方が生じる多くの機会をもたらす．これらは，強固な統制手続きと独立した検査を通じてのみ対処できるものである（BOX15.5 参照).

価値を推定し，他方で評価に起こりうる間違いを見積もる際に最も頻繁に現れる問題として次のものがある.

- **不正確なデータ**
  金融機関のほとんどは外部のデータベースと同様に内部のデータを利用する．しばしば，データの正確性に対する責任は明確に決められていない場合が多い．それゆえに，パラメターの推定値に大きく影響するデータの誤りが見つかることはよくあることである.
- **不適切なサンプル期間の長さ**
  より多くの観測値を追加すれば，統計の検定力は改善し，推定誤差は減少する傾向がある．しかし，サンプル期間が長いほど，陳腐化し，廃れた可能性のある情報への重み付けが増してくる．特に金融市場が激しく変化する場合には,「古い」データは適切ではなくなり，推定過程にノイズをもたらすかもしれない.
- **流動性とビッドアスクスプレッドの問題**
  市場の中には，確固とした市場価格が存在しないものがある．ビッド価格とアスク価格の差が大きすぎて，単一の価値を見つける過程が複雑になるかもしれない．データを選別する際に，どの価格データを選ぶのかがモデルの出力結果に大きく影響するのである.

BOX 15.5

モデル実装のリスク―ナットウェストのオプションプライシングの例

1997 年，ロンドンのナットウェストのトレーダーがポンドとドイツマルクのキャップとスワップションを 1994 年末以降間違った価格で売却し，かつショートポジションをヘッジするにあたって，スワップションのプレミアムから計算したインプライドボラティリティに比べ，高すぎるボラティリティでオプションを購入していたことが発見された．これに伴い，とりわけマチュリティが長いものに対して，1997 年に，特に長期の部分に対するこれらの不連続を取り除いた際，ナットウェストのポートフォリオの価値は 8,000 万ドルの損失を伴って下方修正された．世界のリスクマネージャーにとって，ボラティリティの推定値や，より一般的には，トレーダーによるプライシングモデルへのその他あらゆる主だったインプット項目の正しさを確かめることが決定的に重要な問題なのである.

15.5　モデルリスクをいかに軽減するか

モデルリスクを軽減する重要な方法の 1 つは，モデル改善のための研究に資金を使うことと，銀行の内部または外部の大学（もしくは分析主体のコンサルティング組織）においてより良い統計的手法を開発することである.

モデルリスクを減らすさらに重要な方法は，モデルをどのように選択し構築したかに対して独立した検査の手続きを確立することである．また，損益の計算に対する独立した監視により，この手続きを補完すべきである.

検査の役割は，トレーディングデスクの提示する証券の評価モデルが妥当であることを経営陣に保証することである．言い換えれば，市場そのものが金融商品をどのように評価するのかについてモデルが妥当に表現していること，またモデルが正しく実装されていることを検査は保証している．検査は次のような段階で構成すべきである.

1. **文書化（ドキュメンテーション）**
   検査チームは，モデルの背景となっている仮定や数学的な表記を含む，モデルの完全な文書化を求めるべきである．このことは，スプレッドシートや R（統計プログラミング言語），あるいは C++ のコンピューターコードといった特定の実装方法とは独立であるべきである．また，次の内容を含むべきである.

   - タームシート，もしくは取引の完全な記述
   - モデルの数学的な記述．これには下記のものが含まれるべきである
     - モデルのすべての構成内容の明示：確率変数とその過程，パラメター，数式など
     - 複雑な仕組み取引のペイオフ関数やプライシングのアルゴリズム
     - モデルパラメターのキャリブレーション手続き
     - ヘッジ比率や感応度
   - 実装の特徴（すなわち，入力変数，出力変数，数値計算方法など）
   - 実装したモデルのバージョン

2. **モデルの健全性**
   他部門から独立してモデルを検査する人は，数学的なモデルが商品の価値評価を妥当に表現していることを証明する必要がある．例えば，マネージャー

は長期の債券に対する短期のオプションを評価するために特定のモデル（例えば，ブラックモデル）を使うことを妥当であると認めるかもしれないが，3 年ものの債券に対する 2 年のオプションの評価に同じモデルを使うことを（コンピューターのコードを見ずに）却下するかもしれない．この段階では，リスクマネージャーはファイナンスの側面に焦点を当てるべきであり，数学に過度に集中すべきではない．

3. **レートへの独自のアクセス**
   モデルを検査する人は，銀行のミドル部門が（独自にパラメターの推定を行うために）独立した市場リスク管理用のレートのデータベースに独自にアクセスしていることを確認すべきである．
4. **ベンチマークモデリング**
   モデルを検査する人は，想定した仮定と取引の明細に基づいたベンチマークとなるモデルを開発すべきである．ここで，検査官は提案されたものとは異なる方法で実装してもよい．提案された解析モデルは，数値計算による近似手法やシミュレーション法でテストできる．（例えば，検査すべきモデルが「ツリー」に基づいたモデルであれば，その代わりに，偏微分方程式アプローチに頼るとか，有限差分法を使って数値計算結果を導いてもよい）．そして，ベンチマークテストの結果を，提案されたモデルの結果と比較されたい．
5. **モデルのヘルスチェックとストレステスト**
   また，モデルが，あらゆるデリバティブモデルがもつ基本的な性質，例えばプットコールパリティやその他の無裁定条件，をもっていることを確認されたい．最後に，検査官はモデルのストレステストを行うべきである．モデルによるプライシングが正確になるようなパラメター値の範囲を確認するため，何らかの極端なシナリオを見ることでモデルのストレステストを行うことができる．
6. **全般的なリスク管理手続きへのモデルリスクの正式な取込みと定期的なモデルの再評価**
   さらに，最善の統計的手続きを使ってパラメターを推定し直そう．経験的には，単純だが頑健なモデルのほうが，意欲的だが脆弱なモデルよりも良好なようである．モデルの出来栄えについて長い時間をかけて監視し，統制することが不可欠である．

15.6 LTCM とモデルリスク：流動性危機においていかにヘッジが機能しなくなるか

1998 年 9 月のヘッジファンド，ロングタームキャピタルマネジメント (LTCM) の破綻は，金融業界のモデルリスクの典型的な例となっている．（ノーベル賞受賞者2名とソロモンブラザーズの伝説的な債券アービトラージ部門のスタープレーヤーを含む）LTCMの経営陣に対する評価だけでなく，前例のないポジション金額のため，この破綻は金融業界に衝撃を与えることになった．LTCMの当初資本金は，1994年3月の11億ドルから1997年8月には67億ドルにまで増加した．1998年に，27億ドルを外部の投資家に返還した後のLTCM資本額は480億ドルで，総資産が1,250億ドル，すなわち25倍以上のレバレッジであった．

LTCM危機は，1998年8月17日にロシアがルーブルを切り下げ，債務の支払い猶予（モラトリアム）を宣言したことを契機に起こった．LTCMの株式価値は44% 下落，1年間では52% もの下落（ほぼ20億ドルの損失）であった．市場に占めるポジションは非常に大きかったため，ニューヨーク連邦準備銀行は，世界の市場が崩壊するリスクを回避するための前例のない緊急支援策に踏み切った．

では，深刻な市場の出来事は，LTCMにどのくらいの悪影響をもたらしたのであろうか．LTCMのアービトラージ戦略は，ある商品を買い，同時に他の商品を売るという「マーケットニュートラル」もしくは「レラティブバリュー」トレーディングに基づいている．これらの取引は，2つのポジション間のスプレッドが適切な方向に動く限り，価格が上昇しても，下落しても利益を生み出すように設計されている．

1998年初における他のヘッジファンドと同様に，LTCMはそのポートフォリオを特定のポジション，しかも一見するとかなり安全であるように思われるポジションに賭けていた．例えば，LTCMは，米国と英国，といった異なる国における社債と国債のスプレッドが大きすぎ，（かつて常にそうだったように）結局は通常の範囲に戻るだろうということに賭けていた．このような戦略は，徹底的な実証研究と先進的なモデルに基づいている．このようなモデルによって明らかになった比較価値の機会を捉える取引は，社債を購入すると同時に国債を売却することであった．それ以外のポジションとして，ドイツ国債を売り，ヨーロッパ経済通貨同盟 (EMU) に加盟することとなっているスペインやイタリアなどの他の国債を買うことにより，ヨーロッパの主要な債券市場の収斂に賭けるものがあった．イールドスプレッドが縮小すれば，このようなポジションは，価格の上昇・下落にかかわらず利益をもたらすのである．

このように明らかに低リスクの戦略から得る収益率は非常に低くなりがちであり，その「機会」を得ようとする参加者が多くなるほど，収益はもっと小さくなる．結果として，ヘッジファンドは絶対的な実績を高めるためにレバレッジを積極的に活用せざるをえなくなる．例えば，LTCMは運用資産から1% の収益を獲得しようとしていた．その資産は，25倍のレバレッジをかけることで，25% の収益率をもたらすことになる．LTCMは，投資していた債券を担保に膨大な融資を得ることができた．なぜなら，LTCMの戦略は，貸し手である金融機関からは安全であると見られていたからである．

トレーディングモデルもリスク管理モデルも，ボラティリティが劇的に上昇し，市場間・商品間の相関が 1 に近づき，流動性も枯渇するような極端な危機における損失の悪循環を予期できなかったため，LTCM は破綻したのである．

15.6.1 トレーディングモデル

通常の市場状態では有効な価格の関連は，1998 年 8 月のような市場危機の際には消滅しがちである．ロシア危機により，多くの投資家は，ロシア以外の国がロシアの前例に従い，金融市場が混乱してしまうことを恐れた．これをきっかけに，新興市場やリスクの高い証券に興奮していた投資家に，「質への逃避」または「安全への逃避」が起こり，米国債市場やドイツ国債市場などの流動的で安全な回避先へ流れた．

こうした傾向により，結局，30 年米国国債の利回りは 5% にまで下落し，新興市場の債券，米国のモーゲージ担保証券，ハイイールド債といったよりリスクの高い債券の価格や，投資適格である社債の価格さえも下落した．同様の現象がドイツやイタリアの国債の相対利回りにも影響した．すなわち，ドイツ国債はイタリア国債より安全とみなされていたため，利回りが異なり始めた．米国国債の価格が上昇し，質の低い債券の価格が下落したので，クレジットスプレッドは拡大した．しかも前例のない仕方であった．

スプレッドが拡大すると，トレーダーがショートポジションで得る利益は，ロングポジションの損失を十分に相殺するとは限らなくなる．したがって，貸し手は追加担保を求め始め，それにより多くのヘッジファンドは裁定取引をやめるか，他の保有資産をたたき売ることでマージンコール用の資金を捻出することを余儀なくされた．世界中のほとんどの市場，特に新興市場は，流動性が減り，ボラティリティが上昇した．

LTCM がもたらした損失のほとんどは，過去には観察された相関とボラティリティのパターンが崩壊した結果である．この市場の混乱の中で複数のメカニズムが作用し，その結果が「質への逃避」と流動性の消滅となった．

1. 国債の金利と株価が同時に下落した．投資家は，株式市場を見捨て，質への逃避で米国国債を購入したからである．通常の市場では，株式の収益率と金利は負に相関している，すなわち，金利が下落すると株価は上昇する．
2. 多くの市場で流動性が同時に枯渇すると，ポジションの解消が不可能となる．市場間で十分に分散していると思われるポートフォリオが単一市場に過度に集中しているかのように動き始め，市場中立なポジションが一方向（通常は市場の悪い方向）のリスクにさらされるようになる．

こうしたすべての理由により，LTCM はトレーディングポジションの多くから損失を被り，支払不能の危機に見舞われた．レバレッジが高かったという事実により LTCM の問題が引き起こされた．第 1 に，LTCM は現金を使い果たし，証拠金の要請を適時に満たすことができなかった．第2に，資金調達リスクを増幅する過度なレバレッジにより，LTCMは証券を投げ売り価格で現金化せざるをえなかった．ある時点では，負債が資産を上回りそうになった．そして，LTCMが支払不能とならないように，多くの主要な金融機関は相当な金額の資本注入を余儀なくされた．

15.6.2　リスク計測モデルとストレステスト

LTCMのリスク管理はVaRモデルに頼っていた．第7章で議論したように，VaRは所与の信頼水準と保有期間で，通常の市場の状況下で企業が保有するポートフォリオから生じる最悪の損失を示している．1兆ドルの想定元本，もしくは1,250億ドルの総資産だけではLTCMのポジションのリスクについて多くを語っていない．重要なのは，ファンドの市場価値のボラティリティ，すなわちVaRである．

LTCMによると，投資に対するリスクがS&P500指数に投資した場合のリスクよりも大きくならないようにファンドは構成されていた．S&Pのボラティリティに基づけば，47億ドルの資本で，LTCMの日次ボラティリティの期待値は4,400万ドル，10日のVaRは（99%の信頼水準の下で）約3億2,000万ドルとなるはずであった．この数値はポートフォリオの収益率が正規分布に従うとの仮定の下で計算されている．

しかしながら，規制上のVaRの計算では普通であるような仮定のいくつかは，ヘッジファンドには現実的なものではなかった．

1. 経済資本における保有期間は，新たな資本の調達にかかる時間，もしくは危機シナリオが広がる時間であるべきである．LTCMの経験に基づけば，ヘッジファンドのVaRを計算するための保有期間として，10日は明らかに短すぎる．
2. 流動性リスクは，昔からの静的なVaRモデルには織り込まれていない．VaRモデルは，市場が通常の状態であり，流動性も完全であることを仮定している．
3. 相関とボラティリティのリスクはストレステストを通じてのみ捉えることができる．おそらくこの点はLTCMのVaRシステムで最も弱かった点である．

LTCM危機の後で，ニューヨーク連邦準備銀行のウィリアム・マクドナー (William McDonough) 総裁は，米国下院の銀行・金融サービス委員会で次のように述べた．

「我々は，ストレステストが規範として発展しつつあることを認識しているが，LTCMの問題を突然引き起こしたような金融情勢に関しては十分なテストが行われていなかったのは明らかである．金融機関における効果的なリスク管理には，単にモデルを作るだけではなく，すべての取引をあらゆる種類の逆方向への市場の動きの下でテストできるモデルが必要なのである．」

4,400 万ドルと予想した日次ボラティリティに代わり，ファンドは結局のところ，1 億ドルかそれ以上の日次ボラティリティを経験した．10 日の VaR は約 3 億 2,000 万ドルであったが，LTCM は 8 月半ばより 10 億ドル以上の損失を被った．LTCM はリスクモデルにより破綻した．

15.7 結論

現代の金融において，モデルは必要不可欠な要素であり，モデルリスクはモデルを使うことについてまわる．本章では市場リスクに焦点を当てた例を示したが，信用リスクや資産・負債の管理を含めた他の分野においても，議論した多くの原則はモデルリスクを透明にすることに適用できる．

最も重要なことは危険を認識することである．金融機関はモデルによる評価の過信を避け，モデルに入力するあらゆる不正確な情報源を追跡して捉えなければならない．特に，モデルの失敗が重大な影響を及ぼす状況を考え抜けるようになるべきである．

本章ではモデルリスクの技術的な要素について強調して述べたが，モデルリスクによる損失の人的要因にも注意すべきである．多額のトレーディング利益は上級管理者の多額のボーナスにつながりやすく，そのことにより，彼らには（報告された利益を疑うリスクマネージャーや他の批評家よりも）利益を報告するトレーダーを信じるインセンティブが生じる．トレーダーは社内の批評家を困惑させるような正式なプライシングモデルに自らの専門知識を使うことが多い．そうでなければ，正式ではないが市場の動きを深く洞察したモデルの利用を主張するかもしれない．こうした行動心理は，毒で死んだ妖精のティンカーベルを生き返らせるために客席の子供たちが「僕は信じるよ，僕は信じるよ」と叫ぶピーターパンの劇のシーンにちなんで，「ティンカーベル」現象と呼びたくなるようなものである（BOX15.6 参照）．上級管理者が取りえる対抗手段は，市場収益率を上回る結果を出すと考えられるモデルに健全な疑いをもって対処すること，モデルが透明性をもつよう主張すること，およびすべてのモデルが独立して検査されていることを確かめることである．

BOX 15.6

「ティンカーベルリスク」—1995 年のベアリングスの事例

1995 年にニック・リーソン (Nick Leeson) がベアリングス銀行を破滅させた悪名高い事例は，大きな利益がリスクに対する赤信号になる—また幸福と同じくらいに好奇心を引き起こす—理由を示している．1993 年 6 月にオペレーション部門のヘッドとしてシンガポールへ異動した後に，リーソンは Simex（シンガポール証券取引所）でのベアリングスの顧客取引の執行を開始した．その後，リーソンはシンガポールと大阪の日経平均先物取引の価格差より利益を得るように作った裁定戦略を実行する許可を得た．リーソンはシンガポールのバックオフィスも依然として管理していたため，照合用の勘定#88888（彼はこの勘定をロンドンに送付する報告対象から除外するように仕組んだ）を利用することができ，1994 年の 2 億ポンドに及ぶ実際の損失を相当大きな報告上の利益に変換した．

リーソンの報告した利益は非常に大きかったため，1994 年末にベアリングスのロンドンのリスク管理担当者の目にとまった．しかしながら，リスク管理担当者がリーソンの上司に質問しても，「ベアリングスはこの裁定取引から利益を上げる卓越した能力をもっている」といわれて遮られた．リーソンが 1995 年 1 月の 1 週間で 1,000 万ポンドの利益を計上した際も，リスク管理担当者の懸念は，「ニックの裁定取引は群を抜いている」といわれて退けられた．簡単な計算を行うだけで，この利益を得るためにはリーソンはその週のシンガポールと大阪両取引所の日経平均先物出来高の 4 倍以上を取引していなければならなかった，ということがわかる．

ベアリングスの崩壊から引き出された主な教訓はトレーディングと管理を分離すべきということ，すなわちポジションとリスクの報告と監視はトレーディングから分離すべきということである．しかし，より一般的な結論として，報告された利益が本物である—また本物であり続ける—ことを確かめるために，偉大なサクセスストーリーに対しては独立した検査と厳格な監視を常に行うべきである．

第16章

ストレステストとシナリオ分析

ストレステストとシナリオ分析は，特定のストレスがかかった状態，ないし，より一般化された経済停滞のシナリオに基づく影響を見ることにより，企業が自らのポートフォリオやビジネスに対する潜在的なダウンサイドの影響を検討する方法を提供する．

これらの手法の大きな利点は，企業の側で，潜在的に影響 (damage) が大きいあらゆる状況を自由に考えることができる点にある．すなわち，過去の出来事や予想される状況にしばられる必要もなく，悲観的な状況の範囲を限定する必要もないのである．そこでは想像力やビジネス上の直感を活用することができる．そして，その結果について商品やポートフォリオ，さらには企業レベルといったあらゆるレベルで分析することができる．

ストレステストにおいては，監督当局の期待を別にすれば，芸術（アート）と科学（サイエンス）の組合せも自在である．ストレステストには，単純なワーストケースの想定から，（例えば，大手金融機関が信用リスクと ALM（資産負債管理）の統合システムを採用することによる）企業のバランスシート全体にかかる定量的影響分析まで，様々な形がある．

ストレステストとシナリオ分析そのものは，すでに数 10 年にわたって企業のリスク管理上のツールとして存在してきたが，金融業界においては，2007–2009 年に発生した金融危機以降，特別な役割を担うこととなった．本章では，その理由，適用可能なストレステストとシナリオ分析の種類を検討，金融機関のストレステストを支援・強化する新たな規制の潮流，ストレステストのベストプラクティスについて検討することとする．

16.1　なぜストレステストは前面に出てきたか

2007–2009 年に発生した金融危機は，リスク管理やリスクモデルの多くの重要な欠点を明らかにした．リスクモデルは強力な分析手段だが，第 15 章で議論したように，現実を何らかの形で単純化している．あらゆる側面から見たリスクや，その潜在的な相互関係，そしてその影響をすべて捉えるようなモデルはありえない．リスクモデルやリスク手法，あるいは（例えば格付のような）その分析結果をそれ自体が目的であるかのように取り扱うことは，リスクを正確に認識するための障害となりえる．

第7章では，1990年代後半から金融業界のリスクモデルの標準となったバリューアットリスク (VaR) の強みとその限界について議論した．VaR は，市場が正常に機能している状況においては，いくつかの種類のリスクにかかるリスク指標として有効である．しかしながら，直近の金融危機では，流動性が枯渇したケースや大きなテール・イベントが発生した場合の VaR の限界が浮き彫りになった．流動性の枯渇やテール・イベントといった事態は，金融危機において一般的であるが，静態的なモデルである VaR は，そうした影響を十分に捉えることはできない．また一般的な実務における VaR の分析には，ボラティリティの急上昇や相関係数の変動が十分に織り込まれておらず，サブプライム CDO のような仕組み商品の重要な非線形性も含まれていないのである．

さらに，ほとんどの VaR モデルは仮想的な時価 (Mark-to-market) の変化に焦点を当てており，追加担保（例，レポ取引）や，信用リスク関連の格下げ，オペレーショナルリスク事象（例，不正）などに関連するリスクのモデル化はできていない．また伝統的な VaR モデルでは，（バブル期に典型的な）複数年にわたるトレンドを示す市場におけるエクスポージャーや，エキゾティック・オプションのインプライド・ボラティリティの急上昇のように非線形な動きを示す商品のリスクを捉えるのは容易ではない．これらの問題の多くをここで議論する．これらは，第15章で「モデルリスク」と呼ぶものの一部である．

2007–2009年の金融危機で信頼を失ったリスク計測手法は VaR だけではない．より一般的には，リスクの定量化に過度に依存した金融業界のアプローチや，「ブラック・ボックス」的なモデルへの依存，さらには，システミックな連鎖反応を十分に把握できず，「想定できない事象を想像する」力に欠けることも，批判にさらされた．

こうした状況からストレステストとシナリオ分析が本領を発揮することになる (come into its own)．うまく活用すれば，ストレステストは，「米ドルが英ポンドに対して20% 下落したら，どれくらいの損失が発生するか」といったような直感的な疑問に答えることで，より透明性の高いリスク管理を可能にしてくれる．包括的なシナリオ分析は，リスクをより統合的 (holistic) に捉えようとしており，収益や損失，あるいはあらゆるリスクとその相互連関としての自己資本充実度に対するストレスの影響を金融機関が理解する際の手助けになる．さらに，シナリオ分析に重点を置くことで，危機的状況における（流動性リスクと市場リスクといったような）リスクの連関について，経営者が考えるようになる．

金融業界は，VaR のようなリスク手法をストレステストやシナリオ分析といったアドホックな実務的手法で補完することによって，定量的な厳密さに一定の知識に基づいた定性的な判断を加えることが望まれている．この補完により，他の形態のリスク評価やリスク管理の潜在的な弱点も浮き彫りになる．

しかしながら，ストレステストが理論的な検討で確立された手法というよりは，当面の問題のための実務上の手法であることを最初に強調しておくべきである．ストレステストには，経済学的，あるいはファイナンス理論的な裏付けはなく，その有用性は主要なリスクとそのシナリオ，さらにその相互関係や企業への影響といったことを理解する際の定性的な思考プロセスに大きく依存する．それでも，ストレステストは組織の戦略や事業企画プロセスにおいて非常に有用でありうる．

16.2 ストレステストとシナリオ分析の種類：概観

ストレステストとシナリオ分析は，単純な感応度分析からリスク要因ごとのストレステストやシナリオ分析にいたるまでの幅広い手法を包括する広範な用語である[†1]．リスク管理の分野では，様々な用語があいまいに使われることが多いということをこの分野の読者は知っておくべきである．

通常，感応度分析 (sensitibity analysis) においては，他のリスクパラメターは一定にしたうえで，特定のパラメターのみを変動させて，例えばそれが資産や負債からなるポートフォリオの価値や収益性に与える影響を測定する．こうすることで，ポートフォリオがどのリスクファクターに対して最も影響を受けやすいかといった分析が可能になる．一般的には，採用するリスクパラメターの変動幅は大きくはない．

感応度分析に含めて呼ばれることもある「リスクファクターレベルでのストレステスト」は，個々のパラメターや入力値に対してより極端なショックを与えるものである．与えられるショックは，広範な市場シナリオを参照せずに決められる．例えば，10% や 20%，30% の株価指数の下落，100 ベーシスポイント (100bps) のイールドカーブの上下シフト，25 ベーシスポイントのイールドカーブのねじれ (twist)，上下 6% の為替レートの変化，上下 20% のボラティリティの変化，といったことの影響を測るストレステストである[†2]．

この種のストレステストは，強い非線形性と大きなネガティブ・ガンマを有するポートフォリオについては特に重要となりうる．この種のポートフォリオは，価格が上がっても下がっても損失となりうるものであり，損失額は，価格の変化に対して加速度的に大きくなる．単一のリスクファクターに関するストレステストは，多数のリスクファクターの存在やフィードバック効果を無視するが，それで

[†1] B. Schachter, “stress testing and Scenario Analysis”, *The Encyclopedia of Quantitative Finance*, Wiley, 2010（「ストレステストとシナリオ分析」）参照.

[†2] これらの例は，1995 年にデリバティブ・ポリシー・グループが示した基準に基づいている．正確なリストについては，同グループの「自発的監督の枠組み (*A Framework for Voluntary Oversight*)」参照.

もこうしたテストを行うことで所与のリスクファクターに対するポートフォリオの脆弱性や特定のリスクへの集中度を理解するには有効である．次のセクションでは，いわゆる「ストレステスト・パッケージ (stress envelope)」において様々なストレステストを組み合わせることで，リスクファクターストレステストをより深く実施するアプローチを紹介する．

これに対して，「シナリオ分析」や統合的 (holistic) ストレステストは，収入や流動性，あるいは経済資本といった指標に，マクロ経済やミクロ経済における極端な出来事が与える影響を評価することを目的としている．シナリオ分析には，特定のシナリオを対象となるポートフォリオに影響を与えるリスクファクターの変化に置き換える，という追加的なプロセスが含まれることが多い．シナリオ分析は，すべてのリスクファクターの変動する期間が同じで，（その程度については幅があるものの）リスクファクターは互いに影響しあうという，より統合的な手法も意味している．マクロ経済や個々のリスクファクターには，極端ではあるが起こりうるという特徴を有する特定の市場イベントに従って，整合的な方法によって[†3] ショックが与えられる．こうしたことから，シナリオ分析の導入はより複雑なものとなり，（銀行のシステムは必ずしも互いに連携していないため）様々な銀行ビジネスにおけるポジションを集計できるような大規模な IT 投資が必要になる．本章の後半では，ヒストリカル・シナリオの生成や，一過的な仮説シナリオを例にして，シナリオ分析手法をより詳細に検討する．

以下では，特に区別する必要がない限り，ストレステストを感応度分析やシナリオ分析を含むより一般的な用語として使用する．

16.3　ストレステスト・パッケージ (Stress Testing Envelope)[†4]

ストレステストは日に日に洗練されてきており，異なる種類のストレスシナリオを矛盾のないようにポートフォリオに適用することが課題になっている．以下では，それぞれのビジネスに対するすべての市場にまたがった最悪のストレスショックを組み合わせる「ストレス・パッケージ」という手法を考えることとする．考え方は，まず各市場における最悪のストレスショックを計算すれば，より下位のビジネスレベルでこれらのショックを組み合わせることで，当面問題となるシナリオを作ることがずっと容易になるというものである．

例えば，最初のステップとして，様々なリスクカテゴリーに対応する 7 つのス

[†3] いくつかのリスクファクター間には関連があるため，整合性をとることは，現実的なシナリオを作成するにあたって重要になる．例えば，米国の株価指数が 6% 下落し，同時に欧州の株価指数が急上昇する，というシナリオは非常に起こりにくい．

[†4] （訳者注：原文では，ストレスケースを包含するという意味で，“stress envelope”＝「ストレス封筒」という造語が使われているが，日本語では親しみにくいため，本書では，「ストレス・パッケージ」と訳出した．）

表 16.1 ストレスカテゴリーとストレスショックの数

ストレスカテゴリー	ストレスショック
1. 金利	6
2. 為替	2
3. 株価	1
4. コモディティ価格	2
5. 信用スプレッド	1
6. スワップ・スプレッド	2
7. ボラティリティ	2

トレスカテゴリーを特定する．具体的には，金利，為替，株価，コモディティ価格，信用スプレッド，スワップ・スプレッド，ボラティリティ（ベガ）である．次に各カテゴリーごとに市場で実際に発生しうる最悪のストレスショックを決める．例えば，金利であれば，金利の絶対水準の変化と，イールドカーブの形状（短期金利と長期金利の間の傾き）の変化について，6 つのストレスショックを決める．信用スプレッドと株価の場合であれば，信用スプレッドの拡大と株価の下落という，それぞれ 1 つずつのストレスショックとなる．表 16.1 で示すように，その他のすべてのストレスカテゴリーでは 1 つか 2 つのストレスショック（スプレッドや価格の上昇や下落）を使っている．

市場や通貨，ビジネスの数は各金融機関の経験に基づいて決められなければならない．このようにストレス・パッケージそのものは，特定のストレスショックに対するポートフォリオの市場価値の変化として捉えられる．

第 2 段階では，最悪の事例よりもいくぶん低いレベルでいくつかのストレスショックを組み合わせることで（図 16.1 参照），より簡単にシナリオを作ることができる．

ストレス・パッケージ手法がどのように機能するのかを以下の例で示す．3 つのリスクファクターが同時に変化する下記のシナリオを考えてみる．

- 米国の株価指数の 10% 下落
- 欧州の株価指数の 15% 下落
- 米国の短期金利の 50 ベーシスポイント (0.5%) 下落

まず，このシナリオの各要素は，先にモデル化した極端なストレスショックとそのショックに対するストレス・パッケージ上の価値変化に関連づけられる．

- 米国の株価指数の 25% 下落
- 欧州の株価指数の 25% 下落
- 米国の短期金利の 200 ベーシスポイント (2%) 下落

このシナリオがポートフォリオ価値に与える影響は，3 つのストレス・パッケー

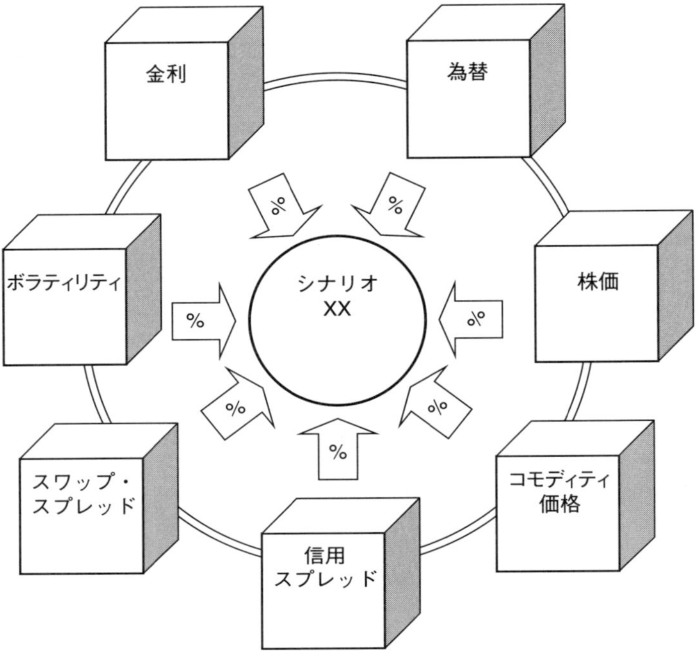

図 16.1　ストレス・パッケージ手法における 7 つの主要素

表 16.2　ストレスシナリオ

	ストレス・パッケージ上の価値変化	ストレス・パッケージ・ショック	シナリオ・ショック	シナリオ・ショックのウェイト	シナリオ価値
1	$-\$1,000$	25%	10%	$10/25 = 40\%$	$-\$400$
2	$-\$500$	25%	15%	$15/25 = 60\%$	$-\$300$
3	$+\$700$	200bp	50bp	$50/200 = 25\%$	$+\$175$
合計					$-\$525$

注：シナリオ価値は，ストレス・パッケージの価値変化とシナリオショックのウェイトを掛け合わせたものであり，シナリオ・ショックのウェイトは，ストレス・パッケージ・ショックに対するシナリオ・ショックの比率である．

ジ・ショックに伴うストレス・パッケージ上の価値変化に適切な比率を掛け合わせたものの合計として表される（表 16.2 参照）．

シナリオ価値の計算において，最悪のケースのシナリオ・パッケージ上の価値変化とシナリオ・ショックのウェイトを掛け合わせることでの線形補間は，かなり保守的である．また，非線形のポジションで，銀行が最も懸念するのは，ガンマが負の値を取っているとき，すなわち，原資産価格が上がっても下がっても損失となるポジションの場合である．負のガンマのポジションでは，損失の規模は価格変化の大きさとともに加速することから，ここで紹介した手法を使って導出したシナリオ価値は，実際の損失を過大評価するだろう．

近年規制当局は，金融機関が自らのポートフォリオの特性を捉えたシナリオ，すなわち自らのポートフォリオが最も影響を受ける特定のリスクファクターのグループを取り入れたシナリオ，に基づくように求めている．

16.4　ストレステストとシナリオ分析に関する規制上の要件

16.4.1　2007–2009 年の金融危機以前

ストレステストとシナリオ分析は，相当の期間，特に市場リスクの分野において規制で使われてきた．早くも 1996 年には，バーゼル銀行監督委員会は，1987 年の株価下落や，1992 年〜1993 年に発生した欧州通貨メカニズム (European Exchange Rate Mechanism = ERM) 危機，1994 年第 1 四半期に発生した債券市場下落のようなストレスシナリオに基づくシミュレーション分析を銀行はその保有するポートフォリオに対して行うべきである，と述べている[†5]．

ヒストリカルシナリオのリストは，何年もかけて徐々に充実してきた．2004 年にグローバル金融システム委員会は，銀行と証券会社による全社レベルのストレステストに基づき，その時点で何を主要なリスクシナリオと捉えているのかを調べるため，ストレステストについての調査を実施した[†6]．表 16.3 はよく使われるヒストリカルシナリオのリストであり，前述の 2004 年の調査で示されたヒストリカルシナリオに，2007 年のサブプライム危機や 2008 年のリーマンショックとカウンターパーティー信用リスク危機，2010 年の欧州債務危機，といったより最近の事象を加えて作成したものである．（表における 2007 年より前のヒストリカルシナリオのどの事象をもってもサブプライム金融危機の性格や影響度の予測には役立たなかったという点には注目すべきである．）

バーゼル II における第 1 の柱では，市場リスクにおける規制上の所要資本計算に内部モデル手法の採用を選択する銀行はストレステストの実施が求められている．同様に，信用リスクについて内部格付手法を採用して規制資本を計算する銀行は，自己資本充実度の評価の頑健性と最低所要資本以上に保有する資本の余裕額を評価するために，信用リスクについてのストレステストを行うことが求められている．また，バーゼル II では，バンキング勘定の信用ポートフォリオについてストレステストを行うことも求めている．

[†5] バーゼル銀行監督委員会，「マーケットリスクを自己資本合意の対象に含めるための改定」，国際決済銀行，1996 年．

[†6] グローバル金融システム委員会，「主要な金融機関のストレステスト－サーベイ結果と実務」（国際決済銀行，2005 年 1 月）参照．本サーベイは，同委員会が 2000 年に実施した調査のフォローアップ調査であり，16 カ国から 64 の銀行と証券会社が参加した．

表 16.3　資産種類ごとに銀行が実施している典型的なヒストリカルシナリオ

資産種類	ヒストリカルシナリオ
金利	1994 年—債券市場下落
	1997 年—アジア金融危機
	1998 年—ロシア危機と LTCM 破綻
	2001 年—NY 同時多発テロ
	2003 年—債券市場下落
エクイティ	1987 年—ブラックマンデー
	1997 年—アジア金融危機
	2000 年—IT バブル崩壊
	2001 年—NY 同時多発テロ
為替	1992 年—欧州通貨システム (EMS) 危機
	1997 年—アジア金融危機
	1998 年—ロシア危機
コモディティ	1973 年～1974 年—石油危機
信用	1997 年—アジア金融危機
	1998 年—ロシア危機と LTCM 破綻
	2001 年—NY 同時多発テロ
	2007 年—サブプライム債務危機
	2008 年—リーマンショックとカウンターパーティー信用リスク危機
	2010 年—欧州債務危機

（出典：グローバル金融システム委員会 (Committee on the Global Financial System)「主要な金融機関のストレステスト—サーベイ結果と実務」（国際決済銀行，2005 年）を元に著者が 2004 年以降のヒストリカルシナリオを追加.）

16.4.2　2007–2009 年の金融危機で発覚した脆弱性

2007–2009 年の金融危機では，銀行が行っているストレステストは現実に発生した巨額の損失を示していなかったことがわかった．特に金融危機以前のストレステストは，金融危機が発生した場合の銀行業界の資本の余裕が十分でない点を示していなかった．銀行のストレステストはより厳しいシナリオを含むべきであったし，リスクが市場間や金融機関の間，時間軸で相互に連関し，破滅的な損失にいたることを考慮すべきであった．バーゼル銀行監督委員会によれば，金融危機はいくつかの手法上の弱点を浮き彫りにした[†7]．

1. もっとも基本的なレベルでいえば，インフラ上の制約により，銀行が，例えば企業向け貸出から生じる信用リスクとデリバティブから生じるカウンターパーティーリスクといった，銀行全体のリスクエクスポージャーを識別し，集

[†7] これらの点は，バーゼル銀行監督委員会が 2009 年 5 月に公表した「健全なストレステスト実務と監督に関する原則」に基づいている．

計する能力には限界があった.

2. また，金融危機は過去のシナリオや過去の統計的関係のみによってリスクを評価することは根本的に誤っていることを明らかにした．相関関係等の過去の統計は，いったん実際の事象が発生してしまうと信頼できないものとなることがわかった．過去データに基づくシナリオは，システミックな相互依存関係やフィードバック効果（すなわち，危機伝播）を勘案していないため[†8]，厳しさに欠け，同様に，異なるポジション間やリスク間，市場間の相関関係は，過小評価されていた．さらにサブプライム住宅ローンについては，過去データに基づくデフォルト率は，危機発生時の実際のデフォルト率とはほど遠いことがわかった.
3. 市場流動性リスクと資金流動性リスクは，無視されていたとはいわないまでも，大きく過小評価されていた．ストレス状況が続く長さもまた過小評価されていたことから，結果として，リスクの大きさや，リスク間の相互関連，伝播効果，および流動性の問題も過小評価されることとなった．このように，多くの銀行のストレステストは，金融危機時に経験した極端な市場イベントを捉えることができなかった.
4. 銀行は，市場流動性の枯渇と資金流動性の圧力との間の強い連関を勘案する新たなストレスシナリオを追加的に作り出すために，専門家による定性的な判断を十分に取り入れなかった.
5. すべてのビジネスをまたいでリスクを全社的に把握することができていた銀行は，極めて限られていた．それらの銀行であっても，そのストレステストは，ビジネス上の連関を認識し，リスクを集計するには十分ではなかった．結果として，銀行は，様々なビジネスにおいて発生する信用リスク，市場リスク，そして流動性リスクにまたがる包括的な状況を把握することができなかった.

16.4.3 2007–2009年の金融危機以降の主要な規制上の取組み

金融危機後，銀行システムが依然混乱している中で，米国や欧州等の規制当局は，自国の主要な銀行の自己資本充実度を調べ，投資家に対して自国の金融システムに支払能力があることを示そうとするため，当局主導のマクロ経済シナリオに基づくストレステストを始めた.

それ自体が重要だったのは，こうした当局主導のストレステストは，銀行自身によるストレステストの質を評価することにも使われたことである．時を経て，こうしたストレステストは，リスクを認識し，ワーストケースのシナリオを特定し，

[†8] デビッド・ロウ氏は，銀行がこのようにリスクを過小評価し続けるのは，破綻について考えることを避けようとする企業文化に根差しているためだ，と指摘している．したがって，金融機関がストレステストをより重視するのであれば，金融機関の多くは企業文化にも手をつけなければならなくなる．「VaR からストレステストへ」D. Rowe, *Risk Magazine*, 2011 年 11 月号.

長期間にわたってリスクと収入をモデル化する際の新たな基準を設定することに役立った．当局主導のストレステストはまた，市場リスクへの集中から，経済環境の悪化が，市場，信用，業務収益，流動性といったリスクを含む一連のリスクにマクロ経済の悪化の影響という方向に，ストレステストの焦点を変えることにも役立った．

米国においては，3 つの異なる当局ストレステストが実施された．1 つ目は，2009 年 5 月に実施された監督上の資本検証プログラム (SCAP: Supervisory Capital Assessment Program) であり，2 つ目が，2011 年と 2012 年に行われた包括的資本検証レビュー (CCAR: Comprehensive Capital Assessment Review)，最後が，2013 年以降，ドッド・フランク法の枠組みで実施されている，ドッド・フランク法ストレステスト (DFAST: Dodd-Frank Act Stress Test) である．

SCAP は，米国当局が国内の 19 の大手銀行持株会社 (BHCs) に適用する共通のストレスシナリオを特定したストレステストである．ストレステスト結果の比較可能性を確保するため，シナリオは，これらの銀行に対して一貫した方法で適用された．それに対して，CCAR は，定量的なストレステスト結果に，銀行持株会社自身による資本計画プロセスについてのより定性的な評価を組み合わせたものである[†9]．そこでは，当局が主要なシナリオは提示するが，銀行側でも，自身の資本充実度を評価する際に適切と考える方法でストレステストを自ら実施することが求められていた[†10]．このようなストレステストは，個別の銀行を別々に見るだけでなく，連邦準備理事会が金融システムにおける価値ある情報—例えば主要な共通シナリオが大手行に全体としてどう影響するのかを示している—を収集できるように参加した金融機関全体を見ている．2012 年末からは，米国当局は，ストレス時における資金調達戦略を含む，銀行の流動性リスク管理プロセス評価にもシナリオ分析を使い始めた．

これに対して欧州銀行監督局 (European Banking Authority = EBA) も，2010 年と 2011 年に，域内 21 カ国の 90 金融機関に対してストレステストの実施を指示した．2010 年の第 1 回テストは，テストに合格したいくつかの（特にアイルランドの）銀行が，同年 7 月に行き詰まったことから，テスト内容がやさしすぎた，との批判を受けることとなった．そこで EBA は 2011 年に，マクロ経済指標につき，より厳しい前提を置いた新たなストレステストを実施した．そこではテストに合格しなかったのは 8 銀行だけであり，欧州銀行セクターの全資本の 8% の資本不足となった．アナリストはこのストレステストも批判し，例えばソブリン債務を市場価格にまで評価減を行うと想定した場合，当局が公表したテスト結果の

[†9] 連邦準備理事会によると，「資本計画は，企業の資本計画戦略を示すとともに，ストレス状況においても業務機能を継続するのに十分な資本を保有していることを確実にするため，想定される業務環境とストレスのかかった業務環境の双方における潜在的な必要資本額を計測するプロセスを示すものである．」連邦準備理事会，「資本計画」（2011 年）参照．
[†10] 連邦準備理事会，「包括的資本検証レビュー」2012 年 3 月．

33倍に上るストレス損失を見積もった[†11].

2012年以降，ドッド・フランク法を中心に据えた金融危機後の法制度が米国におけるストレステストを動かし始めた．ドッド・フランク法は，連結総資産500億ドル以上の銀行持株会社と連邦準備銀行の監督を受けるように金融安定監視評議会 (Financial Stability Oversight Council; FSOC) が指定したノンバンク金融会社に対して，連邦準備銀行による年次の金融監督上のストレステストの実施を求めている[†12]．同法に基づくストレステストは，DFAST(Dodd-Frank Act stress tests) と略称されている．

DFASTの目的は，ストレス状態に対して銀行の資本水準が耐えられるか (fare) どうかを定量的に評価することである[†13]．テストの透明性を高めるため，同法はストレステスト結果，例えば18の銀行持株会社のそれぞれの9四半期にわたるストレス後資本比率の予想値，の公表も求めている．

2013年3月に報告された結果は，2012年の第4四半期〜2014年末までの期間のテスト結果を見積もった．このときのテストで適用された連邦準備銀行の厳しいシナリオにおいて，18の銀行持株会社が全体として多額の損失を被ることがわかった．損失は，18の銀行持株会社全体の9四半期の期間累計で約4,620億ドルと予想された（ただし，全体として，結果は，業界のストレス後の資本比率を再確認していた)[†14].

16.4.4 自己資本充実度とストレステスト

これまでに示した規制当局によるストレステストへの取組みの結果，一部の銀行にとって，ストレステストは規制上の自己資本充実度における重要な決定要因になった．ドッド・フランク法上のストレステストに合格しなかった大手米銀は，資本不足を解消するための資本計画の提出が求められる．さらに，当局ストレステストに不合格になると評判上も大きな悪影響を受けることとなり，そのため，各銀行はストレステストや資本計画が比較的保守的であることの確認に熱心になる．

---

†11 ウォール・ストリート・ジャーナル，2011年7月19日号.

†12 総資産が500億ドル未満の金融機関は，当局指定のストレステストやCCARの要件には従わないものの，ドッド・フランク法は，総資産100億ドル以上500億ドル未満の金融機関が（当局公表のシナリオを使って）自らストレステストを実施・報告することを求めている.

†13 検討中のストレス後の資本比率は，(1) 普通株式ティア1資本比率：ティア1資本の内の普通株式部分のリスクアセットに対する比率，(2) ティア1資本比率：ティア1資本のリスクアセットに対する比率，(3) リスクベース資本比率：規制上の総資本のリスクアセットに対する比率，(4) ティア1レバレッジ比率：ティア1資本の平均総資産に対する比率，の4つの比率を含む．これらの数値は，収益・引当・（貸倒れ損失等の）損失を含む税引前純利益の予想数値を含んでいる.

†14 19の銀行持株会社がSCAPとCCARの対象であったのに対し，18の銀行持株会社のみが2013年のドッド・フランク法ストレステストの対象となっていたことに注意．これは，先のストレステストに参加したメットライフが，ドッド・フランク法ストレステストが始まったときには銀行持株会社の登録を取り消す手続きに入っていたことによる．ドッド・フランク法上の厳しいストレスシナリオ（DFAST2013「監督上のストレステスト手法と結果」2013年3月）については，本章末の付録16.1を参照されたい.

BOX 16.1

ストレス VaR と所要資本

2007–2009 年の金融危機後，規制当局は，バーゼル 2.5[†1] として知られるルールの改正において，市場リスクにかかる規制所要資本の計算に「ストレス VaR」(sVaR) を加えることを銀行に求めた（第 3 章も参照）．

規制資本を導出するこの新ルールは，規制所要資本がポートフォリオの金額より大きくなるという不合理な状況を引き起こすこともある．実際，トレーディング勘定における規制資本額を計算する新ルールを要約すると，次の式のようになる．

$$
\begin{aligned}
\text{所要資本} &= \text{Max}\,【\text{VaR},\ k^x\ (60\ \text{日の平均 VaR})】\\
&\quad + \text{Max}\,【\text{ストレス VaR},\ k^x\ (60\ \text{日の平均ストレス VaR})】\\
&\quad + \text{追加的リスク賦課 (IRC)}
\end{aligned}
$$

ここで，k は 3 を下限の値とする乗数であり，VaR は保有期間 10 日間，信頼水準 99% で計測され，ストレス VaR は 2007 年〜2008 年のような市場にストレスがかかった期間のデータを使って計算され，IRC（追加的リスク賦課，第 3 章参照）は信頼水準 99.9%，保有期間 1 年の信用 VaR である．

説明のため，ストレスのかかった期間のボラティリティが通常の市場環境の 3 倍，損益分布は正規分布，であったと仮定してみると，（IRC の要素を別にして）ストレス VaR は通常の VaR の 3 倍の値となる．

ここで，通常の市場状況で，このポートフォリオの年換算ボラティリティが 10% であったと仮定してみる．そのとき，10 日の保有期間に換算した標準偏差は 2% になる．とすると，ストレス状況下の 10 日標準偏差は，前述の（不合理な）想定に従って 6% となる．これらの合計としての 8% を，99% の標準正規信頼水準である 2.33 倍し，さらに最低 3 の乗数を掛ける．グリーン・ゾーンのモデル，すなわち乗数 3 を仮定すると，新ルールで（IRC を除いた）規制所要資本は，$2.33 \times 3 \times 8\% = 56\%$ で，ポートフォリオ額の 56% となる．

ここで我々が扱った説明用の単純な例では，新ルールでの規制所要資本はストレス要因を除いた所要資本の常に 4 倍である点に注意が必要である．例えば，5% の年率ボラティリティで「旧」規制所要資本がエクスポージャーの 7% となる，十分に分散され，一部ヘッジされたポートフォリオの場合，新たな所要資本は 28% となる．しかし，通常時が 15% でストレス時が 60% のボラティリティとなる，一部分散され，ヘッジを軽微に行ったポートフォリオの場合，新ルールでは所要資本はポートフォリオ価値の 105% となる．これは，ポジションがロングであれば，ポートフォリオに生じうる最大損失よりも大きいことになる．

規制資本の水準は，当初は，金融機関のデフォルトを防ぐための望ましい信頼水準の関数として表された．金融危機後，所要資本の決定にストレステストの考え方を取り入れたことは一見論理的ではあるものの，過剰な所要資本につながりうるものであり，どの投資家にとっても銀行業を魅力のないものにしてしまう．

[†1] バーゼル銀行監督委員会，「バーゼル II におけるマーケットリスクの枠組みに対する改訂」，2009 年 7 月

正式なストレステストが大手米銀に最も厳格に適用されてきた一方で，経済停滞や予想外の厳しい事象に対して銀行が十分に耐えられる状況にあることを世界の規制当局が期待するようにもなった．さらに，正式な当局ストレステストの適用を受けない銀行でさえ，銀行経営陣が様々な厳しいストレスシナリオの影響の考慮を怠ったと銀行検査官がみなした場合，資本上の罰則を受けるかもしれない．

ストレスのあった期間を考慮することが自己資本充実度に与える影響は，新たな規制要件として「ストレス VaR」の市場リスクへの追加により強化されることになった（BOX16.1 参照）．ただし，ストレス VaR は，ストレステストというよりも，VaR 計算におけるストレス状況の調整である．

16.5 ストレステストのベストプラクティス

これまでの議論は，金融危機後に，規制当局によって大手銀行に適用されたストレステストについてのものであったが，銀行も規制当局も銀行自身による社内的なストレステストの実行能力の改善に努めている．

金融危機前の銀行のストレステスト実務の弱点を受け，バーゼル銀行監督委員会は 2009 年に一連の提言を行った[†15]．提言は大まかに，(1) ストレステストの活用とリスクガバナンスへの統合，(2) ストレステストの目的と手法，(3) シナリオの選択，(4) 個別リスクと個別商品のストレステスト，の 4 分野からなる．以下の 4 節でこれらの提言を見ていく．

今後，規制当局やアナリストはストレステスト結果を注意深く検証することとなる．銀行はストレステストが信頼に足り，かつ有用であることを確保する検証プロセスを導入する必要がある．2011 年の NY 連銀のウィリアム・ダドリー総裁の発言によれば，ストレステストの検討プロセスは，「リスクアペタイトと資本目標の記載，強靭な内部管理，ストレステストとその結果の意思決定プロセスへの織り込み，経営陣や取締役会の役割にかかる良好なガバナンス，将来の業績予想に対してどのような意思決定が行われるのかを示す精緻に構成された資本配賦政策」を含むべきである[†16]．

16.6 ストレステストの活用とリスクガバナンスへの統合

金融危機以前，リスクマネージャーにとって，経営陣やビジネス部門に，厳しいシナリオを起こりうるものとして受け入れるように説得するのに苦労することが多かった[†17]．こうした状況を乗り越え，以下を確保するには，ストレステスト・

[†15] バーゼル銀行監督委員会，「健全なストレステストの実務と監督」，2009 年 5 月．

[†16] W. ダドリー，「銀行のストレステストに関する米国の経験（*US Experience with Bank Stress Tests*）」，2011 年 3 月 28 日に，スイスのベルンで行われた G30 会合での講演．

[†17] 金融危機以前，多くの銀行のストレステストはリスク管理部門によって単独で実施され，ビジネス部門との会話はほとんど行われていなかった．このことは，特に，ビジネス部門はそこで行われてい

プログラムの策定を取締役会と経営陣が約束し，賛同することが不可欠である.

- ストレステスト手法の整合性と内部統制
- リスク管理および資本管理の意思決定プロセスへのストレステストの統合

特に，ストレステスト・プログラムに対する明確な目的の設定，シナリオの設定，そして，すべてのオンバランスシートおよびオフバランスシートの取引の確実な把握といった点が課題に含まれる．また，方針を確立し，多数のリスクファクターやビジネス部門に対して整合的な手法を構築することも課題に含まれる.

ストレステストのシナリオは，直感に訴えながらも，ストレスがかかった市場の動きを正確に反映するように，重要な複雑性を捉えるべきである．もっとも適切なシナリオというものは，重要性が変化するだけでなく，時間とともに変化し，発達するものである．そのため，ストレステストの手法を，常にシナリオが最新の見方に合うように，頻繁かつ適切に見直すことが重要となる.

ストレステストのプログラムは，経営戦略上の意思決定を含む適切な経営レベルでの意思決定に組み込まれるべきである．ストレステストは，広範な意思決定を支援し，次のようなことに活用されるべきである.

- 企業のリスクアペタイトの設定とモニタリング—例えば，リスクアペタイトと整合的なリスクリミットの設定
- 長期業務計画策定の際の戦略上の選択肢の評価のサポート
- 流動性と資本計画上のプロセスのサポート
- ストレス・リミット設定の手続きの文書化を含む，破滅的な状況に事前に取り組むための「コンティンジェンシー・プラン」の策定

経営陣がどう反応するかも，リスクのモデル化においては重要な要素である．ストレステストを決定する委員会は，リスクをとるビジネス部門と管理者の実務上の意見を集め，ガバナンス上の責任と報告に組み入れる「早期警戒シグナル」を決定すべきである．また，ストレステストを決定する委員会は，テスト結果に対して対処すべき人や，（例えば，ソフト・リミットやハード・リミットの超過のような）ストレス・リミット違反が生じた場合に，ビジネス部門に対する適切なフォローアップ，といった必要とされる反応を決めるべきである.

取締役会，経営陣，リスク管理部門は，最も適切なストレスやシナリオ，あるいはその影響を含めたストレステストの内容について，定期的に議論する必要がある．取締役会は，選ばれた一連の最悪シナリオやストレスの下で，例えば，3カ月間の期間で容認される最大損失のリミットを設定すべきである．そのリミット

る分析を信頼できないと思っていたことが多いということでもあった．多くの銀行は，全般的なストレステストのプロセスを備えてなく，特定のリスクや限定的に統合したポートフォリオに対して別々にストレステストを実施していた.

は，取締役会で決定される企業のリスクアペタイトに不可欠な部分とみなすべきである．

16.7 ストレステストの目的と手法

ストレステストには様々な目的があり，そのことが，ストレステストが様々な形で行われたり，様々な手法を必要とする理由ともなっている．

- ストレステストは，例えば，個別の取引レベルやポートフォリオ管理，業務戦略の策定等，様々なレベルにおいて将来を考慮した見方でのリスク認識とリスク管理を促進すべきである．
- ストレステストは，VaR に代表される他のリスク管理手法や指標に対して，補完的で独立したリスクの見方を提供すべきである．その際ストレステストは，過去に市場で起こったことがないようなショックを想定すべきである．特に，適切なストレステストは，過去データが限られたり，過去にストレスを経験したことがない新商品について想定しているリスク内容に取り組むべきである（例，ストレステストは 2007 年以前にサブプライム住宅ローンに適用すべきであった）[†18]．ストレステストは，認識していないリスク集中や，リスク間の潜在的な相互作用といったような，銀行の業務継続を脅かすような弱点を感知するのに役立てるべきである．経営陣が過去データに基づく統計的なリスク管理手法にのみ依存していたとしたら，こうした弱みは感知されないままかもしれない．
- ストレステストは，規制当局や格付機関，投資家といった外部の関係者とのコミュニケーションだけでなく，社内におけるリスクのコミュニケーションにおいても重要な役割を果たすべきである．
- ストレステストは，銀行の資金流動性管理や資本管理において不可欠な要素を形成すべきである．それによって，銀行の流動性や支払能力に影響しうる厳しい事象や市場環境の変化を認識するような，起こりうるものの逆方向で将来を考慮したストレステストの実施が銀行に求められることになる．

16.7.1 ストレステストと資金流動性リスク

資金流動性リスクは，測定するのが極めて難しい．例えば，多額の証拠金の積み増しの可能性についてストレステストを行うには，今日のポジションと将来のありうるポジションについての多くの情報が必要である．その際，キャッシュフロー・リスク値 (Cash flow at Risk = CFaR) や流動性リスク値 (Liquidity at Risk =

[†18] 仮に，サブプライム危機に続いて米国の一部の地域で経験した，住宅価格の 20～40% の下落を，2006 年当時のストレステストが織り込んでいたとしたら，サブプライム住宅ローン債券や CDO に含まれるリスクに対して重大な懸念が生じていたであろう．

LaR) といった指標は，もとより完全ではないものの，逆方向の市場における流動性リスクの大きさを捉えるのに役立つ．（流動性リスク管理に関するさらなる議論については第8章参照.）

16.8　シナリオの選択

適切なストレス事象を認識するには，リスクマネージャーやエコノミスト，ビジネス部門のマネージャー，トレーダーといった銀行内の様々な専門家の協力が必要である．特に企業全体にかかるストレステストにおいては，関係する専門家すべての意見を考慮しなければならない．

また，ストレステストには，特定のイベントにかかる「テイルリスク」だけでなく，ビジネス上のサイクルにかかるストレスも含めるべきである．例えば，ヒストリカルボラティリティの低い市場でも，突然大きな動きを示すことがあるかもしれない．そうした事態に対応するシナリオは，市場リスク，市場流動性リスク，事業債における信用リスク間の潜在的な相互連関を反映すべきである．

ストレステストは，集計すると同時に個々の要素にストレスをかけたうえでリスクを統合して捉え，さらに極端な事象を十分詳細にモデル化すべきである．シナリオ分析を有効にするには，例えば，ヘッジ取引がタイムリーに行えなくなるような流動性の制約が3カ月続くなど，時間とともにストレス事象がどのように変化するかも考慮すべきである．こうした検討には，「ストーリー性」も求められる．仮想の（過去の）ストレステスト事象は時間とともにどのように展開する（した）のだろうか．それはストレステストの結果と同じくらい重要な要素となる．将来を考慮したストレステストやシナリオテストは，ストレス事象の長さや速さ，あるいは大きさを特定し，取引間の動的関係（例，ストレスのかかった市場で1やマイナス1に向けて不安定に動く相関）についても描写しなければならない．

シナリオは，リスクファクター間の相関を組み入れるとともに，静的なシナリオと動的なシナリオ，すなわち1期間対多期間の枠組み，を区別すべきである．市場流動性リスクが伝統的なVaR分析に織り込まれることはまれであるが，複数期間にわたる枠組みとした場合，流動性の低い市場において時間をかけて損失を抑えるヘッジ戦略を組み入れたり，構想の一環として経営による介入を組み入れることもできる．シナリオを巧みに策定することができれば，それは経営文化の一部となり，業務上の意思決定にも有意義な影響を与えることができる．

重要なのは，企業の強みや弱みはそれぞれ異なることから，シナリオ策定においても「フリーサイズ (“one size fits all”)」の方法はない，ということである．シナリオは，その企業にとって「厳しい」が，「発生しうる」ものでなければならない．有効なストレステストは，極端な状況において，その企業特有の弱みを強調し，「ホットスポット」を浮き上がらせるべきである．最悪シナリオでは，2007–2009年の金融危機時に，AIGに打撃を与えた想定外の償却や追加担保のような「連鎖」

リスクを計測しなければならない.（AIG 社は，同社がクレジットデフォルトスワップで保証した約 4,000 億ドル以上の証券価値の下落を相殺するため，約 500 億ドルの担保を差し入れなければならなかった[†19].）

BOX16.2 と BOX16.3 では，ヒストリカルシナリオの事例を 2 つ示す．1 つは，1987 年 10 月 19 日のブラックマンデーにおける米国株価の 23 パーセント，実に 22 標準偏差の下落であり，もう 1 つは，1994 年 5 月の米国連邦準備理事会による金融引締め政策の決定とそれに伴う債券価格下落である.

BOX16.4 は，ソシエテ・ジェネラル・グループが，ヒストリカルシナリオと仮想シナリオに関して，ストレステストのプログラムと損失の可能性をどのように開示しているかを示している.

ストレステストの計画では，銀行の事業継続性を損なうようなシナリオをあえて探すべきである．その 1 つの方法としてリバース・ストレステストがある[†20].その考え方は，銀行が規制自己資本水準を下回る，もしくは支払い不能となるような損失の水準を識別し，次に壊滅的な影響を引き起こす類の事象を逆算するというものである.

BOX 16.2

シナリオ 1：株式市場暴落

本例では，1987 年 10 月に発生した世界的な株式市場暴落事例をベースとしたヒストリカルシナリオを下記のとおり作成する.

- 世界的な株式市場が平均 20% 下落．香港等のアジア市場は 30% の下落とし，ボラティリティは 20% から 50% に上昇.
- 質への逃避の結果，米ドル上昇．アジア通貨は米ドルに対して 10% 下落.
- 欧米金利の下落．香港の金利は長期金利が 40 ベーシスポイント (= 0.4%) 上昇し，短期金利は 100 ベーシスポイント (= 1%) 上昇.
- コモディティ価格は景気後退懸念から下落．銅と原油価格は 5% 下落.

[†19] 報道によれば，AIG 社は，住宅価格の急落が追加担保や償却に与える影響を考慮したシナリオを動かしていなかった（ウォール・ストリート・ジャーナル欧州版，2008 年 11 月 3 日).

[†20] リバース・ストレステストは，2008 年に英国金融サービス庁 (FSA)（当時）が導入した規制要件であり，銀行，住宅ローン銀行，投資会社，および保険会社に適用されている（英国金融サービス庁,「ストレステストとシナリオテスト」，市中協議文書，2008 年 12 月).

BOX 16.3

シナリオ2：米国の金融引締め

本例では，1994年5月にみられた，米国のインフレ懸念と米国連邦準備理事会による金融引締め事例をベースとしたヒストリカルシナリオを下記のとおり作成する．

- 翌日物金利の100ベーシスポイント (= 1%) 上昇と長期金利の50ベーシスポイント (= 0.5%) 上昇
- 米国ほどではないが，その他のG7諸国とスイスにおける金利上昇
- 投資家の高金利通貨志向により，G7諸国の為替が米ドルに対して下落
- 信用スプレッドの拡大
- 株式市場の3〜6% 下落とボラティリティの上昇

BOX 16.4

ソシエテ・ジェネラル・グループによるストレステスト分析

以下はソシエテ・ジェネラル・グループの2012年のアニュアルレポートからの抜粋である．

手法

ソシエテ・ジェネラルでは，内部のVaRモデルに加えて，異例な市場の動きを考慮するために，ストレステストのシミュレーションによってエクスポージャーのモニタリングを行っている．

ストレステストでは，影響を受けるポジションを解消，あるいはヘッジするのに必要な期間（通常のトレーディング・ポジションでは5〜20日）に発生しうる市場パラメターの極端な変化から生じる損失を推定する．

ストレステスト分析は銀行のすべての市場活動に対して適用される．その分析は，26のヒストリカルシナリオと8つの仮想シナリオに基づき，2008年の金融危機時の事象に基づく「ソシエテ・ジェネラル仮想金融危機シナリオ（以下，「全般的シナリオ」と呼ぶ)」を含む．

ヒストリカル・ストレステスト

ソシエテ・ジェネラルは26のヒストリカルシナリオを設定しており，そのうち7つは2012年に新たに加えられた．

- 6つについては，2008年第3四半期〜2009年第1四半期の期間をカバーし，サブプライム危機とそれが金融市場に及ぼした影響に関連したものである．
- 残りの1つは，2010年第2四半期におけるGIIPS（ギリシャ (Greece)，イタリア (Italy)，アイルランド (Ireland)，ポルトガル (Portugal)，スペイン (Spain)）のソブリン債務危機に関連するものである．

仮想ストレステスト

すべての国際市場に大きな影響を与える，極端ながら起こりうる事象を選ぶことがこのストレステストの目的である．そのためソシエテ・ジェネラルでは，以下の8つの仮想シナリオを採用した．

- **全般的シナリオ（「ソシエテ・ジェネラル仮想金融危機シナリオ」）**：リーマン・ブラザーズの破綻後の金融機関への不信，株式市場の崩壊，予想配当率の急落，信用スプレッドの大幅拡大，イールドカーブのねじれ（短期金利の上昇と長期金利の下落），極端な「質への逃避」
- **GIIPS 危機**：リスクの高いソブリン発行体への不信とドイツなどの高格付国への関心増大，それに続く（株式市場等の）その他の市場への伝播の不安
- **中東危機**：中東の政治的不安定性による原油価格やそれ以外のエネルギー価格に大きなショック，株式市場の崩壊，イールドカーブの傾きの増大
- **テロリスト危機**：米国での大きなテロ事件による株式市場の崩壊，金利の急落，信用スプレッドの拡大，米ドルの急落
- **債券危機**：債券利回りと株式利回りの関係の崩壊を含む世界の債券市場の危機，米国金利が急上昇（他国金利は米国ほどではない金利上昇），株式市場はやや下落，信用スプレッドの適度の拡大を伴う質への逃避，米ドルの上昇
- **米ドル危機**：米国における貿易収支悪化と財政赤字による米ドルの主要通貨に対する下落，米国金利の上昇，米国信用スプレッドの縮小
- ユーロ圏危機：対米ドルでのユーロの過度な上昇に続くいくつかの国のユーロからの離脱，ユーロの急落，ユーロ圏金利の急上昇，ユーロ圏株式の急落と米国株式の上昇，ユーロ圏の信用スプレッドの急拡大
- 円キャリー取引の巻戻し：日本の金融政策の変更による円キャリー取引戦略の断念，信用スプレッドの急拡大，円金利の低下，米国とユーロ圏長期金利の上昇，質への逃避

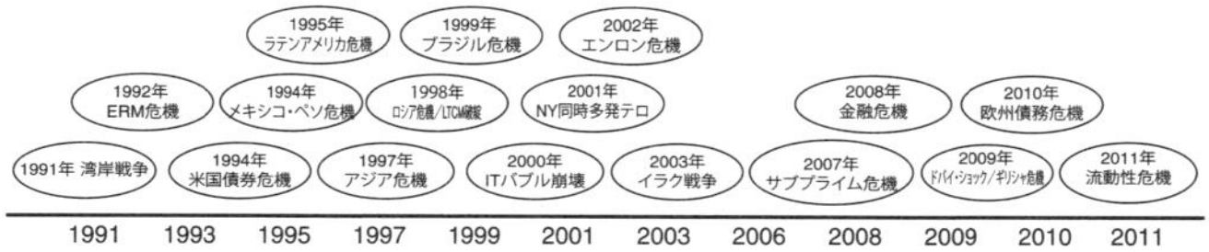

図 16B.1 銀行のすべての市場活動に適用されるストレスシナリオ

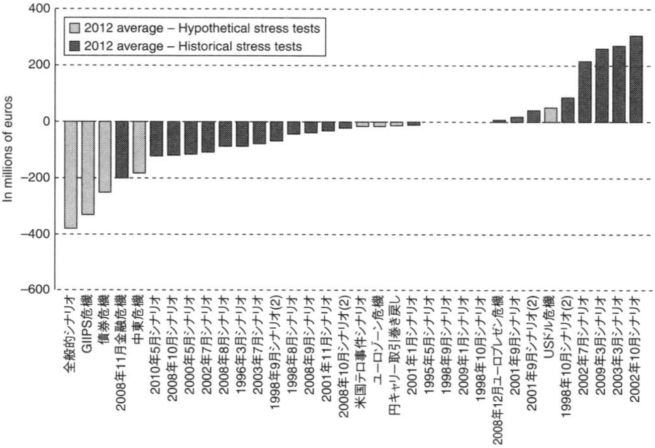

図 16B.2 **2012** 年の平均ストレステスト結果

リバース・ストレステストは，極端にストレスがかかった市場状況を含む，ポートフォリオにおける隠れた脆弱性や「ホットスポット」をあぶりだす手法である．この手法は，企業が自身のビジネスモデルを成り立たなくするようなストレス状況のタイプを識別し，またコンティンジェンシー・プランを通じて管理する際に役立つ．

より新しいストレステスト手法として，主要なマクロ経済要因のシミュレーションから始め，拡散過程やジャンプ過程を含む，金融市場についての将来を考慮したシナリオを構築するものがある．リスクファクターの予想トレンドやボラティリティ，相関は，公表されているマクロ経済や市場データに合うように調整される．拡散過程は安定した市場環境を，ジャンプ過程はストレス事象をそれぞれ表し，ストレス事象は次にボラティリティの急騰や相関の上昇を引き起こし，雪だるま現象の可能性の契機となる．こうした手法の背後にある考え方は，ボラティリティや相関の変動を含め，これらの確率過程が内在的に生成されるというものである．一方，伝統的な手法では通常は安定して一定のボラティリティや相関が求められる．

16.9　個別リスクと複雑な仕組み商品のストレステスト

かつて，ストレステストは，しばしば過去の大きな市場の動きを適用することで行われてきた．したがって，このようなストレステストでは，金融危機以前の複雑な仕組みクレジット商品のリスクのような新商品から生じるリスクを捉えることができない．こうしたことに対応するため，ストレステスト・プログラムでは以下の点を十分に織り込むべきである．

- **流動性にストレスがかかった状況における複雑な仕組み商品の動き**：ストレステストでは，特に原資産のエクスポージャーの信用力や，（例えば，キャッシュフローの「順番」が劣後レベルの特定のトランシェのリスクにどう影響するのかという）仕組み商品に固有の特徴を特に考慮するべきである．その際，仕組み商品の市場流動性が変わらないと仮定すべきではない．
- **ウェアハウジング (pipeline) あるいは証券化リスク**：市場流動性リスクを過小評価することは，新たな仕組み商品を組成する際の信用リスクを「ウェアハウジングする」リスクを過小評価することを意味する．
- **カウンターパーティー信用リスク**：カウンターパーティーリスクのストレステストは，誤方向リスク，すなわちカウンターパーティーに対するエクスポージャーの増大はカウンターパーティー自体のデフォルトの可能性の増大に相関するというリスク（第 13 章参照），を含めることで改善されるべきである．
- **ヘッジ戦略に関連したベーシスリスク**：多くの場合ストレステストは，市場のトレンドのリスク (directional) は捉えていたが，ヘッジ手段がヘッジ対象と完全には連動しないという，ベーシスリスクは捉えていなかった．

- **偶発リスク**：もう1つの弱点は，ストレステストは，法的拘束力のあるクレジットラインや流動性ライン，あるいは（オフバランス会社に対する銀行の流動性支援のように）契約にはなくても社会評判上の懸念から生じる偶発リスクを捉えていなかったことである．
- **資金流動性リスク**：ストレステストは，金融危機が金融システムに影響すること，もしくはインターバンク市場が停滞した場合の影響の大きさやそれが続く期間を捉えなかった[†21]．
- **相関リスク**：仕組み商品に組み込まれた相関の数値をストレステストすることは，相関の極端な動きが数段階の格下げの主な要因であったことからして，特に重要である．事業債において，トリプルAやダブルAの格付から投資不適格のジャンク債の格付に変動する確率は非常に低い．しかし，仕組み商品では，一見ありえない事象により相関が大きく上昇するならば，一夜にしてこうした格下げにつながりうる．
- **信用格付の検証**：各々のトランシェに付された格付に対して必要な社内デュー・ディリジェンス，すなわち格付機関が信頼できるかを調べること，を行うことも重要である．格付機関は，事業債に対しては良好なトラックレコードを有しているが，仕組み商品とその格下げ推移は根本的に異なる問題である．

16.10 非銀行企業におけるストレステスト

これまでのところ，ストレステストの手法は主に銀行業態，それも大規模な銀行持株会社において開発されてきた．しかしながら，ストレステストの考え方は，あらゆる企業や業界が利用できるものである．非銀行企業は，一般に，資本配賦について心配する必要はない．しかしながら，経済環境の変化に対する脆弱性を見極め，戦略上の問題を際立たせ，コンティンジェンシー・プランを策定する助けとするために，ストレステストを利用することは可能である．

非銀行企業の場合，金融におけるパラメターだけでなく，企業が提供する商品やサービスの需要や（重要な調達先などの）安定した原材料の調達に影響を与えるパラメターやシナリオも考慮に入れる必要がある．事業計画を策定する際，収入や売上げのような主要指標に対して，メインシナリオだけでなく，楽観的シナリオと悲観的シナリオの3つのシナリオに基づいた見積りを含めることはすでに一般的に行われている．これらの楽観シナリオや悲観シナリオは，期待シナリオに対しプラス／マイナス20% 異なることも多い．ストレステストやシナリオ分析

[†21] 流動性ストレステストの弱点に関する詳細な議論については，バーゼル銀行監督委員会，「健全な流動性リスク管理と監督の原則」（2008年9月）を参照．

は，強固な内部計画プロセスの構築を目指して，より極端な状況を想定するように，このような考え方を拡張して使うことができる．

16.11　結論：発展し続ける実務としてのストレステスト

ストレステストはリスク管理の実務において最も速く展開している分野の 1 つであり，その発展の方向性も明確である．ストレステストはかつては市場リスクと，一部の信用リスク上のシナリオに重点を置いてきたが，2007–2009 年の金融危機以降，信用リスクやカウンターパーティーリスク，さらには流動性リスクや銀行の収入にいたるまでも対象とした包括的なテストを行う方向性にある．さらに，バランスシート全体にストレステストを適用することはもはや不可欠と考えられ，複数期間のシナリオは，単独のショックに注目するというよりも，将来の数年にわたるシナリオとなる．また，銀行の戦略や所要資本に対してもより直結するようになっており，ストレステスト結果と，銀行の経営意思決定のつながりも強化されている．

こうした意欲的な取組みは問題の解決に多くの成果をもたらした一方で，多くの課題も生み出している．特に，特定のマクロ経済変数の変化を銀行のバランスシートへの影響に結びつける最善の実務を考案することは，相当に難しいことであるとわかってきている．また，リスクの相互作用，例えば流動性リスク，市場リスク，信用リスク間の相互作用，を織り込むことも困難であることがわかっている．相互作用が特定でき，その影響がある程度計測できたとしても，仮想シナリオが複雑なリスクの現実を捉えたという確信も，（例えば 2007 年から 2009 年の事象のような）複雑な過去のシナリオを複製することが将来のフォワード・ルッキングなリスク管理に真に有用な手法である確信もどこにもないのである．

しかしながら，おそらくもっとも大きなリスクは，金融業界が計算結果の信頼性を必要以上に高めるためだけにシナリオ分析を改善して一定程度標準化するという観点で，規制当局の要請を満たすことに心血を注ぐことである．シナリオ分析がうまくいくかどうかは，VaR や同様の数量的指標にもまして，思いも寄らぬことを考える (to think the unthinkable) 経営者や規制当局の意欲だけでなく，実務家の知識や好奇心，さらに想像力にかかっているのである．

第16章　付録1
ドッド・フランク法に基づく2013年の厳しい逆境シナリオ

ドッド・フランク法に基づくストレステストとして2013年に米国規制当局が策定した「厳しい逆境シナリオ」には，26の経済変数の変動経路が含まれている．規制当局は，これらの変数の値を対象となる銀行に2012年の秋に伝え，結果は2013年春に公表された．

26の変数のうち，14については，経済活動や資産価格，金利といった，米国経済と米国金融市場にかかわるものである．残りの12の変数は，実質GDP成長率，インフレ率，対米ドル為替レートの3つの変数を，欧州，英国，新興アジア，日本，の4つの国あるいは地域に適用したものである．

シナリオにおける想定は，2012年第3四半期〜2013年末にかけての実質GDP成長率の5% 下落，同期間における失業率の12% への上昇，消費者物価指数の年率1% 下落，景気後退時の株価の50% 下落と，これに伴う株式市場ボラティリティ指数の2012年第3四半期における20% からシナリオ開始時における70% への上昇，2014年末にかけての住宅価格と商業用不動産価格の20% 以上の下落，という内容を含んでいる．海外部門における厳しい逆境シナリオは，欧州，英国，および日本における景気停滞と，新興アジアにおける成長鈍化を含み，2012年のCCAR（包括的資本分析レビュー）のストレスシナリオと同様の厳しさのものであった．

このストレステストの対象となった銀行の中には，トレーディングやプライベート・エクイティ，あるいはデリバティブや資金調達活動によるカウンターパーティーエクスポージャーの大きい6つの銀行持株会社も含まれた．これらの銀行は，自身の厳しい逆境シナリオに，広範囲のリスク要因についての一過性の仮想ショックに基づくグローバルな市場ショックを織り込むことが求められた．これらのショックには，一般的な市場のストレスを反映し，不確実性を高めた，資産価格や金利，信用スプレッドの大規模かつ突然の変化が含まれた．そのショックは，2008年後半，すなわち市場に厳しいストレスがかかり，グローバルに活動していた大手金融機関リーマン・ブラザーズが破綻した時期に生じた価格や金利の変動に基づいていた．これに加えて，「グローバル市場ショック」には，ソブリン債務利回りの急上昇や企業の信用スプレッド，ソブリンCDSスプレッドの拡大，主要通貨に対するユーロの大幅下落を含む，欧州圏についての仮想ショックを織り込んでいた．このシナリオでは，欧州全体におけるショックが想定されているが，その大きさは違いがあり，いわゆる周縁国においてより影響が大きいものとされている．

第17章

リスク資本の配賦ならびにリスク調整後業績評価

本書の最終章では，リスク資本の役割と，リスク調整後業績評価 (RAPM) システムの一部としてリスク資本を事業部門にどのように配賦するかについて見ていく．この問題を通じて本書でこれまで議論してきた事柄の多くが結びつく．RAPM は現在，世界の金融機関および事業会社の主たる課題でもある．リスク計測，リスク資本，リスクに基づくプライシング，および業績評価のそれぞれを結びつけることによってはじめて，企業は債券保有者および株主というステークホルダーの利益を反映した意思決定を行うことができるようになるのである．

17.1　リスク資本の目的は何か

リスク資本は企業をその事業に伴う様々なリスクから保護するクッションである．リスク資本によって企業は財務の健全性を維持することができ，ほとんど致命的な「最悪の事態」が発生した場合においても存続することができるのである．リスク資本があるために，サプライヤー，顧客，資金提供者などのステークホルダー（事業会社の場合），あるいは預金者，金融取引の相手方などの債権者（金融機関の場合）は安心して取引できるのである．

リスク資本はしばしば「経済資本」とも呼ばれ，リスク資本と経済資本は通常同一のものとされている（本章では，この慣行とはやや異なり，経済資本をリスク資本と戦略資本からなるものと定義していく）．

また，企業が抱えるリスクの経済的な実態を捕捉するものであるリスク資本を，規制資本と混同しないように注意しなければならない．第1に，規制資本は，規制当局が小口の預金者や保険契約者の利益を守ろうとする銀行業や保険業などのいくつかの規制業種にだけ当てはまるものである．第2に，規制資本は規制当局の観点からはリスク資本と類似の機能をもつものであるが，規制資本は業界統一的な規則と計算式によって算出され，自己資本の最低必要水準を設定しているだけである．そのため，規制資本によって企業が抱えるリスクの真の水準を捉えることはほとんど不可能である．したがって，規制資本とリスク資本のギャップは極めて大きなものとなりうるのである．さらに，企業として規制資本とリスク資本が同様の金額であっても，事業部門レベルではまったく異なるものとなっている可能性がある（すなわち，規制資本によれば，ある事業活動は経営者が考えている以上にリスクを伴うものでありうるし，またその逆もありうるのである）[†1]．

バーゼル III 規制によって課された新たな規制資本の体系の下では，証券化のようないくつかの金融活動では，規制資本の金額は経済資本の金額よりはるかに大きくなる可能性がある．それでもなお，経済資本の算出は，ある金融活動が金融機関にとって経済的に合理的なものであるか否かを判断するために経営者にとっては重要である．規制資本が経済資本よりはるかに大きいならば，その金融活動は時間の経過とともに「影の金融業界」に移っていく可能性が高い．というのは，その金融取引はさらに好条件でプライシングされるからである．

リスク資本は，第 7 章において議論したバリューアットリスク (VaR) の算出方法と同様の概念によって計測される．実際，リスク資本量は，洗練された VaR 内部モデルによって算出され，近年では第 16 章において議論したストレステストで補完されることが多い．しかしながら，リスク資本を VaR によって算出する際の信頼水準と保有期間は，経営陣（あるいは経営陣からなるリスク管理委員会）が決める主要な政策変数である．そして，通常，これらの決定は取締役会によって承認されるべきである．

リスク資本は，その目的を達するため，様々なステークホルダーからの要求に沿った信頼水準での非期待損失を吸収できるように算出されなければならない．企業は，そのステークホルダーに対して，いかなる事態にも対処できる十分なリスク資本を確保していると 100% 保証する（あるいはそのような信頼水準を設定する）ことはできない．その代わりに，リスク資本は 100% 未満の値に設定される信頼水準によって算出される．例えば，保守的なステークホルダーのいる企業では，99.9% などの信頼水準で算出されるのである．このことは，特定の保有期間（一般には 1 年間）において，実際に発生する損失が企業によって設定されたリスク資本の金額を超える確率が 0.1% 前後であることを意味している[†2]．通常，信頼水準は，ムーディーズやスタンダード・アンド・プアーズやフィッチなどの格付機関から得ようとする信用格付と関連づけて選択される．信用格付がデフォルト確率と明示的に関連づけられているからである．信頼水準は，企業のリスクアペタイトにも見合っているべきである（第 4 章を参照のこと）．

[†1] このことは，事業部門に資本および資本コストを割り当てる際の様々な難問の原因となっている．例えば，実務家の中には，規制資本と経済資本のうち大きなほうを事業部門に割り当てるようにしている者もいる．

[†2] 実際には，リスク資本モデルは第 15 章で議論したモデルリスクにさいなまれており，リスク資本モデルからの結果の解釈は慎重に行わなければならない．ほとんどの企業では，リスク資本モデルからのアウトプットを，その企業が保有すべきリスク資本量の決定における多くの変数のうちの主要な 1 つとしてだけ取り扱っている．

17.2 リスク資本量の普及

リスク資本は,「リスクを伴う事業展開のもとで,支払能力を保った状態であり続けるためにはどれくらいの資本が必要か」という問いに答えるために利用されてきた.そして,企業は,この問いに答えられるようになってはじめて,その他の多くの経営問題の解決に移ることができるのである.したがって,最近では,リスク資本量は,特に銀行およびその他の金融機関において,ますます多くの問題に答えるために使われるようになってきている[†3](BOX17.1において,リスクに基づく計算が金融機関にとって大変重要である理由を説明している).リスク資本量の新たな利用例としては,次のようなものがある.

- 企業,事業部門,そして個人レベルでの業績評価およびインセンティブ報酬
リスク資本はリスクに基づく資本配賦システムに組み込むことができる.この資本配賦システムは,RAPM(risk-adjusted performance measure, リスク調整後業績評価指標)あるいはRAROC(risk-adjusted return on capital, リスク調整後資本収益率)という名称で括られることが多い.本章の議論の中心であるこれらの資本配賦システムは,経営陣および外部のステークホルダーに様々な事業について統一的なリスク調整後業績評価指標を提供する.これらの指標は,様々な事業について,株主資本収益率のような会計上の収益性とは異なり,経済的な収益性の比較を可能にする.さらには,RAROCは,株主価値創造に対する貢献について事業部門ならびに管理部門の経営陣の報酬を決めるためのスコアカードの1つとして利用できる.2007–2009年の金融危機以降,企業はリスク調整(および繰延および留保などの補完的な制度)を伴う報酬制度を重視するようになってきている.
- 参入/撤退判断のための能動的なポートフォリオマネジメント
特定の事業に参入するか,あるいはその事業から撤退するかの判断は,リスク調整後業績評価指標とその判断の結果として得られる「リスク分散効果」によるべきである.例えば,特定の地域における企業向けのローンに特化している金融機関は,その収益性がその地域の景気循環に従って変動することに気づくであろう.理論的には,その金融機関は地理的に事業を多様化するか事業内容自体を多角化すべきである.資本マネジメントに関する経営判断では,「新規または既存の事業に経営資源を配賦する場合,あるいは当該事業から撤退する場合に,それぞれどれだけの価値が創造されるのか」という問いに答えることを求められるのである.
- 取引のプライシング

[†3] 企業が経済資本およびRAROCをどのように活用しているかに関する非公式の調査として,T. Baer et al., *The Use of Economic Capital in Performance Management for Banks: A Perspective*, McKinsey Working Papers on Risk, No. 24, January 2011を参照.

リスク資本量は，個別取引のリスクに基づくプライシングにも利用することができる．リスクに基づくプライシングは，取引が抱える経済的リスクに見合ったプライシングを行うものであり，望ましいものである．例えば，常識的には，財務内容が相対的に劣る非投資適格級の企業へのローンは投資適格級の企業へのローンより割高にプライシングされなければならない．しかしながら，どれくらい割高にプライシングされなければならないかは，期待損失量および各取引に必要なリスク資本に伴うコストを踏まえてのみ決定できるのである．トレーディング担当部署および企業向けローン担当部署は，取引のプライシングを事前に行うために，そしてそれらの取引が取引量の増加だけではなく株主価値をも増加させるかを判断するために，RAROCの計算の要素である「限界的経済資本必要量」に依拠することがますます多くなってきている．

問題点として，リスク資本という1つの指標では先ほど説明した4つの目的を達成することはできないという点がある．この解決策については，後ほど見ていくことにする．

BOX 17.1

金融機関にとって経済資本が非常に重要である理由

経済資本に基づく新しい手法によってリスク資本を配賦することは，金融機関にとって，少なくとも4つの理由から重要である．

まず，金融機関において，資本は投資に対する資金調達（製造業の場合と同様である）であるのみならず，リスクを吸収するものとしても利用される．金融機関は個人預金の受入れあるいは負債証券の発行によって，資本を増加させることなく，その他の業態の企業よりはるかに低いコストではるかに高いレバレッジを掛けることができるということが，このことの根源的な理由である（負債資本比率は製造業の約2対1と比較して20対1という高さに達する）．さらに，デリバティブのトレーディング，保証契約，信用状の発行，その他の偶発債務を生むコミットメントなどでは，そもそもあまり資金調達の必要がない．しかしながら，これらのすべてはある程度まで銀行のリスク資本の蓄積によって行うことのできるものであるし，したがって，それぞれにリスク資本に伴うコストが課されなければならないのである．

このことは，第2の理由につながる．銀行が目標とする支払能力は，その銀行が販売する金融商品の重要な一部をなしているのである．一般企業の場合と異なり，銀行などの金融機関の顧客は，その金融機関に対する債権者でもあるのである．すなわち，預金者，デリバティブのカウンターパーティー，保険契約者などである．これらの顧客は，契約で約束された支払いが行われないリスクに関心がある．預金者は，その預金の安全性が銀行の経済的な業績に左右されないものと期待して預金を行うのである．OTC市場では，金融機関はカウンターパーティーリスクを心配する．信用格付の低い銀行は多くの市場から排除されるのである．したがって，良好な信用状態を維持することは，銀行が事業を行ううえでの継続的なコストなのである．

第3の理由として，銀行の信用力は重要であるが，銀行は非常に理解しづらい存在でもある．銀行は，特に複雑な金融取引においては，金融商品のプライシングとヘッジに独自の技術を利用する．銀行の典型的なバランスシートは比較的流動性があり，非常にすばやく変化しうる．したがって，外部から銀行の信用力を評価することは困難であり，(銀行のリスク特性が変化し続けるために) すぐに古びた評価になってしまう．十分なリスク資本を維持し，しっかりしたリスクマネジメント文化を実現することによって，格付機関を含む外部のステークホルダーが銀行の財務の健全性に納得し，これらの「エージェンシーコスト」も減少するのである．

第 4 の理由として，銀行が競争の厳しい市場で事業を行っているということがある．銀行の収益性は，ますますその銀行の資本コストに左右されることになる．リスク資本は，特定の契約関係によって払戻しが必要とされることがない資金（例: 株主資本）であるので，銀行はリスク資本をあまり抱えたくないはずである．銀行にとって，リスク資本は経営環境が厳しいときに安全バッファーとして機能するが，リスク資本を調達し保持するのは相対的に高いコストがかかるのである．しかし，これまで明らかにしてきた理由から，銀行はあまりに少ないリスク資本を保有するだけではだめなのである．銀行が保有する資本の量とその銀行の事業が抱えるリスクについて，絶えず変化し続ける釣合いを理解することが非常に重要なのである．

17.3 RAROC—リスク調整後資本収益率

RAROC は，概念的には簡単なものであり，実務家が経済的な業績を計測することを目的に，事業部門や個別取引に対して資本を配賦するために利用する手法である．

RAROC は，もともとは 1970 年代後半にバンカース・トラストによって提示されたものであり，単位資本あたりのリスクとリターンのトレードオフを明らかにし，したがってすべての事業活動について統一的で比較可能なリスク調整後業績評価指標を提供するものである．ある事業部門の RAROC が銀行の資本コスト (株主が要求する最低限の資本収益率) より高ければ，その事業部門は株主価値を創造しているものとみなされる．経営陣は資本予算計画のための業績評価にこの指標を使用することができ，また事業部門のマネージャーの報酬を決定する一要素としても利用できる．

RAROC の一般的な算出式は，リスクとリターンのトレードオフの定式化になっている．すなわち，

$$\mathrm{RAROC} = \frac{\text{税引後期待リスク調整後純収益}}{\text{経済資本}}$$

RAROC の算出式は，経済資本をリスクの代理変数とし，税引後期待リスク調整後純利益の期待値をリターンの代理変数としている．これから，RAROC の算出式の分母と分子をいかにして計測するかについて，詳しく見ていく．そして，「ハードルレート」の問題，すなわち RAROC の値を算出した後にその値が株主の観点から良いものなのか悪いものなのかをいかにして判断するかの問題について，詳しく検討する．

しかしながら，これらの議論を始める前に，一般的な RAROC の算出式が数々の手法のうちの 1 つにすぎず，長所も短所もあるものであるということを念頭に置いておかなければならない．前述の RAROC の定義は，実務での慣行によるものであり，伝統的な RAROC の定義と考えることができる．BOX17.2 では，RAPM (risk-adjusted performance measure) という名称のもとで整理されている，いくつかのリスク調整後業績評価指標を説明している．

BOX 17.2

RAPM（リスク調整後業績評価指標）

資産収益率 (ROA) あるいは資本収益率 (ROE) のような，全社レベルあるいは個別の事業部門レベルでの伝統的な会計ベースでの業績評価指標では，事業活動が抱えるリスクを把握することができないということが長らく認識されてきた．会計指標である帳簿上での資産および資本の金額は，リスク指標としては欠陥がある代理変数なのである．さらに，会計上の収入では，期待損失のような重要なリスクの調整が行われていない．

RAPM は，リターンを得るために負担することになるリスクに対するリターンを調整するすべての手法についての一般的な用語である．RAROC は銀行業界で最も普及しているものであるが，RAPM は概念的には多様で，リスクの調整，業績評価などを包含するものである．これらの RAPM 指標は，お互いに完全に整合的というわけではない．本文では，資本資産評価モデル (CAPM) と整合的な修正 RAROC 指標を提示している．それは，ここで定義する NPV 指標とも整合的である．

- RAROC（リスク調整後資本収益率）= リスク調整後期待純利益/経済資本．RAROC では，分子においてリターンからリスク要因（例えば，期待損失）を控除することによってリスク調整を行っている．RAROC は，分母でも，会計上の資本の代わりに経済資本を用いることによってリスク調整を行っている．
- RORAC（リスク調整後資本に対する収益率）= 純利益/経済資本．RORAC では，分母でのみリスク調整を行う．実務的には，次のとおりである．

$$\text{RORAC} = \frac{\text{損益}}{\text{VaR}}$$

- ROC（資本収益率）= RORAC．ROCAR（リスクにさらされている資本に対するリターン）とも呼ばれる．
- RORAA（リスク調整後資産に対する収益率）= 純利益/リスク調整後資産
- RAROA（リスク調整後資産に対するリスク調整後収益率）= リスク調整後期待純利益/リスク調整後資産
- S（シャープレシオ）=（期待収益率 − 無リスク金利）/ボラティリティ．事後的なシャープレシオ，すなわち期待収益率ではなく実現収益率に基づくシャープレシオは ROC の定数倍となることを示すことができる[†1]．
- NPV（正味現在価値）= 将来の期待キャッシュフローの割引現在価値．ここでは，事業の市場価値の変化と市場ポートフォリオの価値の変化との共分散として定義されたリスクである，CAPM から導出されるベータに基づくリスク調整後期待収益率が利用される（第 5 章参照）．CAPM では，リスクの定義は分散によって消失しないシステマティックリスクに限定される．RAROC の計算では，リスク指標はシステマティックリスクと個別リスクから生じるすべての収益のボラティリティを反映している．NPV は，プロジェクトの全期間にわたる期待キャッシュフローを容易に特定できるような事業に特に適している．

- EVA（経済付加価値）あるいは NIACC（資本コスト後純利益）は，調整済み税引後純利益から当該事業に配賦された経済資本の量に税引後資本コストを掛けて得られるコストを控除したものである．事業の NIACC が正である場合には株主価値を創造しているものとされ，EVA が正であるといわれる†2．RAROC がハードルレートを超える事業も EVA が正である．

†1 David Shimko, "See Sharpe or Be Flat", *Risk* 10(6), 1997, p.33 参照.
†2 EVA は Stern Stewart & Co. の登録商標である.

17.4 資本予算計画のための RAROC

新規プロジェクトや新会社に投資するのか，あるいは既存の事業を拡張するのか撤退するのかについての判断は，それらの収益性が事後的に判明する前に行われなければならない．しかしながら，いかなるマネージャーも予知を行うための水晶玉を持ってはいないのである．そこで，資本予算計画のために税引後 RAROC を算出する場合，実務の慣行では次のように行われている．

$$\mathrm{RAROC} = \frac{\text{期待収益} - \text{費用} - \text{期待損失} - \text{税金} + \text{リスク資本収益} + / - \text{移転調整}}{\text{経済資本}}$$

- 「期待収益」は，当該活動が生み出すと期待される収益である（損失は発生しないものと仮定する）．
- 「費用」は，当該活動の実施関連した直接費用である（例えば，給与，ボーナス，一般管理費など）．
- 「期待損失」とは，銀行業では，主にデフォルトによる期待損失であり，貸倒引当金に対応する．このコストは，他のコストと同様に資金調達コストに上乗せされるスプレッドとして各取引のプライシングに反映されるので，このリスクを吸収するためのバッファーとしてのリスク資本は必要ない．期待損失は，市場リスクやオペレーショナルリスクなどの他のリスクからの期待損失も含むものである．
- 「税金」は，実効税率を使って当該活動用に計算した期待税額である．
- 「リスク資本収益」は，当該活動に配賦されるリスク資本に対する収益である．通常，このリスク資本が国債などの無リスク資産に投資された場合の収益とされる．
- 「移転調整」は，主として事業部門と財務部門の移転価格制度に対応し，資金調達コストや金利リスク，通貨リスクをヘッジするためのコストを事業部門に賦課するものである．本社部門の間接コストも含む．

- 「経済資本」は，リスク資本と戦略リスク資本の合計である．

戦略リスク資本＝営業権＋償却後資本 (burned-out capital)

最後の点は，やや説明が必要だろう．リスク資本は，必要とされる信頼水準（例えば99%）で市場リスク，信用リスク，オペレーショナルリスク，およびビジネスリスクや風評リスクといったその他のリスクによる最悪の場合の損失（期待損失分を除く）をカバーするために銀行が備えておくべき資本のクッションである．リスク資本は，1年の保有期間と金融機関にとって必要な信頼水準のもとでのバリューアットリスクの算出と直接的に関連している．保有期間と信頼水準については，これまでの章で説明したとおりである．

戦略リスク資本は，重要な投資でありながらその成功ならびに収益性が非常に不確実な投資のリスクに関するものである．もし事業に失敗すれば，ふつう巨額の損失処理を行わなければならず，その企業の評判に傷がつくことになる．現在の実務では，戦略リスク資本を償却後資本 (burned-out capital) と営業権の合計として算出している．償却後資本とは，予想されるリスク調整後のリターンが十分でないため最終的には見送られることになった新規事業について，その最初の立ち上げ段階に費やされた投資のようなものを意味する．戦略リスク資本は，最近行った買収あるいはその他の自社による戦略施策に失敗した場合のリスクに対処するための資本配賦とみることができる．この資本は，時間の経過とともに戦略の失敗のリスクが減少していくにつれて，償却されていく．営業権の部分は，投資のプレミアムに対応する．すなわち，企業を買収するときに，純資産（資産－負債）の再構築価値以上に支払われる金額である（通常，買収を行う企業は純資産の公正価値を超えるプレミアムを支払う．被買収企業の貸借対照表には計上されていない無形資産に大きな価値を認めるからである）．営業権も時間の経過とともに償却される．

銀行の中には，未利用のリスク限度額にもリスク資本を配賦しているところがある．銀行内の事業部門によっていつでも利用できるリスク限度額は潜在的なコストを伴うものだからである（銀行全体としては，限度額が完全に利用されているものとしてリスク資本が調整される）．

図17.1では，本書の各章で説明してきた損失の分布とRAROCの計算とのつながりを示している．ここでは，特定の保有期間（例えば1年間）の損失分布につき特定の信頼水準（この例では99%）において，期待損失が15bpであり，最悪の損失が165bpであることが示されている．したがって，保有期間1年における信頼水準99%での非期待損失は，最悪の損失と期待損失の差である150bpである．非期待損失は，事業活動に配賦されるリスク資本に該当する．

ここまでで非期待損失というRAROCの計算式における最も理解しづらい部分を理解できたので，次に具体的な数字をRAROCの計算式に当てはめてみよう．

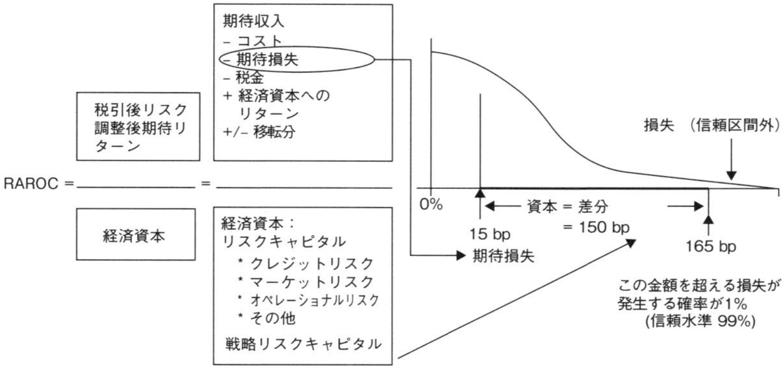

図 17.1 RAROC の計算式

10 億ドルの企業向けローンから構成される利回りが 9% のローンポートフォリオの RAROC を算出したいとしよう．銀行の直接営業費用は年間 900 万ドルで，実効税率は 30% である．このローンポートフォリオの資金調達は，6% の利息を支払う小口預金 10 億ドルで行われている．このローンポートフォリオの非期待損失についてのリスク分析によれば，（ローン金額の 7.5% にあたる）約 7,500 万ドルの経済資本がこのローンポートフォリオに必要になる．この経済資本はリスクを伴う事業活動ではなく，無リスク証券に投資されなければならず，無リスク証券である国債の利息は 5% である．また，このローンポートフォリオの年間の期待損失は 1%（すなわち 1,000 万ドル）である

銀行内移転価格を無視すれば，このローンポートフォリオの税引後 RAROC は，期待収益が 9,000 万ドル，営業費用が 900 万ドル，支払利息が 6,000 万ドル（借入資金 10 億ドルの 6%），期待損失 1,000 万ドル，経済資本の利回りが 375 万ドルなので，

$$\text{RAROC} = \frac{(9,000 - 900 - 6,000 - 1,000 + 375)\,(1 - 0.3)}{7,500} = 0.14 = 14\%$$

となる．

このローンポートフォリオの RAROC は 14% である．この数字は，このローンポートフォリオを支えるのに必要な資本についての年間税引後期待収益率と解釈することができる．

17.5 業績評価指標としての RAROC

まず，RAROC は事前に資本を配賦するための道具として提示されたものであることを強調しておく．したがって，資本予算計画のために，「期待」収益と「期待」損失が RAROC の計算式の分子に代入される．RAROC を事後の業績評価指標として利用する場合には，期待収益と期待損失ではなく実現収益と実現損失を使用することができる．

17.5.1　RAROC の保有期間

RAROC の計算式に代入するすべての計数は特定の保有期間に基づいて計算されたものでなければならない[†4]．BOX17.3 は，このことから生じる問題の 1 つである，信用リスク，市場リスク，およびオペレーショナルリスクの計測に使われる異なる保有期間をどのようにして整合性のあるものとするかという問題を論じている．実務家は，通常，1 年という保有期間を適用しようとする．1 年というのは事業計画期間に対応するし，銀行が重大な非期待損失を被った場合に資本の充実を図るために必要な期間であると合理的に見積もることができるからである．

しかしながら，RAROC のためのリスク期間は，ある程度までは任意に選択することができるのである．リスクの計測においてビジネスサイクルが及ぼす影響を完全に反映するために，例えば 5 年や 10 年という長い期間でのリスクやリターンのボラティリティの計測を選択することもできる．期間が長くなるにつれて企業が支払い能力に求める信頼水準は減少するので，より長い期間で経済資本を計算するからといって必ずしも必要資本が増加するわけではない．これが不思議に思えるならば，1 年間のデフォルト確率が 3bp である AA 格の企業を考えてみよう．この企業の 2 年間あるいは 5 年間でのデフォルト確率はもちろん増加するが，その企業の今後 1 年間の信用格付に影響を与えるわけではない．しかしながら，実務上の問題の 1 つは，1 年を超える期間でのリスクとリターンに関するデータの質は低いかもしれないということである．

BOX 17.3

リスクの種類および保有期間

リスク資本は，企業が目標とする信用格付と整合的な信頼水準で計測した 1 年間のバリューアットリスク量とみなすことができる．このように考える際の保有期間は，第 7 章で市場リスクについて，また第 10 章で信用リスクについて，そして第 14 章でオペレーショナルリスクについて説明したリスク計測手法と，どのように関連しているのであろうか．

信用リスクについては，CreditMetrics や KMV などの信用ポートフォリオモデルによって計算される 1 年間の VaR とリスク資本との間に直接の同等性がある．オペ

[†4] 本章は 1 期間 RAROC モデルを取り上げている．一方，大手銀行の中には，長期間にわたる取引やローンの期間にわたって RAROC をより良く計測するために多期間 RAROC モデルを採用しているところもある．しかしながら，スワップのような取引やポートフォリオの抱えるリスクが期間ごとに大きく変化するような場合には，RAROC モデルの手法における主要な課題はいまだ解決されていない．そのような場合には，取引やポートフォリオにはどれだけの経済資本が割り当てられればよいのであろうか．平均としての経済資本を割り当てるだけでは過小な割り当て，あるいは過大な割り当てになってしまうだけなのである．

レーショナルリスクについても同様である．金融機関の内部モデルのほとんどで，保有期間は 1 年とされている．したがって，信用リスクとオペレーショナルリスクについては，リスク資本の決定にあたって，1 年間の VaR の値を調整する必要はない．

しかしながら，市場リスクの場合は事情が異なる．トレーディングでは，市場リスクは短期の保有期間でのみ計測される．日次のリスクモニタリングのためには保有期間 1 日とされるし，規制資本のためには保有期間 10 日とされる．どのようにして保有期間 1 日のリスク指標を保有期間 1 年でのリスク資本に換算できるのであろうか．

1 つの方法は，「時間の平方根ルール」と一般に呼ばれている方法の利用である．すなわち，1 年間での営業日の日数（例えば，252 日）の平方根を 1 日の VaR に掛け合わせて 1 年の VaR を近似する方法である．しかしながら，これを行えば，リスク資本の本質を見失う．リスク資本は，銀行が巨額の損失を被るような危機が発生した場合において倒産するリスクを制限するためにあるのである．最悪のシナリオが発生すると，銀行は当然に可能な限りのリスクエクスポージャーの削減を行う．非常に流動性の高いポジションを保有し，外部顧客のいない自己勘定取引部門では，このリスクの削減は極めて迅速に行われうる．その他の部門では，通常，その年度末までの間，事業が存続できる（すなわち，事業の運営が維持できる）と考えられる現実的な最低限の規模であるコアリスクレベルまでリスクを削減するだけのことが多い．

したがって，保有期間 1 年間でのリスク資本の有意義な配賦を行うためには，市場が悪化している状態でのポジションの流動性を反映して，現在のリスク量をコアリスクレベルに「削減する時間」を理解できるように，検討対象となっている事業を精査する必要がある．そこでは投げ売りは想定されておらず，むしろある程度まで秩序だったポジションの解消が想定されている．いくつかの市場では，これには大変な時間を要する．2007–2009 年の金融危機時に，まさに経験したとおりである．

図 17B.1 では，コアリスクレベルが現在のリスク量より低い場合のリスク資本の計算を示している．

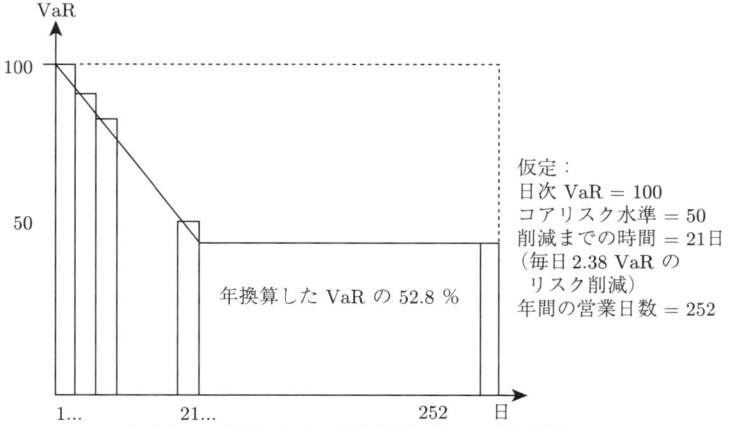

$$\text{リスク資本} = \sqrt{(100^2 + 97.62^2 + 95.24^2 + \cdots + 52.38^2) + 50^2 \times 231}$$
$$= 839$$
$$= 52.8\,\% \times \text{VaR の年換算値}$$
$$\text{VaR の年換算値} = 100 \times \sqrt{252}$$

図 17B.1 マーケットリスクに対するリスク資本の計算

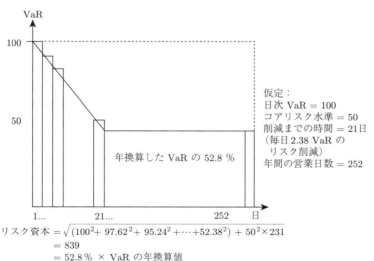

どの銀行にも，保有期間に応じて資本を配賦すべき事業活動が数多く存在する．例えば，銀行は，その販売する商品の多くに組み込まれているオプションのリスクをカバーできるだけの資本を配賦すべきである．住宅ローンを期限前返済できるオプションは明らかな例であり，他にも多くの微妙な工夫が異種の商品が作り出すリスクに施されている．例えば，カナダにおける住宅ローン債権のポートフォリオは，しばしばコミットメントリスクを負担する．あらかじめ決められたコミットメント期間における最低の住宅ローン金利を自動的に得られる機能をもった特殊な住宅ローンがあるからである．実際，これは，デリバティブの実務家が「ルックバックオプション」と呼ぶものを借り手がもっていることに等しい．コミットメントリスクは，コミットメントの期間が長くなるにつれて深刻なものとなる．コミットメントリスクはデルタヘッジでは完全には除去できないリスクである．カナダの住宅ローン事業に必要なリスク資本を決定する際にはこれらすべてを考慮しなければならないのである．

17.5.2　デフォルト確率：ポイント・イン・タイム(PIT)対スルー・ザ・サイクル(TTC)

ポイント・イン・タイム(PIT)のデフォルト確率(PD)は，KMVの手法やその他の経済的・構造的手法で使われており，近い将来の期待損失(EL)の計算や信用リスクを抱える金融商品のプライシングにおいて妥当なものである．スルー・ザ・サイクル(TTC)のデフォルト確率は，主として格付機関が採用している手法であり，経済資本や現在の収益性の計算，また金融商品・地域・新たな事業分野についての戦略的な意思決定においてより妥当なものである．

PIT手法で評価したときに企業が同一の格付にとどまる確率は，TTC手法で評価したときよりも小さくなる．したがって，TTC手法は，PIT手法と比較して，経済資本のボラティリティを減少させる．PITのデフォルト確率とTTCのデフォルト確率を使ったRAROCの計算への影響を，通常時の経済サイクルと最悪時の経済サイクルの双方に対して定期的に比較することが有益である．

17.5.3　信頼水準

経済資本の計算における信頼水準は，企業の目標とする信用格付と整合的でなければならない．ほとんどの銀行は自らの債務に対して格付機関からAA格の信用格付を得ようとする．これは3〜5bpのデフォルト確率を意味する．そして，信頼水準では99.95〜99.97%に相当する．この信頼水準は，金融機関のリスク選好を数値で表したものと考えることができる．

信頼水準を低い値で設定すると，特に金融機関のリスク特性が（大規模な損失が発生することが非常に稀である）オペレーショナルリスク，信用リスク，そして決済リスク中心である場合には，事業活動に配賦されるリスク資本が顕著に減少する．したがって，信頼水準の選択はリスク調整後業績評価とその結果としての資本配賦に関する意思決定に対して重大な影響を与えうる．

17.5.4 ハードルレートと資本計画決定規則

ほとんどの金融機関は，あらゆる事業に対して単一のハードルレート，税引後加重平均資本コストを使用している．BOX17.4 では，このハードルレートをどのように計算するのかについて詳しく説明している．ハードルレートは，例えば 6 カ月ごとなど定期的に，あるいは 10% 以上の幅で変化したときに見直されるべきである．

企業は，新規事業への投資，あるいは既存事業からの撤退を検討する場合には，その事業の税引後 RAROC を計算し，ハードルレートと比較する．そして，理論的には，簡単な意思決定の規則を当てはめる．

RAROC の値がハードルレートより高ければ，その事業は企業価値を創造する．

逆の場合は，その事業は企業価値を破壊するとみなせるので，企業は，理論上は，その事業から撤退するか，計画を却下すべきである．

しかしながら，この簡単な規則を適用すると，企業の価値を低下させるようなリスクの高い事業を選択し，企業の価値を増加させるようなリスクの低い事業を却下することにつながってしまう[†5]．油田の探鉱などのリスクの高い事業は収益の変動性が高く，リテール金融のようなリスクの低い事業は収益の変動性が低く安定した収入をもたらす．

この問題を克服するためには，RAROC の計算に重要な修正を施し，事業が抱える収益変動のシステマティックリスクを意思決定の規則に十分に反映させなければならない（BOX17.5 参照）．

BOX 17.4

ハードルレートの計算についての技術的な説明

ほとんどの企業は，あらゆる事業活動に対して，税引後加重平均資本コストに基づく単一のハードルレート h_{AT} を使用している．

$$h_{AT} = \frac{\mathrm{CE} \times r_{\mathrm{CE}} + \mathrm{PE} \times r_{\mathrm{PE}}}{\mathrm{CE} + \mathrm{PE}}$$

ここで，CE および PE はそれぞれ普通株式と優先株式の市場価値を表し，r_{CE} および r_{PE} はそれぞれ普通株式の資本コストと優先株式の資本コストを表している．

優先株式の資本コストは，単に企業の優先株式の利回りである．普通株式の資本コストは資本資産評価モデル (CAPM) のようなモデルを通じて決定される．すなわち，

$$r_{\mathrm{CE}} = r_f + \beta_{\mathrm{CE}} \left(\bar{R}_{\mathrm{M}} - r_f\right)$$

[†5] Michel Crouhy, Stuart Turnbull, and Lee Wakeman, "Measuring Risk-Adjusted Performance", *Journal of Risk* 2(1), 1999, pp. 5–35 参照.

ここで，r_f は無リスク金利，$\bar{R}_{\mathrm{M}}$ は市場ポートフォリオの期待収益率，β_{CE} は当該企業の普通株式の市場ベータである．

BOX 17.5

収益変動のリスクに対する RAROC の修正

理想的には，収益変動の（第 5 章において議論したベータリスクとしての）システマティックリスクを考慮した指標となるように伝統的な RAROC の計算式を修正し，（それを超えると事業が価値を創造することになる重要なベンチマークとしての）ハードルレートがすべての事業部門で同一のものとなるようにしたい．伝統的な RAROC 指標に内在する限界を修正するために，RAROC の計算式を次のように修正しよう．

$$\text{修正後 RAROC} \equiv \text{RAROC} - \beta_{\mathrm{E}}(R_{\mathrm{M}} - r_f)$$

ここで R_{M} は市場ポートフォリオの期待収益率，r_f は 3 カ月物政府短期証券の金利などの無リスク金利，β_{E} は当該企業のエクイティのベータである．そして，新たな意思決定の規則は次のようになる．

修正後 RAROC が r_f より大き(小さ)ければそのプロジェクトを採択(却下)する．

リスク調整項目である $\beta_{\mathrm{E}}(R_{\mathrm{M}} - r_f)$ は無リスク金利に対する超過収益率であり，株主が十分に分散されたポートフォリオを保有していると仮定した場合に，対象となる事業活動に投資する際に抱えて分散していないシステマティックリスクを株主に埋め合わせるために求められるものである．このように収益率がリスクに対して調整されると，ハードルレートは無リスク金利になる．

17.5.5　分散効果とリスク資本

大企業の特定の事業部門に対するリスク資本は，通常，その事業単体で，これまでに見てきた全社同一のハードルレートを使って決められる．しかしながら，直感的には，企業全体が必要とするリスク資本は各事業部門が単体で必要とするリスク資本の合計よりはるかに小さいものとなる．各事業からの収益が完全に相関していることはまずないからである[†6]．

この「分散効果」の本当の大きさを計測することは極めて困難である．現在のところ，企業の全事業部門にわたって市場リスク，信用リスク，およびオペレーショナルリスクの相関効果を考慮し，企業全社のリスク資本を算出できる完全な統合 VaR モデルは存在しない．代わりに，銀行は，個別のリスク計測モデルによって

[†6] 純粋に経済的な観点から，戦略的な考慮を無視して考えれば，事業への参入あるいは撤退は当該事業のリスクおよびリターンによって決定されるべきものとなる．

各ポートフォリオあるいは各事業部門のリスク資本を算出し，それらを積み上げることによって企業全体のリスク資本を算出する方法を採用する傾向にある.

必要自己資本金額の算出のために，各事業のリスクを計測するモデルが全社同一の信頼水準によって利用される．例えば信頼水準99.97%では，不必要に巨額な全社ベースでのリスク資本につながる．これは，(リスクの種類と事業双方で)分散効果を無視しているからである．したがって，実務では，一般に，事業ごとに使う信頼水準を例えば99.5%あるいはそれ以下に引き下げることによって，分散効果にあたる調整を行っている．厳密なリスクの計測ではなく，実務感覚に基づく調整といえる.

これでは不十分ということであれば，少なくとも問題の範囲を設定することはできる．この方法で集計するVaRは，リスクの種類間および事業間で完全相関と無相関という両極端な場合の間に入らなければならない．例えば，簡単のためにビジネスリスクとレピュテーションリスクを無視し，各リスクに対するリスク資本を次のように計算したとしよう.

市場リスク	= 200ドル
信用リスク	= 700ドル
オペレーショナルリスク	= 300ドル

この場合，会社全体での集計リスク資本は次のようになる.

3つのリスクの単純合計（完全相関）= 1,200ドル
3つのリスクの2乗の合計の平方根（無相関）= 787ドル

したがって，リスク分散効果を考慮する手法では，全社ベースのVaRは787ドルから1,200ドルの範囲に入らなければならないのである.

この範囲の設定に関する単純な論理は理にかなっているが，あまりにも範囲の幅が広すぎる！ また，会社全体として算出された分散効果を各事業部門にどのようにして配分するのかという，逆の問題もある．分散効果の配賦は，各部門の実績を決めるなどの事業上の意思決定において重要なものとなりうる.

論理的には，事業キャッシュフローがその企業の他の事業の収益と強く相関しているような事業では，ボラティリティが同じで収益が逆に動く事業より多くのリスク資本が必要となる．逆相関する事業部門を一緒にすれば，企業全体としての収益は安定するのである．そうすることによって，企業はより少ないリスク資本で目標とする信用格付に向けて活動することができる.

実際，金融機関は資本を事業部門に再配賦する問題に挑み続けており，適切とされる方法についての考えはまとまっていない．現在のところ，実務的な解決策として，ほとんどの金融機関が事業単体でのリスク資本に比例してポートフォリオのリスク分散効果を配賦している.

分散効果は事業部門内でも事態を複雑にしている．事業活動Xおよび事業活

事業の組合せ	経済資本
X + Y	$ 100
X	$ 60
Y	$ 70
分散効果	$ 30

個別の事業	限界経済資本
X	$ 30
Y	$ 40
合計	$ 70

図 17.2　分散効果

動 Y からなる事業部門 BU を例として，その他の問題も含めて考えてみよう（図 17.2）．事業部門のリスク資本を計算する際に，金融機関のリスク分析担当者は事業活動 X と事業活動 Y を組み合わせることにより得られる分散効果をすべて考慮に入れており，事業部門 BU のリスク資本は 100 ドルであるとしよう．事業部門内の個別の事業活動に対してリスク資本の配賦を行おうとすると，それが簡単なことではないとわかる．リスク資本には 3 つの異なる尺度がある．

- 「単体リスク資本」は，同一の事業部門内の他の事業活動とは独立に個別の事業活動に利用される資本である．すなわち，分散効果を考慮せずに計算されるリスク資本である．この例では，事業活動 X の単体リスク資本は 60 ドルであり，事業活動 Y の単体リスク資本は 70 ドルである．事業部門における個別の事業活動の単体リスク資本を合計すると，一般には，事業部門それ自体の単体リスク資本を超えるものとなる（事業活動 X と事業活動 Y が完全相関である場合のみ両者は等しくなる）．
- 「完全分散リスク資本」は，同一の事業部門内での分散効果をすべて考慮して個別の事業活動 X と Y に割り当てられるリスク資本である．この例では，ポートフォリオ全体での分散効果は 30 ドル（60 ドル + 70 ドル − 100 ドル）である．この分散効果の配賦もまた，問題となる．前述のように，単体リスク資本に比例してポートフォリオでの分散効果を配賦すると，事業活動 X には 30 ドル×60/130 = 14 ドル，事業活動 Y には 30 ドル×70/130 = 16 ドルが配賦される．そして，完全に分散効果を反映したリスク資本は事業活動 X では 46 ドルおよび事業活動 Y では 54 ドルとなる．
- 「限界経済資本」は，追加的な取引や事業活動に必要とされるリスク資本である．分散効果は完全に反映される．この例では，事業活動 X の限界経済資本は（事業活動 Y がすでに存在しているものとすれば）30 ドル（= 100 ドル − 70 ドル）であり，事業活動 Y の限界経済資本は（事業活動 X がすでに存在しているものとすれば）40 ドル（= 100 ドル − 60 ドル）となる．事業部門 BU に 3 つ以上の事業活動がある場合には，ある事業活動の限界経済資本は，その事業部門のポートフォリオ全体で必要となるリスク資本から当該事業活動を除いた事業部門全体で必要となるリスク資本を引くことによって求められる．この例では 70 ドルとなる限界経済資本の合計額は，事業部門 BU のリスク資本より小さくなる．

この例からわかるように，目的に応じてどのリスク資本を選ぶのかも異なる．完全分散リスク資本は金融機関の支払い能力の評価およびリスクに基づくプライシングに利用される．他方，能動的なポートフォリオマネジメントあるいは事業構成を決める際は，完全な分散効果を考慮しつつ，限界経済資本に基づくべきである．最後に，業績評価の際は，インセンティブ報酬のための単体リスク資本と分散効果によって生まれる追加的な業績の評価のための完全分散リスク資本の両方の考え方を含むべきである．

しかしながら，分散効果を再配賦する際には，安易に配賦しすぎないように注意しなければならない[†7]．リスクファクター間の相関によってポートフォリオの分散効果の大きさが決まるが，これらの相関は時間とともに変化するのである．特に，市場危機が発生した場合には，相関は 1 あるいは − 1 へと急激に変化し，しばらくの間ポートフォリオの分散効果を減少させるか完全に失わせてしまうからである．

17.6 実務における RAROC

経済資本は，事業部門の業績の評価，事業への参入あるいは撤退の決定，そして取引のプライシングにおいて，ますます重要なものとなっている．また，金融機関におけるインセンティブ報酬制度においても重要な役割を果たしている．このようにしてインセンティブ報酬をリスクに合わせて調整することは大切である．マネージャーは，どのような業績評価指標であれ，自分に課された業績評価指標を最大化しようとするからである．

いうまでもなく，RAROC を取り入れている金融機関では，事業部門はリスク管理担当部署に，自らに配賦された経済資本の量の妥当性の説明を要求することが多い．リスク資本の配賦量が多すぎるという不平が通常である（少なすぎるという不平は決してない！）．また，経済資本の配賦量が時としてあまりにも変化しすぎるという不平もある．目標を目指そうとしている事業の計画を狂わせるほどに数値が増減するからである．

この議論に対処する最良の方法は，RAROC 担当部署がリスク評価手法についての透明性を高め，経済資本の決定に関連する問題を議論し，分析する場を設けることである．著者の経験によれば，RAROC の計算の基礎となっている市場リスクと信用リスクを計測する VaR 手法は，事業部門によって十分に受け入れてもらえるものである（ただし，オペレーショナルリスクについてはまだそうとはい

[†7] 普通経済資本 (Common Economic Capital) の集計手法および分散効果の捕捉方法については "*Range of Practices and Issues in Economic Capital Frameworks*", BIS, March 2009, p. 24-31 参照.

えない）．これらのモデルに投入されるパラメターの値の設定こそが経済資本の量を決定し，それがゆえに議論を生むことになるものなのである．

RAROC制度を実施するうえで推奨する事柄をまとめておこう．

1. 経営陣のコミットメント　RAROC制度によってなされる意思決定が戦略的なものであることから，金融機関の経営陣が先頭に立たなければならない．特に，CEOとCEOの経営幹部チームがRAROC制度の実施を支持し，業績が株主価値への貢献によって評価される新しい文化を金融機関内に積極的に広げていくべきである．事業部門に伝えられるべきメッセージは次のとおりである．「大切なのは，収入をどれだけ得たかではなく，そのために取ったリスクに対してどれだけの見返りを得ることができたかである」．
2. コミュニケーションと教育　RAROC担当部署は，金融機関のすべての管理者層にRAROCの手法を受け入れてもらうために，透明性を確保し，事業部門長だけでなく事業部門のマネージャーやCFOに対してもRAROCの手法を説明すべきである．
3. 継続的な協議　リスクや経済資本を決定する主要なパラメターを定期的に見直す「パラメター検討グループ」のような議論の場を設けるべきである．このグループは事業部門とリスク管理担当部署からの主要な代表者から構成され，資本配賦のプロセスに正当性をもたらすことになる．信用リスクに関して見直すべきパラメターには，デフォルト確率，格付遷移確率，デフォルト時損失率，デフォルト時クレジットライン使用量がある．これらのパラメターは景気循環とともに変化し，より多くのデータが利用可能になるに従って調整されるべきである．ここでの重要な問題は，これらのパラメターがカリブレートされるべきヒストリカルデータの観測期間の選択である．すなわち，観測期間は（安定したリスク資本の数字を生み出すために）1つの信用循環全体であるべきか，あるいは（信用環境が改善すればリスク資本量が減少し，悪化すれば増加するように）リスク資本がより景気感応的になる短い期間とするかである．市場リスクについては，ボラティリティと相関のパラメターは，標準的な統計的手法を使って少なくとも毎月更新されるべきである．コアリスク量やポジション削減時間（BOX17.3参照）などのその他の主要なファクターは，毎年見直されるべきである．オペレーショナルリスクについては，手法は現在のところ主観的な判断によっており，そのようなものとして活発な議論が行われている．
4. 手続きの完全性の維持　あらゆるリスクの計算と同様に，RAROCの数値の妥当性は，管理システム（例えば，トレーディングであればフロントオフィスとバックオフィスのシステム）から収集したリスクエクスポージャーとポジションについてのデータの質に決定的に依存する．データ収集と集約の厳格な手続きによってのみ，正確なリスクとリスク資本の評価が可能になるのである．同様の厳格さは，RAROC の計算式における調整後収益の推計に必要となる財務情報にも適用されるべきである．データの収集はリスク管理においてはおそらく最も手間の掛かる仕事であろう．しかし，RAROC 制度の実施が失敗に終わる典型例は，不正確で不完全なデータによる計算に基づくことにある．RAROC 担当部署は，データ収集手続き，計算，および報告手続きが完全であることに責任がある．事業部門と財務経理部門は，自らが作り出し，RAROC に投入する特定のデータの完全性に責任をもつべきなのである．

5. RAROC と定性的要因との結合　本章の最初で，プロジェクトを選択し，資本を配賦する際の簡単な意思決定の規則について説明した．すなわち，RAROC がハードルレートより高ければプロジェクトを採択するというものである．実務では，さらにその他の定性的要因も考慮しなければならない．すべての事業部門は，図 17.3 に示す 2 次元の戦略軸によって評価されるべきである．この図の横軸は，事前に計算される RAROC である．縦軸は，事業部門が生み出す利益の質についての定性的な評価である．この定性的評価では，当該金融機関にとってのその事業活動の戦略的重要性，当該事業の成長可能性，長期的な利益の持続可能性と変動性，その他の重要な事業とのシナジーの有無を考慮している．バランスシートの資源は，右上側に位置する事業に優先的に割り当てられるべきである．また，これとは反対に，左下側に位置する事業については撤退，縮小，あるいは再建が検討されるべきである．右下側の「管理された成長」に該当する事業は，金融機関にとって戦略的重要性は低いが収益性の高い事業である．これとは対照的に，左上側の「投資」に該当する事業は現在の収益性は低いが成長可能性が高く戦略的価値の高い事業である．
6. 能動的な資本管理プロセスの実施　経済資本，レバレッジ比率，リスクウェイトアセットなどのバランスシートに関係する事業部門からの要求は，四半期ごとに RAROC 担当部署に対してなされるべきである．そして，本章で議論してきたような分析に基づいて，経済資本，レバレッジ比率，およびリスクウェイトアセットに対して限度額が設定される．財務担当部署は，資金調達限度額との整合性を保つように，限度額の見直しを行うことが多い．これらの限度額を設定するプロセスは事業部門との共同作業であり，事業に配分されるバランスシート上の資源の量について合意がなされない場合は，経営陣による裁定が行われることになる．レバレッジ比率は，銀行がある水準を超えて成長するのを抑えるかもしれないが，このこと自体により銀行による資本の 1 ドルずつの活用がより重要なものになっている．RAROC 分析は，まさにこのための方法の 1 つなのである．

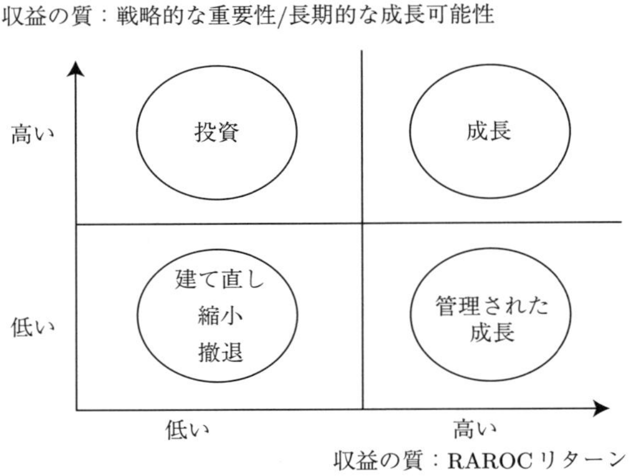

図 17.3　戦略グリッド

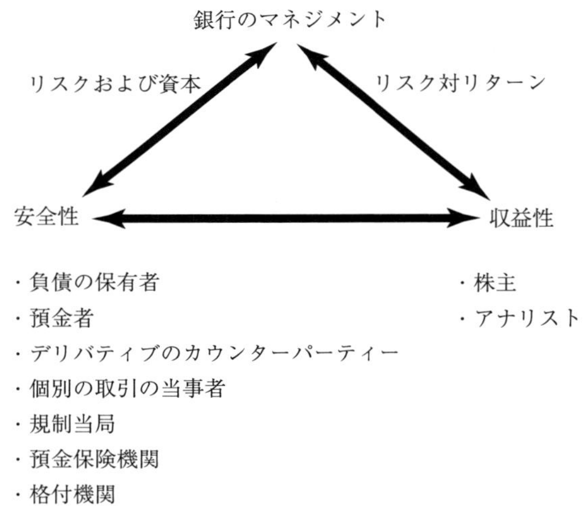

図 17.4　RAROC による様々なステークホルダーからの要求の均衡化

17.7　結論

RAROC 制度は，初め大手金融機関で開発され，現在では規模の小さな銀行やエネルギーなどの商社にも導入されている．リスク資本に大きな関心が払われる場合はいつも，RAROC が外部のステークホルダーからの多岐にわたる要求を調整し，それらの要求に合うように金融機関内の意思決定権者のインセンティブを揃えていくのである（図 17.4 参照）．事業部門（あるいは各取引）がハードルレートを超える収益を稼ぐときに株主価値は創造される．また，それらの事業に配賦したリスク資本は，金融機関が目標とする信用格付を維持するために必要な資本の量を示している．

RAROC の情報によって，経営陣は，どこで株主価値が創造され，どこで株主価値が破壊されているかをより良く理解することができる．RAROC の情報によって，戦略の立案，リスク調整後収益率の報告，経営資源の主体的な配分，集中リスクのより適切な管理，より良いプライシングが推進されるのである．

RAROC はリスクについての共通言語であるのみならず，計量的な手法でもある．したがって，RAROC による資本計画プロセスは，社内の事業部門が株主価値最大化を目的として稀少なバランスシートの資源を巡って互いに競い合う内部資本市場のようなものであると考えることができる．これによって，RAROC は，金融機関および事業会社の双方にとって，資本配賦の有用なツールとなっている．

エピローグ

リスクマネジメントのトレンド

2005 年に執筆した「リスクマネジメントの本質」初版においては，「国家的リスクマネジメント」から「リスクの透明性」といった範囲にわたる 10 の起こりうるトレンドを示した．ここでは，2013 年 8 月時点の視点から，この未来予測についての，より興味深い成功と失敗について簡単に議論し，あえて新しい 5 つの将来トレンドを提示する．

前回予測の正しかった点，誤りだった点

2005 年当時，リスクマネジメントに関しては，野心的でなければ全く意味がなかった．前回最初に議論した[†1] のは，国家が自身のリスクを管理するための部門を設立する必要性についてであった[†2]．例えば，いくつかの業種に集中エクスポージャーをもつ国は，これらのエクスポージャーを交換したり，国による徴税の成功に関連した金利を支払う債券を発行できるかもしれない．マクロの国家リスクに関する我々の懸念は現実のものとなったが，それでも楽観的すぎたようだ．いかなる国も依然として長期のリスクにフォーカスする「国家の CRO」なるものを任命していない．また，グローバルな規制関係者がシステミックリスクを管理するために，国家のリスクマネジメントにおいて連携する必要性についても，ここで再度強調しておきたい．多くの国が 2007–2009 年の金融危機への適切な準備に失敗し，それに続くソブリン負債危機も大きな問題として残っているため，国家リスクのテーマについては，このエピローグの後半でさらに議論する．

保険業界が，3 つの柱を中心としたバーゼルのようなフレームワークに移行するだろうという我々の予想はある程度正しかったが，このプロセスは欧州連合によってゆっくりと進められた．さらに，我々が予想したように，年金業界は株式市場からのリターンに過度に依存しているという点を認識した．

初版以降，多くの実績あるリスクマネジメント技術が銀行業界から金融業界や

[†1]初版エピローグ 388 頁参照．
[†2]Robert Merton の論文にヒントを得た．

非金融業界にまで広がったことは喜ばしいことであった．しかし，非金融業界においては，リスクマネジメント技術の発展は十分な速さでは進まなかった．それでも，資産運用に携わる実務家（およびその規制関係者）が，より進歩的で統合的なリスクマネジメント (ERM) にかかわるようになってきたことは喜ばしいことだった．リスクマネジメントポリシーや方法論が，金融業界のこのセクターにおいても，このエピローグの後半で議論するような方向性に沿って，さらに進化することを期待したい．

2005 年時点では，新たな技術によって，稀でかつ極端なリスク[†3]について，より客観的で透明性の高い評価を行えるようになり，投資家が極端な市場環境においてどの程度損失を被るかについて，更なる情報公開を求めるようになるだろうと予測し，リスクの透明性に関して希望的観測を述べた．これが実現し始める（第 7 章および第 16 章参照）には 2007–2009 年の金融危機という高い代償を払わなければならなかった．そして，事実，金融機関は，極端なリスクを外部に開示するということに関しては，まだスタートラインに立ったばかりである．

様々な利害関係者の要請から，リスクマネジメントの本質についての実務的な（アカデミックではない）教育への需要が高まることになるだろうという我々の予測は正しかった．それにもかかわらず，実務家をターゲットとしたトレーニングのテンポと質は，このエピローグの後半で議論するように，改善，向上されなければならない．我々はまた，正式なリスク教育が企業の研修プログラムの一般科目になるだろうと予測した．リスクマネージャーを養成する，リスクマネジメントについてのよりアカデミックなコースや，MBA レベルにおける専門科目さえも，引き続きより多く見られるようになってきている．

我々はまた，より様式化された，一般に認められる一連のリスク原則[†4]，リスク基準の必要性にも言及したが，このエピローグの後半でリスクマネジメントの実務基準 (SOP: Standard of Practice) に関連する議論を行う．我々が予想したように，リスク言語と方法論は収束してきている．PD，LGD，VaR といった用語は，銀行，保険，年金ファンド，そしてノンバンクの業界や企業でも，今や共通に用いられている．会計基準審議会は公正価値の対象範囲を拡大し，会計利益と経済利益の間のギャップを埋めようと多大な努力をしている．しかし，ここへ至るまでの障害は膨大なものであり，それゆえに，基準は常に書き換え，変更されている．最終的には国際会計基準 (IFRS) と米国会計基準 (GAAP) は収束し，経済利益への収束への道が開かれると予測している．

2005 年当時は，リスク計測の進歩によって，リスクマネジメントの古典的な統計ベースのアプローチと，ありうるリスクシナリオと因果関係を議論するエキスパートジャッジメントや構造的手法のような非古典的アプローチが統合されると

[†3] 初版エピローグ 392 頁参照．
[†4] 初版エピローグ 393 頁参照．

考えていた．そして，ボリュームに傾斜したリテールクレジットビジネスが新しい手法を採用し，リスク，コスト，行動要因を組み合わせたものとして，より効率的にプライシングするようになると期待した[†5]．しかし，この双方において，新しい技術の導入は十分な速度で起こらなかった．金融コミュニティのリスクマネジメントツールはあまりにももろく，2007–2009 年のストレス市場において破綻したのである．

オペレーショナルリスクの移転技術の発展も予想したが，こちらも我々が考えたほどには早く進歩しなかった．しかし，我々は引き続き，オペレーショナルリスク移転メカニズムは最終的には実現すると予想する．これらのリスク移転技術が発展する必要条件は，オペレーショナルリスクを計測しプライシングする，より良い方法を導入することである．オペレーショナルリスクは，依然として，あまり共通する性質がない多くの様々な問題や事象の寄せ集めであり，満足のいく高度な管理手法 (AMA) は未だに達成困難である．

我々が考える（望む）5 つの追加的なトピックが，今後の数 10 年間におけるリスクマネジメントの高度化の重要な特徴になるだろう．

新トレンドと改訂版旧トレンド

1. 国家およびグローバルリスク

初版では国家リスクについて議論し，マクロ経済，グローバルレベルでリスクを管理することの必要性を強調した．

この必要性は，特に，複数の市場リスクと信用リスク事象がシステミックリスクにつながったためグローバル金融危機を経た今日，より明らかになってきている．特に 2008 年 9 月 15 日のリーマン・ブラザーズのデフォルトは，米国のみならずグローバル金融市場全体に甚大な影響を与えた．銀行間貸出は数カ月凍結され，クレジットスプレッド，市場ボラティリティの指標は市場最高値にまで上昇した．

リーマン・ブラザーズの破綻は，すべての市場参加者を驚かせ，米国においては，連邦準備銀行も財務省も，このような巨大な破綻に対する備えができていなかったということが明らかになった．問題の本質が，必ずしも破綻した金融機関の規模（つまり，「too big to fail」）ではなく，むしろ破綻した金融機関とその他の市場参加者との結びつき (「too connected to fail」) だったということに気づくまでには時間を要した．非金融会社と同様に，金融機関同士の法的な相互関係を国際レベルで把握することが不可欠なのである．最初のステップとして，金融安定理事会がすべての金融取引について，標準的な国際的法的主体識別番号システム (GLEIS) の作成を始めた．これはまた，組織間の相互依存をより明らかにする

[†5] 初版エピローグ 394–395 頁参照．

ために，親子関係の系図を作成するのに役立つ．

金融危機はまた，高格付の国家であったとしても急速に支払い不能に陥るということを明らかにした．ギリシャは欧州連合の特別貸出によって救済されるまでの当面の間，デフォルトの危機に瀕していたし，アイスランドはデフォルトした．

その他，国家リスクの長期的側面としては，人口増加率が横ばいまたはマイナスになることによる経済規模の縮小リスクがある．多くの先進国では，人口の自然増加率は 1% 未満であり，例えばスペインではこれがマイナスになっている．このことは，特に高齢化の進展も相まって長期的な意味で極めて深刻である．例えば，10 年，20 年後には，引退世代 1 人あたりのために働ける現役世代がより少なくなる．これによって，社会保障システムが行き詰まり，生産性の悪化，人的・物的資源（例えば研究開発費）に投資しようとするインセンティブの低下を招いてしまうかもしれない．もはや，20 世紀に経験した，しばしば 10% を超えるような株式リターンを所与のものとして考えることはできず，確定給付年金は巨額の積み立て不足に苦しむことになるかもしれない．長期的な国家リスクマネジメントとは，これらの根本的なリスクに対処するプランを立てることであるが，その根本的なリスクの多くは発展途上国よりも先進国に影響を与える．

2. 適正資本要件

第 3 章で説明したように，バーゼル II，特にバーゼル III は，初期の基準である 1988 年（信用リスク）基準または 1998 年（市場リスク）基準に比べると，銀行に対してより高品質の資本（例えば普通株式）を積むことを求めている．しかし，資本の質のみが問題というわけではない．規制のフォーカスは，小口預金者や保険契約者の安全性を確保することから，システミックリスクの削減努力へとシフトしてきた．今や，シャドーバンキングシステムまでもがより強固な監督下に置かれることになり，その他の金融システム同様に規制されるようになるかもしれない．

例えば，グローバル金融危機以前は，米国の投資銀行はバーゼル基準の対象外であり，商業銀行のみが規制資本を積んでいたが，2008 年 9 月以降はこれが完全に変化した．規制の目的が変化した結果，銀行は今では以前よりもずっと多くの普通株主資本を積むように求められている．バーゼル III によって，これらの資本要件は着実に増加し，危機前には 1～3%（第 3 章参照）だったリスク資産に対する割合が，将来的には 15% に達するだろう．

モジリアニ＝ミラー (Modigliani-Miller, M&M) の理論によれば，資本構成は企業価値とは理論的には無関係である．株主資本比率が上昇すれば，企業の金融リスクが減り，リスクが減れば資本コストや負債コストの期待値も下がるため，株主資本要件にはあまり注意を払わなくてもよいはずである．理論的には，資本要件が強化されれば，企業価値を変化させることなく，全権利保有者のリスクを減らすという効果があるはずである．しかし，M&M 理論は資本市場が完備であり，税金がないという理想的な環境のもとで成り立つものである．したがって，実際には，資本要件が厳格になれば，その収益性が損なわれるという懸念を銀行はもっている．収益性はおそらく悪化するだろうが，M&M 理論が有効であれば，資本のリスクも減少するのである．

関連するその他の問題としては，所要株主資本の計算が，リスク資産をベースとしているため，複雑でコストがかかるというものがある．規制は不必要なほどに複雑化しており，より単純で洗練された基準に基づいて銀行に規制資本を積ませるほうがより効率的なのではないかという議論もある[†6]．他にも，リスク資産を規制資本の割り当てる際のベースとして使うよりも，銀行にバランスシート上の資産の一定割合を株主資本として積ませるほうがより透明性が高いという議論もある[†7]．こうすれば，銀行はシステム投資やレポーティングにかかる時間とコストを，特にバーゼル III の所要資本計算を先進的手法に基づいて行う場合よりも削減することができるかもしれない．いずれにせよ，バーゼル III がベースとしている複雑な計算は，非常に多くの仮定と近似計算に依存しているため，銀行がそのリスクをカバーするのに必要とされる実際の資本（つまり経済資本）とかけ離れたものになりかねない．

3. プロフェッショナルなリスクマネジメント実施基準の策定

我々は，近い将来に，リスクマネジメント業界は，プロフェッショナルなリスクマネジメント実施基準 (SOP) のドラフトを策定すると期待している．会計士，アクチュアリー，弁護士，医師を含むほとんどのプロフェッショナルは，明確な実施基準に従っている．しかし，リスクマネジメント業界には，様々なリスクマネジメントの専門職や業界にわたって活躍する個人のための，一般的に認められた一連のリスクマネジメント SOP が存在しない．

SOP は専門的職業の真の象徴である．ここには，リスクマネジメント業務に従事する者に対して，「やって良いこと」と「やってはならないこと」の決まりが示されている．重要なのは，SOP が存在することによって一定の透明性が確保されることや，例えば，銀行が貸出損失引当金を決めたり，保険会社が準備金を決めるといったケースにおいて，通常の基準から乖離するようなことを求められたプロフェッショナルが，容易に「ノー」といえる方法が与えられる．SOP は利害関係者（例えば従業員）に対するガイダンスにもなり，専門家の意見のベースともなる．また，あらゆる専門的規律プロセスの基盤にもなるし，ほとんどの状況において規制要件を組み込むのに役立つはずである．

SOP は，またプロフェッショナルを守るものでもある．例えば，もしも数学的

[†6] 第 3 章の脚注 57 に引用した Haldane を参照．
[†7] 第 3 章の脚注 58 に引用した Admati and Hellwig を参照．

モデルの精査からオペレーショナルリスクの主要パフォーマンス指標 (KPI) の選択までにわたるオペレーショナルリスクの基準が確立すれば，リスクマネージャーを訴訟で打ち負かすのは非常に難しくなるだろう．

もし職種と業種（例えば銀行，保険，アセットマネジメント）で横断的に似たようなリスクマネジメント SOP が採用されるならば，金融業界全体が恩恵を受けるだろう．さらに，銀行のような特定の業種のリスクマネジメントの実務家が，（保険のような）他業種の経験から学ぶこともより容易になるだろう．

リスクマネジメント SOP 策定のスターティングポイントとしては，既存の保険数理の実施基準 (ASOP[†8]) から始めるのがよいだろう．これは専門的業務を行う際に，リスクマネージャーが考慮，記録，公開すべき事柄を明らかにしたものである．

リスクマネジメント SOP はまた，グループレベルで策定されるのが望ましい（また可能である）．これは例えば，取締役会，経営委員会，リスクマネジメント部門，事業部門に対するリスクマネジメント SOP といったレベルを指す．しかし，リスクマネジメント SOP の採用が，知らないうちにリスクマネージャーの行動を縛ってしまうのではないかという，リスクマネジメントを行う実務家の避け難い懸念に対応するため，リスクマネジメント SOP は段階的に進化させる必要がある．

4. アセットマネジメントにおけるリスクコントロール

インデックス・バスケットトレーディングのような新しいトレーディングストラテジーと ETF(Exchange-Traded Funds) のような革新的な取引商品は株式市場，そしてまた異なるアセットクラス間で観測される相関の上昇に大きく貢献した．2013 年に相関は大きく低下したが，株式市場の相関の平均は 30 年くらい前の 25～30% に比較すると 50～60% まで上昇した．その結果，伝統的な分散化手法は投資家にとってナチュラルヘッジとはいえなくなった．

相関だけが問題というわけでもない．統計手法（例えば ARCH や GARCH に焦点を当てたような）によって，市場リターンとボラティリティもまた安定的でないということが明らかになった．多くの実証分析によれば，ボラティリティの低い時期と高い時期は交互に発生するということが明らかになった．

1998 年 8 月や 2008 年 9 月のような市場のイベントは，最も有能なアセットマネージャーがそれまで蓄積してきたリターンを数日のうちに一掃してしまう可能性がある．

したがってアセットマネージャーは，アセットアロケーション戦略とリスクコントロール手法とを組み合わせた新たな数量的手法を生み出さなければならない．

[†8] "Risk Evaluation in Enterprise Risk Management", Actuarial Standard of Practice No. 46, September 2012 参照.

そしてこれは，最も興味深い，リスクマネジメントの新たなフロンティアなのである．

この新たな数量手法とはどのようなものなのだろうか．1つの合理的なアプローチは次の4つの主要ステップからなる．第1のステップは，インプライド・ボラティリティ（例えばVIX），クレジットスプレッド（例えばCDX Investment Grade for Nonfinancials, CDX High Yield），国債のイールドカーブの動き（短期，長期のイールドカーブの傾き）のようないくつかの要素を含むリスクインデックスの構築である．

第2のステップでは，そのリスクインデックスを特徴づける様々なリスクサイクルを識別するための異なる統計手法が適用される．時が経つと，「高リスク」から「閑散期」まで，2〜4の異なるリスクサイクルと，それらの中間に属するリスクサイクルを認識することができるだろう．

第3ステップでは，資産の選択が行われるが，これにはリスクフリー資産（例えばマネーマーケットファンド）が含まれる．最も単純なものでは，ポートフォリオアロケーションは，たった2つの資産（例えばS&P米国株価指数とマネー・マーケット・ファンド）によって動的に管理される．しかし，より幅広い世界的な資産選択においては，いくつかの株式インデックス（例えば米国，欧州，エマージングマーケット），不動産インデックス，上場コモディティインデックス，ヘッジファンドインデックス，中期および長期の債券インデックス，短期の債券インデックス，そして現金が含まれる．

最後のステップでは，各リスクサイクルにおける，アセットアロケーションの最適化が行われる．例えば，低リスクサイクルにおいては，極めて積極的なアロケーションが行われ，高リスクサイクルには実質的には現金による保守的なアロケーションが行われる．そしてポートフォリオは動的に管理される．統計モデルが，高い確率でリスクサイクルに変化が起きることを予測したときは，それに対応したアロケーションにスイッチする．複数のサイクルの変化が発生したときの取引コストを制限するために，極めて流動性の高い資産が選ばれるべきである．

5. リスク教育―少数，それとも多数のため？

初版において，我々は，仕事の肩書きに「リスク」という言葉を含む人々を対象とした，リスクマネジメントに特化した大学院のコースや正式な資格プログラムといった専門的な，リスク教育が出現するであろうと書いた．ここに至るまで，この点はますます加速し続けており，我々の予想は称えられるべきだろう．しかし，同時に難しい問題も提起されている．「銀行，リスクマネジメント業界の専門的リスク教育の進歩は，2007–2009年の金融危機に際して，なぜ金融機関のリスク・エクスポージャーを制限する以上のことができなかったのだろう」というものだ．

我々が説明したような取組みは，2005 年当時はまだ緒に就いたばかりであり，危機があまりにも早く襲ってきたという事情も一部としてあるため，これは若干不当な質問である．また，ある程度のリスク教育が行われていなければ，危機の結果はもっと悪化していたということも知る由もないのである．

しかし，リスク教育がそれを必要とする人々に対してなされていなかったというのが，現実的には本当の問題なのではないだろうか．リスク教育は，多忙なシニアマネージャー，取締役に対して必要なレベルに達する形では行われなかった．またそれは，リスクの本質と金融機関がどのようにリスクに対処しているかについて，これまで他のどの方法よりも，金融危機自体によって思い知らされたであろう一般国民に対しても行われなかった．リスク教育は，リスクを生み出す側のスタッフ，インフラを運営する人々，統計的リスクマネジメントが依拠しているデータを収集する人々にも，より広い意味で行われなかった．

さらに，既存プログラムの内容はしばしば極めて限られたものであった．例えば，一定のリスクタイプに対する分析手法や統計手法にフォーカスしたものであり，あるビジネスモデルにおいてそれらのリスクタイプがどのように関連しているか，シニアマネージャーに警告を発するために必要な実務的ステップについて説明するようなものではなかった．

もし「リスクのエリート」のみを教育するのであれば，彼らは，本当に重要なときに差別化をすることに苦労するだろう．危機の直後には，彼らの意見には規制当局やシニアマネージャーが同意し，後押しをするだろう．しかし，ビジネスサイクルが進むとこれが消えていき，リスク基準に関する「Race to Bottom（底辺への競争，低水準への収斂)」が始まってしまうだろう．最後のサイクルにおいては，企業文化の中でリスクマネジメントのコンセプトと考え方に精通した人間がほとんどいないという事実のために，堂々と意見を述べたリスクマネージャーに対する攻撃，排斥が横行したのである．

1 つの解決策は，仕事の肩書きに「リスク」のつかない多くの人々に，知的な武器を与えることだろう．

日本語索引

あ行

アイスランドの銀行システム (Icelandic banking system)　65
アイルランドの銀行の再建 (Irish bank restructuring)　387
アカウントマネジメント (Managing the account)　270
アセットスワップ (Asset swap)　187
アセットマネジメント (Asset management)　516–517
アチャーリャ，V. (Acharya, V.)　33, 90, 351
アップル (Apple)　30
アップルガース，アダム (Applegarth, Adam)　229
アドボリ，クウェク (Adoboli, Kweku)　420
アドマティ，A. (Admati, A.)　93
アトリションスコア (Attrition scores)　268
アーニングアットリスク (EaR) (Earnings-at-risk)　224, 238
アムステルダム合意 (Amsterdam Accord)　62
アメリカンオプション (American option)　188
誤ったインプット，パラメター値 (Inaccurate inputs/parameter values)　455
アライド・アイリッシュ・バンク (AIB) (Allied Irish Banks)　420
アリアンツ (Allianz)　119
アルトマンの Z スコアモデル (Altman Z-score model)　335–337
アレキサンダー，C. (Alexander, C.)　218
安定調達比率 (NSFR) (Net stable funding ratio)　73–75, 82, 222
アンファンディッド CoCo 債 (Unfunded CoCos)　116
井口俊英 (Iguchi, Toshihide)　420
一括清算 (Close-out netting)　399
一般化パレート分布 (GPD) (Generalized Pareto Distribution)　218
一般誤方向リスク (General wrong-way risk)　413
一般市場リスク (General market risk)　19
一般的なトータルリターンスワップ (TRS) (Generic total return swap)　371
イーストマン・コダック (Eastman Kodak)　326
移転価格システム (TPS) (Transfer pricing system)　251
移転価格ルール (Transfer pricing rules)　250
移転価格レート (TPR) (Transfer pricing

か行

さ行

市場ポートフォリオ (Market portfolio) 153
市場リスク (Market risk, 市場リスクの計測の索引を参照) 19
——外国為替リスク (foreign exchange risk) 19
——株価リスク (equity price risk) 19
——金利リスク (interest rate risk) 19
——コモディティ価格リスク (commodity price risk) 19
市場リスクの計測 (Measuring market risk) 193
—— VaR バリューアットリスクの索引を参照
——期待ショートフォール (expected shortfall) 193, 215
——グリークス (Greeks) 196
——名目額アプローチ (notional amount approach) 195
市場リスクプレミアム (Market risk premium) 155
市場リスクモデル (Market risk models) 337
市場流動性が低い時の時価評価 (Marked-to-market (low liquidity)) 26
市場流動性リスク (Trading liquidity risk) 26
システマティックリスク (Systematic risk) 155, 165
システムおよびテクノロジーリスク (Systems and technology risk) 422
システム上重要な金融機関 (SIFIs) (Systemically important financial institutions) 78, 85
システム上重要な市場およびインフラストラクチャー (SIMIs) (Systemically important markets and infrastructures) 78
自然なヘッジ機会 (Natural hedging opportunities) 46
実効 EPE(EEPE) (Effective expected positive exposure) 402
実効金利法 (Effective interest method) 26
実体性条項 (Materiality clause) 368
質への逃避 (Flight to quality) 33
シティグループ (Citigroup) 406
シナリオ分析 (Scenario analysis) ストレステストとシナリオ分析の索引を参照 436–437, 468, 480–481
支払不履（事務処理問題による）(Settlement failures (operational problems)) 24
資本 (Capital) 65–66, 92
資本勘案後ネット収益 (NIACC) (Net income after capital charge) 495
資本計画 (Capital plan) 474
資本資産評価モデル (CAPM) (Capital asset pricing model) 154–159
資本収益率 (ROC) (Return on capital) 494
資本比率 (Capital ratios) 84
資本保全バッファー (CCB) (Capital Conservation Buffer) 72
資本予算計画 (Capital budgeting) 495–497
資本予算計画のための RAROC (RAROC-based capital budgeting) 495
シムコ，D. (Shimko, D.) 495
シャープ，ウィリアム (Sharpe, William) 36, 154
シャープレシオ (Sharpe ratio) 494
シャウテンズ，W. (Schoutens, W.) 119
シャクター，B. (Schachter, B.) 467
シャドーバンキングシステム (Shadow banking system) 90
シャムウェイ，T. (Shumway, T.) 333
ジャロー，R. (Jarrow, R.) 331
ジャロー・ターンブルモデル (Jarrow-Turnbull model) 341

た行

& L) crisis)　11, 27, 225
追加証拠金請求 (Margin call)　33
追加的リスクにかかわる資本配賦 (IRC) (Incremental capital charge)　110
通貨スワップ (Currency swaps)　187
通貨デリバティブ (Currency derivatives)　39
ツベルスキ，アモス (Tversky, Amos)　167
定性的指標 (Qualitative measures)　42
定量/定性分析 (quantitative/qualitative analysis)　283
定量的指標 (Quantitative measures)　42
テイルリスク (Tail risk)　114, 215
ティンカーベル現象 (Tinkerbell phenomenon)　463
適格住宅ローン (Qualified mortgages)　257
適正資本要件 (Capital adequacy requirements)　514–515
テクニカルデフォルト (Technical default)　306
テクノロジーリスク，IT リスク (Technology risk)　12, 28, 425
デフォルト (Default)　306, 311
デフォルト確率 (PD) (Probability of default)　108, 259, 266, 291, 334
デフォルト距離 (DD) (Distance to default)　323–325
デフォルト時エクスポージャー (EAD) (Exposure at default)　108, 259, 291, 355, 414
デフォルト時損失 (LGD) (Loss Given Default)　24–25, 108, 278
デフォルト時損失格付 (LGDR) (Loss given default rating)　291, 298
デフォルト相関 (Default correlations)　310, 317
デフォルトの構造型モデル（1974 年のマートンの枠組み）(Structural model of default (Merton 1974 framework))　318
デフォルトへのジャンプ (Jump to default)　330
デフォルトポイント (Default point)　323
デフォルトリスク (Default risk)　7, 24
デュレーション (Duration)　242
デュレーション・ギャップ・アプローチ (Duration gap approach)　242
デリバティブ (Derivatives) ヘッジの索引を参照
—— OTC　184
——オペレーショナルリスク (operational risk)　27
——会計規則 (accounting rules)　50
——カウンターパーティー信用リスク (counterparty credit risk)　71
——価格感応度指標 (price sensitivity measures)　196–198
——金利リスク (interest rate risk) 金利リスクのヘッジの索引を参照
——グリークス (Greeks)　197–198
——クレジット (credit)　360–375
——実務面での反対意見 (practical objections)　37
——集中清算機関 (CCPs)　78, 87
——税金 (taxation)　38, 50
——タイム・バケット (time buckets)　239
——ドッド・フランク法 (Dodd-Frank Act)　87
——取引所で取引されている (exchange-traded)　183
——バーゼル I (Basel I)　96–97
——モデルリスク　437–464
——リスクウェイト (risk weighting)　70
デルタ (Delta)　165, 198
デルタ航空 (Delta Air Lines)　35
デルタニュートラルなヘッジ戦略 (Delta-neutral hedging strategy)　453

な行

は行

73–74
——流動性比率 (liquidity ratios) 73–75, 230
——レバレッジ比率 (leverage ratio) 75
バーゼル委員会 (Basel Committee) 55
バーゼル合意により定められたアドオンファクター (Accord-required add-on factor) 96
ハート，O. (Hart, O.) 119
ハードコモディティ (Hard commodities) 22
バートラム，S. (Bartram, S.) 37
ハードルレート (Hurdle rate) 501–508
破綻した債券 (Distressed bonds) 361
破綻処理 (Resolution plan) 85
パッカー，F. (Packer, F.) 289
発行市場でのシンジケーション (Primary syndication) 353
発行体格付 (Issuer credit ratings) 283
発行体リスク (Issuer risk) 22
バーナンキ，ベン (Bernanke, Ben) 73, 171, 173
ハノウン，H. (Hannoun, H.) 67
浜中泰男 (Hamanaka, Yasuo) 420
パーム (Palm) 29
パラヴィチニ，A. (Pallavicini, A.) 396, 410
バラス，S. (Bharath, S.) 333
パラメター検討グループ (Parameter review group) 506
バリューアットリスク (VaR) (Value-at-risk) 193–219
—— 10 日 VaR (10-day VaR) 201
—— 1 日 VaR (one-day time horizon) 201
—— 2007–2009 年の金融危機と VaR (2007–2009 financial crisis) 193
—— CVA VaR 417
—— OpVaR 426
—— VaR の計算ステップ (steps in calculating VaR) 199
—— VaR の前提 (underlying assumption) 194
—— VaR の短所，限界 (shortcomings/limitations) 213–214, 219
—— VaR の強み (strengths of) 202
—— VaR の利用法 (uses) 200–204
—— VaR 報告の詳細 (detailed VaR reporting) 215
—— VaR をどう使うか (how to use it) 219
——概念的な手法 (conceptual approach, as) 218
——規制資本 (regulatory capital) 199–203
——極端な市場環境 (extreme market conditions) 194
——経済資本 (economic capital) 200
——信用 VaR (credit VaR) 304, 311
——信頼区間 (confidence level) 199
——ストレス VaR (stress VaR) 476
——長期 VaR (long-term VaR) 222
——テイルリスクと VaR (tail risk) 215–218
——トレーディングデスクと VaR (trading desk) 200–204
——バリューアットリスクの定義 (defined) 198
——ヒストリカル・シミュレーションアプローチ (historical simulation approach) 208
——ファットテールの分布 (fat-tailed distribution) 207
——複雑な構造をもった商品 (complex structured products) 194
——分散共分散アプローチ (analytic variance/covariance approach)

185
——金利リスク (interest rate risk) 金利リスクのヘッジの索引を参照
——金利リスクのヘッジ (Hedging interest rate risk) 178–183
——計画期間 (planning horizon) 50
——コール／プットオプション (call/put options) 164
——先物契約 (futures contract) 184–188
——様々なオプション (variety of options) 48
——資本コストと (cost of capital) 38
——スワップ (swaps) 186–190
——スワップション (swaption) 190
——税金 (taxation) 38
——「静的」な「動的」な戦略 (static vs. dynamic strategy) 48
——ゼロサムゲーム (zero-sum game) 36
——対象期間 (time horizon) 44
——デルタニュートラルなヘッジ戦略 (delta-neutral hedging strategy) 453
——フォワード契約 (forward contract) 184–186
——フロアー (floor) 189
ヘッジ比率 (Hedge ratio) 165
ヘルウィグ，M. (Hellwig, M.) 93
ヘルシュタット銀行 (Herstatt Bank) 24
ベンチマークモデリング (Benchmark modeling) 459
変動金利住宅ローン (ARM) (Adjustable rate mortgage) 189
変動証拠金 (Variation margin) 185
偏微分方程式アプローチ (Partial differential equitaion approach) 459
ポアソン分布 (Poisson distribution) 329
ポイント・イン・タイム (PIT) (Point-in-time) 290, 313
ポイント・イン・タイムのデフォルト確率 (Point-in-time(PIT) probability of default(PD)) 500
報酬委員会 (Compensation committee) 134–136
報酬体系 (Compensation schemes) 10–11, 82–83, 126, 136
報酬の返還 (Maluses) 89
報酬の遅配や回収 (Compensation deferral and clawbacks) 89
法務・規制リスク (Legal and regulatory risk) 19
法務リスク (Legal risk) 421
保険 (Insurance policies) 38
保険数理的アプローチ (Actuarial approach) 328–329
保険数理の実施基準 (ASOP) (Actuarial SOP) 516
保険スコア (Insurance scores) 269
保証 (Guarantee) 368
保存できるコモディティ (Nonperishable commodities) 22
ホットスポット (Hot spots) 480, 484
ポテンシャルフューチャーエクスポージャー (PFE) (Potential future exposure) 401–402
ポートフォリオ／コリレーションクレジットデリバティブ (Portfolio/correlation products) 365
ポートフォリオコンプレッション (Portfolio compression) 398
ポートフォリオ選択 (Portfolio selection)

ま行

rate input))　455
メルク (Merck)　41
目標 (Goals)　42
目標 (Objective function)　42
モーゲージ証券化商品 (RMBS)　375, 380–382
モーゲージバックド証券 (MBSs) (Mortgage-backed securities)　169, 272
モーゲージローン (Mortgage loans)　169
モジリアーニ＆ミラーの理論 (Modigliani-Miller (M & M) theorems)　166, 514
モジリアーニ，フランコ (Modigliani, Franco)　166
モデルの誤り (Model error)　451
モデルリスク (Model risk)　437–464
——JP モルガンチェース“ロンドンの鯨” (JP Morgan Chase “London Whale”)　445
——LTCM（ロングタームキャピタルマネジメント）　459
——仕組み商品と断崖効果 (structured products and cliff effects)　456
——人的要因 (human factor)　463
——相関係数 (correlations)　455
——正しくない仮定 (incorrect assumptions)　451–453
——ティンカーベル現象 (Tinkerbell phenomenon)　463
——デルタニュートラルなヘッジ戦略 (delta-neutral hedging strategy)　453
——統計的な推定量 (statistical estimators)　454
——独立した監視 (independent oversight)　457–458
——ナットウエストのオプションプライシングの例 (NatWest Option pricing example)　457
——ニーダーフォーファーのプットオプションの事例 (Niederhoffer put options example)　451
——ファットテール (fat tails)　207, 452
——不正確なインプット／パラメター値 (inaccurate inputs/parameter values)　455
——ベアリングス銀行 (Barings Bank)　463–464
——ベンチマークモデリング (benchmark modeling)　459
——ボラティリティ (volatility)　451
——メリルリンチ（誤ったレートのインプット） (Merrill Lynch (wrong rate input))　455
——モデルの誤った実装 (implementing the model wrongly)　454
——モデルの誤り (model error)　451
——モンテカルロ・シミュレーション (Monte Carlo simulation)　454
——リスクの軽減 (mitigating the risk)　458
——流動性 (liquidity)　453
モデルを用いて値洗いをするアプローチ (Mark-to-model approach)　449
モトローラ (Motorola)　30
モラルハザード (Moral hazard)　441
モリーニ (Morini, M.)　396, 410
モルガン・スタンレー (Morgan Stanley)　58, 65, 219, 406
モンテカルロ・シミュレーション (Monte Carlo simulation)　212, 217, 454

や行

ヤンコウスキー，カール (Yankowski, Carl)　29
有限差分法 (Finite-element technique)　459

ら行

数字

アルファベッド

英語索引

Applegarth, Adam（アップルガース，アダム）　229
Application scores（新規申請スコア）　267
APT（裁定価格理論）　159
AR（AR 値）　267, 268
Arbitrage pricing theory (APT)（裁定価格理論）　159
ARCH volatility model（ARCH ボラティリティモデル）　165–166
ARCH/GARCH　516
ARM（変動金利住宅ローン）　189
ASA（代替的な標準的手法）　431
Asset-backed commercial paper (ABCP) conduits（資産担保コマーシャルペーパー導管体）　348
Asset-backed credit-linked note (CLN)（資産担保クレジットリンク債）　373–374
Asset-backed securities (ABS)（資産担保証券）　272, 376
Asset/liability management (ALM)（資産負債管理）　221–252
—— ALCO（ALM 委員会）　231–233
—— duration gap approach（デュレーション・ギャップ分析）　242
—— EaR（アーニングアットリスク）　238
—— funding liquidity risk（資金流動性リスク）　225–231
—— funds transfer pricing（資金の移転価格）　247–252
—— goals（目標）　223
—— interest rate risk（金利リスク）　223–225
—— liquidity debts and credits（流動性債務と債権）　245–247
—— LT-VaR（長期 VaR）　244–245
—— multicurrency balance sheets（多通貨のバランスシート）　241–242
—— responsibility of treasurer（財務部門の責任）　223
Asset/liability management committee (ALCO)（ALM 委員会）　231–233
Asset management（アセットマネジメント）　516–517
Asset restructuring（資産の再構築）　232
Asset return correlations（資産収益率の相関）　310, 326–328, 337
Asset swap（アセットスワップ）　187
Asset valuation risk（資産評価リスク）　259
Assets available for sale (AFS)（売却可能資産）　26
Assets-to-capital multiple（資産／資本倍率）　94
Attrition scores（アトリションスコア）　268
Audit committee（監査委員会）　124–125
Audit function（監査機能）　16, 144–147

B

Bail-in type event（債権者による損失負担型の信用事由）　367
Balance sheet（貸借対照表）　11
Balance sheet risk management（貸借対照表リスク管理）　41, 232
Bank for International Settlements (BIS)（国際決済銀行）　55
Bank loan recovery rates（銀行ローンの回収率）　313
Bank of America（バンク・オブ・アメリカ）　333
Bank of Cyprus（キプロス銀行）　119
Bankers' New Clothes, The (Admati/Hellwig)（銀行は裸の王様である（アナト・アドマティ，マルティン・ヘルビッヒ））　93
Bankers Trust（バンカーストラスト）　192
Banking book（銀行勘定）　26

Banking industry（銀行業界）　53–121
—— ALCO（ALM 委員会）　231–233
—— ALM（Asset/Liability management (ALM) の索引を参照）　221–222
—— assets-to-capital multiple（資産／資本倍率）　94
—— business and strategic risks（ビジネスリスクと戦略リスク）　31
—— capital adequacy（自己資本充実度）　56–60
—— capital conservation buffer (CCB)（資本保全バッファー）　116
—— capital ratios（資本比率）　84
—— CoCo bonds（偶発転換社債）　116–121
—— commercial credit（Commercial credit risk の索引を参照）
—— Cooke ratio（クック・レシオ）　95
—— corporate governance concerns（企業統治，コーポレートガバナンス）　123
—— countercyclical capital buffer（カウンターシクリカル資本バッファー）　76, 80
—— counterparty credit risk（カウンターパーティー信用リスク）　71
—— credit cycle（信用サイクル）　11
—— credit derivatives（Credit transfer markets の索引を参照）　351
—— deposit insurance（預金保険）　54
—— disclosure requirements（開示要件）　63
—— Dodd-Frank Act（ドッド・フランク法）Dodd-Frank Act の索引を参照
—— domino effect（ドミノ効果）　54
—— economic capital（経済資本）　489–490
—— European banking law（欧州銀行法）　90–91
—— imbalances（アンバランス）　221
—— IRB approach（内部格付手法）　107–109
—— LCR（流動性カバレッジ比率）　73–74
—— leverage ratio（レバレッジ比率）　75
—— liquidity ratios（流動性比率）　73–75, 230
—— liquidity risk management and monitoring（流動性リスク管理とモニタリング）　230–231
—— margin requirements（証拠金請求）　82
—— market discipline（市場規律）　63
—— 1988 Accord（1988 年合意）Basel I の索引を参照
—— 1996 Market Risk Amendment（1996 年市場リスク修正合意）　57, 103–104
—— NSFR（安定調達比率）　73–75
—— operational risk（オペレーショナルリスク）Operational risk の索引を参照
—— OTC derivatives（OTC デリバティブ）　78
—— procyclicality（プロシクリカリティ（景気変動増幅効果））　79–83
—— QIS5（定量的影響度調査）　59
—— RAROC（リスク調整後資本収益率）　159
—— regulatory arbitrage（規制アービトラージ）　99
—— reputation risk（風評リスク，レピュテーションリスク）　31
—— retail banking（リテール銀行業

務）　253
—— risk categories（リスク種別）　12
—— SIFIs（システム上重要な金融機関）　77
—— SIMIs（システム上重要な市場およびインフラストラクチャー）　78
—— Standardized Approach（標準的手法）　106–107
—— stress testing（ストレステスト）
Stress testing and scenario analysis の索引を参照
—— supervisory review process（監督上の検証プロセス）　63
—— target solvency（目標とする支払能力）　492
—— trading book（トレーディング勘定）　71
Bankruptcy（破産）　287, 306
Bankruptcy risk（破産リスク）　24
Barclays Capital（バークレイズ・キャピタル）　121
Barings Bank（ベアリングス銀行）　104, 420, 463–464
Bartram, S.（バートラム，S.）　37
Basel I（バーゼル I）　56–57, 94–100
—— assets-to-capital multiple（資産／資本倍率）　94
—— capital（資本）　97–98
—— Cooke ratio（クック・レシオ）　95
—— derivatives（デリバティブ）　96–97
—— nonderivative off-balance sheet exposures（デリバティブ以外のオフバランスエクスポージャー）　95–96
—— regulatory arbitrage（規制アービトラージ）　99
—— risk capital weights for credit equivalents（信用相当額に適用するリスク資本ウエイト）　95
Basel II（バーゼル II）　57–59
—— Basel III, contrasted（バーゼル III）　73
—— capital adequacy（自己資本充実度）　56–60
—— CCR（カウンターパーティー信用リスク）　414–416
—— credit risk（信用リスク）　105–109
—— disclosure requirements（開示要件）　63
—— hedged or guaranteed exposure（ヘッジやエクスポージャーの保証）　416
—— innovations（変革）　57
—— IRB approach（内部格付手法）　107–109
—— market discipline（市場規律）　63
—— operational risk（オペレーショナルリスク）　27, 423
—— SM approach（標準的手法）　415
—— Standardized Approach（標準的手法）　106–107
—— supervisory review process（監督上の検証プロセス）　63
—— three pillars（3 つの柱，3 本の柱）　60–64
Basel II supervisory approach（バーゼル II の監督手法）　63
Basel 2.5（バーゼル 2.5）　59, 89, 110–114
Basel III（バーゼル III）　64–83
—— Basel II, compared（バーゼル II）　73
—— capital（資本）　65–66
—— capital conservation bugger (CCB)（資本保全バッファー）　116
—— capital ratios（資本比率）　84
—— CCR（カウンターパーティー信用リスク）　414–416

—— CoCo bonds（偶発転換社債） 116
—— countercyclical capital buffer（カウンターシクリカル資本バッファー） 76, 80
—— counterparty credit risk（カウンターパーティー信用リスク） 71
—— enhanced risk coverage（リスク対象範囲の拡張） 69
—— LCR（流動性カバレッジ比率） 73–74
—— leverage ratio（レバレッジ比率） 75
—— liquidity ratios（流動性比率） 73–75, 230
—— macroprudential overlay（マクロプルーデンス政策） 75–78
—— NSFR（安定調達比率） 73–75
—— OTC derivatives（OTC デリバティブ） 78
—— overview (figure)（概観（図）） 67
—— phase-in agreements（段階的適用） 84
—— procyclicality（プロシクリカリティ（景気変動増幅効果）） 79
—— retail banking（リテール銀行業務） 271
—— SIFIs（システム上重要な金融機関） 77
—— SIMIs（システム上重要な市場およびインフラストラクチャー） 78
—— stress testing/risk modeling（ストレステスト/リスクモデル） 78
—— trading book（トレーディング勘定） 71
—— weakness/strengths of（短所と長所） 91–93
Basel Committee（バーゼル委員会） 55
Basic indictor approach（基礎的指標手法） 430
Basis risk（ベーシスリスク） 20, 173, 236, 400
Basis trading（ベーシス取引） 368
Basket trading（バスケット取引） 154
Bear Stearns（ベア・スターンズ） 33, 90, 117, 120, 225
Behavior scoring（行動スコアリング） 268
Behavioral finance（行動ファイナンス） 167
BEICFs（業務環境や内部統制要因） 436
Benchmark modeling（ベンチマークモデリング） 459
Bernanke, Ben（バーナンキ，ベン） 73, 171, 173
Best efforts deal（ベストエフォート取引） 353
Best-practice stress testing（ストレステストのベストプラクティス） 477
Beta（ベータ） 155–159
Beta risk（ベータリスク） 36, 156, 157, 159
Bharath, S.（バラス，S.） 333
Big Bang Protocol（ビッグバンプロトコル） 361
Bilateral CCR（双方向 CCR） 405–407
Bilateral netting（2 者間のネッティング） 24
Black, Fischer（ブラック，フィッシャー） 160
Black-Scholes option valuation model（ブラック・ショールズのオプション評価モデル） 160–166, 453
Blackberry（ブラックベリー） 29
Board of directors（取締役会） 124–126
Bond insurance（ボンドインシュアランス） 352
Bond price and YTM（債券価格と最終利回り） 173–179
Bond ratings（債券格付） 283
Borrower risk（借り手リスク） 22
Brenner, Menachem（ブレナー，メナヘム） 163

B & S model（B & S モデル） 160–166
Brigo, D.（ブリーゴ，D.） 396, 410
Brown, G.（ブラウン，G.） 37
Brownlees, C. T.（ブラウンリーズ，C.T.） 77
Bureau of Consumer Financial Protection (BCFP)（金融消費者保護局） 88
Bureau scores（審査機関のスコア） 262
Burned-out capital（償却後資本） 496
Business disruption and system failures（業務の中断およびシステム障害） 428
Business environment and internal control factors (BEICFs)（業務環境や内部統制要因） 437
Business process map（業務プロセスマップ） 425
Business risk（ビジネスリスク） 28–30, 260
Business risk committee（ビジネスリスク管理委員会） 137–139
Business risk profile（ビジネスリスクプロファイル） 294
Business volume risk（事業ボリュームリスク） 260
Buy-and-hold（バイ・アンド・ホールド） 344

C

C-Lar program（包括的流動性分析およびレビュー） 229
Call option（コールオプション） 160, 187
Campbell, J. Y.（キャンベル，J.Y.） 333
Campello, M.（キャンペロ，M.） 39
Cantor, R.（キャンター，R.） 289
Caouette, J. B.（カウエット，J.B.） 335
CAP(Cumulative accuracy profile)（累積精度輪郭） 267, 268
Cap（キャップ） 189
Capital（資本） 65–66, 92
Capital adequacy（自己資本充実度） 56–60
Capital adequacy requirements（適正資本要件） 514–515
Capital asset pricing model (CAPM)（資本資産評価モデル） 154–159
Capital budgeting（資本予算計画） 495–497
Capital plan（資本計画） 474
Capital ratios（資本比率） 84
CAPM 154–159
Cardinal ranking of obligors（債務者の基数的なランク） 321
Carver, L.（カーバー，L.） 406
Cash-CDO（キャッシュ CDO） 383
Cash flow and contractual maturity mismatch analysis（キャッシュフローと契約の満期ミスマッチ分析） 230
Cash flow at risk (CFaR)（キャッシュフロー・リスク値） 479
Cash flow volatility（キャッシュフローの変動） 38
Cash interest coverage（キャッシュインタレストカバレッジ） 293
Cash settled（差金決済） 185
Catastrophic losses（壊滅的な損失） 429
Caterpillar（キャタピラー） 22
CBO（債券担保証券） 377
CCAR（包括的資本検証レビュー） 474
CCB（資本保全バッファー） 72
CCDS（コンティンジェント CDS） 412
CCP（中央清算機関） 78, 416
CCR（Counterparty credit risk (CCR) の索引を参照）
CCR mitigation（CCR 削減） 400
CDO（Collateralized debt obligation (CDO) の索引を参照）
CDO-squared（CDO スクエアード） 381
CDS（Credit default swaps (CDS) の索引を参照）

257
Consumer lending businesses（消費者金融ビジネス） 253–259
Continental Illinois（コンチネンタル・イリノイ） 54, 227–228
Contingent CDS（コンティンジェントCDS） 412
Contingent claim approach（条件付き請求権アプローチ） 318–320
Contingent convertible (CoCo) bonds（偶発転換社債（CoCo 債）） 115–120
—— accounting-based triggers（会計ベースのトリガー） 117
—— Basel III（バーゼル III） 115–116
—— bonuses（ボーナス） 120–121
—— CoCo issuers（CoCo 債の発行者） 119
—— conversion amount（転換額） 118
—— funded vs. unfunded CoCos（ファンディッド対アンファンディッド CoCo 債） 116–117
—— market-based triggers（市場ベースのトリガー） 118
—— pros/cons（長所と短所） 118–119
Convergence of accounting norms（会計基準の収斂） 67
Convexity adjustment（コンベクシティ調整） 181–182
Convexity risk (gamma)（コンベクシティリスク） 198
Cooley, T.（クーリー，T.） 90
Cooke ratio（クック・レシオ） 94
Core risk level（コアリスクレベル） 499
Corporate governance（コーポレートガバナンス） 123–150
—— audit committee（監査委員会） 131–132
—— audit function（監査機能） 144–148
—— board of directors（取締役） 123–131
—— business risk committee（ビジネスリスク管理委員会） 137–138
—— compensation committee（報酬委員会） 134–136
—— conflicts of interest（利益相反） 127–128
corporate failures（企業不祥事） 123
—— CRO 128, 136–137, 139–140
—— interdependence for managing risk（リスク管理の相互依存関係） 140
—— internal auditors（内部監査） 144–148
—— involvement of senior management and the board（取締役会および経営陣の関与） 147–149
—— joint approach to corporate governance and risk management（コーポレートガバナンスとリスク管理の一体アプローチ） 148–149
—— limits/limit standard policies（リミットとリミット設定の基準） 140–142
—— main governance concerns（ガバナンスの主要関心事） 126
—— overview (delegation process)（権限の委譲プロセス） 138
—— risk advisory director（リスク顧問取締役） 132–134
—— risk appetite（リスクアペタイト） 128
—— risk management committee（リスク管理委員会） 134, 136
—— Sarbanes-Oxley Act（サーベンス・オックスリー法（SOX 法）） 124
—— scoring the risk management function（リスク管理機能のスコアリング） 146–147

—— SEC stock exchange rules（米国証券取引所のルール）　124–125
—— standards for monitoring risk（リスクモニタリング基準）　142–144
Corporate loan portfolio（企業向け融資のポートフォリオ）　7
Correlation risk（相関リスク）　7
Correlation trading books（コリレーション・トレーディング勘定）　111
Correlation trading portfolios（コリレーション・トレーディングポートフォリオ）　111
Correlations（相関係数）　455, 457, 516
Corzine, Jon（Jon Corzine）　127
Cost of common equity（普通株式の資本コスト）　501
Cost of preferred equity（優先株式の資本コスト）　501
Countercyclical capital buffer（カウンターシクリカル資本バッファー）　76, 80–81
Counterparty clearinghouse (CCP)（中央清算機関）　78, 416–417
Counterparty credit risk (CCR)（カウンターパーティー信用リスク）　22, 46, 71, 395–418
—— Basel III/Dodd-Frank Act proposals（バーゼル III と米国ドッド・フランク法）　396
—— bilateral CCR（双方向 CCR）　405–407
—— CCPs　416–417
—— CE（Credit exposure の索引を参照）
—— CEM　414
—— collateral agreements（担保契約）　399
—— CVA　408–413, 418
—— CVA VaR　417–418
—— double default　416
—— DVA　405–408
—— FVA　407–408
—— IMM　415
—— netting agreement（ネッティング契約）　399
—— portfolio compression（ポートフォリオコンプレッション）　398
—— SM approach（標準的手法）　415
—— traditional credit risks, contrasted（伝統的信用リスクとの対照）　396–398
—— wrong-way risk（誤方向リスク）　413
Country risk（カントリーリスク）　297, 513–514
Covariance（共分散）　5
Covered bonds（カバードボンド）　388–389
Credit bureau scores（審査機関スコア）　262–263, 268
Credit card fraud（クレジットカード不正）　434
Credit card portfolio（クレジットカードポートフォリオ）　6
Credit card revolving loans（クレジットカードリボルビングローン）　254
Credit default swaps (CDS)（クレジットデフォルトスワップ）　23–24, 353, 360–363
—— bail-in type event（債務の支払条件変更による信用事由）　366
—— basis trading（ベーシストレーディング）　369
—— benefits of（利用する利点）　368
—— cheapest to deliver game（受渡最割安銘柄）　366–367
—— contingent CDS (CCDS)（コンティンジェント CDS）　412
—— investment-grade names（投資適格級の銘柄）　362
—— offsetting positions（相殺するポ

ジション）　361
—— overview (figure)（全体感（図））　366
—— restructuring credit event（債務の支払条件変更となる信用事由）　366
—— SCDS　362–363
—— single-name CDS（単一銘柄の CDS）　366, 369
—— trends in CDS market（CDS 市場の潮流）　361–362
Credit derivatives（クレジットデリバティブ）　360–375
Credit derivatives determination committees (DCs)（クレジットデリバティブ決定委員会）　354, 361, 368
Credit event（信用事由）　23
Credit exposure (CE)（クレジットエクスポージャー）　400–408
—— bilateral CCR and DVA（双方向 CCR と DVA）　405–407
credit limits（クレジットリミット）　402–403
—— equation（式）　401
—— funding cost and FVA（ファンディングコストと FVA）　407–408
—— metrics（測定基準）　401–402
—— underlying factors（要因）　401
—— unilateral CCR and CVA（一方向 CCR と CVA）　404–405
Credit exposure limits（クレジットエクスポージャーリミット）　402–404
Credit hedges（クレジットヘッジ）　412
Credit indices（クレジットインデックス）　385–388
Credit-linked note (CLN)（クレジットリンクノート）
Credit market debt（クレジット市場での負債）　169
Credit migration approach（信用リスクの遷移アプローチ）　310–315, 338
Credit portfolio management group（クレジットポートフォリオマネジメント担当部署）　356–359
Credit portfolio models（信用ポートフォリオモデル）　25
Credit portfolio risk and credit modeling（クレジットポートフォリオのリスクと信用リスクモデリング）　303–341, 338
—— actuarial approach（保険数理的アプローチ）　328–329, 338
—— Altman Z-score model（アルトマンの Z スコアモデル）　335–337
—— concentration risk（集中リスク）　307
—— contingent claim approach（条件付き請求権アプローチ）　318–325, 338
—— credit migration approach（信用リスクの遷移アプローチ）　310–315, 338
—— credit standing of obligors（債務者の信用リスクの大きさ）　307
—— CreditMetrics　310–315
—— CreditPortfolio-View　338
—— CreditRisk+　328–329, 338
—— default correlations（デフォルト相関）　337
—— default vs. bankruptcy（デフォルトと破産）　306
—— evaluation of credit portfolios（クレジットポートフォリオの評価）　325–327
—— hybrid structural models（ハイブリッド構造型モデル）　333–335
—— Jarrow-Turnbull model（ジャロー=ターンブルモデル）　340–341
—— Jarrow’s generalization of Jarrow-Turnbull model（ジャローによるジャロー=ターンブルモデルの一般化）　340–341
—— Kamakura (KRIS)（鎌倉の信用

—— credit derivatives(end user applications)（クレジットデリバティブ（最終利用者における利用例））　363
—— credit derivatives(overview)（クレジットデリバティブの概要）　360
—— credit derivatives(types)（クレジットデリバティブの種類）　365
—— credit indices（クレジットインデックス）　385
—— credit portfolio management group（クレジットポートフォリオマネジメント担当部署）　356
—— first-to-default CDS（ファースト・トゥ・デフォルト CDS）　369
—— funding CLO（資金調達 CLO）　389
—— index trades（インデックストレード）　385
—— insider trading（インサイダー取引）　358
—— loan portfolio management（ローンポートフォリオマネジメント）　360
—— loan workout group（債権回収担当部署）　357
—— nth-to-default credit swap（nth・トゥ・デフォルトクレジットスワップ）　370
—— OTD business model（オリジネート・トゥ・ディストリビュートビジネスモデル）　358, 390
—— Re-Remics　382
—— regulatory arbitrage（規制アービトラージ）　390
—— securitization（securitization の索引を参照）
—— spread options（スプレッドオプション）　375
—— syndicated loans（シンジケートローン）　353
—— traditional approaches to credit protection（信用リスクを防御するための伝統的な手法）　352
—— traditional vs. portfolio-based approach to credit risk management（クレジットマネジメントへのアプローチの変化（伝統的手法とポートフォリオベースの手法の違い））　358
—— TRS（トータルリターンスワップ）　371
Credit value adjustment(CVA)（信用評価調整）　81, 114, 395–413
Credit VaR（信用 VaR）　304, 311–316
Credit watch（格付見直中）　284
CreditMetrics（クレジットメトリックス）　290, 308–338
CreditPortfolio-View（クレジットポートフォリオビュー）　335–338
CreditRisk+（クレジットリスクプラス）　308, 328–330
Creditworthiness（信用力）　24
CRO（最高リスク管理責任者）　124, 128, 136–140, 142
Cross-selling initiatives（クロスセリングイニシアチブ）　270
Crouhy, Michel（クルーイ，ミシェル）　381, 501
Culp, C.（カルプ，C.）　50
Cummulative accuracy profile (CAP)（累積精度輪郭）　267–268
Cummulative gap（累積ギャップ）　234–236
Currency derivatives（通貨デリバティブ）　39
Currency swaps（通貨スワップ）　187
Current exposure method(CEM)（カレントエクスポージャー方式）　414
Curve risk（カーブリスク）　21, 170
Custom models（カスタムモデル）　263
Customer profit scoring（顧客プロフィットスコアリング）　269

Customer relationship cycle（顧客関係サイクル）　270
CVA（信用評価調整）　81, 114, 395–413
CVA desk（CVA デスク）　410–412
CVA VaR　417
Cyprus bailout（キプロスの破綻）　367
—— DNW（株主資本のデュレーション）　243–244

D

Daiwa Bank（大和銀行）　420
Damodaran, Aswath（ダモダラン，アシュワス）　155
DCs（決定委員会）　354, 361, 368
DD（デフォルトまでの距離）　323–325
De Spiegeleer, J.（ド・スピージリー，J.）　119
Debit valuation adjustment(DVA)　405–407
Debt rating and migration（債務格付と格付推移）　289–290
Debt-to-income(DTI)ratio（収入に対する借入比率）　257, 264
Dedicated risk committee（専任のリスク管理委員会）　130
Default（デフォルト）　306, 311
Default correlations（デフォルト相関）　310, 317
Default point(DPT)（デフォルトポイント）　323
Default risk（デフォルトリスク）　7, 24
Deloitte（デロイト）　13
Delta（デルタ）　165, 198
Delta Air Lines（デルタ航空）　35
Delta-neutral hedging strategy（デルタニュートラルなヘッジ戦略）　453
Delta normal approach（デルタノーマルアプローチ）　206
Deposit insurance（預金保険）　54
Derivatives（デリバティブ）Hedging の索引を参照
—— accounting rules（会計規則）　50
—— Basel I（バーゼル I）　96–97
—— CCPs（集中清算機関）　78, 87
—— counterparty credit risk（カウンターパーティー信用リスク）　71
—— credit（クレジット）　360–375
—— Dodd-Frank Act（ドッド・フランク法）　87
—— exchange-traded（取引所で取引されている）　183
—— Greeks（グリークス）　197–198
—— interest rate risk（金利リスク）Hedging interest rate risk の索引を参照
—— model risk（モデルリスク）Model risk の索引を参照
—— operational risk（オペレーショナルリスク）　27
—— OTC　184
—— practical objections（実務面での反対意見）　37
—— price sensitivity measures（価格感応度指標）　196–198
—— risk weighting（リスクウェイト）　70
—— taxation, and（税金と）　38, 50
—— time buckets（タイム・バケット）　239
Determination committees(DCs)（決定委員会）　354, 361, 368
DFAST2013（ドッド・フランク法に基づく 2013 年のストレステスト）　487–488
DGNII（純金利収入のデュレーション・ギャップ）　242–243
Diffusion process（拡散過程）　484
Disclosure requirements（開示要件）　64, 376
Discount rate risk(rho)（割引率のリスク（ロー））　198
Disintermediation（非仲介業化）　345
Dissolution insurance fund（清算保険ファ

ンド）　86
Distance to default (DD)（デフォルト距離）　323–325
Distressed bonds（破綻した債券）　361
Distressed loans（不良債権）　360
Diversification（分散）　154, 255
Diversification effect（分散効果）　503–504
Dodd-Frank Act（ドッド・フランク法）　83–90
—— Basel Accords（バーゼル合意）　85
—— BCFP（金融消費者保護局）　88
—— CCPs（集中清算機関）　416
—— CCR mitigation（CCR の削減）　396
—— consumer protection（消費者保護）　88
—— credit ratings（格付）　394
—— criticisms of（に対する批判）　89–90
—— dedicated risk committee（専任のリスク管理委員会）　130
—— derivative markets（デリバティブ市場）　87
—— Federal Reserve（連銀）　85–86
—— Financial Stability Oversight Council（金融安定監視評議会）　33
—— foreign banks operating in U.S.（米国での外国銀行の営業活動）　89
—— OTC derivatives（OTC デリバティブ）　34
—— resolution plan（破綻処理計画）　86
—— stress testing（ストレステスト）　87
—— too big to fail（大きすぎて潰せない）　86–87
—— Volcker rule（ボルカールール）　87–88, 90
—— worst-case macroeconomic scenarios（最悪期のマクロ経済シナリオ分析）　125
Dodd-Frank severely adverse scenarios(DFAST2013)（ドッド・フランク法に基づく 2013 年の厳しい逆境シナリオ）　487–488
Domino effects（ドミノ効果）　54, 416
Doshi, H.（ドシ，H.）　341
Double default　416
Downgrade risk（格下げリスク）　24
Downside tail（ダウンサイドテール）　315
Downward-sloping yield curve（右肩下がりのイールドカーブ）　172
DPT（デフォルトポイント）　323
Drying up of market liquidity（市場の流動性の枯渇）　194
DTI ratio（収入に対する借入比率）　257, 264
Dudley, William（ダドリー，ウィリアム）　477
Duffie, D.（ダフィー，D.）　331, 417
Duration（デュレーション）　242
Duration gap approach（デュレーション・ギャップ・アプローチ）　242
Duration of a bond（債券のデュレーション）　179–181
Duration of equity（株主資本のデュレーション）　243–244
DV01 (value of an 01)　179
DVA　405–407, 409
DVA Debate, The (Carver)（The DVA Debate（カーバー））　406
Dynamic gap reporting（動的ギャップ報告）　238
Dynamic provisioning（ダイナミックプロビジョニング）　81
Dynamic strategy (hedging)（動的な戦略（ヘッジ））　48, 49

E

EAD（デフォルト時エクスポージャー）

F

リスク移転商品）　343
—— lack of liquidity（流動性の欠如）　453
—— leverage and maturity mismatches（レバレッジと運用調達の満期ミスマッチ）　82
—— loss of credibility（信頼を失った）　466
—— model risk（モデルリスク）　466
—— mortgage (and other) securitization markets（住宅ローンその他の証券化）　273
—— operational risk（オペレーショナルリスク）　419
—— OTC contracts（OTC (over the counter) 契約）　46
—— reputation risk（風評リスク）　19
—— systemic risk（システミックリスク）　33
—— trading book（トレーディング勘定）　59
—— underlying causes（要因）　61
—— VaR（バリューアットリスク）　198
—— VIX　449
—— weaknesses in the system（システムで最も弱かった点）　462
Financial engineering（金融工学）　3
Financial model（金融モデル）Theoretical model の索引を参照　151
Financial ratios（財務比率）　293
Financial scandals（金融スキャンダル）　3
Financial service holding companies (FSHCs)（金融サービス持株会社）　85
Financial Stability Board (FSB)（金融安定理事会）　77
Financial Stability Forum (FSF)（金融安定化フォーラム）　82
Financial Stability Oversight Council (FSOC)（金融安定監視評議会）　33
Financial statement quality（財務諸表の質）　297
Finite-element technique（有限差分法）　459
Firm commitment（ファームコミットメント（引受））　353
First-to-default put（ファースト・トゥ・デフォルトプット）　369
Fitch（フィッチ）　373
Fixed exchange rates（固定為替）　101
Fixed/floating interest rate swap（固定/変動金利スワップ）　186
Fixed-rate deposit insurance（固定比率の預金保険）　54
Flash Crash(May 6, 2010)（2010 年 5 月 6 日の「フラッシュ・クラッシュ」）　118
Flat yield curve（フラットなイールドカーブ）　172
Flattening of the curve（カーブのフラット化）　172
Flight to quality（質への逃避）　33
Floor（フロアー）　189
Foreign currency debt（外貨建て債務）　39
Foreign currency risk management（外国為替リスク管理）　41
Foreign exchange risk（外国為替リスク）　21
Fortis（フォルティス）　65
Forward contract（先渡契約）　185
Forward curve（フォワードカーブ）　177
Forward exchange contracts（先渡契約）　42
Forward-looking provisioning（フォワードルッキングな引当金計上）　81
Forward rate agreement (FRA) contracts（金利先渡契約）　185
Forward zero curve（フォワードゼロイールドカーブ）　313
Foundation approach (FIRB)（基礎的内部

G

H

チ）　211, 215
Historical statistics（過去の統計）　473
Hit parade（ヒットパレード）　45
Holistic stress testing（統合的ストレステスト）　478
Home equity line of credit (HELOC)（住宅担保信用枠）　254
Home equity loans（住宅担保ローン）　254
Home mortgages（住宅ローン）　254
Honohan, P.（ホノハン，P.）　349
Hot funds（投機的資金）　246
Hot spots（ホットスポット）　480, 484
Human factor risk（人的要因リスク）　28
Human psychology（人間心理）　15
Hurdle rate（ハードルレート）　501–508
Hybrid capital（ハイブリッド資本）　65
Hybrid structural models（ハイブリッド構造型モデル）　333

I

IAS 39 (International Accounting Standards 39)　405, 406
IBM　157
Icelandic banking system（アイスランドの銀行システム）　65
Idiosyncratic risk（個別リスク）　20, 36
Iguchi, Toshihide（井口俊英）　420
ILD（内部損失データ）　433, 436
IMM　48, 102
—— internal model method（内部モデル方式）　415
—— International Money Market（国際通貨市場）　48, 102
Implied volatility（インプライドボラティリティ）　163
"In Search of Distress Risk" (Campbell et al.)　333
Inaccurate inputs/parameter values（誤ったインプット，パラメター値）　455
Incorrect assumptions（間違った仮定）　451
Incremental capital charge (IRC)（追加的リスクにかかわる資本配賦）　110
Indetermination problem（内部決定の問題）　331
Index CDS（インデックス CDS）　354, 361
Industry benchmarks（業種ベンチマーク）　294
Industry ratings summary（業界格付）　296
Industry regulators（業界を規制する側）　11
IndyMac（インディマック）　228
Initial margin（マージン）　185
Initial obligor rating（当初債権者格付）　286
Insider trading（インサイダー取引）　358
Installment loans（割賦払いローン）　254
Institute of Internal Auditors (IIA)（内部監査人協会）　147
Insurance policies（保険）　38
Insurance scores（保険スコア）　269
Insuring against operational risk（オペレーショナルリスクに対する保険）　441
Intensity-based models（強度に基づくモデル）　330
Interest rate derivatives（金利デリバティブ）　184
Interest rate forwards（金利フォワード）　185
Interest rate parity（金利平価）　22
Interest rate risk（金利リスク）　19, 169
—— ALM　221
—— basis risk（ベーシスリスク）　173
—— bond price and YTM（債券価格と最終利回り）　173
—— convexity adjustment（コンベクシティの調整）　182

—— curve risk（カーブリスク）　173
—— duration effect（デュレーション効果）　183
—— DV01　179
—— financial engineering（金融工学）　123
—— forward curve（フォワードカーブ）　177
—— hedging（ヘッジ）Hedging interest rate risk の索引を参照
—— net worth（純資産）　224
—— NII（純金利収入）　224
—— noninterest income（非金利収入）　224
—— Operation Twist（オペレーションツイスト）　173
—— portfolios of instruments（証券のポートフォリオ）　169
—— repos（レポ）　178
—— retail banking（リテールバンキング）　253
—— risk factor sensitivity approach（リスク要因の感応度分析）　179
—— yield curves（イールドカーブ）　172–177
Interest rate risk management（金利のリスク管理）　42
Interest rate sensitivity（金利感応度）　249
Interest rate sensitivity measures（金利感応度の指標）　183
Interest rate swap（金利スワップ）　41, 186
Intermediate holding company (IHC)（中間持株会社）　89
Internal auditors（内部監査人）　145
Internal fraud（内部不正）　427
Internal hedging opportunities（内部ヘッジ機会）　46
Internal loss data (ILD)（内部損失データ）　433
Internal loss database（内部損失データベース）　433
Internal model method (IMM)（内部モデル方式）　415
Internal models approach（内部モデル手法）　62
Internal-ratings-based (IRB) approach（内部格付手法）　61
Internal risk rating system (IRRS)（Commercial credit risk の索引を参照）　279
International Money Market (IMM)（国際通貨市場）　48, 102
International professional practices framework (IPPF)（専門職実務の国際的フレームワーク）　147
International Securities Exchange (ISE)（国際証券取引所）　48
International Swaps and Derivatives Association (ISDA)（国際スワップデリバティブ協会）　23
Investment horizons（投資期間）　50
IPPF（専門職実務の国際的フレームワーク）　147
IRB approach（内部格付アプローチ）　61
IRC（追加的リスクにかかわる資本配賦）　110
Irish bank restructuring（アイルランドの銀行の再建）　387
IRRS（Commercial credit risk の索引を参照）　291
Issue-specific credit ratings（個別債券格付）　283
Issuer credit ratings（発行体格付）　283
Issuer risk（発行体リスク）　22
iTraxx　385
iTraxx Crossover index（iTraxx Crossover インデックス）　385
iTraxx Investment Grade index（iTraxx Investment Grade インデックス）　385

J

Jacobs, K.　341

K

L

M

Managing the account（アカウントマネジメント）　270
Mapping the risks（リスクのマッピング）　45
Margin call（追加証拠金請求）　33
Margin period of risk (MPR)（マージン期間リスク）　400
Margin requirements（証拠金所要額）　82
Marginal economic capital requirement（限界的経済資本必要量）　492
Marginal risk capital（リスク資本）　504
Mark, R.　441
Mark-to-market process（時価評価の手続き）　11
Mark-to-market (MtM) value（取引の時価）　397
Mark-to-model approach（モデルを用いて値洗いをするアプローチ）　449
Marked-to-market (low liquidity)（市場流動性が低い時の時価評価）　26
Market discipline（市場規律）　60
Market in Financial Instrument Directive (MiFID)（金融商品市場指令）　87
Market portfolio（市場ポートフォリオ）　153
Market risk（市場リスク）measuring market risk の索引を参照　19
—— commodity price risk（コモディティ価格リスク）　19
—— equity price risk（株価リスク）　19
—— foreign exchange risk（外国為替リスク）　19
—— interest rate risk（金利リスク）　19
Market Risk Amendment(1996)（1996 年市場リスク修正合意）　61, 103
Market risk models（市場リスクモデル）　337
Market risk premium（市場リスクプレミアム）　155
Marking to market（時価評価）　352
Markit　385
Markit credit indices（Makit 信用リスクインデックス）　386
Markowitz, Harry M.（マーコビッツ，ハリー M.）　152
Marshall, C.（マーシャル，C.）　450
Matched-maturity funds transfer pricing（満期をマッチさせた資金移転価格）　248
Materiality clause（実体性条項）　368
Maturity extension program（償還の延長プログラム）　173
Maturity mismatch analysis（満期ミスマッチ分析）　230
MBS　169, 272
McDonough, William（マクドナー，ウィリアム）　462
McKinsey（マッキンゼーによる企業統治サーベイ）　39, 193, 214
McQuown, John（マックオン，ジョン）　318
Measuring market risk（市場リスクの計測）　193
—— expected shortfall（期待ショートフォール）　193, 215
—— Greeks（グリークス）　196
—— notional amount approach（名目額アプローチ）　195
—— VaR（Value at Risk の索引を参照）
Medium-term note(MTN)（ミディアムタームノート）　373
Mehran, H.（メーラン）　155
Mehta, A.（メタ）　193
Merck（メルク）　41
Merrill Lynch（メリルリンチ）　90, 117
Merrill Lynch(wrong rate input)（メリルリンチの例（誤ったレートのインプット））　455
Merton, Robert C.（マートン，ロバート C.）　160, 319
Metallgesellschaft Refining & Marketing,

Inc.(MGRM)（メタルゲゼルシャフト・リファイニング＆マーケティング会社）　49
Mezzanine tranche（メザニントランシェ）　380
MF Global（MF グローバル社）　127
MGRM　49
Microsoft（マイクロソフト）　29, 31
Miller, Merton H.（ミラー，マートン H.）　36, 166
Minimum soundness（最低限の健全性）　63
Minton, B. A.（ミントン，B. A.）　39
M & M analysis（M & M 分析）　36
M & M theorems（モジリアーニ＆ミラーの理論）　166, 514
M & M theory of corporate finance（コーポレートファイナンスにおける M & M 理論）　166
Model error（モデルの誤り）　451
Model risk（モデルリスク）　437–464
—— Barings Bank（ベアリングス銀行）　463–464
—— benchmark modeling（ベンチマークモデリング）　459
—— correlations（相関係数）　455
—— delta-neutral hedging strategy（デルタニュートラルなヘッジ戦略）　453
—— fat tails（ファットテール）　207, 452
—— human factor（人的要因）　463
—— implementing the model wrongly（モデルの誤った実装）　454
—— inaccurate inputs/parameter values（不正確なインプット／パラメター値）　455
—— incorrect assumptions（正しくない仮定）　451–453
—— independent oversight（独立した監視）　457–458
—— JP Morgan Chase “London Whale”（JP モルガンチェース“ロンドンの鯨”）　445
—— LTCM（ロングタームキャピタルマネジメント）　459
—— liquidity（流動性）　453
—— Merrill Lynch (wrong rate input)（メリルリンチ（誤ったレートのインプット））　455
—— mitigating the risk（リスクの軽減）　458
—— model error（モデルの誤り）　451
—— Monte Carlo simulation（モンテカルロ・シミュレーション）　454
—— NatWest Option pricing example（ナットウエストのオプションプライシングの例）　457
—— Niederhoffer put options example（ニーダーフォーファーのプットオプションの事例）　451
—— statistical estimators（統計的な推定量）　454
—— structured products and cliff effects（仕組み商品と断崖効果）　456
—— Tinkerbell phenomenon（ティンカーベル現象）　463
—— volatility（ボラティリティ）　451
Modern portfolio theory (MPT)（現代ポートフォリオ理論）　151
Modified duration（修正デュレーション）　179
Modigliani, Franco（モジリアーニ，フランコ）　166
Modigliani-Miller (M & M) theorem（モジリアーニ＆ミラーの理論）　166, 514
Modigliani-Miller (M & M) theory of corporate finance（コーポレートファイナンスにおける M & M 理論）　166
Monetary policy（金融政策）　171

Monte Carlo simulation（モンテカルロ・シミュレーション）　212, 217, 454
Moody's（ムーディーズ）　284, 318, 380
Moody's bond ratings（ムーディーズの債券格付）　284, 288
Moody's KMV approach（ムーディーズ KMV アプローチ）　318–327, 335
Moody's KMV RiskCalc（ムーディーズ KMV RiskCalc）　335
Moral hazard（モラルハザード）　441
Morgan Stanley（モルガン・スタンレー）　58, 65, 219, 406
Morini, M.（モリーニ）　396, 410
Mortgage-backed securities (MBSs)（モーゲージバックド証券）　169, 272
Mortgage credit assessment（住宅ローンの信用評価）　264
Mortgage loans（モーゲージローン）　169
Mortgage securitization（住宅ローン証券化）　272
Motorola（モトローラ）　30
MPR（マージン期間リスク）　400
MPT（現代ポートフォリオ理論）　151
MtM value（取引時価）　396
MTN（ミディアムタームノート）　373
Multicurrency balance sheet issue（多通貨のバランスシート問題）　242
Multilateral early termination（複数当事者間期限前終了）　398
Multiperiod RAROC modeling（多期間 RAROC モデル）　498

N

Narayanan, P.（ナラヤナン）　335
Nasiripour, S.（ナシリポール，シャヒエン）　229
National Australia Bank (NAB)（ナショナルオーストラリア銀行）　420
Nationally recognized statistical rating organizations (NRSROs)（全国的に認知された統計格付機関）　281, 394
Natural hedging opportunities（「自然な」ヘッジ機会）　46
NatWest option pricing example（ナットウエストのオプションプライシングの例）　457
Negative beta（負のベータ値）　157
Negative cumulative gap（負の累積ギャップ）　234
Negative gamma（ネガティブ・ガンマ）　467
Nelken, I.（ネルケン）　164
Net income after capital charge (NIACC)（資本勘案後ネット収益）　495
Net interst income (NII)（純金利収入）　223, 233, 236
Net investment hedging（純投資ヘッジ）　41
Net present value (NPV)（現在価値）　494
Net stable funding ratio(NSFR)（安定調達比率）　73–75, 82, 222
Net worth（純資産）　223
Netting（ネッティング）　352
Netting agreement（ネッティング契約）　24, 399
NIACC（資本コスト後純利益）　495
Niederhoffer put options example（Niederhoffer のプットオプションの例）　451
NII（純金利収入）　223, 233, 236
Nimmo, R. W. J.（ニンモ）　335
1988 Accord（Basel I の索引を参照）
1996 Market Risk Amendment（1996 年市場リスク修正合意）　61, 103
NINJA（ニンジャ）　381
Nokia（ノキア）　30
Nonfinancial companies（非金融企業）　39
Noninterest income（非金利収入）　224
Nonlinearities（非線形性）　456

の方針）　424
—— quantifying the risk（オペレーショナルリスクの計量化）　426–428, 430–431, 435–437
—— retail banking（リテールバンキング）　259
—— risk analysis（リスク分析）　425
—— rogue trading（ならず者のトレーディング）　420
—— scenario-based approach（シナリオにもとづくアプローチ）　435–436
—— severity vs likelihood（重大度 対 発生確率）　440
—— technological change（技術的変化）　420
—— time horizon（保有期間）　498
—— types of operational failures（オペレーショナルリスクの種類）　422
—— unexpected failures（非期待損失）　429
Operational risk catalogue（オペレーショナルリスク一覧）　425
Operational Riskdata eXchange(ORX)　433
Operational value-at-risk(OpVaR)（オペレーショナル・バリューアットリスク）　430–433
Options（オプション）
—— American/European（アメリカン/ヨーロピアン）　187–188
—— B & S model（ブラック・ショールズ (B & S) モデル）　160–166
—— call（コール）　187
—— defined（オプションの定義）　160
—— exotic（エキゾチック）　190
—— interest rate risk（金利リスク）　187–188
—— put（プット）　188
—— spread（スプレッド）　370
Orange County bankruptcy（オレンジ郡の倒産）　179, 191
Orderly liquidation authority(OLA)（秩序だった清算権限）　86
Originate-to-distribute(OTD)（組成販売）　345, 357
Originator（オリジネーター）　376
ORX (Operational Riskdata eXchabge)　433
Ostrich Effect（ダチョウ効果）　167
OTC derivatives（OTC デリバティブ）　34, 70
OTC Derivatives Market Analysis Year End 2012(ISDA)　398
OTC instruments（OTC 商品）　46, 48
OTD business model（OTD 型ビジネスモデル）　345, 357
Outliers（外れ値）　454
Over-the-counter (OTC) instruments（OTC 商品）　46, 48
Overnight indexed swap(OIS) rate（オーバーナイト・インデックス・スワップ金利）　186, 407

P

Packer, F.（パッカー，F.）　289
Palm（パーム）　29
Pallavicini, A.（パラヴィチニ，A.）　396, 410
Par spread（パースプレッド）　365
Parallel shifts（平行移動）　170
Parameter review group（パラメター検討グループ）　506
Parmalat（パルマラット）　3, 123, 330
Partial differential equitaion approach（偏微分方程式アプローチ）　459
Payment-versus-payment(PVP) service（同時決済サービス）　24
PD（デフォルト確率）　108, 259, 266, 291, 334
PE（オペレーショナルリスク事象の発生確率）　432
People risk（人的リスク）　422, 425

Q

QIS5（定量的影響度調査）　59
Qualified mortgages（適格住宅ローン）　257
Qualitative measures（定性的指標）　42
Quantitative asset management techniques（計量的アセットマネジメント技術）　154
Quantitative measures（定量的指標）　42
quantitative/qualitative analysis（定量/定性分析）　283
Qwest（クエスト）　3

R

Rabobank（ラボバンク）　119
Ralfe, J.（ラルフェ，J.）　36
RAPM（リスク調整後業績評価指標）　494
RAPM measures（RAPM 指標）　494–495
RAROA（リスク調整後資産に対するリスク調整後収益率）　494
RAROC（Risk adjusted return on capital の索引を参照）　493
RAROC-based capital budgeting（資本予算計画のための RAROC）　495
RAROC-based performance measurement（業績評価指標としての RAROC）　497
—— capital budgeting decision rule（資本予算計画のための RAROC）　495
—— confidence level（RAROC–信頼水準）　500
—— diversification and risk capital（RAROC–分散効果とリスク資本）　502
—— hurdle rate（RAROC–ハードルレート）　501
—— PIT PD vs. TTC PD（RAROC に–デフォルト確率：ポイント・イン・タイム対スルー・ザ・サイクル）　500
—— RAROC horizon（RAROC の保有期間）　498
Rating agencies（格付機関）　280, 303
Rating review notice（格付見直中という通知）　284
Raviv, A.（ラヴィヴ，アーロン）　334
RBP（リスクに応じたプライシング）　269, 270, 273, 274
Re-Remics (Re-securitizations of Real Estate Mortgate)　382
Real estate-linked loans（不動産に連動した融資）　7
Reassignment（契約当事者の交替）　352
Recovery rate（回収率）　24
Recovery rate risk（回収率リスク，回収リスク）　7, 308
Recovery value（回収額）　24
Reduced-form approach（縮約型アプローチ）　303, 307, 318, 327, 330
Regulatory arbitrage（規制アービトラージ）　63, 99, 106, 273, 390
Regulatory capital（規制資本）　98, 200, 271, 414, 476
Regulatory risk（規制リスク）　28
Regulatory risk sensitive capital charges（規制上のリスク感応的な資本賦課）　81
Reinvestment period（再投資期間）　379
Relative value of an “01”（「01」の価値比較）　183
Repos（レポ取引）　60, 69, 71, 178
Repudiation/moratorium（履行拒絶/支払い猶予）　23
Repurchase agreements (repos)（レポ取引）　60, 69, 71, 178
Reputation insurance（レピュテーション保険）　421
Reputation risk（風評リスク）　260
Resecuritization（再証券化）　111
Residential mortgage-backed security (RMBS)（住宅ローン担保証券，モーゲージ証券化商品）　375,

381
Resolution plan（破綻処理）　85
Response scores（レスポンススコア（既存顧客がオファーに応じる可能性））　269
Resti, A.（レスティ，アンドレア）　317
Restructuring credit event（「債務支払債務支払条件変更」という信用事由）　367
Restructuring of a loan（融資のリストラクチャリング）　23
Retail credit risk management（リテールの信用リスク管理）　253
—— ability to pay（支払い能力）　257
—— bank regulatory approach（バーゼルの規制アプローチ）　271
—— behavior scoring（行動スコアリング（既存顧客の行動についての情報））　267
—— CFPA（消費者金融保護庁）　257
—— consumer lending businesses（消費者貸付ビジネス）　253
—— credit origination（信用供与）　275
—— credit scoring（credit scoring の索引を参照）
—— customer profit scoring（顧客プロフィットスコアリング）　269
—— darker side of retail risk（リテールリスクの負の側面）　255
—— macroeconomic factors（マクロ経済要因）　270
—— product profit scoring（商品プロフィットスコアリング）　269
—— qualified mortgages（適格住宅ローン）　257
—— RBP（リスクに応じたプライシング）　273
—— risk-reward trade-off（リスクリターンのトレードオフ）　274
—— securitization and market reforms（証券化と市場改革）　272
—— subportfolios（サブポートフォリオ）　266
—— systematic risk（システマティックリスク）　255, 276
—— warning signals（警告のシグナル）　258
Retail exposures（リテールエクスポージャー）　254
Return of risk-adjusted assets (RORAA)（リスク調整後資産に対する収益率）　494
Return on capital (ROC)（資本収益率）　494
Return on risk-adjusted capital (RORAC)（リスク調整後資本に対する収益率）　494
Revenue hedging（収益ヘッジ）　41
Revenue scores（収益性スコア）　269
Reverse stress tests（リバース・ストレステスト）　481
Revolving loans（リボルビングローン）　254
Rho（ロー）　198
Richardson, M. P.（リチャードソン，M. P.）　90
Right-way risk（正方向のリスク）　413
RIM（RIM 社（通称ブラックベリー (BlackBerry)））　29
Ring fencing（リングフェンス）　84
Risk（リスク）Specific risk type の索引を参照
—— bankruptcy（破産リスク）　24
—— basis（ベーシスリスク）　20
—— changing shape（形を変えるリスク）　17
—— classification schemes（リスクの分類スキーム）　12
—— commodity price（コモディティ価格リスク）　19
—— correlation（相関リスク）　7
—— default（デフォルトリスク）　24

—— downgrade（格下げリスク） 24
—— equity price（株価リスク） 23
—— foreign exchange（為替リスク） 19
—— gap（ギャップリスク） 19
—— human factor（人的要因リスク） 28
—— interest rate（金利リスク） 19
—— nature of（リスクの性質） 4
—— settlement（決済リスク） 24
—— technology（IT リスク） 28
—— typology（リスクのタイプ） Typology or risk exposures の索引を参照
—— uncertainty, compared（リスクと不確実性の比較） 9
—— unexpected loss（非期待損失としてのリスク） 7
Risk-adjusted performance measurement (RAPM)（リスク調整後業績評価） 494
Risk-adjusted return on capital (RAROC)（リスク調整後資本収益率） 493
—— capital budgeting（資本予算計画のための RAROC） 495
—— generic RAROC equation（一般的な RAROC の数式） 495
—— implementing the RAROC system（RAROC システムの導入） 503–509
—— incentive compensation（インセンティブ報酬における RAROC） 505
—— performance measurement（業績評価における RAROC） 495–505
—— risk adjustment（RAROC の計算におけるリスク修正） 502
—— stakeholders, and（RAROC とステークホルダー） 508
—— transparency（RAROC の透明性） 505
—— what is it?（RAROC とは） 493
Risk-adjusted return on risk-adjusted assets (RAROA)（リスク調整後資産に対するリスク調整後収益率） 494
Risk advisory director（リスク顧問役員） 131–134
Risk appetite（リスクアペタイト） 36–43, 126, 128, 136, 201
Risk aversion（リスク回避的） 15
Risk-based pricing (RBP)（リスクに応じたプライシング，リスクに基づくプライシング） 273–275, 492
Risk capital（リスク資本）
—— confidence level（信頼水準（リスク資本の）） 504
—— fully diversified capital（完全分散リスク資本） 504
—— marginal capital（限界経済資本（リスク資本の）） 504
—— regulatory capital, contrasted（リスク資本と規制資本の比較） 490
—— stand-alone capital（単体リスク資本） 504
—— uses（リスク資本の普及） 491–493
—— VaR calculation/one year time horizon（VaR の算出/1 年の保有期間） 496
—— what is it?（リスク資本とは） 489
Risk communication（リスクコミュニケーション） 9
Risk culture（リスク文化） 16, 18
Risk diversification effect（リスク分散効果） 491
Risk education（リスク教育） 517
Risk factor stress testing（リスクファクターのストレステスト） 467–468
Risk factors（リスクファクター） 5, 19
Risk governance（リスクガバナンス）

corporate governance の索引を参照
Risk infrastructure as tactical management tool（戦術的な管理ツールとしてのリスクのインフラストラクチャー）　149
Risk limits（リスクリミット）　44
Risk literacy（リスク能力）　18
Risk management（リスクマネジメント）
── compliance costs（規制を遵守するための費用）　37
── corporate governance, and（コーポレートガバナンスとリスクマネジメント）　147–149
── double-edged sword （両刃の剣）　3
── ERM（全社的リスク管理）　13–14
── evaluate performance（実績を評価する）　50–51
── expected vs. unexpected loss（期待損失 対 非期待損失）　4
── Greenspan's remarks（グリーンスパンの見通し）　3
── hedging（ヘッジ）Hedge の索引を参照）
── key objective（リスクマネジメントの主な目的）　10
── policy changes（リスクマネジメントの方針の変更）　51
── reasons for/against（リスクマネジメントを行う理由/行わない理由）　36–39
── risk silos（リスクの縦割り）　13
── trends（リスクマネジメントの方向性）Trends in risk management の索引を参照
── ups / downs（リスクマネジメントの浮き沈み）　17–18
Risk management committee（リスク管理委員会）　134, 137
Risk management information system（リスク管理情報システム）　145
Risk management standards of practice（リスクマネジメント実施基準）　515–516
Risk manager（リスクマネージャー）　15–16
Risk mapping（リスクマッピング）　45
Risk modeling（リスクのモデリング）Credit portfolio risk and credit modeling の索引を参照　337
Risk premium（リスクプレミアム）　170
Risk-reward trade-off（リスクと報酬のトレードオフ）　12–14
Risk-seeking（リスク愛好的）　15
Risk-sensitive measures（リスク感応的な計測）　141
Risk sensitivity（リスク感応度）　79
Risk silos（リスクの縦割り）　13
Risk taking（リスクテイク）　1
Risk taxonomy（リスクの系統図）Typology or risk exposures の索引を参照　12
Risk transparency（リスクの透明性）　512
Risk-weighted assets(RWAs)（リスクアセット）　58
RiskCalc　335, 336
RiskCalc EDF　335
Riskless yield curve（リスクフリーのイールドカーブ）　170
RMBS（モーゲージ証券化商品）　375, 380–382
ROC（資本収益率）　494
Rogers, D.（ロジャーズ，D.）　38
Rogue trading（ならず者のトレーディング）　420
Roll, R.（ロル，R.）　159
RORAA（リスク調整後資産に対する収益率）　494
RORAC（リスク調整後資本に対する収益率）　494
Ross, Steve（ロス，スティーブ）　159
Rowe, David（ロウ，デビッド）　473
Rusnak, John（ラスナック，ジョン）

S

貨ギャップ報告）　242
Settlement failures (operational problems)（支払不履（事務処理問題による））　24
Settlement risk（決済リスク）　24
Shadow banking system（シャドーバンキングシステム）　90
Shimko, D.（シムコ，D.）　495
Sharpe, William（シャープ，ウィリアム）　36, 154
Sharpe ratio（シャープレシオ）　494
Short-term ratings（短期格付）　283
Shumway, T.（シャムウェイ，T.）　333
Siegel, M.（シーゲル，M.）　165
SIFIs（システム上重要な金融機関）　77, 85
SIMIs（システム上重要な市場およびインフラストラクチャー）　78
Single factor stress testing（単一のリスクファクターに関するストレステスト）　467
Single-name CDS（単一銘柄の CDS）　365, 369
Single-period RAROC models（1 期間 RAROC モデル）　495
Single-tranche CDO（シングルトランシェ CDO）　384
Singleton, K.（シングルトン，K.）　331
Sironi, A.（シローニ，A.）　317
SIVs（ストラクチャード投資ビークル）　348, 377
“Skin in the game”（ゲームに確実に関与し続けること（自己投資部分））　375
SM approach（標準的手法）　415
Small and medium-sized enterprises (SMEs)（中小企業）　62
Small business loans (SBL)（中小企業ローン）　254
SMEs（中小企業）　62
SNS（SNS 社）　367
Sobehart, J.（ソーブハート，J.）　335
Société Générale（ソシエテ・ジェネラル銀行）　420, 481–483
Soft commodities（ソフトコモディティ）　22
Solvency II（ソルベンシー II）　58
Soundness（健全性）　63
Sovereign CDS (SCDS)（ソブリン CDS）　361–362
Sovereign debt crisis (2010)（欧州ソブリン危機，ソブリン債の危機）　65, 70, 175
S & P（スタンダード・アンド・プアーズ）　311
S & P 500 index（S & P500 指数）　163
S & P bond ratings（S & P の社債格付）　284, 287
Special investment vehicles (SIVs)（ストラクチャード投資ビークル）　348
Special purpose vehicle (SPV)（特別目的会社）　377–378, 382
Specific risk（個別リスク）　20–21
Specific wrong-way risk（個別誤方向リスク）　413
Spitzer, Eliot（スピッツァー，エリオット）　32
Spread curve（スプレッドカーブ）　177
Spread options（スプレッドオプション）　374
SPV（特別目的会社）　377–378, 382
Square root of time rule（ルート T ルール）　201
SRISK（SRISK（「V-Lab」のシステミックリスクの指標））　77
Stand-alone CVA（スタンドアローン CVA）　412
Stand-alone risk capital（単体リスク資本）　504
Standard & Poor’s (S & P)（スタンダード・アンド・プアーズ）　280, 284
Standardized Approach（標準的手法）　105
Standardized method (SM)（標準方式）

414, 430
Static strategy (hedging)（静的な戦略（ヘッジ））　48
Statistical estimation（統計的な推定）　15, 454
Statistics（統計）　5
Steepening of the curve（カーブのスティープ化）　172
Stefanescu, C.（ステファネスク，C.）　318
Stein, J.（スタイン，J.）　174
Sterling Overnight Index Average (SONIA)　186, 407
Straddle（ストラドル）　188
Strangle（ストラングル）　189
Strategic risk（戦略リスク）　19–31
Strategic risk capital（戦略リスク資本）　496
Stress test committee（ストレステストを決定する委員会）　478
Stress testing and scenario analysis（ストレステストとシナリオ分析）　465–488
—— ad hoc practical approach（アドホックな実務的手法（ストレステストに関する））　467
—— basis risk（ベーシスリスク（ストレステストに関する））　485
—— business cycle stresses/event-specific “tail risks”（ビジネス上のサイクルにかかるストレス/特定のイベントにかかる「テイルリスク」）　480
—— capital adequacy（資本の充足性，余裕）　471
—— CCAR　474
—— commonly applied historical scenarios（典型的なヒストリカル・シナリオ）　472
—— complex structured products（複雑な仕組み商品）　484
—— contingent risks（偶発リスク）　485
—— correlation risk（相関リスク）　485
—— counterparty credit risk（カウンターパーティー信用リスク）　484
—— credit rating validation（信用格付の検証）　485
—— DFAST 2013（ドッド・フランク法ストレステスト）　475
—— early warning signals（早期警戒シグナル）　478
—— EBA-mandated stress scenarios（EBA の実施したストレスシナリオ）　474
—— funding liquidity risk（資金流動性リスク）　479
—— historical replication scenarios（繰り返される過去のシナリオ）　481
—— hot spots（ホットスポット）　480
—— knock-on risks（連鎖リスク）　480
—— limits on maximum loss acceptable（最大損失のリミット）　478
—— major macroeconomic factors (diffusion/jump processes)（主要なマクロ経済要因（拡散過程やジャンプ過程））　484
—— nonbank corporations（ノンバンク）　475
—— pipeline or securitization risk（ウェアハウジングあるいは証券化リスク）　484
—— post-crisis regulatory initiatives（金融危機後の法制度改革）　475
—— purposes（ストレステストの目的）　478
—— reverse stress tests（リバース・ストレステスト）　481
—— risk factor stress testing（リスクファクターストレステスト，リス

クファクターに関するストレステスト） 468
—— risk governance, and（リスクガバナンスとストレステスト） 477
—— SCAP（監督上の資本検証プログラム） 474
—— scenario analysis（ストレステストとシナリオ分析） 465–488
—— scenario selection（シナリオの選択） 480
—— sensitivity analysis（感応度分析） 468
—— Société Générale Group（ソシエテ・ジェネラル・グループ） 481
—— stress envelopes（ストレステスト・パッケージ） 468
—— stress VaR（ストレス VaR） 476
—— uses（ストレステストの活用法） 478
Stress testing envelopes（ストレステスト・パッケージ） 468
—— Stress VaR (sVaR)（ストレス VaR） 80, 110–113, 476
Striking (exercise) price（行使価格） 189
Structural model approach（構造型アプローチ） 318
Structural model of default (Merton 1974 framework)（デフォルトの構造型モデル（1974 年のマートンの枠組み）） 318
Structured finance products（ストラクチャードファイナンス商品） 32
Structured investment vehicles (SIVs)（ストラクチャード投資ビークル） 66
Stulz, R.（スタルツ，R.） 38
Subprime CDO（サブプライム CDO） 351, 380–381, 456
Subprime crisis（Financial crisis の索引を参照）
—— correlations/return distributions（相関/収益分布） 476
—— precipitating weaknesses（危機を助長した脆弱性） 91
—— risk-return trade-off（リスクとリターンのトレードオフ） 10
—— underwriting standards（引受基準） 257
—— VaR exceptions（例外的な VaR） 219
Subprime lending（サブプライムローン） 256, 348
Subprime mortgages（サブプライムモーゲージ） 345–346, 381
Subprime trust（サブプライムの信託） 381
Substitution（当初のカウンターパーティーのデフォルト確率を保証提供者（またはプロテクションの提供者）のデフォルト確率で置き換えること） 416
Sumitomo Corporation（住友商事） 420
Super-senior AAAs（スーパーシニア AAA） 384
Super senior swap（スーパーシニアスワップ） 383
Super-senior tranches（スーパーシニアトランシェ） 70
Supervisory Capital Assessment Program (SCAP)（監督上の資本検証プログラム） 474
Supervisory review process（監督上の検証プロセス） 63
Swap（スワップ） 177, 183, 186
Swap curve（スワップカーブ） 177
Swaption（スワップション） 189
Swiss Re（スイス・リー） 119
Syndicated loans（シンジケートローン） 353, 368
Synthetic CDO（シンセティック CDO） 383
Systematic risk（システマティックリスク） 155, 165
Systemically important financial

institutions (SIFIs)（システム上重要な金融機関）　36, 155, 165
Systemically important markets and infrastructures (SIMIs)（システム上重要な市場およびインフラストラクチャー）　78
Systems and technology risk（システムおよびテクノロジーリスク）　422
Szilagyi, J.（ジラギ，J.）　333

T

Tail risk（テイルリスク）　114, 215
Taleb, N.（タレブ，N.）　195
Tax authority scores（税務当局向けスコア）　269
Taxation (derivatives)（税効果（デリバティブの））　38
Technical default（テクニカルデフォルト）　306
Technology risk（テクノロジーリスク，IT リスク）　12, 28, 425
Term structure models（期間構造モデル）　452
Term structure of interest rates（金利の期間構造）　177
Termination features（解約条項）　398
Theoretical models（理論モデル）　151
　—— APT（裁定価格理論）　151
　—— behavioral finance（行動ファイナンス）　151
　—— B & S model（B & S モデル）　162
　—— CAPM　159
　—— M & M theory of corporate finance（コーポレートファイナンスにおける M & M 理論）　166
　—— portfolio selection (Markowitz)（ポートフォリオ選択（マーコヴィッツ））　152
　—— simplifying assumptions（単純化された仮定）　151
Theta（セータ）　198
Thompson, L.（トンプソン，L.）　361
Three pillars（3 本の柱）　55
Through-the-cycle (TTC) perspective（スルー・ザ・サイクル）　290, 500
Through-the-cycle (TTC) probability of default (PD)（スルー・ザ・サイクルのデフォルト確率）　500
Tier 1 capital（Tier 1 資本）　65–72, 80, 105, 115
Tier 1 limits（Tier 1 リミット（タイプ A リミット））　141
Tier 2 capital（Tier 2 資本）　68
Tier 2 limits（Tier 2 リミット（タイプ B リミット））　141
Tier 3 capital（Tier 3 資本）　68
Tier assessment（Tier 評価）　296
Tiered pricing（段階的プライシング）　270, 274
Time buckets（タイムバケット）　233
Time decay risk (theta)（時間的価値の減少リスク（セータ））　198
Time diversification（時間分散）　25
Time horizons（対象期間，保有期間）　44, 496
Time to reduce（「削減する時間」）　499
Tinkerbell phenomenon（ティンカーベル現象）　463
“Too big to fail”（大きくて潰せない）　66, 84–86, 513
“Too connected to fail”　513
Total debt/capital（負債合計／株式資本）　301
Total return receiver（トータルリターンレシーバー（TRS の買い手））　371
Total return swap (TRS)（トータルリターンスワップ）　371
TPR（移転価格レート）　251
TPS（移転価格システム）　251
Trading book（トレーディング勘定）　26, 59, 61, 66, 71, 80
Trading liquidity risk（市場流動性リスク）　26

U

の方針書（流動性リスク管理のサウンド・プラクティス））　299
U.S. Treasury yield curves（US トレジャリーのイールドカーブ）　170
Usage scorecards（利用度スコアカード）　268

V

Valuation of a bond（債券の評価）　175
Valuation risk（評価リスク）　259
Value-at-risk (VaR)（バリューアットリスク）　193–219
—— analytic variance/covariance approach（分散共分散アプローチ）　214
—— complex structured products（複雑な構造をもった商品）　194
—— conceptual approach（概念的な手法）　218
—— confidence level（信頼区間）　199
—— credit VaR（信用 VaR）　304, 311
—— CVA VaR　417
—— defined（バリューアットリスクの定義）　198
—— detailed VaR reporting（VaR 報告の詳細）　215
—— economic capital（経済資本）　200
—— extreme market conditions（極端な市場環境）　194
—— fat-tailed distribution（ファットテールの分布）　207
—— historical simulation approach（ヒストリカル・シミュレーションアプローチ）　208
—— how to use it（VaR をどう使うか）　219
—— long-term VaR（長期 VaR）　222
—— Monte Carlo simulation approach（モンテカルロ・シミュレーションアプローチ）　212, 217
—— one-day time horizon（1 日 VaR）　201
—— OpVaR　426
—— regulatory capital（規制資本）　199–203
—— selection of risk factors（リスクファクター選択）　205
—— shortcomings/limitations（VaR の短所，限界）　213–214, 219
—— steps in calculating VaR（VaR の計算ステップ）　199
—— strengths of（VaR の強み）　202
—— stress VaR（ストレス VaR）　476
—— tail risk（テイルリスク）　215–218
—— 10-day VaR（10 日 VaR）　201
—— trading desk（トレーディングデスク）　200–204
—— 2007–2009 financial crisis（2007–2009 年の金融危機）　193
—— underlying assumption（VaR の前提）　194
—— uses（利用法）　200–204
VaR exceptions（例外的な VaR）　219
Value of an “01”（「01」の価値比較）　183
VaR Value-at-risk の索引を参照
“VaR Counts”（VaR Counts（論文，記事名））　219
VaR exceptions（例外的な VaR）　219
Variance/covariance approach（分散共分散アプローチ）　206, 211, 214, 219
Variation margin（変動証拠金）　185
Vasicek, Oldrich（バシチェック，オールドリッチ）　318
Vega（ベガ）　198
Vetting（検査）　458

Vickers Report（ヴィッカーズレポート）　88, 90
VIX（恐怖指数：S & P500 のボラティリティ指数）　154
"Vlab" of NYU Stern（ニューヨーク大学のスターンスクールの V-Lab）　77
Volatility（ボラティリティ）　19, 451, 455, 457
Volatility indices（ボラティリティ指数，ボラティリティインデックス）　163
Volatility modeling（ボラティリティモデリング）　166
Volatility risk (vega)（ボラティリティリスク（ベガ））　198
Volcker rule（ボルカールール）　87–90

W

Wachovia（ワコビア）　117
Wakeman, L.M.（ウェイクマン，L. M.）　501
Walkaway features（Walkaway 条項）　399
Walter, I.（ウォルター，I.）　90
Washington Mutual（ワシントン・ミューチュアル）　117
Waterfall（ウォーターフォール）　377
Wiener, Z.（ウィーナー，Z.）　334
Working capital（運転資金）　293
Workout process（債権回収）　357
WorldCom（ワールドコム）　3, 32, 123
Worst-case macroeconomic scenarios（最悪期のマクロ経済シナリオ）　125
Wrong-way risk（誤方向リスク）　413

Y

Yankowski, Carl（ヤンコウスキー，カール）　29
Yield curves（イールドカーブ）　170–182, 192
Yield enhancement（イールドエンハンスメント）　364
Yield to maturity (YTM)（最終利回り）　177
Y2K event　420
YTM（最終利回り）　177

Z

Z-score model（Z スコアモデル）　335
Z' score model（Z' スコアモデル）　337
Z" score model（Z" スコアモデル）　337
Zero-cost collar（ゼロコストカラー）　189
Zero-cost cylinder（ゼロコストシリンダー）　189
Zero-coupon rate（ゼロクーポンレート）　205
ZETA（モデル名）　337
Zingales, L.（ジンゲールス，L.）　119
Zou, H.（ゾウ，H.）　39

著者紹介

ミシェル・クルーイ博士は，BPCE グループの子会社である卸売銀行である NATIXIS の研究開発部門を率いており，NATIXIS 数理研究財団の創始者および取締役会議長でもある．以前はカナダ・インペリアル・バンク・オブ・コマース (CIBC) のリスク管理部で，リスク分析，経済資本配賦，オペレーショナルリスクを担当するシニアヴァイスプレジデントの職にあった．

クルーイ博士は，PRMIA(Professional Risk Managers' International Association) の創始者の一人で，PRMIA の有識者会議 (Blue Ribbon Panel) のメンバーでもある．そして，GRI(Global Risk Institute in Financial Services) の研究助言委員会のメンバーおよび IAFE(International Association of Financial Engineers) のクレジットコミッティーのメンバーでもある．博士はまた，いくつかの学術雑誌の共同編集者であるほか，ペンシルバニア大学ウォートン校およびカリフォルニア大学ロサンゼルス校 (UCLA) の客員教授も歴任している．

著書，共著書も複数あり，最近の著書には，“Risk Management” (マグロウヒル，邦訳「リスクマネジメント」(共立出版))，“The Essentials of Risk Management” (マグロウヒル，邦訳本書）がある．同時に，バンキング，オプション，リスクマネジメント，金融マーケットについての学術雑誌に数多くの投稿がある．

ダン・ガライ博士は Sigma Investment House 社の社長，取締役会会長および MutualArt 社の共同創始者である．いくつかのベンチャー企業の取締役を務めるとともに，PRMIA 有識者会議 (Blue Ribbon Panel) のメンバー，PRMIA のイスラエルにおける地域コーディネーターでもある．

博士はまた，エルサレムのヘブライ大学の経営大学校の学長（2009–2012 年）およびファイナンス，経営学科の Abe Gray Professor も歴任している．インシアード大学 (INSEAD)，UCLA，ワシントンの IMF，メルボルンビジネススクールにおいて，客員教授や研究者も務め，シカゴ大学，カリフォルニア大学バークレー校でも教鞭をとっている．

インデックスオプションの取引価格に基づくボラティリティインデックスを共同開発し，シカゴオプション取引所 (CBOE)，アメリカン証券取引所や多くの銀行の顧問も務めており，オプション理論研究に対して CBOE から与えられる第 1

回 Annual Pomeranz Prize for Excellence を受賞している．

主要な経営，ファイナンス学術誌において多数の論文を発表し，“Risk Management”（マグロウヒル，邦訳「リスクマネジメント」(共立出版))，“The Essentials of Risk Management”（マグロウヒル，邦訳本書）の共著者でもある．

ロバート・マーク博士は，コーポレートガバナンス，リスク管理コンサルティング，リスクソフトウェアツール，トランザクションサービスを提供するブラックダイアモンド社 (Black Diamond) の設立者兼パートナーである．UCLA アンダーソンスクールオブマネジメントの MFE プログラムの創始者兼エグゼクティブディレクター，Checkpoints' Investment Committee や，Milliman Risk Institute Advisory Board を含むいくつかの取締役も歴任している．また，世界リスク管理専門家協会 (GARP) から Financial Risk Manager of the Year を贈られたこともある．PRMIA の共同創始者でもあり，PRMIA の有識者会議 (Blue Ribbon Panel) を努めるほか，PRMIA の取締役執行委員でもある．

現職の前は CIBC の最高リスク管理責任者 (CRO) および財務担当者，C&L（現在の PwC）の金融リスク管理コンサルティング担当のパートナー，ケミカルバンク（現在の JP モルガンチェース銀行）のマネージングディレクター，テクニカル分析のトレーディンググループを率いる HSBC のシニアオフィサー等を歴任している．

博士は，NALMA(National Asset/Liability Management Association) の議長のほか，ISDA，Fields Institute for Research in Mathematical Science，IBM の Deep Computing Institute の理事の経験もある．

マーク博士は，非常勤教授の職にもあり，“Risk Management”（マグロウヒル，邦訳「リスクマネジメント」（共立出版））および “The Essentials of Risk Management”（マグロウヒル，邦訳本書）の共著者でもある．他にも主要な経営，金融雑誌に数多くの投稿がある．

Memorandum

Memorandum

訳出担当一覧

小野　覚（大和証券株式会社）第 1，2 章
多良康彦（三井住友信託銀行株式会社）第 3，4 章
三浦良造（一橋大学名誉教授）序文，まえがき，第 2 版の序文，第 2 版日本語版に寄せて，第 5 章
鉄田義人（SMBC 日興証券株式会社）第 6，7 章
茶野　努（武蔵大学経済学部）第 8，14 章
富安弘毅（モルガン・スタンレー MUFG 証券株式会社）第 9，10，13 章，エピローグ，著者紹介
廣中　純（資産運用会社）第 11，15 章
佐藤克宏（マッキンゼー・アンド・カンパニー）第 12，17 章
藤井健司（みずほ証券株式会社）第 16 章

リスクマネジメントの本質 第 2 版

2008 年 8 月 25 日　初　版 1 刷発行
2011 年 9 月 20 日　初　版 2 刷発行
2015 年 8 月 10 日　第 2 版 1 刷発行
2017 年 3 月 10 日　第 2 版 2 刷発行

検印廃止
NDC 338

ISBN 978-4-320-11111-0

訳者代表　三浦良造　© 2015

発　行　**共立出版株式会社**／南條光章
東京都文京区小日向 4 丁目 6 番 19 号
電話　東京 (03)3947-2511（代表）
郵便番号 112-0006
振替口座　00110-2-57035 番
URL http://www.kyoritsu-pub.co.jp/

印　刷　啓文堂
製　本　ブロケード

一般社団法人
自然科学書協会
会員

Printed in Japan